全国水利水电高职教研会规划教材

建筑工程施工技术

主 编 申永康 邵 慧
主 审 钟汉华

·北京·

内 容 提 要

本书按照高等职业教育土建施工类专业的教学要求，以国家现行最新的标准、规范和规程为依据，以土建施工员、二级建造师等职业岗位能力培养为导向，根据编者多年工作经验和教学实践，在自编教材基础上修改、补充编纂而成。本书对建筑工程中地基基础工程、主体结构工程、防水工程及装饰工程等分部工程的施工工序、施工要点、质量标准等作了详细的阐述，坚持以项目为导向，突出了学习任务的实用性、实践性和前瞻性；广泛吸取了当前土木建筑领域工程施工的新材料、新技术、新工艺、新方法，其内容的深度和难度按照高等职业教育的特点，重点讲授理论知识在工程实践中的应用，培养高等职业学校学生的职业能力；内容通俗易懂，叙述规范、简练，图文并茂。全书共分12个项目，包括土方工程施工技术、地基与基础工程施工技术、脚手架与起重技术、砌体工程施工技术、钢筋混凝土工程施工技术、预应力混凝土工程施工技术、钢结构工程施工技术、结构安装工程施工技术、屋面及防水工程施工技术、装饰装修工程施工技术、建筑节能工程施工技术和绿色施工技术等内容。

本书具有较强的针对性、实用性和通用性，既可作为高等职业教育土建类各专业的教学用书，也可供建筑施工企业各类人员学习参考。

图书在版编目（CIP）数据

建筑工程施工技术 / 申永康，邵慧主编. -- 北京：中国水利水电出版社，2017.4(2022.8重印)
 全国水利水电高职教研会规划教材
 ISBN 978-7-5170-5397-2

Ⅰ. ①建… Ⅱ. ①申… ②邵… Ⅲ. ①建筑施工－技术－高等职业教育－教材 Ⅳ. ①TU74

中国版本图书馆CIP数据核字(2017)第106254号

书　名	全国水利水电高职教研会规划教材 **建筑工程施工技术** JIANZHU GONGCHENG SHIGONG JISHU
作　者	主编　申永康　邵慧　主审　钟汉华
出版发行	中国水利水电出版社 （北京市海淀区玉渊潭南路1号D座　100038） 网址：www.waterpub.com.cn E-mail：sales@mwr.gov.cn 电话：（010）68545888（营销中心）
经　售	北京科水图书销售有限公司 电话：（010）68545874、63202643 全国各地新华书店和相关出版物销售网点
排　版	中国水利水电出版社微机排版中心
印　刷	天津嘉恒印务有限公司
规　格	184mm×260mm　16开本　24.75印张　587千字
版　次	2017年4月第1版　2022年8月第2次印刷
印　数	3001—6000册
定　价	**65.00元**

凡购买我社图书，如有缺页、倒页、脱页的，本社营销中心负责调换

版权所有·侵权必究

前言

本书按照高等职业教育土建类专业人才培养目标，根据全国水利水电高职教研会太原会议精神，以土建施工员、二级建造师等职业岗位能力的培养为导向，依托国家、行业的最新规范标准，在深入建筑施工企业一线和多位企业专家、学者密切调研的基础上，紧紧围绕专业课程内容与职业标准对接，教学过程与生产过程对接，学历证书与职业资格对接的原则，同时遵循高等职业院校学生的认知规律，以专业知识和职业技能、自主学习能力及综合素质培养为课程目标，确定本书的内容。本书遵循建筑工程的施工规律，按照土方工程施工、地基和基础工程施工、脚手架工程及起重设备施工、砌体工程施工、钢筋混凝土工程施工、预应力混凝土工程施工、结构安装工程施工、钢结构工程施工、防水工程施工、装饰装修工程施工、建筑节能工程施工及绿色施工等编排内容，根据编者多年工作经验和教学实践，在自编教材基础上修改、补充编纂而成。

建筑工程施工技术是一门实践性很强的专业课程，为此，本书始终坚持"素质为本、能力为主、需要为准、够用为度"为原则，以建筑工程施工过程为导向进行编写，以实际建筑工程施工项目为主线，分别对土方工程施工、地基与基础工程施工、脚手架工程及起重设备施工、砌体工程施工、钢筋混凝土工程施工、预应力混凝土工程施工、钢结构工程施工、结构安装工程施工、防水工程施工、装饰装修工程施工、建筑节能工程施工及绿色施工做了详细的阐述。本书结合我国建筑工程施工的实际情况精选内容，力求理论联系实践，注重实践能力的培养，每个项目学习前有学习目标、项目介绍，项目内容紧密围绕现行行业规范要求，每个项目结束后都有项目小结、复习思考题，突出了实践性和实用性，以满足学生学习的需要。最后本书还介绍了建筑节能技术、绿色施工技术，以帮助学生了解学科发展前沿。

本书由西安工程大学申永康和山东水利职业学院邵慧任主编，辽宁水利职业学院王廷栋、杨凌职业技术学院王琦和四川水利职业技术学院赵鑫任副主编，由湖北水利水电职业技术学院钟汉华任主审。具体编写分工如下：课程基本情况由西安工程大学申永康编写；项目 1 由杨凌职业技术学院苟胜荣、福州市城市地铁有限公司宗全兵编写；项目 2 由辽宁水利职业学院王廷栋编写；项目 3 由杨凌职业技术学院卜伟编写；项目 4 由杨凌职业技术学院杨益和湄洲湾职业技术学院蔡伟编写；项目 5 由西安工程大学申永康编写；项目 6 由杨凌职业技术学院彭燕编写；项目 7 由杨凌职业技术学院徐志彪编写；项目 8 由杨凌职业技术学院王琦编写；项目 9 由四川水利职业技术学院赵鑫编写；项目 10 由山东水利职业学院邵慧编写；项目 11 由杨凌职业技术学院申琳编写；项目 12 由杨凌职业技术学院李荣轶和卜伟编写。全书由申永康、卜伟负责统稿和校对工作。

  本书在编写过程中，全国水利水电高职教研会的领导和老师提出了许多宝贵意见，主编及参编作者单位给予了大力支持，在此表示最诚挚的感谢！同时感谢中国水利水电出版社韩月平副社长和王倩楠编辑的辛苦工作！

  本书在编写过程中参考及引用了大量的规范、专业文献和资料，恕未在书中一一注明。在此，对各位同行及有关作者表示诚挚的谢意！

  由于编者水平有限，加之时间仓促，书中难免存在疏漏之处，恳请广大师生和读者批评指正，提出宝贵意见，编者不胜感激。

编者
2016 年 12 月

目 录

前言

课程基本情况 ··· 1
  0.1 本课程的基本任务与特点 ·· 1
  0.2 建筑施工技术发展简介 ··· 2
  0.3 施工及验收规范、规程介绍 ·· 4
  0.4 本课程的学习要求 ·· 5
  小结 ··· 6
  复习思考题 ··· 6

项目1 土方工程施工技术 ·· 7
  任务1.1 土方工程施工概述 ··· 7
  任务1.2 土方工程量计算 ··· 10
  任务1.3 土方工程机械化施工 ··· 19
  任务1.4 土方的填筑与压实 ·· 22
  任务1.5 基坑（槽）开挖与支护 ·· 26
  任务1.6 基坑排水与降水 ··· 35
  任务1.7 土方工程季节性施工及安全技术措施 ···························· 44
  项目小结 ·· 45
  复习思考题 ··· 46

项目2 地基与基础工程施工技术 ··· 47
  任务2.1 浅基础施工 ·· 47
  任务2.2 地基处理 ··· 49
  任务2.3 桩基工程施工 ··· 58
  项目小结 ·· 80
  复习思考题 ··· 80

项目3 脚手架与起重技术 ·· 81
  任务3.1 钢管脚手架搭设 ·· 81
  任务3.2 起重机械与技术 ·· 92
  项目小结 ·· 98
  复习思考题 ··· 98

项目 4　砌体工程施工技术 ·· 99
任务 4.1　砌体工程概述 ·· 99
任务 4.2　砌体施工 ··· 101
任务 4.3　砌体工程的季节性施工 ·· 117
任务 4.4　砌体工程施工质量验收 ·· 120
任务 4.5　砌体工程安全技术与环保要求 ·· 126
项目小结 ·· 128
复习思考题 ··· 129

项目 5　钢筋混凝土工程施工技术 ·· 130
任务 5.1　模板工程施工 ··· 130
任务 5.2　钢筋工程施工 ··· 142
任务 5.3　混凝土工程施工 ·· 170
任务 5.4　钢筋混凝土工程季节性施工 ··· 185
项目小结 ·· 190
复习思考题 ··· 190

项目 6　预应力混凝土工程施工技术 ·· 192
任务 6.1　先张法施工 ·· 192
任务 6.2　后张法施工 ·· 197
任务 6.3　施工质量验收及安全施工 ·· 212
项目小结 ·· 217
复习思考题 ··· 218

项目 7　钢结构工程施工技术 ··· 219
任务 7.1　钢结构的加工制作 ·· 219
任务 7.2　钢结构构件的连接 ·· 225
任务 7.3　钢结构吊装 ·· 228
任务 7.4　钢结构涂装 ·· 230
任务 7.5　钢结构质量控制与安全措施 ··· 232
项目小结 ·· 233
复习思考题 ··· 234

项目 8　结构安装工程施工技术 ·· 236
任务 8.1　钢筋混凝土结构工业厂房安装 ·· 236
任务 8.2　钢结构工业厂房安装 ··· 253
任务 8.3　装配式墙板结构安装 ··· 258
任务 8.4　安装工程的质量检查及安全施工 ··· 260
项目小结 ·· 264
复习思考题 ··· 264

项目 9　屋面及防水工程施工技术　265
　任务 9.1　屋面防水工程施工　265
　任务 9.2　地下工程防水施工　279
　任务 9.3　卫生间地面防水涂料施工　286
　任务 9.4　防水工程质量控制　291
　项目小结　297
　复习思考题　297

项目 10　装饰装修工程施工技术　298
　任务 10.1　抹灰工程施工　298
　任务 10.2　楼地面工程施工　306
　任务 10.3　饰面板（砖）工程施工　314
　任务 10.4　涂饰工程施工　323
　任务 10.5　门窗工程安装　327
　任务 10.6　吊顶、隔墙与玻璃幕墙工程施工　335
　项目小结　343
　复习思考题　343

项目 11　建筑节能工程施工技术　344
　任务 11.1　门窗与幕墙工程节能施工　344
　任务 11.2　墙体工程节能施工　349
　任务 11.3　屋面节能工程施工　352
　项目小结　359
　复习思考题　360

项目 12　绿色施工技术　361
　任务 12.1　绿色施工概述　361
　任务 12.2　绿色施工技术措施　364
　任务 12.3　BIM 技术在绿色施工中的应用　372
　项目小结　384
　复习思考题　384

参考文献　385

课 程 基 本 情 况

【学习目标】
　　能力目标：熟悉课程的基本任务及特点，掌握课程的地位及作用，了解建筑施工技术的发展与建筑施工规范的更新，掌握建筑施工新技术未来发展趋势，熟悉课程学习要求。
　　知识点：建筑施工技术；施工新技术；施工验收规范；施工规范。

【课程介绍】
　　此部分介绍了建筑施工技术课程的基本任务与特点，从建筑施工技术发展与规范、规程两个方面介绍了课程内容的变化特征，并从课程在本专业的地位及相关课程的联系、学习重点及教学方法3个方面讨论了课程的学习要求。

0.1　本课程的基本任务与特点

0.1.1　课程的研究对象

　　建筑业在国民经济发展和四个现代化建设中起着举足轻重的作用。从投资来看，国家用于建筑安装工程的资金，占基本建设投资总额的60%左右。另外，建筑业的发展对其他行业起着重要的促进作用，它每年要消耗大量的钢材、水泥、地方性建筑材料和其他国民经济部门的产品；同时建筑业的产品又为人民生活和其他国民经济部门服务，为国民经济各部门的扩大再生产创造必要的条件。建筑业提供的国民收入也居国民经济各部门的前列。目前，不少国家已将建筑业列为国民经济的支柱产业。在我国，随着四个现代化建设的发展，改革开放政策的深入贯彻，建筑业的支柱作用也日益得到发挥。
　　一栋建筑的施工是一个复杂的过程。为了便于组织施工和验收，常将建筑的施工划分为若干分部和分项工程。一般民用建筑按工程的部位和施工的先后次序将一栋建筑的土建工程划分为地基与基础工程、主体结构工程、建筑屋面工程、建筑装饰装修工程等4个分部。按施工工种不同分为土石方工程、砌筑工程、钢筋混凝土工程、结构安装工程、屋面防水工程、装饰工程等分项工程。一般一个分部工程由若干不同的分项工程组成，如地基与基础分部是由土石方工程、砌筑工程、钢筋混凝土工程等分项工程组成。每一个工种工程的施工，都可以采用不同的施工方案、施工技术和机械设备以及不同的劳动组织和施工组织方法来完成。
　　"建筑施工技术"就是以建筑工程施工中不同工种施工为研究对象，根据其特点和规模，结合施工地点的地质水文条件、气候条件、机械设备和材料供应等客观条件，运用先进技术，研究其施工规律，保证工程质量，做到技术和经济的统一。即通过对建筑工程主要工种施工的工艺原理和施工方法，保证工程质量和施工安全措施的研究，选择经济、合

理的施工方案,并掌握工程质量验收标准及检查方法,保证工程按期完成。

0.1.2 课程的地位、作用和任务

"建筑施工技术"是建筑工程技术专业的一门主要专业课程,是工程造价专业、建筑施工管理专业的一门专业基础课。它的作用是培养学生独立分析和解决建筑工程施工中有关施工技术问题的基本能力。它的任务是研究建筑工程施工技术的一般规律;建筑工程中各主要工种工程的施工技术和工艺原理以及建筑施工新技术、新工艺的发展,使学生掌握建筑施工的基本知识、基本理论和决策方法,具有解决一般建筑施工的初步能力。

学习本课程的主要目的是使让学生了解掌握建筑工程中各主要工种工程的施工技术及工艺原理,培养学生独立分析和解决建筑工程施工中有关施工技术问题的基本能力。由于"建筑施工技术"实践性强、综合性大、社会性广,工程施工中许多技术问题的解决,均要涉及有关学科的综合运用。因此,要求拓宽知识专业面,扩大知识面,要有牢固的专业基础理论和知识,并自觉地加以运用。

0.2 建筑施工技术发展简介

0.2.1 建筑施工技术的发展基础

古代,我们的祖先在建筑技术上有着辉煌的成就,如西安半坡原始人居住遗址、殷代用木结构建造的宫室、秦朝所修筑的万里长城、唐代的山西五台山佛光寺大殿、辽代修建的山西应县66m高的木塔及北京故宫,都说明了当时我国的建筑技术已达到了相当高的水平。同时期,世界其他地方也诞生了许多著名的建筑,如古埃及的金字塔、古希腊的帕提农神庙和赫菲斯托斯神庙、古罗马的斗牛场和万神庙等远古建筑以及欧洲基督教大教堂、西亚的伊斯兰建筑等中世纪建筑,凝聚了当时社会文明发展的结晶。

0.2.2 现代建筑施工技术的发展

自新中国成立60多年来,随着社会主义建设事业的发展,我国的建筑施工技术也得到了不断地发展和提高。在施工技术方面,不仅掌握了大型工业建筑、多层和高层民用建筑与公共建筑施工的成套技术,而且在地基处理和基础工程施工中推广了钻孔灌注桩、旋喷桩、挖孔桩、振冲法、深层搅拌法、强夯法、地下连续墙、土层锚杆、"逆作法"施工等新技术。在现浇钢筋混凝土模板工程中推广应用了爬模、滑模、台模、筒子模、隧道模、组合钢模板、大模板、早拆模板体系。粗钢筋连接应用了电渣压力焊、钢筋气压焊、钢筋冷压连接、钢筋螺纹连接等先进连接技术。混凝土工程采用了泵送混凝土、喷射混凝土、高强混凝土以及混凝土制备和运输的机械化、自动化设备。在预制构件方面,不断完善了挤压成型、热拌热模、立窑和折线形隧道窑养护等技术。在预应力混凝土方面,采用了无黏结工艺和整体预应力结构,推广了高效预应力混凝土技术,使我国预应力混凝土的发展从构件生产阶段进入了预应力结构生产阶段。在钢结构方面,采用了高层钢结构技术、空间钢结构技术、轻钢结构技术、钢—混凝土组合结构技术、高强度螺栓连接与焊接技术和钢结构防护技术。在大型结构吊装方面,随着大跨度结构与高耸结构的发展,创造了一系列具有中国特色的整体吊装技术。如集群千斤顶的同步整体提升技术,能把数百吨

甚至数千吨的重物按预定要求平稳地整体提升安装就位。在墙体改革方面，利用各种工业废料制成了粉煤灰矿渣混凝土大板、膨胀珍珠岩混凝土大板、煤渣混凝土大板、粉煤灰陶粒混凝土大板等各种大型墙板，同时发展了混凝土小型空心砌块建筑体系、框架轻墙建筑体系、外墙保温隔热技术等，使墙体改革有了新的突破。近年来，激光技术在建筑施工导向、对中和测量以及液压滑升模板操作平台自动调平装置上得到了应用，使工程施工精度得到了提高，同时又保证了工程质量。另外，在计算机控制、施工工艺理论、装饰材料等方面，也掌握和开发了许多新的施工技术，有力地推动了我国建筑施工技术的发展。

0.2.3 施工新技术未来的发展趋势

（1）以计算机信息技术为代表的建筑施工信息化技术。该技术包括以智能化虚拟建造技术、"互联网＋"施工管理技术与传统施工工艺信息化技术。智能化虚拟建造技术以目前比较流行的 BIM 技术与 3D 打印技术为代表，已经宣布建造新时代的来临；"互联网＋"施工管理技术是以互联网技术改造传统施工管理模式，已经出现了施工现场远程监控系统、智慧工地管理系统等管理技术，代表了工地管理智能化时代的来临。另外，利用信息化技术对传统的施工工艺进行了改造，如出现的深基坑施工监控、大体积混凝土温控等技术代表了传统施工技术信息化时代的来临。

（2）以精细化管理为代表的绿色施工技术。绿色施工是指工程建设中，在保证质量、安全等基本要求的前提下，通过科学管理和技术进步，最大限度地节约资源与减少对环境负面影响的施工活动。该技术的核心为"四节一环保"，即节能、节地、节水、节材和环境保护。主要内容包括：减少场地干扰、尊重基地环境；施工结合气候；节水节电环保；减少环境污染，提高环境品质；实施科学管理；保证施工质量等。

（3）以工业化为代表的建筑施工装配式生产技术。建筑工业化指通过现代化的制造、运输、安装和科学管理的大工业的生产方式，来代替传统建筑业中分散的、低水平的、低效率的手工业生产方式。它的主要标志是建筑设计标准化、构配件生产施工化、施工机械化和组织管理科学化。2015 年 3 月，美国博客网站 Sploid 的编辑收到了一名中国读者发来的视频，视频用延时摄影的方式记录了 57 层的"小天城"在 19d 内拔地而起的全过程。这个视频很快红遍网络，1d 三层的"中国速度"震惊了读者，预示了未来建筑工业化快速发展的趋势。

0.2.4 正视存在的差距

我国建筑行业施工技术现在正处于先进施工方式与落后施工方式、新工艺技术与老工艺技术并存的过渡期，与国际先进水平相比还有较大的差距，如企业管理上的差距，工艺技术上的差距，产品与材料、机具与测试仪器、仪表质量上的差距，施工队伍素质上的差距。从全国范围来看，东西部之间、城乡之间差别较大。目前在一些主体结构、钢筋制作安装、模板制作安装、脚手架搭设及砌体、防水、装饰工程施工等许多工种工作中，仍然还有许多沿用传统的施工工艺和施工方法，劳动强度大、工效低。随着科学技术的进步和生产力的发展，墙体改革、新型建筑材料、工艺理论及计算机技术的应用必将有力地推动我国建筑施工技术的进一步发展。

0.3 施工及验收规范、规程介绍

0.3.1 规范和规程

建筑施工规范和规程是我国建筑界常用的标准，由国务院有关部委批准颁发，作为全国建筑界共同遵守的准则和依据，分为国家、专业、地方和企业四级。建筑施工方面的规范，工业与民用建筑部分有《土方与爆破工程施工及验收规范》（GB 50201—2012）、《建筑地基与基础工程施工质量验收规范》（GB 50202—2002）、《砌体工程施工质量验收规范》（GB 50203—2011）、《混凝土结构工程施工质量验收规范》（GB 50204—2015）、《钢结构工程施工质量验收规范》（GB 50205—2008）、《建筑节能工程施工质量验收规范》（GB 50411—2007）等。这些作为国家级标准代号为GB×××。如目前使用的钢筋混凝土工程施工验收规范为《混凝土工程施工质量验收规范》（GB 50204—2015），以及一些行业标准（JGJ）、地方标准（DBJ）。

随着我国建筑业走出国门投入国际工程承包和国家"一带一路"战略，许多的国外工程规范规程进入人们视野。如美国国家标准协会（ANSI）《混凝土施工及砌筑工程安全要求》（ANSI A 10.9），美国混凝土协会（ACI）《评估混凝土强度试验结果实用建议》（ACI-214），《建筑物结构混凝土规范》（ACI-301），《混凝土地板和混凝土板施工实用建议》（ACI-302），《炎热天气浇筑混凝土实用建议》（ACI-305），《养护混凝土实用建议》（ACI-308），《凝固混凝土实用建议》（ACI-309），《钢筋混凝土建筑规范要求》（ACI-318），《混凝土模板实用建议》（ACI-347）等。

0.3.2 现行建筑施工规范

随着施工技术的发展，国家一般会对建筑施工方面的规范进行更新。现行的建筑施工规范主要包括施工技术/管理规范与施工质量验收规范。本书注意采用最新的规范内容，其中施工技术/管理规范包括《混凝土结构工程施工规范》（GB 50666—2011），《钢结构工程施工规范》（GB 50755—2012），《砌体结构工程施工规范》（GB 50924—2014）等。最近几年又发布了一批新的施工及验收规范，截至2015年6月，常用的现行建筑施工质量验收规范见表0.1。

表 0.1　　2015年现行建筑工程施工质量验收常用规范、标准一览表

序号	规范名称	规范编号	实施日期
1	土方与爆破工程施工及验收规范	GB 50201—2012	2012-08-01
2	建筑地基基础工程施工质量验收规范	GB 50202—2018	2018-10-01
3	砌体工程施工质量验收规范	GB 50203—2011	2012-05-01
4	混凝土结构工程施工质量验收规范	GB 50204—2015	2015-09-01
5	钢结构工程施工质量验收规范	GB 50205—2020	2020-08-01
6	木结构工程施工质量验收规范	GB 50206—2012	2012-08-01
7	屋面工程质量验收规范	GB 50207—2012	2012-10-01

续表

序号	规范名称	规范编号	实施日期
8	地下防水工程质量验收规范	GB 50208—2011	2012-10-01
9	建筑地面工程施工质量验收规范	GB 50209—2010	2010-12-01
10	工业金属管道工程施工质量验收规范	GB 50184—2011	2011-12-01
11	建筑装饰装修工程质量验收规范	GB 50210—2018	2018-09-01
12	建筑防腐蚀工程质量检验评定标准	GB 50224—2010	2011-02-01
13	建筑给水排水及采暖工程施工质量验收规范	GB 50242—2002	2002-01-01
14	通风与空调工程施工质量验收规范	GB 50243—2016	2017-01-01
15	建筑工程施工质量验收统一标准	GB 50300—2013	2014-06-01
16	工业安装工程施工质量验收统一标准	GB 50252—2010	2010-07-01
17	建筑电气工程施工质量验收规范	GB 50303—2015	2016-08-01
18	电梯工程施工质量验收规范	GB 50310—2002	2002-06-01
19	智能建筑工程质量验收规范	GB 50339—2013	2014-02-01
20	建筑节能工程施工质量验收规范	GB 50411—2019	2019-12-01
21	建筑结构加固工程施工质量验收规范	GB 50550—2010	2011-02-01
22	铝合金结构工程施工质量验收规范	GB 50576—2010	2010-12-01
23	建筑物防雷工程施工与质量验收规范	GB 50601—2010	2011-02-01
24	钢管混凝土工程施工质量验收规范	GB 50628—2010	2011-10-01
25	现场设备、工业管道焊接工程施工质量验收规范	GB 50683—2011	2012-05-01
26	建设工程文件归档规范	GB/T 50328—2014	2015-05-01
27	建筑工程施工质量评价标准	GB/T 50375—2016	2017-04-01
28	工程建设施工企业质量管理规范	GB/T 50430—2017	2018-07-01
29	擦窗机安装工程质量验收规程	JGJ 150—2018	2018-09-01
30	玻璃幕墙工程质量检验标准	JGJ/T 139—2020	2020-10-01
31	住宅室内装饰装修工程质量验收规范	JGJ/T 304—2013	2013-12-01
32	建筑幕墙工程检测方法标准	JGJ/T 324—2014	2014-10-01
33	城镇燃气室内工程施工与质量验收规范	CJJ 94—2009	2009-10-01

0.4 本课程的学习要求

0.4.1 奠定课程学习基础

建筑施工技术是一门综合性很强的专业技术课，它与建筑材料、房屋建筑构造、建筑测量、建筑力学、建筑结构、地基与基础、建筑机械、施工组织设计与管理、建筑工程计量与计价等课程有密切的关系。它们既相互联系又相互影响。因此，要学好建筑施工技术课，还应学好上述相关课程。

0.4.2 扩大课程学习范围

建筑工程施工要加强技术管理，贯彻统一的"施工质量验收规范"，认真学习相关的"施工工艺指南"，不断提高施工技术水平，保证工程质量，降低工程成本。除了要学好上述相关课程外，还必须认真学习国家颁布的建筑工程施工及验收规范，这些规范是国家的技术标准，是我国建筑科学技术和实践经验的结晶，也是全国建筑界所有人员应共同遵守的准则。学习国际上通用的工程施工及验收规范，吸收国外先进的施工技术经验。由于本学科涉及的知识面广、实践性强，而且技术发展迅速，学习中必须坚持理论联系实际的学习方法。

0.4.3 多法并举、强化实践

除了对课堂讲授的基本理论、基本知识加强理解和掌握外，建议多采用案例教学方法，应利用幻灯、录像等电化教学手段来进行直观教学，并应重视习题和课程设计、现场教学、生产实习、技能训练等实践性教学环节，让学生应用所学施工技术知识来解决实际工程中的一些问题，做到学以致用。

小 结

此部分介绍了建筑施工技术课程基本情况，主要包括课程的地位作用、建筑施工技术发展、建筑施工规范、本课程学习要求等4个方面内容。本课程以建筑工程施工过程为研究对象，为高职建筑工程技术专业核心课程，是人才培养的专业素质及专业技能培养的关键性课程；建筑施工技术的发展，是以我国古代悠久历史文化传统奠定的建筑施工技术为基础，新中国成立60多年的社会主义建筑促进了现代建筑施工技术的发展，以精细化管理、可持续发展及信息化、网络化为特征的新技术为建筑施工技术的未来发展指明了方向。以我国现行建筑施工规范为主，简单介绍了国际上一些先进国家相关规范。

复习思考题

1. 谈谈自己对未来建筑施工技术发展趋势的认识。
2. 建筑施工技术课程有哪些特点？如何学习本课程？
3. 施工规范包括哪些内容？请列举自己知道的施工规范名称。

项目1 土方工程施工技术

【学习目标】

能力目标：掌握土方量计算方法，掌握土方开挖及基坑开挖施工工艺及技术要点；熟悉土壁支护方式及基坑降水工艺；了解土方工程施工特点、季节性施工及安全施工技术措施等。能编制土方工程施工方案、技术交底等技术资料，处理一般的土方工程施工技术问题。

知识点：土方工程；土的工程性质；土方开挖；填筑压实；基坑降水；季节性施工。

【项目介绍】

本项目主要介绍了土方工程的施工工艺，包括土方量计算、土方开挖、土方填筑及压实、基坑开挖及支护等主要内容。重点内容为土方量计算方法与土方机械化施工工艺，难点内容为深基坑施工工艺。

任务1.1 土方工程施工概述

1.1.1 土方工程的施工特点

土方工程是一切建筑物施工的先行工作，也是建筑工程施工中的重要环节之一。它包括场地平整、土方开挖、土方填筑等主要施工过程，也包括施工排水、降水和土壁支撑等辅助施工过程。土方工程的施工有以下特点。

（1）工程量大、劳动强度高。大型场地的平整工程，土方量可达数百立方米，施工面积达数平方千米。大型基坑的开挖，有的甚至深达二十几米。而且施工工期长、任务重、劳动强度高。因此，在组织施工时，为了减轻繁重的体力劳动，提高生产效率，加快施工进度，降低工程成本，应尽可能地采用机械化施工。

（2）施工条件复杂。土方工程施工多为露天作业，受气候条件、水文地质条件影响很大，施工中不确定性因素较多。因此，施工前必须进行充分的调查与研究，做好各项施工准备工作，制定合理的施工方案，确保施工顺利进行，保证工程质量。

（3）受场地影响大。任何建筑物基础都有一定的埋置深度，基坑（槽）的开挖、土方的留置和存放都受到施工场地的影响。特别是城市内施工，场地狭窄，往往由于施工方案不妥，导致周围建筑物与道路等出现安全问题。因此，施工前必须充分熟悉施工场地情况，了解周围建筑结构形式和地质技术资料，科学规划，制定切实可行的施工方案，确保周围建筑物和道路的安全。

1.1.2 土的分类

在土方工程施工中，一般根据土体开挖的难易程度将土划分为松软土、普通土、坚土、砂砾坚土、软石、次坚石、坚石、特坚石 8 类,前 4 类属于一般土,后 4 类属于岩石,土的分类和鉴别方法见表 1.1。

表 1.1　　　　　　　　　　　　土的分类与鉴别方法

土的分类	土 的 名 称	可松性系数 K_s	可松性系数 K_s'	现场鉴别方法
一类土 (松软土)	砂,亚砂土,冲积砂土层,种植土,泥炭(淤泥)	1.08～1.17	1.01～1.03	能用锹、锄头挖掘
二类土 (普通土)	亚黏土,潮湿的黄土,夹有碎石、卵石的砂,种植土,填筑土及亚砂土	1.14～1.28	1.02～1.05	用锹、锄头挖掘,少许用镐翻松
三类土 (坚土)	软及中等密实黏土,重亚黏土,粗砾石,干黄土及含碎石、卵石的黄土、亚黏土,压实的填筑土	1.24～1.30	1.04～1.07	要用镐,少许用锹、锄头挖掘,部分用撬棍
四类土 (砂砾坚土)	重黏土及含碎石、卵石的黏土,粗卵石,密实的黄土,天然级配砂石,软泥灰岩及蛋白石	1.26～1.32	1.06～1.09	整个用镐、撬棍,然后用锹挖掘,部分用楔子及大锤
五类土 (软石)	硬石炭纪黏土,中等密实的页岩、泥灰岩、白垩土,胶结不紧的砾岩,软的石灰岩	1.30～1.45	1.10～1.20	用镐或撬棍、大锤挖掘,部分使用爆破方法
六类土 (次坚石)	泥岩,砂岩,砾岩,坚实的页岩、泥灰岩,密实的石灰岩,风化花岗岩、片麻岩	1.30～1.45	1.10～1.20	用爆破方法开挖,部分用风镐
七类土 (坚石)	大理岩,辉绿岩,玢岩,粗、中粒花岗岩,坚实的白云岩、砂岩、砾岩、片麻岩、石灰岩,风化痕迹的安山岩、玄武岩	1.30～1.45	1.10～1.20	用爆破方法开挖
八类土 (特坚石)	安山岩,玄武岩,花岗片麻岩,坚实的细粒花岗岩,闪长岩,石英岩,辉长岩,辉绿岩,玢岩	1.45～1.50	1.20～1.30	用爆破方法开挖

土的开挖难易程度直接影响土方工程的施工方案、劳动消耗量和工程费用。土体越硬,劳动消耗量越大,工程成本越高。正确区分和鉴别土的种类,可以合理地选择施工方法和准确套用定额,计算土方工程费用。

1.1.3　土的工程性质

1. 土的含水量

土的含水量是指土中水的质量与固体颗粒质量之比的百分率,即

$$w=\frac{m_{湿}-m_{干}}{m_{干}}\times 100\% =\frac{m_w}{m_s}\times 100\% \tag{1.1}$$

式中　$m_{湿}$——含水状态土的质量,kg;
　　　$m_{干}$——烘干后土的质量,kg;
　　　m_w——土中水的质量,kg;
　　　m_s——固体颗粒的质量,kg。

含水量表示土体的干湿程度。含水量在 5% 以下的称为干土,在 5%～30% 内的称为潮湿土,大于 30% 的称为湿土。土的含水量随气候条件、雨雪和地下水的影响而变化,

对土方边坡的稳定性及填方密实程度有直接的影响。

2. 土的质量密度

土的质量密度分为天然密度和干密度，表示土体的密实程度。

(1) 土的天然密度。土的天然密度是指在天然状态下，单位体积土的质量。它与土的密实程度和含水量有关。土的天然密度计算式为

$$\rho = \frac{m}{V} \tag{1.2}$$

式中 ρ——土的天然密度，kg/m^3；

m——土的总质量，kg；

V——土的体积，m^3。

土的天然密度随着土颗粒的组成、孔隙的多少和含水量的变化而变化，一般黏土的天然密度为 1600～2200kg/m^3，密度越大，土体越硬，挖掘越难。

(2) 土的干密度。干密度是指土的固体颗粒质量与总体积的比值，即

$$\rho_d = \frac{m_s}{V} \tag{1.3}$$

式中 ρ_d——土的干密度，kg/m^3；

m_s——固体颗粒质量，kg；

V——土的体积，m^3。

在一定程度上，土的干密度反映了土的颗粒排列紧密程度。土的干密度越大，表示土越密实。在填土压实时，土经过碾压，质量不变，体积变小，干密度增加。通过测定土的干密度，可以判断土是否达到要求的密实度。

3. 土的可松性

天然土经开挖后，其体积因松散而增加，虽经振动夯实，仍然不能完全复原，土的这种性质称为土的可松性。土的可松性用可松性系数表示，即

$$K_s = \frac{V_2}{V_1}; \quad K'_s = \frac{V_3}{V_1} \tag{1.4}$$

式中 K_s，K'_s——土的最初、最终可松性系数；

V_1——土在天然状态下的体积，m^3；

V_2——土挖出后在松散状态下的体积，m^3；

V_3——土经压（夯）实后的体积，m^3。

土的最初可松性系数 K_s 是计算车辆装运土方体积及挖土机械的主要参数；土的最终可松性系数是计算填方所需挖土工程量的主要参数，各类土的可松性系数见表1.1。

4. 土的渗透系数

土的渗透性指土体被水透过的性质。土的渗透性用渗透系数 K 表示，它表示单位时间内水穿透土层的能力，一般由试验确定，以 m/d 表示；它同土的颗粒级配、密实程度等有关，是人工降低地下水位及选择各类井点的主要参数。土的渗透系数见表1.2。

表 1.2 土的渗透系数参考表

土 的 名 称	渗透系数/(m/d)	土 的 名 称	渗透系数/(m/d)
黏土	<0.005	中砂	5.00~20.00
亚黏土	0.005~0.10	均质中砂	35~50
轻亚黏土	0.10~0.50	粗砂	20~50
黄土	0.25~0.50	圆砾石	50~100
粉砂	0.50~1.00	卵石	100~500
细砂	1.00~5.00		

任务 1.2 土方工程量计算

在土方工程施工前，通常要计算土方工程量，根据土方工程量的大小，拟定土方工程施工方案，组织土方工程施工。土方工程外形往往很复杂、不规则，要准确计算土方工程量难度很大。一般情况下，将其划分成一定的几何形状，采用具有一定精度又与实际情况近似的方法计算。

1.2.1 土方的开挖形式

基坑（槽）的断面有直槽、大开槽和混合槽 3 种（图 1.1）。其断面形式与土方量直接有关，选择时应根据土的性质、地下水的情况、施工现场大小、施工方法、工期以及基础埋深等条件而定。如当土质好、无地下水、工期短、基础浅时，可选择直槽，不需设置土壁支撑；而当基础深、现场小、工期长、有地下水的情况，则宜选用直槽，但应设置支撑。大开槽适用于基础浅、土质好、现场宽或采用机械开挖的情况；混合槽则适用于上层土质好，不设支撑，而下层土质坏，需设置支撑的情况。这样当基础埋深较大时，既省土方，支撑又能保证施工安全。

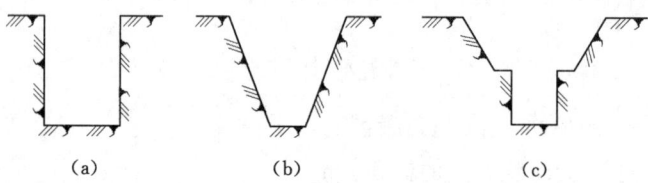

图 1.1 坑槽断面形式

为了保持土体的稳定和施工安全，挖方和填方的边沿均应做成一定坡度的边坡。边坡表示方法如图 1.2 所示，为 1:m，即土方边坡坡度为

$$h/b = 1/(b/h) = 1:m$$

式中，$m = b/h$，称为坡度系数。其含义为：当边坡高度已知为 h 时，其边坡宽度则等于 mh。

边坡坡度应根据不同的挖填高度、土的性质和工程的重要性而定，既要保证安全，又要节约土方。在山坡整体稳定的情况下，如地质条件良好、土质较均匀、高度在 10m 以内的临时性挖方边坡应执行规范规定；挖方经过不同类别的土层或深度超过 10m 时，其边坡可做成折线形或台阶形[图1.2(b)、(c)],以减少土方量。

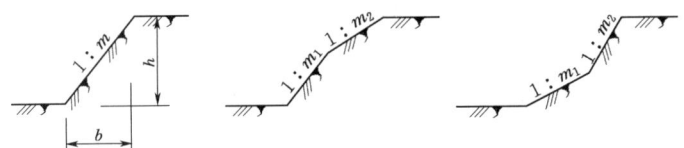

(a) 直线边坡　　(b) 不同土层折线边坡　　(c) 相同土层折线边坡

图1.2　土方边坡

至于永久性挖方或填方边坡坡度,则均应按设计要求施工。

1.2.2　基坑与基槽土方量计算

1. 基坑开挖土方量

基坑是指长宽比不大于3的矩形土体。基坑土方量可按立体几何中拟柱体(由两个平行的平面作底的一种多面体)体积公式计算,如图1.3所示,即

$$V = \frac{H}{6}(A_1 + 4A_0 + A_2) \tag{1.5}$$

式中　H——基坑深度,m;

A_1,A_2——基坑上、下底的面积,m^2;

A_0——基坑中截面的面积,m^2。

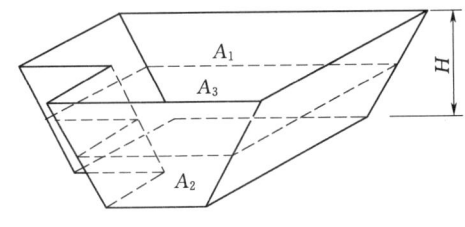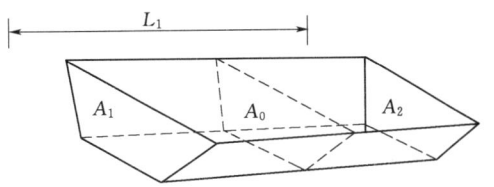

图1.3　基坑土方量计算　　　　图1.4　基槽土方量计算

2. 基槽、管沟开挖土方量

基槽土方量计算可沿长度方向分段,按照上述同样的方法计算,如图1.4所示。

$$V_1 = \frac{L_1}{6}(A_1 + 4A_0 + A_2) \tag{1.6}$$

式中　V_1——第一段的土方量,m^3;

L_1——第一段的长度,m。

将各段土方量相加即得总土方量,即

$$V = V_1 + V_2 + \cdots + V_n \tag{1.7}$$

1.2.3　场地平整土方量计算

场地平整前,要确定场地设计标高,计算挖填土方量,以便据此进行土方挖填平衡计算,确定平衡调配方案,并根据工程规模、施工期限、现场机械设备条件,选用土方机械,拟定施工方案。

1. 场地平整高度的计算

对较大面积的场地平整，正确地选择场地平整高度（设计标高）对节约工程投资、加快建设速度具有重要意义。一般的选择原则是：在符合生产工艺和运输条件下尽量利用地形，以减少挖方数量；场地内的挖方与填方量应尽可能达到相互平衡，以降低土方运输费用。同时应考虑最高洪水位的影响。计算场地平整高度的常用方法为"挖填土方量平衡法"，因其概念直观、计算简便、精度能满足工程要求，故应用最为广泛。其计算步骤和方法如下。

（1）计算场地设计标高。如图1.5（a）所示，在地形图上划分方格网（或利用地形图的方格网），每个方格的角点标高一般可根据地形图上相邻两等高线的标高，用插入法求得。当无地形图时，可在现场打设木桩定好方格网，然后用仪器直接测出。

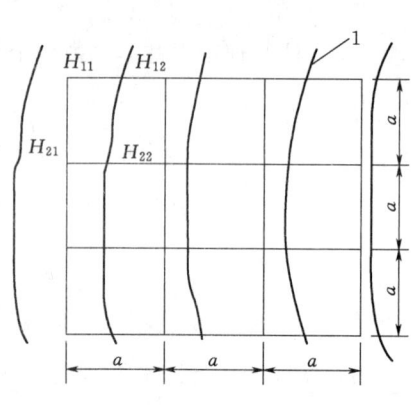 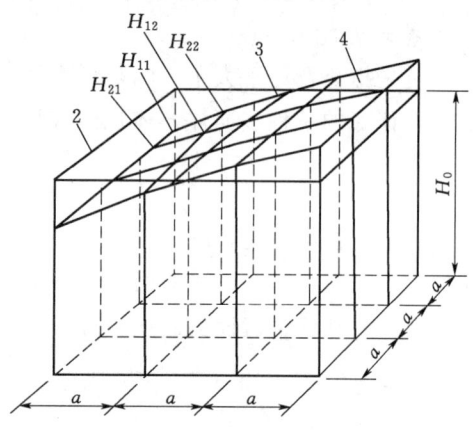

（a）在地形图上划分方格　　　　　（b）设计标高示意图

图1.5　场地设计标高计算简图

1—等高线；2—设计标高平面；3—自然地面与设计标高平面的交线（零线）；4—自然地坪；
a—方格网边长（m）；H_{11}、H_{12}、H_{21}、H_{22}—任一方格的4个角点的标高（m）

一般要求是使场地内的土方在平整前和平整后相等而达到挖方量和填方量平衡，如图1.5（b）所示。设达到挖填平衡的场地平整标高为H_0，则由挖填平衡条件，H_0可由式（1.8）计算求得，即

$$H_0 = \frac{\sum H_1 + \sum H_2 + \sum H_3 + \sum H_4}{4N} \tag{1.8}$$

式中　N——方格网个数；

H_1——一个方格共有的角点标高，m；

H_2——两个方格共有的角点标高，m；

H_3——3个方格共有的角点标高，m；

H_4——4个方格共有的角点标高，m。

（2）考虑设计标高的调整值。式（1.8）计算的H_0为理论数值，实际尚须考虑以下因素：土的可松性；设计标高以下的各种填方工程用土量，或设计标高以上的各种挖方工程量；边坡挖填土方量不等；部分挖方就近弃土于场外，或部分填方就近从场外取土等。在考虑这些因素所引起的挖填土方量的变化后，适当提高或降低设计标高。

(3) 考虑排水坡度对设计标高的影响。式（1.8）计算的 H_0 未考虑场地的排水要求（即假定场地表面均处于同一个水平面上，但实际上均应有一定的排水坡度）。如果场地面积较大，则应有 2‰ 以上的排水坡度，故应考虑排水坡度对设计标高的影响。对场地内任一点进行实际施工时所采用的标高 H_n，可由式（1.9）和式（1.10）计算。

单向排水时，有

$$H_n = H_0 + li \qquad (1.9)$$

双向排水时，有

$$H_n = H_0 \pm l_x i_x \pm l_y i_y \qquad (1.10)$$

式中　l——该点至 H_0 的距离，m；

　　　i——x 方向或 y 方向的排水坡度（不小于 2‰）；

l_x，l_y——该点 x-x、y-y 方向距场地中心线的距离，m；

i_x，i_y——该点 x 方向和 y 方向的排水坡度；若该点比 H_0 高取"+"号，反之取"-"号。

2. 场地平整土方量的计算

对于在地形起伏的山区、丘陵地带修建较大厂房、体育场、车站等占地广阔工程的平整场地，主要是削凸填凹，移挖方作填方，将自然地面改造平整为场地设计要求的平面。

场地平整就是将自然地面改造平整为场地设计要求的平面。场地设计标高是进行场地平整和土方量计算的依据，合理选择场地设计标高，对减少土方量，提高施工速度具有重要意义。场地设计标高是全局规划问题，应由设计单位及有关部门协商解决。当场地设计标高无设计特定要求时，可按场区内"挖填土方量平衡法"经计算确定，并可达到土方量少、费用低、造价合理的效果。

确定场地设计标高时，应考虑以下因素：满足建筑规划和生产工艺运输的要求；充分利用地形（如分区台阶布置），尽量使挖填方平衡，以减少土方量；要有一定泄水坡度（≥2‰），使之能满足排水要求；要考虑最高洪水位的影响。

场地挖填土方量计算有方格网法和横截面法两种。横截面法是将要计算的场地划分成若干横截面后，用横截面计算公式逐段计算，最后将逐段计算结果汇总。横截面法计算精度较低，可用于地形起伏变化较大地区。对于地形较平坦地区，一般采用方格网法。

(1) 方格网法计算场地平整土方量步骤。首先识读方格网图。方格网图（一般在 1/500 的地形图上）将场地划分为边长 $a = 10 \sim 40$m 的若干方格，与测量的纵横坐标相对应，在各方格角点规定的位置上标注角点的自然地面标高（H）和设计标高（H_n），如图 1.6 所示。

其次计算场地各个角点的施工高度。施工高度为角点设计地面标高与自然地面标高之差，是以角点设计标高为基准的挖方或填方的施工高度。各方格角点的施工高度按式（1.11）计算，即

$$h_n = H_n - H \qquad (1.11)$$

式中　h_n——角点施工高度即填挖高度（以"+"为填、"-"为挖），m；

　　H_n——角点的设计标高，m；

　　H——角点的自然地面标高，m；

　　n——方格的角点编号（自然数列 1、2、…、n）。

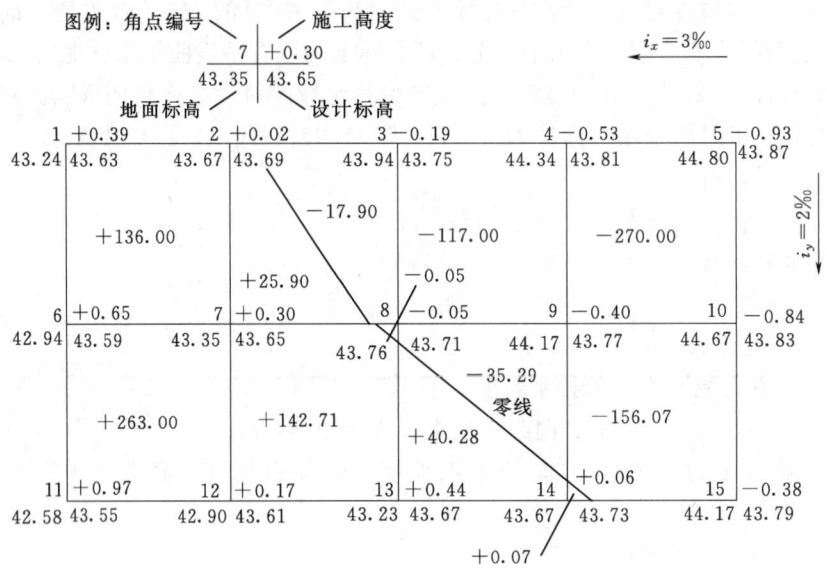

图 1.6 方格网法计算土方工程量图

再者计算"零点"位置，确定零线。当同一方格的 4 个角点的施工高度同号时，该方格内的土方则全部为挖方或填方，如果同一方格中一部分角点的施工高度为"+"，若另一部分为"-"，则此方格中的土方一部分为填方，一部分为挖方。方格边线一端施工高程为"+"，若另一端为"-"，则沿其边线必然有一不挖不填的点，即为"零点"，如图 1.6 所示。零点位置按式（1.12）计算，即

$$x_1 = \frac{ah_1}{h_1+h_2} ; x_2 = \frac{ah_2}{h_1+h_2} \tag{1.12}$$

式中 x_1，x_2——角点至零点的距离，m；

h_1，h_2——相邻两角点的施工高度（均用绝对值），m；

a——方格网的边长，m。

确定零点的办法也可以用图解法，如图 1.7 和图 1.8 所示。方法是用尺在各角点上标出挖填施工高度相应比例，用尺相连，与方格相交点即为零点位置。将相邻的零点连接起来，即为零线。它是确定方格中挖方与填方的分界线。

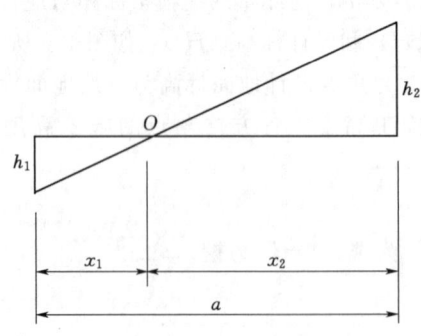

图 1.7 零点位置计算示意图

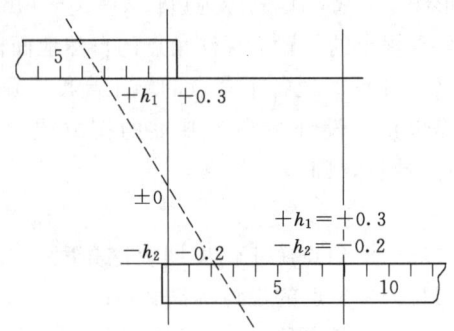

图 1.8 零点位置图解法

最后,计算方格土方工程量。按方格底面积图形和表 1.3 所列计算公式,逐格计算每个方格内的挖方量或填方量。

表 1.3 常用方格网点计算公式

项目	图 式	计 算 公 式
一点填方或挖方 (三角形)		$V=\dfrac{1}{2}bc\dfrac{\sum h}{3}=\dfrac{bch_3}{6}$ 当 $b=a=c$ 时,$V=\dfrac{a^2h_3}{6}$
两点填方或挖方 (梯形)		$V_+=\dfrac{b+c}{2}a\dfrac{\sum h}{4}=\dfrac{a}{8}(b+c)(h_1+h_3)$ $V_-=\dfrac{d+e}{2}a\dfrac{\sum h}{4}=\dfrac{a}{8}(d+e)(h_2+h_4)$
三点填方或挖方 (五角形)		$V=\left(a^2-\dfrac{bc}{2}\right)\dfrac{\sum h}{5}$ $=\left(a^2-\dfrac{bc}{2}\right)\dfrac{h_1+h_2+h_4}{5}$
四点填方或挖方 (正方形)		$V=\dfrac{a^2}{4}\sum h=\dfrac{a^2}{4}(h_1+h_2+h_3+h_4)$

注 1. a—方格网的边长,m;b、c—零点到一边的边长,m;h_1、h_2、h_3、h_4—方格网四角点的施工高度,用绝对值代入,m;$\sum h$—填方或挖方施工高度总和,用绝对值代入,m;V—填方或挖方的体积,m³。
2. 本表计算公式是按照各计算图形底面积乘以平均施工高度而得出的。

(2) 横截面法计算场地平整土方量。横截面法适用于地形起伏变化较大地区,或者地形狭长、挖填深度较大又不规则的地区采用,计算方法较为简单方便,但精度较低。计算步骤和方法如下:首先划分横截面。根据地形图、竖向布置或现场测绘,将要计算的场地划分横截面 AA'、BB'、CC'、…(图 1.9),使截面尽量垂直于等高线或主要建筑物的边长,各截面间的间距可以不等,一般可用 10~20m。在平坦地区可用大些,但最大不大于 100m。

其次画横截面图形。按比例绘制每个横截面的自然地面和设计地面的轮廓线。自然地面轮廓线与设计地面轮廓线之间的面积,即为挖方或填方的截面。最后计算横截面

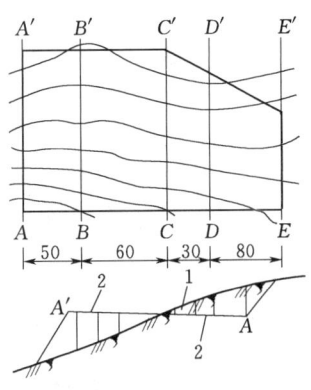

图 1.9 画横截面示意图
1—自然地面;2—设计地面

面积。按表 1.4 的横截面面积计算公式，计算每个截面的挖方或填方截面面积。

表 1.4 常用横断面计算公式

横截面图式	截面积计算公式
	$A = h(b + nb)$
	$A = h\left[b + \dfrac{h(m+n)}{2}\right]$
	$A = b\dfrac{h_1 + h_2}{2} + nh_1 h_2$
	$A = h_1\dfrac{a_1 + a_2}{2} + h_2\dfrac{a_2 + a_3}{2} + h_3\dfrac{a_3 + a_4}{2} + h_4\dfrac{a_4 + a_5}{2}$
	$A = \dfrac{a}{2}(h_0 + 2h + h_n)$ $h = h_1 + h_2 + h_3 + h_4 + h_5$

3. 边坡土方量计算

场地的挖方区和填方区的边沿都需要做成边坡，以保证挖方土壁和填方区的稳定。边坡的土方量可以划分成两种近似的几何形体进行计算，一种为三角棱锥体，如图 1.10 中①～③、⑤～⑪所示，另一种为三角棱柱体，如图 1.10 中④所示。

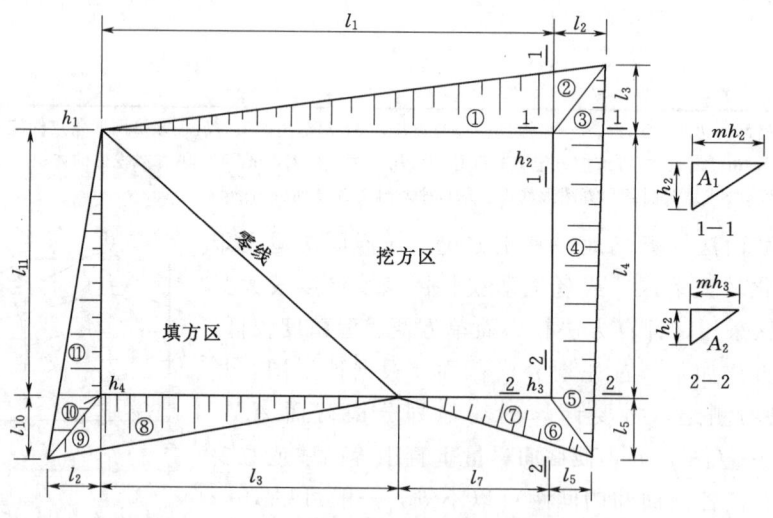

图 1.10 场地边坡平面图

（1）三角棱锥体边坡体积，即

$$V_1 = \dfrac{1}{3}A_1 l_1 \tag{1.13}$$

式中 l_1——边坡①的长度；

A_1——边坡①的端面积。

(2) 三角棱柱体边坡体积，即

$$V_4 = \frac{A_1 + A_2}{2} l_4 \tag{1.14}$$

两端横断面面积相差很大的情况下，边坡体积为

$$V_4 = \frac{l_4}{6}(A_1 + 4A_0 + A_2) \tag{1.15}$$

式中 l_4——边坡④的长度；

A_1, A_2, A_0——边坡④两端及中部横断面面积。

4. 计算土方总量

将挖方区（或填方区）所有方格计算的土方量和边坡土方量汇总，即得该场地挖方和填方的总土方量。

【例 1.1】 某建筑场地方格网如图 1.11 所示，方格边长为 20m×20m，填方区边坡坡度系数为 1.0，挖方区边坡坡度系数为 0.5。试用公式法计算挖方和填方的总土方量。

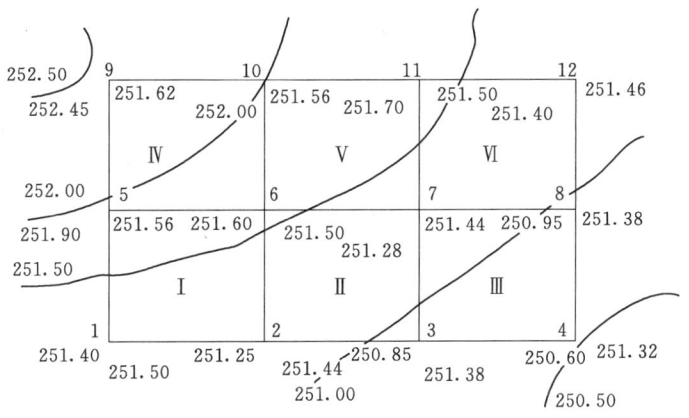

图 1.11 某建筑场地方格网布置

【解】 根据所给方格网各角点的地面设计标高和自然标高，计算结果列于图 1.11 中。由式 (1.12) 得

$h_1 = 251.50 - 251.40 = 0.10(\text{m})$，$h_2 = 251.44 - 251.25 = 0.19(\text{m})$，$h_3 = 251.38 - 250.85 = 0.53(\text{m})$，$h_4 = 251.32 - 250.60 = 0.72(\text{m})$，$h_5 = 251.56 - 251.90 = -0.34(\text{m})$，$h_6 = 251.50 - 251.60 = -0.10(\text{m})$，$h_7 = 251.44 - 251.28 = 0.16(\text{m})$，$h_8 = 251.38 - 250.95 = 0.43(\text{m})$，$h_9 = 251.62 - 252.45 = -0.83(\text{m})$，$h_{10} = 251.56 - 252.00 = -0.44(\text{m})$，$h_{11} = 251.50 - 251.70 = -0.20(\text{m})$，$h_{12} = 251.46 - 251.40 = 0.06(\text{m})$。

计算零点位置。从图 1.11 中可知，1—5、2—6、6—7、7—11、11—12 这 5 条方格边两端的施工高度符号不同，说明此方格边上有零点存在。由式 (1-12) 求得

1—5 线：$x_1 = 4.55$m；2—6 线：$x_1 = 13.10$m；6—7 线：$x_1 = 7.69$m；7—11 线：$x_1 = 8.89$m；11—12 线：$x_1 = 15.38$m。

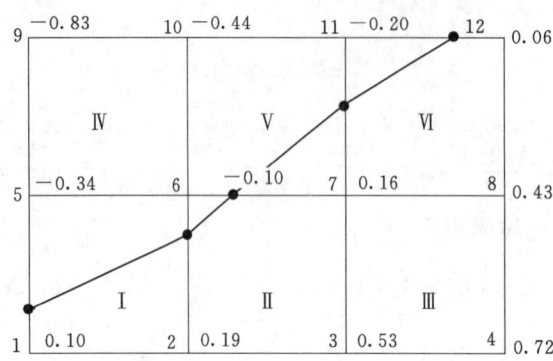

图 1.12 施工高度及零线位置

将各零点标于图上,并将相邻的零点连接起来,即得零线位置,如图 1.12 所示。

计算方格土方量。方格Ⅲ、Ⅳ底面为正方形,土方量为

$$V_{Ⅲ(+)} = 20^2/4 \times (0.53 + 0.72 + 0.16 + 0.43) = 184(\text{m}^3)$$

$$V_{Ⅳ(-)} = 20^2/4 \times (0.34 + 0.10 + 0.83 + 0.44) = 171(\text{m}^3)$$

方格Ⅰ底面为两个梯形,土方量为

$$V_{Ⅰ(+)} = 20/8 \times (4.55 + 13.10) \times (0.10 + 0.19) = 12.80(\text{m}^3)$$

$$V_{Ⅰ(-)} = 20/8 \times (15.45 + 6.90) \times (0.34 + 0.10) = 24.59(\text{m}^3)$$

方格Ⅱ、Ⅴ、Ⅵ底面为三边形和五边形,土方量为

$$V_{Ⅱ(+)} = 65.73\text{m}^3, V_{Ⅱ(-)} = 0.88\text{m}^3, V_{Ⅴ(+)} = 2.92\text{m}^3$$

$$V_{Ⅴ(-)} = 51.10\text{m}^3, V_{Ⅵ(+)} = 40.89\text{m}^3, V_{Ⅵ(-)} = 5.70\text{m}^3$$

方格网总填方量为

$$\sum V_{(+)} = 184 + 12.80 + 65.73 + 2.92 + 40.89 = 306.34(\text{m}^3)$$

方格网总挖方量为

$$\sum V_{(-)} = 171 + 24.59 + 0.88 + 51.10 + 5.70 = 253.26(\text{m}^3)$$

边坡土方量计算。如图 1.13 所示,除④、⑦按三角棱柱体计算外,其余均按三角棱锥体计算。

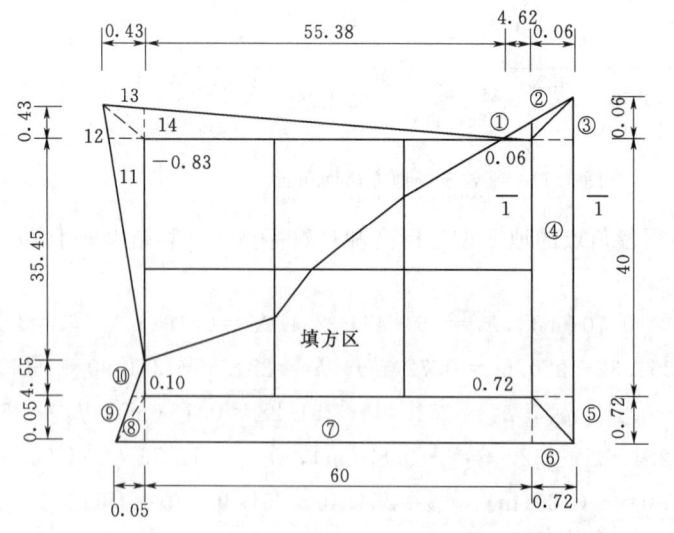

图 1.13 场地边坡平面图

依式 (1.13)、式 (1.14) 可得

$$V_{①(+)} = 0.003\text{m}^3, V_{②(+)} = V_{③(+)} = 0.0001\text{m}^3, V_{④(+)} = 5.22\text{m}^3$$

$V_{⑤(+)} = V_{⑥(+)} = 0.06 \text{m}^3, V_{⑦(+)} = 7.93 \text{m}^3, V_{⑧(+)} = V_{⑨(+)} = 0.01 \text{m}^3$

$V_{⑩} = 0.01 \text{m}^3, V_{11} = 2.03 \text{m}^3, V_{12} = V_{13} = 0.02 \text{m}^3, V_{14} = 3.18 \text{m}^3$

边坡总填方量为

$$\sum V_{(+)} = 0.003 + 0.0001 + 5.22 + 2 \times 0.06 + 7.93 + 2 \times 0.01 + 0.01 = 13.29 (\text{m}^3)$$

边坡总挖方量为

$$\sum V_{(-)} = 2.03 + 2 \times 0.02 + 3.18 = 5.25 (\text{m}^3)$$

任务1.3 土方工程机械化施工

1.3.1 施工准备

(1) 在场地平整施工前,应利用原场地上已有各类控制点,或已有建筑物、构筑物的位置、标高,测设平场范围线和标高。

(2) 对施工区域内障碍物要调查清楚,制订方案,并征得主管部门意见和同意,拆除影响施工的建筑物、构筑物;拆除和改造通信和电力设施、自来水管道、煤气管道和地下管道;迁移树木。

(3) 尽可能利用自然地形和永久性排水设施,采用排水沟、截水沟或挡水坝措施,把施工区域内的雨雪自然水、低洼地区的积水及时排除,使场地保持干燥,便于土方工程施工。

(4) 对于大型平整场地,利用经纬仪、水准仪,将场地设计平面图的方格网在地面上测设固定下来,各角点用木桩定位,并在桩上注明桩号、施工高度数值,以便施工。

(5) 修好临时道路、电力、通信及供水设施,以及生活和生产用临时房屋。

1.3.2 土方机械化施工

土方工程施工过程包括土方开挖、运输、填筑与压实等。由于土方工程量大,劳动繁重,在施工中除不适宜采用机械化施工的土方工程或小型基坑(槽)土方工程以外,应尽量采用机械化施工,以减轻劳动强度,加快施工进度,缩短工期。常用的土方施工机械有推土机、挖掘机、铲运机、装载机等。

1. 推土机施工

推土机由拖拉机和推土铲刀组成。按铲刀的操纵机构不同,推土机分为钢索式和液压式两种。目前常用的主要是液压式,如图1.14所示。推土机能够单独完成挖土、运土和卸土工作,具有操作灵活、运转方便、所需工作面小、行驶速度快、易于转移等特点。

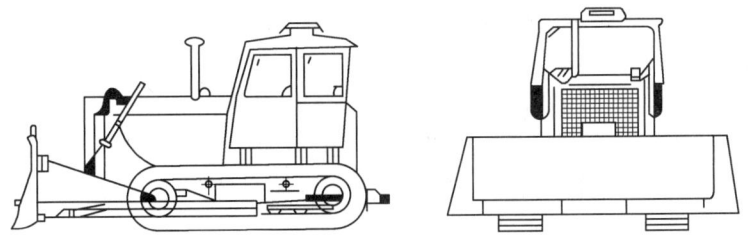

图1.14 油压式T_2-100型推土机

推土机经济运距在100m以内,效率最高的运距为60m。为提高生产效率,可采用槽形推土、下坡推土及并列推土等方法。

2. 铲运机施工

(1) 特点及适用范围。铲运机是一种能独立完成铲土、运土、卸土、填筑、场地平整的土方施工机械。按行走方式不同分为牵引式铲运机和自行式铲运机;按铲斗操纵系统不同可分为有液压操纵和机械操纵两种,如图1.15所示。

(a) 自行式铲运机　　　　　(b) 拖式铲运机

图1.15　常见铲运机

铲运机对道路要求较低,操纵灵活,具有生产效率较高的特点。它使用在一至三类土中直接挖土、运土。经济运距在600~1500m内,当运距在800m时效率最高。常用于坡度在20°以内的大面积场地平整、大型基坑开挖及填筑路基等;不适用于淤泥层、冻土地带及沼泽地区。

(2) 铲运机的作业方法。为了提高铲运机的生产效率,可以采用下坡推土、推土机推土助铲等方法,缩短装土时间,使铲斗的土装得较满。铲运机的开行路线主要有3种,即环形路线、大环形路线和8字形路线,如图1.16和图1.17所示。

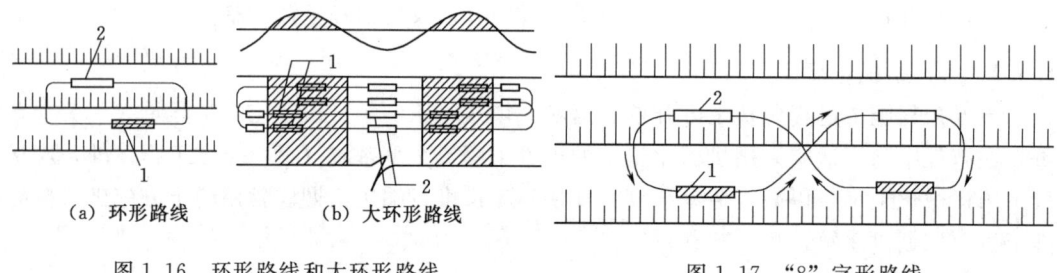

(a) 环形路线　　　(b) 大环形路线

图1.16　环形路线和大环形路线

1—铲土;2—卸土

图1.17　"8"字形路线

1—铲土;2—卸土

3. 单斗挖掘机

单斗挖土机是土方开挖常用的一种机械。按工作装置不同,可分为正铲、反铲、拉铲和抓铲4种,如图1.18所示。按其行走装置不同,分为履带式和轮胎式两类。按操纵机构的不同,可分为机械式和液压式两类。液压式单斗挖土机调速范围大,作业时惯性小,转动平稳,结构简单,一机多用,操纵省力,易实现自动化。

(1) 正铲挖土机。正铲挖土机的工作特点是"前进向上,强制切土",挖掘力大,生产效率高,适用于开挖停机面以上一至三类土,且与自卸汽车配合完成整个挖掘运输作业,可用于挖掘大型干燥的基坑和土丘等。

正铲挖土机的开挖方式,根据开挖路线与运输车辆相对位置的不同有两种开挖方式:

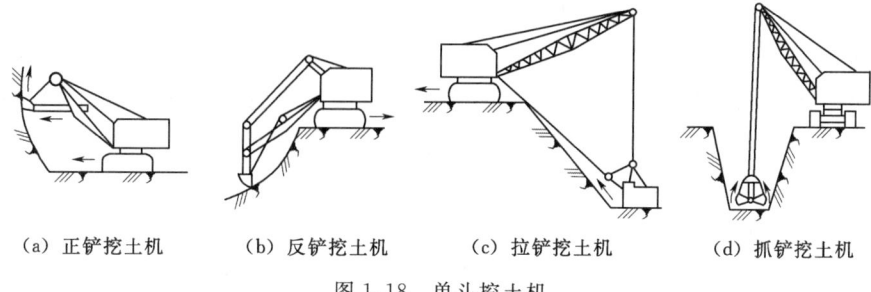

(a) 正铲挖土机　　(b) 反铲挖土机　　(c) 拉铲挖土机　　(d) 抓铲挖土机

图 1.18　单斗挖土机

一种是正向挖土、后方卸土 [图 1.19（a）]，即挖土机沿前进方向挖土，运输车辆停在挖土机后方装土；另一种是正向挖土、侧向卸土 [图 1.19（b）] 两种，即挖土机沿前进方向挖土，运输车辆停在挖土机侧面装土。挖土机铲臂卸土回转角度较大，生产率低，一般用于开挖作业面较小且较深的基坑。

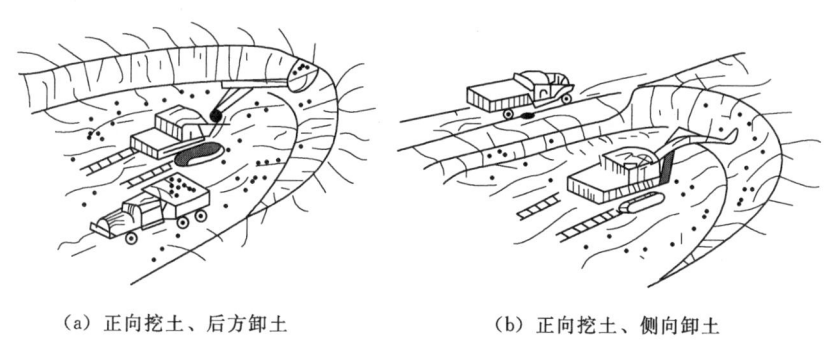

(a) 正向挖土、后方卸土　　　　(b) 正向挖土、侧向卸土

图 1.19　正铲挖土机开挖方式

（2）反铲挖土机。反铲挖土机的工作特点是"后退向下，强制切土"，挖掘力比正铲挖土机小，适用于开挖停机面以下含水量较大的一至三类土，适用于开挖深度在 4m 左右的基坑（槽）和管沟（最大开挖深度可达 6m），也可用于地下水位较高的土方开挖；在深基坑开挖中，依靠止水挡水结构或井点降水。

反铲挖土机的开挖方式有沟端开挖和沟侧开挖两种，如图 1.20 所示。沟端开挖，就

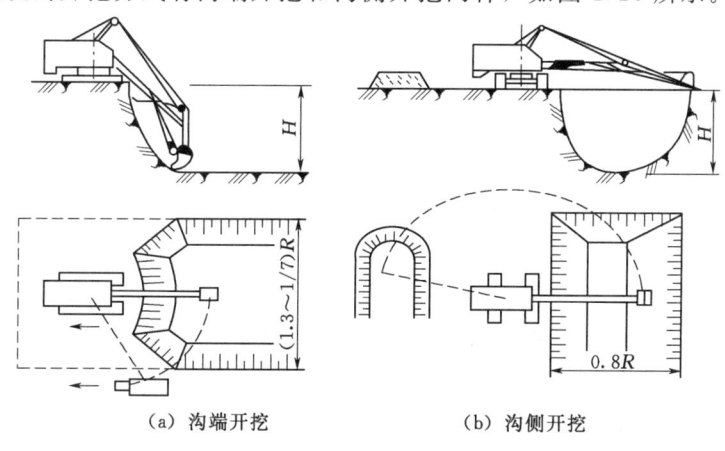

(a) 沟端开挖　　　　(b) 沟侧开挖

图 1.20　反铲挖土机开挖形式

是挖土机停在基坑（槽）的端部，向后倒退挖土，汽车停在基槽两侧装土。沟侧开挖，就是挖土机沿基槽的一侧直线移动，边走边挖土。

(3) 拉铲挖土机。拉铲挖土机工作时利用惯性，把铲斗甩出后靠收紧和放松钢丝绳进行挖土或卸土，铲斗"后退向下，自重切土"。可以开挖停机面以下的一类、二类土壤，适用开挖深度较大的基坑（槽）、沟渠，挖取水中泥土及填筑路基、修筑路坝等。拉铲开挖方式与反铲挖土机相似，有沟端开挖、沟侧开挖两种。

(4) 抓铲挖土机。抓铲挖土机工作特点是"直上直下，自重切土"，其挖土能力较小，操作性较差。适用于开挖土质比较松软，施工面比较狭窄的基坑、沟槽和沉井等工程，特别适于水下挖土，土质坚硬时不能用抓铲施工。

1.3.3 土方施工机械的选择

1. 场地平整

场地平整有土方的开挖、运输、填筑和压实等工序。地势较平坦、含水量适中的大面积平整场地，选用铲运机较适宜；地形起伏较大，挖方、填方量大且集中的平整场地，运距在 1000m 以上时，可选用正铲挖土机配合自卸车进行挖土、运土，在填方区配备推土机平整及压路机碾压施工；挖填方高度不大，运距在 100m 以内时，采用推土机施工，灵活、经济。

2. 基坑开挖

单个基坑和中小型基础基坑，多采用抓铲挖土机和反铲挖土机开挖。抓铲挖土机适用于一、二类土质和较深的基坑，反铲挖土机适于四类以下土质，深度在 4m 以内的基坑。

3. 基槽、管沟开挖

在地面上开挖具有一定截面、长度的基槽或沟槽，挖大型厂房的柱列基础和管沟，宜采用反铲挖土机挖土。如果水中取土或开挖土质为淤泥，且坑底较深，则可选抓铲挖土机挖土。如果土质干燥，槽底开挖不深，基槽长 30m 以上，可采用推土机或铲运机施工。

4. 整片开挖

基坑较浅，开挖面积大，且基坑土干燥，可采用正铲挖土机开挖。若基坑内土体潮湿，含水量较大，则采用拉铲或反铲挖土机作业。

5. 柱基础基坑、条形基础基槽开挖

对于独立柱基础的基坑及小截面条形基础基槽，可采用小型液压轮胎式反铲挖土机配以翻斗车来完成浅基坑（槽）的挖掘和运土。

任务 1.4　土方的填筑与压实

建筑工程土方回填，主要有地基的填土，基坑（槽）、管沟和室内地坪的回填土，室外场地的回填压实等。为了保证填土工程的质量，必须正确选择填土压实方法，做好施工准备工作。

1.4.1 土料填筑的要求

碎石类土、砂土和爆破石碴，可用作表层以下的填料，当填方土料为黏土时，填筑前应检查其含水量是否在控制范围内。

含水量大的黏土不宜作为填土用。含有大量有机质的土,吸水后容易变形,承载能力降低。含水溶性硫酸盐大于5%的土,在地下水的作用下,硫酸盐会逐渐溶解消失,形成孔洞,影响土的密实性。这两种土以及淤泥、冻土、膨胀土等均不应作为填土。

填土应分层进行,并尽量采用同类土填筑。如采用不同类土填筑时,应将透水性较大的土层置于透水性较小的土层之下,不能将各种土混杂在一起使用,以免填方内形成水囊。碎石类土或爆破石碴作填料时,其最大粒径不得超过每层铺土厚度的2/3,使用振动碾时,不得超过每层铺土厚度的3/4。铺填时,大块料不应集中,且不得填在分段接头或填方与山坡连接处。

1.4.2 填土压实的方法

填土压实方法一般有碾压法、夯实法和振动压实以及利用运土工具压实。对于大面积填土工程,多采用碾压和利用运土工具压实。对于小面积的填土工程,则宜采用夯实机具进行压实。

1. 碾压法

碾压法是利用机械滚轮的压力压实土壤,使之达到所需的密实度,此法多用于大面积填土工程。碾压机械有光面碾(压路机)、羊足碾和气胎碾。光面碾对砂土、黏性土均可压实;羊足碾需要较大的牵引力,且只宜压实黏性土,如图1.21所示;气胎碾在工作时是弹性体,其压力均匀,填土压实质量较好。还可利用运土机械进行碾压,也是较经济合理的压实方案,施工时使运土机械行驶路线能大体均匀地分布在填土面积上,并达到一定重复行驶遍数,使其满足填土压实质量的要求。

碾压机械压实填方时,行驶速度不宜过快,一般平碾控制在2km/h,羊足碾控制在3km/h,否则会影响压实效果。

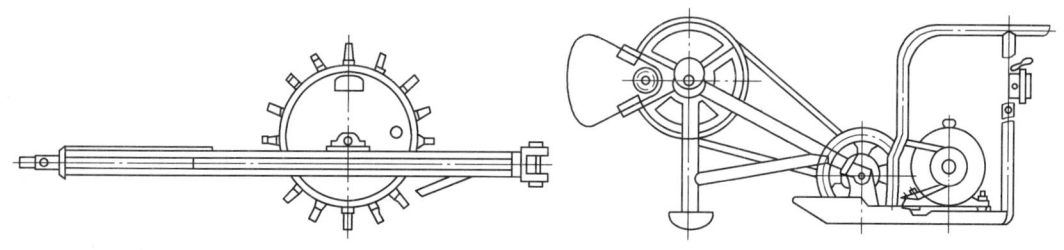

图1.21 羊足碾构造示意图　　　　图1.22 蛙式打夯机

2. 夯实法

夯实法是利用夯锤自由下落的冲击力来夯实土壤,主要用于小面积回填。夯实法分人工夯实和机械夯实两种。常用的夯实机械有夯锤、内燃夯土机和蛙式打夯机,如图1.22所示。适用于夯实砂性土、湿陷性黄土、杂填土以及含有石块的填土。夯实法可夯实较厚的土层。重型夯土机(1t以上的重锤),其夯实厚度可达1~1.5m,但木夯、石夯、蛙式打夯机等夯实工具,其夯实厚度则较小,一般为200mm以内。

3. 振动碾压法

振动碾压法是将振动压实机械放在土层表面,借助振动机械使压实机械振动,土颗粒在振动力的作用下发生相对位移而达到紧密状态。这种方法用于振实非黏性土效果较好。

振动平碾、振动凸块碾是将碾压和振动法结合起来的新型压实机械。振动平碾适用于填料为爆破碎石渣、碎石类土、杂填土或轻亚黏土的大型填方；振动凸碾则适用于亚黏土或黏土的大型填方。当压实爆破石渣或碎石类土时，可选用重8～15t的振动平碾，铺土厚度为0.6～1.5m，先静压，后振动碾压，碾压遍数由现场试验确定，一般6～8遍。

1.4.3 填土压实的影响因素

填土压实的主要影响因素为压实功、土的含水量以及每层铺土厚度。

1. 压实功的影响

填土压实后的密度与压实机械在其上所施加功的关系如图1.23所示。当土的含水量一定，在开始压实时，土的密度急剧增加，待到接近土的最大密实程度时，虽然压实功增加很多，但土的密度则变化甚小，实际施工时，对于砂土只需要碾压或夯击2遍或3遍，对粉土只需3遍或4遍，对粉质黏土或黏土只需5遍或6遍，此外，松土不宜直接用重型碾压机械直接滚压；否则土层有强烈起伏现象，效率不高。如果先用轻碾压实，再用重碾压实就会取得较好效果。

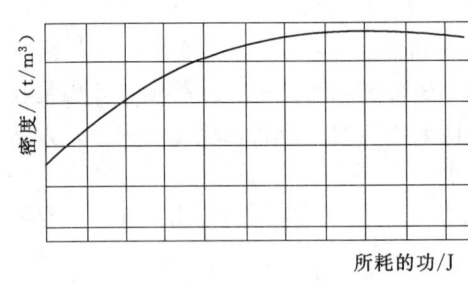

图1.23 土的密度与压实功的关系示意　　图1.24 压实作用沿深度的变化

2. 铺土厚度与压实遍数

在压实功作用下，土中的应力随深度增加而逐渐减小，如图1.24所示，其压实作用也随土层深度的增加而逐渐减小。铺土过厚，要压实很多遍才能达到规定的密实程度，铺土过薄，也要增加机械的总压实遍数。最优的铺土厚度应能使土方压实而机械的功耗费最少。

各种压实机械的压实影响深度与土的性质和含水量等因素有关。对于重要填方工程，其达到规定密实度所需的压实遍数、铺土厚度等应根据土质和压实机械在施工现场的压实试验决定。若无试验依据应符合表1.5的规定。

表1.5　每层铺土厚度与压实遍数

压 实 机 具	分层厚度/mm	每层压实遍数
平碾	250～300	6～8
振动压实机	250～350	3～4
柴油打夯机	200～250	3～4
人工打夯	<200	3～4

3. 含水量的影响

填土含水量的大小直接影响碾压（或夯实）遍数和质量。较为干燥的土，由于摩阻力较大而不易压实；当土具有适当含水量时，土的颗粒之间因水的润滑作用使摩阻力减小，压实效果好。土在最佳含水量条件下，用同样压实功作用，可使回填土得到最大的密实度。填土料含水量的控制范围为最优含水量±2%。各种土的最优含水量和最大干密度见表1.6。

表1.6　　　　　　　　　　各种土的最优含水量和最大干密度

项次	土的种类	变 动 范 围	
		最优含水量/%（质量比）	最大干密度/(g/cm³)
1	砂土	8~12	1.80~1.88
2	黏土	19~23	1.58~1.70
3	粉质黏土	12~15	1.85~1.95
4	粉土	16~22	1.61~1.80

1.4.4 土方回填的施工工艺

土方回填的施工工艺流程为：基坑（槽）底地坪清理→检验土质→分层铺土、耙平→夯打密实→检验密实度→修整找平验收。

（1）填土前，应将基坑（槽）底或地坪上的垃圾等杂物清理干净；基槽回填时，必须清理到基础底面标高，将回落的松散垃圾、砂浆、石子等杂物清除干净。

（2）检验回填土的质量有无杂物，粒径是否符合规定，以及回填土的含水量是否在控制的范围之内；如含水量偏高，可采用翻松、晾晒或均匀掺入干土等措施；如遇回填土的含水量偏低，可采用预先洒水湿润等措施。施工现场简单检验黏土含水量的方法一般是以手握成团、落地开花为适宜。

（3）回填土应分层铺摊。每层铺土厚度应根据土质、密实度要求和机具性能确定。一般蛙式打夯机每层铺土厚度为200~250mm；人工打夯不大于200mm。每层摊铺后，随之耙平。回填土每层至少打夯3遍。打夯应一夯压半夯，夯夯相连，纵横交叉，并且严禁采用水浇使土下沉的所谓"水夯"法。

（4）回填土每层填土夯实后，应按规范规定进行环刀取样，测出干土的质量密度，达到要求后，再进行上一层的铺土。

（5）修整找平。填土全部完成后，应进行表面拉线找平，凡超出标准高程的地方，及时依线铲平；凡低于标准高程的地方，应补土夯实。

1.4.5 土方回填的质量检验及安全技术要求

1. 土方回填质量检验

填土压实后必须要达到密实度要求，填土密实度以设计规定的控制干密度 ρ_d（或规定的压实系数 λ_c）作为检查标准。土的最大干密度 ρ_{dmax} 由实验室击实试验或计算求得，再根据规范规定的压实系数 λ_c，即可计算出控制干密度 ρ_d 的值。填土压实后的实际干密度，应有90%以上符合设计要求，其余10%的最低值与设计值的差不得大于0.08g/cm³，且应分散,不得集中。土的实际干密度可用"环刀法"测定。填方施工结束后,应检查标高、边坡坡度、压实程度等,检验标准应符合表 1.7 的规定。

表 1.7　　　　　　　　　　填土压实检验标准

项目	检查项目	允许偏差或允许值/mm					检查方法
		桩基、基坑基槽	场地平整		管沟	地面基础层	
			人工	机械			
主控项目	标高	-50	±30	±50	-50	-50	水准仪
	分层压实系数	设计要求					按规定方法
一般项目	回填土料	设计要求					取样检查或直观鉴别
	分层厚度及含水量	设计要求					水准仪及抽样检查
	表面平整度	20	20	30	20	20	用靠尺或水准仪

2. 施工安全技术

基坑开挖时,两人操作间距应大于 2.5m,多台机械开挖,挖土机间距应大于 10m。挖土应由上而下,逐层进行,严禁采用挖空底脚(挖神仙土)的施工方法;基坑开挖应严格按要求放坡。操作时应随时注意土壁变动情况,如发现有裂纹或部分坍塌现象,应及时进行支撑或放坡,并注意支撑的稳固和土壁的变化;基坑(槽)挖土深度超过 3m,使用吊装设备吊土时,起吊后,坑内操作人员应立即离开吊点的垂直下方,起吊设备距坑边一般不得少于 1.5m,坑内人员应戴安全帽;用手推车运土,应先铺好道路。卸土回填,不得放手让车自动翻转。用翻斗汽车运土,运输道路的坡度、转弯半径应符合有关安全规定;深基坑上下应先挖好阶梯或设置靠梯,或开斜坡道,采取防滑措施,禁止踩踏支撑上下。坑四周应设安全栏杆或悬挂危险标志;基坑(槽)设置的支撑应经常检查是否有松动变形等不安全迹象,特别是雨后更应加强检查;基坑(槽)沟边 1m 以内不得堆土、堆料和停放机具,1m 以外堆土,其高度不宜超过 1.5m。坑(槽)、沟或附近建筑物的距离不得小于 1.5m,危险时必须加固。

任务 1.5　基坑(槽)开挖与支护

1.5.1　土壁稳定

土壁稳定,主要是由于土体内摩阻力和黏结力保持土方平衡,一旦失去平衡,土壁就会塌方。根据工程实践调查分析,造成土壁塌方的主要原因有以下几点:边坡过陡,使土体本身稳定性不够,尤其是土质差、开挖深度大的基槽时,常发生塌方;雨水、地下水深入基坑,使土体重力增加及抗剪能力降低,是造成塌方的主要原因;基坑(槽)边坡附近大量堆土或停放机具、材料或由于动荷载的作用,使土体产生剪应力超过土体的抗剪强度。

1.5.2　基坑(槽)开挖

基坑挖土是基坑工程的重要部分,对于土方数量大的基坑,基坑工程工期的长短在很

任务1.5 基坑(槽)开挖与支护

大程度上取决于挖土的速度。另外,支护结构的强度和变形控制是否满足要求,降水是否达到预期的目的,都靠挖土阶段来进行检验。因此,基坑工程成败与否也在一定程度上有赖于基坑挖土。

在基坑土方开挖之前,要详细了解:施工区域的地形和周围环境;土层种类及其特性;地下设施情况;支护结构的施工质量;土方运输的出口;政府及有关部门关于土方外运的要求和规定(有的大城市规定只有夜间才允许土方外运)。要优化选择挖土机械和运输设备;要确定堆土场地或弃土处;要确定挖土方案和施工组织;要对支护结构、地下水位及周围环境进行必要的监测和保护。

基坑工程的挖土方案,主要有放坡挖土、中心岛式挖土、盆式挖土和逆作法挖土。前者无支护结构,后3种皆有支护结构。

1. 放坡挖土

放坡开挖是最经济的挖土方案。当基坑开挖深度不大(软土地区挖深不超过4m;地下水位低的土质较好地区挖深也可较大)、周围环境又允许时,经验算能确保土坡的稳定性时,均可采用放坡开挖。开挖深度较大的基坑,当采用放坡挖土时,宜设置多级平台分层开挖,每级平台的宽度不宜小于1.5m。

放坡开挖要验算边坡稳定,可采用圆弧滑动简单条分法进行验算。对于正常固结土,可用总应力法确定土体的抗剪强度,采用固结快剪峰值指标。至于安全系数,可根据土层性质和基坑大小等条件确定,上海的基坑工程设计规程规定,对一级基坑安全系数取1.38~1.43,二级、三级基坑取1.25~1.30。

采用简单条分法验算边坡稳定时,对土层性质变化较大的土坡,应分别采用各土层的重度和抗剪强度。当含有可能出现流沙的土层时,宜采用井点降水等措施。

对土质较差且施工工期较长的基坑,对边坡宜采用钢丝网水泥喷浆或用高分子聚合材料覆盖等措施进行护坡。坑顶不宜堆土或存在堆载,遇有不可避免的附加荷载时,在进行边坡稳定性验算时,应计入附加荷载的影响。

在地下水位较高的软土地区,应在降水达到要求后再进行土方开挖。宜采用分层开挖的方式进行开挖。分层挖土厚度不宜超过2.5m。挖土时要注意保护工程桩,防止碰撞或因挖土过快、高差过大使工程桩受侧压力而倾斜。如有地下水,放坡开挖应采取有效措施降低坑内水位和排除地表水,严防地表水或坑内排出的水倒流回渗入基坑。

基坑采用机械挖土,坑底应保留200~300mm厚基土,用人工清理整平,防止坑底土扰动。待挖至设计标高后,应清除浮土,经验槽合格后,及时进行垫层施工。

2. 中心岛式挖土

中心岛式挖土,宜用于大型基坑,支护结构的支撑形式为角撑、环梁式或边桁(框)架式,中间具有较大空间情况下,可利用中间的土墩作为支点搭设栈桥。挖土机可利用栈桥下到基坑挖土,运土的汽车也可利用栈桥进入基坑运土。

中心岛式挖土,中间土墩的留土高度、边坡的坡度、挖土层次与高差都要经过仔细研究确定。由于在雨季遇有大雨,土墩边坡易滑坡,必要时对边坡尚需加固;挖土也分层开挖,多数是先全面挖去第一层,然后中间部分留置土墩。周围部分分层开挖。开挖多用反铲挖土机,如基坑深度大则用向上逐级传递方式进行装车外运;整个的土方开挖顺序必须

与支护结构的设计工况严格一致,要遵循开槽支撑、先撑后挖、分层开挖、严禁超挖的原则;对面积较大的基坑,为减少空间效应的影响,基坑土方宜分层、分块、对称、限时进行开挖,土方开挖顺序要为尽可能早的安装支撑创造条件。

土方挖至设计标高后,对有钻孔灌注桩的工程,宜边破桩头边浇筑垫层,尽可能早一些浇筑垫层,以便利用垫层对围护墙起支撑作用,以减少围护墙的变形。挖土机挖土时严禁碰撞工程桩、支撑、立柱和降水的井点管。分层挖土时,层高不宜过大,以免土方侧压力过大使工程桩变形倾斜。

同一基坑内当深浅不同时,土方开挖宜先从浅基坑处开始,如条件允许可待浅基坑处底板浇筑后,再挖基坑较深处的土方。如两个深浅不同的基坑同时挖土时,土方开挖宜先从较深基坑开始,待较深基坑底板浇筑后,再开始开挖较浅基坑的土方。如基坑底部有局部加深的电梯井、水池等,如深度较大,宜先对其边坡进行加固处理后再进行开挖。

3. 盆式挖土

盆式挖土是先开挖基坑中间部分的土,周围四边留土坡,土坡最后挖除。这种挖土方式的优点是周边的土坡对围护墙有支撑作用,有利于减少围护墙的变形。其缺点是大量的土方不能直接外运,需集中提升后装车外运。

盆式挖土周边留置的土坡,其宽度、高度和坡度大小均应通过稳定验算确定。如留得过小,对围护墙支撑作用不明显,失去盆式挖土的意义;如坡度太陡边坡不稳定,在挖土过程中可能失稳滑动,不但失去对围护墙的支撑作用,影响施工,而且有损于工程桩的质量。盆式挖土需设法提高土方上运的速度,对加速基坑开挖起很大作用。

1.5.3 土壁支护

在开挖基坑或沟槽时,如果地质水文条件良好,场地周围条件允许,可以采用放坡开挖,这种方式比较经济。但是随着高层建筑的发展,以及建筑物密集地区施工基坑的增多,常因场地的限制而不能采取放坡,或放坡导致土方量增大,或地下水深入基坑导致土坡失稳。此时,便可以采取土壁支护,以保证施工安全和顺利进行,并减少对邻近已有建筑物的不利影响。基坑支护应综合考虑工程地质与水文地质条件、基础类型、基坑开挖深度、降排水条件、周边环境对坑侧壁位移的要求、基坑周边荷载、季节施工、支护结构使用期限等因素。

1. 沟槽的支撑

开挖较窄的沟槽多用横撑式支撑。横撑式支撑由挡土板、楞木和工具式横撑组成,根据挡土板的不同,分为水平挡土板和垂直挡土板两类,见表 1.8。采用横撑式支撑时,应随挖随撑,支撑牢固。施工中应经常检查,如有松动、变形等现象时,应及时加固或更换。支撑的拆除应按回填顺序依次进行,多层支撑应自下而上逐层拆除,随拆随填。

2. 一般浅基坑的支撑方法

一般浅基坑的支撑方法可根据基坑的宽度、深度及大小采用不同的形式,见表 1.9。

表 1.8　基槽、管沟支护方法

支撑方式	简图	支撑方法及适用条件
断续式水平支撑	（立楞木、横撑、水平挡土板、木楔）	挡土板水平放置，中间留出间隔，并在两侧同时对称立竖方木，然后用工具或木横撑上、下顶紧。 适用于能保持直立壁的干土或天然湿度的黏土、深度在3m以内的沟槽
连续式水平支撑	（立楞木、横撑、水平挡土板、木楔）	挡土板水平连续放置，不留间隙，在两侧同时对称立竖枋木，上、下各顶一根撑木，端头加木楔顶紧。 适用于较松散的干土或天然湿度的黏土、深度为3～5m的沟槽
垂直支撑	（木楔、横撑、垂直挡土板、横楞木）	挡土板垂直放置，可连续或留适当间隙，然后每侧上、下各水平顶一根枋木，再用横撑顶紧。 适用于土质较松散或湿度很高的土，深度不限

表 1.9　一般浅基坑的支护方法

支撑方式	简图	支撑方法及适用条件
临时挡土墙支撑	（$\geq \dfrac{H}{\tan\phi}$、柱桩、拉杆、回填土、挡板、H）	沿坡脚用砖、石叠砌或用装水泥的聚丙烯扁丝编织袋、草袋装土、砂堆砌，使坡脚保持稳定。 适于开挖宽度大的基坑，当部分地段下部放坡不够时使用

续表

支撑方式	简 图	支撑方法及适用条件
斜柱支撑		水平挡土板钉在柱桩内侧，柱桩外侧用斜撑支顶，斜撑底端支在木桩上，在挡土板内侧回填土。适用于开挖较大型、深度不大的基坑或使用机械挖土时
锚拉支撑		水平挡土板钉在柱桩的内侧，柱桩一端打入土中，另一端用拉杆与锚桩拉紧，在挡土板内侧回填土。适于开挖较大型、深度不大的基坑或使用机械挖土，不能设横撑时使用

1.5.4 深基坑支护

深基坑一般指开挖深度超过 5m（含 5m）或地下室三层以上（含三层），或深度虽未超过 5m，但地质条件和周围环境及地下管线特别复杂的工程。深基坑支护是为了保证地下结构施工及基坑周边环境的安全，对深基坑侧壁及周边的环境采用的支挡、加固与保护的措施。随着高层建筑及地下空间的出现，深基坑规模不断扩大。

1. 钢板桩支护结构

钢板桩为一种支护结构，既挡土又挡水。当开挖的基坑较深，地下水位较高且有出现流沙的危险时，如未采用降低地下水位的方法，则可用板桩打入土中，使地下水在土中渗流的路线延长，降低水力坡度，从而防止流沙现象。靠近原有建筑物开挖基坑时，为了防止和减少原建筑物下沉，也可打钢板桩支护。板桩有钢板桩、木板桩与钢筋混凝土板桩数种。钢板桩除用钢量多之外，其他性能比别的板桩都优越，钢板桩在临时工程中可多次重复使用。

（1）钢板桩的分类。钢板桩的种类很多，常见的有 U 形板桩、Z 形板桩和 H 形板桩，如图 1.25 所示。其中以 U 形板桩应用最多，可用于 5～10m 深的基坑。

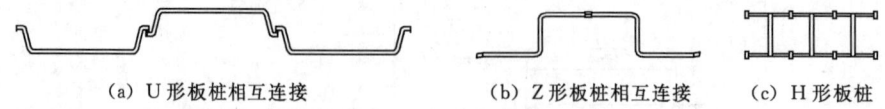

图 1.25 常见钢板桩截面形式

（2）钢板桩施工。目前在基坑支护中多采用钢板桩，下面以钢板桩为例介绍板桩施工的主要程序。

钢板桩施工机具有冲击式打桩机，包括自由落锤、柴油锤、蒸汽锤等；振动打桩机，可用于打桩及拔桩；此外还有静力压桩机等。钢板桩的设置位置应在基础最突出的边缘外,留有支模、拆模的余地,便于基础施工。在场地紧凑的情况下,也可利用钢板作底板或承台侧模,但必须配以纤维板(或油毛毡)等隔离材料,以利钢板桩拔出。

钢板桩的打入方法主要有单根桩打入法、屏风式打入法、围檩打桩法。

1)单根桩打入法。将板桩一根根地打入至设计标高。这种施工法速度快,桩架高度相对可低一些,但容易倾斜。当板桩打设要求精度较高、板桩长度较长(大于10m)时,不宜采用。

2)屏风式打入法。将10～20根板桩成排插入导架内,使之呈屏风状,然后桩机来回施打,并使两端先打到要求深度,再将中间部分的板桩顺次打入。这种屏风施工法可防止板桩的倾斜与转动,对要求闭合的围护结构常用此法,缺点是施工速度比单桩施工法慢,且桩架较高。

3)围檩打桩法。分单层、双层围檩,是在地面上一定高度处离轴线一定距离,先筑起单层或双层围檩架,而后将钢板桩依次在围檩中全部插好,待四角封闭合拢后,再逐渐按阶梯状将钢板桩逐块打至设计标高。这种方法能保证钢板桩墙的平面尺寸、垂直度和平整度,适用于精度要求高、数量不大的场合;缺点是施工复杂,施工速度慢,封闭合拢时需异形桩。

2. 排桩支护结构

基坑开较大、较深(大于6m),邻近有建筑物,不能放坡时,可采用排桩支护。排桩支护可采用钻孔灌注桩、人工挖孔桩、预制钢筋混凝土板桩或钢板桩等。

(1)排桩支护的布置形式。柱列式排桩支护,当边坡土质较好、地下水位较低时,可利用土拱作用,以稀疏钻孔灌注桩或挖孔桩支挡土坡,如图1.26(a)所示。连续排桩支护,如图1.26(b)所示,在软土中一般不能形成土拱,支挡桩应该连续密排。密排的钻孔桩可以互相搭接,或在桩身混凝土强度尚未形成时,在相邻桩之间做一根素混凝土树根桩把钻孔桩排连起来,如图1.26(c)所示。也可以采用钢板桩、钢筋混凝土板桩,如图1.26(d)、(e)所示;组合式排桩支护,在地下水位较高的软土地区,可采用钻孔灌注桩排桩与水泥土桩防渗墙组合的形式,如图1.26(f)所示。

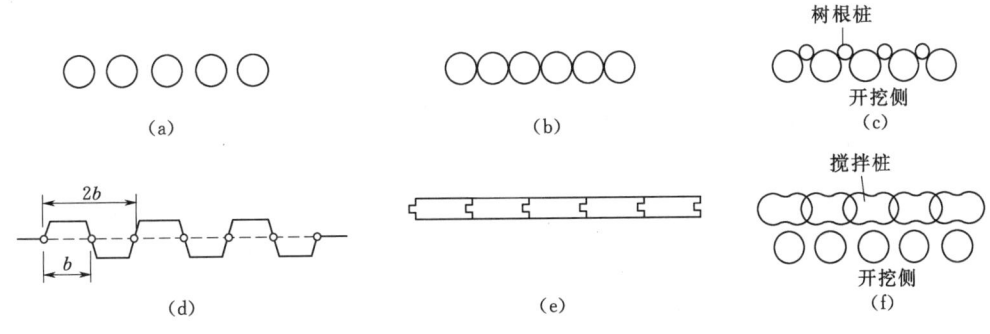

图1.26 排桩维护形式

(2)排桩支护的基本构造及施工工艺。钢筋混凝土挡土桩间距一般为1.0～2.0m,桩直径为0.5～1.1m,埋深为基坑深的0.5～1.0倍。桩配筋由计算确定,一般主筋为$\phi 14\sim 32$,当为构造配筋时,每根桩不少于8根,箍筋采用$\phi 8@100\sim 200mm$;对于开挖深度不大于 6m 的基坑，在场地条件允许的情况下，采用重力式深层搅拌桩挡墙较为理想。当场地受限制时，也可选用 $\phi 600mm$ 密排悬臂钻孔桩，桩与桩之间可用树根桩封密，也可在灌注桩后注浆或打水泥搅拌桩作防水帷幕；对于开挖深度为 6~10m 的基坑，常采用 $\phi 800 \sim 1000mm$ 的钻孔桩，后面加深层搅拌桩或注浆防水，并设 2~3 道支撑，支撑道数视土质情况、周围环境及围护结构变形要求而定；对于开挖深度大于 10m 的基坑，以往常采用地下连续墙，设多层支撑，虽然安全可靠，但价格昂贵。近年来，上海常采用 $\phi 800 \sim 1000mm$ 大直径钻孔桩代替地下连续墙，同样采用深层搅拌桩防水，多道支撑或中心岛施工法，这种支护结构已成功应用于开挖深度达到 13m 的基坑；排桩顶部应设钢筋混凝土冠梁连接，冠梁宽度（水平方向）不宜小于桩径，冠梁高度（竖直方向）不宜小于 400mm，排桩与桩顶冠梁的混凝土强度宜大于 C20；当冠梁作为连系梁时可按构造配筋；基坑开挖后，排桩的桩间土防护可采用钢丝网混凝土护面、砖砌等处理方法，当桩间渗水时，应在护面设泄水孔。当基坑面在实际地下水位以上且土质较好、暴露时间较短时，可不对桩间土进行防护处理。

3. 水泥土墙支护结构

水泥土桩墙支护是加固软土地基的一种新方法，它是利用水泥、石灰等材料作为固化剂，通过深层搅拌机械，将软土和固化剂（浆液或粉体）强制搅拌，利用固化剂和软土之间所产生的一系列物理-化学反应，使软土硬结成具有整体性、水稳定性和一定强度的围护结构。适用于：①基坑侧壁安全等级宜为二级、三级；②水泥土墙施工范围内地基承载力不宜大于 150kPa；③基坑深度不宜大于 6m；④基坑周围具备水泥土墙的施工宽度；⑤深层搅拌法最适宜于各种成因的饱和软黏土，包括淤泥、淤泥质土、黏土和粉质黏土等。

(1) 构造要求。深层搅拌桩支护结构是将搅拌桩相互搭接而成，平面布置可采用壁状体，如图 1.27 所示。若壁状的挡墙宽度不够时，可加大宽度，做成格栅状支护结构，如图 1.28 所示，即在支护结构宽度内，不需整个土体都进行搅拌加固，可按一定间距将土体加固成相互平行的纵向壁，再沿纵向按一定间距加固肋体，用肋体将纵向壁连接起来。这种挡土结构目前常采用双头搅拌机进行施工，一个头搅拌的桩体直径为 700mm，两个搅拌轴的距离为 500mm，搅拌桩之间的搭接距离为 200mm。

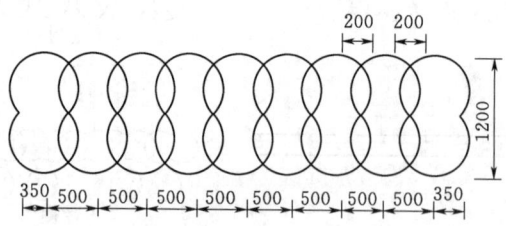
图 1.27 壁状支护结构布置

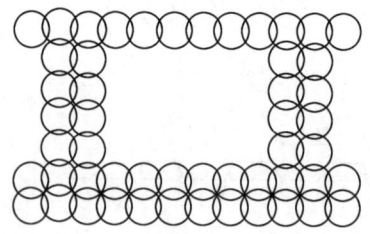
图 1.28 格栅状平面布置

墙体宽度 B 和插入深度 D 应根据基坑深度、土质情况及其物理力学性能、周围环境、地面荷载等计算确定。在软土地区，当基坑开挖深度 h 不大于 5m 时，可按经验取 $B=(0.6 \sim 0.8)h$，尺寸以 500mm 进位，$D=(0.8 \sim 1.2)h$。基坑深度一般控制在 7m 以内，过深则不经济。

（2）施工方法。水泥土桩墙工程主要施工机械采用深层搅拌机。目前，我国生产的深层搅拌机主要分为单轴搅拌机和双轴搅拌机。水泥土桩墙工程施工工艺如图1.29所示。

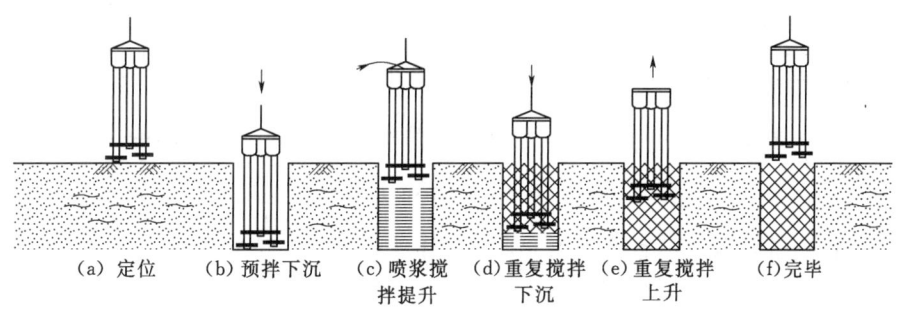

　　(a) 定位　(b) 预拌下沉　(c) 喷浆搅拌提升　(d) 重复搅拌下沉　(e) 重复搅拌上升　(f) 完毕

图1.29　水泥土桩墙工程施工工艺流程

深层搅拌桩施工可采用湿法（喷浆）及干法（喷粉）施工，施工时应优先选用喷浆型双轴型深层搅拌机。

1）桩架定位及保证垂直度。深层搅拌机桩架到达指定桩位、对中。当场地标高不符合设计要求或起伏不平时，应先进行开挖、整平。施工时桩位偏差应小于5cm，桩的垂直度误差不超过1%。

2）预搅下沉。待深层搅拌机的冷却水循环正常后，启动搅拌机的电动机，放松起重机的钢线绳，使搅拌机沿导向架搅拌切土下沉，下沉速度可由电动机的电流表控制。工作电流不应大于70A。如果下沉速度太慢，可从输浆系统补给清水以利钻进。

3）制备水泥浆。按设计要求的配合比拌制水泥浆，压浆前将水泥浆倒入集料斗中。

4）提升、喷浆并搅拌。深层搅拌机下沉到设计深度后，开启灰浆泵将水泥浆压入地基土中，并且边喷浆、边旋转，同时严格按照设计确定的提升速度提升搅拌头。

5）重复搅拌或重复喷浆。搅拌头提升至设计加固深度的顶面标高时，集料斗中的水泥浆应正好排空。为使软土和水泥浆搅拌均匀，可再次将搅拌头边旋转边沉入土中，至设计加固深度后再将搅拌头提升出地面。有时可采用复搅、复喷（即二次喷浆）方法。在第一次喷浆至顶面标高，喷完总量的60%浆量，将搅拌头边搅边沉入土中，至设计深度后，再将搅拌头边提升边搅拌，并喷完余下的40%浆量。喷浆搅拌时搅拌头的提升速度不应超过0.5m/min。

6）移位。桩架移至下一桩位施工。下一桩位施工应在前桩水泥土尚未固化时进行。相邻桩的搭接宽度不宜小于200mm。相邻桩喷浆工艺的施工时间间隔不宜大于10h。施工开始和结束的头尾搭接处，应采取加强措施，防止出现沟缝。

4. 土钉墙支护结构

土钉墙支护是在基坑开挖过程中将较密排列的土钉（细长杆件）置于原位土体中，并在坡面上喷射钢筋网混凝土面层。通过土钉、土体和喷射混凝土面层的共同工作，形成复合土体。土钉墙支护充分利用土层介质的自承力，形成自稳结构，承担较小的变形压力，土钉承受主要拉力，喷射混凝土面层调节表面应力分布，体现整体作用。同时由于土钉排列较密，通过高压注浆扩散后使土体性能提高。土钉墙支护如图1.30所示。

适用于基坑侧壁安全等级为二级、三级非软土场地，地下水位较低的黏土、砂土、粉

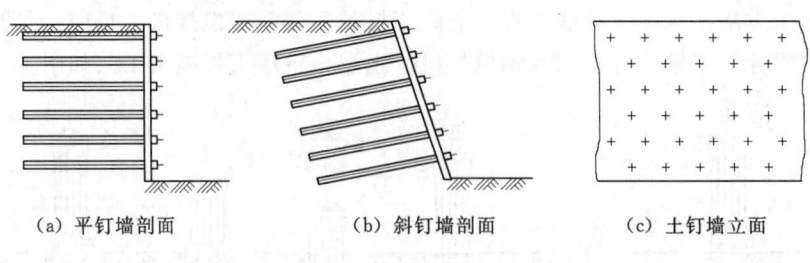

(a) 平钉墙剖面　　　　(b) 斜钉墙剖面　　　　(c) 土钉墙立面

图 1.30　土钉墙支护简图

土地基，土钉墙基坑深度不宜大于 12m，当地下水位高于基坑底面时，应采取降水或截水措施。

(1) 土钉墙的基本构造。

1) 土钉长度。一般对非饱和土，土钉长度 L 与开挖深度 H 之比为 $L/H=0.6\sim1.2$，密实砂土及干硬性黏土取小值。为减少变形，顶部土钉长度宜适当增加。非饱和土底部土钉长度可适当减少，但不宜小于 $0.5H$。对于饱和软土，由于土体抗剪能力很低，土钉内力因水压作用而增加，设计时取 L/H 值大于 1 为宜。

2) 土钉间距。土钉间距的大小影响土体的整体作用效果，目前尚不能给出有足够理论依据的定量指标。土钉的水平间距和垂直间距一般宜为 $1.2\sim2.0m$。垂直间距依土层及计算确定，且与开挖深度相对应。上下插筋交错排列，遇局部软弱土层间距可小于 $1.0m$。

3) 土钉直径。最常用的土钉材料是变形钢筋、圆钢、钢管及角钢等。当采用钢筋时，一般为 $\phi 18\sim32mm$，HRB400 以上螺纹钢筋；当采用角钢时，一般为 ∟$50\times50\times5$ 角钢；当采用钢管时，一般为 $\phi 50mm$ 钢管。

4) 土钉倾角。土钉垂直方向向下倾角一般为 $5°\sim20°$，土钉倾角取决于注浆钻孔工艺与土体分层特点等多种因素。研究表明，倾角越小，支护的变形越小，但注浆质量较难控制。倾角越大，支护的变形越大，但倾角大有利于土钉插入下层较好的土层内。

5) 注浆材料。用水泥砂浆或水泥素浆。水泥采用不低于 32.5 级的普通硅酸盐水泥，其强度等级不宜低于 M10；水灰比 $1:0.40\sim0.50$，水泥砂浆配合比宜为 $1:1\sim1:2$（质量比）。

6) 支护面层。土钉支护中的喷射混凝土面层不属于主要挡土部件，在土体自重作用下主要是稳定开挖面上的局部土体，防止其崩落和受到侵蚀。临时性土钉支护的面层通常用 $50\sim150mm$ 厚的钢筋网喷射混凝土，混凝土强度等级不低于 C20。钢筋网常用 $\phi 6\sim8mm$，HPB300 级钢筋焊成 $15\sim30cm$ 方格网片。永久性土钉墙支护面层厚度为 $150\sim250mm$，设两层钢筋网，分两次喷成。

(2) 土钉墙支护的施工。土钉墙支护施工应按设计要求自上而下、分层分段进行。土钉墙施工工艺流程及技术要点如下：首先进行开挖、修坡：土方开挖用挖掘机作业，挖掘机开挖应离预定边坡线 0.4m 以上，以保证土方开挖少扰动边坡壁的原状土，一次开挖深度由设计确定，一般为 $1.0\sim2.0m$，土质较差时应小于 $0.75m$。正面宽度不宜过长，开挖后，用人工及时修整。边坡坡度不宜大于 $1:0.1$。

其次在开挖面上设置一排土钉。

1) 成孔，按设计规定的孔径、孔距及倾角成孔，孔径宜为70～120mm。成孔方法有洛阳铲成孔和机械成孔。成孔后及时将土钉（连同注浆管）送入孔中，沿土钉长度每隔2.0m设置一对中支架。

2) 设置土钉。土钉的置入可分为钻孔置入、打入或射入方式。最常用的是钻孔注浆型土钉。钻孔注浆土钉是先在土中成孔，置入变形钢筋或钢管，然后沿全长注浆填孔。打入土钉是用机械（如振动冲击钻、液压锤等，将角钢、钢筋或钢管打入土体。打入土钉不注浆，与土体接触面积小，钉长受限制，所以布置较密，其优点是不需预先钻孔，施工较为快速。射入土钉是用高压气体作动力，将土钉射入土体。射入钉的土钉直径和钉长受一定限制，但施工速度更快。注浆打入钉是将周围带孔、端部密闭的钢管打入土体后，从管内注浆，并透过壁孔将浆体渗到周围土体。

3) 注浆。注浆时先高速低压从孔底注浆，当水泥浆从孔口溢出后，再低速高压从孔口注浆。水泥浆、水泥砂浆应拌和均匀，随伴随用，一次拌和的浆液应在初凝前用完。注浆前应将孔内的杂土清除干净；注浆开始或中途停止超过30min时，应用水或稀水泥浆润滑注浆泵及其管路；注浆时，注浆管应插至距孔底250～500mm处，孔口宜设置止浆塞及排汽管。

4) 绑钢筋网，焊接土钉头。层与层之间的竖筋用对钩连接，竖筋与横筋之间用扎丝固定，土钉与加强钢筋或垫板施焊。

5) 喷射混凝土面层。

6) 继续向下开挖有限深度，并重复上述步骤。

这里需要注意，第一层土钉施工完毕后，等注浆材料达到设计强度的70%以上，方可进行下层土方开挖，按此循环直至坑底标高，最后设置坡顶及坡底排水装置。

当土质较好时，也可采取以下顺序：确定基坑开挖边线→按线开挖工作面→修整边坡→埋设喷射混凝土厚度控制标志→放土钉孔位线并做标志→成孔→安设土钉、注浆→绑扎钢筋网，土钉与加强钢筋或承压板连接，设置钢筋网垫块→喷射混凝土→下一层施工。

任务1.6 基坑排水与降水

1.6.1 流沙

对于细粒土，尤其是细砂、粉砂，在水压力作用下，极易失去稳定而随地下水一起拥入坑内，形成流沙现象。发生流沙时，土完全失去承载能力，工人难以立足，施工条件恶化，土边挖边冒，很难挖到设计深度。流沙严重时，会引起基坑边坡塌方，如果附近有建筑物，就会因地基被掏空而使建筑物下沉、倾斜，甚至坍塌。

1. 流沙发生的原因

产生流沙现象的原因有内因和外因。内因取决于土壤的性质，当土的孔隙度大、含水量大、黏粒含量少、粉粒含量多等均容易产生流沙现象。因此，流沙现象经常发生在粉细砂和亚砂土中。外因取决于地下水及其产生的动水压力的大小。当水由高水位处流向低水位处时，水在土中渗流过程中受到土颗粒的阻力，同时水对土颗粒也有压力，这个压力称为动水压力，动水压力与水的重力密度和水力坡度有关。

当地下水位较高，其境内排水所造成的水位差较大时，动水压力也较大，当动水压力大于浮土重度时，就会推动土壤失去稳定，土颗粒被带走而形成流沙现象。

通常情况下，当地下水位越高，坑内外水位差越大时，动水压力也越大，越容易发生流沙现象。通常在可能发生流沙的土质中，当基坑挖深超过地下水位线0.5m左右时，就要注意防止流沙的发生。

2. 流沙的防治

发生流沙现象的重要原因是动水压力的大小和方向。因此，在基坑开挖中，防止流沙的途径有两种：一种是减小或平衡动水压力，另一种是使动水压力的方向向下，或是截断地下水流。具体措施如下：在枯水期施工、往基坑底抛大石块、设止水帷幕、水下挖土、井点降低地下水位、冻结法等。

1.6.2 基坑明排水法

1. 普通明沟排水法

普通明沟排水法是采用截、疏、抽的方法进行排水，即在开挖基坑时，沿坑底周围或中央开挖排水沟，再在沟底设置集水井，使基坑内的水经排水沟流入集水井内，然后用水泵抽出坑外，如图1.31所示。

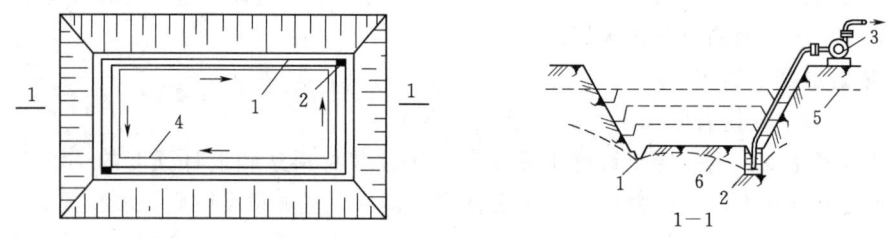

图1.31 明沟、集水井排水方法
1—排水明沟；2—集水井；3—离心式水泵；4—设备基础和建筑物
基础边线；5—原地下水位线；6—降低后地下水位线

根据地下水量、基坑平面形状及水泵的抽水能力，每隔30～40m设置一个集水井。集水井的截面一般为0.6m×0.6m～0.8m×0.8m，其深度随着挖土的加深而加深，并保持低于挖土面0.8～1.0m，井壁可用竹笼、砖圈、木枋或钢筋笼等做简易加固；当基坑挖至设计标高后，井底应低于坑底1～2m，并铺设0.3m碎石滤水层，以免由于抽水时间较长而将泥沙抽出，并防止井底的土被搅动。一般基坑排水沟深0.3～0.6m，底宽应不小于0.3m，排水沟的边坡为1.1～1.5m，沟底设有0.2‰～0.5‰的纵坡，其深度随着挖土的加深而加深，并保持水流的畅通。基坑四周的排水沟及集水井必须设置在基础范围以外以及地下水流的上游。

2. 分层明沟排水法

如果基坑较深，开挖土层由多种土壤组成，中部夹有透水性强的砂类土壤时，为避免上层地下水冲刷下部边坡，造成塌方，可在基坑边坡上设置2～3层明沟及相应的集水井，分层阻截土层中的地下水。这样一层一层地加深排水沟和集水井，逐步达到设计要求的基坑断面和坑底标高，其排水沟与集水井的设置及基本构造，基本与普通明沟排水法相同。

3. 施工机具及选用

集水明排水是用水泵从集水井中排水，常用的水泵有潜水泵、离心式水泵和泥浆泵，排水所需水泵的功率按式（1.16）计算，即

$$N=\frac{K_1QH}{75\eta_1\eta_2} \tag{1.16}$$

式中　K_1——安全系数，一般取 2；

　　　Q——基坑涌水量，m^3/d；

　　　H——包括扬水、吸水及各种阻力造成的水头损失在内的总高度，m；

　　　η_1——水泵效率，0.4～0.5；

　　　η_2——动力机械效率，0.75～0.85。

一般所选用水泵的排水量为基坑涌水量的 1.5～2.0 倍。

1.6.3　井点降水法

1. 轻型井点降水

工作原理与设备组成。轻型井点降低地下水位是沿基坑周围以一定的间距埋入井点管（下端为滤管），在地面上用水平铺设的集水总管将各井点管连接起来，在一定位置设置离心泵和水力喷射器，离心泵驱动工作水，当水流通过喷嘴时形成局部真空，地下水在真空吸力的作用下经滤管进入井管，然后经集水总管排出，从而降低了水位。轻型井点系统由井点管、连接管、集水总管及抽水设备等组成，如图 1.32 所示。

2. 轻型井点布置

轻型井点系统的布置，应根据基坑平面形状及尺寸、基坑的深度、土质、地下水位及流向、降水深度等因素确定。设计时主要考虑平面和高程两个方面。

(1) 平面布置。当基坑或沟槽宽度小于 6m，降水深度不超过 5m

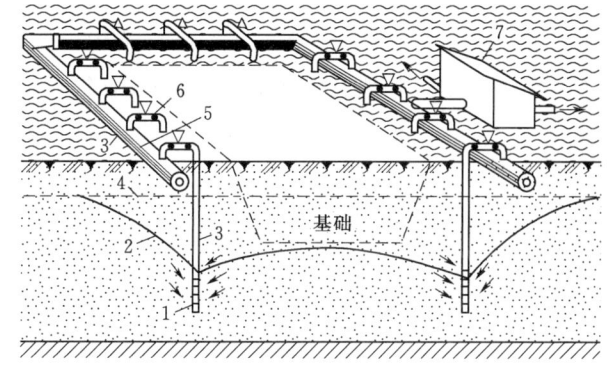

图 1.32　轻型井点降低地下水位全貌示意图
1—滤管；2—降低各地下水位线；3—井点管；4—原有地下水位线；5—总管；6—弯连管；7—水泵房

时，可采用单排井点，将井点管布置在地下水流的上游一侧，两端延伸长度不小于坑槽宽度，如图 1.33 所示；反之，则应采用双排井点，位于地下水流上游一排井点管的间距应小些，下游一排井点管的间距可大些。当基坑面积较大时，则应采用环形井点，如图 1.34 所示。井点管距离基坑壁不应小于 1～1.5m，间距一般为 0.8～1.6m。

(2) 高程布置。轻型井点的降水深度从理论上讲可达 10m 左右，但由于抽水设备的水头损失，实际降水深度一般不大于 6m。井点管的埋设深度 H（不包括滤管）可按式（1.17）计算，即

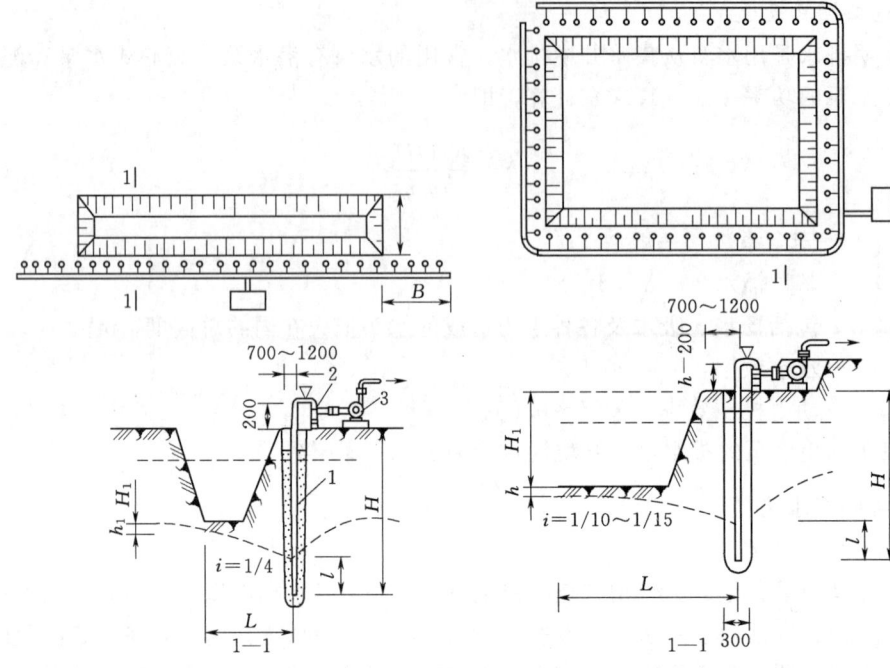

图 1.33 单排线状井点布置　　　图 1.34 环形井点布置

$$H \geqslant H_1 + h + iL \tag{1.17}$$

式中　H_1——井点管埋设面到基坑底面的距离，m；

　　　h——基坑底面至降低后的地下水位线的距离，一般取 0.5～1.0m（人工开挖取下限，机械开挖取上限）；

　　　i——降水曲线坡度，可取实测值或按经验，单排井点取 1/4，环形井点取 1/15～1/10；

　　　L——井点管中心至基坑中心的水平距离，m。

如 H 值小于 6m（降水深度）时，可用一级井点；H 值稍大于 6m 时，若降低井点管的埋设面后，可满足降水深度要求时，仍可采用一级井点；当一级井点达不到降水深度要求时，可采用二级井点或多级井点，即先挖去第一级井点所疏干的土，然后在其底部埋设第二级井点。此外，在确定井点管埋置深度时，还需要考虑井点管露出地面 0.2～0.3m，滤管必须埋在透水层内等。

3. 轻型井点施工

轻型井点的施工工艺：定位放线→铺设总管→冲孔→安装井点管→添砂砾滤料、黏土封口→用弯连管接通井点管与总管→安装抽水设备并与总管接通→安装集水箱和排水管→真空泵排汽→离心水泵抽水→测量观测井中地下水位变化。

（1）准备工作。根据工程情况与地质条件，确定降水方案，进行轻型井点的设计计算。根据设计准备所需的井点设备、动力装置、井点管、滤管、集水总管及必要的材料。施工现场准备工作包括排水沟的开挖、泵站处的处理等。对于在抽水影响半径范围内的建筑物及地下管线应设置监测标点,并准备好防止沉降的措施。

(2) 井点管的埋设。井点管的埋设一般用水冲法进行,并分为冲孔与埋管填料两个过程。冲孔时先用起重设备将直径为 50~70mm 的冲管吊起,并插在井点埋设位置上,然后开动高压水泵(一般压力为 0.6~1.2MPa),将土冲松,如图 1.35 所示。冲孔时冲管应垂直插入土中,并做上下左右摆动,以加速土体松动,边冲边沉。冲孔直径一般为 250~300mm,以保证井管周围有一定厚度的砂滤层。冲孔深度宜比滤管底深 0.5~1.0m,以防冲管拔出时部分土颗粒沉淀于孔底而触及滤管底部。

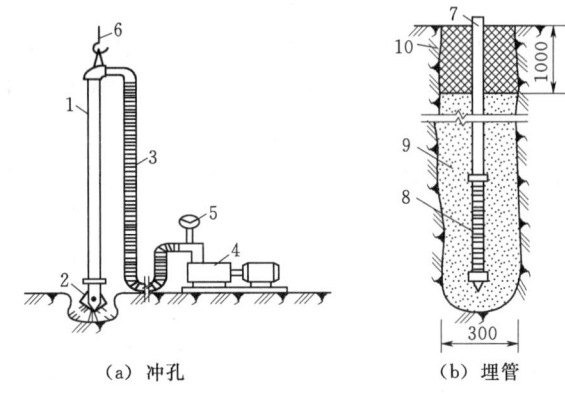

图 1.35 水冲法井点管
1—冲管;2—冲嘴;3—胶管;4—高压水泵;
5—压力表;6—起重机吊钩;7—井点管;
8—滤管;9—填砂;10—黏土封口

在埋设井点时,冲孔是重要的一环,冲水压力不宜过大或过小。当冲孔达到设计深度时,须尽快降低水压。井孔冲成后,应立即拔出冲管,插入井点管,并在井点管与孔壁之间迅速填灌砂滤层,以防孔壁塌土[图 1.35(b)]。砂滤层一般选用干净粗砂,填灌均匀,并填至滤管顶上部 1.0~1.5m,以保证水流通畅。井点填好砂滤料后,须用黏土封好井点管与孔壁间的上部空间,以防漏气。

(3) 连接与试抽。将井点管、集水总管与水泵连接起来,形成完整的井点系统。安装完毕,需进行试抽,以检查是否有漏气现象。开始正式抽水后,一般不宜停抽,时抽时止,滤网易堵塞,也易抽出土颗粒,使水混浊,并引起附近建筑物由于土颗粒流失而沉降开裂。正常的降水是细水长流、出水澄清。

(4) 井点运转与监测。

1) 井点运转管理。井点运行后要连续工作,应准备双电源以保证连续抽水。真空度是判断井点系统是否良好的尺度,一般应不低于 55.3~66.7kPa。如真空度不够,通常是由于管路漏气,应及时修复。如果通过检查发现淤塞的井点管太多,严重影响降水效果时,应逐个用高压水反冲洗或拔出重新埋设。

2) 井点监测。井点监测包括流量观测、地下水位观测、沉降观测 3 个方面。

4. 管井

管井井点由滤水井管、吸水管和抽水机械等组成。管井井点设备较简单,排水量大,降水较深,较轻型井点具有更大的降水效果,可代替多组轻型井点作用,水泵设在地面,易维护。管井埋设的深度和距离根据需降水面积、深度及渗透系数确定,一般间距为 10~50m,最大埋深可达 10m。适用于渗透系数较大,地下水丰富的土层、砂层,含水层厚度大于 5.0m。但管井属于重力排水范畴,吸程高度受到一定限制,要求渗透系数较大(1~200m/d)。

(1) 管井的布置。管井沿基坑外围四周呈环形布置或沿基坑(或沟槽)两侧或单侧呈直线形布置,井中心距基坑(槽)边缘的距离根据所用钻机的钻孔方法而定,当用冲击钻时为0.5~1.5m,当用钻孔法成孔时不小于3m。管井埋设深度和距离,根据需降水面积和深度以及含水层的渗透系数等而定,最大埋深可达10m,间距为10~15m。

(2) 井管的埋设。埋设井管时可采用泥浆护壁冲击钻成孔或泥浆护壁钻孔方法成孔。钻孔底部应比滤水井管深200mm以上。井管下沉前应对滤井进行清洗,冲除沉渣,可通过灌入稀泥浆用吸水泵抽出置换或用空压机洗井法将泥渣清出井外,并保持滤网的畅通,然后下管。滤水井管应置于孔中心,下端用圆木堵塞管口,井管与孔壁之间用粒径为3~15mm的砾石填充作过滤层,地面下0.5m内用黏土填充夯实。水泵的设置标高需根据要求的降水深度和所选用的水泵最大真空吸水高度而定,当吸程不够时,可将水泵设在基坑内。

(3) 管井的使用。在使用管井之前,应进行试抽水,检查出水是否正常,有无淤塞现象。抽水过程中应经常对抽水设备的电动机、传动机械、电流、电压等进行检查,并对井内水位下降和流量进行观测和记录。井管使用完毕后,可用倒链或卷扬机将其徐徐拔起,将滤水井管中的泥沙洗去后储存备用,所留空洞用砂砾填实,上部50cm深用黏性土填充夯实。

5. 深井

深井井点降水的工作原理是利用深井进行重力集水,在井内用长轴深井泵或井内用潜水泵进行排水以达到降水或降低承压水压力的目的。它适用于渗透系数较大($K \geqslant 200$m/d)、涌水量大、降水较深(可达50m)的砂土、砂质粉土,及用其他井点降水不易解决的深层降水,可采用深井井点系统。深井井点的降水深度不受吸程限制,由水泵扬程决定,在要求水位降低5m以上,或要求降低承压水压力时,排水效果好,井距大,对施工平面布置干扰小。

(1) 布置形式。对于采用坑外降水的方法,深井井点的布置根据基坑的平面形状及所需降水深度,沿基坑四周呈环形或直线形布置,井点一般沿工程基坑周围离开边坡上缘0.5~1.5m,井距一般为30m左右。当采用坑内降水时,同样可排成棋盘点状方式布置,并根据单井涌水量、降水深度及影响半径等确定井距,在坑内呈棋盘形点状布置。一般井距为10~30m。井点宜深入到透水层6~9m,通常还应比所应降水深度深6~8m。

(2) 深井井点施工程序及要点。

1) 井位放样、定位。

2) 做井口,安放护筒。井管直径应大于深井泵最大外径50mm以上,钻孔孔径应大于井管直径300mm以上。安放护筒以防孔口塌方,并为钻孔起到导向作用。做好泥浆沟与泥浆坑。

3) 钻机就位、钻孔。深井的成孔方法可采用冲击钻、回转钻、潜水电钻等,用泥浆护壁或清水护壁法成孔。清孔后回填井底砂垫层。

4) 吊放深井管与填滤料。井管应安放垂直,过滤部分应放在含水层范围内。井管与土壁间填充粒径大于滤网孔径的砂滤料。填滤料要一次连续完成,从底填到井口下1m左右,上部采用黏土封口。

5) 洗井。若水较混浊,含有泥沙、杂物,会增加泵的磨损、减少寿命或使泵堵塞,可用空压机或旧的深井泵来洗井,使抽出的井水清洁后,再安装新泵。

任务1.6 基坑排水与降水

6) 安装抽水设备及控制电路。安装前应先检查井管内径、垂直度是否符合要求。安放深井泵时,用麻绳吊入滤水层部位,并安放平稳,然后接电动机电缆及控制电路。

7) 试抽水。深井泵在运转前,应用清水预润(清水通入泵座润滑水孔,以保证轴与轴承的预润)。检查电气装置及各种机械装置,测量深井的静、动水位。达到要求后即可试抽,一切满足要求后,再转入正常抽水。

8) 降水完毕拆除水泵、拔井管、封井。降水完毕,即可拆除水泵,用起重设备拔除井管。拔出井管所留的孔洞用砂砾填实。

6. 电渗井点

在渗透系数小于0.1m/d的黏土或淤泥中降低地下水位时,比较有效的方法是电渗井点排水。电渗井点排水的原理以井点管作负极,以打入的钢筋或钢管作正极,当通以直流电后,土颗粒即自负极向正极移动,水则自正极向负极移动而被集中排出。土颗粒的移动称为电泳现象,水的移动称为电渗现象,故名电渗井点。电渗井点的施工要点如下。

(1) 电渗井点埋设程序,一般是先埋设轻型井点或喷射井点管,预留出布置电渗井点阳极的位置,待轻型井点或喷射井点降水不能满足降水要求时,再埋设电渗阳极,以改善降水效果。阳极埋设可用75mm旋叶式电钻钻孔埋设,钻进时加水和高压空气循环排泥,阳极就位后,利用下一钻孔排出泥浆倒灌填孔,使阳极与土接触良好,减少电阻,以利电渗。如深度不大,也可用锤击法打入。阳极埋设必须垂直,严禁与相邻阴极相碰,以免造成短路,损坏设备。

(2) 通电时,工作电压不宜大于60V,电压梯度可采用50V/m,土中通电的电流密度宜为$0.5\sim1.0A/m^2$。为避免大部分电流从土表面通过,降低电渗效果,通电前应清除井点管与阳极间地面上的导电物质,使地面保持干燥,如涂一层沥青绝缘效果更好。通电时,为消除由于电解作用产生的气体积聚于电极附近,使土体电阻增大,而增加电能的消耗,宜采用间隔通电法,每通电22h,停电2h,再通电,依次类推。

(3) 在降水过程中,应对电压、电流密度、耗电量及观测孔水位等进行量测记录。

7. 喷射井点

当基坑开挖所需降水深度超过8m时,一层轻型井点就难以收到预期的降水效果,这时如果场地许可,可以采用二层甚至多层轻型井点以增加降水深度,从而达到设计要求。但是这样会增加基坑土方施工工程量、增加降水设备用量并延长工期,也扩大了井点降水的影响范围而对环境保护不利。因此,当降水深度超过8m时,宜采用喷射井点。

(1) 喷射井点设备。根据工作流体的不同,喷射井点可分为喷水井点和喷气井点两种。两者的工作原理是相同的。喷射井点系统主要由喷射井点管、高压水泵(或空气压缩机)和管路系统组成。喷射井点用作深层降水,应用在渗透系数在$0.1\sim20m/s$的粉土、极细砂和粉砂中较为适用。在较粗的砂粒中,由于出水量较大,循环水流就显得不经济,这时宜采用深井泵。一般一级喷射井点可降低地下水位8~20m,甚至20m以上。

(2) 喷射井点施工工艺及要点。

1) 喷射井点施工工艺:泵房设置→安装进、排水总管→水冲或钻孔成井→安装喷射井点管、填滤管→接通进、排水总管,并与高压水泵或空气压缩机接通→将各井点管的外管管口与排水管接通,并通过循环水箱→启动高压水泵或空气压缩机抽水→离心水泵排除循环水箱中多余的水→测量观测井中地下水位变化。

2) 喷射井点施工要点。喷射井点井点管埋设方法与轻型井点相同，其成孔直径为400~600mm。为保证埋设质量，宜用套管法冲孔加水及压缩空气排泥，当套管内含泥量经测定小于5%时，下井管及灌砂，然后再拔套管。对于10m以上喷射井点管，宜用吊车下管。下井管时，水泵应先开始运转，以便每下好一根井点管，立即与总管接通，然后及时进行单根试抽排泥，让井管内出来的泥浆从水沟排出。全部井点管埋设完毕后，再接通回水总管全面试抽，然后使工作水循环，进行正式工作。各套进水总管均应用阀门隔开，各套回水管应分开。为防止喷射器损坏，安装前应对喷射井管逐根冲洗，开泵压力要小些（≤0.3MPa），以后再将其逐步开足。如果发现井点管周围有翻砂、冒水现象，应立即关闭井管并检修。工作水应保持清洁，试抽2d后，应更换清水，此后视水质污浊程度定期更换清水，以减轻对喷嘴及水泵叶轮的磨损。

3) 喷射井点的运转和保养。喷射井点比较复杂，在井点安装完成后，必须及时试抽，及时发现和消除漏气和"死井"。在其运转期间，需进行监测以了解装置性能，及时观测地下水位变化；测定井点抽水量，通过地下水量的变化，分析降水效果及降水过程中出现的问题；测定井点管真空度，检查井点工作是否正常。此外，还可通过听、摸、看等方法来检查。

听——有上水声是好井点，无声则可能井点已被堵塞。

摸——手摸管壁感到振动。另外，冬天热而夏天凉为好井点；反之则为坏井点。

看——夏天湿、冬天干的井点为好井点。

1.6.4 降水方法的选择

井点降水法可根据土的种类、透水层位置、厚度、土的渗透系数；水的补给源、井点布置形式、要求降水深度、邻近建筑、管线情况、工程特点、场地及设备条件以及施工技术水平等情况，作出技术经济和节能比较后确定，选用一种或两种，或井点与明沟排水综合使用，可参照表1.10选用。

表1.10　　　　　各类井点的适用范围

井点类型	土层渗透系数/(m/d)	降低水位深度/m	适用土层种类
单层轻型井点	0.1~80	3~6	粉砂、砂质粉土、黏质粉土、含薄层粉砂层的粉质黏土
多层轻型井点	0.1~80	6~12（由井点级数决定）	粉砂、砂质粉土、黏质粉土、含薄层粉砂层的粉质黏土
喷射井点	0.1~50	8~20	粉砂、砂质粉土、黏质粉土、粉质黏土、含薄层粉砂层的淤泥质粉质黏土
电渗井点	≤0.1	根据阴极井点确定（宜配合其他形式降水使用）	淤泥质粉质黏土、淤泥质黏土
管井井点	20~200	3~5	各种砂土、砂质粉土
深井井点	10~80	≥10或降低深部地层承压水头	各种砂土、砂质粉土

一般来讲，当土质情况良好，土的降水深度不大，可采用单层轻型井点；当降水深度超过 6m，且土层垂直渗透系数较小时，宜用二级轻型井点或多层轻型井点，或在坑中另布置井点，以分别降低上层土及下层土的水位。当土的渗透系数小于 0.1m/d 时，可在一侧增加电极，改用电渗井点降水；如土质较差，降水深度较大，采用多层轻型井点设备增多，土方量增大，经济上不合算时，可采用喷射井点降水较为适宜；如果降水深度不大、土的渗透系数大、涌水量大、降水时间长，可选用管井井点；如果降水很深、涌水量大、土层复杂多变、降水时间很长，此时宜选用深井井点降水最为有效、经济。当各种井点降水方法影响邻近建筑物产生不均匀沉降和使用安全时，应采用回灌井点或在基坑有建筑物一侧采用旋喷桩加固土壤和防渗，对侧壁和坑底进行加固处理。

1.6.5 降水对环境的影响及防治措施

井点降水时，井点管周围含水层的水不断流向滤管。在无承压水等环境条件下，经过一段时间之后，在井点周围形成漏斗状的弯曲水面，即"降水漏斗"曲线。经过几天或几周后，降水漏斗渐趋稳定。降水漏斗范围内的地下水位下降后，就必然会造成地基固结沉降。由于降水漏斗不是平面，因而产生的沉降也是不均匀的。在实际工程中，由于井点管滤网和砂滤层结构不良，把土层中的细颗粒同地下水一同抽出，就会使地基不均匀沉降加剧，造成附近建筑物及地下管线不同程度的损坏。在基坑降水开挖中，为了防止邻近建筑物受影响，可采用以下措施。

（1）井点降水时应减缓降水速度，均匀出水，勿使土粒带出。降水时要随时注意抽出的地下水是否有混浊现象。抽出的水中带走细颗粒，不但会增加周围地面的沉降，而且还会使井管堵塞、井点失效。为此，应选用合适的滤网与回填的砂滤料。

（2）井点应连续运转，尽量避免间歇和反复抽水，以减小在降水期间引起的地面沉降量。

（3）降水场地外侧设置挡水帷幕，减小降水影响范围。降水场地外侧设置一圈挡水帷幕，切断降水漏斗曲线的外侧延伸部分，减小降水影响范围。一般挡水帷幕底面应在降落后的水位线 2m 以下。常用的挡水帷幕可采用地下连续墙、深层水泥土搅拌桩等。

（4）设置回灌水系统，保护邻近建筑物与地下管线。回灌水系统包括回灌井、回灌沟。基坑（槽）形成以后，地下水渗透流量相应增大，基坑边坡和底部的动水压力加大，容易引起管涌或流土，造成塌坡和基坑底隆起的严重后果。因此，在整个基础工程施工期间，应进行周密的排水系统的布置、渗透流量的计算和排水设备的选择，并注意观察基坑边坡和基坑底面的变化，保证基坑工作顺利进行。基坑排水主要包括基坑外地面排水和坑内排水。

地面水的排除一般采用排水沟、截水沟、挡水土坝等措施。应尽量利用自然地形来设置排水沟，使水直接排至场外，或流向低洼处再用水泵抽走。主排水沟最好设置在施工区域的边缘或道路的两旁，其横断面和纵向坡度应根据最大流量确定。一般排水沟的横断面不小于 0.5m×0.5m，纵向坡度一般不小于 3‰。平坦地区，如排水困难，其纵向坡度不应小于 2‰，沼泽地区可减至 1‰。场地平整过程中，要注意排水沟保持畅通。

山区的场地平整施工，应在较高一面的山坡上开挖截水沟。在低洼地区施工时，除开挖排水沟外，必要时应修筑挡水土坝，以阻挡雨水的流入。

任务1.7　土方工程季节性施工及安全技术措施

1.7.1　土方工程的冬期施工

1. 冬期施工

冬期施工是指室外日平均气温降低到5℃或5℃以下，或者最低气温降低到0℃或0℃以下时，用一般的施工方法难以达到预期目的，必须采取特殊的措施进行施工的方法。土在冬期由于受冻变得坚硬，挖掘困难。土的冻结有其自然规律，在整个冬期期间，土层的冻结厚度（冻结深度）可参见《建筑施工手册》，其中未列出的地区，在地面无雪和草皮覆盖的条件下全年标准冻结深度Z_0，可按式（1.18）计算，即

$$Z_0 = 0.28\sqrt{\sum T_m} + 7 - 0.5 \tag{1.18}$$

式中　$\sum T_m$——低于0℃的月平均气温的累计值（取连续10年以上的平均值），取正号。

2. 冻土的防冻措施

土方工程冬期施工，应采取防冻措施，常用的方法有松土防冻法、覆盖雪防冻法和隔热材料防冻法等。

（1）松土防冻法。入冬期，在挖土的地表层先翻松25~40cm厚表层土并耙平，其宽度应不小于土冻结深度的两倍与基底宽之和。

（2）覆盖雪防冻法。降雪量较大的地区，可利用较厚的雪层覆盖作保温层，防止地基土冻结。

（3）隔热材料防冻法。面积较小的基槽（坑）的地基土防冻，可在土层表面直接覆盖炉渣、锯末、草垫、树叶等保温材料，其宽度为土层冻结深度的两倍与基槽宽度之和。

3. 冻土的融化

冻结土的开挖比较困难，可用外加热能融化后挖掘。这种方式只有在面积不大的工程上采用，费用较高。

（1）烘烤法。适用面积较小，冻土不深，燃料充足的地区。常用锯末、谷壳和刨花等作燃料。

（2）蒸汽融化法。当热源充足，工程量较小时，可采用蒸汽融化法。把带有喷气孔的钢管插入预先钻好的冻土孔中，通蒸汽融化。

4. 冻土的开挖

冻土的开挖方法有人工法开挖、机械法开挖、爆破法开挖3种。人工法开挖，人工开挖冻土适用开挖面积较小和场地狭窄，不具备其他方法进行土方破碎开挖的情况；机械法开挖，机械法开挖适用于大面积的冻土开挖；爆破法开挖，爆破法开挖适用面积较大，冻土层较厚的土方工程。

5. 冬期回填土施工

由于冻结土块坚硬且不易破碎，回填过程中又不易被压实，待温度回升、土层解冻后会造成较大的沉降。为保证冬期回填土的工程质量，冬期回填土施工必须按照施工及验收

规范的规定组织施工。冬期填方前,要清除基底的冰雪和保温材料,排除积水,挖除冻块或淤泥。对于基础和地面工程范围内的回填土,冻土块的含量不得超过回填土总体积的15%,且冻土块的粒径应小于15cm。

1.7.2 土方工程的雨期施工

在雨期到来之际,施工现场、道路及设施必须做好有组织的排水。雨期开挖基槽(坑)或管沟时,开挖的施工面不宜过大,应从上至下分层分段依次施工,底部随时做成一定的坡度,应经常检查边坡的稳定,适当放缓边坡或设置支撑。

1.7.3 安全施工措施

(1) 土方工程施工前,必须对场地内的地上和地下管道、电缆及高压水管等情况了解清楚。在特殊危险地区,工程技术观测必须设专人负责,挖土采用人工方法进行。

(2) 基坑开挖时,两人开挖操作间距应大于2.5m,多台机械开挖,挖土机间距应大于10m。挖土应由上而下,逐层进行。严禁采用挖空底脚的施工方法。

(3) 基坑(槽)开挖应合理放坡。操作时应随时注意土壁变动情况,如发现有裂纹和部分坍塌现象,应及时进行支撑或放坡,并注意支撑的稳固和土壁的变化。

(4) 基坑(槽)开挖深度超过3m以上时,使用吊装设备吊土,起吊后,坑内操作人员应立即离开吊点的垂直下方,起吊设备距坑边一般不得少于1.5m,坑内人员应戴安全帽。

(5) 用手推车推土,应铺好道路,卸土回填时,不得放手让车自动翻转。用翻斗汽车运土,运输道路的坡度、转弯半径应符合有关安全规定。

(6) 深基坑上下应先挖好阶梯或设置靠梯,或开斜坡道,采取防滑措施,禁止踩踏支撑上下。坑四周应设置安全栏杆或悬挂危险标志。

(7) 基坑设置的支撑应经常检查,特别是雨后更应经常检查,如有松动变形现象,及时排除隐患。

(8) 坑(槽)沟边1m内不得堆土、堆料和停放机具,1m以外堆土,其高度不宜超过1.5m。坑(槽)、沟与附近建筑物的距离不得小于1.5m,危险时必须加固。

项 目 小 结

本项目主要介绍了土方工程施工工艺,包括土方工程概述、土方量计算、土方机械化施工、土方填筑与压实、基坑开挖与支护、基坑排水与降水、季节性施工及安全技术措施等7个学习任务。主要内容概括如下:土方量计算方法主要包括土方开挖的方式、基坑基槽土方量计算方法、场地平整土方量计算,其中基坑基槽土方量计算方法是重点学习内容;土方工程施工工艺主要包括利用推土机、铲运机、挖掘机等土方机械进行挖土施工技术和利用压实机械进行填筑压实施工等内容,其中掌握土方工程机械化开挖施工工艺是重点学习内容之一;基坑工程施工工艺主要包括放坡挖土、中心岛挖土、盆式挖土等基坑开挖工艺和基坑支护、基坑降排水等辅助施工工艺。其中基坑开挖工艺是重点学习内容之一。

复习思考题

一、简答题

1. 土方开挖的难易程度分几类？各类的特征是什么？
2. 土的可松性对土方施工有何影响？
3. 基坑及基槽土方量如何计算？
4. 试简述用方格网法计算场地平整土方量的步骤和方法。
5. 试简述用断面法计算场地平整土方量的步骤和方法。
6. 土方调配应遵循哪些原则？调配区如何划分？
7. 什么是边坡系数？影响边坡稳定的因素有哪些？
8. 人工降低地下水位的方法有哪些？适用范围如何？
9. 轻型井点系统的布置方案有哪些？
10. 填土压实有哪几种方法？各有什么特点？影响填土压实的因素有哪些？
11. 什么是土的最佳含水量？对填土压实有何影响？
12. 土方工程冬期施工有哪些防冻措施？雨期施工应注意哪些问题？
13. 土方工程施工有哪些主要安全技术措施？

二、计算题

1. 某工程场地平整，方格网（20m×20m）如图1.36所示，不考虑泄水坡度、土的可松性及边坡的影响，按填挖平衡原则进行场地平整设计，试求场地设计标高 H_0，并在图中定性绘出零线。

2. 某建筑外墙采用毛石基础，其断面尺寸如图1.37所示，已知土的可松性系数 $K_s = 1.03$、$K'_s = 1.05$。试计算每50m长基槽的挖方量（按原土计算）；若留下回填土，余土全部运走，计算预留填土量（按松散体积计算）及弃土量（按松散体积计算）。

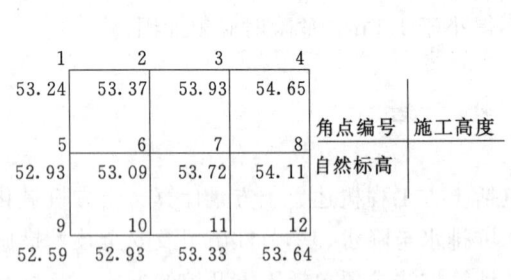

图1.36 方格网图

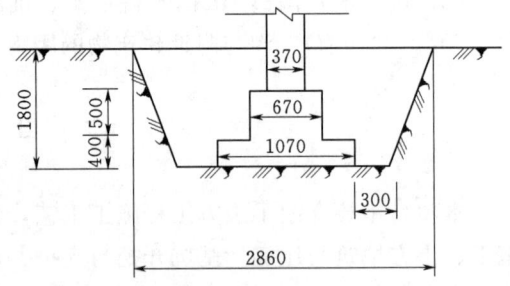

图1.37 基础剖面图

项目2 地基与基础工程施工技术

【学习目标】

能力目标：熟悉建筑地基与基础的基本概念与类型，掌握验槽的目的与内容；掌握地基处理的基本方法与施工工艺；了解桩基的作用、分类，掌握钢筋混凝土预制桩打桩顺序与其质量控制要求；掌握泥浆护壁成孔灌注桩成孔工艺及特点，了解灌注桩的分类以及各类灌注桩成孔的机械构造和原理；了解桩基工程检测与验收。

知识点：地基；浅基础施工；地基处理方法；深基础类型；桩基础施工。

【项目介绍】

本任务主要阐述了地基处理与基础工程的各种施工方法、作业条件、施工工艺流程、施工操作要点的质量标注和检验检查等。主要包括地基与基础的类型、处理方法，桩基础工程的分类和施工工艺、工程质量验收及其安全技术等。

任务2.1 浅基础施工

2.1.1 地基与基础的概述

1. 地基与基础的概念

地基是指建（构）筑物基础以下的土体，地基的主要作用是承托建（构）筑物的基础。地基虽然不是建（构）筑物本身的组成部分，但是与建（构）筑物的关系非常密切。地基问题处理恰当与否，不仅影响建（构）筑物的造价，而且直接影响建（构）筑物的安全；基础是建（构）筑物的墙或柱埋在地下的扩大部分。基础的作用是承受建（构）筑物上部结构传来的全部荷载，并把这些荷载连同本身的自重一起传给地基。

2. 地基与基础的要求

地基基础应满足两个基本条件。

（1）要求作用于地基的荷载不超过地基的承载能力，保证地基在防止整体破坏方面有足够的安全储备。

（2）控制基础沉降使之不超过地基的变形允许值，保证建筑物不因地基变形而损坏或影响其正常使用。

3. 地基与基础的类型

基础结构的形式很多。设计上应选择能适应上部结构、符合使用要求，且必须满足地基基础设计的两项基本要求以及技术合理的基础方案。

通常把埋置深度在5m以内，只需经过挖槽、排水等施工程序就可以建造起来的基础统称为浅基础，如各种单独和连续的基础、独立柱基础、筏板基础等。若浅层土质条件差，必须把基础埋置于深处的好土层时，要借助特殊的施工方法来建造的基础称为深基础，如桩基础、沉井和地下连续墙等。地基若不加处理就可以满足要求的，称为天然地基；否则，就叫人工地基，如换土垫层、深层密实、排水固结等方法处理的地基。

2.1.2 浅基础施工

1. 浅基础的类型

根据受力条件和构造不同，浅基础可分为刚性基础和柔性基础两大类。

(1) 刚性基础，包括砖基础、毛石基础、灰土基础和三合土基础、混凝土基础和毛石混凝土基础等。

(2) 柔性基础，包括钢筋混凝土独立柱基础（阶梯形、锥形、杯形）、钢筋混凝土条形基础、筏形基础（基础底板连成一片，平板式、上梁式和下梁式）、箱形基础等。

2. 浅基础的施工

(1) 浅基础施工的基本程序。浅基础施工包括准备工作、基础开挖（降水、排水、土壁支撑）、验槽、基础施工、验收与回填土等基本工作过程。

基础开挖一般采用明挖进行。开挖工作应尽量在枯水或少雨季节进行，且不宜间断。基坑开挖可用机械或人工进行，接近基础设计标高应留 30cm 厚度的土层作为保护层，待基础浇砌完工前，再用人工开挖至设计标高。

(2) 验槽。

1) 验槽的目的。验槽是基础开挖后的重要程序，也是一般岩土工程勘察工作最后一个环节。当施工单位挖完基槽并普遍钎探后，由建设单位约请勘察、设计单位技术负责人和施工单位技术负责人，共同到施工工地对槽底土层进行检查，简称"验槽"。其主要目的有以下几点。

a. 检验勘察成果是否符合实际。因为勘察孔的数量有限，仅布设在建筑物外围轮廓线四角与长边的中点。基槽全面开挖后，地基持力层土层完全暴露出来。首先检验勘察成果与实际情况是否一致，勘察成果报告的结论与建议是否正确和切实可行。

b. 解决遗留和发现的问题。有时勘察成果报告存在当时无法解决的遗留问题。例如，某学校新征土地上的一幢学生宿舍楼的勘察工作时，因拆迁未完成，场地上的一住户不让钻孔。此类遗留问题只能在验槽时解决。在验槽时发现新问题通常有局部人工填土和墓葬、松土坑、废井、老建筑物基础等。解决此类问题通常进行地基局部挖填处理，或采用增大基础埋深、扩大基础面积、布置联合基础、架设挤密桩或设置局部桩基等方法。

c. 对于没有勘察资料的三级建筑物，只有凭验槽了解地基浅层情况。

2) 验槽的内容。

a. 校核基槽开挖的平面位置与槽底标高是否符合勘察设计要求。

b. 检验槽底持力层土质与勘察报告是否相同。

c. 当发现基槽平面土质显著不均匀，或局部存在古井、墓穴、河道等不良地基，可用钎探查明其平面的范围与深度。

d. 检查基槽钎探结果。钎探位置：条形基础宽度小于 80cm 时，可沿中心线打一排孔；大于 80cm 时，可打两排错开孔，钎探孔距为 1.5～2.5m。深度每 30cm 为一组，通常为 5 组，1.5m 深。

3）验槽注意事项。

a. 验槽前应全部完成合格钎探，提供验槽的定量数据。

b. 验槽时间要抓紧，基槽挖好，突击钎探，立即组织验槽。尤其夏季要避免下雨泡槽，冬季要防冻。不可拖延时间形成隐患。遇到问题时也必须当场研究具体措施并作出决定。

c. 验槽时应验看新鲜土面。冬季冻结的表土似很坚硬，夏季日晒后的干土也很坚实，但都不是真实状态，应除去表层再检验。

d. 应填写验槽记录，并由参加验槽的4个方面负责人签字，作为施工处理的依据。验槽记录应存档长期保存。若工程发生事故，验槽记录是分析事故原因的重要依据。

任务2.2 地基处理

2.2.1 地基处理方法分类

当建筑物下的土层为软弱土时，为保证建筑物地基的强度、稳定性和变形要求，以及结构的安全和正常使用，就必须采用适当的地基处理方法。其目的是改善地基土的工程性质，达到满足建筑物对地基稳定和变形的要求，包括改善地基土的变形特征和渗透性、提高其抗剪强度和抗液化能力以及消除其他的不利影响。

近年来，建筑工程的发展推动了地基处理技术的迅速发展。地基处理的方法越来越多，根据地基处理方法的原理，基本分为表2.1的几类。

表2.1　　　　　　　　　　地基处理方法分类表

序号	分类	作用原理	处理方法	适用范围
1	碾压及夯实	利用压实原理，通过机械碾压夯击，使表层地基土密实；强夯法则是利用强大的夯击能在土中产生强大的冲击波和应力波，使土动力固结密实	重锤夯实，机械碾压，振动压实，强夯法	碎石土、砂土、粉土、低饱和度的黏性土、杂填土等
2	换土垫层	以较高强度的材料，置换地基表层软土，提高地基的承载力，扩散应力，减少压缩量	砂石垫层，素土垫层，灰土垫层，矿渣垫层	适用于处理暗沟、暗塘等软弱土地基
3	排水固结	在地基中设置竖向排水体，加速地基的固结和强度增长，提高地基的稳定性，加速沉降发展，提高地基承载力	天然地基堆载预压，砂井预压，塑料排水板预压，降水法，真空预压	适用于处理饱和软弱土，对于渗透性极低的泥炭土要慎重
4	振密挤密	通过震动或挤密，使土的孔隙减少强度提高，必要时，在震动挤密过程中，回填砂、石、灰土等，形成复合地基，从而提高承载力，减少沉降量	振冲密实，灰土挤密桩，砂桩，石灰桩，爆破挤密	适用于处理松砂、粉土、杂填土及湿陷性黄土
5	置换拌入	以砂、碎石等材料置换地基中部分软弱土，或在部分软弱土中掺入水泥、石灰或砂浆等新增加固体，与原土组成复合地基，提高承载力，减少沉降量	振冲置换（碎石桩），深层搅拌，高压喷射注浆（旋喷法）	适用于软弱黏性土、冲填土、粉土、细砂等
6	加筋	在地基中埋入土工聚合物、钢片等加筋材料，使地基土能承受拉力，从而提高地基的承载力，改善变形特性	土木聚合物加筋，锚固技术，树根桩，加筋土	适用于软弱地基、填土、粉尘、细砂等
7	其他	通过独特的技术处理软弱土地基	灌浆，冻结，托换技术，纠偏技术	根据实际情况

2.2.2 地基处理方法

1. 换土垫层法

（1）砂垫层地基。砂垫层和砂石垫层统称为砂垫层，是用夯（压）实的砂或砂石垫层替换基础下部一定厚度的软土层，以起到提高基础下地基承载力、减少沉降、加速软土层的排水固结作用。一般适用于处理有一定透水性的黏性土地基，但不宜用于湿陷性黄土地基和不透水的黏性土地基，以免聚水而引起地基下沉和降低承载力。

1) 材料要求。砂垫层和砂石垫层所用材料，宜采用颗粒级配良好、质地坚硬的中砂、粗砂、砾砂、碎（卵）石、石屑或其他工业废粒料。如采用其他工业废料作为地基材料，应经试验合格后方可使用。在缺少中、粗砂和砾砂地区，也可采用细砂，但宜同时掺入一定数量的碎石或卵石，其掺量应符合设计规定（含石量不应大于50%）。所用砂和砂石材料，不得含有草根、垃圾等有机杂物。用作排水固结地基的材料除应符合上列要求外，含泥量不宜超过3%。碎石或卵石最大粒径不宜大于50mm。

2) 施工要点。

a. 铺设垫层前应验槽，先将基底表面浮土、淤泥、杂物等清理干净，两侧应设一定的坡度，防止振捣时塌方。基槽（坑）底和两侧如有孔洞、沟、井和墓穴等，应在未做垫层前加以局部处理。

b. 人工级配的砂、石材料，应按级配拌和均匀，再行铺填捣实。

c. 砂垫层和砂石垫层的底面宜铺设在同一标高上，如深度不同时，施工应按先深后浅的程序进行。土面应挖成台阶或斜坡搭接，搭接处应注意捣实。

d. 分段施工时，接头处应作成斜坡，每层错开0.5~1.0m，并应充分捣实。

e. 采用碎石垫层时，为防止基坑底面的表层软土发生局部破坏，应在基坑底部及四侧先铺一层砂，然后再铺碎石垫层。

f. 垫层应分层铺垫，分层夯（压）实，垫层的捣实方法及每层铺设厚度可视施工条件根据任务1.4选用。分层厚度可用样桩控制。捣实砂层应注意不要扰动基坑底部和四侧的土，以免影响和降低地基强度。每铺好一层垫层，经密实度检验合格后方可进行上一层施工。

g. 冬季施工时，不得采用夹有冰块的砂石作垫层，并应采取措施防止砂石内水分冻结。

3) 质量检查。砂石垫层的施工质量检验，应随施工分层进行。检验方法主要有环刀取样法和贯入度测定法。

a. 环刀取样法。在捣实后的砂垫层中，用容积不小于$200cm^3$的环刀压入垫层的2/3深处取样，测定其干密度，以不小于通过试验所确定的该砂料在中密状态时的干密度数值为合格。如系砂石垫层，可在垫层中设置纯砂检查点，在相同的试验条件下取样检查。

b. 贯入度测定法。检验前先将垫层表面的砂刮去30mm左右，再用贯入仪、钢筋或钢叉等以贯入度大小来定性地检验砂垫层的质量，以不大于通过相关试验所确定的贯入度为合格。贯入测定法所用的钢筋直径20mm、长1.25m，垂直距离砂垫层表面700mm时自由下落，测其贯入度。

（2）灰土垫层。灰土垫层是将基础底面以下一定范围内的软弱土挖去，用按一定体积配合比的灰土在最优含水量的情况下分层回填夯实（或压实）。灰土垫层的材料为石灰和土，石灰和土的体积配合比一般为2∶8或3∶7。灰土垫层的强度随用灰量的增加而提高，当用灰量超过一定值时，其强度增加很小。灰土地基施工工艺简单，费用较低，是一种应用广泛、经济、实用的地基加固方法，适用于加固处理1～3m厚的软弱土层。

1) 材料要求。

a. 土料。土料可采用就地基（坑）槽中挖出的黏性土或塑性指数大于4的粉土，使用前应过筛，粒径不宜大于15mm，土内有机物含量不得超过5%（质量分数）。不宜使用块状的黏性土和粉土、淤泥、耕植土、冻土。

b. 石灰。应使用达到国家三等石灰标准的生石灰，使用前生石灰应消解3～4d并过筛，其粒径不大于5mm。

2) 施工要点。

a. 施工前应验槽，将积水、淤泥清除干净，待干燥后再铺灰土。

b. 灰土施工前应充分拌匀，控制其含水量，一般最优含水量为16%左右，以用手紧握土料成团，两指轻捏能碎为宜，如土料水分过多或不足时可以晾干或洒水润湿；灰土应拌和均匀，颜色一致，拌好后应及时铺好夯实。铺土应分层进行，每层铺土厚度可参照任务1.4确定。厚度由槽（坑）壁预设标钎控制。

c. 每层灰土的夯打遍数，应根据设计要求的干密度在现场试验确定。一般夯打（或碾压）不少于4遍。

d. 灰土分段施工时，不得在墙角、柱墩及承重窗间墙下接缝，上下相邻两层灰土的接缝间距不得小于0.5m，接缝处的灰土应充分夯实。当灰土垫层地基高度不同时，应作成阶梯形，每阶宽度不少于0.5m。

e. 在地下水位以下的基槽、坑内施工时，应采取排水措施，在无水状态下施工。入槽的灰土不得隔日夯打。夯实后的灰土3d内不得受水浸泡。

f. 灰土打完后，应及时进行基础施工，并及时回填土；否则要做临时遮盖，防止日晒雨淋。刚打完毕或尚未夯实的灰土，如遭受雨淋浸泡，则应将积水及松软灰土除去并补填夯实，受浸湿的灰土应在晾干后再使用。

g. 冬季施工时，不得采用冻土或夹有冻土的土料，并应采取有效的防冻措施。

3) 质量检查。可用环刀取样，测定其干密度。质量标准可按压实系数 λ_0（即施工时实际达到的干密度 ρ_d 与其最大干密度 ρ_{dmax} 之比）鉴定，一般为0.93～0.95。

2. 重锤夯实地基

重锤夯实的锤重为1.5～3t，用起重机械将其提升到一定高度后，自由下落，落距为2.45～4.5m，夯击基土表面，一般为8～12遍，使浅层地基受到压密加固，加固深度一般为1.2m。适用于处理离地下水位0.8m以上稍湿的黏性土、砂土、湿陷性黄土、杂填土和分层填土地基。但当夯击对邻近建筑物有影响时，或地下水位高于有效夯实深度时，不宜采用。夯锤形状为一截头圆锥体，可用C20钢筋混凝土制作，其底部可采用20mm厚钢板，以使重心降低。锤底直径一般为1.13～1.5m。锤重与底面积的关系应符合锤重在底面上的单位静压力1.5～20N/cm²。

地基重锤夯实前，应在现场进行试夯，选定夯锤重量、底面直径和落距，以便确定最后下沉量及相应的最少夯击遍数和总下沉量。试夯实及地基夯实时，必须使土保持最优含水量范围。基槽（坑）的夯实范围应大于基础底面，每边应比设计宽度加宽 0.3mm 以上，以便于底面边角夯打密实。基槽（坑）边坡应适当放缓。夯实前，槽、坑底面应高出设计标高，预留土层的厚度可为试夯时的总下沉量再加 50～100mm。在大面积基坑或条形基槽内夯打时，应一夯挨一夯顺序进行。在一次循环中同一夯位应连夯两击，下一循环的夯位，应与前一循环错开 1/2 锤底直径（图 2.1），落锤应平稳，夯位应准确。在独立柱基基坑内夯打时，一般采用先周边后中间（图 2.2）或先外后里的跳夯法进行。夯实完后，应将基槽（坑）表面修整至设计标高。

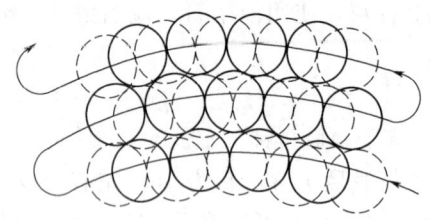
图 2.1　夯位搭接示意图

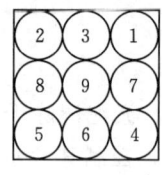
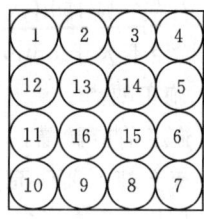
图 2.2　重锤夯打顺序

重锤夯实后，应检查施工记录，除应符合试夯最后下沉量的规定外，并应检查基槽（坑）表面的总下沉量，以不小于试夯总下沉量的 90% 为合格。

3. 强夯地基

（1）原理及适用条件。强夯法时用起重机械将 8～40t 的夯锤吊起，从 6～30mm 的高处自由下落，对土体进行强力夯实的地基加固方法。强夯法是在重锤夯实法的基础上发展起来的，但在作用机理上又与它有很大区别。强夯法是在重锤夯实法的基础上发展起来的，但在作用机理上又与它有很大区别。强夯法属高能量夯击，是用巨大的冲击能量（一般为 500～800kJ），使土体中出现冲击波和很大的应力，迫使土颗粒重新排列，排除孔隙中的气和水，从而提高地基强度，降低其压缩性。强夯适用于碎石土、砂土、黏性土、湿陷性黄土及杂填土地基的深层加固。地基经强夯加固后，承载能力可以提高 2～5 倍；压缩性可降低 2～10 倍，其影响深度在 10m 以上，国外加固影响深度已达 40m。强夯是一种效果好、速度快、节省材料、施工简便的地基加固方法。其缺点与重锤夯实类似，施工时噪声和振动很大，当距离建筑物小于 10m 时，应挖防震沟，沟深要超过建筑物基础深。

（2）机具设备。强夯法施工的主要设备包括夯锤、起重机、脱钩装置等。

1）夯锤重 8～40t，最好用铸钢或铸铁制造，如条件所限，则可用钢板外壳内浇筑钢筋混凝土，夯锤底面有圆形或方形，圆形锤印易于重合，一般多采用圆形。锤的底面积大小取决于表面土质，对砂性土一般为 2～4m²，黏性土为 3～4m²，淤泥质土为 4～6m²。夯锤中宜设置若干个上下贯通的气孔，以减少夯击时空气阻力。

2）起重机一般采用自行式起重机。起重能力取大于 1.5 倍锤重。并需设安全装置，防止夯击时臂杆后仰。

3）吊钩宜采用自动脱钩装置。

（3）技术参数。通常根据要求加固土层的深度 H(m)，按经验公式（2.1）选定强夯法所用的捶重 Q(t) 和落距 h(m)。

$$H \approx K\sqrt{Qh} \tag{2.1}$$

式中 K——经验系数,一般取 0.4～0.7。

夯击点布置,一般按正方形或梅花形网络排列。其间距根据基础布置、加固土层厚度和土质而定,一般为 5～15m。夯击遍数通常为 2～5 遍,前 2～3 遍为"间夯",最后一遍为低能量的"满夯"。每个夯击点的夯击数一般为 3～10 击。最后一遍只夯 1～2 击。两遍之间的间隔时间一般为 1～4 周。对于黏性土或冲积土常为 3 周,若地下水位在 5m 以下,地质条件较好时,可隔 1～2d 就进行连续夯击。对于重要工程的加固范围,应比设计的地基长、宽各加一个加固深度 H;对于一般建筑物,在离地基轴线以外 3m 布置一圈夯击点即可。

(4) 施工要求。

1) 强夯施工前,应进行地基勘察和试夯,通过对试夯前后试验结果对比分析,确定正式施工的各项参数,包括锤重与落距、单位夯击能、夯击点布置与间距、单位夯击遍数、两遍间隔时间、处理范围及加固影响深度等。

2) 强夯前应平整场地,周围做好排水沟,按夯点布置测量放线确定夯位。地下水位较高时,应在表面铺 0.5～2.0m 厚的砂(石)垫层,以防设备下陷和便于消散强夯产生的孔隙水压,或采取降低地下水位后再强夯。

3) 强夯应分段进行,顺序从边缘夯向中央。其加固顺序是:先深后浅,逐层夯实,最后一遍夯完后,再以低能量满夯一遍,如有条件以采用小夯锤夯击为佳。

4) 夯击点的布置应根据基础底面形状确定,施工时按由内向外、隔行跳打原则进行。夯实范围应大于基础边缘 3m。

5) 夯击时应按试验和设计确定的强夯参数进行,在每一遍夯击之后,要用土将夯击坑填平,再进行下一遍夯击,强夯后,基坑应及时修整,浇筑混凝土垫层封闭。

6) 强夯施工宜在旱季进行。雨季施工,应做好场地排水。冬期施工,应清除地表的冻土层再夯,夯击次数要适当增加,如有硬壳层,要适当增加夯次或提高夯击功能。

7) 强夯施工时应对每一夯实点的夯击能、夯击次数和每次夯沉量等各项技术参数做好详细的现场记录。

8) 强夯施工时应注意安全,施工现场施工人员不得进入夯点 30m 内,现场操作人员在夯锤起吊后,应迅速撤离 10m 以外,以免飞石伤人。当强夯施工产生的振动对邻近建筑物和设备会产生影响时,应挖防振沟,并设置相应的监测点。

(5) 质量检查。

1) 施工结束后,应对强夯地基的强度进行承载力检验。现场测试方法有标准贯入、静力触探、动力触探等,选用两种或两种以上的测试数据综合确定。

2) 检查点数,每单位工程不少于 3 处;1000m² 以上工程,每 100m² 不少于 1 处;3000m² 以上工程,每 300m² 不少于 1 处;每一个独立基础不少于 1 处;基槽 20m 不少于 1 处。对于复杂场地或重要的建筑物应增加检测点数。

4. 振冲地基

(1) 加固原理及适用条件。振冲地基,它是以起重机吊起振冲器,启动潜水电机,带动偏心块,使振冲器产生高频振动,同时开动水泵通过喷嘴喷射高压水流。在振动和高压水流的联合作用下，振冲器沉到土中的预定深度，然后经过清孔工序，用循环水带出孔中稠泥浆，此后就可以从地面向孔中逐段添加填料（碎石或其他粒料），每段填料均在振动作用下被振挤密实，达到所要求的密实度后提升振冲器。再于第二段重复上述操作，如此直至地面，从而在地基中形成一根大直径的密实桩体，与原地基构成复合地基，提高地基承载能力和改善土体的排水降压通道，并对可能发生液化的砂土产生预振效应，防止液化。在黏性土中，振冲主要起置换作用，故称振冲置换；在砂性土中，振冲起挤密作用，故称振冲挤密。不加填料的振冲挤密仅适用于处理黏粒含量小于10％的细砂、中砂地基。

（2）机具设备。设备主要有振冲器、起重机械、水泵及供水管道、加料设备和控制设备等。振冲器为立式潜水电机直接带动一组偏心块，产生一定频率和振幅的水平向振力的专用机械。压力水通过振冲器空心竖轴从下端喷口喷出。用附加垂直振动式或附加垂直冲击式的振冲器则效果更好。加料可采用起重机吊自制吊斗或用翻斗车，其能力必须符合施工要求。

（3）施工工艺。

1）振冲试验。施工前应先在现场进行振冲试验，以确定其施工参数，如振冲孔间距、达到土体密实度时的密实电流值、成孔速度、留振时间、填料量等。

2）制桩。碎石桩成桩施工过程包括定位、成孔、清孔和振密等。

a．定位。振冲前，应按设计图定出冲孔中心位置并编号。

b．成孔。振冲器用履带式起重机或卷扬机悬吊，对准桩位，打开下喷水口，启动振冲器。水压可用400～600kPa，水量可用200～400L/min。此时，振冲器以其自身重量和在振动喷水作用下，以1～2m/min的速度徐徐沉入土中，每沉入0.5～1.0m，宜留振5～10s进行扩孔，待孔内泥浆溢出时再继续沉入，直至达到设计深度为止。在黏性土中应重复成孔1～2次，使孔内泥浆变稀，然后将振冲器提出孔口，形成直径为0.8～1.2m的孔洞。

c．清孔。当下沉达到设计深度时，振冲器应在孔底适当留振并关闭下喷口，打开上喷水口减少射水压力，以便排除泥浆进行清孔。

d．振密。将振冲器提出孔口，向孔内倒入一批填料，约1m堆高，将振冲器下降至填料中进行振密，待密实电流达到规定的数值，将振动器提出孔口。如此自下而上反复进行，直至孔口，成桩操作即告完成。

3）排泥。在施工场地上应事先开设排泥水沟系统，将成桩过程中产生的泥水集中引入沉淀池。定期将沉淀池底部的厚泥浆挖出，运至存放地点。沉淀池上部较清的水应重复使用。

4）成桩顺序。桩的施工顺序一般为"由里向外"或"一边推向另一边"的方式，因为这种方式有利于挤走部分软土。对抗剪强度很低的软黏土地基，为减少制桩时对原土的扰动，宜用间隔跳打的方式施工。

5）振冲地基表面的处理。振冲地基表面0.1～1.0m的范围内密实度较差，一般应予以挖除，如不挖除，则应加填碎石进行夯实或用压路机碾压密实。

（4）质量控制与检查。

1）振冲法加固土体，用密实电流、填料量和留振时间来控制。用ZCQ-30振冲器加固黏性土地基的密实电流为 50～55A，砂性土为 45～50A；直径为 0.8m 时，每米桩体填料量为 0.6～0.7m³，土质差时填料量应多些。

2）桩位偏差不得大于 $0.2d$（d 为桩孔直径）。

3）桩位完成半个月（砂土）或一个月（黏性土）后，方可进行载荷试验或动力触探试验来检验桩的施工质量。如在地震区进行抗液化加固地基，尚应进行现场孔隙水压力试验。

5. 深层搅拌地基

（1）加固基本原理及适用条件。深层搅拌法是用于加固饱和软黏土地基的一种新方法，它是利用水泥、石灰等材料作为固化剂，通过特制的深层搅拌机械，在地基深处就地将软土和固化剂（浆液）强制搅拌，利用固化剂和软土之间所产生的一系列物理—化学反应，使软土硬结成具有整体性、水稳定性和一定强度的地基。深层搅拌法还常作为重力式支护结构用来挡土、挡水。

（2）施工工艺。深层搅拌法的施工工艺流程如图 2.3 所示。

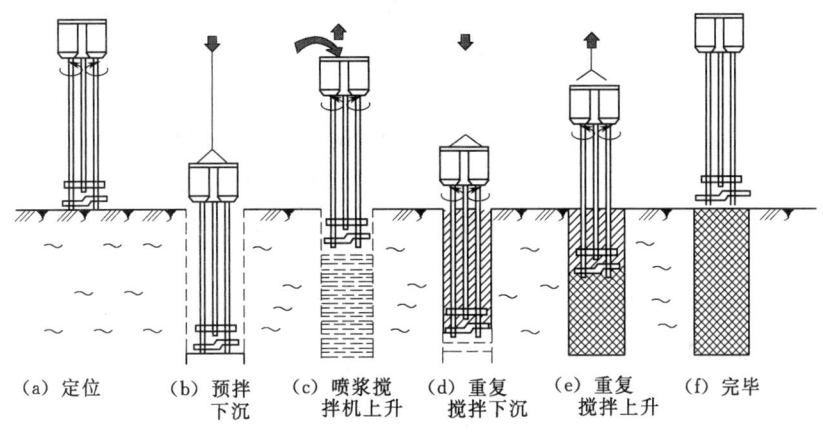

图 2.3　深层搅拌法施工工艺流程

1）定位。起重机（或用塔架）悬吊深层搅拌机到达指定桩位，对中。当地面起伏不平时，应使起吊设备保持水平。

2）预搅下沉。待深层搅拌机的冷却水循环正常后，启动搅拌机电机，放松起重机钢丝绳，使搅拌机沿导向架搅拌切土下沉，下沉速度可由电机的电流监测表控制。工作电流不应大于 70A。如果下沉速度太慢，可从输浆系统补给清水以利钻进。

3）制备水泥浆。待深层搅拌机下沉到一定深度时，即开始按设计确定的配合比拌制水泥浆，在压浆前将水泥浆倒入集料斗中。

4）喷浆、搅拌和提升。深层搅拌机下沉到达设计深度后，开启灰浆泵将水泥浆压入地基中，并且边喷浆、边旋转，同时严格按照设计确定的提升速度提升深层搅拌机。

5）重复上、下搅拌。深层搅拌机提升至设计加固深度的顶面标高时，集料斗中的水泥浆应正好排空。为使软土和水泥浆搅拌均匀，可再次将搅拌机边旋转边沉入土中，至设计加固深度后再将搅拌机提升出地面。

6) 清洗。向集料斗中注入适量清水，开启灰浆泵，清洗全部管路中残存的水泥浆，直至基本干净，并将黏附在搅拌头的软土及浆液清洗干净。

7) 移位。重复上述步骤1)～6)，进行下一根桩的施工。

考虑到搅拌桩顶部与上部结构的基础或承台接触部分受力较大，因此通常还可对桩顶1.0～1.5m范围内再增加一次输浆，以提高其强度。

(3) 质量检测。施工前应标定深层搅拌机械的灰浆泵输浆量、灰浆经输浆管到达搅拌机喷浆口的时间和起吊设备提升速度等施工参数，并根据设计要求通过成桩试验，确定搅拌桩的配合比和施工工艺。施工过程中应严格按规定的施工参数进行。随时检查施工记录，对每根桩进行质量评定。

搅拌桩应在成桩后7d内用轻便触探器钻取桩身加固土样，观察搅拌均匀程度，同时根据轻便触探击数用对比法判断桩身强度。检验桩的数量应不少于已完成桩数的2%。对桩身强度有怀疑的桩、场地复杂或施工有问题的桩或对相邻桩搭接要求严格的工程，尚应分别考虑取芯、单桩载荷试验或开挖检验。

(4) 深层搅拌水泥粉喷桩施工。近年来新兴起了深层搅拌水泥粉喷桩（简称粉喷桩），作为软土地基改良加固方法和重力式支护结构。施工时，以钻头在桩位搅拌后将水泥干粉用压缩空气输入到软土中，强行拌和，使其充分吸收地下水并与地基土发生理化反应，形成具有水稳定性、整体性和一定强度的柱状体，同时桩间土得到改善，从而满足建筑基础的设计要求。其桩径一般为500mm、600mm、700mm，桩长可达18m。

深层搅拌水泥粉喷桩施工工艺分为就位、钻入、预搅、喷搅、成桩等过程。具体方法如下。

1) 钻机移至桩位，分别以经纬仪、水平尺在钻杆及转盘的两正交方向校正垂直度和水平度。

2) 打开粉喷机料罐上盖，按（设计有效桩长＋余桩长）×每米用料，计算出水泥用量进行过筛，加料入罐，第一罐应多加一包水泥。

3) 关闭粉喷机灰路蝶阀、球阀，打开气路蝶阀。

4) 开动钻机，启动空气压缩机并缓慢打开气路调压阀，对钻机供气，视地质及地下障碍情况采用不同转速正转下钻，宜用慢挡先试钻。

5) 观察压力表读数，随钻杆下钻压力增大而调节压差，使后阀较前阀大0.02～0.05MPa压差。

6) 钻头钻到设计桩长底标高，关闭气路蝶阀，并开启灰路蝶阀，反转提升，打开调速电机，视地址情况调整转速，喷灰成桩。

7) 钻机正转下钻复搅，反转提钻复喷。根据地质情况及余灰情况重复数次，保证桩体水泥土搅拌均匀。

8) 钻头提至桩顶标高下0.5m时，关闭调速电机，停止供灰，充分利用管内余灰喷搅。

9) 原位旋转钻具2min，脱开减速箱、离合器，将钻头提离地面0.2m。

10) 打开球阀，减压放气，打开料罐上盖，检查罐内余灰。

11) 钻机移位，进入下一个成桩桩位。

粉喷施工场地要求平整，并及时清理地下障碍物。正式打桩前宜按设计要求施打工艺试桩，以确定各地层和平面区域内钻杆提升速度和喷灰速度、喷灰量等。粉体喷射机灰罐应按理论计算量投一次料，打一根桩，以确保桩质量。若因机械操作原因，灰罐及灰管内无灰，而桩顶未达设计标高，应加灰复搅重喷；灰罐内余灰过多，应视具体情况由断桩、空头、缺灰或土质软弱断面复搅重喷。钻机预搅下钻时，应尽量不用冲水下钻，当遇较硬土层下沉太慢时方可适量冲水。施工中应经常测量电压、检查钻具、流量计、分水滤气器、送粉蝶阀和胶管灰路工作情况。

6. 高压喷射注浆

(1) 加固原理及适用条件。高压喷射注浆地基（又称喷桩地基）是利用钻机把带有喷嘴的注浆管钻入（或置入）至土层预定的深度，以 20～40MPa 的压力将水泥浆液通过钻杆下端的喷射装置向四周以高速水平喷入土体，形成喷射流冲击破坏土层至预定形状的空间，借助钻杆的旋转和提升使土体与浆液搅拌混合，胶结硬化后形成直径比较均匀、具有一定强度的圆柱体（称为旋喷桩），从而使地基得到加固。根据使用机具设备不同，高压喷射注浆法可分为单管法、二重管法和三重管法。高压喷射注浆法适用于处理淤泥、淤泥质土、黏性土、粉土、湿陷性黄土、砂土、人工填土和碎石土等地基。当土中含有较多的大粒径块石、坚硬性黏性土、大量植物根茎或有过多的有机质时，应根据现场试验结果确定其适用程度。

(2) 施工工艺。高压喷射注浆法的施工工艺是：钻机就位→钻孔至设计标高→贯入注浆管、试喷→喷射注浆（边旋喷边提升旋喷管）→拔管、清洗器具→移至下一根桩位并重复以上工序。

(3) 施工要求。高压喷射注浆地基施工时应满足以下要求。

1) 施工前先进行场地平整，挖好排浆沟，做好钻机就位。要求钻机安放保持水平，钻杆保持垂直，其倾斜度不得大于 1.5%。

2) 单管法和二重管法可用注浆管射水成孔至设计深度后，再一边提升一边进行喷射注浆。

3) 在插入旋喷管前先检查高压水与空气喷射情况，各部位密封圈是否封闭，插入后先做高压水射水试验，合格后方可喷射注浆。

4) 喷嘴直径、提升速度、旋喷速度、喷射压力、排量等旋喷参数应满足设计要求或由现场试验确定。

5) 三重管施工须预先用钻机或振动打桩机钻成直径为 150～200mm 的孔，然后将三重注浆管插入孔内，按旋喷、定喷或摆喷的工艺要求，由上而下进行喷射注浆。开始时，先送高压水，再送水泥浆和压缩空气，一般情况下，压缩空气可晚送 30s。在桩底部边旋转边喷射 1min 后，再边旋转、边提升、边喷射。注浆管分段提升的搭接长度不得小于 200mm。

6) 喷射时，先应达到预定的喷射压力、喷射量后再逐渐提升注浆管。中间发生故障时应停止提升和旋喷，立即进行检查排除故障。当发现有浆液喷射不足，影响桩体的设计直径时应进行复核。旋喷过程中，冒浆量应控制在 10%～25%。对需要扩大加固范围或提高强度的工程，可采用复喷措施，即先喷一遍或两遍水泥浆。

7)当处理既有建筑地基时,应采取速凝浆液或大间隔孔旋喷和冒浆回灌等措施,以防旋喷过程中地基产生附加变形和地基与基础间出现脱空现象,影响被加固建筑及邻近建筑。

8)喷到桩高后应迅速拔出注浆管,用清水冲洗管路,防止凝固堵塞。相邻两桩施工间隔时间应不少于48h,间距应不小于4~6m。

(4)质量检测。

1)施工前应检查水泥、外掺剂等的质量,桩位、压力表、流量表的精度和灵敏度、高压喷射设备的性能等。

2)施工中应检查施工参数(压力、水泥浆量、提升速度、旋转速度等)的应用情况及施工程序。

3)高压喷射注浆地基的质量检查标准应符合表2.2的要求。

表2.2 高压喷射注浆地基的质量检验标准

项目	序号	检查项目	允许偏差或允许值	检验方法
主控项目	1	水泥及外掺剂质量	符合出厂要求	查产品合格证书或抽样送检
	2	水泥用量	设计要求	查看流量表及水泥浆水灰比
	3	桩体抗压强度及完整性检验	设计要求	规定方法
	4	地基承载力	设计要求	规定方法
一般项目	1	钻孔位置	≤50mm	用钢尺量
	2	钻孔垂直度	≤1.5%	经纬仪测钻杆或实测
	3	孔深	±200mm	用钢尺量
	4	注浆压力	按设定参数指标	查看压力表
	5	桩体搭接	>200mm	用钢尺量
	6	柱体直径	≤50mm	开挖后用钢尺量
	7	桩身中心允许偏差	≤0.2D	开挖后桩顶下500mm处用尺量,D为设计桩径

任务2.3 桩基工程施工

桩基础是深基础中的一种,由基桩(沉入土中的单桩)和连接与基桩桩顶的承台共同组成。桩基础的作用是将上部结构的荷载传递到深部较坚硬、压缩性较小、承载力较大的土层;或使软弱土层受挤压,提高地基土的密实度和承载力,以保证建筑物的稳定性,减少地基沉降。

2.3.1 桩基工程分类

(1)按桩的受力情况,桩可分为端承型桩和摩擦型桩,如图2.9所示。端承型桩是穿过软土层并将建筑物的荷载传递给坚硬土层的桩,又可分为端承桩和摩擦端承桩。端承桩是指在极限承载力状态下,桩顶荷载由桩端阻力承受的桩;摩擦端承桩是指在极限状态下,桩顶荷载主要由桩端阻力承受的桩。

摩擦型桩是将桩沉至软弱土层一定深度，用以挤密软弱土层，提高土层的密实度和承载力，又可分为摩擦桩和端承摩擦桩。摩擦桩是指在极限承载力状态下，桩顶荷载由桩侧阻力承受的桩；端承摩擦桩是指在极限承载力状态下，桩顶荷载主要由桩侧阻力承受的桩。

（2）按桩的施工方法可分为预制桩和灌注桩。预制桩是在构件预制厂或施工现场制作，预制桩由材料不同有木桩、混凝土桩、钢桩等。施工时用沉桩设备将其沉入土中。灌注桩是在施工现场的桩位上用机械或人工成孔，然后在孔内灌注混凝土、钢筋混凝土而成。灌注桩按成孔工艺不同有沉管灌注桩、钻孔灌注桩、人工挖孔桩等。

（3）按成桩方式可分为挤土桩（挤土灌注桩、挤土预制桩）、非挤土桩（人工挖孔桩、干作业法桩、泥浆护壁法桩、套筒护壁法桩）和部分挤土桩。

（4）按桩径大小分为大直径桩（直径在800mm以上）、中等直径桩（250～800mm）、小直径桩（直径在250mm以内）。其中小直径桩也是近10多年发展较快的新桩型，如树根桩、锚杆静压桩、小直径静压预制桩等。它具有施工空间要求小、对原有建筑物基础影响小、施工方便、可在各种土层中成桩，并能穿越原有基础等特点。在地基托换、支撑结构、抗浮等工程中得到广泛应。

2.3.2 打入桩施工

预制桩具有结构坚固耐久、桩身质量易于控制、成桩速度快、制作方便、承载力高，并能根据需要制成不同尺寸、不同形状的截面和长度，且不受地下水位的影响、不存在泥浆排放问题等特点，是建筑工程最常用的一种桩型。随着对沉桩噪声、振动、挤土等综合防护技术的发展，尤其是静压设备的发展，预制桩仍将是桩基工程中的主要桩型之一。

1. 施工准备

桩基础施工前应做好准备工作：①内业准备工作，包括施工方案、施工方法、机具设备选择、质量与安全技术措施以及劳动力、材料、机具设备供应计划等；②现场准备，包括障碍物处理、场地平整、抄平放线、确定打桩顺序以及设备进场、安装；③桩的制作、运输、堆放。

（1）现场准备。

1）处理障碍物。打桩施工前，应向城市管理、供水、供电、煤气、电信、房管等有关单位提出要求，认真处理高空、地上、地下的障碍物。然后对现场周围的建筑物、驳岸、地下管线等做全面检查，如有危房或危险构筑物，必须予以加固或采取隔振措施或拆除。

2）场地平整。施工场地必须平整（坡度不大于10%）、坚实，必要时应铺设道路，经压路机碾压密实，场地四周应设置挖排水措施。

3）抄平放线，测定桩位。在打桩现场设置不得少于两个水准点，其位置应不受打桩影响，用于抄平场地和检查桩的入土深度。要根据建筑物的轴线控制桩定出桩基础的每个桩位，用小木桩标记。正式打桩之前，应对桩基的轴线和桩位复查一次。

4）确定打桩顺序。打桩顺序直接影响到桩基础的质量和施工速度，应根据桩的密集程度（桩距大小）、桩的规格、长短、桩的设计标高、工作面布置、工期要求等综合考虑，合理确定打桩顺序。根据桩的密集程度，打桩顺序一般分为单一方向逐排打设、自中部向四周打设和由中间向两侧打设3种,如图2.4所示。根据基础设计标高和桩的规格,宜按先深后浅、先大后小、先长后短的顺序进行打桩。

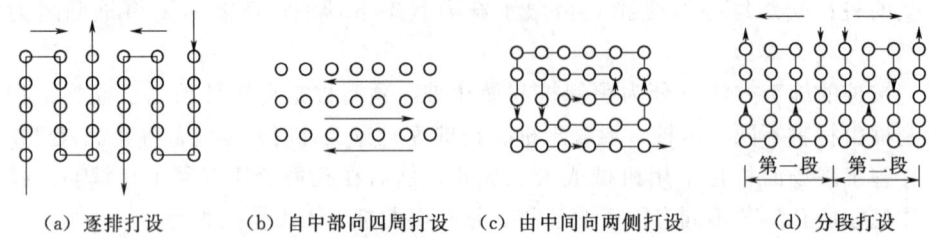

图 2.4　打桩顺序

5)桩帽、垫衬和打桩设备机具准备。除了上面介绍的准备以外,还需要进行桩帽、垫衬和打桩设备机具的准备。

6)打桩试验。施工前应进行数量不少于两根桩的打桩工艺试验,用以了解桩的沉入时间、最终沉入度、持力层的强度、桩的承载力以及施工过程中可能出现的各种问题和反常情况,以便检验所选的打桩设备和施工工艺是否符合设计要求。

(2)预制桩的制作、运输和堆放。

1)混凝土实心方桩的制作、运输和堆放。预制混凝土实心方桩是最常用的桩型之一。断面尺寸一般为 200mm×200mm～600mm×600mm。单节桩的最大长度,依打桩架的高度而定,一般 27m 以内。如需打设 30m 以上的桩,则将桩预制成几段,在打桩过程中逐段接长,但应避免桩尖接近硬持力层或桩尖处于硬持力层中接桩。较短桩多在预制厂生产,较长桩一般在现场附近或打桩现场就地预制。

现场制作预制桩一般采用重叠法间隔制作,如图 2.5 所示。重叠层数根据地面允许荷载和施工条件确定,但不宜超过 4 层。桩与桩之间应做好隔离层(如油毡、牛皮纸、塑料纸、纸筋灰等)、上层桩或邻桩的浇筑。应在下层桩或邻桩混凝土达到设计强度的 30% 以后方可进行。由于重叠法施工需待上层桩混凝土到龄期后,整堆桩才能起吊使用,故也可将桩制成阶梯状。

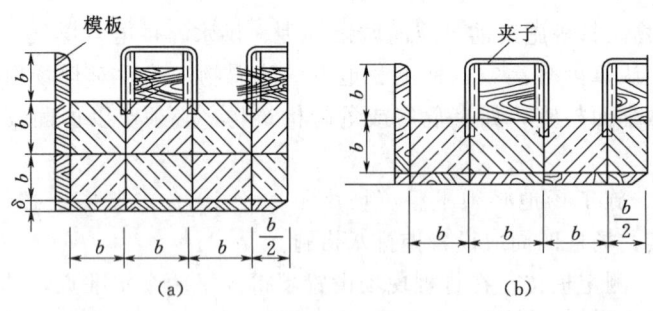

图 2.5　重叠间隔支模示意图

预制桩钢筋骨架的主筋连接宜采用对焊或电弧焊。主筋接头配置在同一截面内的数量,应符合下列规定:①当采用闪光对焊和电弧焊时,不得超过 50%;②相邻两根主筋接头错开距离应大于 35d(d 为主筋直径),且不小于 500mm;预制桩混凝土粗骨料应使用碎石或开口卵石,粒径宜为5～40mm。混凝土强度等级常用C30～C40,宜用机械搅拌,机械振捣,由桩顶向桩尖连续浇筑捣实,一次完成。制作后应洒水养护不少于7d。

混凝土预制桩达到设计强度的70%后方可起吊,达到设计强度100%后方可进行运输。如提前吊运,必须验算合格。桩在起吊和搬运时,吊点应符合设计规定。如无吊环,设计又未作规定时,应符合起吊弯矩最小的原则,按图2.6所示的位置捆绑。捆绑时钢丝绳与桩之间应加衬垫,以免损坏棱角。起吊时应平稳提升,吊点同时离地。长桩搬运时,桩下要设置活动支座。经过搬运的桩,还应进行质量复查。

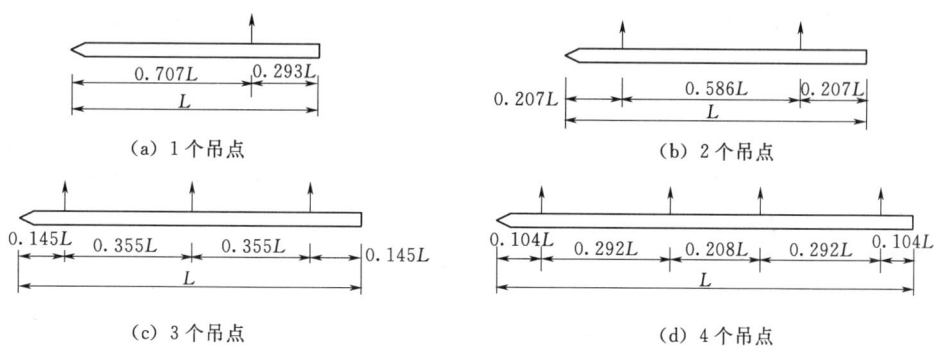

图2.6 吊点合理位置示意图

桩堆放时,地面必须平稳、坚实;垫木间距应根据吊点确定;各层垫木应位于同一垂直线上;最下层垫木应适当加宽;堆放层数不宜超过4层;不同规格的桩应分别堆放。

2)混凝土管桩的制作、运输和堆放。混凝土管桩为中空,一般在预制厂用离心法成型,把混凝土中多余的水分用离心力甩出,故混凝土密实,强度高,抵抗地下水和耐腐蚀的性能强。为解决混凝土管桩在吊装和搬运时因弯曲拉应力的作用而开裂,以及打桩时因拉伸应力而产生环状裂缝,故常用预应力混凝土管桩。预应力混凝土管桩有振动成型或离心法成型两种。混凝土强度等级不低于C40;采用高强钢丝、钢绞线或高强螺纹钢筋等作预应力钢筋。混凝土管桩应达到设计强度100%后方可运到现场打桩。堆放层数不超过3层。

3)钢管桩的制作、运输和堆放。钢管桩较其他桩型有以下特点:强度高,能承受强大的冲击力,穿透硬土层性能好,可获得较高的承载能力,有利于建筑物的沉降控制;能承受较大的水平力;桩长可任意调节;重量轻、刚度好,装卸运输方便,挤土量少;但钢桩需采取防腐处理。

钢管桩一般使用无缝钢管,也可采用钢板卷板焊接而成,一般在工厂制作。钢管桩的直径为400～3000mm,管壁厚度为6～50mm;一般由一节上节桩、若干节中节桩与一节下节桩组成。分节长度一般为12～15m。钢管桩防腐处理方法可采用外表面涂防腐层(如防腐油漆、环氧煤焦油和聚氨酯类涂料等)、增加腐蚀余量和阴极保护等。当钢管桩内壁与外界隔绝时,可不考虑内壁防腐。

钢管桩堆放场地应平整、坚实、排水畅通;两端应设保护圈等保护措施,防止搬运时因桩体撞击而造成桩端、桩体损坏或弯曲变形;应按规格、材质分别堆放,堆放高度不宜太高,防止受压变形。钢管桩一般按两点起吊。

2. 打入法施工

打入法时利用桩锤下落时的瞬时冲击力锤击桩头所产生的冲击机械能，克服土体对桩的阻力，导致桩体下沉。该法施工速度快，机械化程度高，适应范围广，但施工时有挤土、噪声和振动等公害，使用上受到一定的限制。

(1) 打桩设备及选用。打桩所用的机具设备，主要包括桩锤、桩架及动力装置3部分。

桩锤的作用是对桩施加冲击力，将桩打入土中；桩架的作用是支持桩身和桩锤，将桩吊到打桩位置，并在打入过程中引导桩的方向，保证桩锤沿着所要求的方向冲击；动力装置包括启动桩锤用的动力设施，如卷扬机、锅炉、空气压缩机等。

1) 桩锤选择。桩锤有落锤、单动汽锤、双动汽锤、柴油打桩锤和液压锤等。桩锤的类型应根据施工现场情况、机具设备条件及工作方式和工作效率等条件来选择。由于普通桩锤打桩过程中噪声污染较大，目前已使用较少。液压锤是在城市环境保护要求日益提高的情况下研制出的新型、低噪声、无油烟、能耗省的打桩锤。它是由液压推动密闭在锤壳体内的芯锤活塞柱，令其往返实现夯击作用，将桩沉入土中。我国已研制成功液压锤，即将用于打桩工程。

桩锤类型选定之后，还要根据重锤低击的原则确定桩锤的重量。桩锤过重，所需动力设备也大，不经济；桩锤过轻，必将加大落距，锤击功能很大部分被桩身吸收，桩不易打入，且桩头容易被打坏，保护层可能振掉。轻锤高击所产生的应力，还会促使距桩顶1/3和重锤快击的方法效果较好。一般可根据地质条件、桩型、桩的密集程度、单桩竖向承载力及现有施工条件等决定。按桩锤冲击能依式（2.2）选择捶重，即

$$E \geqslant 0.025P \qquad (2.2)$$

式中　E——锤的一次冲击动能，kN·m；
　　　　P——设计单桩竖向极限承载力标准值，kN。

按式（2.2）选出的桩锤，应按所施打桩的质量，用经验公式（2.3）复核，以决定是否采用，即

$$K = \frac{M+C}{W} \qquad (2.3)$$

式中　M——桩锤重，kN；
　　　　C——桩重（包括送桩、桩帽和桩垫重），kN；
　　　　W——桩锤一次冲击能，kN·m；
　　　　K——桩锤的适用系数，双动汽锤和柴油锤$K \leqslant 5.0$；单动汽锤$K \leqslant 3.5$；落锤$K \leqslant 2.0$。

2) 桩架选择。选择桩架时，应考虑桩锤的类型、桩的长度和施工条件等因素。桩架的高度由桩的长度、桩锤高度、桩帽厚度及所用滑轮组的高度来决定。此外，还应留1~2m的高度作为桩锤的伸缩余地。

常用的桩架形式有下列3种，即滚筒式桩架、多功能桩架、履带式桩架。滚筒式桩架行走靠两根钢滚筒在垫木上滚动，优点是结构比较简单，制作容易，但在平面转弯、调头方面不够灵活，操作人员较多；多功能桩架的机动性和适应性很大，在水平方向可做

360°旋转，导架可以伸缩和前后倾斜，底盘下装有铁轮，底盘在轨道上行走；履带式桩架以履带式起重机为底盘，增加导杆和斜撑组成。移动方便，比多功能桩架更灵活。

3）垫材的选择。为提高打桩效率和沉桩精度，保护桩锤安全使用和桩顶免遭破损，应在桩顶加设桩帽，并根据桩锤和桩帽类型、桩型、地质条件及施工条件等多种因素，合理选用垫材。位于桩帽上部与桩锤相隔的垫材称为锤垫，常用橡木、桦木等硬木按纵纹受压使用，有时也可采用钢索盘绕而成。近年来也有使用层状板及化塑型缓冲垫材。对重型桩锤尚可采用压力箱式或压力弹簧式新型结构锤垫。桩帽下部与桩顶相隔的垫材称为桩垫。桩垫常用松木横纹拼合板、草垫、麻布片、纸垫等材料。垫材的厚度应选择合理。

4）送桩器。桩基施工一般均在基础开挖前施工，要将桩顶打至地表以下的设计标高，就要采用送桩器送桩。随着高层大型建筑物的兴建，基础顶部的埋深越来越深，此类工程桩基施工的送桩也随之加深，最深可达10～15m。送桩器一般用钢管制成，送桩器制作要求包括：要有较高的强度和刚度；打入时阻力不能太大；能较容易地拔出；能将锤的冲击力有效地传递到桩上。

（2）打桩工艺。打桩过程包括场地准备（三通一平和清理地上、地下障碍物）、桩位定位、桩架移动和定位、吊桩和定桩、打桩、接桩、送桩、截桩。

1）打桩。在桩架就位后即可吊桩，利用桩架上的卷扬机将桩吊成垂直状态送入导杆内，对准桩位中心，缓缓放下插入土中。桩插入时校正其垂直度偏差不超过0.5%。桩就位后，在桩顶安上桩帽，然后放下桩锤轻轻压住桩帽。桩锤、桩帽和桩身中心线应在同一垂直线上。在桩的自重和锤重作用之下，桩向土中沉入一定深度而达到稳定。这时再校正一次桩的垂直度，即可进行沉桩。为了防止击碎桩顶，应在混凝土桩的桩顶与桩帽之间、桩锤与桩帽之间放上硬木、粗草纸或麻袋等垫材作为缓冲层。

打桩时为取得良好效果，宜用"重锤低击"。桩开始打入时，桩锤落距宜低，一般为0.6～0.8m，使桩能正常沉入土中。当桩入土一定深度（1～2m），桩尖不易产生偏移时可适当增大落距，并逐渐提高到规定的数值，连续锤击。

2）接桩。当施工设备条件对桩的限制长度小于桩的设计长度时，需采用多节桩段连接而成。这些沉入地下的连接接头，其使用状况的常规检查将是困难的。多节桩段的垂直承载能力和水平承载能力将受其影响，桩的贯入阻力也将有所增大。影响程度主要取决于接头的数量、结构形式和施工质量。规范规定混凝土预制桩接头不宜超过两个，预应力管桩接头数量不宜超过4个。良好的接头构造形式，不仅应满足足够的强度、刚度及耐腐蚀性要求，而且也应符合制造工艺简单、质量可靠、接头连接整体性强与桩材其他部分应具有相同断面和强度，在搬运、打入过程中不易损坏，现场连接操作简便迅速等条件。此外，也应做到接触紧密，以减少锤击能量损耗。接头的连接方法有焊接法、浆锚法、法兰法3种类型。

a. 焊接法接桩适用于单桩承载力高、长细比大、桩基密集或须穿过一定厚度较硬土层、沉桩较困难的桩。焊接法接桩的节点构造用钢板、角钢宜用低碳钢，焊条宜用E43；上、下节桩对准后，将锤降下，压紧桩顶，节点间若有间隙，用铁片垫实焊牢；接桩时，上、下节桩的中心线偏差不得大于5mm，节点弯曲矢高不得大于桩长的1‰且不大于20mm；施焊前，节点部位预埋件与角铁要除去锈迹、污垢，保持清洁；焊接时，应先将四角点焊固定,再次检查位置正确后,应由两个对角同时对称施焊,以减少焊接变形,焊缝要连续饱满,焊缝宽度、厚度应符合设计要求。钢管桩接桩一般也采用焊接法接桩。接头焊接完毕,应冷却 1min 后方可锤击。焊接质量按规定进行外观检查,此外还应按接头、总数的 5% 做超声检查或 2% 做 X 拍片检查,在同一工程内,探伤检查不得少于 3 个接头。

b. 浆锚法接桩可节约钢材、操作简便,接桩时间比焊接法要大为缩短。在理论上,浆锚法与焊接法一样,施工阶段节点能够安全地承受施工其他外力;使用阶段能同整根桩一样工作,传递垂直压力或拉应力。因在实际施工中,浆锚法接桩受原材料质量、操作工艺等因素影响,出现接桩质量缺陷的概率较高,故应谨慎使用。一般应用于沉桩无困难的地质条件,不宜用于坚硬土层中。

c. 法兰法接桩主要用于混凝土管桩。法兰由法兰盘和螺栓组成,其材料应为低碳钢。它接桩速度快,但法兰盘制作工艺较复杂,用钢量大。法兰盘接合处可加垫沥青纸或石棉板。接桩时,将上、下节桩螺栓孔对准,然后穿入螺栓,并对称地将螺帽逐步拧紧。如有缝隙,应用薄铁片垫实,待全部螺帽拧紧,检查上、下节桩的纵轴线符合要求后,将锤吊起,关闭油门,让锤自由落下锤击数次,然后再拧紧一次螺帽,最后用电焊点焊固定;法兰盘和螺栓外露部分涂上防锈油漆或防锈沥青胶泥,即可继续沉桩。

3) 截桩。当桩顶露出地面并影响后续桩施工时,应立即进行截桩头,而桩顶在地面以下不影响后续桩施工时,可结合凿桩头进行。截桩头前,应测量桩顶标高,将桩头多余部分截除,预制混凝土桩可用人工或风动工具(如风镐等)来截除。混凝土空心管桩宜用人工截除。无论采用哪种方法均不得把桩身混凝土打裂,并保持桩身主筋伸入承台内的锚固长度。黏着在主筋上的混凝土碎块要清除干净。当桩顶标高在设计标高以下时,应在桩位上挖成喇叭口,凿去桩头表面混凝土,凿出主筋并焊接接长至设计要求的长度,再用与桩身同强度等级的混凝土与承台一起浇筑。

钢管桩可用长柄氧乙炔内切割器伸入管内进行粗割,使管顶高出设计标高 150~200mm,并用临时钢盖板覆盖管口,待挖土时再边挖土边拔管,以确保安全。混凝土垫层浇灌后,进行钢管桩的精割。先用水准仪在每根钢管桩上按设计标高定上 3 点,然后按此水平标高固定一环作为割刀的支承点,切割整平后放上配套桩盖焊牢,再在钢管桩顶端焊上基础锚固钢筋。

3. 施工注意事项

(1) 打桩过程应做好测量和记录,用落锤、单动汽锤或柴油锤打桩时,从开始即需统计桩身每沉 1m 所需的锤击数。当桩下沉接近设计标高时,则应以一定落距测量其每阵(10 击)的沉落值(贯入度),使其达到设计承载力所要求的最后贯入度。如用双动汽锤,从开始就应记录桩身每下沉 1m 所需要的锤击时间,以观察其沉入速度。当桩下沉接近设计标高时,则应测量桩每分钟的下沉值,以保证桩的设计承载力。

(2) 桩入土的速度应均匀,锤击间歇的时间不要过长。打桩时应观察桩锤的回弹情况,如回弹较大,则说明桩锤太轻,不能使桩沉下,应及时予以更换。

(3) 打桩过程中应经常检查打桩架的垂直度,如偏差超过 1% 则及时纠正,以免桩打斜。

(4) 随时注意贯入度的变化情况，当贯入度骤减，桩锤有较大回弹时，表明桩尖遇到障碍，此时应将锤击的落距减小，加快锤击。如上述现象仍然存在，应停止锤击，研究遇阻的原因并进行处理。打桩过程中，如突然出现桩锤回弹，贯入度突增，锤击时桩弯曲、倾斜、颤动，桩顶破坏加剧等，则表明桩身可能已经破坏。

(5) 打桩过程中应防止锤击偏心，以免打坏桩头或使桩身折断。若发生桩身折断、桩位偏斜时，须将其拔出重打。拔桩的方法根据桩的种类、大小和入土深度而定，可以利用杠杆原理，使用三脚架卷扬机、千斤顶或汽锤、振动打桩机和拔桩机等进行。

(6) 打桩中还应特别注意打桩机的工作情况和稳定性。应经常检查机件是否正常，绳索有无损坏，桩锤悬挂是否牢固，桩架移动是否安全等。

2.3.3 静力压桩施工

1. 静压桩的施工原理、特点

静力压桩是利用静压力将预制桩逐节压入土中的一种沉桩工艺，它借助专用桩架自重及桩架上的压重，通过卷扬机滑轮组或液压系统施加压力在桩顶或桩身上，当施加给桩的静压力与桩的入土阻力达到动态平衡时，桩在自重和静压力作用下逐渐压入地基中。

静力压桩的优点是桩机采用液压装置驱动，静压力大，自动化程度高，移动方便，运转灵活；桩定位准确，不易产生偏心，提高桩基础施工质量；施工无噪声、无振动、无污染；沉桩采用全液压夹持桩身向下施加压力的方式，可避免桩顶破碎和桩身开裂。另外，静力压桩施工对桩身产生的应力小，可以减少混凝土桩钢筋的用量，因而降低了工程造价。压桩力能自动记录，能在沉桩施工中测定桩阻力，为设计、施工提供参数，并预估和验证桩承载力，施工安全可靠。但存在压桩设备较笨重、要求边桩中心到已有建筑物间距较大、压桩力受一定限制、挤土效应仍然存在等问题。

静力压桩适用于软土、填土及一般黏性土层，特别适合于在居民区、危房附近和对环境要求严格的地区沉桩；但不适于地下有较多孤石、障碍物，或有厚度大于2m的中密以上砂夹层，以及单桩承载力超过1600kN的情况。

2. 压桩工艺

静力压桩工艺流程：场地清理和处理→测量定位→尖桩就位、对中、调直→压桩→接桩→再压桩→送桩（或截桩）。

(1) 场地清理和处理。清除施工区域内高空、地上、地下的障碍物。平整、压实场地，并铺上10cm厚道渣。由于静压桩机设备重，对地面附加应力大，应验算其地耐力，若不能满足要求，应对地表土加以处理（如碾压、铺毛石垫层等），以防机身沉陷。

(2) 测量定位。施工前应放好轴线和每一个桩位。如在较软的场地施工，由于桩机的行走会挤走预定标志，故在桩机大体就位之后要重新测定桩位。

(3) 尖桩就位、对中、调直。对于液压步履式行走机构的压桩机，通过启动纵向和横向行走油缸，将桩尖对准桩位；开动夹持油缸和压桩油缸，将桩箍紧并压入土中1.0m左右停止压桩，调整桩在两个方向的垂直度，第一节桩是否垂直是保证压桩质量的关键。

(4) 压桩。通过夹持油缸将桩夹紧，然后使压桩油缸伸长，将压力施加到桩顶，压桩力由压力表反映。在压桩过程中要记录桩入土深度和压力表读数的关系，以判断桩的质量及沉桩阻力。当压力表读数突然上升或下降时，要对照地质资料进行分析，判断是否遇到障碍物或产生断桩情况等。压同一根（节）桩时，应缩短停歇时间，以防桩周与地基土固结、压桩力骤增，造成压桩困难。

（5）接桩。当下一节桩压到露出地面 0.8～1.0m 时，开始接桩。应尽量缩短接桩时间，以防桩周与土固结，压桩力骤增，造成压桩困难。

（6）送桩或截桩。当桩顶接近地面，而压桩力尚未达到规定值，应进行送桩。当桩顶高出地面一段距离，而压桩力已达到规定值时则要截桩，以便后续压桩和移位。

3．终止压桩控制标准

对摩擦型桩以达到桩端设计标高为终止控制条件；对于端承摩擦型长桩以设计桩长控制为主，最终压力值作对照；对承载力较高的工程桩，终压力值宜尽量接近或达到压桩机满载值；对端承型短桩，以终压力满载值为终压控制条件，并以满载值复压。量测压力等仪表应以定期标定数据为准。

4．施工注意事项

遇到下列情况应停止压桩，并及时与有关单位研究处理：①初压时，桩身发生较大幅度移位、倾斜，压入过程中桩身突然下沉或倾斜；②桩顶混凝土破坏或压桩阻力剧变。

2.3.4 振动沉桩、水冲沉桩

1．振动沉桩

振动沉桩的原理是借助固定于桩头上的振动沉桩机所产生的振动力，以减小桩与土壤颗粒之间的摩擦力，使桩在自重与机械力的作用下沉入土中。

振动沉桩法主要适用于砂石、黄土、软土和亚黏土，在含水砂层中的效果更为显著，但在砂砾层中采用此法时，尚需配以水冲法。沉桩工作应连续进行，以防间歇过久难以沉下。

2．水冲沉桩

水冲沉桩法，就是利用高压水流冲刷桩尖下面的土壤，以减少桩表面与土壤之间的摩擦力和桩下沉时的阻力，使桩身在自重或锤击作用下，很快沉入土中。射水停止后，冲松的土壤沉落，又可将桩身压紧。水冲法适用于砂土、砾石或其他较坚硬土层，特别对于打设较重的混凝土桩更为有效。但在附近有旧房屋或结构物时，由于水流的冲刷将会引起它的沉陷，故在采取措施前，不得采用此法。

2.3.5 混凝土灌注桩施工

混凝土灌注桩是直接在施工现场桩位上成孔，然后在孔内安放钢筋笼，浇筑混凝土成桩。与预制桩相比，具有施工低噪声、低振动、桩长和直径可按设计要求变化自如、桩端能可靠地进入持力层或嵌入岩层、单桩承载力大、挤土影响小、含钢量低等特点。但成桩工艺较复杂、成桩速度较预制桩施工慢。按成孔的方法不同，混凝土灌注桩可以分为沉管灌注桩、干作业螺旋钻孔灌注桩、泥浆护壁成孔灌注桩和人工挖孔灌注桩。不论采用什么方法，混凝土灌注桩施工均应满足以下规定。

1．一般规定

（1）成孔。成孔设备就位后，必须平整、稳固，确保在施工中不发生倾斜、移动，允许垂直偏差为 0.3%。为准确控制成孔深度，应在桩架或桩管上作出控制深度的标尺，以便在施工中进行观测、记录。

1) 成孔的控制深度。成孔的控制深度应符合下列要求。

a. 摩擦型桩。摩擦桩以设计桩长控制成孔深度；端承摩擦桩必须保证设计桩长及桩端进入持力层深度；当采用锤击沉管法成孔时，桩管入土深度控制以标高为主，以贯入度控制为辅。

b. 端承型柱。当采用钻（冲）、挖掘成孔时，必须保证桩孔进入设计持力层深度；当采用锤击沉管法成孔时，沉管深度以贯入度为主，设计持力层标高对照为辅。

2) 成孔施工顺序。对土没有挤密作用的钻孔灌注桩、干作业成孔灌注桩，一般按现场条件和桩机行走最方便的原则确定成孔顺序。对土有挤密作用和振动影响的冲孔灌注桩、锤击（或振动）沉管灌注桩、爆扩桩等，一般可结合现场施工条件，采用下列方法确定成孔顺序：①间隔一个或两个桩位成孔；②在邻桩混凝土初凝前或终凝后成孔；③一个承台下桩数在 5 根以上者，中间的桩先成孔，外围的桩后成孔；④同一个承台下的爆扩桩，可采用单爆或联爆法成孔；⑤人工挖孔桩当桩净距小于 2 倍桩径且小于 2.5m 时，应采用间隔开挖。排桩跳挖的最小施工净距不得小于 4.5m，孔深不宜大于 40m。

(2) 钢筋笼的制作。制作钢筋笼时，要求主筋环向均匀布置，箍筋的直径及间距、主筋的保护层、加劲箍的间距等均应符合设计要求，箍筋一般应为螺旋式。分段制作的钢筋笼，其接头宜采用焊接并应遵守《混凝土结构工程施工质量验收规范》（GB 50204—2015）。钢筋笼分段长度一般宜定在 8m 左右。对于长桩，当采取一些辅助措施后，也可为 12m 左右或更长一些。钢筋笼主筋净距必须大于混凝土粗骨料粒径的 3 倍以上，加劲箍宜设在主筋外侧，钢筋笼内径应比导管接头处外径大 100mm 以上。为保护主筋保护层的厚度，应在主筋外侧安设钢筋定位器。

钢筋笼安放时要求对准孔位，扶稳、缓慢、顺直，避免碰撞孔壁，严禁墩笼、扭笼。钢筋笼到达设计位置后应采用工艺筋（吊筋、抗浮筋）固定，避免钢筋笼下沉或受混凝土上浮力的影响而上浮。钢筋笼放入泥浆后 4h 内必须灌注混凝土，并做好记录。

(3) 混凝土的配制与灌注。

1) 混凝土的配制要求：①混凝土强度等级不应低于设计要求；②用导管法水下灌注混凝土时坍落度为 160～220mm，非水下直接灌注混凝土（有配筋）时坍落度宜为 80～100mm；非水下直接灌注素混凝土时坍落度宜为 60～80mm；③粗骨料可选用卵石或碎石，其最大粒径对于沉管灌注桩不宜大于 50mm，并不得大于钢筋间最小净距的 1/3，对于素混凝土桩，不得大于桩径的 1/4，并不宜大于 70mm；④对于水下灌注混凝土的含砂率宜为 40%～45%，水泥用量不少于 360kg/m³，为改善和易性和缓凝，宜掺外加剂。

2) 混凝土的灌注方法：①导管法用于孔内水下灌注；②串筒法用于孔内无水或渗水量很小时灌注；③短护筒直接投料法用于孔内无水或虽孔内有水但能疏干时灌注；④混凝土泵可用于混凝土灌注量大的大直径钻、挖孔桩。

3) 灌注混凝土应遵守以下规定。

a. 检查成孔质量合格后应尽快灌注混凝土，桩身混凝土必须留有试件，泥浆护壁成孔的灌注桩，每根桩不得少于 1 组试块；同一配合比的试块，每个灌注台班不得少于 1 组，每组 3 件。

b. 混凝土灌注充盈系数（实际灌注混凝土体积与按设计桩身直径计算体积之比）不得小于1.0；一般土质为1.1；软土为1.2~1.3。

c. 每根桩的混凝土灌注应连续进行。对于水下混凝土及沉管桩孔从管内灌注混凝土的桩，在灌注过程中应用浮标或测锤测定混凝土的灌注高度，以检查灌注质量。

c. 灌注后的桩顶应高出设计标高，并予以保护，以保证在凿除浮浆层后，桩顶标高和桩顶混凝土质量能符合设计要求。

e. 当气温低于0℃时，灌注混凝土应采取保温措施，灌注时的混凝土温度不应低于5℃；在桩顶混凝土未达到设计强度的50%前不得受冻。当气温高于30℃时，应视具体情况对混凝土采取缓凝措施。

2. 沉管灌注桩

沉管灌注桩又称套管成孔灌注桩，是利用锤击打桩设备或振动设备，将带有桩尖的钢管沉入土中（钢管直径与桩的设计尺寸一致），形成桩孔，然后放入钢筋笼，边浇筑混凝土边拔出钢管，利用拔管时的振动将混凝土捣实成桩。其适用于一般黏性土、粉土、淤泥质土、砂土和杂填土地基。沉管灌注桩根据使用桩锤和成桩工艺不同，可分为锤击沉管灌注桩、振动（及振动冲击）沉管灌注桩、夯压成型灌注桩。

（1）锤击沉管灌注桩宜用于一般黏性土、淤泥质土、砂土和人工填土地基。施工过程及施工要点如下。

1）桩机就位。就位后吊起桩管，对准预先埋好的预制钢筋混凝土桩尖，桩尖与桩管接口处应垫麻绳垫圈，以做缓冲层和防地下水渗入管内，然后缓慢放入桩管，套入桩尖压入土中。

2）沉管。先用低锤锤击，观察无偏移后正常施打，直至符合设计要求深度，如沉管过程中桩尖损坏，应及时拔出桩管，用土或砂填实后另安桩尖沉管。

3）浇筑混凝土。检查套管内无泥浆或水时，即可放入钢筋笼，浇筑混凝土，混凝土应灌满桩管。混凝土灌注桩至桩顶设计标高时，应使管内混凝土保持略高于地面，并保持到钢管全部拔出。

4）拔管。拔管前，应先锤击或振动钢管，在测得混凝土确已流出套管时方可拔管。拔管时要均匀，保持连续密锤轻击，并控制拔管速度，一般土层以不大于1m/min为宜，软弱土层与软硬交界处，应控制在0.8m/min以内为宜。

5）桩的中心距在5倍桩管外径以内或小于2m时，均应跳打施工；中间空出的桩须待邻桩混凝土达到设计强度的50%以后方可施打。

（2）振动沉管灌注桩。振动沉管灌注桩采用激振器或振动冲击沉管。其施工过程如下。

1）桩机就位。将桩尖对准桩的中心，利用振动器及桩管自重，把桩尖压入土中。

2）沉管。启动振动桩锤，桩管即在强迫振动下迅速沉入土中。沉管过程中，应经常探测管内有无水或泥浆；如发现水泥浆较多，应拔出桩管，用砂回填桩孔后方可重新沉管。

3）浇筑混凝土。桩管沉到设计标高后停止振动，放入钢筋笼，浇筑混凝土，混凝土应灌满桩管。混凝土灌注至桩顶设计标高时，应使管内混凝土保持略高于地面，并保持到钢管全部拔出。

4）拔管。开始拔管时，应先启动振动锤 8～10min，在测得混凝土确已流出套管时方可拔管。拔管时要均匀，边振边拔。拔管速度应控制在 1.5m/min 以内。

(3) 夯压成型灌注桩。夯压成型灌注桩又称夯扩桩，是在普通沉管灌注桩的基础上加以改进，增加一根内夯管，使桩端扩大的一种桩型。内夯管的作用是在夯扩工序时，将外管混凝土夯出管外，并在桩端形成扩大头，同时利用内管和桩锤的自重将桩身混凝土压实，增大地基的密实度，使桩的承载力大幅度提高。夯扩桩适用于一般的黏性土、淤泥、淤泥质土、黄土、硬黏性土，也可用于有地下水的情况，多在 20 层以下的高层建筑基础中使用。

沉管灌注桩施工过程中，对土体有挤密作用和振动影响，施工中应结合现场施工条件，考虑成孔的顺序。即：间隔一个或两个桩位成孔；在邻桩混凝土初凝前或终凝后成孔；一个承台下桩数在 5 根以上者，中间的桩先成孔，外围的桩后成孔。

为了提高桩的质量和承载力，沉管灌注桩常采用单打法、复打法、反插法等施工工艺。

1）单打法（又称一次拔管法）。施工时在沉入土中桩管内灌满混凝土，开动激振器，拔管时，每提升 0.5～1.0m，振动 5～10s，再拔管 0.5～1.0m，这样反复进行，直至全部拔出。

2）反插法。反插法是在桩管灌满混凝土之后，先振动再开始拔管，每次拔管高度 0.5～1.0m，反插深度 0.3～0.5m；在拔管过程中应分段添加混凝土，保持管内混凝土面始终不低于地表面或高于地下水位 1.0～1.5m 以上，拔管速度应小于 0.5m/min。

3）复打法。复打法是在第一次灌注桩施工完毕，拔出桩管后，清除桩管外壁上的污泥和桩孔周围地面浮土，立即在原桩位再埋预制桩靴或合好桩尖活瓣，进行第二次复打沉桩管，使未凝固的混凝土向四周挤压以扩大桩径，然后再灌注第二次混凝土。拔管方法与初打时相同。施工时要注意：前后两次沉管的轴线应重合；复打施工必须在第一次灌注的混凝土初凝之前进行；钢筋笼应在第二次沉管后放入。

(4) 沉管灌注桩常见质量问题及处理。沉管灌注桩易发生断桩、缩桩、桩尖进水或进泥砂及吊脚桩等质量问题，施工中应加强检查并及时处理。

1）断桩。断桩的裂缝是水平的或略带倾斜，一般都贯通整个截面，常出现于地面以下 1～3m 的不同软硬土层交接处。

避免断桩的措施有：桩的中心距宜大于 3.5 倍桩径；考虑打桩顺序及桩架行走路线时，应注意减少对新打桩的影响；采用跳打法或控制时间法以减少对邻桩的影响。对断桩检查，在 2～3m 以内，可用手锤敲击桩头侧面，同时用脚踏在桩上，如桩已断，会感到浮振。如深处断桩，目前常用开挖检查法和动测法检查。断桩一经发现，应将断桩段拔去，把孔清理干净后，略增大面积或加上钢箍连接，再重新灌注混凝土。

2）缩颈桩，又称瓶颈桩。缩颈桩是指桩的部分桩颈缩小，截面积不符合设计要求。

解决措施：施工中应保持管内混凝土略高于地面，使之有足够的扩散压力，经常测定混凝土落下情况，发现问题及时纠正，一般可用复打法处理，并严格控制拔管速度。

3）桩尖进水或进泥。常见于地下水位高、含水量大的淤泥和粉砂土层。

处理方法：可将桩管拔出，修复改正桩尖缝隙后，用砂回填桩孔重打；地下水量大时，桩管沉到地下水位处，用水泥砂浆灌入管内约0.5m作封底，并再灌1m高混凝土，然后打下。

4）吊脚桩。吊脚桩是指桩底部的混凝土隔空，或混凝土中混进泥砂而形成松软层的桩。造成吊脚桩的原因分析：预制桩尖被打坏而挤入桩管内，拔管时桩尖未及时被混凝土压出或桩尖活瓣未及时张开，混凝土未及时从管内流出。解决措施：应将桩管拔出，填砂重打。或者可采取密振动慢拔，开始拔管时先反复插几次再正常拔管。

3. 干作业螺旋钻孔灌注桩

干作业螺旋钻孔灌注桩按成孔方法可分为长螺旋钻孔灌注桩和短螺旋钻孔灌注桩。长螺旋钻成孔是用长螺旋钻孔机的螺旋钻头，在桩位处就地切削土层，被切土块钻屑随钻头旋转，沿着带有长螺旋叶片的钻杆上升，输送到出土器后自动排出孔外。短螺旋钻成孔是用短螺旋钻机的螺旋钻头，在桩位处就地切削土层，被切土块钻屑随钻头旋转，沿着带有数量不多的螺旋叶片的钻杆上升，积聚在短螺旋叶片上，形成"土柱"。此后靠提钻、反转、甩土，将钻屑散落在孔周，一般钻进0.5~1.0m就要提钻一次。

（1）钻机。螺旋钻机应用于成孔地下水位以上的填土层、黏性土层、粉土层、淤泥土层和粒径不大的砾砂层。但不宜用于地下水位以下的上述各类土层以及碎石层、淤泥土层。对非均质碎块、混凝土块、条块石的杂填土层及大卵砾石层，成孔困难大。国产长螺旋钻孔机，桩孔直径为300~800mm，成孔深度在36m以内。国产短螺旋钻孔机，桩孔最大直径可达1828mm，最大成孔深度可达70m。

（2）施工要点。

1）钻进时要求钻杆垂直，如发现钻杆摇晃、移动、偏斜或难以钻进时，可能遇到坚硬夹物，应立即停车检查，妥善处理；否则会导致桩孔严重偏斜，甚至钻具被扭断或损坏。钻孔偏移时，应提起钻头上下反复打钻几次，以便削去硬土。纠正无效，可在孔中局部回填黏土至偏孔处以上0.5m，再重新钻进。

2）钻孔达到要求深度后，应用夯锤夯击孔底虚土，或者用压力在孔底灌入水泥浆，以减少桩的沉降和提高桩的承载能力，然后尽快吊放钢筋笼，并浇筑混凝土。浇筑应分层进行。每层高度不得大于1.5m。

4. 泥浆护壁成孔灌注桩

泥浆护壁成孔灌注桩是利用原土自然造浆或人工造浆浆液护壁，通过循环泥浆将被钻头切削土体的土块钻屑挟带排出孔而成孔，而后安放钢筋笼，水下灌注混凝土成桩。泥浆护壁成孔方法有：正（反）循环回转钻成孔、正（反）循环潜水钻成孔、冲击钻成孔、冲抓锥成孔、钻斗钻成孔等。泥浆护壁成孔灌注桩适用于地下水位以下的黏性土、粉土、砂土、填土、碎（砾）石土及风化岩层，以及地质情况复杂、夹层多、风化不均、软硬变化较大的岩层，冲孔灌注桩还能穿透旧基础、大孤石等障碍物，但在岩溶发育地区慎重使用。

泥浆护壁成孔灌注桩施工工艺为：测定桩位、埋设护筒、桩机就位→泥浆制备→成孔、泥浆循环出渣→清孔→安放钢筋笼→水下浇筑混凝土。

（1）埋设护筒。护筒是埋置在钻孔孔口的圆筒，是大直径泥浆护壁成孔灌注桩特有的一种装置。其作用是固定桩孔位置；防止地面水流入，保护孔口；增高桩孔内水压力，防止塌孔，以及钻孔时引导钻头方向。

护筒一般用 4~8mm 厚钢板制成，内径应大于钻头直径 200mm，上部宜开设 1~2 个溢浆孔。埋设护筒时，先挖去桩孔处地表土，将护筒埋入土中，保证其位置准确。护筒的埋设深度，在黏土中不宜小于 1.0m，在砂土中不宜小于 1.5m。护筒顶面应高于地面 0.4~0.6m，并应保持孔内泥浆面高出地下水位 1m 以上，在受水位涨落影响时，应严格控制护筒内外的水位差，泥浆面应高出最高水位 1.5m 以上。

（2）泥浆制备。

1）泥浆的作用。泥浆在桩孔内会吸附在孔壁上，将土壁孔隙渗填密实，并形成一层致密的泥膜，可避免桩孔内壁漏水，保持护筒内水压稳定。泥浆相对密度大，加大孔内水压力，可以稳固土壁、防止塌孔；泥浆有一定黏度，通过循环泥浆可将切削碎的泥石渣屑悬浮后排出，起到携砂、排土的作用。同时，泥浆还可对钻头有冷却和润滑作用。

2）制备泥浆的方法应根据土质条件确定：在黏土和亚黏土中成孔，可在孔中注清水，钻机旋转时，切削土屑与水旋拌，利用原土造浆，泥浆相对密度控制在 1.1~1.2。在其他土层中成孔时，泥浆制备应选用高塑性黏性土或膨润土。在砂土和较厚的夹砂层中成孔时，泥浆相对密度应控制在 1.1~1.3；在穿过砂夹卵石层或容易塌孔的土层中成孔时，泥浆相对密度控制在 1.3~1.5。施工中应经常测定泥浆相对密度，并定期测定黏度（应为 18~22s）、含砂率（应不大于 4%~8%）和胶体率（应不小于 90%）等指标。

（3）成孔。

1）回转钻机成孔。回转钻成孔是国内灌注桩施工中最常用的方法之一。按其排渣方式分为正循环回转钻成孔和反循环回转钻成孔两种。

a. 正循环回转钻成孔是钻机回转装置带动钻杆和钻头回转切削破碎岩土，由泥浆泵输进泥浆，泥浆沿孔壁上升，从孔口溢浆孔溢出流入泥浆池，经沉淀返回循环池。通过循环泥浆，一方面协助钻头破碎岩土将钻渣排出孔外，同时起护壁作用，如图 2.7 所示。

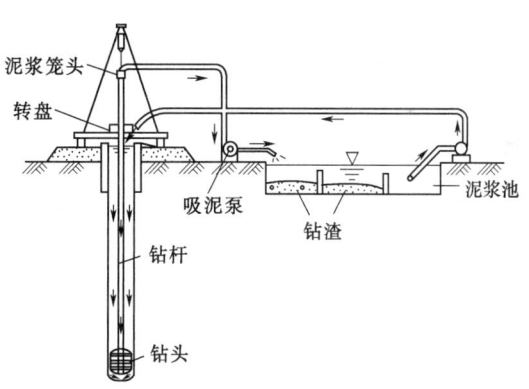

图 2.7 正循环回转钻成孔

正循环回转钻成孔泥浆的上返速度较低。挟带土粒直径小，排渣能力差，岩土重复破碎现象严重。适用于填土、淤泥、黏土、粉土、砂土等地层，对卵砾石含量不大于 15%、粒径小于 10mm 的部分砂卵砾石层和软质基岩、较硬基岩也可使用。桩孔直径不宜大于 1000mm，钻孔深度不宜超过 40m。

正循环回转钻机主要由动力机、泥浆泵、卷扬机、转盘、钻架、钻杆、水龙头等组成。

正循环钻进主要参数有冲洗液量、转速和钻压。保持足够的冲洗液（指泥浆或水）量是提高正循环钻进效率的关键。转速的选择除了满足破碎岩土的扭矩需要，还要考虑钻头的不同部位切削工具的磨耗情况。一般砂土层硬质合金钻进时，转速取 40～80r/min，较硬或非均质地层转速可适当调慢；对于钢粒钻进成孔，转速一般取 50～120r/min，大桩取小值，小桩取大值；对于牙轮钻头钻进成孔，转速一般取 60～180r/min。在松散地层中，确定给进钻压时，以冲洗液畅通和钻渣清除及时为前提，灵活加以掌握；在基岩中钻进可通过配置加重铤或重块来提高钻压。对于硬质合金钻钻进成孔，钻压应根据地质条件、钻杆与桩孔的直径差、钻头形式、切削具数目、设备能力和钻具强度等因素综合考虑确定。一般按每片切削刀具的钻压为 800～1200N 或每颗合金的钻压为 400～600N 确定钻头所需的钻压。

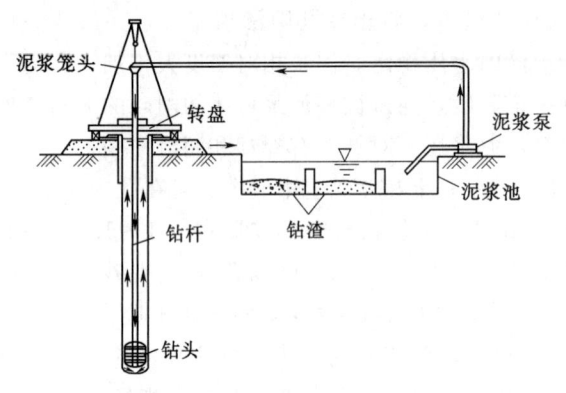

图 2.8　反循环回转钻成孔

b. 反循环回转钻成孔是由钻机回转装置带动钻杆和钻头回转切削破碎岩土，利用泵吸、气举、喷射等措施抽吸循环护壁泥浆，挟带钻渣从钻杆内腔抽吸出孔外的成孔方法，如图 2.8 所示。反循环回转钻成孔方法根据抽吸原理不同，可分为泵吸反循环、气举反循环与喷射（射流）反循环 3 种施工工艺。

泵吸反循环是直接利用砂石泵的抽吸作用使钻杆的水流上升而形成反循环；喷射反循环是利用射流泵射出的高速水流产生负压使钻杆内的水流上升而形成反循环。这两种方法在浅孔时效率较高，孔深大于 50m 以后效率降低。气举法反循环是利用送入压缩空气使水循环，钻杆内水流上升速度与钻杆内外液柱重度差有关，随孔深增加效率增加，当孔深超过 50m 以后即能保持较高而稳定的钻进效率（图 2.9）。因此，应根据孔深情况来选择合适的反循环施工工艺。

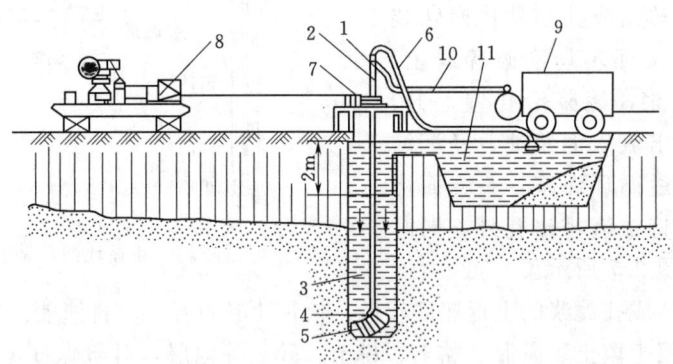

图 2.9　气举法反循环施工

1—气密式旋转接头；2—气密式传动杆；3—气密式钻头；4—喷射嘴；5—钻头；6—压送软管；
7—旋转台盘；8—液压泵；9—压气机；10—空气软管；11—水槽

反循环钻进成孔适用于填土、淤泥、黏土、粉土、砂土、砂砾等地层。反循环钻机与正循环钻机基本相同，但还要配备吸泥泵、真空泵或空气压缩机等。

2)潜水钻成孔。潜水钻机的动力装置沉入钻孔内,封闭式防水电动机和变速箱及钻头组装在一起潜入泥浆下钻进。潜水钻机钻进时出渣方式也有正循环与反循环两种。潜水钻正循环是利用泥浆泵将泥浆压入空心钻杆,并通过中空的电动机和钻头射入孔底;潜水钻的反循环有泵举法、气举法和泵吸法3种。

潜水钻体积小、质量轻、机动灵活、成孔速度快,适用于地下水位高的淤泥质土、黏性土及砂质土等,选择合适的钻头也可钻进岩层。成孔直径为800~1500mm,深度可达50m。

3)冲击钻成孔。冲击钻成孔是把带钻刃的重钻头(又称冲锤)提高,靠自由下落的冲击力来破碎岩层或冲挤土层,排出碎碴成孔。它适用于碎石土、砂土、黏性土及风化岩层等。桩径可达600~1500mm。大直径桩孔可分级成孔,第一级成孔直径为设计桩径的0.6~0.8倍。

开孔时钻头应低提(冲程≤1m)密冲,若为淤泥、细砂等软土,要及时投入小片石和黏土块,以便冲击造浆,并使孔壁挤压密实,直到护筒以下3~4m后,才可加大冲击钻头的冲程,提高钻进效率。孔内被冲碎的石渣,一部分会随泥浆挤入孔壁内,其余较大的石渣用泥浆循环法或掏渣筒掏出。进入基岩后,应低锤冲击或间断冲击,每钻进100~500mm应清孔取样一次,以备终孔验收。如果冲孔发生偏斜,应回填片石(厚300~500mm)后重新冲击。施工中应经常检查钢丝绳的磨损情况,卡扣松紧程度和转向装置是否灵活,以免掉钻。

(4)清孔。当钻孔达到设计要求深度后,即应进行验孔和清孔,清除孔底沉渣、淤泥,以减少桩基的沉降量,提高承载能力。

清孔的方法可以采用正循环法、反循环法和掏渣筒掏渣清孔。孔壁土质较好不易塌孔时,可用泵吸反循环清孔。用原土造浆的孔,清孔后泥浆的相对密度应控制在1.1左右。孔壁土质较差时,用泥浆循环清孔;清孔后的泥浆相对密度应控制在1.15~1.25。清孔过程中,应及时补充足够的泥浆,并保持浆面的稳定。

清孔时,应保持孔内泥浆面高出地下水位1.0m以上,在受水位涨落影响时,泥浆面应高出最高水位1.5m以上。清孔后,浇筑混凝土之前,孔底200~500mm以内的泥浆相对密度应满足上述要求,含砂率不大于8%,黏度不大于28s。孔底沉渣厚度指标应符合下列规定:端承桩不大于50mm,摩擦端承桩、端承摩擦桩不大于100mm,摩擦桩不大于300mm。若不能满足上述要求,应继续清孔。清孔满足要求后,应立即安放钢筋笼,浇筑混凝土。若安放钢筋笼时间过长,应进行二次清孔后浇筑混凝土。

5.人工挖孔灌注桩

人工挖孔灌注桩简称挖孔桩,是采用人工挖掘方法成孔,然后安装钢筋笼,浇筑混凝土成桩。其施工特点是设备简单,无噪声,无振动,不污染环境,对施工现场周围原有建筑物的影响小,便于清孔和检查,施工质量可靠。尤其当高层建筑选用大直径的灌注桩,而施工现场狭窄时,采用人工挖孔比机械挖孔具有更大的适应性。但其缺点是人工耗量大,开挖效率低,安全操作条件差等。施工中应特别重视流沙、流泥、有害气体等影响,要严格按操作规程施工,制定可靠的安全措施。

(1)构造要求。人工挖孔灌注桩直径一般为800~2000mm,最大直径可达3500mm,

当要求承载力、底部扩底时，扩底直径一般为 (1.3~3.0)d，最大可达 4.5d；桩长一般在 20m 左右，最深可达 40m。混凝土强度等级不得低于 C20，主筋混凝土保护层厚度不应小于 35mm，水下灌注混凝土时不得小于 50mm。

(2) 施工机具。挖孔桩施工机具比较简单，主要有以下几项。

1) 垂直运输工具，如电动葫芦和提土桶。用于施工人员、材料和弃土等垂直运输。

2) 排水工具，如潜水泵。用于抽出桩孔中的积水。

3) 通风设备，如鼓风机、输风管。用于向桩孔中强制送入空气。

4) 挖掘工具，如镐、锹、土筐等。若遇到坚硬土层或岩石，还需准备风镐和爆破设备。

此外，还有照明灯、对讲机、电铃等。

(3) 施工工艺。为了确保人工挖孔桩施工过程的安全，预防孔壁坍塌和流砂现象的发生，人工挖孔灌注桩施工一般采用现浇混凝土护壁开挖或钢套筒护壁开挖。

1) 现浇混凝土护壁开挖。即分段开挖、分段浇筑混凝土护壁，既能防止孔壁坍塌，又能起到放水作用。其施工程序如下：场地平整、放线定位→开挖第一节桩孔土方→测量控制→构筑第一节护壁→安装垂直运输架、手动辘轳或卷扬机、吊土桶、排水、通风、照明设施→循环挖土、构筑护壁至设计标高→清理虚土、排除积水、检查尺寸和持力层、基地验收→安放钢筋笼→浇筑混凝土成桩。

2) 钢套筒护壁人工挖孔桩。其施工程序如下：放线定位并构筑井圈→安放打桩机→打入钢套管→挖土至钢套管下口→基底验收→安放钢筋笼→浇筑混凝土→拔出钢套管成桩。

(4) 施工要求。

1) 挖孔。桩位应定位准确，在桩位外设置定位龙门桩，安装护壁模板必须用桩中心点校正模板位置；当桩净距小于 2 倍桩径且小于 2.5m 时，应采用间隔开挖。排桩跳挖的最小施工净距不得小于 4.5m；为防止塌孔和保证操作安全，直径为 1.2m 以下的桩孔，井口用 1/4 专或 1/2 砖砌护，圈高 1.2m，下部遇有不良土体用半砖护壁；直径 1.2m 以上桩孔多设混凝土支护；人工挖孔灌注桩混凝土护壁的厚度不宜小于 100mm，混凝土强度等级不得低于桩身混凝土强度等级，每节高 0.9~1.0m。采用多节护壁时，上、下节护壁宜用钢筋拉结；第一节井圈护壁应符合下列规定：井圈中心线与设计轴线的偏差不得大于 20mm；井圈顶面应比场地高出 150~200mm，壁厚比下面井壁厚度增加 100~200mm。

修筑井圈护壁应遵守下列规定：护壁的厚度、拉结钢筋、配筋、混凝土强度均符合设计要求；上、下节护壁的搭接长度不得小于 50mm；每节护壁均应在当日连续施工完毕；护壁混凝土必须保证密实，根据土层渗水情况使用速凝剂；护壁模板的拆除宜在混凝土浇筑 24h 以后进行；发现护壁有蜂窝、渗水现象时，应及时补强以防造成事故；同一水平面上的井圈任意直径的级差不得大于 50mm。

遇有局部流动性淤泥和可能出现流砂时，护壁施工宜按下列方法处理：每节护壁的高度可减少到 300~500mm，并随挖、随验、随浇筑混凝土；或采用钢护筒，或采取有效的降水措施。

挖至设计标高时，孔底不应有积水，成孔后应清理好护壁上的淤泥和孔底残渣、积水，然后进行隐蔽工程验收。验收合格后，立即封底和浇筑桩身混凝土。

2) 浇筑混凝土。桩身混凝土浇筑时，必须采用溜槽；当高度超过3m时，应用串筒，串筒末端离孔底高度不宜大于2m；混凝土不宜采用插入式振捣器振实。

2.3.6 桩基工程检测与验收

1. 桩基工程检测

预制成桩质量检查主要包括制桩、打入（静压）深度、停锤标准、桩位及垂直度检查。制桩应按图制作，其偏差应符合有关规范要求。沉桩过程中应检查每米进尺锤击数、最后1m锤击数、最后3阵贯入度及桩尖标高、桩身垂直度等。

灌注桩的成桩质量检查主要包括成孔及清孔、钢筋笼制作及安放、混凝土制备及灌注3个工序的质量检查。成孔及清孔中，主要检查已成孔的中心位置、孔深、孔径、垂直度、孔底沉渣厚度；制作安放钢筋笼时，主要检查钢筋规格、焊条规格与品种、焊口规格、焊缝长度及焊缝质量、钢筋制作偏差及钢筋笼安放实际位置等；搅拌和灌注混凝土时，主要检查原材料质量、混凝土配合比与配料、混凝土坍落度和强度等。下面主要介绍成孔垂直度、孔径、孔底沉渣厚度检测的几种方法。

（1）成孔垂直度检测。成孔垂直度检测一般采用钻杆测斜法、测锤（球）法及测斜仪等方法。

1) 钻杆测斜法。钻杆测斜法是将带有钻头的钻杆放入孔内到底，在孔口处的钻杆上装一个与孔径或护筒内径一致的导向环，使钻杆保持在桩孔中心线位置上。然后将带有扶正圈的钻孔测斜仪下入钻杆内，分点测斜，检查桩孔偏斜情况。

2) 测锤法。测锤法是在孔口沿钻孔直径方向设标尺，标尺中点与桩孔中心吻合，将锤球系于测绳上，量出滑轮到标尺中心距离。将球慢慢送入孔底，待测绳静止不动后，读出测绳在标尺上的偏距，由此求出孔斜值。该法精度较低。

（2）孔径检测。孔径检测一般采用声波孔壁测定仪及伞形、球形孔径仪和摄影（像）法等测定。

1) 声波孔壁测定仪。声波孔壁测定仪可以用来检测成孔形状和垂直度。测定仪由声波发生器、发射和接收探头、放大器、记录仪和提升机构组成。钻孔孔形检测时安装8个探头，底盘4个角各安装一个发射探头和一个接收探头，可以同时测定正交两个方向形状。

探头由无级变速电动卷扬机提升或下降，它和热敏刻痕记录仪的走纸速度是同步的，或成比例调节，因此探头每提升或下降一次，可以自动在记录纸上连续绘出孔壁形状和垂直度，当探头上升到孔口或下降到孔底都设有自动停机装置，防止电缆和钢丝绳被拉断。

2) 井径仪。井径仪由测头、放大器和记录仪3部分组成，它可以检测直径为0.08～0.6m、深数百米的孔，当把测量腿加大后，最大可检测直径1.2m的孔。当测头放入测孔之前，4条测腿合拢并用弹簧锁住，测头放入孔内，靠测头本身自重往孔底一墩，4条腿像自动伞一样立刻张开，测头往上提升时，由于弹簧力作用，腿端部紧贴孔壁，随着孔壁凹凸不平状态相应张开或收拢，带动密封筒内的活塞杆上、下移动，从而使4组串联滑动电阻来回滑动，把电阻变化变为电压变化，信号经放大后，可用数字显示或记录仪记录，显示的电压值和孔径建立关系，当用静电影像记录仪记录时，可自动绘出孔壁形状。井径仪四

项目 2 地基与基础工程施工技术

条腿靠弹簧弹力张开，如果孔壁是软弱土层，应注意腿端易插入土中引起检测误差。

(3) 孔底沉渣厚度检测。对于泥浆护壁成孔灌注桩，假如灌注混凝土之前，孔底沉渣太厚，不仅会影响桩端承载力的正常发挥，而且也会影响桩侧阻力的正常发挥，从而大大降低桩的承载能力。因此，《建筑桩基技术规范》(JGJ 94—2008) 规定，泥浆护壁成孔灌注桩在浇筑混凝土前，孔底沉渣厚度应满足以下要求：端承桩不大于 50mm；摩擦端承桩或端承摩擦桩不大于 100mm；摩擦桩不大于 300mm。目前孔底沉渣厚度测定方法还不够成熟，以下介绍几种工程中使用的方法。

1) 垂球法。垂球法为工程中最常用的简单测定孔底沉渣厚度的方法。一般根据孔深、泥浆相对密度，采用质量为 1～3kg 的钢、铁、铜制锥、台、桩体垂球，顶端系上测绳，把球慢慢沉入孔内，凭人的手感判断沉渣顶面位置，其施工孔深和量测孔深之差即为沉渣厚度。测量要点是每次测定后须立即复核测绳长度，以消除由于垂球或浸水引起的测绳伸缩产生的测量误差。

2) 电容法。电容法沉渣测定原理是当金属两极板间距和尺寸固定不变时，其电容量和介质的电解率成正比例关系，水、泥浆和沉渣等介质的电解率有较明显差异，从而由电解率的变化量测定沉渣厚度。

仪器由测头、放大器、蜂鸣器和电机驱动源等组成。测头装有电容极板和小型电机，电机带动偏心轮可以产生水平振动。一旦测头极板接触到沉渣表面，蜂鸣器发出响声，同时面板上的红灯亮，当依靠测头重不能继续沉入沉渣深部时，可开启电机使水平激振器产生振动，把测头沉入更深部位。沉渣厚度为施工孔深和电容突然减小时的孔深之差。

3) 声呐法。声呐法测定沉渣厚度的原理是以声波在传播中遇到不同界面产生反射而制成的测定仪。同一个测头具有发射和接收声波的功能，声波遇到沉渣表面时，部分声波被反射回来由接收探头接收，发射到接收的时间差为 t_1，部分声波穿过沉渣厚度直达孔底原状土后产生第二次反射，得到第二个反射时间差 t_2，则沉渣厚度为

$$H=\frac{(t_2-t_1)c}{2} \tag{2.4}$$

式中　H——沉渣厚度，m；

　　　c——沉渣声波波速，m/s；

　　　t_1，t_2——时间，s。

(4) 单桩承载力检测。对于重要的建筑物桩基和地质条件复杂或成桩质量可靠性较低的桩基工程，应采用静载法或动测法检查成桩质量和单桩承载力；对于大直径桩还可采取钻取芯样、预埋管超声检测法检查。具体检测方法和检测桩数由设计确定。

1) 试验装置。一般采用油压千斤顶加载，千斤顶的加载反力装置根据现场实际条件有 3 种形式，即锚桩横梁反力装置、压重平台反力装置和锚桩压重联合反力装置。千斤顶平放于试桩中心，当采用两个以上千斤顶加载时，应将千斤顶并联同步工作，并使千斤顶的合力通过试桩中心，如图 2-10 所示。

荷载与沉降的量测仪表：荷载可用放置于千斤顶上的应力环、应变式压力传感器直接测定，或采用联合千斤顶的压力表测定油压，根据千斤顶率定曲线换算荷载。试桩沉降一般采用百分表或电子位移计测量。对于大直径桩应在其两个正交直径方向对称安置 4 个位

移测试仪表,中等和小直径桩可安置2个或3个位移测试仪表。沉降测定平面离桩顶距离不应小于0.5倍桩径,固定和支承百分表的夹具和基准梁在构造上应确保不受气温、振动及其他外界因素影响而发生竖向变位。

2) 加卸载方式与沉降观测。

a. 试验加载方式。采用慢速维持荷载法,即逐级加载,每级荷载达到相对稳定后加下一级荷载,直到破坏,然后分级卸载到零。当考虑结合实际工程桩的荷载特征可采用多循环加卸载法(每级荷载达到相对稳定后卸载到零)。当考虑缩短试验时间时,对于工程桩检验性试验,可采用快速维持荷载法,即一般每隔1h加一级荷载。

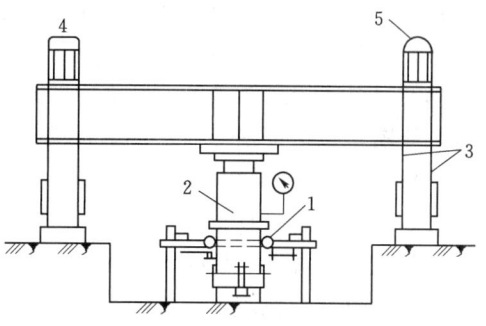

图 2.10 试验装置
1—百分表;2—千斤顶;3—锚筋;
4—厚钢板;5—硬木包钢皮

b. 加载分级。每级加载为预估极限荷载的 $1/15\sim1/10$,第一级可按2倍分级荷载加荷。

c. 沉降观测。每级加载后间隔 5min、10min、15min 各测读一次,以后每隔 15min 测读一次,累计 1h 后每隔 30min 测读一次。每次测读值记入试验记录表。

d. 沉降相对稳定标准。每 1h 的沉降不超过 0.1mm,并连续出现两次(由 1.5h 内连续 3 次观测值计算),认为已达到相对稳定,可加下一级荷载。

e. 终止加载条件。当出现下列情况之一时,即可终止加载:某级荷载作用下,桩的沉降量为前一级荷载作用下沉降量的5倍;某级荷载作用下,桩的沉降量大于前一级荷载作用下沉降量的2倍,且经 24h 尚未达到相对稳定;已达到锚桩最大抗拔力或压重平台的最大重力时。

f. 卸载与卸载沉降观测。每级卸载值为每级加载值的2倍。每级卸载后隔 15min 测读一次残余沉降,读两次后,隔 30min 再读一次,即可卸下一级荷载,全部卸载后,隔 3~4h 再读一次。

3) 确定单桩竖向极限承载力。单桩竖向极限承载力可按下列方法综合分析确定。

a. 根据沉降随荷载的变化特征确定极限承载力:对于陡降型 $Q—S$ 曲线取 $Q—S$ 曲线发生明显陡降的起始点。

b. 根据沉降量确定极限承载力:对于缓变型 $Q—S$ 曲线一般可取 $S=40\sim60$mm 对应的荷载,对于大直径可取 $S=(0.03\sim0.06)D$(D 为桩端直径,大桩径取低值,小桩径取高值)所对应的荷载值;对于细长桩($l/d>80$)可取 $S=60\sim80$mm 对应的荷载。

c. 根据沉降随时间的变化特征确定极限承载力:取 $S-\lg t$ 曲线尾部出现明显向下弯曲的前一级荷载值。

单桩竖向极限承载力标准值应根据试桩位置、实际地质条件、施工情况等综合确定。当各试桩条件基本相同时,单桩竖向极限承载力标准值可取试桩结果统计特征值。

2. 桩基工程验收

当桩顶设计标高与施工场地标高相近时,桩基工程的验收应待成桩完毕后进行;当桩顶设计标高低于施工场地标高时，应待开挖到设计标高后进行验收。

（1）桩基验收应包括的资料。工程地质勘察报告、桩基施工图、图纸会审纪要、设计变更单及材料代用通知单等；经审定的施工组织设计、施工方案及执行中的变更情况；桩位量放线图，包括工程复核签证单；成桩质量检查报告；单桩承载力检测报告；基坑设计标高的桩基竣工平面图及桩顶标高图。

（2）施工质量验收。

一般规定。桩位的放样允许偏差，群桩是20mm，单排装是10mm。桩基础工程的桩位验收，除设计有规定外，应按下述要求进行。

a. 当桩顶设计标高与施工场地标高相同，或桩基础施工结束后有可能对桩位进行检查时，桩基础工程的验收应在施工结束后进行。

b. 当桩顶设计标高低于施工场地标高，送桩后无法对桩位进行检验，对打入桩可在每根桩桩顶沉至场地标高时，进行中间验收，待全部桩施工结束，承台或板底开挖到设计标高后，再做最终验收。对灌注桩可对护筒位置做中间验收。

c. 预制桩桩位的偏差必须符合表2.3的规定。斜桩倾斜度的偏差不得大于倾斜角正切值的15%（倾斜角为桩的纵向中心线与铅垂线间夹角）。

表2.3　　　　　　　　　预制桩桩位的允许偏差　　　　　　　　　单位：mm

序号	项　目	允　许　偏　差
1	盖有基础梁的桩： （1）垂直基础梁的中心线。 （2）沿基础梁的中心线	$100+0.01H$ $150+0.01H$
2	桩数为1～3根桩基础中的桩	100
3	桩数为4～16根桩基础中的桩	1/3桩径或边长
4	桩数大于16根桩基础中的桩： （1）最外边的桩。 （2）中间桩	1/2桩径或边长 1/2桩径或边长

注　H为施工现场地面标高与桩顶设计标高的距离。

d. 灌注桩桩位的偏差必须符合表2.4的规定。桩顶标高至少要比设计标高高出0.5m，桩底清孔质量按不同的成桩工艺有不同的要求，应按相应要求执行。每浇筑50m³必须有1组试件；小于50m³的桩，每根桩必须有1组试件。

表2.4　　　　　　　灌注桩的平面位置和垂直度的允许偏差　　　　　　　单位：mm

序号	成孔方法		桩径允许偏差	垂直度允许偏差	桩位允许偏差	
					1～3根、单排桩基础垂直中心线方向和群桩基础的边桩	条形桩及沿中心线方向和群桩基础中间桩
1	泥浆护壁成孔灌注桩	$D \leqslant 1000$	±50	<1	$D/6$，且不大于100	$D/6$，且不大于100
		$D > 1000$	±50		$100 \pm 0.01H$	$150 \pm 0.01H$
2	套管成孔灌注桩	$D \leqslant 500$	−20	<1	70	150
		$D > 500$			100	150

续表

序号	成孔方法		桩径允许偏差	垂直度允许偏差	桩位允许偏差	
					1~3根、单排桩基础垂直中心线方向和群桩基础的边桩	条形桩和沿中心线方向和群桩基础中间桩
3	干作业成孔灌注桩		−20	<1	70	150
4	人工挖孔灌注桩	混凝土护壁	+50	<0.5	50	150
		钢套管护壁	+50	<1	100	200

注 1. 桩径允许偏差的负值是指个别断面。
　　2. 采用复打、反插法施工的桩，其桩径允许偏差不受上表限制。
　　3. H 为施工现场地面标高与桩顶设计标高的距离，D 为设计桩径。

e. 工程桩应进行承载力检验。对于地基基础设计等级为甲级或地质条件复杂，成桩质量可靠性低的灌注桩，应采用静载荷试验的方法进行检验，检验桩数不应少于总数的1%，且不应少于3根，当总桩数少于50根时，不应少于2根。

f. 桩身质量应进行检验。对设计等级为甲级或地质条件复杂、成检质量可靠性低的灌注桩，抽检数量不应少于总数的30%，且不应少于20根；其他桩基础工程的抽检数量不应少于总数的20%，且不应少于10根；对混凝土预制桩及地下水位以上且终孔后经过核验的灌注桩，检验数量不应少于总桩数10%，且不得少于10根。每根柱子承台下不得少于1根。

g. 对砂、石子、钢材、水泥等原材料的质量、检验项目、批量和检验方法，应符合国家现行标准的规定。

3．桩基工程施工安全技术

桩基工程施工时的安全技术要求如下。

（1）打桩前应对施工现场进行详细的踏勘和调查，清除施工范围内的高空和地下障碍物，平整场地，压实机械行驶道路。对邻近建筑物（或构筑物）采取有效防护措施，避免由于施工造成邻近建筑物（或构筑物）出现质量问题。施工时加强观测，确保施工安全。

（2）机具进场要注意危桥、陡坡、陷地，防止碰撞电杆、房屋等，以免造成事故。

（3）施工前应全面检查机械，发现问题及时解决，严禁带病作业。

（4）机械操作人员必须经过专门培训，熟悉机械操作性能，经专业部门考核取得操作证后方可上岗作业。不违规操作，杜绝发生机械事故和车辆事故。

（5）所有现场操作人员必须戴安全帽，高空作业佩安全带，高空检修桩机时不得向下乱丢物件。心脏病、高血压病者不得从事高空作业。特种作业人员应佩戴专门的防保工具。所有现场作业人员严禁酒后上岗。

（6）桩机操作时，注意安放平稳以防桩架突然倾斜或钻具突然下落而发生事故。

（7）施工现场的一切电源、电路的安装和拆除必须由专业电工操作。电器必须严格接地、接零和使用漏电保护器。

（8）夜间施工，必须有足够的照明设施。雷雨天、大风、大雾天应停止施工。

（9）人工挖孔灌注桩施工，每日开工前必须检测井下的有毒有害气体，并应有足够的安全防护措施；深度超过10m时，应有专门向井下送风的设备；使用的电葫芦、吊笼等

项目 2 地基与基础工程施工技术

应安全可靠并配有自动卡紧保险装置,电葫芦宜用按钮式开关,使用前必须检验其安全起吊能力,同时孔内必须设置应急软爬梯。

项 目 小 结

本项目主要讲解了地基与基础的基本概念和要求,浅基础的种类,浅基础施工的基本程序;重点介绍了浅基础施工过程中验槽的目的、内容及注意事项;地基处理方法分类以及地基处理的各种方法施工和适用范围。详细介绍了换土垫层法、重锤夯实地基、强夯地基、振冲地基、深层搅拌地基和高压喷射注浆的施工工艺、施工方法以及质量标准和要求;桩基工程的分类,预制桩的制作、运输和堆放要求及注意事项,讲述各类桩基础的施工工艺、施工程序、施工方法;桩基检测的内容、方法,桩基检测质量标准和桩基工程安全技术。

复 习 思 考 题

1. 地基与基础的基本概念及应满足哪些基本要求?
2. 地基处理的目的是什么?常用的地基处理方法有哪些?其原理各是什么?各适用于什么条件?
3. 什么是验槽?验槽的目的和内容各是什么?
4. 简述高压喷射注浆地基的施工工艺和要求。
5. 桩基础如何分类?
6. 打桩顺序一般应如何确定?
7. 打入桩施工准备工作包括哪些内容?
8. 钢筋混凝土预制桩的起吊、运输及堆放应注意哪些问题?
9. 试述钢筋混凝土灌注桩施工工艺及要求。
10. 试述沉管灌注桩的施工工艺与常见的质量问题及其处理方法。
11. 试述人工挖孔灌注桩的构造要求和工艺流程。
12. 桩基工程验收应提交哪些资料?
13. 桩基工程施工安全技术要求有哪些?

项目 3　脚手架与起重技术

【学习目标】

能力目标：了解脚手架的作用和种类及适用条件；掌握多立杆式钢管扣件脚手架的组成、构造和搭设技术要求；掌握脚手架的使用安全技术；了解起重机械、索具、设备的性能和安装施工方法。

知识点：脚手架；钢管脚手架；附着式升降脚手架；里脚手架。

【项目介绍】

本项目介绍建筑施工中主要的辅助工作，即脚手架工程与起重技术。主要介绍了构件式、碗口式两种钢管脚手架，附着升降式、吊篮及外挂 3 种工具式脚手架，折叠式、支杆式两种脚手架共三类脚手架的构造及搭设技术；介绍了自行式、塔式及桅杆式三类起重机械的基本构成和操作要点与结构吊装一般技术。

任务 3.1　钢管脚手架搭设

3.1.1　脚手架概述

脚手架是建筑工程施工过程中一种重要的施工工具，是为保证施工现场作业安全、顺利进行而搭设的工作平台，在结构施工、装修施工和设备管道的安装施工中都需要按照操作要求搭设脚手架。

脚手架是施工中必不可少的，是随着工程进展需要而搭设的。虽然它是建筑工程中的临时设施，工程完成就拆除，但它对建筑施工速度、工作效率、工程质量以及工人的人身安全有着直接的影响。如果脚手架搭设不及时，势必会拖延工程进度；脚手架搭设不符合施工需要，工人操作就不方便，质量会得不到保证，功效也提不高；脚手架搭设不牢固、不稳定，就容易造成施工中的伤亡事故。

1. 脚手架的分类

(1) 按搭设位置分，有外脚手架和里脚手架。

(2) 按所用材料分，有木脚手架、竹脚手架和金属（钢管、型钢）脚手架。

(3) 按构造形式分，有多立杆式、框式、桥式、吊式、挂式、升降式脚手架等。

(4) 按立杆搭设排数分，有单排、双排和满堂脚手架。

(5) 按搭设高度分，有高层脚手架和普通脚手架。

(6) 按搭设用途分，有砌筑架、装修架、承重架等。

2. 脚手架的基本要求

脚手架的种类繁多，但都应符合以下要求。

(1)脚手架必须具有足够的强度和稳定性，能够承受施工期间所产生的荷载或在周围环境条件变化时不产生变形、晃动或倾斜，能确保作业人员的人身安全。

(2)脚手架要能提供足够的面积，满足材料的堆放和运输，以及人员操作和行走的需要。

(3)构造要简单，安装、拆除和周转要方便。

(4)要因地制宜，就地取材，量材施用，尽量节约材料。

3.1.2 扣件式钢管脚手架

钢管脚手架主要有扣件式钢管脚手架和碗扣式钢管脚手架。

扣件式钢管脚手架是建筑工程中应用最广泛的一种脚手架类型，其优点是：安装便捷、可灵活布置、能够适应建筑物平面及高度的变化，并且在拆除后能多次使用，节约施工成本、减少投资。但是扣件式脚手架也具有明显的缺点：其扣件易损坏或丢失，螺栓紧固程度差异较大，连接时存在搭接距离等。

1. 扣件式钢管脚手架的基本构造

扣件式脚手架由纵向水平杆、横向水平杆、脚手板、立杆、连墙件和安全网等部分做成，如图3.1所示。

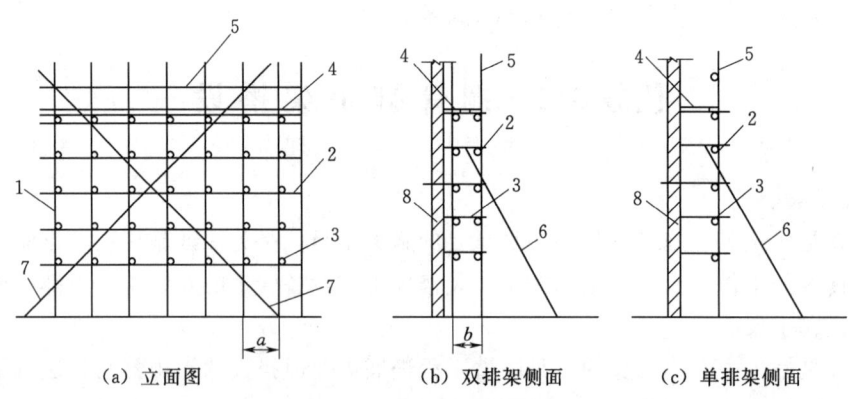

(a) 立面图　　　(b) 双排架侧面　　　(c) 单排架侧面

图3.1　扣件式钢管脚手架
1—立杆；2—纵向水平杆；3—横向水平杆；4—脚手板；5—栏杆；6—抛撑；7—斜撑；8—墙体

(1)纵向水平杆。纵向水平杆水平设置，其长度不应小于2跨，扣件距立杆轴心线的距离不宜大于跨度的1/3，同一步架中，内、外两根纵向水平杆的接头应尽量错开一跨，凡与立杆相交处均必须用直角扣件与立杆固定，以保证脚手架的稳定。

(2)横向水平杆。横向水平杆设置在纵向水平杆上，凡是立杆与纵向水平杆的相交处均必须设置一根横向水平杆。双排脚手架的横向水平杆，其两端均应该用直角扣件固定在纵向水平杆上。单排脚手架的横向水平杆一端应该用直角扣件固定在纵向水平杆上。

(3)扣件。扣件主要用于钢管之间的连接，其基本形式有3种，如图3.2所示。直角扣件用于两根钢管成垂直交叉连接；回转扣件用于两根钢管成任意角度交叉连接；对接扣件用于两根钢管的对接连接。

任务 3.1 钢管脚手架搭设

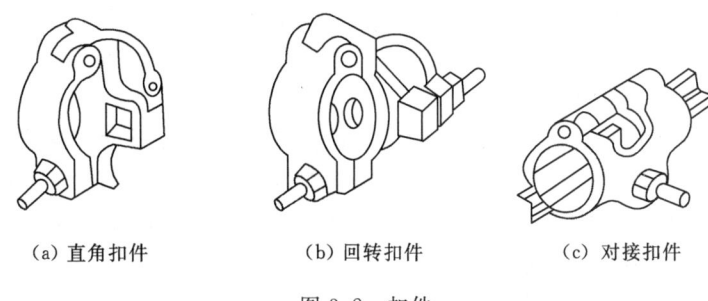

(a) 直角扣件　　　　(b) 回转扣件　　　　(c) 对接扣件

图 3.2　扣件

(4) 脚手板。脚手板一般搭设在横向水平杆上,能够提供施工所需的操作平台,同时将施工荷载传递给水平杆的板件。脚手板一般均应采用三支点支撑,当脚手板长度小于 2m 时,可采用两支点支撑,但应将两端固定,防止倾覆。脚手板宜采用对接平铺,其外伸长度应在 100mm 和 150mm 之间,当采用搭接铺设时,其搭接长度应大于 200mm,如图 3.3 所示。

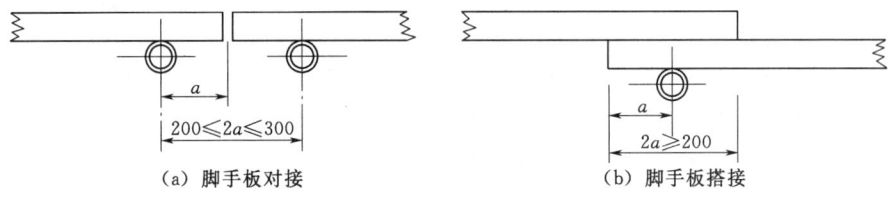

(a) 脚手板对接　　　　　　　　(b) 脚手板搭接

图 3.3　脚手板对接搭接尺寸

(5) 立杆。立杆是平行于建筑物外立面并且与地面垂直的杆件,其主要作用是将脚手架上的各种荷载传递到底座上。立杆属于受压构件,失稳是其主要破坏形式。每根立杆均应设置标准底座,同时必须与纵、横向扫地杆固定。为了保证立杆的稳定性,立杆必须用刚性固定件与建筑物可靠连接。脚手架的最大架设高度可以根据排距、步距和不同的施工荷载选定。当工程所需的脚手架高度大于最大架设高度时,可由上向下计,在等于最大架设高度的以下部位,采取双立杆或其他措施。

(6) 连墙件。连墙件脚手架和建筑物连接处的部件,主要作用是防止脚手架倾覆。连墙件分为刚性和柔性两种。一般情况下为保证连接的可靠性,脚手架均采用刚性连墙件与建筑物连接。而对于高度在 24m 以下脚手架,可采用柔性连墙件拉结,此时必须配有顶撑(顶到建筑物墙面的横向水平杆)顶在混凝土圈梁、杆等结构部位,以防止向内倾覆。24m 以上的双排脚手架均应采用刚性固定件连接。

(7) 安全网。安全网包括立网和平网。其主要用途是保证工人在施工过程中的安全,以及减少施工中产生的扬尘对周围环境的污染。

2. 扣件式钢管脚手架的搭设与拆除

(1) 搭设。扣件式脚手架在搭设之前应对场地进行处理,地基表面应平整,排水畅通,如果表层土质松软,应该加 150mm 厚碎石或碎砖夯实,对高层建筑脚手架基础应进行验算。垫板、底座均应准确地放在定位线上。

脚手架搭设顺序为:摆放扫地杆→逐根竖立立杆并与扫地杆扣紧→安装第一步大横杆

并与各立杆扣紧→安装第二步大横杆→加设临时斜撑杆,上端与大横杆扣紧(在装设连墙杆后拆除)→安装第三、四步大横杆→安装第二步连墙杆→接立杆→加设剪刀撑→依次类推至脚手架搭设完→挂立网。

开始搭设第一节立杆时,每6跨应暂设一根抛撑,当搭设至设有连墙件的构造层时,应立即设置连墙件与墙体连接,当装设两道连墙件后,抛撑便可拆除。双排脚手架的小横杆靠墙一端应离开墙体装饰面至少100mm,杆件相交的伸出端长度不应小于100mm,以防止杆件滑脱;扣件规格必须与钢管外径相一致,扣件螺栓拧紧,扭力矩不应小于40N·m,并不应大于70N·m;除操作层的脚手板外,宜每隔12m高满铺一层脚手板,在脚手架全高或高层脚手架的每个高度区段内,铺板不多于6层,作业不超过3层,或根据设计搭设。遇到门洞时,不论是单排还是双排架均可挑空1~2根立杆,并将悬空的立杆用斜杆逐根连接,使荷载分布到两侧立杆上,单排架遇到窗洞时,可增设立杆或设一短杆将荷载传递到两侧的横向水平杆上。

(2)拆除。在拆除脚手架之前,施工单位应制定安全有效的施工方案,并且应对架体上的杂物进行清理,对架体结构进行检查,同时还要对拆除区域进行围挡,禁止其他人员进入。脚手架拆除应严格遵循相应的顺序,自上而下、后搭先拆、先搭后拆。禁止上下同时拆除,或先将整层连墙件或数层连墙件拆除后再拆除其余杆件。如果采用分段拆除,其高差不应大于两步架高,当拆除至最后一节立杆时,应先加设临时抛撑,后拆除连墙件,拆下的材料应及时分段集中运至地面,严禁向下抛扔。

3.1.3 碗扣式钢管脚手架

碗扣式钢管脚手架是近几年在我国建筑施工中快速发展的一种多功能脚手架,其具有显著的优点:接头处拼接速度快,从而减轻了工人的劳动强度,同时增加了施工效率;相比于扣件式脚手架,其整体性较好,解决了偏心的问题;维护费用低,碗扣与杆件固定,不易丢失;接头强度较高,力学性能优良。

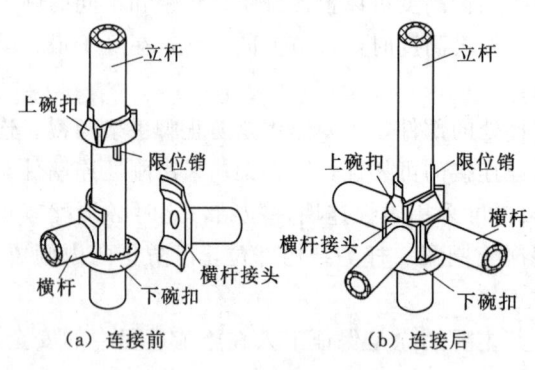

图3.4 碗扣接头构造

1.碗扣式钢管脚手架的构造

碗扣式钢管脚手架的核心部件是碗扣接头,由上碗扣、下碗扣、横杆接头和上碗扣的限位销等组成,如图3.4所示。

(1)上碗扣:延立杆滑动起锁紧作用的碗口节点零件。

(2)下碗扣:焊接于立杆上的碗形节点零件。立杆碗扣节点间距应按0.6m模数设置。

(3)横杆接头:用于横杆与立杆的接头。

(4)限位销:焊接在立杆上能锁紧上碗扣的定位销。

2.碗扣式脚手架的搭设

碗扣式脚手架的接头是立杆同横杆、斜杆的连接装置,应确保接头锁紧。搭设时,先将上碗扣搁置在限位销上,将横杆、斜杆等接头插入下碗扣,使接头弧面与立杆密贴,待全部接头插入后,将上碗扣套下,并用榔头顺时针沿切线敲击上碗扣凸头,直至上碗扣被限位销卡紧不再转动为止。

对于碗扣式脚手架的搭设高度也有一定的限制。一般情况下其搭设高度不大于20m,当设计高度大于20m时,应根据荷载计算进行搭设。

碗扣式钢管脚手架立杆横距为1.2m,纵距根据脚手架荷载可为1.2m、1.5m、1.8m、2.4m,步距为1.8m、2.4m。搭设时立杆的接长缝应错开,第一层立杆应用长1.8m和3.0m的立杆错开布置,往上均用3.0m长杆,至顶层再用1.8m和3.0m两种长度找平。

3.1.4 工具式脚手架的搭设

工具式脚手架包括附着式升降脚手架、高处作业吊篮和外挂防护架。其架体结构和构配件为定型化标准化产品,拆装方便,可反复使用。

1. 附着式升降脚手架

附着式升降脚手架又称爬架,是仅搭设一定高度并附着于工程结构上,依靠在架体上或工程结构上的专用升降设备来实现架体结构随工程施工逐层爬升或下降的外脚手架。它适用于建筑物立面构造简单的高层建筑、超高层建筑或高耸构筑物。

(1)附着式升降脚手架的组成。

1)竖向主框架和导轨。竖向主框架是附着式升降脚手架重要的受力和稳定构件,架体所有的竖向和水平荷载均由其传递给附着支承结构,因此竖向主框架应是具有足够强度和支承刚度的空间几何不变体系。竖向主框架内侧应设有导轨,如图3.5所示。

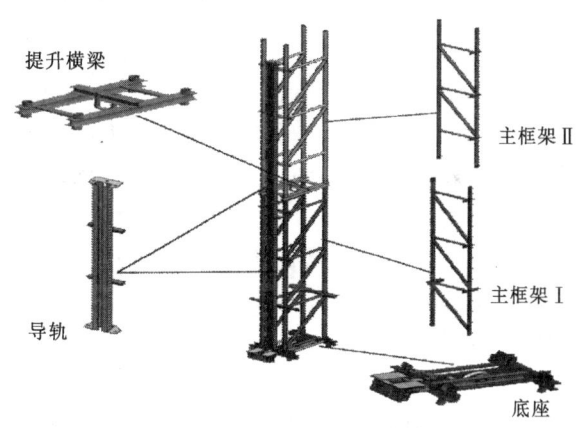

图 3.5 竖向主框架构成

2)水平支承桁架。水平支承桁架是附着式升降脚手架架体结构主要组成部分,主要承受架体竖向荷载,并将竖向荷载传递至竖向主框架的水平支承结构。水平支承桁架设置在相邻竖向主框架底部之间。其宽度与主框架相同,高度不宜小于1.8m,由双片桁架组成,用于支承上部的脚手架。水平支承桁架各杆件的轴线应汇交于节点,并宜用节点板连接,节点板的厚度不得小于6mm。桁架弦杆宜采用通长杆件,或于跨中设一个拼接接头。各节点应采用焊接或螺栓连接。桁架斜腹杆宜设计成拉杆。内、外排桁架的上、下弦平面内均应设置杆件连成桁架,各节点应采用螺栓连接。水平支承桁架与竖向主框架的连接应采用铰接,各杆件轴线应交汇;也可将水平支承桁架放入竖向主框架底端框中。

3)脚手架架体。附着式升降脚手架的架体一般设置在各主框架之间,可采用多种结构形式。整个架体要求既要符合不倾斜、不坠落的安全要求,又要满足施工作业的需要。

规范限定架体高度不得大于 5 倍楼层高，主要是考虑了 3 层未拆模板层的高度和顶部在施工楼层外围防护的要求，如果高度过大，架体自重将增加且上部外倾也将增加，这样附着支承结构处现浇的混凝土强度可能无法满足要求且也加大了附墙支座荷载。限定架体宽度主要是考虑减少架体的外倾力矩。限定支承跨度是为了有效控制升降动力设备提升力超载现象。

4）附墙支座（吊点）。附墙支座是主框架与每层楼之间起连接作用的装置。在升降过程中，附墙支座应有防倾、导向的功能。附墙支座应采用锚固螺栓与建筑物可靠连接，受拉螺栓的螺母不得少于两个或应采用弹簧垫圈加单螺母，螺杆露出螺母端部的长度应不少于 3 扣并不得小于 10mm，螺栓垫板尺寸应由设计确定，且不得小于 100mm×100mm×10mm。连接附墙支座的混凝土强度应按设计要求确定，但实测强度不得小于 10MPa。

5）提升装置。附着式升降脚手架的提升装置种类多样，常用的包括电葫芦、卷扬机、液压机。提升装置的主要作用是给脚手架提供升降的动力。

6）同步控制装置。同步控制装置是为了保证脚手架在升降过程中能够平稳受力同步控制系统。同步控制装置应在架体升降过程中控制每个升降点的升降速度，时时采集每个机位荷载值，同时完成荷载值的转换和传递，使各升降点的荷载或高差在设计范围内，保证架体在升降过程中安全平稳。

7）防倾覆装置。防倾覆装置包括导轨和安装在附墙支座上的导轮。在运行过程中，导轮卡住连接在竖向主框架上的导轨，约束和保持着架体沿导轮滑移，从而起到限位和防倾覆作用。在升降和使用工况下，最上和最下两个导轮之间的间距不得小于 2.8m 或架体高度的 1/4。导轮用螺栓与附墙支座连接，其与导轨之间的间隙应小于 5mm。

8）防坠落装置。防坠落装置是为了防止架体在升降和使用过程中发生意外坠落而设置的制动装置。其类型繁多，包括摆针式、钢吊杆式、转轮式等。在正常情况下，当架体按照设计速度正常下降时，防坠装置复位时间为架体导轨横杆刚好通过。但是当提升架发生意外坠落时，由于重力加速度的存在而改变了正常情况下的匀速下降，使架体下降到防坠装置复位的时间变短（没来得及复位），提升架导轨横杆不能通过防坠装置，从而阻止了架体下滑，起到防坠落作用。

（2）附着升降脚手架技术原理。附着升降脚手架是利用已浇筑的混凝土结构将脚手架和提升机构分别固定（附着）在结构上。升降操作前解除结构对脚手架的约束，通过提升机构升降脚手架到位。利用附墙支座将脚手架固定在结构上。下次升降前，解除结构对升降机构的约束，将其安装在下次升降需要的位置，将提升机构和脚手架连接，解除结构对脚手架的约束，完成升降。使用状态下，脚手架依靠附墙支座的固定和提升机构的连接保证安全。升降状态时，脚手架依靠提升机构和防坠装置保证安全。

（3）附着式升降脚手架的基本要求。

1）架体结构高度不得大于 5 倍楼层高，架体宽度不得大于 1.2m。

2）直线布置的架体支承跨度不得大于 7m，折线或曲线布置的架体，相邻两主框架支承点处架体外侧距离不得大于 5.4m。

3）架体的水平悬挑长度不得大于 2m，且不得大于跨度的 1/2。

4）架体全高与支承跨度的乘积不得大于 110m^2。

5）架体悬臂高度不得大于架体高度的2/5和4m。

6）附着式升降脚手架必须在每个竖向主框架处设置升降设备，升降设备应采用电动葫芦或电动液压设备，单跨升降时可采用手动葫芦，升降设备必须与建筑结构和架体有可靠连接。

7）固定升降动力设备的建筑结构必须安全可靠，设置电动液压设备的架体部位，应有加强措施。附着式升降脚手架必须安装防倾覆、防坠落和同步升降控制的安全装置。

2. 高处作业吊篮

高处作业吊篮是工具式脚手架的一种，是指悬挂机构架设于建筑物或构筑物上，提升机驱动悬吊平台通过钢丝绳沿建筑物立面上下运行的一种临时性悬挂设备。在建筑施工中主要用于高层及多层建筑物的外墙施工、装修（如抹灰浆、贴墙砖、刷涂料）以及幕墙的安装、清洗等作业。双层作业吊篮示意图如图3.6所示。

（1）高处作业吊篮的组成及要求。

1）悬吊平台。悬吊平台是用来承载作业人员、工具、物料等进行高处作业的悬挂式封闭框形装置。主要由栏杆、防滑底架、

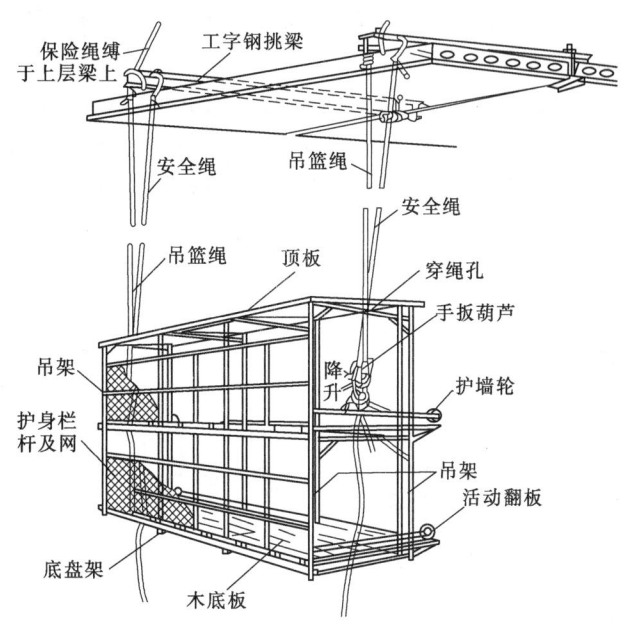

图3.6 双层作业吊篮示意图

安装架、挡板、支墙轮、脚轮、螺栓等组成。平台可以是方形、长方形、圆形、转角；可以是单吊点、双吊点或多吊点。

2）悬挂机构。悬挂机构是架设在建筑物作业面顶部支撑处，通过钢丝绳来承受悬吊平台、钢丝绳自重和额定载重量的钢结构装置。施工现场最常用的吊篮悬挂机构多为杠杆式，但也偶有骑马式。

3）提升机。提升机是能够使平台上下运行的装置。一般成对（双吊点）安装于悬吊平台两端的提升机安装架上。提升机通过驱动工作钢丝绳上、下运行，从而达到悬吊平台升降的动力装置。

4）安全锁。安全锁一般成对（双吊点）安装于悬吊平台两端的提升机安装架上，是一种独立的机械安全装置，当悬吊平台下滑速度达到锁绳速度或悬吊平台倾斜角度达到锁绳角度时，能自动锁住安全钢丝绳，使悬吊平台立即停止下滑或倾斜的装置，并具有人工操纵开闭锁的功能。施工现场最常用的吊篮安全锁多为摆臂防倾斜式，但也偶有离心触发式。

5）钢丝绳。高处作业吊篮的钢丝绳和其他起重机械所用钢丝绳相比，其受力方式有很大不同。对于爬升式高处作业吊篮，由于它是靠提升机驱动轮和钢丝绳之间的摩擦力提

升,钢丝绳受到强烈的挤压、弯曲,对钢丝绳的质量要求很高,宜选用高强度、镀锌、柔度好的钢丝绳。

6)电气控制系统。

高处作业吊篮(电动)采取了电气箱集中控制方式。对吊篮的上升、下降、超高限位和紧急停止进行控制。

(2)吊篮的检查和验收要点。

1)悬挂机构要有足够的强度和稳定性,不得有明显的变形,焊缝不得有开焊、破损现象,加强钢丝绳要收紧。

2)悬挂机构前支架严禁架设在女儿墙上、女儿墙外或建筑物挑檐边缘,在没有经过设计计算的基础上也不应落在雨棚、空调板等非承重机构上。

3)两个以上的悬挂机构,悬挂机构吊点水平间距与吊篮平台的吊点间距应相等,其误差应不大于50mm。

4)悬吊平台与提升机、安全锁必须连接牢固,悬吊平台各拦片之间螺栓、销轴不得缺少或松动。

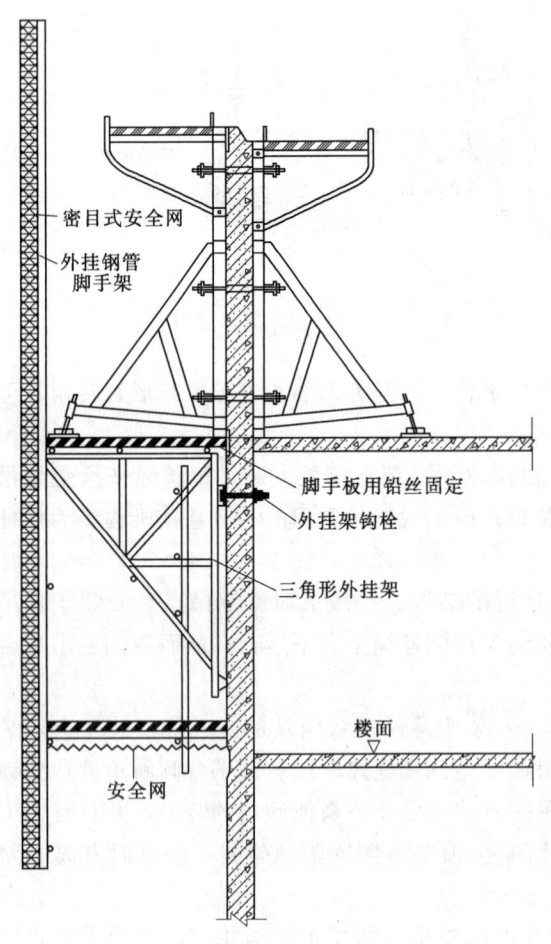

图3.7 外挂防护架示意图

5)钢丝绳不应有锈蚀、扭曲、变形、断裂和断股、断丝等现象。钢丝绳夹型号、间距、数量和方向是否按照标准设置。安全绳必须设置牢固,不得设置在吊篮悬吊机构上,也不得设置在一些PVC通风管道上。安全绳是否有断股现象,是否在结构突起部位加设护套。不得采用丙纶绳、乙烯绳和麻绳作为安全绳。

6)有架空输电线场所,吊篮的任何部位与输电线的安全距离不应小于10m。

3. 外挂防护架

外挂防护架是用于结构施工临边防护的支架。每个架体单元由竖向主框架、水平防护构架、三角臂和连墙件等组成(图3.7)。在结构施工中利用其他设备提升,伴随施工层升高并固定,至主体结构完工时拆除。外挂防护架的施工荷载,包括作业层(只限一层)上的作业人员、随身工具的重量,不得大于$0.8kN/m^2$。

防护层应根据施工需要确定位置。防护层应满铺脚手板,外侧设护栏和挡脚板。防护层与建筑物的距离不得大于150mm。外挂防护架底层还应采用水平安全网将底层与建筑之间缝隙全封闭。应根据施工专项方案的要求,在建筑结构上设置预埋件。应根据外挂防护架的设计要求,做好防护架支撑点和连墙点的连接。每片架体应独立与建筑物连接;不得在提升装置受力前放松支撑和拆除连墙件;不得在施工过程拆除连墙件。提升时,必须按照"提升一片、固定一片、封闭一片"的原则进行,严禁提前拆除两片以上的架体、分片处连接杆、立面及底部封闭设施。

3.1.5 室内脚手架的搭设

1. 折叠式内脚手架

折叠式内脚手架是室内砌筑和装修最常用的一种脚手架。根据制作材料不同,可分为角钢折叠式、钢管折叠式和钢筋折叠式3种。这类脚手架的架设间距为:砌筑时不超过1.8m,粉刷时不超过2.2m。架设步距为:角钢折叠式可搭设两步(其余两种可搭设一步),第一步为1m,第二步为1.65m。其构造形式如图3.8和图3.9所示。

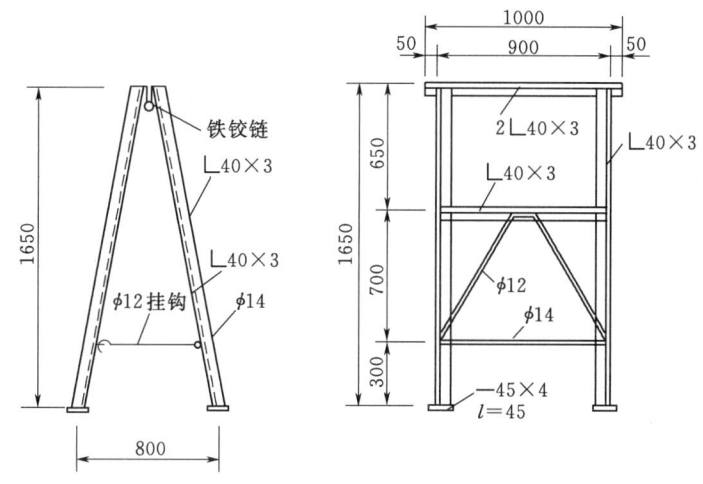

图3.8 角钢折叠式脚手架

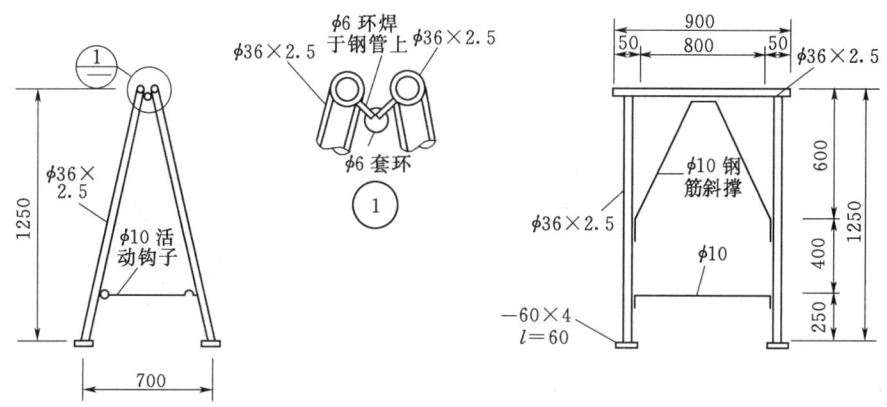

图3.9 钢管折叠式脚手架

2. 支杆式内脚手架

支杆式内脚手架由若干个支杆及横杆组成,上铺脚手板。适用于砌筑墙体和内粉刷。

其搭设间距为：砌筑时不超过2m，粉刷时不超过2.5m。按其构造形式不同有套管式、承插式、伞脚折叠式。

(1) 套管式脚手架。插管插入立管中，以销孔间距调节高度，插管顶部U形支托搁置横杆以铺设脚手架，其架设高度一般为1.57～2.17m，如图3.10所示。

(2) 承插式钢管支架。承插式钢管支架架设高度分别为1.2m、1.6m、1.9m，架设1.9m高时要加销钉以确保安全，如图3.11所示。

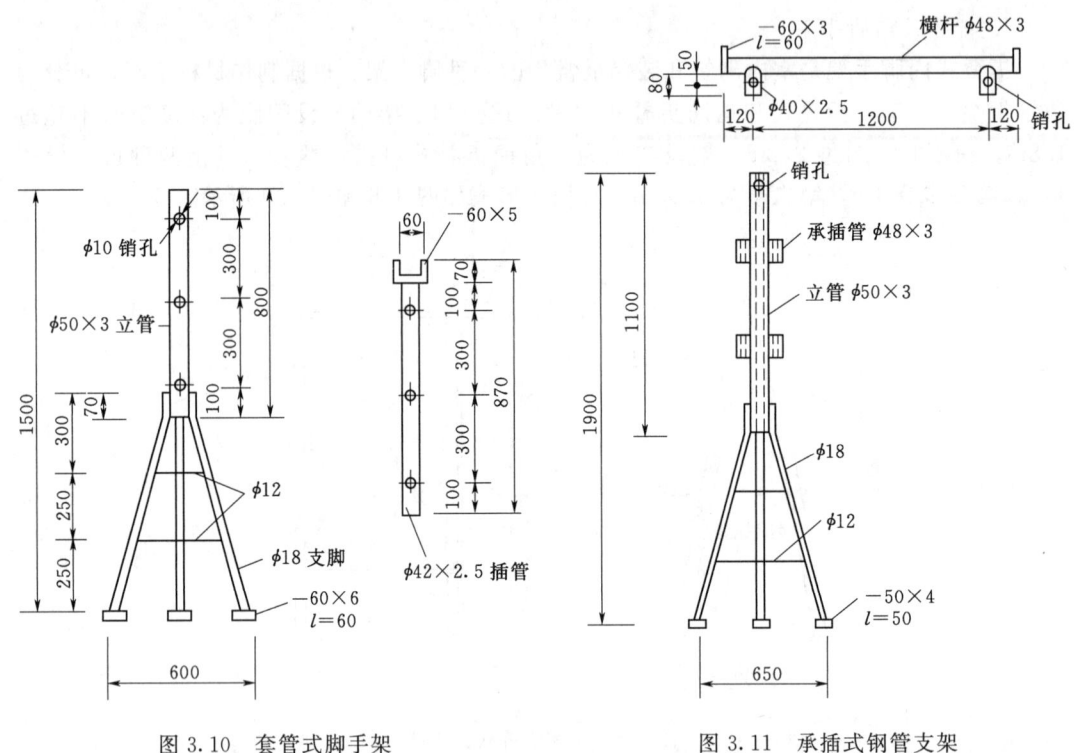

图3.10 套管式脚手架　　　　图3.11 承插式钢管支架

(3) 伞脚折叠式支架。伞脚折叠式支架由立管（伞形支杆）、套管、横梁或桁架组成，如图3.12所示。立管下端有形状如伞骨的支脚，可以撑开，也可以收拢，立管上有销孔，套管可以在立管中上升下降，以调节套管高度，这种内脚手架可以根据需要架设单排支杆或双排支杆。单排架设时，横梁的一端（加焊角钢的一端）搁在砖墙上，另一端插在套管上的插管里；双排架设时，应用桁架做横梁。伞形支杆的架设间距：砌筑时为2m，粉刷时为2.5m。

3.1.6　脚手架的使用安全技术

脚手架是建筑工程施工中不可或缺的设施，它随工程进度而搭设，工程完毕即拆除，属于临时设施。虽然是临时设施，但对其安全性能也应给予足够的重视。因为对于基础工程、主体结构、装饰装修以及设备安装等作业，都离不开脚手架，所以脚手架设计、搭设得是否合理，不但直接影响着建筑与安装工程的总体施工，同时也直接关系着作业人员的生命安全。因此，脚手架在使用时应注意以下安全措施。

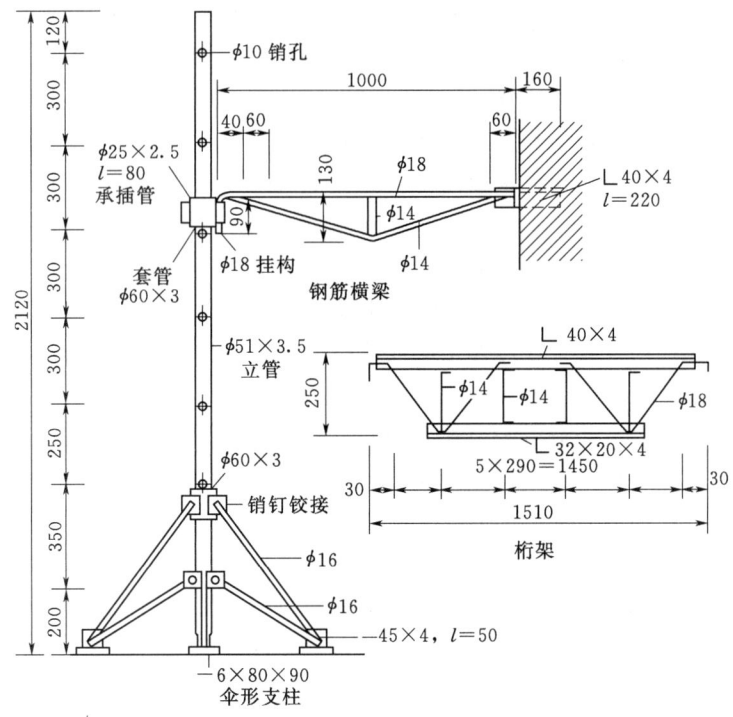

图 3.12 伞脚折叠式支架

1. 对于搭设人员的安全要求

脚手架搭设人员必须是经过按现行国家标准《特种作业人员安全技术考核管理规则》考核合格的专业架子工。上岗人员应定期体检,身体健康的合格者方可持证上岗从事架子工作业。搭设脚手架人员必须戴安全帽、系安全带、穿防滑鞋。

2. 搭设脚手架时安全技术要求

(1) 凡架设高度在 2m 以上的各类脚手架,均必须严格按照施工规范、设计要求和其他有关规定搭设、使用和拆除,确保脚手架具有足够的强度、刚度和稳定性,并作出完整的搭设、使用和拆除施工方案,以保证施工安全。

(2) 脚手架的地基应平整,具有足够的承载力和稳定性。

(3) 脚手架的连墙点、拉撑点和悬挂点必须设置在能承力的结构部位,必要时应作结构验算。

(4) 凡铺脚手板的施工作业层,都要按规定在架子的外侧绑护身栏杆和挡脚板,脚手板必须铺严,与建筑物之间的空隙不得大于 200mm,脚手架上不准留有单跳板和探头板。施工中采用脚手架做外防护时,架子上的防护高度必须始终高出施工作业面 1.1m 以上。

(5) 新搭设或重新使用(包括停用 15d 以上或经受暴风、骤雨、大雪、地震等强力因素作用或出现安全隐患后经过维修处理)的脚手架,投入正式使用前,必须经过安全技术部门的检查验收,合格后方可使用。

(6) 施工荷载不应超过规定荷载,若无法避免超载使用时,必须先进行计算并采取相应措施后方可使用。多立杆式外脚手架的标准均布施工荷载（人员、材料和机具重量）规定为：结构脚手架为 3kN/m²；装修脚手架为 2kN/m²；维修脚手架为 1kN/m²。

3．拆除脚手架时安全技术要求

（1）应全面检查脚手架的扣件连接连墙件支撑体系等是否符合构造要求。

（2）应根据检查结果补充完善施工组织设计中的拆除顺序和措施，经主管部门批准后方可实施。

（3）应清除脚手架上杂物及地面障碍物。

（4）拆除脚手架时拆除作业必须由上而下逐层进行，严禁上下同时作业，连墙件必须随脚手架逐层拆除，严禁先将连墙件整层或数层拆除后再拆脚手架。分段拆除高差不应大于 2 步，如高差大于 2 步，应增设连墙件加固。

（5）当脚手架拆至下部最后一根长立杆的高度约 6.5m 时，应先在适当位置搭设临时抛撑，加固后再拆除连墙件。当脚手架采取分段、分立面拆除时，对不拆除的脚手架两端，应先设置连墙件和横向支撑加固。

4．脚手架施工中的其他安全措施

脚手架在搭设时还应采取有效的防电避雷措施。脚手架外侧边缘应与外电架空线路的边缘保持安全距离，见表 3.1。

表 3.1　　　　　　　脚手架顶面与外电架空线路交叉式最小垂直距离

外电线路电压/kV	≤1	1～10	35
最小垂直距离/m	6	7	7

在脚手架上使用施工机械（如电焊机、振捣器等）时，不能将机械置于潮湿的脚手板上，机械的外壳应采取保护性接地或接零措施。当夜间施工中照明线路通过脚手架时，应使用 12V 以下的低压电源。

脚手架还应具有有效的避雷装置，主要包括避雷针和接地装置。避雷针一般采用 25～32mm 的镀锌钢管或直径不小于 14mm 的镀锌钢筋制成，其长度一般在 1～2m 之间。接地装置一般采用钢材，并应设置在人员不能去到的地方。

任务 3.2　起重机械与技术

建筑施工过程中常见的起重机械包括自行式起重机、塔式起重机、桅杆式起重机。其中，自行式起重机有包括履带式起重机、轮胎式起重机、汽车式起重机。建筑结构起重技术主要涉及结构吊装的一般规定与不同形式结构吊装工艺，本项目主要介绍结构起重吊装的一般工艺要求。

3.2.1　起重机械

1．自行式起重机

（1）履带式起重机。

1）基本构成。履带式起重机由行走部分、回转部分、机身及起重臂等几部分组成，

如图 3.13 所示。由于履带的面积较大,所以对地面的压强较低,行走时一般不超过 0.20MPa,起重时一般不超过 0.40MPa。因此,它可以在较为坎坷不平的松软地面行驶和工作(必要时可垫以路基箱);履带式起重机的机身还可以原地做 360°回转;起重时不需设支腿,并可以负载行驶,它是结构吊装工程中常用的机械之一。

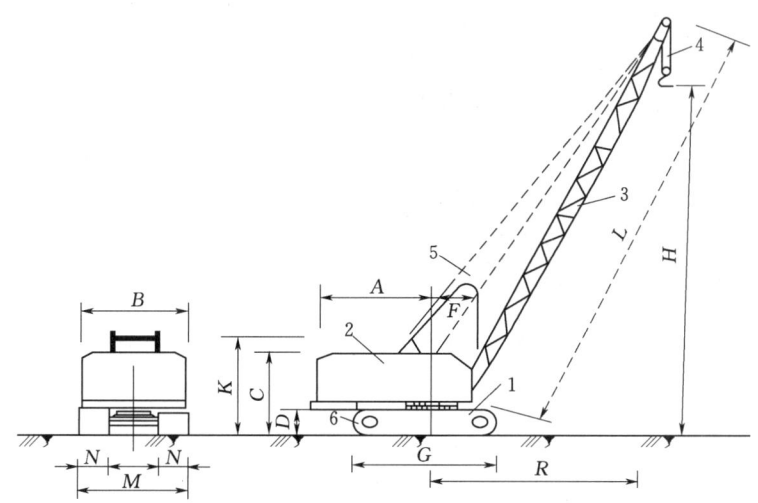

图 3.13 履带式起重机

1—底盘;2—机棚;3—起重臂;4—起重滑轮组;5—变幅滑轮组;6—履带;
A,B—外形尺寸符号;L—起重臂长度;H—起升高度;R—工作幅度

2)履带式起重机稳定性验算。履带式起重机的稳定性应该以起重机处于最不利工作状态时进行验算。此时,应该以履带中心 A 为倾覆中心验算起重机的稳定性,如图 3.14 所示。

当考虑吊装荷载及附加荷载时,应满足以下公式要求,即

$$K_1 \geqslant 1.15$$

当仅考虑吊装荷载时,应满足下式要求,即

$$K_2 \geqslant 1.4$$

K_1、K_2 为稳定系数,按 K_1 验算比较复杂,一般用 K_2 简化验算,即

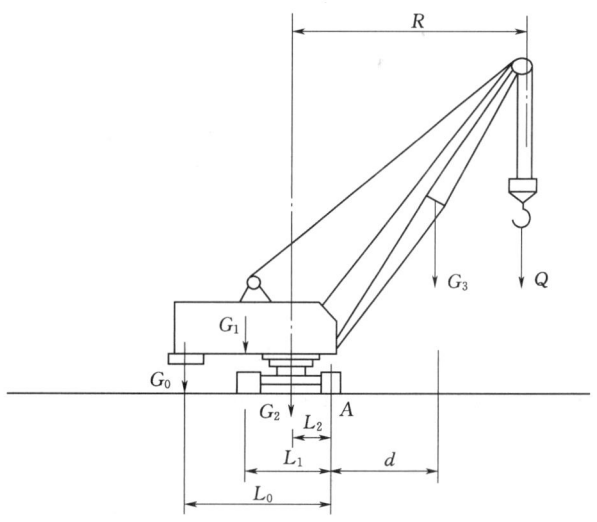

图 3.14 履带式起重机稳定性验算示意图

$$K_2 = \frac{G_1 L_1 + G_2 L_2 + G_0 L_0 - G_3 d}{Q(R - L_2)} \geqslant 1.4$$

式中　　G_0——起重机平衡重;

G_1——起重机可转动部分的重量；
G_2——起重机机身不转动部分的重量；
G_3——起重臂重量；
L_0，L_1，L_2，d——以上各部分的中心至倾覆中心的距离。

(2) 轮胎式起重机。轮胎式起重机的外形和构造与履带式起重机基本形同，其起重机构安装在轮胎和轮轴组成的专用底盘上，并且可回转。底盘下部的轮轴和轮胎数量根据起重机重量调整配备。其优点是：行驶速度快，并且不会损伤路面，起重重量较大，使用成本低。缺点是：起吊时靠支腿支撑，灵活性较差，不适用于在松软或泥泞的地面上作业。

(3) 汽车式起重机。汽车式起重机是将起重机构安装在普通载重汽车或专用汽车底盘上的一种自行式全回转式起重机（图3.15）。其优点是行驶速度快，转移灵活，对路面破坏较小。缺点是吊装作业时

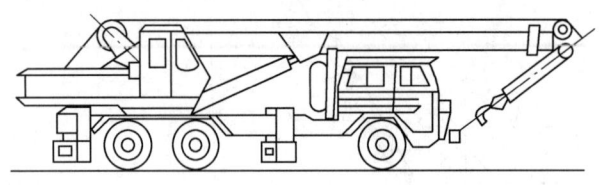

图3.15 汽车式起重机

需将支腿落地，不能负载行驶。

汽车式起重机按起重量大小分为3种，即轻型、中型和重型。轻型起重量在20t以内，中型起重量在20~50t，重型起重量在50t以上。按起重臂形式分为析架和箱形臂两种。按传动装置形式分为机械传动、电子传动和液压传动3种。

2. 塔式起重机

(1) 塔式起重机的构造。塔式起重机俗称塔吊，由钢结构、工作机构、电气设备及安全装置组成，如图3.16所示。钢结构包括起重臂（又称吊臂）、平衡臂、塔尖、塔身（塔架）、转台、底架及台车等。工作机构包括起升机构（或称主卷扬）变幅机构、回转机构及大车行走机构等。电气设备包括电动机、电缆卷筒和中央集电环、操纵电动机用的各种电器、整流器、控制开关和仪表、保护电器、照明设备和音响信号装置等。安全装置包括起重力矩限制器、起重量限制器、吊钩高度限制器、幅度限位开关、大车行程限制器等。

(2) 塔式起重机的分类及特点。塔式起重机按其结构和性能特点不同，可分为轨道式、固定式、内爬式、附着式等。虽然塔式起重机种类较多，但它们都具有一些共同特点。

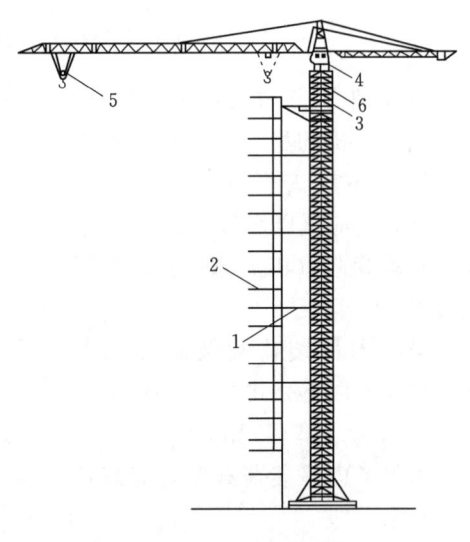

图3.16 塔式起重机
1—连墙件；2—建筑物；3—标准节；4—操纵室；
5—起重小车；6—顶升套架

1) 塔身高度大，臂架长，可以覆盖广阔的空间，作业面大。

2) 能吊运各类建筑材料、制品、预制构件及建筑设备，特别适合吊运超长、超宽的重大物件。

3）能同时进行起升、回转及行走，完成垂直运输和水平运输作业。

4）可通过改变吊钩滑轮组钢丝绳倍率，以提高起重量，较好地适应施工需要。

5）有多种工作速度，生产效率高；设有较齐全的安全装置，运行安全可靠。

6）驾驶室设在塔身上部，司机视野好，便于提高生产率。

7）操作方便，掌握容易，经过短期培训，技工便可上岗驾驶。

（3）塔式起重机的选用。选择塔式起重机时应考虑以下参数。

1）回转半径。回转半径是指从塔吊回转中心线至吊钩中心线的水平距离，建筑施工选择塔式起重机时，首先应考察该塔吊的回转半径是否能满足施工需要。

2）起重量。包括最大幅度时的起重量和最大起重量两个参数。起重量包括重物、吊索及铁扁担或容器等的重量。确定塔吊起重量的因素较多，如金属结构承载能力、起升机构的功率和吊钩滑轮绳数的多少等。起重量参数变化很大，在进行塔吊选型时，必须依据拟建建筑的构造特点，构件、部件类型及重量，施工方法等，作出合理的选择。务求做到既能充分满足施工需要，又可取得最大经济效益。

3）起重力矩。幅度和与之相对应的起重量的乘积，称为起重力矩（单位为 kN·m）。塔吊的额定起重力矩是反映塔吊起重能力的一项首要指标。在进行塔吊选型时，初步确定起吊重量和幅度参数后，还必须根据塔吊技术说明书中给出的数据，核查是否超过额定起重力矩。

4）吊钩高度。吊钩高度是自轨道基础的轨顶表面或混凝土基础顶面至吊钩中心的垂直距离，其大小与塔身高度及臂架构造形式有关。选用时，应根据建筑物的总高度、预制构件或部件的最大高度、脚手架构造尺寸以及施工方法等确定。

（4）塔式起重机操作的注意事项。

1）塔式起重机应由受过专业训练的专职司机进行操作，并且要持证上岗。

2）起重机安装好后，应重新调节好各种安全保护装置和限位开关。夜间作业必须有充足的照明。当遇上 6 级以上大风及雷雨天时，禁止操作。

3）起重机工作时必须严格按照额定起重量起吊，不得超载，不准吊运人员、斜拉重物、拔除地下埋物。工间休息或下班时，不得将重物悬挂在空中。

4）运转完毕后，起重机应停放在轨道中部，用轨钳夹紧在轨道上。同时吊钩应上升到距离起重臂 2～3m 处，并将起重臂转至与轨道平行。

3. 桅杆式起重机

桅杆式起重机包括独脚桅杆、人字桅杆、悬臂桅杆和牵揽式桅杆起重机。

（1）独脚桅杆。独脚桅杆是由桅杆、起重滑轮组、卷扬机、缆风绳和锚碇等部分组成。独脚桅杆按照制作材料不同可以分为木桅杆和钢桅杆。在使用时，桅杆的顶部应保持不大于 10°的倾角，避免物体在起吊时与桅杆发生碰撞。缆风绳一般是一端连接在桅杆的顶部，另一端固定在地面。数量一般为 6～12 根。

（2）人字桅杆。人字桅杆一般是用两根木杆或钢杆以钢丝绳或铁件铰接而成。其两根杆件夹角不宜过大，一般在 30°以内。在桅杆底部还应设拉杆或钢丝绳以平衡其水平推力。人字桅杆的优点是起吊重量大、稳定性好；缺点是杆件吊起后活动范围小，适用于吊装重型柱等构件。

(3) 悬臂桅杆。在独脚桅杆中部或 2/3 高处安装一根起重臂即成悬臂桅杆。其优点是有较大的起重高度和起吊半径，起重臂能起伏和左右摆动（120°～270°）。缺点是起重质量较小。

(4) 牵缆式桅杆起重机。在独脚桅杆的下端装一根起重臂即成为牵缆式桅杆起重机如图 3.17 所示。牵缆式桅杆起重机的特点是起重臂可以起伏；整个机身可做 360°回转，能在服务范围内灵活地将构件吊装到设计位置；其起重量可达 60t，起吊高度可达 80m，适用于构件多而集中的建筑物吊装。

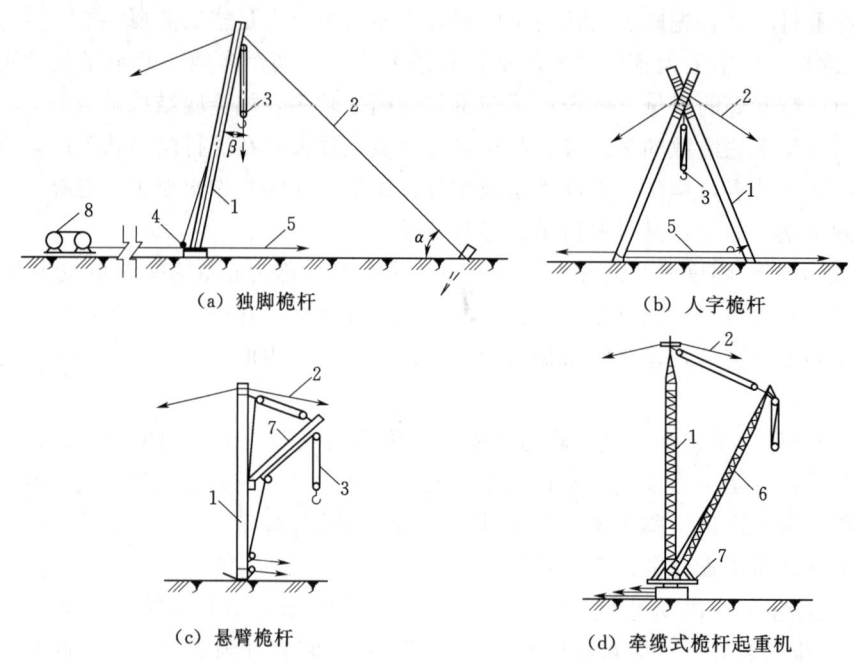

图 3.17　桅杆式起重机

1—桅杆；2—缆风绳；3—起重滑轮组；4—导向装置；5—拉索；6—起重臂；7—回转盘；8—卷扬机

3.2.2　起重吊装的一般规定

根据《建筑施工起重吊装工程安全技术规范》（JGJ 276—2012）对一般建筑施工起重工程从作业前准备、作业技术和作业安全 3 个方面进行以下规定。

1. 作业前准备工作

(1) 必须编制吊装作业施工组织设计，并应充分考虑施工现场的环境、道路、架空电线等情况。作业前应进行技术交底；作业中，未经技术负责人批准，不得随意更改。绑扎所用的吊索、卡环、绳扣等的规格应按计算确定。

(2) 参加起重吊装的人员应经过严格培训，取得培训合格证后方可上岗。起重作业人员必须穿防滑鞋、戴安全帽，高处作业应佩挂安全带，并应系挂可靠和严格遵守高挂低用。

(3) 作业前，应检查起重吊装所使用的起重机滑轮、吊索、卡环和地锚等，应确保其完好，符合安全要求；登高梯子的上端应予以固定，高空用的吊篮和临时工作台应绑扎牢靠。吊篮和工作台的脚手板应铺平绑牢,严禁出现探头板。吊移操作平台时,平台上面严禁站人。起吊前,应对起重机钢丝绳及连接部位和索具设备进行检查。

(4) 吊装作业区四周应设置明显标志,严禁非操作人员入内。夜间施工必须有足够的照明。起重设备通行的道路应平整坚实。

(5) 大雨天、雾天、大雪天及6级以上大风天等恶劣天气应停止吊装作业。事后应及时清理冰雪,并应采取防滑和防漏电措施。雨雪过后作业前,应先试吊,确认制动器灵敏可靠后方可进行作业。

2. 作业技术规定

(1) 高空吊装屋架、梁和斜吊法吊装柱时,应于构件两端绑扎溜绳,由操作人员控制构件的平衡和稳定。构件吊装和翻身扶直时的吊点必须符合设计规定。

(2) 构件或无设计规定时,应经计算确定,并保证使构件起吊平稳。吊装大、重、新结构构件和采用新的吊装工艺时,应先进行试吊,确认无问题后,方可正式起吊。

(3) 吊起的构件应确保在起重机吊杆顶的正下方,严禁采用斜拉、斜吊,严禁起吊埋于地下或黏结在地面上的构件。

(4) 采用双机抬吊时,宜选用同类型或性能相近的起重机,负载分配应合理,单机载荷不得超过额定起重量的80%。两机应协调起吊和就位,起吊的速度应平稳缓慢。

(5) 开始起吊时,应先将构件吊离地面200~300mm后停止起吊,并检查起重机的稳定性、制动装置的可靠性、构件的平衡性和绑扎的牢固性等,待确认无误后,方可继续起吊。已吊起的构件不得长久停滞在空中。

3. 作业安全规定

(1) 起重机靠近架空输电线路作业或在架空输电线路下行走时,必须与架空输电线始终保持不小于国家现行标准《施工现场临时用电安全技术规范》(JGJ 46)规定的安全距离。当需要在小于规定的安全距离范围内进行作业时,必须采取严格的安全保护措施,并应经供电部门审查批准。

(2) 严禁超载吊装和起吊重量不明的重大构件和设备。严禁在已吊起的构件下面或起重臂下旋转范围内作业或行走。

(3) 起吊过程中,在起重机行走、回转、俯仰吊臂、起落吊钩等动作前,起重司机应鸣声示意。一次只宜进行一个动作,待前一动作结束后,再进行下一个动作。

(4) 严禁在吊起的构件上行走或站立,不得用起重机载运人员,不得在构件上堆放或悬挂零星物件。起吊时不得忽快忽慢和突然制动。回转时动作应平稳,当回转未停稳前不得做反向动作。

(5) 高处作业所使用的工具和零配件等,必须放在工具袋(盒)内,严防掉落,并严禁上下抛掷。

(6) 吊装中的焊接作业应选择合理的焊接工艺,避免发生过大的变形,冬季焊接应有焊前预热(包括焊条预热)措施,焊接时应有防风防水措施,焊后应有保温措施。高处安装中的电、气焊作业,应严格采取安全防火措施,在作业处下面周围10m范围内不得有人。

(7) 已安装好的结构构件,未经有关设计和技术部门批准不得用作受力支承点和在构

件上随意凿洞开孔，不得在其上堆放超过设计荷载的施工荷载。

（8）永久固定的连接，应经过严格检查，并确保无误后方可拆除临时固定工具。对起吊物进行移动、吊升、停止、安装时的全过程应用旗语或通用手势信号进行指挥，信号不明不得启动，上下相互协调联系应采用对讲机。

项 目 小 结

脚手架工程与起重技术属于建筑工程施工中重要的辅助工程。本项目介绍了目前常见的脚手架的构造及搭设技术与起重机械的类型及起重吊装一般技术，主要内容概括如下。

（1）脚手架搭设技术包括扣件式和碗口式等两种钢管脚手架，附着升降式、吊篮和外挂脚手架等3种工具式脚手架，折叠式和支杆式两类里脚手架。主要介绍了各类脚手架的基本构成、安装搭设、脚手架拆除及安全施工等。

（2）起重机械及吊装技术包括自行式、塔式和桅杆式等3种起重机械和结构吊装一般技术规定。起重机械介绍了起重机械的基本组成、分类特点及使用要点等；结构吊装一般规定介绍了从作业前准备工作、作业技术及安全作业3个方面。

复 习 思 考 题

1. 简述常见脚手架类型及其特点。
2. 钢管扣件式脚手架由哪些部分构成？
3. 简述工具式脚手架类型及其特点。
4. 常见的起重机械包括哪些类型？
5. 起重机常见的技术参数包括哪些？
6. 简述塔式起重机的类型及其特点。
7. 简述结构吊装的安全作业措施。

项目4 砌体工程施工技术

【学习目标】

能力目标：熟悉砌体工程材料的组成、分类、性能特点及施工机具、作业条件；掌握砖砌体、小型砌块砌体和填充墙砌体的施工工艺、质量要求和安全技术措施；熟悉冬期和雨期砌体施工采取的措施及其施工注意事项。

知识点：砌体工程；砌筑砂浆；砌筑工艺；冬雨期施工。

【项目介绍】

本项目包括砌体工程概述、砌体施工、砌体工程的季节性施工、砌体工程施工质量验收、砌体工程安全技术与环保要求等5个任务，重点介绍了砖砌体工程的主要施工工艺。

任务4.1 砌体工程概述

4.1.1 砌体工程发展概况

砌体工程是目前实际工程中应用最为广泛的结构形式之一，主要用于砖混结构、框架结构填充墙等工程施工。本项目主要介绍了砖砌体工程中砌筑砂浆的材料要求、制备要求及其质量验收；砖砌体、小型砌块砌体、填充墙砌体的施工工艺、质量要求及保证质量和安全的技术措施；冬、雨期砌体施工的基本要求，冬、雨期砌体施工采取的措施及其施工注意事项。

砌体工程是最古老的一种建筑结构形式，我国的砌体工程有着悠久的历史和辉煌的纪录。在历史上有举世闻名的万里长城，它是两千多年前用"秦砖汉瓦"建造的世界上最伟大的砌体工程之一；建于唐永徽三年的大雁塔，是我国现存最早、规模最大的唐代四方楼阁式砖塔，七层塔身，通高64.517m，底层边长25.5m，是凝聚了汉族劳动人民智慧结晶的标志性建筑。这些都是值得我们自豪和继承的，如图4.1所示。

(a) 长城

(b) 大雁塔

图4.1 我国古代砌体工程

砌体工程是指普通黏土砖、承重黏土空心砖、蒸压灰砂砖、粉煤灰砖、各种中小型砌块和石材的砌筑。砌体工程量大面广，新中国成立以来我国砖的产量逐年增长，1996年增至6200亿块，为世界其他各国砖每年产量的总和。全国基建中采用砌体作墙体材料约占90%。在办公、住宅等民用建筑中大量采用砖墙承重。此外，我国还积累了在地震区建造砌体结构房屋的宝贵经验。我国绝大多数大中城市在Ⅵ度或Ⅵ度以上地震设防区。地震烈度不大于Ⅵ度的砌体结构经受了地震的考验。经过设计和构造上的改进和处理，还在Ⅶ度区和Ⅷ度区建造了大量的砌体结构房屋。

4.1.2 砌体工程的特点

1. 砌体工程的主要优点

（1）容易就地取材。砖主要用黏土烧制；石材的原料是天然石；砌块可以用工业废料——矿渣制作，来源方便，价格低廉。

（2）砖、石或砌块砌体具有良好的耐火性和较好的耐久性。

（3）砌体砌筑时不需要模板和特殊的施工设备，可以节省木材。新砌筑的砌体上即可承受一定荷载，因而可以连续施工。在寒冷地区，冬季可用冻结法砌筑，不需特殊的保温措施。

（4）砖墙和砌块墙体能够隔热和保温，节能效果明显。所以既是较好的承重结构，也是较好的围护结构。

（5）当采用砌块或大型板材作墙体时，可以减轻结构自重，加快施工进度，进行工业化生产和施工。

2. 砌体工程的缺点

（1）与钢和混凝土相比，砌体的强度较低，因而构件的截面尺寸较大，材料用量多，自重大。

（2）砌体的砌筑基本上是手工方式，施工劳动量大。

（3）砌体的抗拉、抗剪强度都很低，因而抗震较差，在使用上受到一定限制；砖、石的抗压强度也不能充分发挥；抗弯能力低。

（4）黏土砖需用黏土制造，在某些地区过多占用农田，影响农业生产。

3. 未来发展趋势

未来，我国砌体工程的发展趋势如下。

（1）大力发展轻质高强的各种实心砖、空心砖、砌块和高强度砂浆，提高砌体强度，减轻自重，提高砌筑效率，节约材料，减少运输量和降低工程造价。空心制品还具有较好的保温、隔热性能。

（2）大力发展各种工业废料制品和混凝土砌块等新材料，对于解决城市工业废料处理、治理环境极为有效，还可解决生产黏土砖与农业争地的问题。

（3）发展配筋砖砌体结构，采用与钢筋混凝土或钢筋砂浆组成的组合砖砌体结构、后张预应力配筋砌体结构等，增强砌体结构的抗震性能。

（4）积极采用各种砌块、墙板，如粉煤灰砌块、加气混凝土砌块、振动成型的砖墙板、加气混凝土墙板、夹心墙板、石膏墙板等，改变手工砌筑小块砖的落后状态，减轻体力劳动，保证施工质量，加快建设速度，提高建筑施工机械化和工业化水平。

任务 4.2 砌 体 施 工

砌体砌筑除应采用符合质量要求的原材料外,还必须有良好的砌筑质量,以使砌体有良好的整体性、稳定性和良好的受力性能。一般要求灰缝横平竖直、灰浆饱满;砌体上下错缝、内外搭接、接槎牢固;要预防不均匀沉降引起开裂;冬期施工要有相应的措施;要符合《砌体结构工程施工质量验收规范》(GB 50203—2011)中的有关规定。

4.2.1 砖砌体施工

1. 组砌形式

(1) 砖基础组砌形式。普通砖基础由墙基和大放脚两部分组成。墙基与墙身同厚。大放脚即墙基下面的扩大部分,有等高式和不等高式(间隔式)两种。等高式大放脚是两皮一收,每收一次两边各收进1/4砖长;不等高式大放脚是两皮一收与一皮一收相间隔,每收一次两边各收进1/4砖长,如图4.2所示。

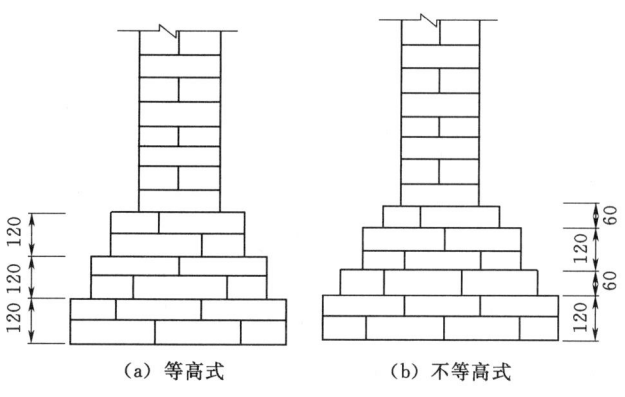

图 4.2 砖基础大放脚形式

大放脚的底宽应根据设计而定。大放脚各皮的宽度应为半砖长的整倍数(包括灰缝)。在大放脚下面为基础垫层,垫层一般用灰土、碎砖三合土或混凝土等。垫层的高度与厚度由设计确定。

大放脚一般采用一顺一丁砌法,上下皮垂直灰缝相互错开60mm。基础的转角处、交接处,为错缝需要应加砌配砖(3/4砖、半砖或1/4砖)。在这些交接处,纵横墙要隔皮砌通;大放脚的最下一皮及每层的最上一皮应以丁砌为主。

底宽为2砖半的等高式砖基础大放脚转角处分皮砌法如图4.3所示。

(2) 砖墙组砌形式。实心砖墙的砌筑形式主要有6种,即一顺一丁、三顺一丁、梅花丁、两平一侧、全顺式、全丁式,如图4.4所示。

1) 一顺一丁。从立面上看,是

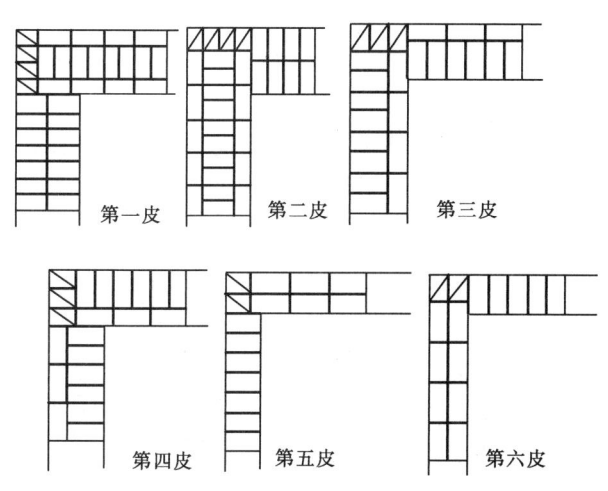

图 4.3 大放脚转角处分皮砌法

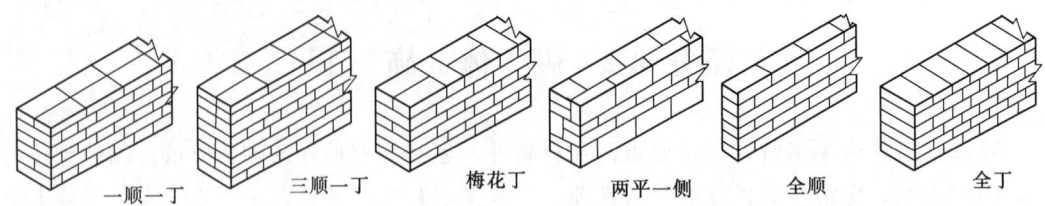

图 4.4 砖墙组砌形式

由一皮顺砖与一皮丁砖互相交替叠砌而成,各皮砖的内、外竖缝互相搭盖,墙的外表皮砖的坚缝都错开 1/4 砖长。这种砌法各皮间搭接牢固,墙的整体性较好,强度高,操作上变化较小,便于掌握,这种方法被经常采用。

2)三顺一丁。从立面上看,由三皮顺砖与一皮丁砖相互交替叠砌而成,上下皮顺砖之间搭接 1/2 砖长,顺砖与丁砖之间搭接 1/4 砖长,同时要求檐墙与山墙的丁砖层不在同一皮,以利于丁砖之间搭接。这种方法常在砖规格不太一致时,以及砌清水墙时使用,容易使墙面达到平整美观,在转角处可减少打七分头,所以操作过快,节约材料。但在墙内三层(五层)砖中间出现连续三皮(五皮)通缝,墙的拉结强度及整体性方面不如一顺一丁砌法。

3)梅花丁。在同一层砖内,一块顺砖一块丁砖间隔砌筑,上下皮砖顶顺相压,丁砖必须在顺砖的中间,上下两皮间竖缝错开 1/4 砖长。这种砌法整体性较好,因此美观而富于变化,常见于清水墙面。

4)两平一侧。由两皮顺砖和一旁砌一块侧砖而成,其厚度为 180mm。侧砖和顺砖应正反两面交错放,两皮平砌的顺砖上下层间的竖缝应错开 1/2 砖长,平砌层与侧砌层间竖缝应错开 1/4 或 1/2 砖长。这种砌法一般用于楼房一层、二层内隔墙,比二四墙省砖。但这种砌法侧墙与平砌砖之间砂浆不易饱满,黏结不好,抗震性能差,砌筑较费工,速度慢。

5)全顺。各皮砖全部用顺砖砌筑,上、下两皮间竖缝搭接为 1/2 砖长。此种方法仅用于半砖隔断墙。

6)全丁。各皮砖全部用丁砖砌筑,上、下两皮间竖缝搭接为 1/4 砖长。这种砌法一般多用于砌筑圆形水塔、圆仓、烟囱等。

(3)砖墙交接处组砌形式。砖墙的丁字交接处,横墙的端头隔皮加砌七分头砖,纵墙隔皮砌通。当采用一顺一丁砌筑形式时,七分头砖丁面方向依次砌丁砖,如图 4.5 所示。

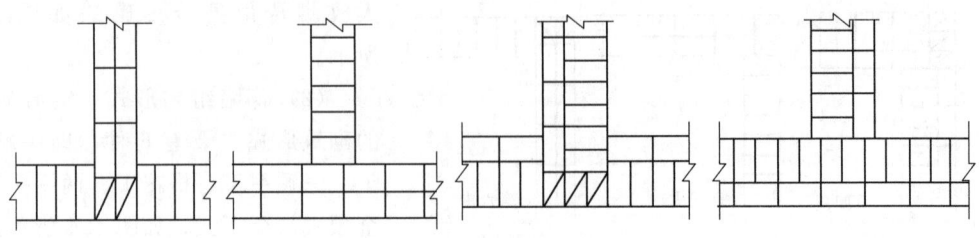

图 4.5 丁字交接处砌法

砖墙的十字交接处,应隔皮纵横墙砌通,交接处内墙的竖缝应上下相错开1/4砖长,如图4.6所示。

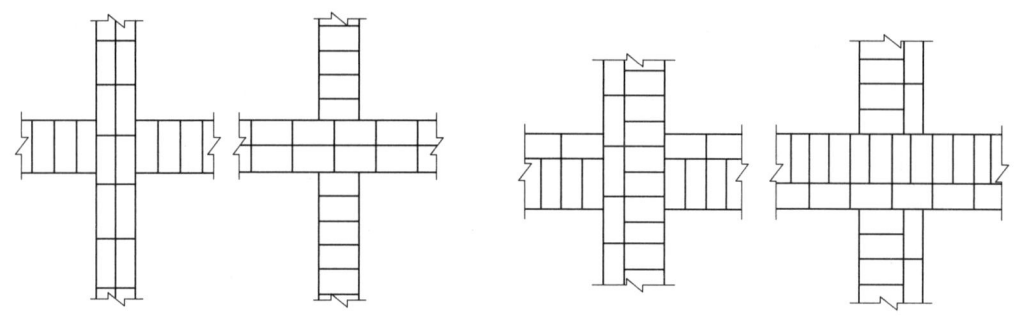

图4.6 十字交接处砌法

2. 施工准备

砖应按设计要求的数量、品种、强度等级及时组织进场,按砖的外观、几何尺寸和强度等级进行验收,并检验出厂合格证。

常温施工时,为避免砖吸收砂浆中过多的水分而影响黏结力,砖应提前1~2d浇水湿润,以水浸入砖内10mm左右为宜,并可除去砖面上的粉末。烧结普通砖含水率宜为10%~15%,但浇水过多会产生砌体走样或滑动。灰砂砖、粉煤灰砖不宜浇水过多,其含水率控制在5%~8%为宜。

砌筑前,必须按施工组织设计的要求组织好垂直和水平运输机械,如塔式起重机、龙门架、手推车或机动翻斗车等,还应按施工要求准备好脚手架、砌筑工具、质量检查工具(靠尺、皮数杆、百格网)等。

3. 施工工艺

砖砌体施工通常包括抄平、放线、摆砖、立皮数杆、盘角和挂线、砌砖、勾缝和清理等工序。

(1)抄平。砌墙前应在基础防潮层或楼面上定出各层标高,并用M7.5水泥砂浆或C15细石混凝土找平,使各段砖墙底部标高符合设计要求。

(2)放线。以龙门板上轴线定位钉为准,拉线、吊线锤,将墙身中心线投放至基础顶面,并据此弹出墙身边线及门窗洞口位置,如图4.7所示。楼层墙身的放线,应利用预先引测在外墙面上的墙身中心轴线,用经纬仪或线锤向上引测。

(3)摆砖。摆砖是指在放线的基面上按选定的组砌方式用干砖试摆。摆砖的目的是为了核对所放的墨线在门窗洞口、附墙垛等处是否符合砖的模数,以尽可能减少砍砖,提高砌砖效率。

(4)立皮数杆。皮数杆是指在其上画有每皮砖和砖缝厚度以及门窗洞口、过梁、楼板、梁底、预埋件等标高位置的一种木制标杆,如图4.8所示。其作用是控制墙体及各构件的竖向尺寸,使灰缝均匀、厚度一致、砖皮水平。

承重墙的皮数杆一般立于墙转角处,围护填充墙则固定于框架柱侧。墙体较长时应每隔10~20m再立一根,以便挂线。

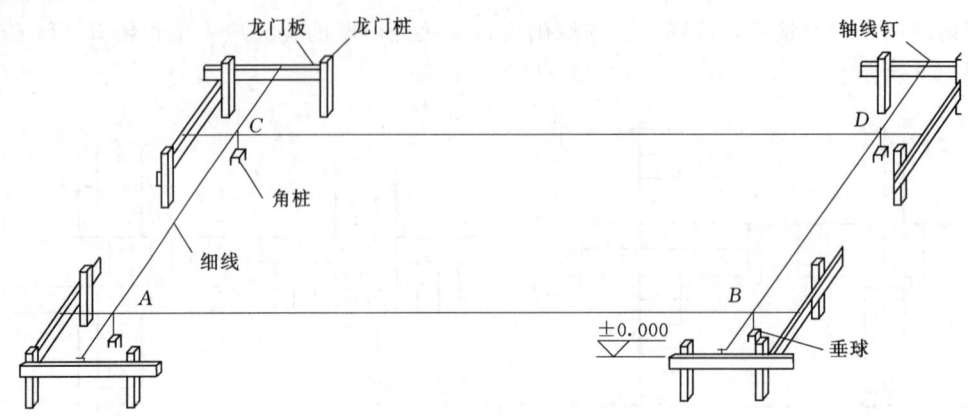

图 4.7 设龙门板放线

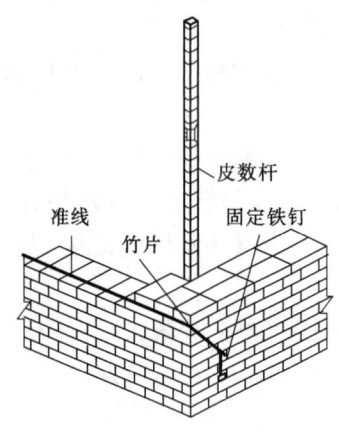

图 4.8 转角处的皮数杆设置

(5) 盘角和挂线。墙身砌砖前先在墙角砌上几皮,称为盘角,在盘角之间拉上准线,称为挂线。每次盘角不得超过 5 皮砖,大角的平整度和垂直度吊正、靠平符合要求后再挂线砌墙。一般二四墙可单面挂线,三七墙及以上的墙则应双面挂线。

(6) 砌砖。砌砖的操作方法很多,常用的是"三一"砌砖法、挤浆法和满口灰法等。

1) "三一"砌砖法。基本操作是"一铲灰、一块砖、一挤揉",并随手将挤出的砂浆刮去的砌筑方法。这种砌法的优点是灰缝容易饱满,黏结性好,墙面整洁。故实心砖砌体宜采用"三一"砌砖法。

a. 步法。操作时人应顺墙体斜站,左脚在前离墙约 15cm,右脚在后,距墙及左脚 30~40cm。砌筑方向是由前往后退着走,这样操作可以随时检查已砌好的砖是否平直。砌完 3~4 块砖后,左脚后退半步,人斜对墙面可砌约 50cm,砌完后左脚后退半步,右脚后退一步,恢复到开始砌砖时的位置,如图 4.9 所示。

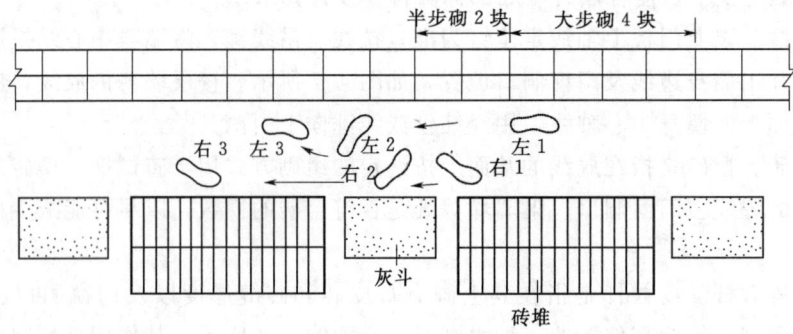

图 4.9 "三一"砌砖法的步法平面

b. 铲灰取砖。铲灰时应先用铲底摊平砂浆表面(便于掌握吃灰量),然后用手腕横向转动来铲灰,减少手臂动作,取灰量要根据灰缝厚度,以满足一块砖的需要量为准。取砖时应随拿砖随挑好下一块砖。左手拿砖,右手拿砂浆,同时拿起来,以减少弯腰次数,争取砌筑时间。

c. 铺灰。浆砂浆铺在砖面上的动作可分为甩、溜、丢、扣等几种。

在砌顺砖时,当墙砌得不高且距操作处较远时,一般采用溜灰方法铺法;当墙砌得较高且近身操作时,常用扣灰方法铺灰。此外,还可采用甩灰方法铺灰,如图 4.10 所示。在砌丁砖时,当砌墙较高且近身砌筑时常用丢灰方法铺灰;在其他情况下,还经常用扣灰方法铺灰,如图 4.11 所示。

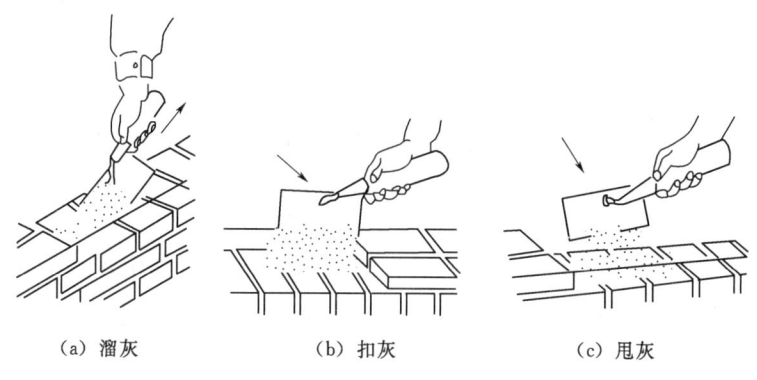

(a) 溜灰　　　　(b) 扣灰　　　　(c) 甩灰

图 4.10　砌顺砖时铺灰

不论采用哪一种铺灰动作,都要求铺出灰条要近似砖的外形,长度比一块砖稍长 1~2cm,宽 8~9cm,灰条距墙外面约 2cm,并与前一块砖的灰条相接。

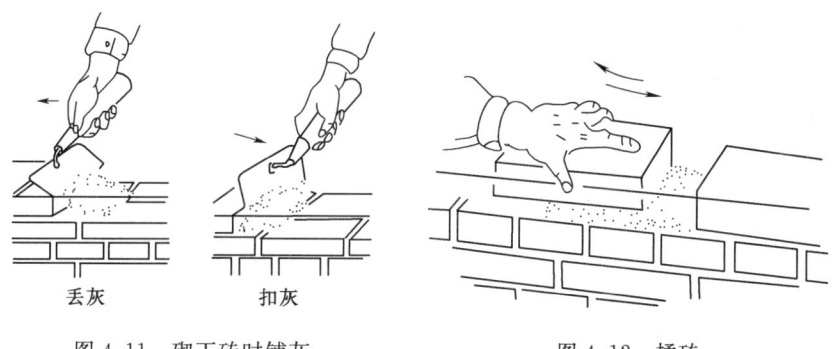

丢灰　　　　扣灰

图 4.11　砌丁砖时铺灰　　　　图 4.12　揉砖

d. 揉挤。左手拿砖在离已砌好的前砖 3~4cm 处开始平放堆挤,并用手轻揉。在揉砖时,眼要上边看线,下边看墙皮,左手中指随即同时伸下,摸一下上、下砖棱是否齐平。砌好一块砖后,随即用铲将挤出的砂浆刮回,放在竖缝中或随手投入灰斗中。揉的劲要小些;揉浆的目的是使砂浆饱满。铺在砖上的砂浆如果较薄,揉的劲要小些;砂浆较厚时,揉的劲要稍大一些。并且根据已铺砂浆的位置要前后揉或左右揉。总之揉到下齐砖棱上齐线为适宜,要做到平齐、轻放、轻揉,如图 4.12 所示。

2) 挤浆法,即用灰勺、大铲或铺灰器在墙顶上铺一段砂浆,然后双手拿砖或单手拿砖,用砖挤入砂浆中一定厚度之后把砖放平,达到下齐边、上齐线、横平竖直的要求。这种砌法的优点:可以连续挤砌几块砖,减少繁琐的动作;平推平挤可使灰缝饱满,效率高，保证砌筑质量。铺浆长度不得超过 750mm，施工期间气温超过 30℃时铺浆长度不得超过 500mm。

3）满口灰法。满口灰法是将砂浆满口刮满在砖面和砖棱上，随即砌筑的方法。其优点是砌筑质量好，但效率较低，仅适用于砌筑砖墙的特殊部位，如保温墙、烟囱等。

(7) 勾缝和清理。清水墙砌完后，要进行墙面修整及勾缝。墙面勾缝应横平竖直，深浅一致，搭接平整，不得有丢缝、开裂和黏结不牢等现象。砖墙勾缝宜采用凹缝或平缝，凹缝深度一般为 4～5mm。勾缝完毕后，应进行墙面、柱面和落地灰的清理。

4. 技术要点

砌砖工程的基本质量要求是横平竖直、砂浆饱满、灰缝均匀、上下错缝、内外搭砌、接槎牢固。

(1) 横平竖直。即指水平缝平整顺直、立缝竖直排匀。要提高水平缝的平直度关键是提倡砌墙双面挂线；保证竖缝排匀的关键是试摆砖样。

(2) 砂浆饱满。砖砌体水平灰缝的砂浆饱满度不小于 80%，竖缝要刮浆适宜，多孔砖的竖缝应加浆填灌，不得出现透明缝、瞎缝和假缝，严禁用水冲浆灌缝。瞎缝是指砌体中相邻块体间无砌筑砂浆，又彼此接触的水平缝或竖向缝。假缝是指为掩盖砌体灰缝内在质量缺陷，砌筑砌体时仅在靠近砌体表面处抹有砂浆，而内部无砂浆的竖向灰缝。

(3) 灰缝均匀。灰缝应厚薄均匀，水平缝厚度和竖缝宽度宜为 10mm，但不应小于 8mm，也不应大于 12mm。一步架的砖砌体，每 20m 抽查一处，用尺量 10 皮砌体高度折算。

(4) 上下错缝。指砖砌体上、下两皮砖的竖缝应当错开，以避免上下通缝。

(5) 内外搭砌、接槎牢固。砖砌体的转角处和纵横墙交接处应同时砌筑，严禁无可靠措施的内外墙分砌施工，对不能同时砌筑而又必须留置的临时间断处应砌成斜槎，斜槎水平投影长度不小于高度的 2/3，如图 4.13 所示。

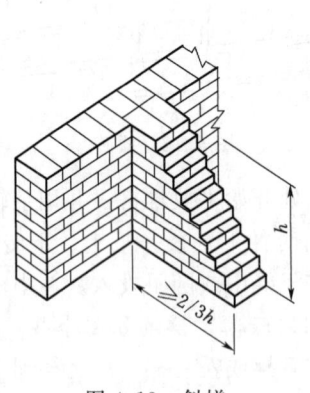
图 4.13 斜槎

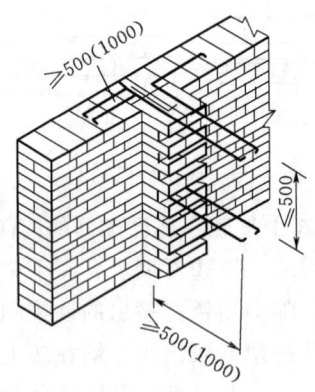
图 4.14 直槎

非抗震设防及抗震设防烈度为Ⅵ、Ⅶ度地区的临时间断处，当不能留斜槎时，除转角处外，可留直槎，但直槎必须做成凸槎，并加设拉结钢筋。拉结筋沿墙高每 500mm 留设 1 道，数量为每 120mm 墙厚放置 1φ6mm 拉结钢筋（240mm 厚墙放置 2φ6mm）；埋入长度每边均不小于500mm，抗震设防烈度Ⅵ、Ⅶ度地区不小于1000mm；末端应有90°弯钩，如图4.14所示。

5.钢筋混凝土构造柱的施工

钢筋混凝土构造柱是从构造角度考虑设置的。结合建筑物的防震等级，在建筑物的四角、内外墙交接处、较长的墙体以及楼梯口、电梯间的4个角的位置设置构造柱。构造柱应与圈梁紧密连接，使建筑物形成一个空间骨架，从而提高结构的整体稳定性，增强建筑物的抗震能力。

（1）设置部位。

1）构造柱的设置部位，一般情况下应符合表4.1的要求。

表4.1　　　　　　　　　　　砖房构造柱设置要求

项目	地 震 烈 度				设 置 部 位	
	Ⅵ度	Ⅶ度	Ⅷ度	Ⅸ度		
房屋层数	四、五	三、四	二、三		外墙四角，错层部位横墙与纵墙交接处，大房间内外墙交接处，较大洞口两侧	抗震设计烈度为Ⅶ、Ⅷ度时，楼、电梯间的四角；隔15m或单元横墙与外纵墙交接处
	六、七	五	四	三		隔开间横墙（轴线）与外墙交接处，山墙与内纵墙交接处Ⅶ～Ⅸ度时，楼、电梯间的四角
	八	六、七	五、六	三、四		内墙（轴线）与外墙交接处，内墙的局部较小墙垛处；Ⅶ～Ⅸ度时，楼、电梯间的四角；Ⅸ度时内纵墙与横墙（轴线）交接处

2）外廊式和单面走廊式的多层房屋，应根据房屋增加一层后的层数，按相关要求设置构造柱，且单面走廊两侧的纵墙均应按外墙处理。

3）教学楼、医院等横墙较少的房屋，应根据房屋增加一层后的层数，按相关要求设置构造柱。

4）防震缝、伸缩缝或沉降缝两侧的墙体，应视房屋的外墙，按上述规定设置构造柱。

5）蒸压灰砂砖、蒸压粉煤灰砖砌体结构房屋的抗震规定：房屋的层数与构造柱的设置位置应符合其要求。构造柱的截面及配筋等构造要求，应符合现行国家标准《建筑抗震设计规范》（GB 50011—2010）的规定。

6）构造柱应沿整个建筑物高度对正贯通，不应使层与层之间的构造柱相互错开。突出屋顶的楼、电梯间，构造柱应伸到顶部，并与顶部圈梁连接，内外墙交接处应沿墙高每隔500mm设2ϕ6mm拉结钢筋，且每边伸入墙内不应小于1m。局部突出的屋顶间的顶部及底部均应设置圈梁。

7）多层砖房结构材料性能指标，除有特殊的规定外，尚应符合下列要求：①黏土砖的强度等级不应低于MU7.5；砖砌体的砂浆强度等级不应低于M2.5；当配置水平钢筋时，砂浆强度等级不应低于M5；②构造柱和圈梁的混凝土强度等级不应低于C15，构造柱混凝土骨料的粒径不宜大于20mm；③钢筋宜采用Ⅰ级钢筋。

(2) 构造措施。

1) 钢筋混凝土构造柱截面不应小于 240mm×180mm, 纵向钢筋一般采用 4φ12mm, 箍筋直径一般采用 φ6mm, 其间距一般不宜大于 250mm, 且在柱上、下端宜适当加密。当抗震设防烈度为Ⅶ度时,多层房屋超过 6 层,Ⅷ度时超过 5 层或Ⅸ度时,构造柱的纵向钢筋宜采用 4φ14mm, 箍筋间距不应大于 200mm。

2) 构造柱应沿墙高每隔 500mm 设置 2φ6mm 的水平拉结钢筋,拉结钢筋两边伸入墙内不宜小于 1m, 当墙上门窗洞边的长度小于 1m 时,拉结钢筋伸到洞口为止。如果墙体为一砖半墙,则水平拉结钢筋应为 3 根,如图 4.15 所示。

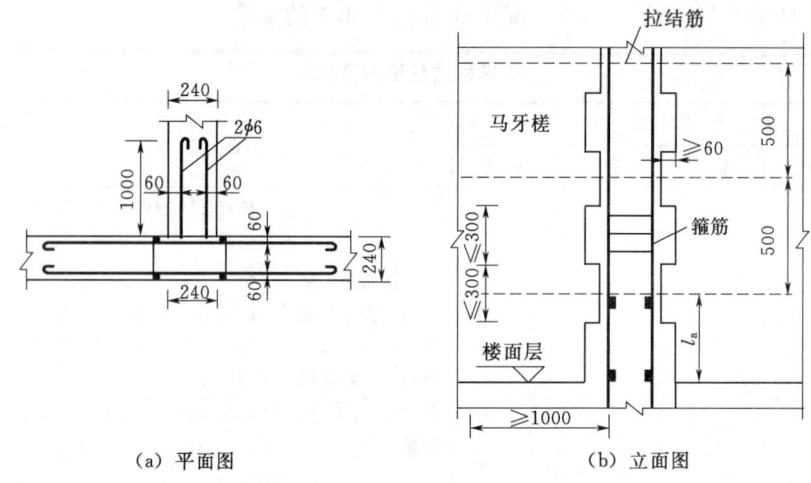

(a) 平面图　　　　　　　(b) 立面图

图 4.15　拉结筋布置及马牙槎

3) 砖墙与构造柱交接处,砖墙应砌成马牙槎。从每个楼层开始,马牙槎应先退槎后进槎,进退槎应大于 60mm, 每个马牙槎沿高度方向的尺寸不宜超过 300mm(或 5 皮砖高度)。

4) 构造柱与圈梁连接处,构造柱纵筋应穿过圈梁,保证纵筋上下贯通,且应适当加密构造柱的箍筋,加密范围从圈梁上下边算起均不应小于层高的 1/6 或 450mm, 箍筋间距不宜大于 100mm。

5) 构造柱的纵向钢筋应作成弯钩,接头可以采用绑扎,其搭接长度宜为 35 倍钢筋直径,在搭接接头长度范围内箍筋间距不应大于 100mm。箍筋弯钩应为 135°, 平直长度为 10 倍钢筋直径。

(3) 施工要点。

1) 构造柱的施工程序应为先砌墙后浇混凝土构造柱。构造柱施工顺序为:绑扎钢筋→砌砖墙→支模板→浇混凝土→拆模。

2) 构造柱的模板可用木模或组合钢模板。在每层砖墙及其马牙槎砌好后,应立即支设模板,模板必须与所在墙的两侧严密贴紧,支撑牢靠,防止模板缝漏浆。构造柱的底部(圈梁面上)应留出 2 皮砖高的孔洞,以便清除模板内的杂物,清除后封闭。

3) 构造柱浇灌混凝土前,必须将马牙槎部位和模板浇水湿润,将模板内的落地灰、砖渣等杂物清理干净，并在结合面处注入适量与构造柱混凝土相同的水泥砂浆。

4) 构造柱的混凝土坍落度宜为50～70mm，石子粒径不宜大于20mm。混凝土随拌随用，拌和好的混凝土应在1.5h内浇灌完。

5) 构造柱的混凝土浇灌可以分段进行，每段高度不宜大于2.0m。在施工条件并能确保混凝土浇灌密实时，也可每层一次浇灌。

6) 捣实构造柱混凝土时，宜用插入式混凝土振动器，应分层振捣，振动棒随振随拔，每次振捣的厚度不应超过振捣棒长度的1.25倍。振捣棒应避免直接碰触砖墙，严禁通过砖墙传振。钢筋的混凝土保护层厚度宜为20～30mm。构造柱与砖墙连接的马牙槎内的混凝土必须密实饱满。

7) 构造柱从基础到顶层必须垂直，对准轴线。在逐层安装模板前，必须根据构造柱轴线随时校正竖向钢筋的位置和垂直度。

4.2.2　石砌体工程施工

石材较易就地取材，在产石地区采用石砌体比较经济，应用较为广泛。在工程中石砌体主要用作受压构件，可用作一般民用房屋的承重墙、柱和基础。

1. 施工工艺

石砌体工程按其坐浆与否分为浆砌石与干砌石。干砌石是指不用任何灰浆把石块砌筑起来。一般用于护坡、护堤工程。施工工艺比较简单。浆砌石是采用坐浆砌筑的方法。具有良好的整体性、密实性和较高的强度；使用寿命长，有较好的渗水漏水和抵抗水流冲蚀的能力。施工工艺流程如下。

砌筑面准备（凿毛、清除浮浆、残渣、冲洗）→选料→铺（座）浆→安装石料→捣实→清除石面浮浆、检查砌筑质量→勾缝→养护。

2. 施工要点

（1）铺筑面准备。对开挖成形的岩基面，在砌石开始之前应将表面已松散的岩块剔除，具有光滑表面的岩石须人工凿毛，并清除所有岩屑、碎片、泥沙等杂物。土壤地基按设计要求处理。对于水平施工缝，一般要求在新一层块石砌筑前凿去已凝固的浮浆，并进行清扫、冲洗，使新旧砌体紧密结合。对于临时施工缝，在恢复砌筑时，必须进行凿毛、冲洗处理。

（2）选料。砌筑所用石料，应是质地均匀，没有裂缝，没有明显风化迹象，不含杂质的坚硬石料。严寒地区使用的石料，还要求具有一定的抗冻性。

（3）铺（座）浆。对于块石砌体，由于砌筑面参差不齐，必须逐块坐浆、逐块安砌，在操作时还须认真调整，务使坐浆密实，以免形成空洞。坐浆一般只宜比砌石超前0.5～1m，坐浆应与砌筑相配合。

（4）安放石料。把洗净的湿润石料安放在座浆面上，用铁锤轻击石面，使坐浆开始溢出为度。石料之间的砌缝宽度应严格控制，采用水泥砂浆砌筑时，块石的灰缝厚度一般为2～4cm，料石的灰缝厚度为0.5～2cm，采用小石混凝土砌筑时，一般为所用骨料最大粒径的2～2.5倍。安放石料时应注意，不能产生细石架空现象。

（5）竖缝灌浆。安放石料后应及时进行竖缝灌浆。一般灌浆与石面齐平，水泥砂浆用捣插棒捣实，小石混凝土用插入式振捣器振捣，振实后缝面下沉，待上层摊铺坐浆时一并填满。

（6）振捣。水泥砂浆常用捣棒人工插捣，小石混凝土一般采用插入式振动器振捣。应注意对角缝的振捣，防止重振或漏振。每一层铺砌完24～36h后（视气温及水泥种类、胶结材料强度等级而定），即可冲洗，准备上一层的铺砌。

（7）浆砌石施工的砌筑要领可概括为"平、稳、满、错"4个字。平：同一层面大致砌平，相邻石块的高差宜小于2～3cm；稳：单块石料的安砌务求自身稳定；满：灰缝饱满密实，严禁石块间直接接触；错：相邻石块应错缝砌筑，尤其不允许顺水流方向通缝。

4.2.3 砌块砌体施工

砌块代替实心黏土砖作为墙体材料，是墙体改革的一个重要途径。砌块按形状来分有实心砌块和空心砌块两种；按制作原料分为粉煤灰、加气混凝土、混凝土、硅酸盐等数种；按规格来分有小型砌块、中型砌块和大型砌块。中小型砌块在我国大中城市已被广泛应用。由于砌块的规格、型号的多少与砌块幅面尺寸的大小有关，及砌块幅面尺寸大，规格、型号就多，砌块幅面尺寸小，规格、型号就少，因此，合理制定砌块的规格，有助于促进砌块生产的发展，加速施工进度，保证工程质量。下面以混凝土小型空心砌块砌体施工为例介绍其主要的施工内容。

1. 构造要求

（1）地面或防潮层以下的砌体应采用普通混凝土小砌块和M5水泥砂浆。

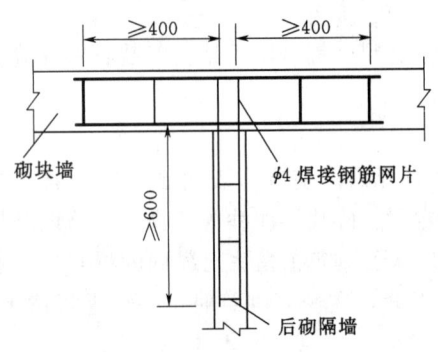

图4.16 砌块墙与后砌隔墙交接处加设钢筋网片

（2）5层及5层以上房屋的底层墙体应采用不低于MU7.5混凝土小砌块和M5砌筑砂浆。

（3）下列部位的砌体，应采用C20混凝土灌实砌体的孔洞：①底层室内地面或防潮层以下的砌体；②无圈梁的檩条和楼板支承面下的一皮砌体；③未设置混凝土梁垫的屋架、梁等构件支承处，灌实宽度、高度不小于600mm的砌块；④挑梁支承面下内外墙交接处，纵横各灌实3个孔洞，灌实高度不小于三皮砌块。

（4）先砌墙与后砌隔墙交接处，应沿墙高每400mm在水平灰缝内设置不少于2ϕ4mm、横筋间距不大于200mm的焊接钢筋网片。钢筋网片伸入后砌隔墙内不小于600mm，如图4.16所示。

2. 施工工艺

砌块施工的主要工序是：铺灰→砌块就位→校正→勾缝→灌竖缝→镶砖等。

3. 工艺要点

（1）铺灰。砌块墙体所采用的砂浆，应具有良好的和易性，其稠度以50～70mm为宜，铺灰应平整饱满，每次铺灰长度一般不超过5m，炎热天气或寒冷天气铺灰长度应适当缩短。

（2）砌块就位。砌块就位应从外墙转角或定位标块处开始砌筑，砌块必须遵守"反砌"原则，即砌块底面朝上原则砌筑，砌筑时严格按砌块排列图的顺序和错缝搭接的原则进行，内外墙同时砌筑，在相邻施工段之间留阶梯形斜槎。砌块就位时，应使夹具中心尽可能与墙体中心线在同一垂直线上，对准位置缓慢、平稳地落在砂浆层上，待砌块安放稳定后方可松开夹具。

砌块的砌筑应立皮数杆、拉准线，从转角处或定位处开始，内外墙同时砌筑、纵横墙交错搭接。转角处小砌块应隔皮露端面，T形交接处应使横墙小砌块隔皮露端面，如图4.17所示。

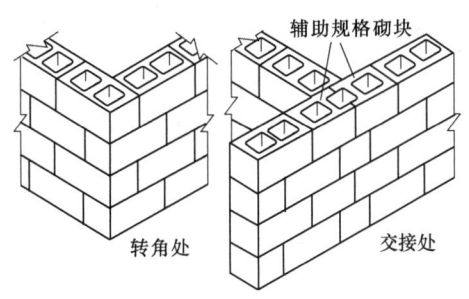 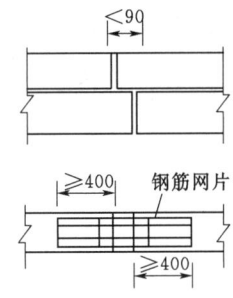

图 4.17　小砌块墙转角处及 T 形交接处砌法　　图 4.18　水平灰缝中拉结筋

砌块的砌筑应遵循"对孔、错缝、反砌"的规则进行，即上皮砌块的孔洞对准下皮砌块的孔洞，则上下皮砌块的壁、肋可较好地传递竖向荷载，保证砌体的整体性和强度；错缝（搭砌）可增强砌体的整体性；将砌块生产时的底面朝上，便于铺放砂浆和保证水平灰缝的饱满度。

上、下皮小砌块竖向灰缝错开 190mm，特殊情况无法对孔砌筑时，普通混凝土小砌块错缝长度不小于 90mm，轻骨料混凝土砌块错缝长度不小于 120mm。无法满足此规定时，应在水平灰缝中设置 4ϕ4mm 钢筋网片，网片每端均应超过该竖向灰缝长度 400mm，如图 4.18 所示。

（3）校正。砌块吊装就位后，用锤球或托线板检查墙体的垂直度，用皮数杆拉准线的方法检查水平度。校正时可用撬棍轻微撬动砌块来调整偏差。

（4）勾缝与灌竖缝。砌块经校正后，随即进行勾缝，深度不超过 7mm，此后砌块一般不准再有撬动，以防止砂浆黏结力受损，如砌块发生位移应重砌。灌筑竖缝可先用夹板在墙体内外夹住，然后在缝内灌注砂浆，由专人用竹片捣实才可松去夹具。超过 30mm 的垂直缝应用细石混凝土灌实，其强度等级不低于 C20。

（5）镶砖。当竖缝间出现较大竖缝或过梁找平时，应镶砖。镶砖砌体的竖缝和水平缝应控制在 15~30mm 以内。镶砖工作应在砌块校正后即刻进行，镶砖时应注意使砖的竖缝灌密实。镶砌的最后一皮砖和安放有檩条、梁、楼板等构件下的砖层，均需用丁砖镶砌。丁砖必须用无裂缝的整砖。

（6）留槎。小砌块砌体的临时间断处应砌成斜槎，斜槎长度不小于高度的 2/3。转角处及抗震设防区严禁留置直槎。非抗震设防区的内外墙临时间断处留斜槎有困难时，可从砌体面伸出 200mm 砌成阴阳槎，并每三皮砌块设拉结筋或钢筋网片，接槎部位延至门窗洞口，如图4.19所示。

4. 芯柱施工

芯柱是指在砌块内部空腔中插入竖向钢筋并浇灌混凝土后形成的砌体内部的钢筋混凝土小柱（不插入钢筋的称为素混凝土芯柱），分为砌块芯柱和框架柱芯柱两种。

（1）设置部位。

1）在外墙转角、楼梯间四角的纵横墙交接处的3个孔洞，宜设置素混凝土芯柱。

2）5层及5层以上的房屋，应在上述的部位设置钢筋混凝土芯柱。

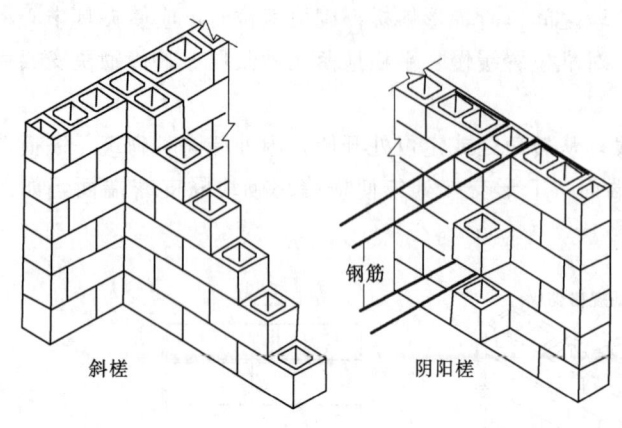

图4.19 小砌块砌体斜槎和直槎

（2）芯柱的构造要求。

1）芯柱截面不宜小于120mm×120mm，宜用不低于C20的细石混凝土浇灌。

2）钢筋混凝土芯柱每孔内插竖筋不应小于1ϕ10mm，底部应伸入室内地面以下500mm或与基础圈梁锚固，顶部与屋盖圈梁锚固。

3）在钢筋混凝土芯柱处，沿墙高每隔600mm应设ϕ4mm钢筋网片拉结，每边伸入墙体不小于600mm，见图4.20。

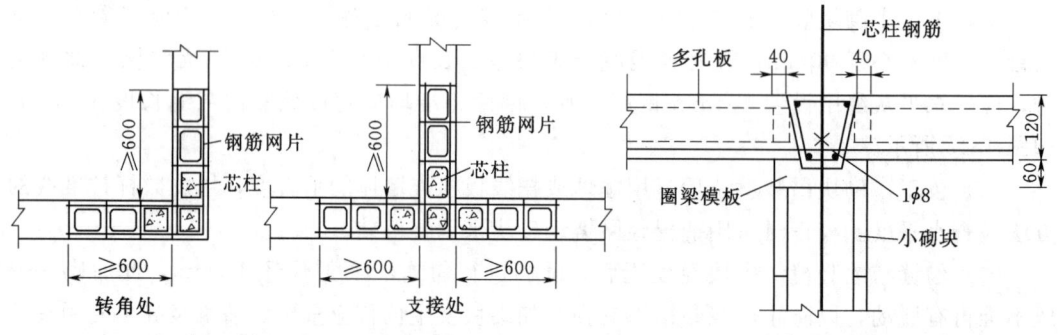

图4.20 钢筋混凝土芯柱处拉筋　　　图4.21 芯柱贯穿楼板的构造

4）芯柱应沿房屋的全高贯通，并与各层圈梁整体现浇，可采用图4.21所示的做法。

在6～8度抗震设防的建筑物中，应按芯柱位置要求设置钢筋混凝土芯柱；对医院、教学楼横墙较少的房屋，应根据房屋增加一层的层数，按表4.2的要求设置芯柱。

芯柱竖向插筋应贯通墙身且与圈梁连接；插筋不应小于ϕ12mm。芯柱应伸入室外地下500mm或锚入浅于500mm基础圈梁内。芯柱混凝土应贯通楼板，当采用装配式钢筋混凝土楼板时，可采取贯通措施。抗震设防地区芯柱与墙体连接处，应设置ϕ4mm钢筋网片拉结，钢筋网片每边伸入墙内不宜小于1m，且沿墙高每隔600mm设置。

表 4.2　　　　　　抗震设防区混凝土小型空心砌块房屋芯柱设置要求

房屋层数及抗震设防烈度			设 置 部 位	设 置 数 量
Ⅵ度	Ⅶ度	Ⅷ度		
四	三	二	外墙转角、楼梯间四角、大房间内外墙交接处	外墙转角灌实3个孔；内外墙交接处灌实4个孔
五	四	三		
六	五	四	外墙转角、楼梯间四角、大房内外墙交接处，山墙（轴线）与外纵横交接处	
七	六	五	外墙转角，楼梯间四角，各内墙（轴线）与外墙交接处，Ⅷ度时，内纵横（轴线）交接处和洞口两侧	外墙转角灌实5个孔；内墙交接处灌实4~5个孔；洞口两侧各灌实4~5个孔；洞口两侧各灌实1个孔

4.2.4　填充墙砌体施工

框架结构的墙体是填充墙，起围护和分隔作用，重量由梁柱承担，填充墙不承重。建筑物框架填充墙的砌筑常采用的砌块有空心砖、蒸汽加压混凝土砌块、轻骨料混凝土小型砌块等，严禁使用实心黏土砖。当使用蒸汽加压混凝土砌块、轻骨料混凝土小型砌块时，其产品龄期应超过28d。

1．工艺流程

墙体拉结筋焊接→施工放线→基层清理→构造柱钢筋绑扎→立皮数杆、排砖→砖墙砌筑→构造柱→清理。

2．施工要点

（1）墙体拉结筋焊接。

1）每一楼层砖墙壁施工前，必须把墙、柱上填充墙壁体预留拉结筋按规范要求焊接完毕，拉结筋每500mm高留一道，每道设2ϕ6mm钢筋长度不小于1000mm，端部设90°弯钩。单面搭接焊的焊缝长度应不小于10d，双面搭接焊的焊缝长度应不小于5d。焊接不应有咬边、气孔等质量缺陷，并进行焊接质量检查验收。

2）在框架柱上采用后植式埋设拉结筋，应通过拉拔强度试验。

（2）施工放线。根据楼层中的控制轴线，事先测放出每一楼层墙体的轴线和门窗洞口的位置线，将窗台和窗顶的位置标高线标识在框架柱上。待施工放线完成后，上报技术部门验收合格后，方可进行墙体砌筑。

（3）基层清理。在砌筑砖体前应对墙基层进行清理，将楼层上的浮浆、灰尘清扫冲洗干净，并浇水使基层湿润。

（4）构造柱钢筋绑扎。构造柱钢筋笼可预先制作，和原结构梁上预留插筋的搭接绑扎长度满足设计要求，柱子中心线应垂直。

（5）立皮数杆、排砖。

1）在皮数杆上或框架柱、墙上排出砖块的皮数及灰缝厚度，并标出窗台、洞口及墙梁等构造标高。

2）根据要砌筑的墙体长度、高度试排砖，摆出门、窗及孔洞的位置。

3）外墙第一皮砖撂底时，横墙应排丁砖，梁及梁垫的下面一皮砖、窗台等阶台水平面上一皮砖应用丁砖砌筑。

(6) 砖墙砌筑。

1) 组砌方法。普通砖墙厚度在一砖以上可采用一顺一丁、梅花丁或三顺一丁的砌法。砖墙厚度 3/4 砖时,采用两平一侧的砌法,弧形墙可采用全丁的砌法。

2) 砖体砌筑必须内外搭砌,上下错缝,灰缝平直,砂浆饱满。砌砖采用"四一"或铺浆法砌筑,并随手将挤出的砂浆刮去。通过对砖的挤揉使砂浆进入砖竖缝内,并使砂浆黏结饱满,增加砖体间的黏结能力。操作时要经常进行自检,如有偏差,应随时纠正,严禁事后采用撞砖纠正。

3) 砖缝宽度。墙体砌筑灰缝应横平竖直、上下错位 1/2 砖搭砌。水平灰缝厚度为 8~12mm,确保灰缝砂浆黏结饱满度达 80% 以上。竖向灰缝宽度应控制在 8~12mm,在水平铺灰时,竖缝要添灰堵实,不产生透缝现象。

4) 砖墙砌筑时除设置构造柱的部位外,墙体的转角处和交接处应同时砌筑,严禁无可靠措施的内外墙分砌施工。

5) 墙体一般不留槎,如必须留置临时间断处,应砌成斜槎,烧结普通砖砌体的斜槎长度不应小于高度的 2/3;施工中不能留成斜槎时,除转角处外,可于墙中引出直凸槎(抗震设防地区不得留直槎)。直槎墙体每间隔高度不大于 500mm,应在灰缝中加设拉结钢筋,拉结筋数量按每 120mm 墙厚放置一根 φ6mm 钢筋,埋入长度从墙的留槎处算起,两边均不应小于 500mm,末端应有 90°弯钩;拉结筋不得穿过烟道和通气道。

6) 砌体接槎时,必须将接槎处的表面清理干净,浇水湿润,并应填实砂浆,保持灰缝平直。

7) 木砖预埋。木砖经防腐处理,木纹应与钉子垂直,埋设数量按洞口高度确定;洞口高度不大于 2m 时,每边放两块,高度在 2~3m 时,每边放 3~4 块。预埋木砖的部位一般在洞口上下四皮砖处开始,中间均匀分布或按设计预埋。

8) 砖墙勾缝。清水墙砌筑应随砌随划缝,划缝深度按图纸尺寸要求进行;如图纸没有明确规定时,一般深度为 6~8mm,缝深浅应一致,清扫干净。砌体应保证灰缝平直,宽度、深度均匀,颜色一致,砌混水墙应随砌随将溢出砖墙面的灰迹块刮除。

9) 设计墙体上应预埋、预留的构造,应随砌、随留、随复核,确保位置正确、构造合理。

(7) 构造柱。

1) 构造柱的截面尺寸一般为 240mm×240mm,构造柱与墙体的连接处应砌成马牙槎,马牙槎应"先退后进"二退二进,并沿墙高每 500mm 设 2φ6mm 拉结筋,钢筋端部设 90°弯钩,深入墙内不宜小于 1000mm。拉结筋应事先放在砌筑操作现场,保证随用随拿。拉结筋应靠构造柱纵筋内边穿过。

2) 马牙槎边缘对挤揉出来的砂浆应用工具随手清除,防止凸出的砂浆"吃"进构造柱内。根部的落地灰、碎砖块等杂物应及时清除。

3) 支设构造柱模板时,宜采用对拉螺栓式夹具,为了防止模板与砖墙接缝处漏浆,宜用双面胶条黏结。构造柱模板根部应留垃圾清扫孔。

4) 在浇灌构造柱混凝土前,必须将柱内砌体和模板浇水润湿,并将模板内的落地灰清除干净,先注入适量水泥砂浆,再浇灌混凝土。振捣时,振捣器应避免触碰砖墙,严禁通过砖墙传振。

4.2.5 墙体保温材料的施工

为贯彻国家有关节约能源、环境保护的法规和政策,改善夏热冬冷地区居住建筑热环境,提高采暖和空调的能源利用效率,国家要求在夏热冬冷地区对建筑物外墙进行保温工程施工。

墙体保温工程分为外保温工程和内保温工程。由于内保温直接占用室内净空,对后期室内装饰也带来诸多不便,现已很少使用,此处将重点介绍施工常用的外保温工程。

外保温工程在欧洲已有35年以上的历史,使用最多的是EPS板薄抹面外保温系统。我国于20世纪80年代中期开始进行外保温工程试点,首先用于工程的也是EPS板薄抹面外保温系统。由于外保温在建筑节能和室内环境舒适等方面的诸多优点,建设部已把外保温作为重点发展项目。

外墙外保温系统是指由保温层、保护层和固定材料(胶黏剂、锚固件等)构成,并且适用于安装在外墙外表面的非承重保温构造总称。外墙外保温工程即将外墙外保温系统通过组合、组装、施工或安装固定在外墙外表面上所形成的建筑物实体。

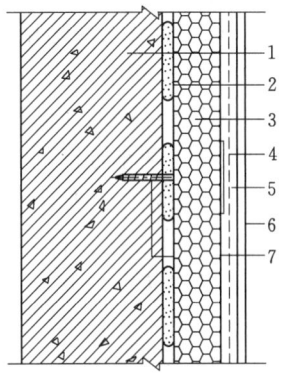

图 4.22 EPS 板薄抹灰系统
1—基层;2—胶黏剂;3—EPS板;
4—玻纤网;5—薄抹面层;
6—饰面涂层;7—锚栓

目前施工中最常用的外墙外保温系统是EPS板薄抹灰外墙外保温系统(以下简称EPS板薄抹灰系统),由EPS板保温层、薄抹面层和饰面涂层构成,EPS板用胶黏剂固定在基层上,薄抹面层中满铺玻纤网,如图4.22所示。

1. 施工准备

保温层施工前,应进行基层处理。基层应坚实、平整。外保温工程施工前,外门窗洞口应通过验收,洞口尺寸、位置应符合设计要求和质量要求,门窗框或辅框应安装完毕。伸出墙面的消防梯、水落管、各种进户管线和空调器等的预埋件、连接件应安装完毕,并按外保温系统厚度留出间隙。

施工前,应按规定对使用的主要组成材料进行质量抽检,检验合格后方能进行施工。

2. 施工工艺

外保温工程施工工艺流程如下。

材料准备→基层处理→弹线定位→粘贴和固定EPS板→挂网及涂抹保护层→涂刷饰面层。

(1) 材料准备。对进场经检验合格后的材料进行分类,按设计要求选用各材料。

(2) 基层处理。对墙体及门窗洞口的缺陷进行修复,基层表面应清洁,无油污、脱模剂等妨碍黏结的附着物。凸起、空鼓和疏松部位应剔除并找平。找平层应与墙体黏结牢固,不得有脱层、空鼓、裂缝,面层不得有粉化、起皮、爆灰等现象。

(3) 弹线定位。按照 EPS 板规格，在基层弹出水平和垂直线。

(4) 粘贴和固定 EPS 板。EPS 板固定前，应将胶黏剂涂在 EPS 板背面，贴上后用橡皮锤轻轻敲击使之粘牢，随后用锚栓将 EPS 板固定。涂胶黏剂面积不得小于 EPS 板面积的 40%。粘贴时应保证 EPS 板能错缝拼接，并在墙角处能交错互锁。

(5) 挂网涂抹保护层。EPS 板外墙外保温系统抹面层可按以下要求施工。

1) EPS 板黏结牢固后（至少 24h）方可进行抹面层施工。

2) 抹抹面层前应检查 EPS 板是否黏结牢固，松动的 EPS 板应取下重贴，并应待黏结牢固后再进行下面的施工。应将大于 2mm 的板间缝隙用 EPS 板条填实，不得用胶黏剂填塞缝隙。填缝板条不得涂胶黏剂。有表皮的板面应磨去表皮。应将板间高差大于 1mm 的部位打磨平整。阳角应弹墨线并打磨至与墨线齐平。

3) 抹面胶浆应随用随拌，已搅拌好的抹面胶浆应在 2h 内用完。

4) 抹面层宜采用两道抹灰法施工。用不锈钢抹子在 EPS 板表面均匀涂抹一层面积略大于一块玻纤网的抹面胶浆，厚度约为 2mm。立即将网格布压入湿的抹面胶浆中，待抹面胶浆稍干硬至可以碰触时抹第二道，使网格布被全部覆盖。

(6) 涂刷饰面层。常用的饰面层施工方法有喷涂和滚涂两种。喷涂是用喷枪将涂料均匀地喷涂在底层上。喷涂前将涂料搅拌均匀，喷涂厚度要均匀，待第一道干燥后方可喷涂第二道。滚涂是采用棉毛滚轮吸饱涂料后在底层滚动，将涂料均匀地涂刷到墙面上。

3. 质量要求及检验

外墙外保温工程应按现行国家标准《建筑工程施工质量验收统一标准》(GB 50300—2013) 规定进行施工质量验收。

基本要求如下。

(1) 外墙外保温工程应能适应基层的正常变形而不产生裂缝或空鼓。

(2) 外墙外保温工程应能长期承受自重而不产生有害的变形。

(3) 外墙外保温工程应能承受风荷载的作用而不产生破坏。

(4) 外墙外保温工程应能耐受室外气候的长期反复作用而不产生破坏。

(5) 外墙外保温工程在罕遇地震发生时不应从基层上脱落。

(6) 高层建筑外墙外保温工程应采取防火构造措施。

(7) 外墙外保温工程应具有防水渗透性能。

(8) 外墙外保温工程各组成部分应具有物理、化学稳定性。

(9) 在正确使用和正常维护的条件下，外墙外保温工程的使用年限不应少于 25 年。

外保温工程施工期间以及完工后 24h 内，基层及环境空气温度不应低于 5℃。夏季应避免阳光暴晒，在 5 级以上大风天气和雨天不得施工。EPS 板应按顺砌方式粘贴，竖缝应逐行错缝。EPS 板应粘贴牢固，不得有松动和空鼓。

墙角处 EPS 板应交错互锁，如图 4.23 所示。门窗洞口四角处 EPS 板不得拼接，应采用整块 EPS 板切割成形，EPS 板接缝应离开角部至少 200mm，如图 4.24 所示。

应做好系统在檐口、勒脚处的包边处理。装饰缝、门窗四角和阴阳角等处应做好局部加强网施工。变形缝处应做好防水和保温构造处理。

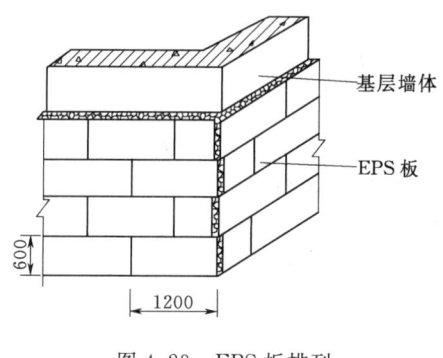
图4.23 EPS板排列

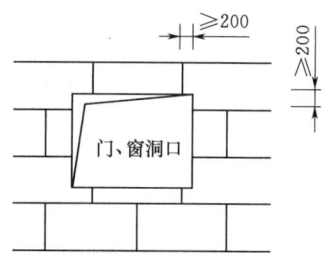
图4.24 门窗洞口EPS板排列

任务4.3　砌体工程的季节性施工

当室外日平均气温连续5d稳定低于5℃时，砌体工程应采取冬期施工措施。气温根据当地气象资料确定。冬期施工期限以外，当日最低气温低于0℃时，也应按冬期施工的有关规定进行。当砌体工程在雨期进行施工时，也应按雨期施工的有关规定进行。

4.3.1　冬期施工措施

砌体工程的冬期施工方法有外加剂法、暖棚法和冻结法等。由于掺外加剂的砂浆在负温条件下强度可以持续增长，砌体不会发生沉降变形，并且工艺简单，因此砌体工程的冬期施工应以外加剂为主。对保温、装饰或急需使用的工程可采用暖棚法或冻结法。

1. 冬期施工的基本要求

（1）对材料的基本要求。

1）在砌筑前，砖和砌块应清除表面污物、冰霜等，遭水浸冻后冻结的材料不得使用。

2）砂浆宜优先采用普通硅酸盐水泥拌制；冬期砌筑不得使用无水泥拌制的砂浆。

3）石灰膏应保温防冻；如遭受冻结，应待融化后方可使用。

4）拌制砂浆所用的砂，不得含有冰块和直径大于1cm的冻结块和冰块。

5）拌和砂浆时，水温不得超过80℃，砂的温度不得超过40℃。

6）冬期砌筑砂浆的稠度，宜比常温施工时适量增加。可通过增加石灰膏的办法来解决。

（2）水的加热方法，当有供气条件时，可将蒸汽直接通入水箱，也可用铁桶等烧水；砂子可用蒸汽排管、火炕加热，也可将蒸汽管插入砂内直接送汽。

（3）冬期搅拌砂浆的时间应适当延长，一般要比常温期增加0.5~1倍。

（4）冬期应采取一系列措施来减少砂浆在搅拌、运输、存放过程中的热量损失，如在暖棚内搅拌，缩短砂浆运输时间及砂浆存储在保温灰槽中等方法。砂浆使用温度不应低于+5℃。

（5）严禁使用已经遭受冻结的砂浆，不准以热水掺入冻结砂浆内重新搅拌使用，也不宜在砌筑时向砂浆内掺水使用。

（6）砌筑宜优先采用"三一砌砖法"操作，并采用一顺一丁法或梅花丁法的砌筑

方式。

(7) 砖砌体的水平和垂直灰缝的平均厚度不可大于 10mm，个别灰缝的厚度也不可小于 8mm，施工时应经常检查灰缝的厚度和均匀性。

(8) 普通砖、多孔砖和空心砖在气温高于 0℃条件下砌筑时，应浇水湿润，在气温低于或等于 0℃条件下砌筑时，可不浇水，但必须增大砂浆稠度。

(9) 冬期施工中，每日砌筑后，应在砌体表面覆盖草袋等保温材料。

(10) 冬期砌筑工程要加强质量控制。在施工现场留置的砂浆试块，除按常温要求外，尚应增设不小于两组与砌体同条件养护试块，分别用于检验各龄期强度和转入常温 28d 的砂浆强度。

2. 砌体冬期施工方法

(1) 外加剂法。外加剂法是砌筑砂浆内掺入一定数量的抗冻化学剂，来降低水溶液的冰点，以保证砂浆中有液态水存在，使水化反应在一定负温下不间断进行，使砂浆在负温下强度能够继续缓慢增长。同时，由于降低了砂浆中水的冰点，砖石砌体的表面不会立即结冰而形成冰膜，故砂浆和砖石砌体能较好地黏结。砂浆中的抗冻化学剂，目前主要是氯化钠和氯化钙，其他还有亚硝酸钠、碳酸钾和硝酸钙等，故又常称其为掺盐砂浆法。

由于氯盐砂浆吸湿性大，使结构保温性能和绝缘性能下降，并有析盐现象等，因此对下列工程不允许采用掺盐砂浆法施工。

1) 对装饰有特殊要求的建筑物。
2) 使用湿度大于 80% 的建筑物。
3) 接近高压电路的建筑物（如变电所、发电站等）。
4) 配筋、钢埋件无可靠的防腐处理措施的砌体。
5) 经常处于地下水位变化范围内以及水下未设防水层的结构。

对于这一类不能使用氯盐砂浆的砌体，可选亚硝酸钠、碳酸钾和硝酸钙等盐类作为砌体冬期施工的抗冻剂。砂浆中的氯盐掺量，应满足规范要求。

盐类的掺法是先将盐类溶解于水，然后投入搅拌。对砌筑承重结构的砂浆强度等级应按常温施工时提高一级。拌和砂浆前要对原材料加热，且应优先加热水。当满足不了温度时，再进行砂的加热。当拌和水的温度超过 60℃时，拌制时的投料顺序是：水和砂先拌，然后再投放水泥。

由于氯盐对钢筋有腐蚀作用，用掺盐砂浆砌筑配筋砖砌体时，钢筋可以涂樟丹或涂刷沥青漆或涂刷防锈涂料等措施来防止钢筋锈蚀。

(2) 暖棚法。暖棚法是利用简易结构和廉价的保温材料，将需要砌筑的砌体和工作面临时封闭起来，棚内加热，使之在正温条件下砌筑和养护。暖棚法费用高，热效低，因此宜少采用，一般在地下工程、基础工程以及量小又急需使用的工程，可考虑采用暖棚法施工。

暖棚的加热，可优先采用热风装置，如用天然气、焦炭炉等，必须注意安全防火。用暖棚法施工时，砖石和砂浆在砌筑时的温度均不得低于 5℃，且距所砌结构底面 0.5m 处的气温也不得低于 5℃。

确定暖棚的热耗时，宜考虑维护结构的热耗损失、基础吸收的热量（在砌筑基础时和其他地下结构时)和在暖棚内加热或预热材料的热量损耗。

砌体在暖棚内的养护时间,根据暖棚内的温度,应满足规范要求。在暖棚内的砌体养护时间应符合表 4.3 的规定。

表 4.3　　　　　　　　　　　暖棚法砌体的养护时间

暖棚的温度/℃	5	10	15	20
养护时间/d	≥6	≥5	≥4	≥3

(3)冻结法。冻结法是将拌和水预先加热,其他材料在拌和前应保持正温,不掺用任何抗冻化学试剂,拌和的砂浆,允许在砌筑砌体后遭受冻结。受冻的砂浆可以获得较大的冻结强度,而且冻结的强度随气温降低而增高。但当气温升高而砌体解冻时,砂浆强度仍然等于冻结前的强度。当气温转入正温后,水泥水化作用又重新进行,砂浆强度可以继续增长。

冻结法允许砂浆在砌筑后遭受冻结,且在解冻后其强度仍可继续增长。所以对有保温、绝缘、装饰等特殊要求的工程和受力配筋砌体以及不受地震区条件限制的其他工程,均可采用冻结法施工。

冻结法施工的砂浆,经冻结、融化和硬化 3 个阶段后,砂浆强度、砂浆与砖石砌体间的黏结力都有不同程度的降低。砌体在融化阶段,由于砂浆强度接近于零,将会增加砌体的变形和沉降。所以对下列结构不宜选用:空斗墙;毛石墙;承受侧压力的砌体;在解冻期间可能受到振动或动荷载的砌体;在解冻期间不允许发生沉降的砌体(如筒拱支座)。

冻结法施工注意事项如下。

1)冻结法的砂浆使用温度不应低于 10℃,当日最低气温不低于 −25℃时,对砌筑承重砌体的砂浆强度等级应按常温施工时提高一级,当日最低气温低于 −25℃时,则应提高两级。砂浆强度等级不得低于 M5,重要结构的砂浆强度等级不得低于 M7.5。采用冻结法,当室外空气温度分别为 −10～0℃、−11～+25℃、−25℃以下时,砂浆使用最低温度分别为 10℃、15℃、20℃。

2)冻结法宜采用水平分段施工,墙体应在同一个施工段的范围内,砌筑到一个施工层的高度不得间断。每日砌筑高度及临时间断处均不得大于 1.2m。

3)留置在砌体中的洞口和沟槽等宜在解冻前填砌完毕。

4)跨度大于 0.7m 的过梁,应采用预制构件;跨度较大的梁、悬挑结构,在砌体解冻前应在下面设临时支撑,当砌体强度达到设计值的 80% 时,方可拆除支撑。

5)门窗框上部应留 3～5mm 的空隙,作为解冻后预留沉降量。

6)在楼板水平面上,墙的拐角处、交接处和交叉处设置不小于 2φ6mm 的拉结筋,并伸入相邻墙内的长度不得小于 1m,在拉结筋末端应设置弯钩。

7)在解冻期间,应会同设计单位经常对砌体进行观测和检查,如发现裂缝、不均匀下沉等现象时,应分析原因并立即采取加固措施。

8)在解冻期进行观测时,应特别注意多层房屋下层的柱和窗间墙、梁端支承处、墙交接处等地方。此外,还必须观测砌体沉降的大小、方向和均匀性,砌体灰缝内砂浆的硬化情况。观测一般需 15d 左右。

项目4 砌体工程施工技术

9) 解冻时除对正在施工的工程进行强度验算外,还要对已完成的工程进行强度验算。

4.3.2 雨季施工措施

(1) 雨期施工应结合本地区特点,编制专项雨期施工方案,防雨应急材料应准备充足,并对操作人员进行技术交底,施工现场应做好排水措施,砌筑材料应防止雨水冲淋。

(2) 雨期施工应符合下列规定:露天作业遇大雨时应停工,对已砌筑砌体应及时进行覆盖;雨后继续施工时,应检查已完工砌体的垂直度和标高;应加强原材料的存放和保护,不得久存受潮;应加强雨期施工期间的砌体稳定性检查;砌筑砂浆的拌合量不宜过多,拌好的砂浆应防止雨淋;电气装置及机械设备应有防雨设施。

(3) 雨期施工时应防止基槽灌水和雨水冲刷砂浆,每天砌筑高度不宜超过1.2m。

(4) 当块材表面存在水渍或明水时,不得用于砌筑。

(5) 夹心复合墙每日砌筑工作结束后,墙体上口应采用防雨布遮盖。

任务4.4 砌体工程施工质量验收

根据最新规范《砌体结构工程施工质量验收规范》(GB 50203—2011),砌体工程施工质量验收内容如下。

4.4.1 基本规定

(1) 砌体结构工程所用的材料应有产品合格证书、产品性能形式检测报告,质量应符合国家现行有关标准的要求。块体、水泥、钢筋、外加剂尚应有材料主要性能的进场复验报告,并应符合设计要求。严禁使用国家明令淘汰的材料。

(2) 砌体结构工程施工前,应编制砌体结构工程施工方案。

(3) 在墙上留置临时施工洞口,其侧边离交接处墙面不应小于500mm,洞口净宽度不应超过1m。抗震设防烈度为Ⅸ度的地区建筑物的临时施工洞口位置,应会同设计单位确定。临时施工洞口应做好补砌。

(4) 不得在下列墙体或部位设置脚手眼:120mm厚墙、清水墙、料石墙、独立柱和附墙柱;过梁上与过梁成60°角的三角形范围及过梁净跨度1/2的高度范围内;宽度小于1m的窗间墙;门窗洞口两侧石砌体300mm,其他砌体200mm范围内;转角处石砌体600mm,其他砌体450mm范围内;梁或梁垫下及其左右500mm范围内;设计不允许设置脚手眼的部位;轻质墙体;夹心复合墙外叶墙。

(5) 脚手眼补砌时,应清除脚手眼内掉落的砂浆、灰尘;脚手眼处砖及填塞用砖应湿润,并应填实砂浆。

(6) 设计要求的洞口、沟槽、管道应于砌筑时正确留出或预埋,未经设计同意,不得打凿墙体和墙体上开凿水平沟槽。宽度超过300mm的洞口上部,应设置钢筋混凝土过梁。不应在截面长边小于500mm的承重墙体、独立柱内埋设管线。

(7) 砌筑完基础或每一楼层后,应校核砌体的轴线和标高。在允许偏差范围内,轴线偏差可在基础顶面或楼面上校正,标高偏差宜通过调整上部砌体灰缝厚度校正。

(8) 搁置预制梁、板的砌体顶面应平整,标高一致。

(9) 砌体施工质量控制等级应分为三级,并应按表 4.4 划分。

表 4.4　　　　　　　　　　施 工 质 量 控 制 等 级

项目	施工质量控制等级		
	A	B	C
现场质量管理	监督检查制度健全,并严格执行;施工方有在岗专业技术管理人员,人员齐全,并持证上岗	监督检查制度基本健全,并能执行;施工方有在岗专业技术管理人员,人员齐全,并持证上岗	有监督检查制度;施工方有在岗专业技术管理人员
砂浆、混凝土强度	试块按规定制作,强度满足验收规定,离散性小	试块按规定制作,强度满足验收规定,离散性较小	试块按规定制作,强度满足验收规定,离散性大
砂浆拌和	机械拌和;配合比计量控制严格	机械拌和;配合比计量控制一般	机械或人工拌和;配合比计量控制较差
砌筑工人	中级工以上,其中,高级工不少于 30%	高级工、中级工不少于 70%	初级工以上

(10) 砌体结构中钢筋(包括夹心复合墙内外叶墙间的拉结件或钢筋)的防腐,应符合设计规定。

(11) 雨天不宜在露天砌筑墙体,对下雨当日砌筑的墙体应进行遮盖。继续施工时,应复核墙体的垂直度,如果垂直度超过允许偏差,应拆除重新砌筑。

(12) 砌体施工时,楼面和屋面堆载不得超过楼板的允许荷载值。当施工层进料口处施工荷载较大时,楼板下宜采取临时支撑措施。

(13) 正常施工条件下,砖砌体、小砌块砌体每日砌筑高度宜控制在 1.5m 或一步脚手架高度内;石砌体不宜超过 1.2m。

(14) 砌体结构工程检验批的划分应同时符合下列规定:所用材料类型及同类型材料的强度等级相同;不超过 250m³ 砌体;主体结构砌体一个楼层(基础砌体可按一个楼层计);填充墙砌体量少时可多个楼层合并。

(15) 砌体结构工程检验批验收时,其主控项目应全部符合本规范的规定;一般项目应有 80% 及以上的抽检处符合本规范的规定;有允许偏差项目,最大超差值为允许偏差的 1.5 倍。

4.4.2 砖砌体工程质量验收

1. 主控项目

(1) 砖和砂浆的强度等级必须符合设计要求。

抽检数量:每一生产厂家,烧结普通砖、混凝土实心砖每 15 万块,烧结多孔砖、混凝土多孔砖、蒸压灰砂砖及蒸压粉煤灰砖每 10 万块各为一验收批,不足上述数量时按 1 批计,抽检数量为 1 组。

检验方法:检查砖和砂浆试块试验报告。

(2) 砌体灰缝砂浆应密实饱满。砖墙水平灰缝的砂浆饱满度不得低于 80%;砖柱水平灰缝和竖向灰缝饱满度不得低于 90%。

抽检数量:每检验批抽查不应少于 5 处。

项目 4 砌体工程施工技术

检验方法：用百格网检查砖底面与砂浆的黏结痕迹面积，每处检测 3 块砖，取其平均值。

（3）砖砌体的转角处和交接处应同时砌筑，严禁无可靠措施的内外墙分砌施工。在抗震设防烈度为Ⅷ度及Ⅷ度以上地区，对不能同时砌筑而又必须留置的临时间断处应砌成斜槎，普通砖砌体斜槎水平投影长度不应小于高度的 2/3，多孔砖砌体的斜槎长高比不应小于 1/2。斜槎高度不得超过一步脚手架的高度。

抽检数量：每检验批抽查不应少于 5 处。

检验方法：观察检查。

（4）非抗震设防及抗震设防烈度为Ⅵ度、Ⅶ度地区的临时间断处，当不能留斜槎时，除转角处外，可留直槎，但直槎必须做成凸槎，且应加设拉结钢筋，拉结钢筋应符合下列规定：每 120mm 墙厚放置 1φ6mm 拉结钢筋（120mm 厚墙应放置 2φ6mm 拉结钢筋）；间距沿墙高不应超过 500mm，且竖向间距偏差不应超过 100mm；埋入长度从留槎处算起每边均不应小于 500mm，对抗震设防烈度Ⅵ度、Ⅶ度的地区，不应小于 1000mm；末端应有 90°弯钩。

抽检数量：每检验批抽查不应少于 5 处。

检验方法：观察和尺量检查。

2. 一般项目

（1）砖砌体组砌方法应正确，内外搭砌，上、下错缝。清水墙、窗间墙无通缝；混水墙中不得有长度大于 300mm 的通缝，长度 200～300mm 的通缝每间不超过 3 处，且不得位于同一面墙体上。砖柱不得采用包心砌法。

抽检数量：每检验批抽查不应少于 5 处。

检验方法：观察检查。砌体组砌方法抽检每处应为 3～5m。

（2）砖砌体的灰缝应横平竖直，厚薄均匀，水平灰缝厚度及竖向灰缝宽度宜为 10mm，但不应小于 8mm，也不应大于 12mm。

抽检数量：每检验批抽查不应少于 5 处。

检验方法：水平灰缝厚度用尺量 10 皮砖砌体高度折算；竖向灰缝宽度用尺量 2m 砌体长度折算。

（3）砖砌体尺寸、位置的允许偏差及检验应符合表 4.5 的规定。

表 4.5　　　　　　　　　砖砌体尺寸、位置的允许偏差及检验

项次	项	目	允许偏差/mm	检 验 方 法	抽检数量
1	轴线位移		10	用经纬仪和尺检查或用其他测量仪器检查	承重墙、柱全数检查
2	基础、墙、柱顶面标高		±15	用水准仪和尺检查	不应少于 5 处
3	墙面垂直度	每层	5	用 2m 托线板检查	不应少于 5 处
		全高 ≤10m	10	用经纬仪、吊线和尺或用其他测量仪器检查	外墙全部阳角
		全高 >10m	20		

续表

项次	项目		允许偏差/mm	检验方法	抽检数量
4	表面平整度	清水墙、柱	5	用2m靠尺和楔形塞尺检查	不应少于5处
		混水墙、柱	8		
5	水平灰缝平直度	清水墙	7	拉5m线和尺检查	不应少于5处
		混水墙	10		
6	门窗洞口高、宽（后塞口）		±10	用尺检查	不应少于5处
7	外墙上下窗口偏移		20	以底层窗口为准，用经纬仪或吊线检查	不应少于5处
8	清水墙游丁走缝		20	以每层第一皮砖为准，用吊线和尺检查	不应少于5处

4.4.3 石砌体工程质量验收

1. 主控项目

（1）石材及砂浆强度等级必须符合设计要求。

抽检数量：同一产地的同类石材抽检不应少于1组。砂浆试块的抽检数量执行规范的有关规定。

检验方法：料石检查产品质量证明书，石材、砂浆检查试块试验报告。

（2）砌体灰缝的砂浆饱满度不应小于80%。

抽检数量：每检验批抽查不应少于5处。

检验方法：观察检查。

2. 一般项目

（1）石砌体尺寸、位置的允许偏差及检验方法应符合表4.6的规定。

表4.6 石砌体尺寸、位置的允许偏差及检验方法

项次	项目		允许偏差/mm						检验方法
			毛石砌体		料石砌体				
			基础	墙	毛料石		粗料石	细料石	
					基础	墙	基础	墙	墙、柱	
1	轴线位置		20	15	20	15	15	10	10	用经纬仪和尺检查，或用其他测量仪器检查
2	基础和墙砌体顶面标高		±25	±15	±25	±15	±15	±15	±10	用水准仪和尺检查
3	砌体厚度		+30	+20 -10	+30	+20 -10	+15	+10 -5	+10 -5	用尺检查
4	墙面垂直度	每层	—	20	—	20	—	10	7	用经纬仪、吊线和尺检查或用其他测量仪器检查
		全高	—	30	—	30	—	25	20	

123

续表

项次	项目		允许偏差/mm						检验方法
			毛石砌体		料石砌体				
					毛料石		粗料石		细料石	
			基础	墙	基础	墙	基础	墙	墙、柱	
5	表面平整度	清水墙、柱	—	—	—	20	—	10	5	细料石用2m靠尺和楔形塞尺检查,其他用两直尺垂直于灰缝拉2m线和尺检查
		混水墙、柱	—	—	—	20	—	15	—	
6	清水墙水平灰缝平直度		—	—	—	—	—	10	5	拉10m线和尺检查

抽检数量:每检验批抽查不应少于5处。

(2) 石砌体的组砌形式应符合下列规定。

1) 内外搭砌,上下错缝,拉结石、丁砌石交错设置。

2) 毛石墙拉结石每 $0.7m^2$ 墙面不应少于1块。

检查数量:每检验批抽查不应少于5处。

检验方法:观察检查。

4.4.4 混凝土小型空心砌块砌体工程质量验收

1. 主控项目

(1) 小砌块和芯柱混凝土、砌筑砂浆的强度等级必须符合设计要求。

抽检数量:每一生产厂家,每1万块小砌块为一检验批,不足1万块按一批计,抽检数量为一组;用于多层以上建筑的基础和底层的小砌块抽检数量不应少于两组。砂浆试块的抽检数量执行《砌体结构工程施工质量验收规范》(GB 50203—2011)第4.0.12条的有关规定。

检验方法:检查小砌块和芯柱混凝土、砌筑砂浆试块试验报告。

(2) 砌体水平灰缝和竖向灰缝的砂浆饱满度,按净面积计算不得低于90%。

抽检数量:每检验批抽查不应少于5处。

检验方法:用专用百格网检测小砌块与砂浆黏结痕迹,每处检测3块小砌块,取其平均值。

(3) 墙体转角处和纵横交接处应同时砌筑。临时间断处应砌成斜槎,斜槎水平投影长度不应小于斜槎高度。施工洞口可预留直槎,但在洞口砌筑和补砌时,应在直槎上下搭砌的小砌块孔洞内用强度等级不低于C20(或Cb20)的混凝土灌实。

抽检数量:每检验批抽查不应少于5处。

检验方法:观察检查。

(4) 小砌块砌体的芯柱在楼盖处应贯通,不得削弱芯柱截面尺寸;芯柱混凝土不得漏灌。

抽检数量:每检验批抽查不应少于5处。

检验方法:观察检查。

2. 一般项目

(1) 砌体的水平灰缝厚度和竖向灰缝宽度宜为10mm,但不应小于8mm,也不应大于12mm。

抽检数量:每检验批抽查不应少于5处。

检验方法:水平灰缝厚度用尺量5皮小砌块的高度折算;竖向灰缝宽度用尺量2m砌体长度折算。

(2) 小砌块砌体尺寸、位置的允许偏差应按规范相关规定执行。

4.4.5 填充墙砌体工程质量验收

1. 主控项目

(1) 烧结空心砖、小砌块和砌筑砂浆的强度等级应符合设计要求。

抽检数量:烧结空心砖每10万块为一验收批,小砌块每1万块为一验收批,不足上述数量时按一批计,抽检数量为1组。砂浆试块的抽检数量执行《砌体结构工程施工质量验收规范》(GB 50203—2011)第4.0.12条的有关规定。

检验方法:检查砖、小砌块进场复验报告和砂浆试块试验报告。

(2) 填充墙砌体应与主体结构可靠连接,其连接构造应符合设计要求,未经设计师同意,不得随意改变连接构造方法。每一填充墙与柱的拉结筋的位置超过一皮块体高度的数量不得多于一处。

检查数量:每检验批抽查不应少于5处。

检验方法:观察检查。

(3) 填充墙与承重墙、柱、梁的连接钢筋,当采用化学植筋的连接方式时,应进行实体检测。锚固钢筋拉拔试验的轴向受拉非破坏承载力检验值应为6.0kN。抽检钢筋在检验值作用下应基材无裂缝、钢筋无滑移宏观裂损现象;持荷2min期间荷载值降低不大于5%。

检查数量:按表4.7确定。

检验方法:原位试验检查。

表4.7　　　　　　　　检验批抽检锚固钢筋样本最小容量

检验批的容量	样本最小容量	检验批的容量	样本最小容量
≤90	5	281~500	20
91~150	8	501~1200	32
151~280	13	1201~3200	50

2. 一般项目

(1) 填充墙砌体尺寸、位置的允许偏差及检验方法应符合表4.8的规定。

表4.8　　　　　　　填充墙砌体尺寸、位置的允许偏差及检验方法

项次	项　　目		允许偏差/mm	检　验　方　法
1	轴线位移		10	用尺检查
2	垂直度(每层)	≤3m	5	用2m托线板或吊线、尺检查
		>3m	10	

续表

项次	项 目	允许偏差/mm	检 验 方 法
3	表面平整度	8	用2m靠尺和楔形尺检查
4	门窗洞口高、宽（后塞口）	±10	用尺检查
5	外墙上、下窗口偏移	20	用经纬仪或吊线检查

抽检数量：每检验批抽查不应少于5处。

（2）填充墙砌体的砂浆饱满度及检验方法应符合表4.9的规定。

表4.9　　　　　　　　填充墙砌体的砂浆饱满度及检验方法

砌 体 分 类	灰缝	饱 满 度 及 要 求	检 验 方 法
空心砖砌体	水平	≥80%	采用百格网检查块体底面或侧面砂浆的黏结痕迹面积
	垂直	填满砂浆，不得有透明缝、瞎缝、假缝	
蒸压加气混凝土砌块、轻骨料混凝土小型空心砌块砌体	水平	≥80%	
	垂直	≥80%	

抽检数量：每检验批抽查不应少于5处。

（3）填充墙留置的拉结钢筋或网片的位置应与块体皮数相符合。拉结钢筋或网片应置于灰缝中，埋置长度应符合设计要求，竖向位置偏差不应超过一皮高度。

抽检数量：每检验批抽查不应少于5处。

检验方法：观察和用尺量检查。

（4）砌筑填充墙时应错缝搭砌，蒸压加气混凝土砌块搭砌长度不应小于砌块长度的1/3；轻骨料混凝土小型空心砌块搭砌长度不应小于90mm；竖向通缝不应大于2皮。

抽检数量：每检验批抽查不应少于5处。

检查方法：观察检查。

（5）填充墙的水平灰缝厚度和竖向灰缝宽度应正确，烧结空心砖、轻骨料混凝土小型空心砌块砌体的灰缝应为8～12mm；蒸压加气混凝土砌块砌体当采用水泥砂浆、水泥混合砂浆或蒸压加气混凝土砌块砌筑砂浆时，水平灰缝厚度和竖向灰缝宽度不应超过15mm；当蒸压加气混凝土砌块砌体采用蒸压加气混凝土砌块黏结砂浆时，水平灰缝厚度和竖向灰缝宽度宜为3～4mm。

抽检数量：每检验批抽查不应少于5处。

检查方法：水平灰缝厚度用尺量5皮小砌块的高度折算；竖向灰缝宽度用尺量2m砌体长度折算。

任务4.5　砌体工程安全技术与环保要求

4.5.1　砌体工程安全技术要求

（1）砌体结构工程施工中，应按施工方案对施工作业人员进行安全交底，并应形成书面文件。

（2）施工机械的使用，应符合现行行业标准《建筑机械使用安全技术规程》(JGJ 33)和《施工现场临时用电安全技术规范》(JGJ 46)的有关规定，并应定期检查、维护。

（3）采用升降机、龙门架及井架物料提升机运输材料设备时，应符合现行行业标准《建筑施工升降机安装、使用、拆卸安全技术规程》(JGJ 215)和《龙门架及井架物料提升机安全技术规范》(JGJ 88)的有关规定，且一次提升总重量不得超过机械额定起重或提升能力，并应有防散落、抛洒措施。

（4）车辆运输块材的装箱高度不得超出车厢，砂浆车内浆料应低于车厢上口0.1m。

（5）安全通道应搭设可靠，并应有明显标识。

（6）现场人员应佩戴安全帽，高处作业时应系好安全带。在建工程外侧应设置密目安全网。

（7）采用滑槽向基槽或基坑内人工运送物料时，落差不宜超过5m。严禁向有人作业的基槽或基坑内抛掷物料。

（8）距基槽或基坑边沿2.0m以内不得堆放物料；当在2.0m以外堆放物料时，堆置高度不应大于1.5m。

（9）基础砌筑前应仔细检查基坑和基槽边坡的稳定性，当有塌方危险或支撑不牢固时，应采取可靠措施。作业人员出入基槽或基坑，应设上下坡道、踏步或梯子，并应有雨雪天防滑设施或措施。

（10）砌筑用脚手架应按经审查批准的施工方案搭设，并应符合国家现行相关脚手架安全技术规范的规定。验收合格后，不得随意拆除和改动脚手架。

（11）作业人员在脚手架上施工时，应符合下列规定。

1) 在脚手架上砍砖时，应向内将碎砖打在脚手板上，不得向架外砍砖。

2) 在脚手架上堆普通砖、多孔砖不得超过3层，空心砖或砌块不得超过2层。

3) 翻拆脚手架前，应将脚手板上的杂物清理干净。

（12）在建筑高处进行砌筑作业时，应符合现行行业标准《建筑施工高处作业安全技术规范》(JGJ 80)的相关规定，不得在卸料平台上、脚手架上、升降机、龙门架及井架物料提升机出入口位置进行块材的切割、打凿加工；不得站在墙顶操作和行走；工作完毕应将墙上和脚手架上多余的材料、工具清理干净。

（13）楼层卸料和备料不应集中堆放，不得超过楼板的设计活荷载标准值。

（14）作业楼层的周围应进行封闭围护，同时应设置防护栏及张挂安全网。楼层内的预留洞口、电梯口、楼梯口应搭设防护栏杆，对大于1.5m的洞口，应设置围挡。预留孔洞应加盖封堵。

（15）生石灰运输过程中应采取防水措施，且不应与易燃易爆物品共同存放、运输。

（16）淋灰池、水池应有护墙或护栏。

（17）未施工楼层板或屋面板的墙或柱，当可能遇到大风时，其允许自由高度不得超过表4.10的规定。当超过允许限值时，应采用临时支撑等有效措施。

（18）在现场加工区，材料切割、打凿加工人员，砂浆搅拌作业人员以及搬运人员，应按相关要求佩戴好劳动防护用品。

（19）工程施工现场的消防安全应符合现行国家标准《建设工程施工现场消防安全技

术规范》(GB 50720)的有关规定。

表 4.10　　　　　　　　　　墙和柱的允许自由高度　　　　　　　　　　单位：m

墙（柱）厚/mm	$1300kg/m^3<$砌体密度$\leqslant 1600kg/m^3$			砌体密度$>1600kg/m^3$		
	风载/(kN/m²)			风载/(kN/m²)		
	0.3（约7级风）	0.4（约8级风）	0.5（约9级风）	0.3（约7级风）	0.4（约8级风）	0.5（约9级风）
190	1.4	1.1	0.7	—	—	—
240	2.2	1.7	1.1	2.8	3.9	2.6
370	4.2	3.2	2.1	5.2	3.9	2.6
490	7.0	5.2	3.5	8.6	6.5	4.3
620	11.4	8.6	5.7	14.0	10.3	7.0

注　1. 本表通用于施工处相对标高 H 在 10m 范围内的情况。当 $10m<H\leqslant 15m$、$15m<H\leqslant 20m$ 时，表中的允许自由高度应分别乘以 0.9、0.8 的系数；当 $H>20m$ 时，应通过抗倾覆验算确定其允许自由高度。
　　2. 当所砌筑的墙有横墙或其他结构与其连接，而且间距小于表内允许自由高度限值的 2 倍时，砌筑高度可不受本表的限制。

4.5.2　砌体工程环境保护要求

(1) 施工现场应制定砌体结构工程施工的环境保护措施，并应选择清洁环保的作业方式，减少对周边地区的环境影响。

(2) 施工现场拌制砂浆及混凝土时，搅拌机应有防风、隔声的封闭围护设施，并宜安装除尘装置，其噪声限值应符合国家有关规定。

(3) 水泥、粉煤灰、外加剂等应存放在防潮且不易扬尘的专用库房。露天堆放的砂、石、水泥、粉状外加剂、石灰等材料，应进行覆盖。石灰膏应存放在专用储存池。

(4) 对施工现场道路、材料堆场地面宜进行硬化，并应经常洒水清扫，场地应清洁。

(5) 运输车辆应无遗洒，驶出工地前宜清洗车轮。

(6) 在砂浆搅拌、运输、使用过程中，遗漏的砂浆应回收处理。砂浆搅拌及清洗机械所产生的污水，应经过沉淀池沉淀后排放。

(7) 高处作业时不得扬洒物料、垃圾、粉尘及废水。

(8) 施工过程中，应采取建筑垃圾减量化措施。作业区域垃圾应当天清理完毕，施工过程中产生的建筑垃圾应进行分类处理。

(9) 不可循环使用的建筑垃圾，应收集到现场封闭式垃圾站，并应清运至有关部门指定的地点。可循环使用的建筑垃圾，应回收再利用。

(10) 机械、车辆检修和更换油品时，应防止油品洒漏在地面或渗入土壤。废油应回收，不得将废油直接排入下水管道。

(11) 切割作业区域的机械应进行封闭围护，减少扬尘和噪声排放。

(12) 施工期间应制定减少扰民的措施。

项　目　小　结

本项目主要介绍了砌体施工、砌体工程季节性施工、砌体工程施工质量验收、砌体工程安全技术与环保要求等任务。主要内容如下。

（1）"砌体施工"，介绍了砖砌体、石砌体、砌块砌体、填充墙砌体及墙体保温的施工工艺和施工要点，这一部分内容很重要，要求同学们掌握各种常见砌体工程的施工工艺和操作要点。特别是构造柱、芯柱等的构造要求和施工要点是难点。

（2）"砌体工程季节性施工"，介绍了砌体工程的冬期和雨期施工的防范措施和施工工艺，要求同学们掌握掺盐砂浆法、暖棚法的原理和施工方法，了解雨期施工防范措施，在工程实践中能活学活用。

（3）"砌体工程施工质量验收"，主要根据国家规范《砌体结构工程施工质量验收规范》（GB 50203—2015），介绍了各类砌体工程质量验收的主控项目、一般项目。要求同学们掌握这些验收标准，在实际生产过程中很常用。

（4）"砌体工程安全技术与环保要求"，主要根据国家规范《砌体结构工程施工规范》（GB 50924—2014），介绍了砌体工程施工中应注意的安全注意事项和环境保护措施。要求同学们熟悉这些内容，在工程实践中懂得如何应用。

复 习 思 考 题

1. 砖墙砌体主要有哪几种砌筑形式？各有何特点？
2. 砖墙砌筑的施工工艺是什么？
3. 什么是皮数杆？皮数杆有何作用？如何布置？
4. 何谓"三一砌砖法"？其优点是什么？
5. 砖砌体工程质量有哪些要求？
6. 构造柱的构造要求有哪些？
7. 框架填充墙的施工要点有哪些？
8. 冬期砌体工程施工有哪些方法？各有何要求？
9. 掺盐砂浆法施工中应注意哪些问题？
10. 砌体工程雨期施工的措施有哪些？

项目5　钢筋混凝土工程施工技术

【学习目标】

能力目标：掌握模板方案的编制，熟悉钢筋的分类及配料，掌握钢筋加工及安装工艺，了解混凝土材料制备，掌握混凝土现场浇筑技术。

知识点：模板类型；模板安装；模板拆除；钢筋配料；钢筋加工；钢筋连接；钢筋验收；混凝土浇筑；混凝土质量。

【项目介绍】

钢筋混凝土工程施工是最重要的建筑施工过程，也是主体结构工程施工主要分部工程。钢筋混凝土工程施工主要包括模板、钢筋和混凝土等施工工艺。本项目介绍了现浇钢筋混凝土施工涉及的模板工程施工、钢筋工程施工、混凝土工程施工、钢筋混凝土工程季节性施工等4个任务，涵盖了钢筋混凝土工程施工的大部分内容。重点介绍了现浇钢筋混凝土结构施工工艺。

任务5.1　模板工程施工

5.1.1　概述

模板工程应编制专项施工方案。滑模、爬模、飞模等工具式模板工程及高大模板支架工程的专项施工方案，应进行技术论证。对模板及支架，应进行设计。模板及支架应具有足够的承载力、刚度和稳定性，应能可靠地承受施工过程中所产生的各类荷载。模板及支架应保证工程结构和构件各部分形状、尺寸和位置准确，且应便于钢筋安装和混凝土浇筑、养护。模板及支架材料的技术指标应符合国家现行有关标准的规定。

5.1.2　模板分类与构造

按模板材料分类，有木模板、竹模板、钢木模板、钢模板、塑料模板、铸铝合金模板、玻璃钢模板等；按模板施工工艺分类，有组合式模板、大模板、滑动模板、爬升模板、永久性模板以及飞模、模壳、隧道模等。下面简单介绍几种模板。

1. 组合模板

组合模板是一种工具式的定型模板，由具有一定模数的若干类型的板块、角模、支撑和连接件组成，其拼装灵活，可拼出多种尺寸和几何形状，通用性强，适应各类建筑物的梁、柱、板、墙、基础等构件的施工需要，也可拼成大模板、隧道模和台模等，如图5.1所示。根据平面模板材料不同，常用的为定型组合式钢模板和钢木定型模板两类。

（1）定型组合钢模板。常见的定型组合钢模板系列包括钢模板、连接件、支承件3部分。

任务 5.1 模板工程施工

图 5.1 组合式钢模板

钢模板包括平面模板、阳角模板、银角模板和连接角模。单块钢模板由面板、边框和加劲肋焊接而成。面板厚 2.3mm 或 2.5mm，边框和加劲肋上面按一定距离（如 150mm）钻孔，可利用 U 形卡和 L 形插销等拼装成大块模板。钢模板的宽度以 50mm 进级，长度以 150mm 进级，其规格和型号已做到标准化、系列化。例如，型号为 P3015 的钢模板，P 表示平面模板，3015 表示宽×长为 300mm×1500mm。又如，型号为 Y1015 的钢模板，Y 表示阳角模板，1015 表示宽×长为 100mm×1500mm。如拼装时出现不足的模数的空隙时，用镶嵌木条补缺，用钉子或螺栓将木条与板块边框上的孔洞连接。通用钢模板材料、规格和用途见表 5.1 和表 5.2。

表 5.1 通用钢模板材料、规格 单位：mm

序号	名称	宽度	长度	肋高	材料	备注
1	平板模板	600、550、500、450、400、350、300、250、200、150、100	1800、1500、1200、900、750、600、450	55	Q235 钢板 $\delta=2.5$ $\delta=2.75$	通用模板
2	阴角模板	150×150、100×150				
3	阳角模板	100×100、50×50				
4	连接角模	50×50				

表 5.2 通用钢模板的作用

名称	图示	用途
平面模板		用于基础、柱、墙体、梁和板等多种结构平面部位
阴角模板		用于结构的内角及凹角的转角部位

续表

名称	图示	用途
阳角模板	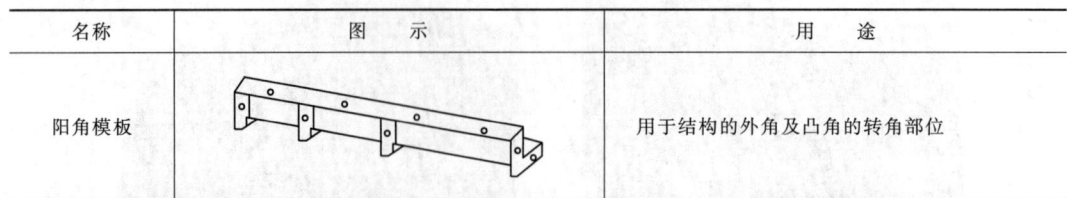	用于结构的外角及凸角的转角部位

钢模板一次性投资大,需多次周转使用才有经济效益,工人操作劳动强度大,回收及修整的难度大,钢定型模板已逐渐较少使用。

连接件有 U 形卡、L 形插销、对拉螺栓、钩头螺栓、紧固螺栓和扣件等。连接件的用途见表 5.3。

表 5.3 连 接 件 的 用 途

序号	名称	图示	用途
1	U 形卡		用于钢模板纵横向拼接,将相邻钢模板卡紧固定
2	L 形插销		用来增强钢模板的纵向刚度,保证接缝处板面平整
3	对拉螺栓		用于拉结两侧模板,保证两侧模板的间距,使模板具有足够的刚度和强度,能承受混凝土的侧压力及其他荷载
4	钩头螺栓		用于钢模板与内、外龙骨之间的连接固定
5	紧固螺栓		用于紧固内外钢楞,增强拼接模板的整体刚度
6	扣件		用于钢楞及钢模板或钢楞之间的紧固连接,与其他配件一起将钢模板拼装连接成整体

配件的支承件包括钢楞、柱箍、梁卡具、圈梁卡、钢管支架、斜撑、组合支柱、钢管脚手支架、平面可调桁架和曲面可变桁架等。

常用钢管支架如图 5.2(a)所示。它由内、外两节钢管制成,其高低调节距模数为

100mm；支架底部除垫板外，均用木楔调整标高，以利于拆卸；另一种钢管支架本身装有调节螺杆，能调节一个孔距的高度，使用方便，但成本略高，如图5.2（b）所示；当荷载较大、单根支架承载力不足时，可用组合钢支架或钢管井架，如图5.2（c）所示；还可用扣件式钢管脚手架、门式脚手架作支架，如图5.2（d）所示。

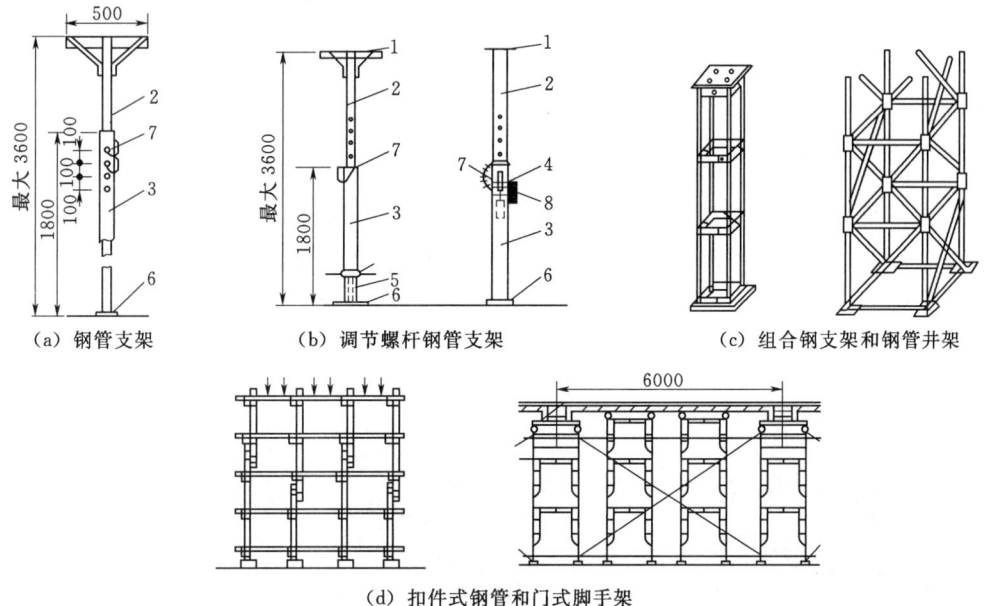

图5.2 钢支架
1—顶板；2—插管；3—套管；4—转盘；5—螺杆；6—底板；7—插销；8—转动手柄

由组合钢模板拼成的整片墙模或柱模，在吊装就位后，应由斜撑调整和固定其垂直位置，如图5.3所示；梁卡具又称梁托架，用于固定矩形梁、圈梁等模板的侧模板，可节约斜撑等材料，也可用于侧模板上口的卡箍定位，如图5.4所示。

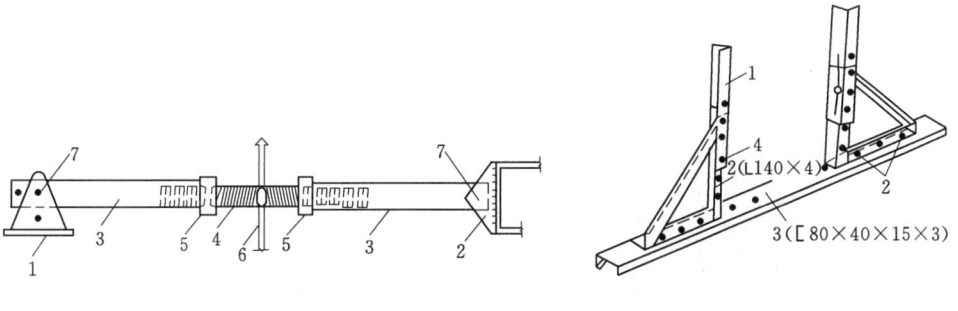

图5.3 斜撑
1—底座；2—顶撑；3—钢管斜撑；4—花篮螺钉；
5—螺母；6—弦杆；7—销钉

图5.4 梁卡具
1—调节杆；2—三脚架；
3—底座；4—螺栓

钢桁架两端可支承在钢筋托具、墙、梁侧模板的横挡以及柱顶梁底横挡上，以支承梁或板的模板，常用的钢桁架有整榀式和组合式两种，如图5.5所示。

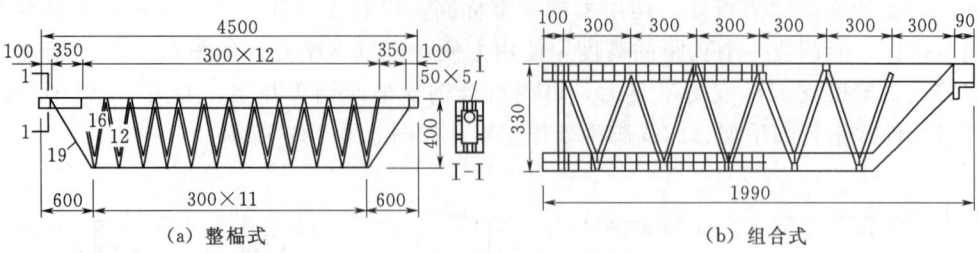

图 5.5 钢桁架

（2）钢木定型模板。钢木定型模板的面板由钢板改为覆塑竹胶合板、纤维板等，自重比钢模板轻约 1/3，用钢量减少约 1/2，是一种针对钢模板投资大、工人劳动强度大的改良模板。常见的有钢框木模板、钢框覆塑竹胶合模板以及钢框木定型模板组合的大模板，如图 5.6 所示。

（a）钢框木模板　　　　（b）钢框覆塑竹胶合模板　　　　（c）钢框木定型模板组合的大模板

图 5.6　常见的几种钢木定型模板

2. 覆塑竹胶合模板

覆塑竹胶合模板是目前广泛使用的一种模板，有单面覆塑和双面覆塑，规格为 2440mm×1220mm，厚度为 10~12mm，通常由 5、7、9、11 层等奇数层单板经热压固化而胶合成形，一般采用竹胶合模板。竹胶合模板组织严密、坚硬强韧，板面平整光滑，可钻可锯、耐低温高温，可用于施工现浇清水混凝土专用模板，如图 5.7、图 5.8 所示。

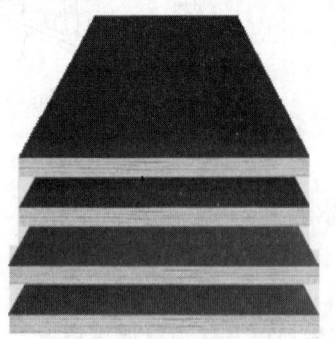 

图 5.7　酚醛树脂胶合板模板　　　　图 5.8　竹胶合板模板铺设的楼面模板

竹胶合模板相邻层的纹理方向相互垂直，通常最外层表板的纹理方向和胶合板板面的长向平行，因此，整张胶合板的长向为强方向，短向为弱方向，使用时必须加以注意。竹胶合板模板适用于高层建筑中的水平模板、剪力墙、垂直墙板。

竹胶合模板加工时，首先制定合理的方案，锯片要求是合金锯片，要在板下垫实后再锯切，以防出现毛边。竹胶合模板前5次使用不必涂脱模剂，以后每次应及时清洁板面，保持表面平整、光滑，以增加使用效果和次数。竹胶合模板存储时，板面堆放下面应垫方木条，不得与地面接触，保持通风良好，防止日晒雨淋，定期检查。

3. 大模板

大模板是一种大尺寸的工具式模板，常用于剪力墙、筒体、桥墩的施工。由于一面墙用一块大模板，装拆均需起重机械吊装，故机械化程度高，能够减少用工量和缩短工期。

大模板的板面是直接与混凝土接触的部分，它承受着混凝土浇筑时的侧压力，要求有足够的刚度，表面平整，能多次重复使用。钢板、木（竹）胶合板以及化学合成材料面板等均可作为面板的材料，其中常用的是钢板和木（竹）胶合板，如图5.9、图5.10所示。

图5.9 全钢大模板

图5.10 钢木大模板

大模板由面板、次肋、主肋、支撑桁架及稳定装置组成，常用的是组合式大模板，面板要求平整、刚度好；板面须喷涂脱模剂以利脱模。两块相对的大模板通过对销螺栓和顶部卡具固定；大模板存放时应打开支撑架，将板面后倾一定角度，防止倾倒伤人。组合式大模板是目前常用的一种模板形式，它通过固定与大模板板面的角模，能把纵横墙的模板组装在一起，房间的纵横墙体混凝土可以同时浇筑，所以房屋整体性好。它还具有稳定、拆装方便、墙体阴角方正、施工质量好等特点，并可以利用模数条模板加以调整，以适应不同开间、进深的需要。

4. 飞模

飞模，又称台模、桌模，因其形状像一个台面，使用时利用起重机械将该模板体系直接从浇筑完毕的楼板下整体吊运飞出，周转到上层布置而得名。其适用于大开间、大柱网、大进深的现浇钢筋混凝土楼板施工，对于无柱帽现浇板柱结构楼盖尤其适用。飞模分为有支腿飞模和无支腿飞模两类，国内常用有支腿飞模，设有伸缩式或折叠式支腿。飞模有钢管组合式飞模、门式架飞模、跨越式桁架飞模。飞模施工如图5.11、图5.12所示。

图 5.11 飞模转层　　　　　　　图 5.12 飞模在楼层间整体移动

5. 滑动模板

滑动模板施工是以滑模千斤顶、电动提升机或手动提升机为提升动力，带动模板（或滑框）沿着混凝土（或模板）表面滑动而成形的现浇混凝土结构的施工方法的总称，简称滑模施工。滑模装置主要由模板系统、操作平台系统、液压系统、施工精度控制系统和水电配套系统等部分组成。

液压滑动模板的工作原理：滑动模板（高 1.5～1.8m）通过围圈与提升架相连，固定在提升架上的千斤顶（35～120kN）通过支承杆（ϕ25mm 钢筋至 ϕ48mm 钢管）承受全部荷载并提供滑升动力。滑升施工时，依次在模板内分层（30～45cm）绑扎钢筋、浇筑混凝土，并滑升模板。滑升模板时，整个滑模装置沿不断接长的支承杆向上滑升，直至设计标高；滑出模板的混凝土出模强度已能承受自重和上部新浇筑混凝土重量，保证出模混凝土不致塌落变形。

采用滑模施工的工程，一般应满足以下要求：①工程的结构平面应简洁，各层构件沿平面投影应重合，且没有阻隔、影响滑升的突出构造。②当工程平面面积较大，采用整体滑升有困难或有分区施工流水安排时，可分区进行滑模施工。当区段分界与变形缝不一致时，应对分界处做设计处理。③直接安装设备的梁，当地脚螺栓的定位精度要求较高时，该梁不宜采用滑模施工，或者必须采取能确保定位精度的可靠措施；对有设备安装要求的电梯井等小型筒壁结构，应适当放大其平面尺寸，一般每边放大不小于 50mm。④尽量减少结构沿滑升方向截面（厚度）的变化。⑤宜采用胀锚螺栓或锚枪钉等后设措施代替结构上的预埋件。必须采用预埋件时，应准确定位、可靠固定且不得突出混凝土表面。⑥各种管线、预埋件等，宜沿垂直或水平方向集中布置排列。⑦二次施工构件预留孔洞的宽度，应比构件截面每边增大 30mm。

6. 爬升模板

爬升模板，简称爬模，是通过附着装置支承在建筑结构上，以液压油缸或千斤顶为爬升动力，以导轨为爬升轨道，随建筑结构逐层爬升、循环作业的施工工艺。

爬模的工作原理：以建筑物的钢筋混凝土墙体为支承主体，通过附着于已浇筑完成的钢筋混凝土墙体上的爬升支架或大模板，利用连接爬升支架与模板的爬升设备，使一方固定，另一方相对运动，交替向上爬升，以完成模板的爬升、下降、就位和校正等工作。

爬升模板施工工艺一般具有以下特点：施工方便，安全。爬升模板顶升脚手架和模板，在爬升过程中，全部施工静荷载及活荷载都由建筑结构承受，从而保证安全施工；可减少耗工量。架体爬升、楼板施工和绑扎钢筋等各工序互不干扰；工程质量高，施工精度高；提升高度不受限制，就位方便；通用性和适用性强。可用于多种截面形状的结构施工，还可用于有一定斜度的构筑物施工，如桥墩、塔身、大坝等。

7. 隧道模

隧道模是一种组合式定型钢制模板，是用来同时施工浇筑房屋的纵横墙体、楼板及上一层的导墙混凝土结构的模板体系。若把许多隧道模排列起来，则一次浇灌就可以完成一个楼层的楼板和全部墙体。对于开间大小都统一的建筑物，这个施工方法尤为适用。该种模板体系的外形结构类似于隧道形式，故称之为隧道模。采用隧道模施工的结构构件，表面光滑，能达到清水混凝土的效果，与传统模板相比，隧道模的穿墙孔位少，稍加处理即可进行油漆、贴墙纸等装饰作业。

采用隧道模施工对建筑的结构布局和房间的开间、进深、层高等尺寸要求较严格，比较适用于标准开间。隧道模是适用于同时整体浇筑竖向和水平结构的大型工具式模板体系，进行建筑物墙与楼板的同步施工，可将各标准开间沿水平方向逐段、逐层整体浇筑。对于非标准开间，可以通过加入插入式调节模板与台模结合使用，还可以解体改装作其他模板使用。隧道模使用效率较高，施工周期短，用工量较少，隧道模与常用的组合钢模板相比，可节省一半以上的劳动力，工期缩短 50% 以上。

5.1.3 模板设计

1. 概述

模板及支架应根据工程结构形式、荷载大小、地基土类别、施工设备和材料供应等条件进行设计。模板及支架的设计应符合下列规定：模板及支架的结构设计宜采用以概率理论为基础、以分项系数表达的极限状态设计方法；模板及支架的设计计算分析中所采用的各种简化和近似假定，应有理论或试验依据，或经工程验证可行；模板及支架应根据施工期间各种受力状况进行结构分析，并确定其最不利的作用效应组合。

模板及支架设计应包括下列内容：模板及支架的选型及构造设计；模板及支架上的荷载及其效应计算；模板及支架的承载力、刚度和稳定性验算；绘制模板及支架施工图。

2. 设计参数计算

（1）设计荷载。模板及支架的设计应计算不同工况下的各项荷载。常遇的荷载应包括模板及支架自重（G_1）、新浇筑混凝土自重（G_2）、钢筋自重（G_3）、新浇筑混凝土对模板侧面的压力（G_4）、施工人员及施工设备荷载（Q_1）、泵送混凝土及倾倒混凝土等因素产生的荷载（Q_2）、风荷载（Q_3）等，各项荷载的标准值可按《混凝土结构施工规范》（GB 50666—2011）附录 A 确定。

（2）承载力极限状态设计。模板及支架结构构件应按短暂设计状况下的承载能力极限状态进行设计，并应符合下式要求，即

$$\gamma_0 S \leqslant \gamma_R R$$

式中　γ_0——结构重要性系数，对重要的模板及支架宜取 $\gamma_0 \geqslant 1.0$；对于一般的模板及支

架应取 $\gamma_0 \geqslant 0.9$；

S——荷载基本组合的效应设计值，可按本规范第 4.3.6 条的规定进行计算；

R——模板及支架结构构件的承载力设计值，应按国家现行有关标准计算；

γ_R——承载力设计值调整系数，应根据模板及支架重复使用情况取用，不应大于 1.0。

模板及支架的荷载基本组合的效应设计值，可按下式计算，即

$$S_d = 1.35 \sum_{i \geqslant 1} S_{G_{ik}} + 1.4 \psi_{cj} \sum_{j \geqslant 1} S_{Q_{jk}}$$

式中　$S_{G_{ik}}$——第 i 个永久荷载标准值产生的荷载效应值；

　　　$S_{Q_{jk}}$——第 j 个可变荷载标准值产生的荷载效应值；

　　　ψ_{cj}——第 j 个可变荷载的组合值系数，宜取 $\psi_{cj} \geqslant 0.9$。

混凝土水平构件的底模板及支架、高大模板支架、混凝土竖向构件和水平构件的侧面模板及支架，宜按表 5.4 的规定确定最不利的作用效应组合。承载力验算应采用荷载基本组合，变形验算应采用荷载标准组合。

表 5.4　　　　　　　　　　最不利的作用效应组合

模板结构类别	最不利的作用效应组合	
	计算承载力	变形验算
混凝土水平构件的底模板及支架	$G_1+G_2+G_3+Q_1$	$G_1+G_2+G_3$
高大模板支架	$G_1+G_2+G_3+Q_1$	$G_1+G_2+G_3$
	$G_1+G_2+G_3+Q_2$	
混凝土竖向构件或水平构件的侧面模板及支架	G_4+Q_3	G_3

注　1. 对于高大模板支架，表中（$G_1+G_2+G_3+Q_2$）的组合用于模板支架的抗倾覆验算。

　　2. 混凝土竖向构件或水平构件的侧面模板及支架的承载力计算效应组合中的风荷载 Q_3 只用于模板位于风速大和离地高度大的场合。

　　3. 表中的"+"仅表示各项荷载参与组合，而不表示代数相加。

模板支架的高宽比不宜大于 3；当高宽比大于 3 时，应增设稳定性措施，并应进行支架的抗倾覆验算。模板的抗倾覆验算时应符合下列规定，即

$$\gamma_0 k M_{sk} \leqslant M_{RK}$$

式中　γ_0——结构重要性系数；

　　　k——模板及支架的抗倾覆安全系数，不应小于 1.4；

　　　M_{sk}——按不利工况下倾覆荷载组合计算的倾覆力矩标准值；

　　　M_{RK}——按最不利工况下抗倾覆力矩标准值，其中永久荷载标准值和可变荷载标准值的组合系数取 1.0。

（3）变形验算。模板及支架的变形限值应符合下列规定：对结构表面外露的模板，挠度不得大于模板构件计算跨度的 1/400；对结构表面隐蔽的模板，挠度不得大于模板构件计算跨度的 1/250；清水混凝土模板，挠度应满足设计要求；支架的轴向压缩变形值或侧向弹性挠度值不得大于计算高度或计算跨度的 1/1000。模板支架结构钢构件的长细比不应超过表 5.5 规定的允许值。

任务 5.1 模板工程施工

表 5.5　　　　　　　　　　　模板支架结构钢构件允许长细比

序号	构件类型	长细比
1	受压构件的支架立柱及桁架	180
2	受压构件的斜撑、剪刀撑	200
3	受拉构件的钢杆件	350

（4）其他。对于多层楼板连续支模情况，应计入荷载在多层楼板间传递的效应，宜分别验算最不利工况下的支架和楼板结构的承载力；支承于地基土上的模板支架，应按现行国家标准《建筑地基基础设计规范》（GB 50007）的有关规定对地基土进行验算；支承于混凝土结构构件上的模板支架，应按现行国家标准《混凝土结构设计规范》（GB 50010）的有关规定对混凝土结构构件进行验算。采用扣件钢管搭设的模板支架设计时应符合下列规定：扣件钢管模板支架宜采用中心传力方式；当采用顶部水平杆将垂直荷载传递给立杆的传力方式时，顶层立杆应按偏心受压杆件验算承载力，且应计入搭设的垂直偏差影响；支承模板荷载的顶部水平杆可按受弯构件进行验算；构造要求以及扣件抗滑移承载力验算，可按现行行业标准《建筑施工扣件式钢管脚手架安全技术规范》（JGJ 130）的有关规定执行。采用门式、碗扣式、盘扣式或盘销式等钢管架搭设的模板支架，应采用支架立柱杆端插入可调托座的中心传力方式，其承载力及刚度可按国家现行有关标准的规定进行验算。

5.1.4　模板制作与安装

1. 模板制作

模板应按图加工、制作；通用性强的模板宜制作成定型模板。模板面板背侧的木方/钢肋高度应一致。制作胶合板模板时，其板面拼缝处应密封；地下室外墙和人防工程墙体的模板对拉螺栓中部应设止水片，止水片应与对拉螺栓环焊；与通用钢管支架匹配的专用支架，应按图加工、制作。搁置于支架顶端可调托座上的主梁，可采用木方、木工字梁或截面对称的型钢制作。

2. 模板安装

（1）地基要求。支架立柱和竖向模板安装在基土上时，应符合下列规定：应设置具有足够强度和支承面积的垫板，且应中心承载；基土应坚实，并应有排水措施；对湿陷性黄土，应有防水措施；对冻胀性土，应有防冻融措施；对软土地基，当需要时可采用堆载预压的方法调整模板面安装高度。

（2）基本要求。竖向模板安装时，应在安装基层面上测量放线，并应采取保证模板位置准确的定位措施。对竖向模板及支架，安装时应有临时稳定措施。安装位于高空的模板时，应有可靠的防倾覆措施。应根据混凝土一次浇筑高度和浇筑速度，采取合理的竖向模板抗侧移、抗浮和抗倾覆措施。对跨度不小于 4m 的梁、板，其模板起拱高度宜为梁、板跨度的 1/1000～3/1000。

模板安装应保证混凝土结构构件各部分形状、尺寸和相对位置准确，并应防止漏浆；模板安装应与钢筋安装配合进行，梁、柱节点的模板宜在钢筋安装后安装；模板与混凝土

接触面应清理干净并涂刷脱模剂,脱模剂不得污染钢筋和混凝土接槎处;模板安装完成后,应将模板内杂物清除干净;后浇带的模板及支架应独立设置。固定在模板上的预埋件、预留孔和预留洞均不得遗漏,且应安装牢固、位置准确。

(3) 模板支架。采用扣件式钢管作高大模板支架的立杆时,支架搭设应完整,并应符合下列规定:钢管规格、间距和扣件应符合设计要求;立杆上应每步设置双向水平杆,水平杆应与立杆扣接;立杆底部应设置垫板。采用扣件式钢管作高大模板支架的立杆时,还应符合下列规定:对大尺寸混凝土构件下的支架,其立杆顶部应插入可调托座。可调托座距顶部水平杆的高度不应大于 600mm,可调托座螺杆外径不应小于 36mm,插入深度不应小于 180mm;立杆的纵、横向间距应满足设计要求,立杆的步距不应大于 1.8m;顶层立杆步距应适当减小,且不应大于 1.5m;支架立杆的搭设垂直偏差不宜大于 5/1000,且不应大于 100mm;在立杆底部的水平方向上应按纵下横上的次序设置扫地杆;承受模板荷载的水平杆与支架立杆连接的扣件,其拧紧力矩不应小于 40N·m,且不应大于 65N·m。

采用碗扣式、插接式和盘销式钢管架搭设模板支架时,应符合下列规定:碗扣架或盘销架的水平杆与立柱的扣接应牢靠,不应滑脱;立杆上的上、下层水平杆间距不应大于 1.8m;插入立杆顶端可调托座伸出顶层水平杆的悬臂长度不应超过 650mm,螺杆插入钢管的长度不应小于 150mm,其直径应满足与钢管内径间隙不小于 6mm 的要求。架体最顶层水平杆步距应比标准步距缩小一个节点间距;立柱间应设置专用斜杆或扣件钢管斜杆加强模板支架。

采用门式钢管架搭设模板支架时,应符合下列规定:支架应符合现行行业标准《建筑施工门式钢管脚手架安全技术规范》(JGJ 128)的有关规定,当支架高度较大或荷载较大时,宜采用主立杆钢管直径不小于 48mm 并有横杆加强杆的门架搭设。

支架的垂直斜撑和水平斜撑应与支架同步搭设,架体应与成形的混凝土结构拉结。钢管支架的垂直斜撑和水平斜撑的搭设应符合国家现行有关钢管脚手架标准的规定。对现浇多层、高层混凝土结构,上、下楼层模板支架的立杆应对准,模板及支架钢管等应分散堆放。

5.1.5 模板拆除与维护

模板拆除时,可采取先支的后拆、后支的先拆,先拆非承重模板、后拆承重模板的顺序,并应自上而下进行拆除。当混凝土强度达到设计要求时,方可拆除底模及支架;当设计无具体要求时,同条件养护试件的混凝土抗压强度应符合表 5.6 的规定。当混凝土强度能保证其表面及棱角不受损伤时,方可拆除侧模。多个楼层间连续支模的底层支架拆除时间,应根据连续支模的楼层间荷载分配和混凝土强度的增长情况确定。快拆支架体系的支架立杆间距不应大于 2m。拆模时应保留立杆并顶托支承楼板,拆模时的混凝土强度可取构件跨度为 2m 按本规范第 5.6 条的规定确定。

对于后张预应力混凝土结构构件,侧模宜在预应力张拉前拆除;底模支架不应在结构构件建立预应力前拆除。拆下的模板及支架杆件不得抛扔,应分散堆放在指定地点,并应及时清运。模板拆除后应将其表面清理干净,对变形和损伤部位应进行修复。

任务 5.1 模板工程施工

表 5.6　　　　　　　　　　　　底模拆除时的混凝土强度要求

板件类型	构件跨度/m	按达到设计混凝土强度等级值的百分率计/%
板	≤2	50
	>2, ≤8	75
	>8	100
梁、拱、壳	≤8	75
	>8	100
悬臂结构		100

5.1.6　质量验收与安全技术

模板、支架杆件和连接件的进场检查应符合下列规定：模板表面应平整；胶合板模板的胶合层不应脱胶翘角；支架杆件应平直，应无严重变形和锈蚀；连接件应无严重变形和锈蚀，并不应有裂纹；模板规格、支架杆件的直径、壁厚等应符合设计要求；对在施工现场组装的模板，其组成部分的外观和尺寸应符合设计要求；有必要时，应对模板、支架杆件和连接件的力学性能进行抽样检查；对外观，应在进场时和周转使用前全数检查；对尺寸和力学性能可按国家现行有关标准的规定进行抽样检查。对固定在模板上的预埋件、预留孔和预留洞，应检查其数量和尺寸，允许偏差应符合表 5.7 的规定。对现浇结构模板，应检查尺寸，允许偏差和检查方法应符合表 5.8 的规定。

表 5.7　　　　　　　　　　预埋件、预留孔和预留洞的允许偏差

项　目		允许偏差/mm
预埋钢板中心线位置		3
预埋管、预留孔中心线位置		3
插筋	中心线位置	5
	外露长度	+10；0
预埋螺栓	中心线位置	2
	外露长度	+10；0
预留洞	中心线位置	10
	截面内部尺寸	+10；0

表 5.8　　　　　　　　　　现浇结构模板允许偏差和检查方法

项　目		允许偏差/mm	检　查　方　法
轴线位置		5	钢尺检查
底模上表面标高		±5	水准仪或拉线、钢尺检查
截面内部尺寸	基础	5	钢尺检查
	柱、墙、梁	+10；0	
层高垂直度	全高不大于5m	6	经纬仪或吊线、钢尺检查
	全高大于5m	8	
相邻两板表面高低差		2	钢尺检查
表面平整度		5	2m靠尺或塞尺检查

项目 5 钢筋混凝土工程施工技术

任务 5.2 钢 筋 工 程 施 工

5.2.1 概述

钢筋工程是建筑施工中的重中之重,目前在建筑施工中得到越来越广泛的应用。钢筋的制作与绑扎质量决定了钢筋混凝土结构质量的关键。钢筋工程施工技术主要包括钢筋的配料、代换、加工、连接、安装等内容。

钢筋工程宜采用高强钢筋。在运输、存放及施工过程中,应采取避免钢筋混淆的措施。当需要进行钢筋代换时,应办理设计变更文件。钢筋在运输和存放时,不得损坏包装和标志,并应按牌号、规格、炉批分别堆放。室外堆放时,应采用避免钢筋锈蚀的措施。

为了加强对钢筋外观质量的控制,钢筋进场时和使用前均应对进厂钢筋的外观质量进行检查(全数检查)。钢筋应平直、无损伤,表面不得有裂纹、油污、颗粒状或片状老锈,弯折钢筋不得敲直后作为受力钢筋使用。钢筋对混凝土结构构件的承载力至关重要,对其质量应从严要求。钢筋应符合现行国家标准的要求。钢筋进场时应检查产品合格证和出厂检验报告,并按规定进行抽样检验。

5.2.2 钢筋配料

1. 钢筋的配料计算

钢筋的配料是根据构件配筋图,先绘出各种形状和规格的单根钢筋简图并加以编号,然后分别计算下料长度和根数,填写配料单,申请加工。钢筋因弯曲或弯钩会使其长度发生变化,在配料时不能直接按图样中的尺寸下料,而应根据混凝土保护层、钢筋弯曲、弯钩长度及图样中尺寸计算其下料长度,各种钢筋下料长度的计算可按下列方法。

直钢筋下料长度=构件长度-保护层厚+弯钩增加长度

弯起钢筋下料长度=直段长度+斜段长度-弯曲调整值+弯钩增加长度

箍筋下料长度=箍筋外皮周长(或箍筋内皮周长)+箍筋调整值

(1) 弯钩增加长度。钢筋弯钩有半圆弯钩、直弯钩及斜弯钩 3 种形式(图 5.13),各种弯钩增加长度 l_z 按下式计算。

半圆弯钩,即

$$l_z = 1.071D + 0.571d + l_p \tag{5.1}$$

直弯钩,即

$$l_z = 0.285D - 0.215d + l_p \tag{5.2}$$

斜弯钩,即

$$l_z = 0.678D + 178d + l_p \tag{5.3}$$

式中 D——圆弧弯曲直径,对 HPB300 级钢筋取 $2.5d$,对 HRB400、RRB400 级钢筋取 $5d$;

d——钢筋直径;

l_p——弯钩的平直部分长度。

采用 HPB300 级钢筋,按圆弧弯曲直径为 $2.5d$,$l_p=3d$ 考虑,半圆弯钩增加长应为

任务 5.2 钢筋工程施工

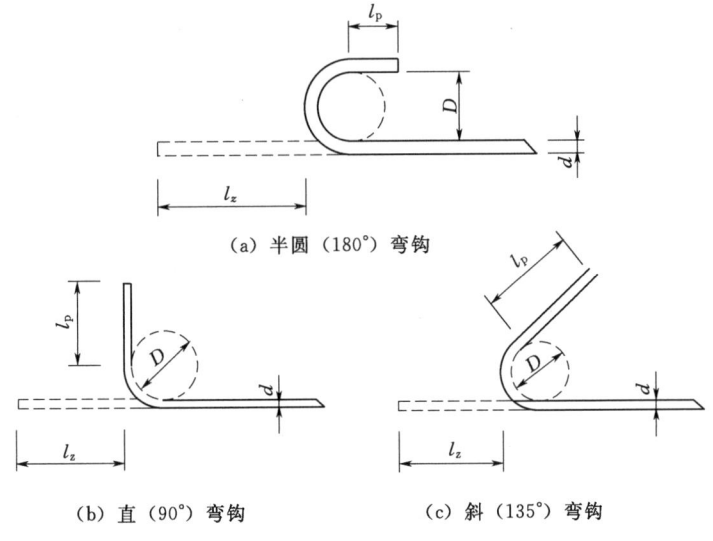

图 5.13 钢筋弯钩形式

$6.25d$；直弯钩 l_p 按 $5d$，考虑增加长度应为 $5.5d$，斜弯钩 l_p 按 $10d$ 考虑，增加长度为 $12d$。

（2）弯起钢筋斜长计算。梁类构件常配置弯起钢筋，弯起角分为 30°、45°和 60°几种，弯起钢筋的斜长系数如图 5.14 所示。

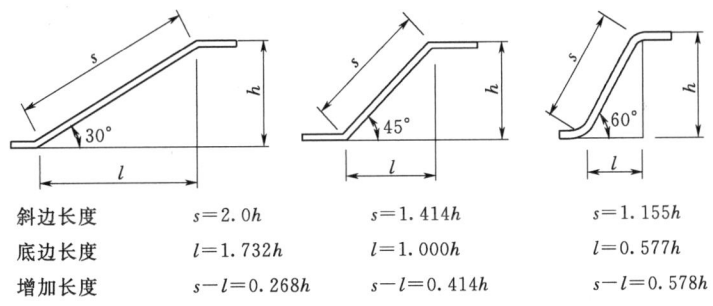

斜边长度	$s=2.0h$	$s=1.414h$	$s=1.155h$
底边长度	$l=1.732h$	$l=1.000h$	$l=0.577h$
增加长度	$s-l=0.268h$	$s-l=0.414h$	$s-l=0.578h$

图 5.14 弯起钢筋斜长计算简图

（3）弯起调整值。钢筋弯曲时，内皮缩短，外皮延长，只中心线尺寸不变，故下料长度即中心线尺寸。一般钢筋成形后量度尺寸都是沿直线量外包尺寸；同时弯曲处又能成圆弧，因此弯曲钢筋的量度尺寸大于下料尺寸，两者之间的差值称为"弯曲调整值"，即在下料时，下料长度应等于量度尺寸减去弯曲调整值。

不同级别钢筋弯折 90°和 135°时［图 5.15（a）、(b)］的弯曲调整值参见表 5.9，对一次弯折钢筋［图 5.15（c）］和弯起钢筋［图 5.15（d）］的弯曲直径 D 不应小于钢筋直径 d 的 5 倍，其弯折角度为 30°、45°、60°的弯曲调整值参见表 5.10。

（4）箍筋弯钩增加长度。箍筋的末端应做弯钩，用 HPB300 级钢筋或冷拔低碳钢丝制作的箍筋，其弯钩的弯曲直径应大于受力钢筋直径，且不小于箍筋直径的 2.5 倍；弯钩平直部分的长度，对一般结构，不宜小于箍筋直径的 5 倍，对有抗震要求的结构，不应小

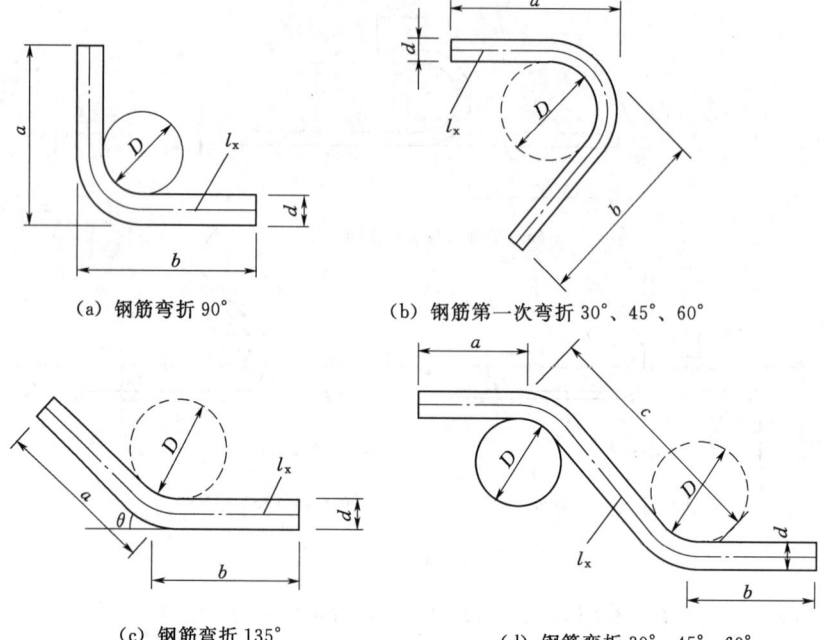

(a) 钢筋弯折 90°　　(b) 钢筋第一次弯折 30°、45°、60°

(c) 钢筋弯折 135°　　(d) 钢筋弯折 30°、45°、60°

图 5.15　钢筋弯曲调整值计算简图

a，b—量度尺寸；l_x—下料长度

表 5.9　　　　　　　　　钢筋弯折 90°和 135°时的弯曲调整值

弯折角度	钢筋级别	弯曲调整值 计算式	弯曲调整值 取值
90°	HPB300 级 HRB400 级 RRB 400	$\Delta=0.215D+1.215d$	$1.75d$ $2.29d$ $2.29d$
135°	HPB300 级 HRB400 级 RRB400 级	$\Delta=0.822d-0.178D$	$0.38d$ $-0.07d$ $-0.07d$

注　1. 弯曲直径：HPB300 级钢筋 $D=2.5d$；HRB400、RRB400 级钢筋 $D=5d$。
　　2. 计算简图如图 5.15（a）、（b）所示。

表 5.10　　　　　钢筋一次弯折和弯起 30°、45°、60°的弯曲调整值

弯折角度	一次弯折的弯曲调整值 计算式	一次弯折的弯曲调整值 按 $D=5d$	弯起钢筋的弯曲调整值 计算式	弯起钢筋的弯曲调整值 按 $D=5d$
30°	$\Delta=0.006D+0.274d$	$0.3d$	$\Delta=0.012D+0.28d$	$0.34d$
45°	$\Delta=0.022D+0.436d$	$0.55d$	$\Delta=0.043D+0.457d$	$0.67d$
60°	$\Delta=0.054D+0.631d$	$0.9d$	$\Delta=0.108D+0.685d$	$1.23d$

注　计算简图见图 5.15（c）、（d）。

于箍筋的 10 倍。弯钩形式可按图 5.16（a）、（b）加工，对有抗震要求和受扭的结构，可按图 5.16（c）加工。

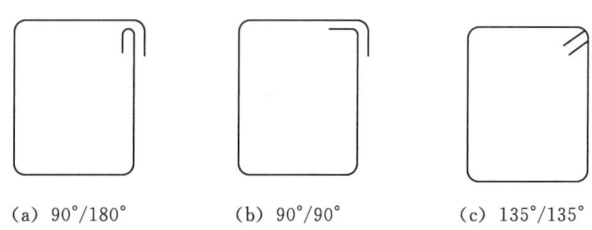

(a) 90°/180°　　　(b) 90°/90°　　　(c) 135°/135°

图 5.16　箍筋弯钩示意图

常用规格钢筋箍筋弯钩长度增加长度可参见表 5.11。

表 5.11　　　　　　　　　箍筋弯钩长度增加值参考表

钢筋直径 d/mm	一般结构箍筋两个弯钩增加长度/mm		抗震结构两个弯钩增加长度（28d）/mm
	两个弯钩均为 90°（15d）	一个弯钩 90°另一个弯钩 180°（17d）	
≤5	75	85	140
6	90	102	168
8	120	136	224
10	150	170	280
12	180	204	336

注　箍筋一般用内皮尺寸表示，每边加上 2d，即成为外皮尺寸，表中已计入。

2. 配料单及配料牌的制作

（1）配料单的制作。钢筋配料单是根据施工图纸中钢筋的品种、规格及外形尺寸、数量进行编号，并计算下料长度，用表格形式表达的单据。

1）配料单的作用。钢筋配料单是确定钢筋下料加工的依据，是提出材料计划、签发任务单和限额领料单的依据，它是钢筋施工的重要工序，合理的配料单，能节约材料、简化施工操作。

2）配料单的形式。钢筋配料单一般由构件名称、钢筋编号、钢筋简图、尺寸、钢号、数量、下料长度及重量等内容组成。表 5.12 是某办公楼钢筋混凝土简支梁 L1 的配料单形式。

表 5.12　　　　　　　　　钢 筋 配 料 单

构件名称	钢筋编号	简　图	直径/mm	钢号	下料长度/m	单位根数	合计根数	质量/kg
某办公楼 L1 梁共 5 根	1	⌐——5950——⌐	18	Φ	6.18	2	10	123.5
	2	⌐——5950——⌐	10	Φ	6.07	2	10	37.5
	3	⟍__4400__566⟋375	18	Φ	6.48	1	5	64.7

续表

构件名称	钢筋编号	简 图	直径/mm	钢号	下料长度/m	单位根数	合计根数	质量/kg
某办公楼L1梁共5根	4	3400 566 875	18	Φ	6.48	1	5	64.7
	5	400 150	6	Φ	1.25	31	155	43.1
备注		合计 φ6=43.1kg,φ10=37.5kg Φ18=252.9kg						

3) 编制步骤。熟悉图纸、识读构件配筋图,弄清每一编号钢筋的直径、规格、种类、形状和数量,以及在构件中的位置和相互关系;绘制钢筋简图;计算每种规格的钢筋下料长度;填写钢筋配料单;填写钢筋料牌。

(2) 标牌与标识的制作。钢筋除填写配料单外,还需将每一编号的钢筋制作相应的标牌与标识,也即料牌,作为钢筋加工的依据,并在安装中作为区别工程项目的标志。

【例 5.1】 试编写某办公楼钢筋混凝土简支梁L4(图 5.17)的钢筋配料单。

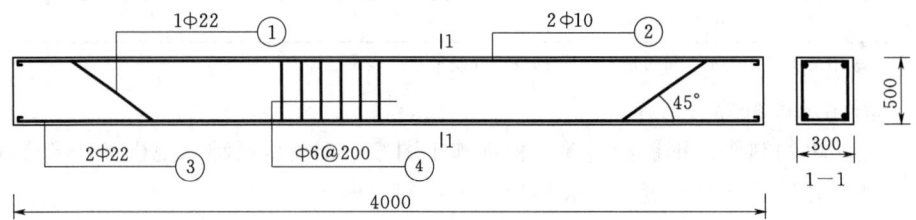

图 5.17 办公楼钢筋混凝土简支梁L4配筋图

【解】 图中①号钢筋为弯起钢筋,数量1根,直径为10mm,②号钢筋为架立筋,数量2根,直径也是10mm;③号钢筋为纵向受力钢筋,直径22mm,①、②、③号钢筋均为 HPB300 级,按规范要求端部均应做成半圆弯钩。④号钢筋为箍筋,直径为6mm,间距为20mm。下料长度计算:保护层厚度为25mm。

①单根长度=4000−25×2+6.25d×2+450×0.41×2−0.5d×4=4550;根数=1

②单根长度=4000−25×2+6.25d×2=4075;根数=2

③单根长度=4000−25×2+6.25d×2=4225;根数=2

④单根长度=(500+300)×2−27=1573;根数=(4000−25×2)÷200+1=21

故其配料单见表 5.13。

表 5.13 配 料 单

编号	简 图	钢号	直径/mm	下料长度/mm	单位根数	合计/m	质量/kg
①		Φ	22	4550	1	4.6	13.6
②	3950	Φ	10	4075	2	8.2	5.0

任务 5.2 钢筋工程施工

续表

编号	简 图	钢号	直径/mm	下料长度/mm	单位根数	合计/m	质量/kg
③	⌐──── 3950 ────⌐	Φ	22	4225	2	8.5	25.2
④	462 × 262	Φ	6	1573	21	33.0	7.3

5.2.3 钢筋的代换

当施工中遇到钢筋的品种或规格与设计要求不符时，就需要按钢筋等强度代换、等面积代换原则进行代换。

(1) 代换原则。充分了解设计意图、构件特征、使用条件和代换钢筋性能，严格遵守现行设计、施工规范及有关技术规定。对抗裂性要求高的构件（如吊车梁、薄腹梁、桁架下弦等），不宜用 HPB300 级光面钢筋代换 HRB400 级变形钢筋，以免裂缝开展过宽。代换应符合配筋构造规定（如钢筋的最小直径、间距、根数、锚固长度和配筋百分率）。梁内纵向受力钢筋与弯起钢筋应分别进行代换，以保证正截面与斜截面强度。偏心受压构件或偏心受拉构件（如框架柱、有吊车的厂房柱、桁架上弦等）钢筋代换时，应按受面（受压或受拉）分别代换，不得取整个截面配筋量计算。同一截面内配置不同种类和直径的钢筋代换时，每根钢筋拉力差不宜过大（同品种钢筋直径差一般不大于 5mm），以免构件受力不匀。

进行钢筋代换的效果，除应考虑代换后仍能满足结构各项技术性能要求外，同时还要保证材料的经济性和加工操作的方便。钢筋代换后，其用量不宜大于原设计用量的 5%，也不低于原设计用量的 2%。重要结构和预应力混凝土钢筋的代换应征得设计单位同意。吊车梁等承受反复荷载的构件，必要时应在钢筋代换后进行疲劳验算。

(2) 等强度代换。钢筋等强度代换可采用下式计算，即

$$n_2 \geqslant \frac{n_1 d_1^2 f_{y1}}{d_2^2 f_{y2}} \tag{5.4}$$

式中 n_2——代换钢筋根数；
  n_1——原设计钢筋根数；
  d_2——代换钢筋直径；
  d_1——原设计钢筋直径；
  f_{y2}——代换钢筋抗拉强度设计值；
  f_{y1}——原设计钢筋抗拉强度设计值。

上式有以下两种特例。

1) 强度相同、直径不同的钢筋代换，即

$$n_2 \geqslant n_1 \frac{d_1^2}{d_2^2} \tag{5.5}$$

2) 直径相同、强度设计值不同的钢筋代换，即

$$n_2 \geqslant n_1 \frac{f_{y1}}{f_{y2}} \tag{5.6}$$

表 5.14　　　　　　　　　　钢筋强度设计值　　　　　　　　　　单位：N/mm²

项次	钢筋种类		抗拉强度设计值 f_y	抗压强度设计值 f_y'
1	热轧钢筋	HPB300	270	270
		HRB400	360	360
		RRB400	360	360
2	冷轧带肋钢筋	CRB550	360	360
		CRB650	430	380
		CRB800	530	380

（3）等面积代换。当构件按最小配筋控制时，可按钢筋面积相等的方法进行代换，即

$$A_{s1} = A_{s2} \tag{5.7}$$

或

$$n_1 d_1^2 = n_2 d_2^2 \tag{5.8}$$

式中　A_{s1}，n_1，d_1——原设计钢筋的计算截面面积（mm²）、根数、直径（mm）；

A_{s2}，n_2，d_2——拟代换钢筋的计算截面面积（mm²）、根数、直径（mm）。

（4）抗裂度、挠度验算。当结构构件按裂缝宽度或挠度控制时（如水池、水塔、储液罐、承受水压作用的地下室墙、烟囱、储仓、重型吊车梁及屋架、托架的受拉构件等的钢筋代换），如用同品种粗钢筋等强度代换细钢筋，或用光面钢筋代替变形钢筋，应按《混凝土结构设计规范》（GB 50010—2010）重新验算裂缝宽度，如代换后钢筋的总截面面积减小，应同时验算裂缝宽度和挠度。

5.2.4　钢筋加工

1. 除锈、调直及切断

（1）钢筋除锈。工程中钢筋的表面洁净，以保证钢筋与混凝土之间的握裹力。钢筋上的油漆、漆污和用锤敲击时能剥落的乳皮、铁锈等应在使用前清除干净。带有颗粒状或片状老锈的钢筋不得使用。

1）钢筋除锈一般有以下几种方法：手工除锈，即用钢丝刷、砂轮等工具除锈；钢筋冷拉或钢丝调直过程中除锈；机械方法除锈，如采用电动除锈机；喷砂或酸洗除锈。

2）对大量的钢筋除锈，可在钢筋冷拉或钢筋调直机调直过程中完成；少量的钢筋除锈可采用电动除锈机或喷砂方法；钢筋局部除锈可采取人工用钢丝刷或砂轮等方法进行。也可将钢筋通过沙箱往返搓动除锈。

3）电动除锈的圆盘钢丝刷有成品供应（也可用废钢丝绳头拆开编成），直径20～30cm，厚5～15cm，转速1000r/min，电动机功率为1.0～1.5kW。

4）如除锈后钢筋表面有严重麻坑、斑点等以伤蚀截面时，应降级使用或剔除不用，带有蜂窝状锈迹的钢丝不得使用。

（2）钢筋调直。钢筋调直分人工调直和机械调直两类。人工调直可分为绞盘调直（多

用于12mm以下的钢筋、板柱）、铁柱调直（用于粗钢筋）、蛇形管调直（用于冷拔低碳钢丝）。机械调直常用的有钢筋调直机调直（用于冷拔低碳钢丝和细钢筋）、卷扬机调直（用于粗细钢筋）。钢筋调直的具体要求如下。

1）对局部曲折、弯曲或成盘的钢筋应加以调直。

2）钢筋调直普遍使用慢速卷扬机拉直和用调直机调直，在缺乏调直设备时，粗钢筋可采用弯曲机、平直锤或用卡盘、扳手、锤击矫直；细钢筋可用绞盘（磨）拉直或用导车轮、蛇形管调直装置来调直。

3）采用钢筋调直机调直冷拔低碳钢丝和细钢筋时，要根据钢筋的直径选用调直模和传送辊，并要恰当掌握直模的偏移量和压紧程度。

4）用卷扬机拉直钢筋时，应注意控制冷拉率；HPB300级钢筋不宜大于4%；HRB400级钢筋不准采用冷拉钢筋的结构，不宜大于1%。用调直机调直钢丝和用锤击法平直粗钢筋时，表面伤痕不应使截面积减少5%以上。

5）调直后的钢筋平直，无局部曲折；冷拔低碳钢丝表面不得有明显擦伤。应当注意，冷拔低碳钢丝调直机调直后，其抗拉强度一般要降低10%～15%，使用前要加强检查，按调直后的抗拉强度选用。

6）已调直的钢筋应按级别、直径、长短、根数分扎成若干下扎，分区堆放整齐。

（3）钢筋切断。钢筋切断分为机械切断和人工切断两种。机械切断常用钢筋切断机，操作时要保证断料正确，钢筋与切断机口要垂直，并严格执行操作规程，确保安全。在切断过程中，如发现钢筋有劈裂、缩头或严重的弯头，必须切除。手工切断常用手动切断机（用于直径16mm以下的钢筋）、克子（又称踏扣，用于直径6～32mm的钢筋）、断线钳（用于钢丝）等几种工具。切断操作应注意以下几点。

1）钢筋切断应合理统筹配料，将相同规格钢筋根据不同长短搭配，统筹排料，一般先断长料、后断短料，以减少短头、接头和损耗。避免用短尺量长料，以免产生累积误差；切断操作时，应在工作台上标出尺寸刻度，并设置控制断料尺寸用的挡板。

2）向切断机送料时，应将钢筋摆直，避免弯成弧形，操作者应将钢筋握紧，并应在冲动刀片向后退时送进钢筋；切断长300mm以上钢筋时，应将钢筋套在钢管内送料，防止发生事故。

3）操作中，如发现钢筋硬度异常（过硬或过软），与钢筋级别不相称时，应考虑对该批钢筋作进一步检验；热处理预应力钢筋切断时，只允许用切断机或氧乙炔割断，不得用电弧切割。

4）切断后的钢筋断口不得有马蹄形或起弯等现象；钢筋长度偏差不应小于±10mm。

2. 钢筋的弯曲成形

弯曲成形是将已切断、配好的钢筋按照施工图纸的要求加工成规定的形状尺寸。钢筋弯曲成形的顺序是：准备工作→画线→样件→弯曲成形。弯曲分为人工弯曲和机械弯曲两种。

（1）准备工作。钢筋弯曲成什么样的形状，各部分的尺寸是多少，主要依据钢筋配料单，这是最基本的操作依据。因此，钢筋弯曲成形的准备工作主要为准备钢筋配料单和配料牌。配料单的编制和配料牌的制作已在钢筋配料中介绍。同时，钢筋的除锈、调制与切断工作已经完成。

（2）画线。在弯曲成形之前，除应熟悉待加工钢筋的规格、形状和各部尺寸，确定弯曲操作步骤及准备工具等之外，还需将钢筋的各段长度尺寸画在钢筋上。

精确画线的方法是，大批量加工时应根据钢筋的弯曲类型、弯曲角度、弯曲半径、扳距等因素，分别计算各段尺寸，再根据各段尺寸分段画线。这种画线方法比较繁琐。现场小批量的钢筋加工，常采用简便的画线方法。即在画钢筋的分段尺寸时，将不同角度的弯折量度差在弯曲操作方向相反的一侧长度内扣除，画上分段尺寸线，这条线称为弯曲点线。根据弯曲点线并按规定方向弯曲后得到的成形钢筋，基本与设计图要求的尺寸相符。

现以梁中弯起钢筋为例，说明弯曲点线的画线方法，如图 5.18 所示。

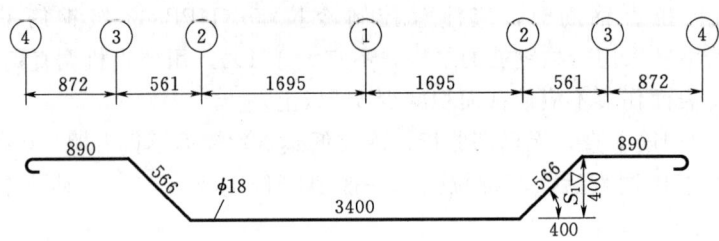

图 5.18　弯起钢筋计算例图

第一步，在钢筋的中心线画第一道线。

第二步，取中段（3400）的 1/2 减去 $0.25d_0$，即在 $1700-4.5=1695(mm)$ 处画第二道线。

第三步，取斜长（566）减去 $0.25d_0$，即在 $566-4.5=561(mm)$ 处画第三道线。

第四步，取直段长（890）减去 $1d_0$，即在 $890-18=872(mm)$ 处画第四道线。

以上各线段即钢筋的弯曲点线，弯制钢筋时即按这些线段进行弯制。弯曲角度须在工作台上放出大样。需说明的一点是，画线时所减去的值应根据钢筋直径和弯折角度具体确定，此处所取值仅为便于说明。弯制形状比较简单或同一形状根数较多的钢筋，可以不画线，而在工作台上按各段尺寸要求，固定若干标志，按标准操作。此法工效高。

（3）做样件。弯曲钢筋画线后，即可试弯 1 根，以检查画线的结果是否符合设计要求。如不符合，应对弯曲顺序、画线、弯曲标志、扳距等进行调整，待调整合格后方可成批弯制。

（4）弯曲成形。

1）手工弯曲成形。不同钢筋的弯曲步骤分述如下。

a. 箍筋的弯曲成形。箍筋弯曲成形步骤，分为五步，如图 5.19 所示。在操作前，首先要在手摇扳的左侧工作台上标出钢筋 1/2 长、箍筋长边内侧长和短边内侧长（也可标长边外侧长和短边外侧长）3 个标志。

图 5.20（a）在钢筋 1/2 长处弯折 90°；图 5.20（b）弯折短边 90°；图 5.20（c）弯长边 135°弯钩；图 5.20（d）弯短边 90°；图 5.20（e）弯短边 135°弯钩。因为图 5.20（c）、（e）的弯钩角度大，所以要比图 5.20（b）、（d）操作时靠标志略松些，预留一些长度，以免箍筋不方正。

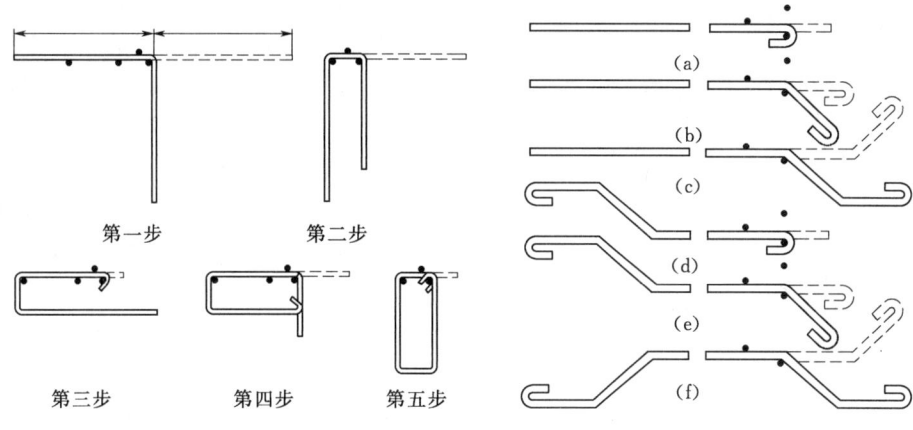

图 5.19 箍筋弯曲成形步骤　　　图 5.20 弯起筋成形步骤

b. 弯起钢筋的弯曲成形。弯起钢筋的弯曲成形如图 5.20 所示，一般弯起钢筋长度较大，故通常在工作台两端设置卡盘，分别在工作台两端同时完成成形工序。

当钢筋的弯曲形状比较复杂时，可预先放出实样，再用扒钉钉在工作台上，以控制各个弯转角，如图 5.21 所示。首先在钢筋中段弯曲处钉两个扒钉，弯第一对 45°弯，第二步在钢筋上段弯曲处钉两个扒钉，弯第二对 45°弯；第三步在钢筋弯钩处钉两个扒钉，弯两对弯钩；最后起出扒钉。这种成型方法形状较准确、平面平整。

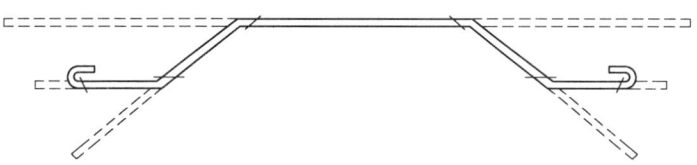

图 5.21 钢筋扒钉成形

各种不同钢筋弯折时，常将端部弯钩作为最后一个弯折程序，这样可以将配料弯折过程中的误差留在弯钩内，不致影响钢筋的整体质量。

2) 机械弯曲成型。常用钢筋弯曲机可弯曲钢筋最大公称直径为 40mm，用 GW40 表示型号，其他还有 GW12、GW20、GW25、GW32、GW50、GW65 等，型号的数字表示可弯曲钢筋的最大公称直径。表 5.15 列出几种常用钢筋弯曲机的主要技术性能。

表 5.15　　常用钢筋弯曲机的主要技术性能

性　能		型　号		
名称	单位	GW40	GW40A	GW50
可弯曲钢筋直径	mm	6～40	6～40	25～50
弯曲速度	r/min	5	9	2.5
电动机功率	kW	350	350	320
外形尺寸	长 mm	870	1050	1450
	宽 mm	760	760	800
	高 mm	710	828	760
整机质量	kg	400	450	580

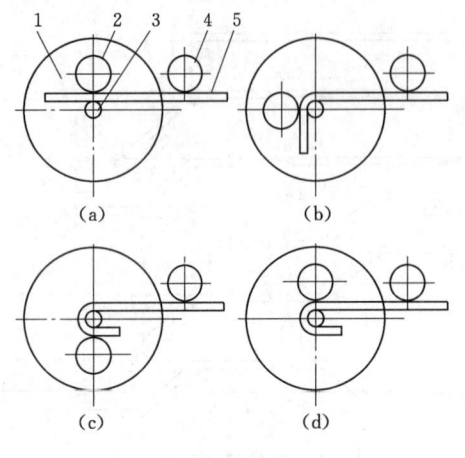

图 5.22 弯曲机的操作过程
1—工作盘;2—成形轴;3—心轴;
4—挡铁轴;5—钢筋

各种钢筋弯曲机可弯曲钢筋直径是按抗拉强度为 $450N/mm^2$ 的钢筋取值的,对于级别较高、直径较大的钢筋,如果用 GW40 型钢筋弯曲机不能胜任,就可采用 GW50 型来弯曲。最普遍通用的 GW40 型钢筋弯曲机的上视图如图 5.22 所示。更换传动轮,可使工作盘得到 3 种转速,弯曲直径较大的钢筋必须使转速放慢,以避免损坏设备。在不同转速的情况下,一次最多能弯曲的钢筋根数按其直径的大小应按弯曲机的说明书执行。弯曲机的操作过程如图 5.22 所示。

3) 成品管理。对钢筋加工工序而言,弯曲成形后的钢筋就算是"成品"。弯曲成形后的钢筋质量必须通过加工操作人员自检;进入成品仓库的钢筋要由专职质量检查人员复检合格。

钢筋加工的质量按照《混凝土结构工程施工质量验收规范》(GB 50204—2015) 的规定,受力钢筋的弯钩和弯折应符合表 5.16 的规定。

表 5.16 钢筋弯钩、弯折形状和尺寸要求

钢筋类型	牌号部位	形状	弯弧内直径	弯钩平直部分长度 L_p
受力钢筋	HPB300	180°弯钩	$\geqslant 2.5d$	$\geqslant 3d$
	HRB400	135°弯钩	$\geqslant 4d$	按设计要求
	HPB300、HRB400	$\leqslant 90°$弯钩	$\geqslant 5d$	—
箍筋	一般结构	$\geqslant 90°$弯钩	$\geqslant 2.5d_0$,$\geqslant d$	$\geqslant 5d_0$
	抗震结构	135°弯钩	$\geqslant 2.5d_0$,$\geqslant d$	$\geqslant 10d_0$

注 表中 d 为受力钢筋直径,d_0 为箍筋直径。

弯曲成形好了的钢筋必须轻抬轻放,避免产生变形;经过验收检查合格后,成品应按编号拴上料牌,并应特别注意缩尺钢筋的料牌勿使遗漏。清点某一编号钢筋成品无误后,在指定的堆放地点要按编号分隔整齐堆入,并标识所属工程名称。钢筋成品应堆放在库房里,库房应防雨防水,地面保持干燥,并做好支垫。与安装班组联系好,按工程名称、部位及钢筋编号、需用顺序堆放,防止先用的被压在下面,使用时因翻垛而造成钢筋变形。

3. 钢筋的冷加工

(1) 钢筋的冷拉。

1) 冷拉原理及时效强化。工程中将钢材于常温下进行冷拉使之产生塑性变形,从而提高钢材屈服强度,这个过程称为冷拉强化。产生冷拉强化的原理是:钢材在塑性变形中晶格的缺陷增多,而缺陷的晶格严重畸变对晶格进一步滑移将起到阻碍作用,故钢材的屈服点提高,塑性和韧性降低。由于塑性变形中产生了内应力,故钢材的弹性模量降低。将经过冷拉的钢筋于常温下存放 15~20d 或加热到 100~200℃并保持一定时间,这个过程

称为时效处理,前者称为自然时效,后者称为人工时效。冷拉以后再经时效处理的钢筋,其屈服点进一步提高,抗拉极限强度也有所增长,塑性继续降低。由于时效强化处理过程中内应力的削减,对钢筋或低碳钢盘条按一定程度进行冷拉或冷拔加工,以提高屈服强度,节约钢材。

2) 钢筋冷拉参数及控制方法。钢筋的冷拉力的冷拉率是影响钢筋冷拉质量的两个主要参数。钢筋的冷拉率就是钢筋冷拉时包括其弹性和塑性变形的总伸长值与钢筋原长的比值(%)。在一定限度范围内,冷拉应力或冷拉率越大,则屈服强度提高越多,而塑性也越降低。但钢筋冷拉后仍有一定的塑性,其屈服强度与抗拉强度的比值(屈服比)不宜太大,以使钢筋有一定的强度储备。

钢筋冷拉可采用通过控制应力来控制冷拉率的方法。用作预应力筋的钢筋,冷拉时宜采用控制应力的方法,或采用既控制应力又控制冷拉率的方法。不能分清炉批号的热轧钢筋的冷拉不应采用控制冷拉率的方法。

$$冷拉应力=\frac{冷拉力}{钢筋公称面积}$$

$$冷拉率=\frac{钢筋冷拉伸长值}{钢筋原有长度}$$

钢筋冷拉伸长值=钢筋冷拉后长度-钢筋原有长度

a. 控制应力的方法。采用控制应力的方法冷拉钢筋时,其冷拉控制应力及最大冷拉率应符合表5.17的规定,冷拉时应随时检查钢筋的冷拉率,当超过表5.17的规定时,应进行力学性能检验。

表 5.17　　　　　　　　　冷拉控制应力及最大冷拉率

钢筋级别	钢筋直径/mm	冷拉控制应力/MPa	最大冷拉率/%
HPB300	≤12	280	10.0
HRB400	8～40	500	5.0

b. 控制冷拉率的方法。采用控制冷拉率的方法冷拉钢筋时,其冷拉率应由试验确定。即在同炉批的钢筋中切取试样(不少于4个),按表5.18的冷拉应力拉伸钢筋,测定各试样的冷拉率,取其平均值作为该批钢筋实际采用的冷拉率。冷拉率确定后,便可根据钢筋的长度求出钢筋的冷拉长度。冷拉多根连接的钢筋,冷拉率可按总长计算,但冷拉后每根钢筋的冷拉率应符合表5.17的规定。

表 5.18　　　　　　　　　测定冷拉率时钢筋的冷拉应力

钢 筋 级 别	钢 筋 直 径	冷拉控制应力/MPa
HPB300	≤12	280
HRB400	8～40	500

注　当钢筋平均冷拉率低于1%时,仍应按1%进行冷拉。

3) 钢筋冷拉操作。钢筋冷拉主要工序有钢筋上盘、放圈、切断、夹紧夹具、冷拉开

始、观察控制值、停止冷拉、放松夹具、捆扎堆放。

冷拉设备主要由拉力装置、承力结构、钢筋夹具及测量装置等组成。拉力装置一般由卷扬机、张拉小车及滑轮组成。当缺乏卷扬机时，也可采用普通液压千斤顶、长冲程千斤顶或预应力用的选手顶等代替。但用选手顶冷拉时生产率较低，且选手顶容易磨损。承力结构可采用钢筋混凝土压杆；当拉力较小或在临时性工程中可采用地锚。

冷拉长度测量可用标尺，测力计可用电子秤或附有油表的液压千斤顶或弹簧测力计。测力计一般宜设置在张拉端定滑轮组处，若设置在固定端时，应设防护装置，以免钢筋断裂时损坏测力计。为安全起见，冷拉时钢筋应缓缓拉伸，缓缓放松，并应防止斜拉，正对钢筋两端不允许站人，冷拉时人员不得跨越钢筋。

冷拉操作要点如下：对钢筋的炉号、原材料的质量进行检查，不同炉号的钢筋分别进行冷拉，不得混杂。冷拉前，应对设备，特别是测力计进行校验和复核，并做好记录，以确保冷拉质量。钢筋应先拉直（约为冷拉应力的10%），然后量其长度再行冷拉。

冷拉时，为使钢筋变形充分发展，冷拉速度不宜快，一般以 0.5～1m/min 为宜，当达到规定的控制应力（或冷拉长度）后，须稍停（1～2min），待钢筋变形充分发展后，再放松钢筋，冷拉结束。钢筋在负温下进行冷拉时，其温度不宜低于-20℃，如采用控制应力方法时，冷拉率与常温相同。钢筋伸长的起点应以钢筋发生初应力时为准。如无仪表观测时，可观测钢筋表面的浮锈或氧化皮，以开始剥落时起计。

预应力钢筋应先对焊后冷拉，以免焊后高温而使冷拉后的强度降低。如焊接接头被拉断，可切除该焊区总长 200～300mm，重新焊接后再冷拉，但一般不超过两次。钢筋时效可采用自然时效，冷拉后宜在常温（15～20℃）下放置一段时间（一般为 7～14d）后使用。钢筋冷拉后应防止经常雨淋、水湿，因钢筋冷拉后性质尚未稳定，遇水易变脆，且易生锈。

（2）钢筋的冷拔。

1）钢筋冷拔原理及应用。冷拔是使直径 6～8cm 的 HPB300 钢筋在常温下强力通过特制的直径逐渐减小的钨合金拔丝模孔，使钢筋产生塑性变形，以改变其物理力学性能。钢筋冷拔后横向压缩纵向拉伸，内部晶格产生滑移，抗拉强度可提高 40%～90%；与冷拉相比，冷拉是纯拉伸应力，而冷拔既有拉伸应力又有压缩应力。冷拔后冷拔低碳钢丝没有明显的屈服现象，按其材质特性可分甲、乙两级，甲级钢丝适用于作预应力筋，乙级钢丝适用于作焊接网、焊接骨架、箍筋的构造钢筋。

2）钢筋冷拔工艺。冷拔工艺过程如下：轧头→剥壳→通过润滑剂盒→进入拔丝模孔。轧头在轧头机上进行，目的是将钢筋端头轧细，以便穿过拔丝模孔。剥壳是通过 3～6 个上下排列的辊子，除去钢筋表面坚硬的渣壳，润滑剂常用石灰、动植物油、肥皂、白蜡和水按一定比例制成。剥壳和使用润滑剂能使铁渣不致进入拔丝模孔口，以提高拔丝模的使用寿命，并清除因拔丝模孔存在铁渣，使钢表面不光滑的现象。剥壳后，钢筋再通过润滑剂盒润滑，进入拔丝模进行冷拔。

3）钢筋冷拔操作。冷拔前应对原材料进行必要的检验。对钢号不明或无出厂证明的钢材，应取样检验。遇截面不规整的扁圆、带刺、过硬、潮湿的钢筋，不得用于冷拔，以免损坏拔丝模和影响质量。

钢筋冷拔前必须经轧头和除锈处理。除锈装置可以利用拔丝机卷筒和盘条转架，其中有 3~6 个单向错开或上下交错排列的带槽剥壳轮，钢筋经上下左右反复弯曲，即可除锈。也可使用与钢筋直径基本相同的拔丝模以机械方法除锈。为方便钢筋穿过丝模，钢筋头要轧细一段（长 150~200mm），轧压至直径比拔丝模孔小 0.5~0.8mm，以便顺利穿过模孔。为减少轧头次数，可用对焊方法将钢筋连接，但应将焊缝的凸缝用砂轮锉平磨滑，以保护设备及拉丝模。在操作前，应按常规对设备进行检查和空载运转一次。安装拔丝模时，要分清正反面，安装后应将固定螺栓拧紧。为减少拔丝力和拔丝模孔损耗，抽拔时须涂以润滑剂，一般在拔丝模前安装一个润滑盒，使钢筋黏滞润滑进入拔丝模。润滑剂的配方为：动物油（羊油或牛油）：肥皂：石蜡：生石灰：水＝(0.15~0.20)：(1.6~3.0)：1：2：2。

拔丝速度宜控制在 0.2~0.3m/s。钢筋连拔不宜超过 3 次，如需现拔，应对钢筋消除内应力，采用低温（600~800℃）退火处理使钢筋变软。加热后取出埋入砂中，使其缓冷，冷却速度应控制在 150℃/h 以内。对拔丝的成品应随时检查砂孔、沟痕、夹皮等缺陷，以便随时更换拔丝模或调整转速。

（3）钢筋冷轧扭。

1）钢筋冷轧扭工艺。钢筋冷轧扭工艺平面，由放盘架、调直箱、轧机、扭转装置、切断机、落料架、冷却系统及控制系统等组成。加工工艺程序为：圆盘钢筋从放盘架上引出后，经调直箱调直并清除氧化铁皮，再经轧机将圆筋轧扁；在轧辊推动下，强迫钢筋通过扭转装置，从而形成表面为连续螺旋曲面和麻花状钢筋，再穿过切断机的圆切刀刀孔进入落料架的料槽，当钢筋触到定位开关后，切断机将钢筋切断，落到架上。

钢筋长度的控制可调整定位开关在落料架上的位置获得。钢筋调直、扭转及输送的动力均来自轧辊在轧制钢筋时的摩擦力。

2）钢筋冷轧扭质量控制。为保证达到要求的抗拉强度和保证不小于 3% 的延伸率，加工时应严格控制以下几点：原材料必须经过检验，应符合《碳素结构钢》（GB/T 700—2006）及《低碳钢热轧圆盘条》（GB/T 701—2008）的规定；轧扁厚度对力学性能的影响很大，应控制在允许范围内，螺距也应符合要求；轧制品的检验应按《冷轧扭钢筋》（JG 190—2006）的有关规定进行，严格检验成品，把好质量关；成品钢筋不宜露天堆放，以防止锈蚀。储存不应过长，尽可能做到随轧制随使用。

5.2.5 钢筋连接

钢筋连接方式主要有焊接、机械连接和绑扎搭接 3 种。

1. 钢筋的焊接连接

（1）焊接方式方法。在钢筋混凝土预制加工现场施工中，钢筋成形加工常应用焊接的方法。通过钢筋的焊接，既可保证钢筋接头质量，又可节省钢材。

1）焊接方法。目前普遍采用的焊接方法有闪光对焊、电阻点焊、电弧焊、窄间隙电弧焊、电渣压力焊、气压焊、预埋件钢筋埋弧压力焊等。各种焊接方法简介如下。

a. 钢筋电阻点焊。将两钢筋安放成交叉叠接形式，压紧于两电极之间，利用电阻热熔化母材金属，加压形成焊点的一种压焊方法。

b. 钢筋闪光对焊。将两钢筋安放成对接形式，利用电阻热使接触点金属熔化，产生强烈飞溅，形成闪光，迅速施加顶锻力完成的一种压焊方法。

c. 钢筋电弧焊。以焊条作为一极，钢筋为另一级，利用焊接电流通过产生的电弧热进行焊接的一种熔焊方法。

d. 钢筋窄间隙电弧焊。将两钢筋安放成水平对接形式，并置于铜模内，中间留有少量间隙，用焊条从接头根部引弧，连续向上焊接完成的一种电弧方法。

e. 钢筋电渣压力焊。将两钢筋安放成竖向对接形式，利用焊接电流通过两钢筋端面间隙，在焊剂层下形成电弧过程和电渣过程，产生电弧热和电阻热，熔化钢筋，加压完成的一种压焊方法。

f. 钢筋气压焊。采用氧乙炔火焰或其他火焰对两钢筋对接处加热，使其达到塑性状态（固态）或熔化状态（熔态）后，加压完成的一种压焊方法。

2) 焊接规定。电渣压力焊适用于柱、墙、构筑物等现浇混凝土结构中竖向受力钢筋的连接；不得在竖向焊接后横置于梁、板等构件中作水平钢筋用。在工程开工正式焊接之前，参与该项焊接的焊工应进行现场条件下的焊接工艺试验，并经试验合格后方可正式生产。试验结果应符合质量检验与验收时的要求。钢筋焊接施工之前，应清除钢筋、钢板焊接部位以及钢筋与电极接触处表面上的锈斑、油污、杂物等；钢筋端部当有弯折、扭曲时，应予以矫直或切除。带肋钢筋进行闪光对焊、电弧焊、电渣压力焊和气压焊时，宜将纵肋对纵肋安放和焊接。当采用低氢型碱性焊条时，应按使用说明书的要求烘焙，且宜放入保温筒内保温使用；酸性焊条若在运输或存放中受潮，烘焙后方能使用。焊剂应存放在干燥的库房内，当受潮时，在使用前应经 250～300℃ 烘焙 2h。使用中回收的焊剂应清除熔渣和杂物，并应与新焊剂混合均匀后使用。

(2) 钢筋电弧焊连接。

电弧焊是利用电弧产生的高温，集中热量熔化钢筋端面和焊条末端，使焊条金属过渡到熔化的焊缝内，金属冷却凝固后，便形成焊接接头。钢筋电弧焊包括帮条焊、搭接焊、坡口焊、窄间隙焊和熔槽帮条焊 5 种接头形式。

1) 帮条焊。帮条焊时，宜采用双面焊，如图 5.23（a）所示；当不能进行双面焊时，方可采用单面焊，如图 5.23（b）所示。帮条长度 l 应符合表 5.19 的规定。当帮条牌号与主筋相同时，帮条直径可与主筋相同或小一个规格；当帮条直径与主筋相同时，帮条牌号可与主筋相同或低一个牌号。

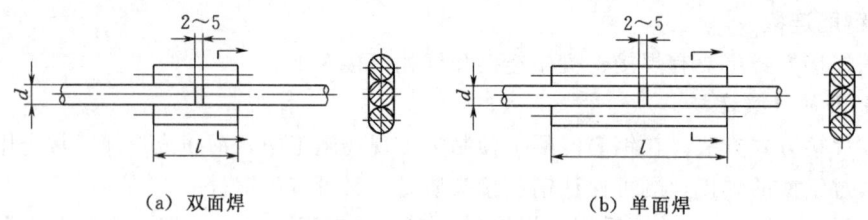

图 5.23 钢筋帮条焊接头

2) 搭接焊。搭接焊时，宜采用双面焊，如图 5.24（a）所示。当不能进行双面焊时，方可采用单面焊，如图 5.24（b）所示。

表 5.19　　　　　　　　　　钢 筋 帮 条 长 度

钢筋牌号	焊缝形式	帮条长度 l
HPB300	单面焊	≥8d
	双面焊	≥4d
HRB400、RRB400	单面焊	≥10d
	双面焊	≥5d

注 d 为主筋直径（mm）。

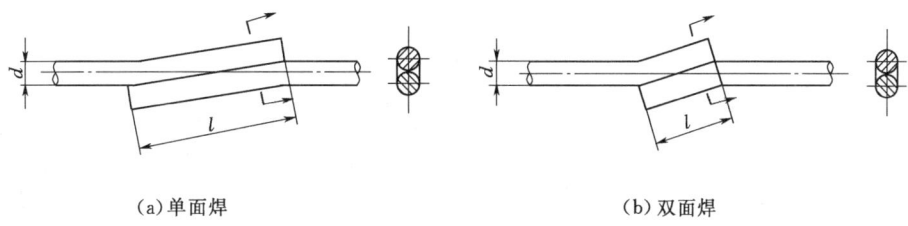

(a) 单面焊　　　　　　　　　　　　(b) 双面焊

图 5.24　钢筋搭接焊接头

帮条焊接头或搭接焊接头的焊缝厚度 s 不应小于主筋直径的 0.3 倍，焊缝宽度 b 不应小于主筋直径的 0.8 倍。

3）熔槽帮条焊。熔槽帮条焊适用于在直径 20mm 及以上钢筋的现场安装焊接。焊接时应加角钢作垫板模。接头形式见图 5.25。

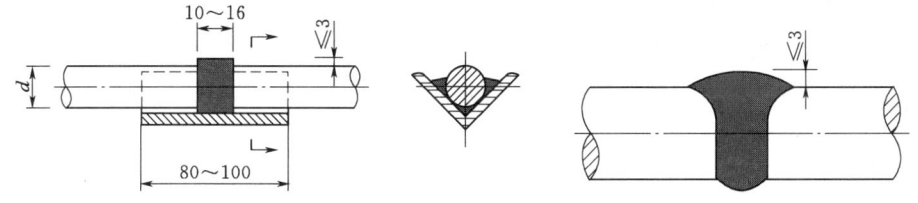

图 5.25　钢筋熔槽帮条焊接头　　　　图 5.26　钢筋窄间隙焊接头

4）窄间隙焊。窄间隙焊适用于直径在 16mm 及以上钢筋的现场水平连接。焊接时钢筋端部应置于铜模中，并应留出一定间隙，用焊条连续焊接，熔化钢筋端面和使熔敷金属填充间隙，形成接头（图 5.26）。

5）坡口焊。坡口焊的准备工作和焊接工艺应符合下列要求：坡口面应平顺，切口边缘不得有裂纹、钝边和缺棱；坡口角度可按图 5.27 中数据选用。

焊接板厚度宜为 4～6mm，长度宜为 40～60mm；平焊时，垫板宽度应为钢筋直径加 10mm；立焊时，垫板宽度宜等于钢筋直径；焊缝的宽度应大于 V 形坡口的边缘 2～3mm，焊缝余高不得大于 3mm，并平缓过渡至钢筋表面；钢筋与钢垫板之间应加焊 2～3 层侧面焊缝；当发现接头中有弧抗、气孔及咬边等缺陷时，应立即补焊。

（3）钢筋闪光对焊连接。闪光对焊是两根钢筋沿着整个接触端面熔焊连接的方法。它适用于水平钢筋非施工现场连接。闪光对焊工艺对钢筋面要求不严格，可以免去钢筋端面磨平工序，因而简化了操作，提高了工效。由于在闪光时接触面积小，接触点电流密度

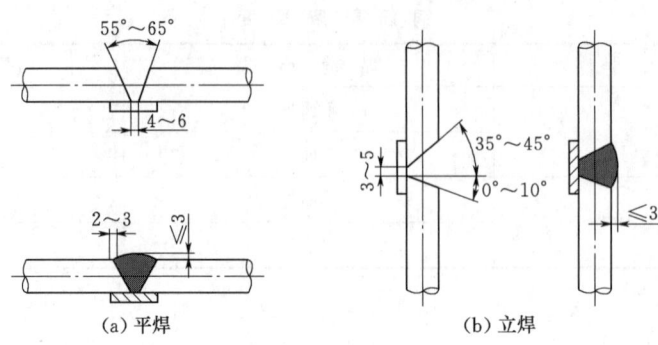

图 5.27 钢筋坡口焊接头

大,热量集中,加热迅速,所以热影响区小,接头质量好;又因采用了预热方法,在较小功率的对焊机上能焊接较大截面的钢筋,所以闪光对焊是目前普遍采用的焊接方法。

闪光对焊时,应选择合适的调伸长度、烧化留量、顶锻留量以及变压器级数等焊接参数。连续闪光焊时的留量应包括烧化留量、有电顶锻留量和无电顶锻留量;闪光—预热闪光焊时的留量应包括一次烧化留量、预热留量、二次烧化留量、有电顶锻留量和无电顶锻留量。

变压器级数应根据钢筋牌号、直径、焊机容量以及焊接工艺方法等具体情况选择。RRB400 钢筋闪光对焊时,与热轧钢筋比较,应减小调伸长度,提高焊接变压器级数,缩短加热时间,快速顶锻,形成快热快冷条件,使热影响区长度控制在钢筋直径的 0.6 倍范围之内。HRB500 钢筋焊接时,应采用预热闪光焊或闪光—预热闪光焊工艺。当接头拉伸试验结果发生脆性断裂,或弯曲试验不能达到规定要求时,尚应在焊机上进行焊后热处理。当螺钉端杆与预应力钢筋对焊时,宜事先对螺钉端杆进行预热,并减小调伸长度;钢筋一侧的电极应垫高,确保两者轴线一致。

采用 UN2-150 型对焊机(电动机凸轮传动)或 UN17-150-1 型对焊机(气—液压传动)进行大直径钢筋焊接时,宜首先采取锯割或气割方式对钢筋端面进行平整处理;然后,采取预热闪光焊工艺。

封闭环式箍筋采用闪光对焊时,钢筋断料宜采用无齿锯切割,断面应平整。当箍筋直径为 12mm 及以上时,宜采用 UN1-75 型对焊机和连续闪光焊工艺;当箍筋直径为 6～10mm,可使用 UN1-40 型对焊机,并应选择较大变压器级数;在闪光对焊生产中,当出现异常现象或焊接缺陷时,应查找原因,采取措施,及时消除。

(4)钢筋电渣压力焊连接。钢筋电渣压力焊是将两根钢筋安放成竖向对接形式,利用焊接电流通过两根钢筋端面间隙,在焊剂层下形成电弧过程和电渣过程,产生电弧热和电阻热,熔化钢筋,加压完成的一种压焊方法。这种焊接方法比电弧焊节省钢材、工效高、成本低,适用于现浇钢筋混凝土结构中竖向或斜向(倾斜度在 4∶1 范围内)钢筋的连接。电渣压力焊在供电条件差、电压不稳、雨季或防火要求高的场合应慎用。

焊接夹具的上下钳口应夹紧于上、下钢筋上;钢筋一经夹紧,不得晃动。引弧可采用直接引弧法与铁丝圈(焊条芯)引弧法。引燃电弧后,应先进行电弧过程,然后加快上钢筋下送速度,使钢筋端面与液态渣池接触,转变为电渣过程,最后在断电的同时,迅速下压上钢筋,挤出熔化金属和熔渣。接头焊毕,应稍作停歇,然后方可回收焊剂和卸下焊接夹具;敲去渣壳后,四周焊包凸出钢筋表面的高度不得小于4mm。在焊接生产中焊工应进行自检,当发现偏心、弯折、烧伤等焊接缺陷时,应查找原因和采取措施,及时消除。

(5)钢筋电阻点焊连接。钢筋点焊是将表面清理好的钢筋叠合在一起,放在两个电极间预压夹紧,使两根钢筋连接点紧密接触,然后接通电流,使接触点处产生电阻热,把钢筋加热到熔化状态而形成熔核,周围加热到塑性状态,在压力下形成了紧密的塑性金属环,将熔核围起来,使其不致外溢,这时切断电流,使熔核在压力下冷凝,即获得牢固的焊点。混凝土结构中的钢筋焊接骨架和钢筋焊接网,宜采用电阻点焊制作。

点焊过程可分为预压、通电、锻压3个阶段。在通电开始一段时间内,接触点广大,固态金属因加热膨胀,在焊接压力作用下,焊接处金属产生塑性变形,并挤向工作间隙缝中;继续加热后,开始出现熔化点,并逐渐扩大成所要求的核心尺寸时切断电流。

焊点的压入深度应符合:热轧钢筋点焊时,压入深度为较小钢筋直径的25%~45%;冷拔光圆钢丝、冷轧带肋钢筋点焊时,压入深度应为较小钢筋直径的25%~40%。

电阻点焊应根据钢筋牌号、直径及焊机性能等具体情况,选择合适的变压器级数、焊接通电时间和电极压力;焊点的压入深度应为较小钢筋直径的18%~25%;钢筋多头点焊机宜用于同规格焊接网的成批生产。当点焊生产时,除符合上述规定外,尚应准确调整好各个电极之间的距离、电极压力,并应经常检查各个焊点的焊接电流和焊接通电时间。

当采用钢筋焊接网成形机组进行生产时,应按设备使用说明书中的规定进行安装、调试和操作,根据钢筋直径选用合适电极压力和焊接通电时间;在点焊生产中,应经常保持电极与钢筋之间接触面的清洁平整;当电极使用变形时,应及时修整;钢筋点焊生产过程中,随时检查制品的外观质量,当发现焊接缺陷时,应查找原因并采取措施,及时消除。

(6)钢筋气压焊连接。钢筋气压焊是采用氧—乙炔火焰或其他火焰对两钢筋对接处加热,使其达到塑性状态,加压完成的一种压焊方法。由于加热和加压使接合面附近金属受到镦锻式压延,被焊金属产生强烈塑性变形,促使两接合面接近到原子间的距离,进入原子作用的范围内,实现原子间的互相嵌入扩散及键合,并在热变形过程中,完成晶粒重新组合的再结晶过程而获得牢固的接头。

钢筋气压焊工艺具有设备简单、操作方便、质量好、成本低等优点,但对焊工要求严,焊前对钢筋端面处理要求高。气压焊可用于钢筋在垂直位置、水平位置或倾斜位置的对接焊接。当两钢筋直径不同时,其两直径之差不得大于7mm。

气压焊按加热温度和工艺方法的不同,可分为熔态气压焊(开式)和固态气压焊(闭式)两种。一般情况下,宜优先采用熔态气压焊,其操作过程如下:安装前,两钢筋端面之间应预留3~5mm间隙;气压焊开始时,首先使用中性焰加热,待钢筋端头至熔化状态,附着物随熔滴流走,端部呈凸状时,即加压,挤出熔化金属,并密合牢固;使用氧—液化石油气火焰进行熔态气压焊时,应适当增大氧气用量。在加热过程中,当在钢筋端面缝隙完全密合之前发生灭火中断现象时,应将钢筋取下重新打磨、安装,然后点燃火焰进行焊接。当发生在钢筋端面缝隙完全密合之后,可继续加热加压。

2.钢筋的机械连接

钢筋机械连接是通过连接件的机械咬合作用或钢筋端面的承压作用,将一根钢筋中的力传递至另一根钢筋的连接方法。具有施工简便、工艺性能良好、接头质量可靠、不受钢筋焊接性能的制约、可全天候施工、节约钢材和能源等优点。常用的机械连接接头类型有挤压套筒接头、锥螺纹套筒接头、直螺纹套筒接头、熔融金属充填套筒接头、水泥灌浆充填套筒接头和受压钢筋端面平接头等。

(1) 带肋钢筋套筒挤压连接。带肋钢筋套筒挤压连接是将需要连接的带肋钢筋插于特制的钢套筒内,利用挤压机压缩套筒,使之产生塑性变形,靠变形后的钢套筒与带肋钢筋之间的紧密咬合来实现钢筋的连接。适用于钢筋直径为 16~40mm 的热轧 HRB400 带肋钢筋的连接。钢筋挤压连接有钢筋径向挤压连接和钢筋轴向挤压连接两种形式。

1) 带肋钢筋套筒径向挤压连接。带肋钢筋套筒径向挤压连接,是采用挤压机沿径向(即与套筒轴线垂直方向)将钢套筒挤压产生塑性变形,使之紧密地咬住带肋钢筋的横肋,实现两根钢筋的连接(图 5.28)。当不同直径的带肋钢筋采用挤压接头连接时,若套筒两端外径和壁厚相同,被连接钢筋的直径相差不应大于 5mm。

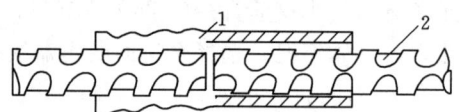

图 5.28 钢筋径向挤压
1—钢套管;2—钢筋

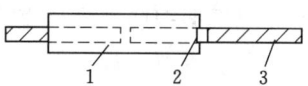

图 5.29 钢筋伸入位置标记线
1—钢套筒;2—标记线;3—钢筋

挤压连接工艺流程:钢筋套筒检验→钢筋断料,刻划钢筋套入长度,定出标记→套筒套入钢筋→安装挤压机→开动液压泵,逐渐加压套筒至接头成形→卸下挤压机→接头外形检查。其工艺要点如下。

a. 将钢筋套入钢套筒内,使钢套筒端面与钢筋伸入位置标记线对齐(图 5.29)。

为了减少高空作业的难度,加快施工速度,可以先在地面预先压接半个钢筋接头,然后集装吊运到作业区,完成另半个钢筋接头(图 5.30)。

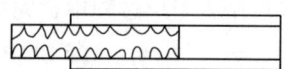

(a) 把已下好料的钢筋插到套管中央

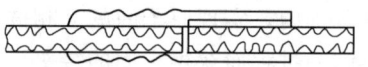

(b) 放在挤压机内,压接已插钢筋的半边

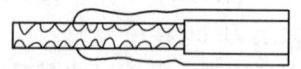

(c) 把已预压半边的钢筋插到待接钢筋上

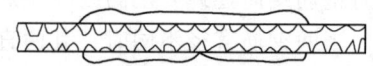

(d) 压接另一半套筒

图 5.30 预制半个钢筋接头工序示意图

b. 按照钢套筒压痕位置标记,对正压模位置,并使压模运动方向与钢筋两纵肋所在的平面相垂直,即保证最大压接面能在钢筋的横肋上。压痕一般由各生产厂家根据各自设备、压模刃口的尺寸和形状,通过在其所售钢套筒上喷上挤压道数标志或出厂技术文件中确定。凡属压痕道数只在出厂技术文件中确定的,应在施工现场按出厂技术文件涂刷压接标记,压痕宽度为 12mm(允许偏差为±1mm)、压痕间距 4mm(允许偏差为±1.5mm)。

c. 挤压工艺参数。

i. 压接顺序。从中间逐步向外压接,这样可以节省套筒材料约 10%。

ii. 压接力。压接力大小以套筒金属与钢筋紧密挤压在一起为好。压接力过大,将使套筒过度变形而导致接头强度下降(即位伸时在套筒压痕处破坏);压接力过小,接头强度或残余变形量就不能满足要求。采用不同型号的挤压设备,其压接参数见表 5.20 和表 5.21。

表 5.20　　　　采用 YJ650 型和 YJ800 型挤压机的技术参数

钢筋直径/mm	钢套筒外径×长度 ($\phi \times L$)/mm	挤压力/kN	每端压接道数
25	43×175	550	3
28	49×196	600	4
32	54×224	650	5
36	60×252	750	6

表 5.21　　　　采用 YJ32 型挤压机的技术参数

钢筋直径/mm	钢套筒型号	钢套筒尺寸/mm 外径	内径	长度	压模型号	挤压力/kN	每端压接道数	压痕最小直径允许范围/mm
32	G32	55.5	36.5	240	M32	588	6	46.0～49.5
28	G28	50.5	34.0	210	M28	588	5	40.5～44.0
25	G25	45.0	30.0	200	M25	588	4	36.0～40.5

iii. 压接道数。它直接关系到钢筋连续的质量和施工速度。道数过多,施工速度慢;过少,则接头性能特别是残余变形量不能满足要求。采用不同型号的挤压机,其压接道数可参见表 5.20 和表 5.21。压痕最小直径一般是通过挤压机上的压力表读数来间接控制的。由于钢套筒的材质不同,造成其硬度、韧性等也不同,因此会造成挤压至所要求的压痕最小直径时所需要的压力也不同。实际挤压时,压力表读数一般为 60～70N/mm^2,也有在 54～80MPa 之间的,这就要求操作者在挤压不同批号和炉号的钢套筒时必须进行试压,以确定挤压到标准所要求的压痕直径时所需的压力值。

(2) 带肋钢筋套筒轴向挤压连接。钢筋轴向挤压连接是采用挤压机和压模对钢套筒及插入的两根对接钢筋,朝其轴向方向进行挤压,使套筒咬合到带肋钢筋的肋间,使其结合成一体,如图 5.31 所示。

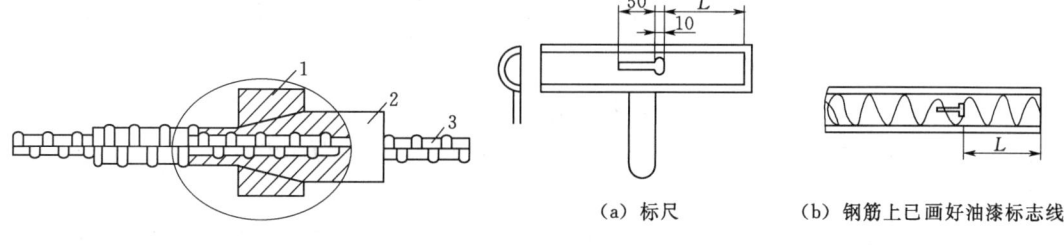

图 5.31　钢筋轴向挤压
1—压模;2—钢套筒;3—钢筋

图 5.32　标尺画油漆标志线
(a) 标尺　　(b) 钢筋上已画好油漆标志线

1）工艺要点。为了能够准确地判断钢筋伸入钢套筒内的长度，在钢筋两端用标尺画出漆标志线（图 5.32）。套筒握裹长度（即钢筋插入套筒长度）L，见表 5.22。

表 5.22　　　　　　　　　　　套 筒 握 裹 长 度　　　　　　　　　　单位：mm

钢筋直径	25	28	32
钢筋插入筒长度 L	105	110	115

选定套筒与压模，并使其配套；接好泵站电源及其与半挤压机（或挤压机）的超高压油管；启动泵站，按手控开关的"上""下"按钮，往复动作油缸几次，检查泵站和半挤压机（或挤压机）是否正常。一般采取预先压接半个钢筋接头后，再运往作业地点进行另半个钢筋接头的整根压接连接。压接后的接头，其套筒握裹钢筋的长度应达到油漆标记线，达不到的接头，可绑扎补强钢筋或切去重新压接。

压接后的接头，应用量规检测。凡量规通不过的套筒接头，可补压一次。若仍达不到要求，则需要换压模再行挤压。经过两次挤压，套筒接头仍达不到要求的压模，不得再继续使用。

2）挤压连接的质量检验。钢筋套筒进场，必须有原材料试验单与套筒出厂合格证，并由该技术提供单位，提交有效的形式检验报告。钢筋套筒挤压连接开始前及施工过程中，应对每批进场钢盘进行挤压连接工艺检验。工艺检验应符合下列要求：每种规格钢筋的接头试件不应少于 3 个；接头试件的钢筋母材应进行抗拉强度试验；3 个接头试件强度均应符合现行行业标准《钢筋机械连接通用技术规程》（JGJ 107）中相应等级的强度要求，对于 A 级接头，试件抗拉强度尚应不小于 0.9 倍钢筋母材的实际抗拉强度，计算实际抗拉强度时，应采用钢筋的实际横截面面积。钢筋筒套挤压接头现场检验，一般只进行接头外检查和单向拉伸试验。

a. 取样数量。同批条件为：材料、等级、形式、规格、施工条件相同。批的数量为 500 个接头，不足此数时也作为一个验收批；对每一验收批，应随机抽取 10% 的挤压接头做外观检查；抽取 3 个试件做单向拉伸试验。在现场检验合格的基础上，连续 10 个验收批单向拉伸试验合格率为 100% 时，可以扩大验收批所代表的接头数量一倍。

b. 外观检查。挤压接头的外观检查，应符合下列要求：挤压后套筒长度应为 1.10~1.15 倍原套筒长度，或压痕处套筒的外径为 0.8~0.9 原套筒的外径；挤压接头的压痕道数应符合形式检验确定的道数；接头处弯折不得大于 4°；挤压后的套筒不得有肉眼可见的裂缝。如外观质量合格数不小于抽检数的 90%，则该批为合格。如不合格数超过抽检数的 10%，则应逐个进行复验。在外观不合格的接头中抽取 6 个试件做单向拉伸试验，再行判别。

c. 单向拉伸试验。3 个接头试件的抗拉强度均应满足 A 级或 B 级抗拉强度的要求。如有一个试件的抗拉强度不符合要求，则加倍抽样复验。复验中如仍有一个试件检验结果不符合要求，则该验收批单向拉伸试验判为不合格。

（3）钢筋锥螺纹套筒连接。锥螺纹钢筋接头是利用锥形螺纹能承受轴向力和水平力以及密封性能较好的原理，依靠机械力将钢筋连接在一起。操作时，先用专用套螺纹机将钢筋的待连接端加工成锥形外螺纹；然后，通过带锥形内螺纹的钢连接套筒将两根待接钢筋连接；最后利用力矩扳手按规定的力矩值使钢筋和连接钢套筒拧紧在一起（图5.33）。

这种接头工艺简便，能在施工现场连接直径 16～40mm 的热轧 HRB400 级同径和异径的竖向或水平钢筋，且不受钢筋是否带肋和含碳量的限制。适用于按一级、二级抗震等级设施的工业和民用建筑钢筋混凝土结构的热轧 HRB400 级钢筋的连接施工。但不得用于预应力钢筋的连接。对于直接承受动荷载的结构构件，其接头还应满足抗疲劳性能等设计要求。

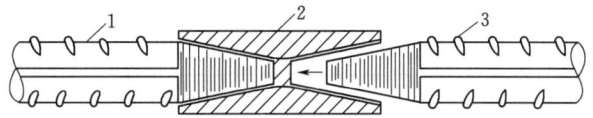

图 5.33 锥螺纹钢筋连续
1—已连续的钢筋；2—锥螺纹套筒；3—未连续的钢筋

锥螺纹连接套筒的材料宜采用 45 号煅制碳素结构钢或其他经试验确认符合要求的钢材制成，其抗拉承载力不应小于被连接钢筋受拉承载力标准值的 1.10 倍。锥螺纹套筒的加工，宜在专业工厂进行，以保证产品质量。套筒加工后，经检验合格的产品，其两端锥孔应采用塑料密封盖封严。套筒的外表面应标有明显的钢筋级别及规格标记。

1）钢筋锥螺纹加工。钢筋应先调直再下料。钢筋下料可用钢筋切断机或砂轮锯，但不得用气割下料。下料时，要求切口端面与钢筋轴线垂直，端头不得挠曲或出现马蹄形；加工好的钢筋锥螺纹头的锥度、牙形、螺距等必须与连接套的锥度、牙形、螺距一致，并应进行质量检验。检验内容包括：锥螺纹头牙形检验；锥螺纹头锥度与小端直径检验。其加工工艺为：下料→套螺纹→用牙形规和卡规（或环规）逐个检查钢筋套螺纹质量→质量合格的螺纹头用塑料保护帽盖封，待查和待用。锥螺纹的完整牙数不得小于表 5.23 的规定值。

表 5.23　　　　　　　　　钢筋锥螺纹完整牙数表

钢筋直径/mm	16～18	20～22	25～28	32	36	40
完整牙数	5	7	8	10	11	12

钢筋经检验合格后，方可在套螺纹机上加工锥螺纹。为确保钢筋的套螺纹质量，操作人员必须坚持上岗证制度。操作前应先调整好定位尺，并按钢筋规格配置相对应的加工导向套。对于大直径钢筋要分次加工到规定的尺寸，以保证螺纹的精度和避免损坏梳刀；钢筋套螺纹时，必须采用水溶性切削冷却润滑液，当气温低于 0℃时，应掺入 15％～20％亚硝酸钠，不得采用机油作冷却润滑液。

2）钢筋连接。连接钢筋之前，先回收钢筋待连接端的保护帽和连接套上的密封盖，并检查钢筋规格是否与连接套规格相同，检查锥螺纹头是否完好无损、有无杂质。

连接钢筋时，应先把已拧好连接套的一端钢筋对正轴线拧到被连接的钢筋上，然后用力矩扳手按规定的力矩值把钢筋接头拧紧，不得超拧，以防止损坏接头丝扣。拧紧后的接头应画上油漆标记，以防有的钢筋接头漏拧。拧紧时要拧到规定扭矩值，待测力扳手发出指示响声时，才认为达到了规定的扭矩值。锥螺纹接头拧紧力矩值见表5.24，但不得加长扳手杆来拧紧。质量检验与施工安装使用的力矩扳手应分开使用，不得混用。

项目5 钢筋混凝土工程施工技术

表 5.24 连续钢筋拧紧力矩值

钢筋直径/mm	16	18	20	22	25~28	32	36~40
扭紧力矩/(N·m)	118	147	177	216	275	314	343

在构件受拉区段内,同一截面连接接头数量不宜超过钢筋总数的50%;受压区不受限制。连接头的错开间距大于500mm,保护层不得小于15mm,钢筋间净距应大于50mm。

在正式安装前要做3个试件,进行基本性能试验。当有一个试件不合格,应取双倍试件进行试验,如仍有一个不合格,则该批加工的接头为不合格,严禁在工程中使用。对连接套应有出厂合格证及质保书。每批接头的基本试验应有试验报告。连接套与钢筋应配套一致。连接套应有钢印标记;安装完毕后,质量检测员应用自用的专用测力扳手对拧紧的扭矩值加以抽检。

3) 质量检验。锥螺纹套筒的验收应检查:套筒的规格、型号与标记;套筒的内螺纹圈数、螺距与齿高;螺纹有无破损、歪斜、不全、锈蚀等现象。其中套筒检验的重要一环是用锥螺纹塞规检查同规格套筒的加工质量。当套筒大端边缘在锥螺纹塞规大端缺口范围内时,套筒为合格品;预压后的钢筋端头应逐个进行自检。经自检合格的预压端头,质检人员应按要求对每种规格本次加工批抽检10%,如有一个端头不合格,则应责成操作工人对该加工批全数检查,不合格钢筋端头应二次预压或部分切除重新预压;随机抽取同规格接头数的10%进行外观检查。应满足钢筋与连接套的规格一致,接头丝扣无完整丝扣外露;如发现有一个完整丝扣外露,即为连接不合格,必须查明原因,责令工人重新拧紧或进行加固处理;用质检的力矩扳手,按表5-25规定的接头拧紧值抽检接头的连接质量。抽验数量:梁、柱构件按接头数的15%,且每个构件的接头抽验数不得少于一个接头;基础、墙、板构件按各自接头数,每100个接头作为一个验收批,不足100个也作为一个验收批,每批抽检3个接头。抽检的接头应全部合格,如有一个接头不合格,则该验收批接头应逐个检查,对查出的不合格接头应采用电弧贴角焊缝方法补强,焊缝高度不得小于5mm。

接头的现场检验按验收批进行。同一施工条件下的同一批材料的同等级、同规格接头,以500个为一个验收批进行检验与验收,不足500个也作为一个验收批;对接头的每一验收批,应在工程结构中随机抽取3个试件做单向拉伸试验,按设计要求的接头性能等级进行检验与评定;在现场连续检验10个验收批,全部单向拉伸试件一次抽样均合格时,验收批接头数量可扩大一倍;当质检部门对钢筋接头的连接产生怀疑时,可以用非破损张拉设备做接头的非破损拉伸试验。

(4) 钢筋冷镦粗直螺纹套筒连接。镦粗直螺纹接头工艺是先利用冷镦机将钢筋端部镦粗,再用套螺纹机在钢筋端部的镦粗段上加工直螺纹,而后用连接套筒将两根钢筋对接。由于钢筋端部冷镦后,不仅截面加大,而且强度也有所提高。加之,钢筋端部加工直螺纹后,其螺纹底部的最小直径应不小于钢筋母材的直径。因此,该接头可与钢筋母材等强。其工艺流程如图5.34所示。

1) 工艺要点。对连接钢筋可自由转动的,先将套筒预先部分或全部拧入一个被连接

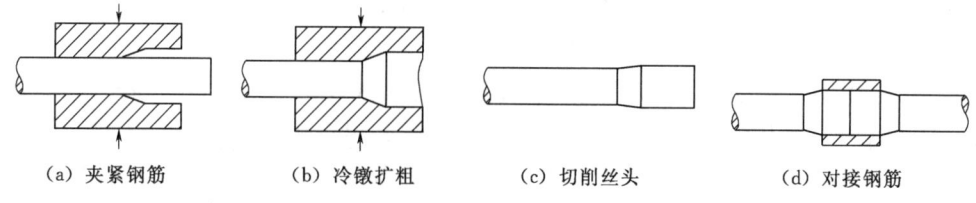

(a) 夹紧钢筋　　　(b) 冷镦扩粗　　　(c) 切削丝头　　　(d) 对接钢筋

图 5.34　镦粗直螺纹工艺简图

钢筋的螺纹内，而后转动连接钢筋或反拧套筒到预定位置，最后用扳手转动连接钢筋，使其相互对顶锁定连接套筒；对于钢筋完全不能转动，如弯折钢筋或还有调整钢筋内力的场合，如施工缝、后浇带，可将锁定螺母和连接套筒预先拧入加长的螺纹内，再反拧入另一根钢筋端头螺纹上，最后用锁定螺母锁定连接套筒；或配套应用带有正反螺纹的套筒，以便从一个方向上能松开或拧紧两根钢筋；直螺纹钢筋连接时，应采用扭力扳手按表 5.25 规定的力矩值把钢筋接头拧紧。

表 5.25　　　　　　　　　　直螺纹钢筋接头拧紧力矩值

钢筋直径/mm	16～18	20～22	25	28	32	36～40
扭紧力矩/(N·m)	100	200	250	280	320	350

2）质量检验。钢筋连接开始前及施工过程中，应对每批进场钢筋进行接头连接工艺检验。每种规格钢筋的接头试件不应少于 3 个，做单向拉伸试验。其抗拉强度应能发挥钢筋母材强度或大于 1.15 倍钢筋抗拉强度标准值；接头的现场检验按验收批进行。同一施工条件下采用同一批材料的同等级别、同规格接头，以 500 个为 1 个验收批。对接头的每当 3 个试件的抗拉强度都能发挥钢筋母材强度或大于 1.15 倍钢筋抗拉强度标准值时，该验收批达到 SA 级强度指标。如有 1 个试件的抗拉强度不符合要求，应加倍取样复验。如 3 个试件的抗拉强度仅达到该钢筋的抗拉强度标准值，则该验收批降为 A 级强度指标。在现场连续检验 10 个验收批，全部单向拉伸试件一次抽样均合格时，验收批接头数量可扩大一倍。

（5）钢筋滚压直螺纹套筒连接。钢筋滚压普通螺纹套筒连接是利用金属材料塑性变形后冷作硬化增强金属材料强度的特性，使接头与母材等强的连接方法。根据滚压普通螺纹成形方式，可分为直接滚压螺纹、挤压肋滚压螺纹、剥肋滚压螺纹 3 种类型。

1）常用机具的选用。

a. 直接滚压螺纹加工。采用钢筋滚丝机（型号 GZL-32、GYZL-40、GSJ-40、HGS40 等）直接滚压螺纹。此法螺纹加工简单，设备投入少；但螺纹精度差，由于钢筋粗细不均，会导致螺纹直径差异，使施工受影响。

b. 挤压肋滚压螺纹加工。采用专用挤压设备滚轮，先将钢筋的横肋和纵肋进行预压平处理，然后再滚压螺纹。其目的是减轻钢筋肋对成形螺纹的影响。此法对螺纹精度有一定提高，但仍不能从根本上解决钢筋直径差异对螺纹精度的影响。

c. 剥肋滚压螺纹加工。采用钢筋剥肋滚丝机（型号 GHG40、GHG50），先将钢筋的横肋和纵肋进行剥切处理后，使钢筋滚丝前的柱体直径达到同一尺寸，然后进行螺纹滚压成形。此法螺纹精度高,接头质量稳定,施工速度快,价格适中,具有较大的发展前景。

2)工艺要点。连接钢筋时,钢筋规格和套筒的规格必须一致,钢筋和套筒的螺纹应干净、完好无损;采用预埋接头时,连接套筒的位置、规格和数量应符合设计要求。带连接套筒的钢筋应固定牢靠,连接套筒的外露端面应有保护盖;滚压普通螺纹接头应使用扭力扳手或管钳进行施工,将两个钢筋丝头在套筒中间位置相互顶紧,接头拧紧力矩应符合表5.26的规定。扭力扳手的精度为±5%。经拧紧后的滚压普通螺纹接头应做出标记,单边外露螺纹长度不应超过两个螺距。

表 5.26   直螺纹钢筋接头拧紧矩值

钢筋直径/mm	16～18	20～22	25	28	32	36～40
扭紧力矩/(N·m)	100	200	250	280	320	350

3)质量检验。根据《混凝土结构工程施工质量验收规范》(GB 50204—2015)中第5.4.3项,对直螺纹套筒连接质量要求如下:对机械连接接头,直螺纹接头安装后应按现行行业标准《钢筋机械连接技术规程》(JGJ 107)的规定检验拧紧扭矩;挤压接头应量测压痕直径,其检验结果应符合该规程的相关规定;检查数量:按现行行业标准《钢筋机械连接技术规程》(JGJ 107)的规定确定;检验方法:使用专用扭力扳手或专用量规检查。

5.2.6 钢筋绑扎与安装

1. 绑扎前的准备

(1) 施工图纸的学习与审查。施工图是钢筋绑扎、安装的依据,故必须熟悉施工图上明确规定的钢筋安装位置、标高、形状、各细部尺寸及其他要求,并应仔细审查各图纸之间是否有矛盾,钢筋规格数量是否有误,施工操作有无困难。

(2) 钢筋安装工艺的确定。钢筋安装工艺在一定程度上影响着钢筋绑扎的顺序,故必须根据单位工程已确定的基本施工方案、建筑物构造、施工场地、操作脚手架、起重机械来确定钢筋的安装工艺。

(3) 材料准备。核对钢筋配料单和料牌,并检查已加工好的钢筋型号、直径、形状、尺寸、数量是否符合施工图要求,如发现有错配或漏配钢筋现象,要及时向施工员提出纠正或增补;检查钢筋绑扎的锈蚀情况,确定是否除锈和采用哪种除锈方法等;钢筋绑扎用的情况,可采用20～22号铁丝,其中22号铁丝只用于绑扎直径12mm以下的钢筋。铁丝长度可参考表5.27的数值采用;因铁丝是成盘供应的,故习惯上是按每盘铁丝周长的几分之一来切断。

表 5.27   钢筋绑扎铁丝长度参考表   单位:mm

钢筋直径	3～5	6～8	10～12	14～16	18～20	22	25	28	32
3～5	120	130	150	170	190				
6～8		150	170	190	220	250	270	290	320
10～12			190	220	250	270	290	310	340

任务 5.2 钢 筋 工 程 施 工

续表

钢筋直径	3~5	6~8	10~12	14~16	18~20	22	25	28	32
14~16			250	270	290	310	330	360	
18~20					290	310	330	350	380
22						330	350	370	400

准备控制混凝土保护层用的水泥砂浆垫块或塑料卡。水泥砂浆垫块的厚度应等于保护层厚度。垫块的平面尺寸，当保护层厚度不大于 20mm 时为 30mm×30mm，大于 20mm 时为 50mm×50mm。

塑料卡的形状有两种，即塑料垫块和塑料环圈，如图 5.35 所示。塑料垫块用于水平构件（如梁、板），在两个方向均有凹槽，以便适应两种保护层厚度。塑料环圈用于垂直构件（如柱、墙），使用时钢筋从卡嘴进入卡腔；由于塑料环圈有弹性，可使卡腔的大小能适应钢筋直径的度化。

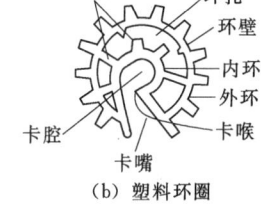

（a）塑料垫块　　（b）塑料环圈

图 5.35　控制混凝土保护层用的塑料卡

（4）工具准备。

1）铅丝钩。这是主要的钢筋绑扎工具，其形状如图 5.36 所示，是用直径 12~16mm、长度为 160~200mm 圆钢筋制作。根据工程需要，可在其层部加上套管、小扳口等形式的钩子。

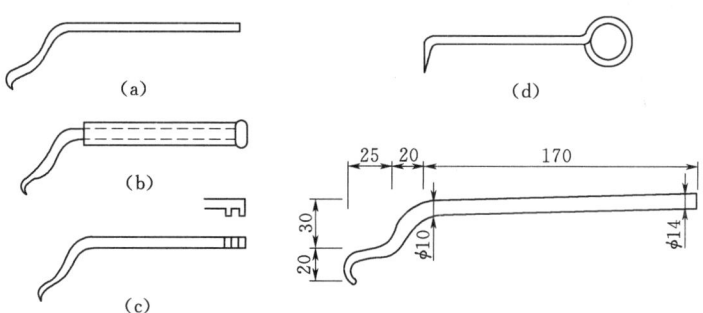

图 5.36　铅丝钩

2）小撬棒。用在调整钢筋间距、矫直钢筋的部分弯曲、垫保护层水泥垫块等。

3）起拱板子。这是在绑扎现浇楼板钢筋时，用来弯制楼板弯起钢筋的工具。楼板的弯起钢筋不是预先弯曲成形好再绑扎，而是待弯起钢筋和分布钢筋绑扎成网片后用起拱板子来操作的。

4）绑扎架。绑扎钢筋骨架需用钢筋绑扎架，根据绑扎骨架的轻重、形状可选用不同规格的轻型、重型、坡式等各式钢筋骨架，如图 5.37 所示。

（5）划出钢筋位置线。平板或墙板的钢筋，在模板上划线；柱的箍筋，在两根对角线主筋上划点；梁的箍筋，则在架立筋上划点；基础的钢筋，在两向各取一根钢筋划点或在垫层上划线。钢筋接头的位置，应根据来料规格，结合设计文件对有关接头位置、数量的

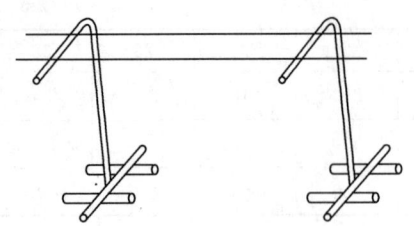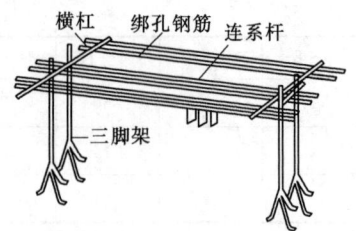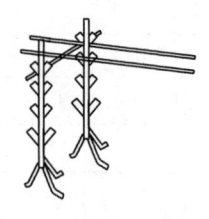

图 5.37 钢筋骨架绑扎架

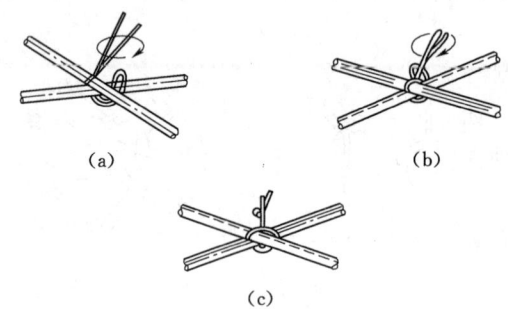

图 5.38 一面顺扣操作法

规定,使其错开,在模板上画线。

2. 绑扎钢筋操作方法

绑扎钢筋是借助钢筋钩用铁丝把各种单根钢筋绑扎成整体骨架或网片。绑扎钢筋的扎扣方法按稳固、顺势等操作的要求可分为若干种,其中,最常用的是一面顺扣绑扎方法,如图 5.38 所示。

(1) 一面顺扣操作法。绑扎时先将铁丝扣穿套钢筋交叉点,接着用钢筋钩勾住铁丝弯成圆圈的一端,旋转钢筋钩,一般旋 1.5~2.5 转即可。操作时,扎扣要短,才能少转快扎。这种方法操作简便,绑点牢靠,适用于钢筋网、骨架各个部位的绑扎。

(2) 其他扎扣方法。钢筋绑扎除一面顺扣操作法之外,还有十字花扣、反十字花扣、兜扣、缠扣、兜扣加缠、套扣等,这些方法主要根据绑扎部位的实际需要进行选择,图 5.39 所示为其他几种扎扣方式。其中,十字花扣、兜扣适用于平板钢筋网和箍筋处绑扎;缠扣主要用于混凝土墙体和柱子箍筋的绑扎;反十字花扣、兜扣加缠适用于梁骨架的箍筋与主筋的绑扎;套扣用于梁的架立钢筋和箍筋的绑扎点处。

3. 钢筋绑扎接头的处理

(1) 钢筋绑扎接头宜设置在受力较小处。同一纵向受力钢筋不宜设置两个或两个以上接头。接头末端至钢筋弯起点的距离不应小于钢筋直径的 10 倍。

(2) 同一构件中相邻纵向受力钢筋的绑扎搭接接头宜相互错开。同一连接区段内,纵向受拉钢筋绑扎搭接接头面积百分率及箍筋配置要求如下。

同一连接区段内,纵向钢筋搭接接头面积百分率为该区段内有搭接接头的纵向受力钢筋截面面积与全部纵向受力钢筋截面面积的比值。钢筋绑扎搭接接头连接区段的长度 $1.3l_l$ (l_l 为搭接长度),凡搭接接头中点位于该连接区段长度内的搭接接头均属于同一连接区段(图 5.40)。同一连接区段内,纵向受拉钢筋搭接接头面积百分率应符合设计要求;当设计无具体要求时,应符合下列规定。

对梁、板类及墙类构件,不宜大于 25%;对柱类构件,不宜大于 50%。当工程中确有必要增大接头面积百分率时,对梁类构件不应大于 50%;对其他构件,可根据实际情况放宽;纵向受压钢筋搭接接头面积百分率不宜大于 50%。绑扎搭接接头中钢筋的横向

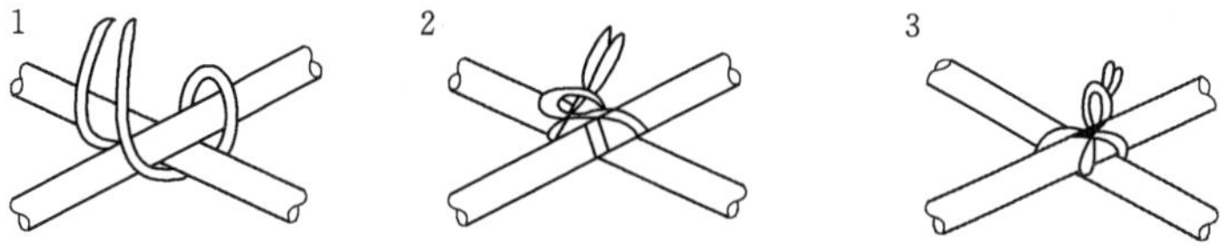

(a) 兜扣

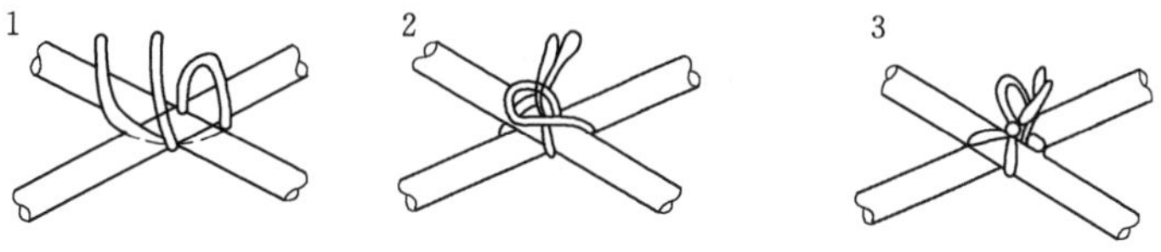

(b) 十字花扣

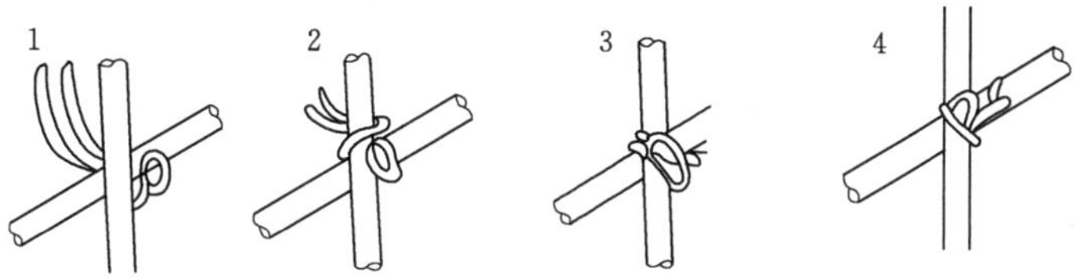

(c) 缠扣

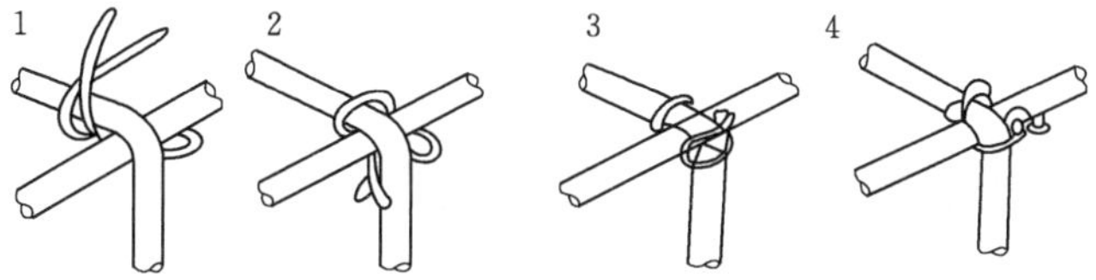

(d) 反十字花扣

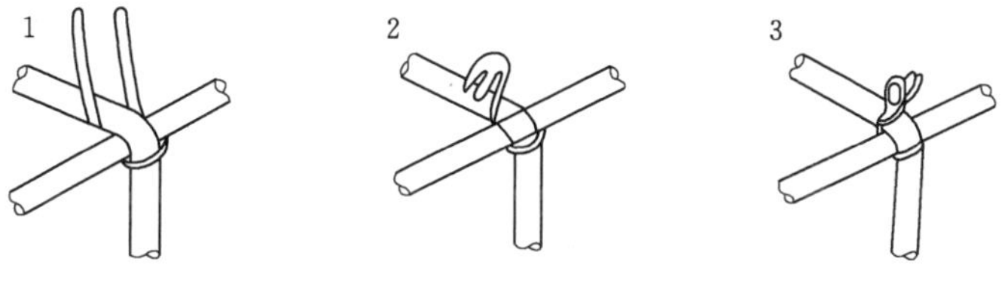

(e) 套扣

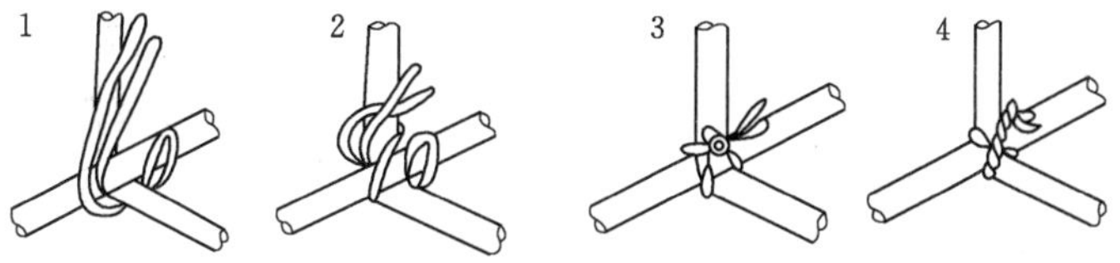

(f) 兜扣加缠

图 5.39 钢筋的其他绑扎方法

间距不应小于钢筋直径,且不应小于 25mm。

(3) 当纵向受接钢筋的绑扎搭接接头面积百分率不大于 25% 时,其最小搭接长度应符合表 5.28 的规定。

表 5.28　　　　　　　　纵向受拉钢筋的最小搭接长度　　　　　　　单位：mm

钢筋种类	混凝土强度等级			
	C15	C20~C25	C30~C35	≥C40
HPB300 级光圆钢筋	45d	35d	30d	25d
HRB400 级带肋钢筋	—	55d	40d	35d

注　1. 受压钢筋绑扎接头的搭接长度应为表中数值的 0.7 倍。
　　2. 在任何情况下，纵向受拉钢筋的搭接长度不应小于 300mm，受压钢筋搭接长度不应小于 200mm。
　　3. 两根直径不同钢筋的搭接长度，以较细钢筋直径计算。

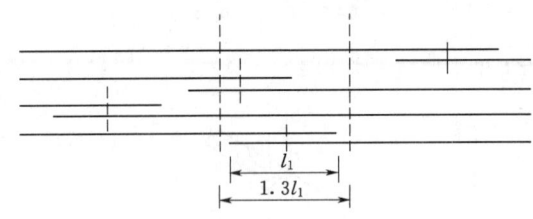

图 5.40　同一连接区段内的纵向受拉钢筋绑扎搭接接头

（4）当纵向受拉钢筋搭接接头面积百分率不大于 25% 时，表 5.28 中数值应增大。

（5）当出现如钢筋直径大于 25mm，混凝土凝固过程中受力钢筋易受扰动，带肋钢筋末端采取机械锚固措施，混凝土保护层厚度大于钢筋直径的 3 倍，抗震结构构件等宜采用焊接方法。

（6）在绑扎接头的搭接长度范围内，应采用铁丝绑扎三点。

任务 5.3　混凝土工程施工

5.3.1　概述

混凝土工程施工是现浇混凝土工程施工重要过程，主要包括混凝土的制备、运输、浇筑、振捣和养护等施工工艺。现浇混凝土工程施工中一般采用预拌商品混凝土，即混凝土的制备及运输由商品混凝土公司负责。现浇混凝土工程施工主要工作为混凝土的浇筑、振捣和养护。

混凝土浇筑前应完成下列工作：隐蔽工程验收和技术复核；对操作人员进行技术交底；根据施工方案中的技术要求，检查并确认施工现场是否具备实施条件；施工单位应填报浇筑申请单，并经监理单位签认。浇筑前应检查混凝土送料单，核对混凝土配合比，确认混凝土强度等级，检查混凝土运输时间，测定混凝土坍落度，必要时还应测定混凝土扩展度，在确认无误后再进行混凝土浇筑。

混凝土拌和物入模温度不应低于 5℃，且不应高于 35℃。混凝土运输、输送、浇筑过程中严禁加水；混凝土运输、输送、浇筑过程中散落的混凝土严禁用于结构浇筑。混凝土应布料均衡。应对模板及支架进行观察和维护，发生异常情况应及时进行处理。混凝土浇筑和振捣应采取防止模板、钢筋、钢构、预埋件及其定位件移位的措施。

5.3.2　混凝土制备

1. 一般规定

混凝土制备应符合下列规定：预拌混凝土应符合现行国家标准《预拌混凝土》（GB

14902）的有关规定；现场搅拌混凝土宜采用具有自动计量装置的设备集中搅拌；当不具备上述规定的条件时，应采用符合现行国家标准《混凝土搅拌机》（GB/T 9142）中规定的搅拌机进行搅拌，并应配备计量装置。混凝土运输应符合下列规定：混凝土宜采用搅拌运输车运输，运输车辆应符合国家现行有关标准的规定；运输过程中应保证混凝土拌和物的均匀性和工作性；应采取保证连续供应的措施，并应满足现场施工的需要。

2. 原材料要求

水泥的选用应符合下列规定：水泥品种与强度等级应根据设计、施工要求以及工程所处环境条件确定；普通混凝土结构宜选用通用硅酸盐水泥；有特殊需要时，也可选用其他品种水泥；对于有抗渗、抗冻融要求的混凝土，宜选用硅酸盐水泥或普通硅酸盐水泥；处于潮湿环境的混凝土结构，当使用碱活性骨料时，宜采用低碱水泥。

粗骨料宜选用粒形良好、质地坚硬的洁净碎石或卵石，并应符合下列规定：粗骨料最大粒径不应超过构件截面最小尺寸的1/4，且不应超过钢筋最小净间距的3/4；对实心混凝土板，粗骨料的最大粒径不宜超过板厚的1/3，且不应超过40mm；粗骨料宜采用连续粒级，也可用单粒级组合成满足要求的连续粒级。粗骨料含泥量符合表5.29的规定。

表5.29　　　　　　　　　粗骨料含泥量与泥块含量　　　　　　　　　%

混凝土强度等级	>C60	C25～C60	<C25
含泥量（按质量计）	≤0.5	≤1.0	≤2.0
泥块含量（按质量计）	≤0.2	≤0.5	≤0.7

细骨料宜选用级配良好、质地坚硬、颗粒洁净的天然砂或机制砂，并应符合下列规定：细骨料宜选用Ⅱ区中砂。当选用Ⅰ区砂时，应提高砂率，并应保持足够的胶凝材料用量，满足混凝土的工作性要求；当采用Ⅲ区砂时，宜适当降低砂率。混凝土细骨料中氯离子含量应符合下列规定：对钢筋混凝土，按干砂的质量百分率计算不得大于0.06%；对预应力混凝土，按干砂的质量百分率计算不得大于0.02%；含泥量、泥块含量指标应符合表5.30的规定；海砂应符合现行行业标准《海砂混凝土应用技术规范》（JGJ 206）的有关规定。

表5.30　　　　　　　　　细骨料含泥量与泥块含量　　　　　　　　　%

混凝土强度等级	>C60	C25～C60	<C25
含泥量（按质量计）	≤2.0	≤3.0	≤5.0
泥块含量（按质量计）	≤0.5	≤1.0	≤2.0

强度等级为C60及以上的混凝土所用骨料除应符合上述规定外，尚应符合下列规定：粗骨料压碎指标的控制值应经试验确定；粗骨料最大粒径不宜超过25mm，针片状颗粒含量不宜大于8.0%，含泥量不应大于0.5%，泥块含量不应大于0.2%；细骨料细度模数宜控制为2.6～3.0，含泥量不应大于2.0%，泥块含量不应大于0.5%。对于有抗渗、抗冻融或其他特殊要求的混凝土，宜选用连续级配的粗骨料，最大粒径不宜大于40mm，含泥量不应大于1.0%，泥块含量不应大于0.5%；所用细骨料含泥量不应大于3.0%，泥块含量不应大于1.0%。

外加剂的选用应根据混凝土原材料、性能要求、施工工艺、工程所处环境条件和设计要求等因素通过试验确定，并应符合下列规定：当使用碱活性骨料时，由外加剂带入的碱含量（以当量氧化钠计）不宜超过 $1.0kg/m^3$，混凝土总碱含量尚应符合现行国家标准《混凝土结构设计规范》（GB 50010）等的有关规定；不同品种外加剂首次复合使用时，应检验混凝土外加剂的相容性。

混凝土拌和及养护用水应符合现行行业标准《混凝土用水标准》（JGJ 63）的有关规定。未经处理的海水严禁用于钢筋混凝土和预应力混凝土拌制和养护。

原材料进场后，应按种类、批次分开储存与堆放，应标识明晰，并应符合下列规定：散装水泥、矿物掺和料等粉体材料应采用散装罐分开储存。袋装水泥、矿物掺和料、外加剂等应按品种、批次分开码垛堆放，并应采取防雨、防潮措施，高温季节应有防晒措施；骨料应按品种、规格分别堆放，不得混入杂物，并应保持洁净与颗粒级配均匀。骨料堆放场地的地面应做硬化处理，并应采取排水、防尘和防雨等措施；液体外加剂应放置阴凉干燥处，应防止日晒、污染、浸水，使用前应搅拌均匀；如有离析、变色等现象，应经检验合格后再使用。

3. 混凝土配合比

混凝土配合比是指混凝土制备过程中各组分（水泥、砂子、石子、外加剂及水等）的构成比例。混凝土配合比设计就是根据工程要求、结构形式和施工条件来确定各组成材料数量之间的比例关系。常用的表示方法有两种：一种是以 $1m^3$ 混凝土中各项材料的质量表示，如某配合比水泥 240kg、水 180kg、砂 630kg、石子 1280kg、矿物掺和料 160kg，该混凝土 $1m^3$ 总质量为 2490kg；另一种是以各项材料相互间的质量比来表示（以水泥质量为1），将上例换算成质量比为水泥∶砂∶石∶掺和料＝1∶2.63∶5.33∶0.67，水胶比＝0.45。

混凝土配合比设计应符合下列要求，并应经试验确定：应在满足混凝土强度、耐久性和工作性要求的前提下，减少水泥和水的用量；当有抗冻、抗渗、抗氯离子侵蚀和化学腐蚀等耐久性要求时，尚应符合现行国家标准《混凝土结构耐久性设计规范》（GB/T 50476）的有关规定；应计入环境条件对施工及工程结构的影响；试配所用的原材料应与施工实际使用的原材料一致。

设计配合比，是以干燥材料为基准的，而工地存放的砂、石材料都含有一定的水分。所以现场材料的实际称量应按工地砂、石的含水情况进行修正，修正后的配合比，叫做施工配合比。现假定工地测出的砂的含水率为 $a\%$、石子的含水率为 $b\%$，则将上述设计配合比换算为施工配合比，其材料的称量如下。

水泥为

$$m'_c = m_c (kg)$$

砂为

$$m'_s = m_s(1+a\%)(kg)$$

矿物掺和料为

$$m'_f = m_f (kg)$$

石子为

$$m'_g = m_g(1+b\%)\,(\text{kg})$$

水为

$$m'_w = m_w - m_s \times a\% - m_g \times b\%\,(\text{kg})$$

混凝土配合比的试配、调整和确定应按下列步骤进行：采用工程实际使用的原材料和计算配合比进行试配。每盘混凝土试配量不应小于 20L；进行试拌，并调整砂率和外加剂掺量等使拌和物满足工作性要求，提出试拌配合比；在试拌配合比的基础上，调整胶凝材料用量，提出不少于 3 个配合比进行试配。根据试件的试压强度和耐久性试验结果，选定设计配合比；应对选定的设计配合比进行生产适应性调整，确定施工配合比；对采用搅拌运输车运输的混凝土，当运输时间可能较长时，试配时应控制混凝土坍落度经时损失值。施工配合比应经有关人员批准。混凝土配合比使用过程中，应根据反馈的混凝土动态质量信息，及时对配合比进行调整。

4. 混凝土的搅拌

混凝土搅拌是将水泥、石灰、水等材料混合后搅拌均匀的一种操作方法。混凝土搅拌分为两种，即人工搅拌和机械搅拌，一般工程多用机械搅拌的方式。

混凝土搅拌常见投料顺序有一次投料法、两次投料法和水泥裹砂法。采用分次投料搅拌方法时，应通过试验确定投料顺序、数量及分段搅拌的时间等工艺参数。掺和料宜与水泥同步投料，液体外加剂宜滞后于水和水泥投料；粉状外加剂宜溶解后再投料。

（1）一次投料法。这是目前最常见的方法，即将砂、石、水泥和水混合在一起加入搅拌筒中同时进行搅拌。加料过程中，为了减少水泥的飞扬和水泥的黏罐现象，先倒砂子（或石子）再倒水泥，然后再倒入石子（或砂子），也就是说将水泥加在砂、石之间，最后由上料斗将干物料送入搅拌筒内，加水搅拌。

（2）二次投料法。这种投料法又分为预拌水泥砂浆法和预拌水泥净浆法。预拌水泥砂浆法是先将水泥、砂和水加入搅拌机内进行充分搅拌，成为均匀的水泥砂浆后，再加入石子搅拌成均匀的混凝土。国内一般是用强制式搅拌机拌制水泥砂浆 1～1.5min，然后再加入石子搅拌 1～1.5min。预拌水泥净浆法是先将水泥和水充分搅拌成均匀的水泥净浆后，再加入砂和石子搅拌成混凝土。国内外的试验表明，二次投料法搅拌的混凝土与一次投料法相比较，混凝土的强度可提高 15%。在强度相同的情况下，可节约水泥 15%～20%。

（3）水泥裹砂法。又称 SEC 法，采用这种方法拌制的混凝土称为 SEC 混凝土或造壳混凝土。该法的搅拌程序是先加一定量的水，使砂表面的含水量调到某一规定的数值后（一般为 5%～25%），再加入石子并与湿砂拌匀，然后将全部水泥投入与砂石共同拌和使水泥在砂石表面形成一层低水灰比的水泥浆壳，最后将剩余的水和外加剂加入搅拌成混凝土。采用 SEC 法制备的混凝土与一次投料法相比较，强度可提高 20%～30%，混凝土不易产生离析和泌水现象。

混凝土搅拌机械按工作性质，可分为间歇式（分批式）和连续式；按搅拌原理，可分为自落式和强制式；按安装方式，可分为固定式和移动式；按出料方式，可分为倾翻式和非倾翻式；按拌筒结构形式，可分为梨式、鼓筒式、双锥、圆盘立轴式和圆槽卧轴式等。随着混凝土材料和施工工艺的发展，又相继出现了许多新型结构的混凝土搅拌机，如蒸汽加热式搅拌机、超临界转速搅拌机、声波搅拌机、无搅拌叶片的摇摆盘式搅拌机和二次搅拌的混凝土搅拌机等。

混凝土宜采用强制式搅拌机搅拌，并应搅拌均匀。混凝土搅拌的最短时间可按表5.31采用，当能保证搅拌均匀时可适当缩短搅拌时间。搅拌强度等级C60及以上的混凝土时，搅拌时间应适当延长。

表 5.31　　　　　　　　　混凝土搅拌的最短时间　　　　　　　　　单位：s

混凝土坍落度/mm	搅拌机机型	搅拌机出料量/L		
		<250	250～500	>500
≤40	强制式	60	90	120
>40且<100	强制式	60	60	90
≥100	强制式	60		

注　1. 混凝土搅拌的最短时间系指全部材料装入搅拌筒中起到开始卸料止的时间。
　　2. 当掺有外加剂与矿物掺和料时，搅拌时间应适当延长。
　　3. 当采用自落式搅拌机时，搅拌时间宜延长30s。
　　4. 当采用其他形式的搅拌设备时，搅拌的最短时间也可按设备说明书的规定或经试验确定。

5.3.3　混凝土运输

混凝土运输是整个混凝土施工中的一个重要环节，对工程质量和施工进度影响较大。混凝土料在运输过程中应满足下列基本要求。

（1）运输设备应不吸水、不漏浆，运输过程中不发生混凝土拌和物分离、严重泌水及过多降低坍落度。

（2）同时运输两种以上强度等级的混凝土时，应在运输设备上设置标志，以免混淆。

（3）尽量缩短运输时间、减少转运次数。因故停歇过久，混凝土产生初凝时，应做废料处理。在任何情况下，严禁中途加水后运入仓内。

（4）运输道路基本平坦，避免拌和物振动、离析、分层。

（5）混凝土运输工具及浇筑地点，必要时应有遮盖或保温设施，以避免因日晒、雨淋、受冻而影响混凝土的质量。

（6）混凝土拌和物自由下落高度以不大于2m为宜，超过此界限时应采用缓降措施。

混凝土运输包括两个过程：一是从拌和机前到浇筑仓前，主要是水平运输；二是从浇筑仓前到仓内，主要是垂直运输。混凝土的水平运输又称为供料运输。常用的运输方式有人工、机动翻斗车、混凝土搅拌运输车、自卸汽车、混凝土泵、皮带机、机车等几种，应根据工程规模、施工场地宽窄和设备供应情况选用。混凝土的垂直运输又称为入仓运输，主要由起重机械来完成，常见的起重机有履带式、门机、塔机等几种。

5.3.4　混凝土现场浇筑

1. 混凝土浇筑前的准备工作

检查模板的标高、位置及严密性，支架的强度、刚度、稳定性，清理模板内垃圾、泥土、积水和钢筋上的油污，高温天气模板宜浇水湿润；做好钢筋及预留预埋管线的验收和钢筋保护层检查，做好钢筋工程隐蔽记录；准备和检查材料、机具等；做好施工组织和技术、安全交底工作。

2. 混凝土浇筑的一般规定

混凝土须在初凝前浇筑：如已有初凝现象，则应再进行一次强力搅拌方可入模。如混凝土在浇筑前有离析现象，也须重新拌和才能浇筑；混凝土浇筑时的自由倾落高度：对于素混凝土或少筋混凝土，由料斗、漏斗进行浇筑时，倾落高度不超过 2m；对竖向结构（柱、墙）倾落高度不超过 3m；对于配筋较密或不便于捣实的结构，倾落高度不超过 60cm；否则应采用串筒、溜槽和振动串筒下料，以防产生离析；浇筑竖向结构混凝土前，底部应先浇入 50～100mm 厚与混凝土成分相同的水泥砂浆，以避免产生蜂窝、麻面及烂根现象。

混凝土浇筑应连续进行，由于技术或施工组织上原因必须间歇时，其间歇时间应尽可能缩短，并在下层混凝土未凝结前，将上层混凝土浇筑完毕。为使混凝土振捣密实，混凝土必须分层浇筑。其浇筑层厚度见表 5.32。混凝土运输、浇筑及间隙的全部不得超过表 5.32 的允许间歇时间；混凝土在初凝后、终凝前应防止振动。当混凝土抗压强度达到 1.2MPa 时才允许在上面继续进行施工活动。

表 5.32　　　　　　　　　　混凝土浇筑层厚度　　　　　　　　　　单位：mm

捣实混凝土的方法		浇筑层厚度
插入式振捣		振捣器作用部分长度的 1.25 倍
表面振动		200
人工捣固	在基础、无筋混凝土和配筋稀疏结构中	250
	在梁、墙板、柱结构中	200
	在配筋密列的结构中	150
轻骨料混凝土	插入式振捣器	300
	表面振动（振动时需加荷）	200

表 5.33　　　　　　　　混凝土运输、浇筑和间隙的允许时间　　　　　　　　单位：min

混凝土强度等级	气　温	
	≤25℃	>25℃
C30 及 C30 以下	210	180
C30 以上	180	150

3. 混凝土的浇筑方法

（1）柱子混凝土的浇筑。柱子应分段浇筑，每段高度不大于 3.5m。柱子高度不超过 3m，可从柱顶直接下料浇筑，超过 3m 时应采用串筒或在模板侧面开孔分段下料浇筑；柱子开始浇筑时应在柱底先浇筑一层 50～100mm 厚的水泥砂浆或减半石混凝土；柱子混凝土应分层下料和捣实，分层厚度不大于 50cm，振动器不得触动钢筋和预埋件；柱子混凝土应一次连续浇筑完毕，浇筑后应停歇 1～1.5h，待柱混凝土初步沉实再浇筑梁板混凝土。浇筑整排柱子时，应自两端由外向里对称顺序浇筑，以防柱模板在横向推力下向一方倾斜。板混凝土的浇筑。肋形楼板的梁板应同时浇筑，浇筑方法应由一端开始用"赶浆法"，即先根据梁高分层浇筑成阶梯形，当达到板底位置时再与板的混凝土一起浇筑，随

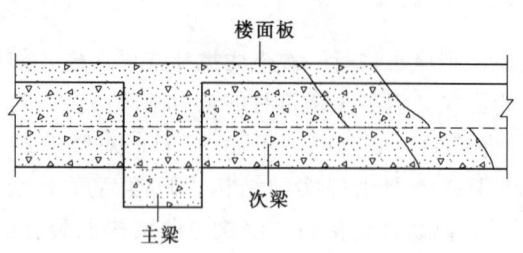

图 5.41 梁、板同时浇筑方法示意

着阶梯形不断延长,梁板混凝土浇筑连续向前推进,如图 5.41 所示。

(2)剪力墙混凝土的浇筑。剪力墙应分段浇筑,每段高度不大于 3m。门窗洞口应两侧对称下料浇筑,以防门窗洞口产生位移或变形。窗口位置应注意先浇窗台下部,后浇窗间墙,以防窗台位置出现蜂窝孔洞。

4. 施工缝的留设与处理

(1)施工缝的留设与处理。如果由于技术或施工组织上的原因,不能对混凝土结构一次连续浇筑完毕,而必须停歇较长的时间,其停歇时间已超过混凝土的初凝时间,致使混凝土已初凝;当继续浇注混凝土时,形成了接缝,即为施工缝。施工缝设置的原则,一般宜留在结构受力(剪力)较小且便于施工的部位。

柱子的施工缝宜留在基础与柱子交接处的水平面上,或梁的下面,或吊车梁牛腿的下面、吊车梁的上面、无梁楼盖柱帽的下面,如图 5-42 所示。高度大于 1m 的钢筋混凝土梁的水平施工缝,应留在楼板底面下 20~30mm 处,当板下有梁托时,留在梁托下部;单向平板的施工缝,可留在平行于短边的任何位置处;对于有主次梁的楼板结构,宜顺着次梁方向浇筑,施工缝应留在次梁跨度的中间 1/3 范围内,如图 5.42 所示。

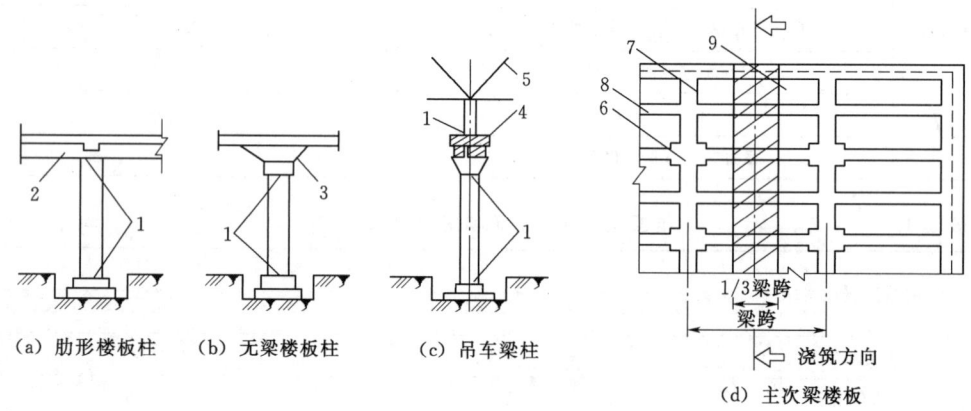

图 5.42 施工缝的留设位置

1—施工缝;2—梁;3—柱帽;4—吊车梁;5—屋架;6—柱;7—主梁;8—次梁;9—板

(2)施工缝的处理。施工缝处继续浇筑混凝土时,应待混凝土的抗压强度不小于 1.2MPa 方可进行。施工缝浇筑混凝土之前,应除去施工缝表面的水泥薄膜、松动石子和软弱的混凝土层,并加以充分湿润和冲洗干净,不得有积水。浇筑时,施工缝处宜先铺水泥浆(水泥:水=1:0.4),或与混凝土成分相同的水泥砂浆一层,厚度为 30~50mm,以保证接缝的质量。浇筑过程中,施工缝应细致捣实,使其紧密结合。

(3)后浇带的设置。浇带是在建筑施工中为防止现浇钢筋混凝土结构由于自身收缩不均或沉降不均可能产生的有害裂缝,按照设计或施工规范要求,应在基础底板、墙、梁相

任务 5.3 混凝土工程施工

应位置留设临时施工缝。后浇带将结构暂时划分为若干部分，经过构件内部收缩，在若干时间后再浇捣该施工缝混凝土，将结构连成整体的地带。后浇带的浇筑时间宜选择气温较低时，可用浇筑水泥或水泥中掺微量铝粉的混凝土，其强度等级应比构件强度高一级，防止新老混凝土之间出现裂缝，造成薄弱部位，如图 5.43 至图 5.45 所示。设置后浇带的部位还应该考虑模板等措施不同的消耗因素。

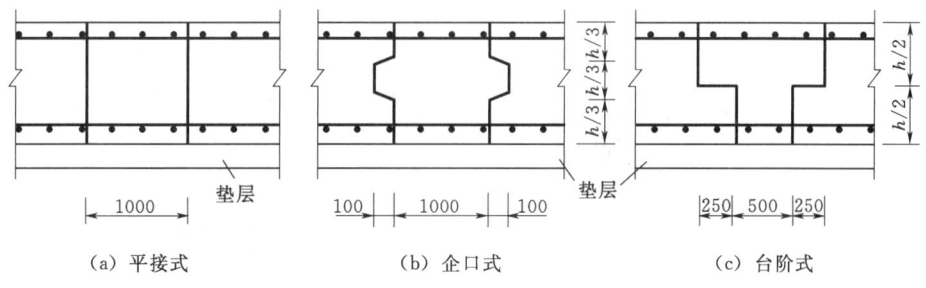

图 5.43 后浇带企口形式

图 5.44 楼面板后浇带的留设

图 5.45 底板后浇带采用快易收口网留设

5.3.5 混凝土的振捣

1. 混凝土振动密实的原理

振动机械将振动能量传递给混凝土拌和物时，混凝土拌和物中所有的骨料颗粒都受到强迫振动，呈现出"重质液体状态"，因而混凝土拌和物中的骨料犹如悬浮在液体中，在其自重作用下向新的稳定位置沉落，排除存在于混凝土拌和物中的气体，消除孔隙，使骨料和水泥浆在模板中得到致密的排列，如图 5.46 所示。

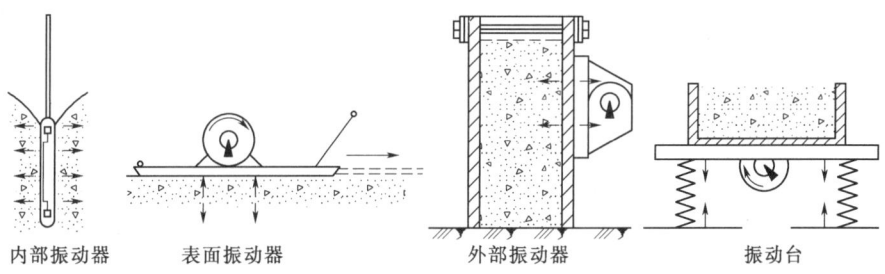

图 5.46 振动器原理

2. 插入式振动器

坍落度小的用高频，坍落度大的可用低频；骨料粒径小的用高频，骨料粒径大的用低频。振捣方法包括垂直振捣与斜向振捣。前者容易掌握插点距离、控制插入深度（不超过振动棒长度的 1.25 倍），不易产生漏振，不易触及模板、钢筋，混凝土振后能自然沉实、均匀密实；斜向振捣操作省力、效率高、出浆快，易于排出空气，不会产生严重的离析现象，振捣棒拔出时不会形成孔洞，如图 5.47 和图 5.48 所示。

图 5.47 振捣棒

图 5.48 振捣施工现场

3. 插点的分布

有行列式和交错式两种，如图 5.49 和图 5.50 所示。对普通混凝土插点间距不大于 1.5R（R 为振动器作用半径，R=300～400mm）；对轻骨料混凝土则不大于 1.0R。与模板、钢筋的距离不大于作用半径的 0.5 倍，应将振动棒上下来回抽动 50～100mm，插入下一层未初凝混凝土中的深度不小于 50mm，每一插点的振捣时间为 20～30s 为宜。直上和直下、快插与慢拔；插点要均布，切勿漏点插；上下要振动，层层要扣搭；时间掌握好，密实质量佳。

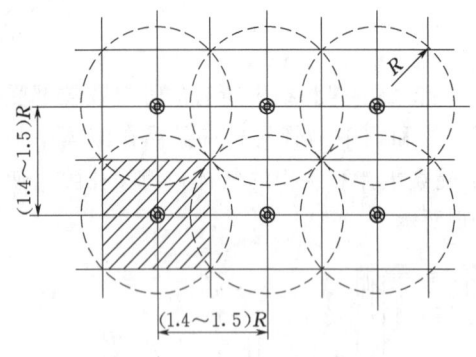

图 5.49 插点行列式布置

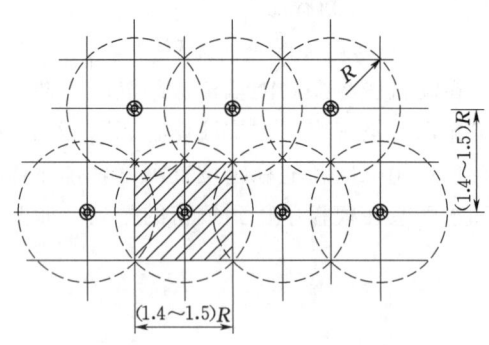

图 5.50 插点交错式布置

4. 表面振动器

主要有平板振动器、混凝土整平机（图 5.51）、振动梁（图 5.52）和渠道衬砌机等，其作用深度较小，多用在混凝土表面进行振捣。平板振动器适用于楼板、地面及薄型水平构件的振捣，振动梁和混凝土整平机常用于混凝土道路的施工。

图 5.51 混凝土整平机

图 5.52 振动梁振捣路面混凝土

5. 外部振动器

外部振动器又称附着式振动器，它通过螺栓或夹钳等固定在模板外部，通过模板将振动传给混凝土拌和物，因而模板应有足够的刚度。它宜于振捣断面小且钢筋密的构件，如薄腹梁、箱形桥面梁等及地下密封的结构，无法采用插入式振捣器的场合。其有效作用范围可通过实测确定，如图 5.53 和图 5.54 所示。

图 5.53 附着式振动器

图 5.54 振动器附着在箱梁模板上

5.3.6 混凝土的养护

为了保证混凝土有适宜的硬化条件，使其强度不断增长，必须对混凝土进行养护。混凝土的养护包括自然养护和蒸汽养护。混凝土养护期间，应重点加强混凝土的湿度和温度控制，尽量减少表面混凝土的暴露时间，及时对混凝土暴露面进行紧密覆盖（可采用蓬布、塑料布等进行覆盖），防止表面水分蒸发。暴露面保护层混凝土初凝前，应卷起覆盖物，用抹子搓压表面至少两遍，使之平整后再次覆盖，此时应注意覆盖物不要直接接触混凝土表面，直至混凝土终凝为止。

（1）蒸汽法。混凝土的蒸汽养护可分静停、升温、恒温、降温 4 个阶段，混凝土的蒸汽养护应分别符合下列规定：静停期间应保持环境温度不低于 5℃，灌筑结束 4～6h 且混凝土终凝后方可升温；升温速度不宜大于 10℃/h；恒温期间混凝土内部温度不宜超过 60℃，最大不得超过 65℃，恒温养护时间应根据构件脱模强度要求、混凝土配合比情况以及环境条件等通过试验确定；降温速度不宜大于 10℃/h。

（2）自然养护。混凝土带模养护期间，应采取带模包裹、浇水、喷淋洒水等措施进行保湿、潮湿养护，保证模板接缝处不致失水干燥。为了保证顺利拆模，可在混凝土浇筑 24～48h 后略微松开模板，并继续浇水养护至拆模后再继续保湿至规定龄期。

（3）养生液法。喷涂薄膜养生液养护适用于不易洒水养护的异形或大面积混凝土结构。它是将过氯乙烯树脂料溶液用喷枪喷涂在混凝土表面，溶液挥发后在混凝土表面形成一层塑料薄膜，将混凝土与空气隔绝，阻止其中水分的蒸发以保证水化作用的正常进行。在长期暴露的混凝土表面上，一般采用灰色养护剂或清亮材料养护。灰色养护剂的颜色接近于混凝土的颜色，而且对表面还有粉饰和加色作用，到风化后期阶段，它的外观要比用白色养护剂好得多。清亮养护剂是透明材料，不能粉饰混凝土，只能保持其原有的外观。

（4）满水法。采用厚为12mm以上的九夹板条（宽为100mm），在浇捣混凝土板过程中随抹平时沿现浇板四周临边搭接铺贴，用每米两个长35mm铁钉固定；楼梯踏步和现浇板高低处也同样用板铺贴，楼梯踏步贴板要求平整，步高差小于3mm；混凝土板较大时应按浇捣时间及平面大小分块养护，分界处同样用100mm宽九夹板条铺贴；板条铺设要求平整，紧靠临边；混凝土浇捣后要及时用粗木蟹抹平，及时养护，尤其是夏天高温初凝前应采用喷雾养护及粗木蟹二次抹平，在终凝前用满水法（即在板面先铺一张三夹板之类平板，水再通过板面流向混凝土面，直到溢出板条）养护3~7d，条件允许养护时间宜延长；在养护期间切忌扰动混凝土；楼梯踏步板条宜在混凝土强度达到100%以后再取消。这种养护方式能很好地保证混凝土在恒温、恒湿的条件下得到养护，能大大减少因温湿变化及失水所引起的塑性收缩裂缝，能很好地控制板厚及板面平整度，能很好地保证混凝土表面强度，避免楼面面层空鼓现象，能很好地保证混凝土外观质量，减少装饰阶段找平、凿平、护角等费用。

（5）养护膜。混凝土节水保湿养护膜是以新型可控高分子材料为核心，以塑料薄膜为载体，黏附复合而成，高分子材料可吸收自身重量200倍的水分，吸水膨胀后变成透明的晶状体，把液体水变为固态水，然后通过毛细管作用，源源不断地向养护面渗透，同时又不断吸收养护体在混凝土水化热过程中的蒸发水。因此在一个养生期内养护膜能保证养护体面保持湿润，相对湿度不小于90%，有效抑制微裂缝，保证工程质量。作为一种新兴材料，混凝土保湿养护膜被广泛应用于公路、铁路、水利等工程建设各个领域，在混凝土质量问题预防中越来越多地发挥着作用。

5.3.7 大体积钢筋混凝土结构的施工

我国《大体积混凝土施工规范》（GB 50496—2009）中规定，混凝土结构物实体最小几何尺寸不小于1m的大体积混凝土，或预计会因混凝土中胶凝材料水化引起的温度变化和收缩而导致有害裂缝产生的混凝土，称为大体积混凝土。现代建筑中时常涉及大体积混凝土施工，如高层楼房基础、大型设备基础、水利大坝等。它的主要特点是体积大，一般实体最小尺寸不小于1m。它的表面系数比较小，水泥水化热释放比较集中，内部升温比较快。混凝土内外温差较大时，会使混凝土产生温度裂缝，影响结构安全和正常使用。所以必须从根本上分析它，来保证施工的质量。

1. 大体积混凝土浇筑方案

大体积混凝土浇筑时，浇筑方案可以选择全面分层、分段分层、斜面分层3种方式，如图5.55所示。混凝土浇筑宜从低处开始，沿长边方向自一端向另一端进行。当混凝土供应量有保证时，也可多点同时浇筑，保证结构的整体性。

（1）全面分层法。浇筑混凝土时从短边开始，沿长边方向进行浇筑，要求在逐层浇筑

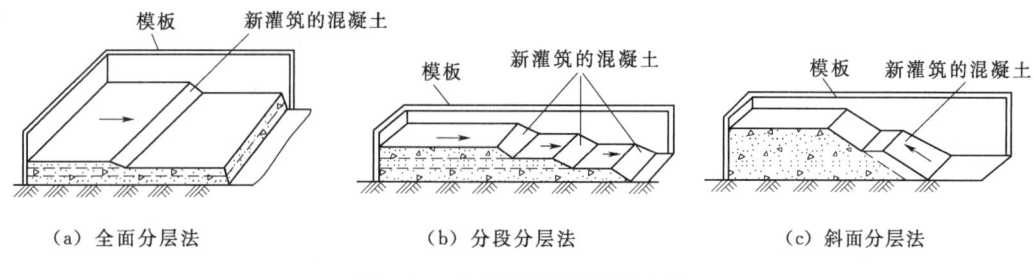

图 5.55 大体积混凝土浇筑方法

过程中,第二层混凝土要在第一层混凝土初凝前浇筑完毕。在整个基础内全面分层浇筑混凝土,要做到第一层全面浇筑完毕浇筑第二层时,第一层浇筑的混凝土还未初凝,如此逐层进行,直至浇筑好。这种方案适用于结构的平面尺寸不太大,施工时从短边开始,沿长边进行较适宜。

(2) 分段分层方案适用于结构厚度不大而面积或长度较大的情况。适宜于厚度不太大而面积或长度较大的结构。混凝土从底层开始浇筑,进行一定距离后浇筑第二层,如此依次向前浇筑以上各分层。

(3) 斜面分层方案是混凝土振捣工作从浇筑层下端开始逐渐上移。斜面分层方案多用于长度较大的结构。斜面分层的原则与平面分层基本是一样的,斜面的角度一般取不大于45°(视混凝土的坍落度而定),每层厚度按垂直于斜面的距离计算,不大于振动棒的有效振捣深度,一般取 500mm 左右。适用于结构的长度超过厚度的 3 倍,振捣工作应从浇筑层的下端开始,逐渐上移,以保证混凝土施工的质量。

2. 大体积混凝土的振捣与养护

(1) 混凝土应采取振捣棒振捣,在振动界限以前对混凝土进行二次振捣,排除混凝土因泌水在粗骨料、水平钢筋下部生成的水分和空隙,提高混凝土与钢筋的握裹力,防止因混凝土沉落而出现的裂缝,减少内部微裂,增加混凝土密实度,使混凝土抗压强度提高,从而提高抗裂性。

(2) 大体积混凝土的养护。大体积混凝土应进行保温、保湿养护,在每次混凝土浇筑完毕后,除应按普通混凝土进行常规养护外,尚应及时按温控技术措施的要求进行保温养护;保湿养护的持续时间不得少于 14d,应经常检查塑料薄膜或养护剂涂层的完整情况,保持混凝土表面湿润。

3. 大体积混凝土防裂技术措施

宜采取以保温、保湿养护为主体,抗放兼施为主导的大体积混凝土温控措施。由于水泥水化热引起混凝土浇筑体内部温度剧烈变化,使混凝土浇筑体早期塑性收缩和混凝土硬化过程中的收缩增大,使混凝土浇筑体内部的温度-收缩应力剧烈变化,而导致混凝土浇筑体或构件发生裂缝。因此,应在大体积混凝土工程设计、设计构造要求、混凝土强度等级选择、混凝土后期强度利用、混凝土材料选择、配比的设计、制备、运输、施工,混凝土的保温、保湿养护以及在混凝土浇筑硬化过程中浇筑体内温度及温度应力的监测和应急预案的制定等技术环节,采取一系列的技术措施。

(1) 大体积混凝土工程施工前,宜对施工阶段大体积混凝土浇筑体的温度、温度应力

及收缩应力进行试算,并确定施工阶段大体积混凝土浇筑体的升温峰值、里表温差及降温速率的控制指标,制定相应的温控技术措施。温控指标符合下列规定:混凝土浇筑体在入模温度基础上的温升值不宜大于50℃;混凝土浇筑块体的里表温差(不含混凝土收缩的当量温度)不宜大于25℃;混凝土浇筑体的降温速率不宜大于2.0℃/d;混凝土浇筑体表面与大气温差不宜大于20℃。

(2) 大体积混凝土配合比的设计除应符合工程设计所规定的强度等级、耐久性、抗渗性、体积稳定性等要求外,尚应符合大体积混凝土施工工艺特性的要求,并应符合合理使用材料、减少水泥用量、降低混凝土绝热温升值的要求。

(3) 在确定混凝土配合比时,应根据混凝土的绝热温升、温控施工方案的要求等,提出混凝土制备时粗细骨料和拌和用水及入模温度控制的技术措施,如降低拌和水温度(拌和水中加冰屑或用地下水)、骨料用水冲洗降温、避免暴晒等。

(4) 在混凝土制备前,应进行常规配合比试验,并应进行水化热、泌水率、可泵性等对大体积混凝土控制裂缝所需的技术参数的试验;必要时,其配合比设计应当通过试泵送;大体积混凝土应选用中、低热硅酸盐水泥或低热矿渣硅酸盐水泥,大体积混凝土施工所用水泥其3d的水化热不宜大于240kJ/kg,7d的水化热不宜大于270kJ/kg;大体积混凝土配制可掺入缓凝、减水、微膨胀的外加剂,外加剂应符合现行国家标准《混凝土外加剂》(GB 8076—2008)、《混凝土外加剂应用技术规范》(GB 50119—2013)和有关环境保护的规定。

(5) 超长大体积混凝土应选用留置变形缝、后浇带或采取跳仓法施工,控制结构不出现有害裂缝;结合结构配筋,配置控制温度和收缩的构造钢筋。

(6) 大体积混凝土浇筑宜采用二次振捣工艺,浇筑面应及时进行二次抹压处理,减少表面收缩裂缝。

5.3.8 混凝土的质量验收

1. 混凝土施工质量检查

混凝土结构施工质量检查可分为过程控制检查和拆模后的实体质量检查。过程控制检查应在混凝土施工全过程中,按施工段划分和工序安排及时进行;拆模后的实体质量检查应在混凝土表面未做处理和装饰前进行。

混凝土结构质量的检查,应符合下列规定:检查的频率、时间、方法和参加检查的人员,应当根据质量控制的需要确定;施工单位应对完成施工的部位或成果的质量进行自检,自检应全数检查;混凝土结构质量检查应做出记录。对于返工和修补的构件,应有返工修补前后的记录,并应有图像资料;混凝土结构质量检查中,对于已经隐蔽、不可直接观察和量测的内容,可检查隐蔽工程验收记录;需要对混凝土结构的性能进行检验时,应委托有资质的检测机构检测并出具检测报告。

混凝土结构的质量过程控制检查宜包括下列内容:混凝土拌和物宜包括:坍落度、入模温度等、大体积混凝土的温度测控。混凝土浇筑宜包括:混凝土输送、浇筑、振捣等;混凝土浇筑时模板的变形、漏浆等;混凝土浇筑时钢筋和预埋件(预埋管线、预留孔洞)位置;混凝土试件制作;混凝土养护。混凝土结构拆除模板后的实体质量检查宜包括:构件的尺寸、位置;轴线位置、标高;截面尺寸、表面平整度;垂直度(构件垂直度、单层垂直度和全高垂直度);预埋件,数量、位置;构件的外观缺陷;构件的连接及构造做法。

混凝土结构质量过程控制检查、拆模后实体质量检查的方法与合格判定,应符合现行国家标准《混凝土结构工程施工质量验收规范》(GB 50204)等的有关规定。有关标准未做规定时,可在施工方案中作出规定并经监理单位批准后实施。

2. 混凝土施工质量验收要求

(1) 一般要求。混凝土现浇结构质量验收应符合下列规定:结构质量验收应在拆模后混凝土表面未作修整和装饰前进行;已经隐蔽的不可直接观察和量测的内容,可检查隐蔽工程验收记录;修整或返工的结构构件部位应有实施前后的文字及其图像记录资料。混凝土现浇结构外观质量应根据缺陷类型和缺陷程度进行分类,并应符合表 5.34 的分类规定。

表 5.34 混凝土施工质量验收表

名称	现象	严重缺陷	一般缺陷
露筋	构件内钢筋未被混凝土包裹而外露	纵向受力钢筋有露筋	其他钢筋有少量露筋
蜂窝	混凝土表面缺少水泥砂浆而形成石子外露	构件主要受力部位有蜂窝	其他部位有少量蜂窝
孔洞	混凝土中孔穴深度和长度均超过保护层厚度	构件主要受力部位有孔洞	其他部位有少量孔洞
夹渣	混凝土中夹有杂物且深度超过保护层厚度	构件主要受力部位有夹渣	其他部位有少量夹渣
疏松	混凝土中局部不密实	构件主要受力部位有疏松	其他部位有少量疏松
裂缝	缝隙从混凝土表面延伸至混凝土内部	构件主要受力部位有影响结构性能或使用功能的裂缝	其他部位有少量不影响结构性能或使用功能的裂缝
连接部位缺陷	构件连接处混凝土缺陷及连接钢筋、连接件松动	连接部位有影响结构传力性能的缺陷	连接部位有基本不影响结构传力性能的缺陷
外形缺陷	缺棱掉角、棱角不直、翘曲不平、边缘凸肋等	清水混凝土构件有影响使用功能或装饰效果的外形缺陷	其他混凝土构件有不影响使用功能的外形缺陷
外表缺陷	构件表面麻面、掉皮、起砂、沾污等	具有重要装饰效果的清水混凝土构件有外表缺陷	其他混凝土构件有不影响使用功能的外表缺陷

混凝土现浇结构外观质量、位置偏差、尺寸偏差不应有影响结构性能和使用功能的缺陷,质量验收应作出记录。装配整体式结构现浇部分的外观质量、位置偏差、尺寸偏差验收应符合本章要求;装配结构与现浇结构之间的接合面应符合设计要求。

(2) 外观质量。

1) 主控项目。现浇结构的外观质量不应有严重缺陷。对已经出现的严重缺陷,应由施工单位提出技术处理方案,并经监理(建设)单位认可后进行处理。对经处理的部位,应重新检查验收。

检查数量:全数检查。

检验方法:观察,检查技术处理方案。

2) 一般项目。现浇结构的外观质量不应有一般缺陷。对已经出现的一般缺陷,应由施工单位按技术处理方案进行处理,并重新检查验收。

检查数量：全数检查。

检验方法：观察，检查技术处理方案。

（3）位置和尺寸偏差。

1）主控项目。现浇结构不应有影响结构性能和使用功能的尺寸偏差；混凝土设备基础不应有影响结构性能和设备安装的尺寸偏差。对超过尺寸允许偏差要求且影响结构性能、设备安装、使用功能的结构部位，应由施工单位提出技术处理方案，并经设计单位及监理（建设）单位认可后进行处理。对经处理后的部位，应重新验收。

检查数量：全数检查。

检验方法：量测，检查技术处理方案。

2）一般项目。现浇结构混凝土拆模后的位置和尺寸偏差应符合表 5.35 的规定。

检查数量：按楼层、结构缝或施工段划分检验批。在同一检验批内，对梁、柱和独立基础，应抽查构件数量的 10%，且不少于 3 件；对墙和板，应按有代表性的自然间抽查 10%，且不少于 3 间；对大空间结构，墙可按相邻轴线间高度 5m 左右划分检查面，板可按纵、横轴线划分检查面，抽查 10%，且均不少于 3 面；对电梯井，应全数检查；对设备基础，应全数检查。

表 5.35 现浇结构尺寸偏差和检验方法

项 目		允许偏差/mm	检验方法
轴线位置	基础	15	钢尺检查
	独立基础	10	
	墙、柱、梁	8	
	剪力墙	5	
垂直度	层高 ≤5m	8	经纬仪或吊线、钢尺检查
	层高 >5m	10	经纬仪或吊线、钢尺检查
	全高 H	$H/1000$ 且 ≤30	经纬仪、钢尺检查
标高	层高	±10	水准仪或拉线、钢尺检查
	全高	±30	
截面尺寸		+8，−5	钢尺检查
电梯井	井筒长、宽对定位中心线	+25	钢尺检查
	井筒全高（H）垂直度	$H/1000$ 且 ≤30	经纬仪、钢尺检查
表面平整度		8	2m 靠尺和塞尺检查
预埋设施中心线位置	预埋件	10	钢尺检查
	预埋螺栓	5	
	预埋管	5	
预留洞中心线位置		15	钢尺检查

注　检查轴线、中心线位置时，应沿纵、横两个方向测量，并取其中偏差的较大值。

3. 现浇混凝土结构质量缺陷及防治处理

（1）质量缺陷。现浇结构外观质量缺陷，应由监理（建设）单位、施工单位等各方根据其对结构性能和使用功能影响的严重程度进行检查验收,混凝土质量缺陷产生的原因主要如下。

1) 蜂窝:由于混凝土配合比不准确,浆少而石子多,或搅拌不均造成砂浆与石子分离,或浇筑方法不当,或振捣不足,以及模板严重漏浆。

2) 麻面:模板表面粗糙不光滑,模板湿润不够,接缝不严密,振捣时发生漏浆。

3) 露筋:浇筑时垫块位移,其至漏放,钢筋紧贴模板,或者因混凝土保护层处漏振或振捣不密实而造成露筋。

4) 孔洞:混凝土结构内存在空隙,砂浆严重分离,石子成堆,砂与水泥分离。另外,有泥块等杂物掺入也会形成孔洞。

5) 缝隙和薄夹层:主要是混凝土内部处理不当的施工缝、温度缝和收缩缝,以及混凝土内有外来杂物而造成的夹层。

6) 裂缝:构件制作时受到剧烈振动,混凝土浇筑后模板变形或沉陷,混凝土表面水分蒸发过快,养护不及时等,以及构件堆放、运输、吊装时位置不当或受到碰撞。

产生混凝土强度不足的原因是多方面的,主要是由于混凝土配合比设计、搅拌、现场浇捣和养护4个方面的原因造成的。

配合比设计方面有时不能及时测定水泥的实际活性,影响了混凝土配合比设计的正确性;另外,套用混凝土配合比时选用不当及外加剂用量控制不准等,都有可能导致混凝土强度不足。分离,或浇筑方法不当,或振捣不足,以及模板严重漏浆。

搅拌方面任意增加用水量,配合比称料不准,搅拌时颠倒加料顺序及搅拌时间过短等造成搅拌不均匀,导致混凝土强度降低。

现场浇捣方面主要是施工中振捣不实,以及发现混凝土有离析现象时,未能及时采取有效措施来纠正。

养护方面主要是不按规定的方法、时间对混凝土进行妥善的养护,以致造成混凝土强度降低。

(2) 防治处理。

1) 表面抹浆修补,对数量不多的小蜂窝、麻面、露筋、露石的混凝土表面,主要是保护钢筋和混凝土不受侵蚀,可用1:2~1:2.5水泥砂浆抹面修整。

2) 细石混凝土填补。当蜂窝比较严重或露筋较深时,应取掉不密实的混凝土,用清水洗净并充分湿润后,再用比原强度等级高一级的细石混凝土填补并仔细捣实。

3) 水泥灌浆与化学灌浆。对于宽度大于0.5mm的裂缝,宜采用水泥灌浆;对于宽度小于0.5mm的裂缝,宜采用化学灌浆。

任务 5.4　钢筋混凝土工程季节性施工

季节性施工是指工程建设中按照季节的特点进行相应的建设,考虑到自然环境所具有的不利于施工的因素存在,应该采取措施来避开或者减弱其不利影响,从而保证工程质量、工程进度、工程费用、施工安全等各项均达到设计或者规范要求。在工程的建设中,季节性施工主要指冬季和雨季的施工,当然因地而异,冬季施工可以没有。另外,也可能

项目5 钢筋混凝土工程施工技术

有台风季节施工和夏季施工。

5.4.1 钢筋混凝土工程冬期施工

1. 冬期施工的特点和要求

(1) 冬期施工的定义。当室外平均气温连续5d低于5℃、或最低气温降至0℃及0℃以下，须采取特殊措施进行施工方能满足质量要求时，即认为进入了冬期施工阶段。

(2) 冬期施工的特点。冬期施工条件差、环境不利，是工程质量事故的多发季节，尤以混凝土和基础工程居多；冬期质量事故具有隐蔽性和滞后性，冬季施工、春季才能暴露，处理难度大，影响工程使用寿命；冬期施工的计划性和时间性强，准备工作时间短、技术要求复杂，仓促施工极易发生工程质量事故。

(3) 冬期施工的要求。

1) 加强计划安排：冬期施工计划安排极其重要，当预计要进行冬期施工时，应提前进行冬期施工计划的安排。

2) 抓紧施工准备工作：包括材料、专用设备、能源、暂设工程等，应提前抓紧进行，仓促施工，既误工期，又影响质量。

3) 编制专题施工方案：根据国家规范、规程，编制指导冬期施工的专题施工方案。

4) 制订技术措施：在冬期施工的专题施工方案中，根据工程特点，明确冬期施工的技术关键，制订冬期施工的技术措施。

5) 重视技术培训和技术交底：对主要技术骨干、工长和班组长进行冬期施工的应知应会培训和考核，合格后方能上岗。

2. 冬期施工的准备工作

(1) 搜集当地有关气象资料，作为选择冬期施工技术措施的依据。

(2) 安排好冬期施工项目，编制冬期施工技术措施或方案。将不适宜冬期施工的分项工程安排在冬期前后完成。

(3) 根据冬期施工工程量提前准备好施工的临时设施、设备、机具、保温、防冻剂等材料及劳动防护用品。

(4) 冬期施工前，对配制防冻剂的人员、测温保温人员、锅炉工等，应专门组织冬期施工技术培训，学习冬期施工相关规范、冬期施工理论、操作技能、防火、防冻、防寒、防一氧化碳中毒、防滑、防止锅炉爆炸等知识和技能。

3. 钢筋在负温下的应用

钢筋随着温度的降低，屈服点、抗拉强度提高，伸长率和冲击韧性下降，存在冷脆现象，当钢筋存在缺陷时，可能发生脆断。负温下的结构配筋优先选用小直径且分散配置，不得采用排筋密焊配筋；预应力混凝土构件不宜采用无黏结构造形式；后张法混凝土构件，孔道灌浆要密实，保证混凝土与钢筋共同工作。负温下的钢筋挤压接头或锥螺纹接头应经过负温试验验证；能使预应力钢筋产生刻痕或咬伤的锚夹具应进行负温性能试验；负温下使用的钢筋，在运输、加工过程中防止产生撞击、刻痕等缺陷，使用Ⅳ级钢筋及其他高强度钢筋时尤应注意。

当环境温度低于-5℃时，钢筋焊接接头应优先选用闪光对焊，也可使用电渣压力焊和电弧焊。焊工须持有钢筋焊工上岗证，负温下施焊前须进行现场条件下的焊接性能试验，合格后方可施焊；负温下焊接时应调整焊接工艺参数，使焊缝和热影响区缓慢冷却。焊接时严格防止产生过热、烧伤、咬肉和裂纹等缺陷，防止在接头处产生偏心受力状态。加强焊工的劳动保护，防止发生烧伤、触电及火灾等事故；风力超过四级时，应采取挡风措施。焊后未冷却的接头应避免碰到冰雪；当环境温度低于－20℃时，不得进行施焊。

4. 混凝土工程的冬期施工

混凝土在湿度合适的条件下，温度高，硬化快、强度高；温度低，硬化慢、强度低。在 0℃ 时水化作用基本停止，在 －3℃ 时混凝土中的水开始结冰。当室外平均气温连续 5d 低于 5℃ 时，应采取冬期施工措施。

(1) 冻害对混凝土质量的影响。

1) 混凝土在初凝前或刚初凝即受冻害：水泥来不及水化或水化刚开始，本身无强度，水泥受冻处于"休眠"状态，恢复正常养护后，强度可重新发展至与未受冻基本相同。

2) 混凝土在初凝后、强度很小时遭受冻害：混凝土内部产生两种应力，即水泥水化作用引起的黏结应力和内部自由水引起的冻胀应力，由于黏结应力小于冻胀应力，混凝土内部会产生微裂缝，降低混凝土的密实度和耐久性，混凝土解冻后，其强度虽能继续增长，但不可能达到原设计的强度等级。

3) 混凝土达到某一强度值才遭受冻害：当混凝土达到某一强度，其产生的黏结应力大于冻胀应力时，混凝土内部不产生微裂缝，解冻后强度能正常增长至原设计强度等级，只不过增长较缓慢而已。这一强度值称为"混凝土受冻临界强度"。

(2) 混凝土受冻临界强度。临界强度与水泥的品种、混凝土强度等级有关，硅酸盐水泥或普通硅酸盐水泥配制的混凝土为设计强度等级的 30%，矿渣硅酸盐水泥配制的混凝土为 40%，但 C15 及以下的混凝土不低于 5MPa。

(3) 混凝土材料选择及要求。

1) 优先选用硅酸盐水泥或普通硅酸盐水泥，水泥强度等级不低于 42.5 级，最小水泥用量不少于 $300kg/m^3$，水灰比不大于 0.6。

2) 骨料中不得含有冰、雪、冻块及其他易冻裂物质。

3) 采用非加热养护法施工所选用的外加剂宜优先选用含引气成分的外加剂，含气量宜控制在 2%～4%。

4) 在钢筋混凝土中掺用氯盐类防冻剂时，氯盐掺量不得大于水泥重量的 1%，混凝土必须振捣密实，不宜采用蒸汽养护。

5) 薄壁结构、中重级工作制吊车梁、动力基础、水工构筑物、预应力混凝土以及高温、高湿环境中的结构，与酸碱及硫酸盐相接触的结构等不准掺用氯盐。

(4) 混凝土的搅拌。

1) 原材料的加热：优先采用加热水的办法，当加热水仍不能满足要求时，再对骨料进行加热。水和骨料的加热温度一般不超过 80℃ 和 60℃；当水、骨料达到规定温度仍不满足热工计算要求时，可提高水温至 100℃，但水泥不得与 80℃ 以上的水直接接触。水泥不得直接加热，宜采用"暖棚法"加热并存放。

2) 搅拌前，先用热水或蒸汽冲洗搅拌机。投料时，先投骨料和已加热的水，然后再投入水泥；水泥不应与 80℃ 以上的水直接接触，避免水泥假凝。

3) 外加剂应与水泥同时加入。

4) 拌制掺有外加剂的混凝土时，搅拌时间应比常温时间延长50%。

5) 混凝土拌和物出机温度不宜低于10℃，入模温度不宜低于5℃。

(5) 混凝土的浇筑。

1) 不得在强冻胀性地基土上浇筑混凝土，在弱冻胀性地基土上浇筑时，地基土应进行保温，以免遭冻。

2) 分层浇筑厚大整体式结构混凝土时，已浇筑层的混凝土温度在未被上一层混凝土覆盖前应不低于2℃。采用加热养护时，也不得低于2℃。

3) 浇筑装配式结构接头的混凝土，应先将结合处的表面加热至正温。浇筑后的接头混凝土在温度不超过45℃的条件下养护至设计要求强度，设计无规定时，强度不得低于强度标准值的75%。

(6) 蓄热法。利用原材料预热和水泥水化热，通过适当的保温，延缓混凝土的冷却，使混凝土在正温条件下达到受冻临界强度的一种常用施工方法。适用于室外最低气温不低于－8℃（结构表面系数为7.5）的结构。

1) 蓄热法的特点：施工简单、不需外加热源、节能、冬期施工费用低，冬期施工应优先采用。只有确定蓄热法不能满足要求时，才考虑选择其他方法。

2) 蓄热法的3个要素，即混凝土入模温度、围护结构的传热系数和水泥水化热值。蓄热法适用于不太寒冷地区（室外平均气温不低于－15℃）或表面系数不大于10的厚大结构以及地下结构。

(7) 蒸汽加热法。蒸汽加热法有两种：一种是湿热养护（棚罩法、蒸汽套法及内部通汽法），蒸汽与混凝土直接接触，利用蒸汽的湿热作用来养护混凝土；另一种是干热养护（毛管法、热模法），蒸汽作为热载体，通过散热器将热量传导给混凝土，使混凝土升温。蒸汽养护混凝土时，采用普通硅酸盐水泥时最高养护温度不超过80℃，采用内部通气法最高加热温度不超过60℃。

(8) 暖棚法。在建筑物或构件周围搭设大棚，通过人工加热使棚内空气保持正温，混凝土的浇筑和养护均在棚内进行，适用于混凝土工程较集中（如地下工程）的区域。暖棚常以脚手架材料为骨架，塑料薄膜、帆布或编织布围护。优点：劳动条件好、效率高、质量有保证、施工操作与常温无异；缺点：暖棚搭拆用工多、供热需大量能源，费用较高，棚内温度低（通常不超过10℃），混凝土强度增长慢。采用暖棚法要保证棚内各点温度均不低于5℃，采用明火升温时要注意防火防毒。当日平均气温低于－10℃时，暖棚法难以奏效。

5.4.2 钢筋混凝土工程雨季施工

1. 雨季施工的特点及要求

雨季是指在降雨量超过年降雨量50%以上的降雨集中季节。特点是降雨量大，降雨日数多，降雨强度强，经常出现暴雨或雷击。降雨会引起工程停工、塌方、基坑浸泡。

(1) 雨季施工的特点。

1) 突然性：由于暴雨，雨水倒灌、边坡坍塌等事故及山洪、泥石流等灾害往往不期而至，需要及早进行雨季施工的准备和防范措施。

2) 突发性：突发降雨对土木建筑结构和地基持力层的冲刷和浸泡具有严重的破坏性。

3) 持续性：雨季时间很长，阻碍了工程（主要包括土方工程、屋面工程等）的顺利进行，拖延工期。

(2) 雨季施工的要求。

1) 编制施工组织计划时，要根据雨季施工的特点，将不宜在雨季施工的分项工程提前或延后安排。对必须在雨季施工的工程应制定行之有效的技术措施。

2) 合理进行施工安排，做到晴天抓紧室外工作，雨天安排室内工作，尽量缩小雨天室外作业时间和工作面。

3) 密切注意气象预报，做好抗强台风、防汛等准备工作，必要时应及时加固在建的工程。

4) 做好建筑材料的防雨防潮工作。

2. 雨季施工的准备工作

(1) 现场排水。施工现场的道路、设施必须做到排水畅通，尽量做到雨停水干。要防止地面水排入地下室、基础、地沟内。要做好对危石的处理，防止滑坡和塌方。

(2) 应做好原材料、成品、半成品的防雨工作：水泥应按"先进先用、后进后用"的原则，避免久存受潮而影响水泥的性能。木门窗等易受潮变形的半成品应在室内堆放，其他材料也应注意防雨及做好材料堆放场地的四周排水工作等。

(3) 在雨季前做好施工现场房屋、设备的排水防雨措施。

(4) 备足排水需用的水泵及有关器材，准备适量的塑料布、油毡等防雨材料。

3. 雨季施工原则

(1) 预防为主的原则。做好临时排水系统的总体规划，提前准备做好雨季施工所需材料、设备，编制有针对性的雨季施工措施。

(2) 统筹规划的原则。根据"晴外、雨内"的原则，组织合理的工序穿插，对不适宜雨季施工的工程要提前或暂不安排，土方工程、基础工程、地下构筑物工程等雨季不能间断施工的，要调集人力组织快速施工，尽量缩短雨季施工时间。

(3) 掌握气象变化情况。重大吊装，高空作业、大体积混凝土浇筑等更要事先了解天气预报，确保作业安全和保证混凝土质量。

(4) 安全的原则。现场临时用电线路要绝缘良好，电源开关箱、配电箱、电缆线接头（箱）、电焊机等须有防雨措施。

4. 钢筋混凝土工程雨季施工技术

(1) 模板堆放场地不得有积水，垫木支撑处地基应坚实，上部设置防雨措施，雨后及时检查支撑是否牢固。

(2) 拆模后模板要及时修理并涂刷隔离剂，涂刷前要掌握天气预报，以防隔离剂被雨水冲掉。

(3) 雨季施工时，应加强对混凝土粗细骨料含水量的测定，及时调整用水量；混凝土浇筑前须清除模板内的积水。

(4) 混凝土浇筑不得在中雨以上的情况下进行，如突然遇雨，应采取防雨措施，做好临时施工缝，方可收工。

项目 5　钢筋混凝土工程施工技术

(5) 雨后继续施工时,先应清除表面松散的石子,对施工缝进行技术处理后再进行浇筑。

(6) 混凝土初凝前应采取防雨措施,用塑料薄膜保护。

5．雨季施工的机械防雨和防雷

(1) 机械棚要搭设牢固,防止倒塌漏雨。机电设备采取防雨、防淹措施,安装接地安全装置。机动电闸箱的漏电保护装置要可靠。

(2) 雨季为防止雷电袭击造成事故,施工现场高出建筑物的塔吊、人货电梯、钢脚手架等须装设防雷装置。防雷装置由避雷针、接地线和接地体 3 部分组成。避雷针装在高出建筑物的塔吊、人货电梯、钢脚手架的最高顶端上;接地线可用截面积不大于 16mm^2 的铝导线或不小于 12mm^2 的铜导线,也可用直径不小于 8mm 的圆钢;接地电阻不宜超过 10Ω。

(3) 基础工程应开设排水沟、基槽、坑沟等,深基坑应设置防护栏或警告标志,超过 1m 深的基槽、井坑应设支撑。

项 目 小 结

本项目重点介绍了钢筋混凝土工程施工工艺,包括模板工程施工、钢筋工程施工、混凝土工程施工、钢筋混凝土工程冬雨期施工共 4 个学习任务。主要内容概括如下。

(1) 模板工程施工主要包括常用模板的类型、模板的构造组成、模板设计、钢模板及木模板的施工工艺,模板工程质量检查验收的标准及其验收要点。其中模板的施工工艺及验收要点是重点学习内容之一。

(2) 钢筋工程施工主要包括钢筋材料的识别、钢筋下料长度计算、钢筋加工工艺、钢筋连接、钢筋绑扎与安装等内容,材料验收及质量检验要求贯穿始终。其中钢筋加工下料长度、加工工艺及钢筋连接是本项目学习重点内容之一。

(3) 混凝土工程主要包括混凝土制备、混凝土运输、浇筑振捣及混凝土养护等施工工艺。其中混凝土的浇筑振动工艺是本项目的重点学习内容之一。

(4) 混凝土冬雨期施工主要介绍冬雨期施工概念,分析了混凝土工程季节性施工特点,相应提出了混凝土工程冬期施工技术措施及安全施工措施,提出了混凝土工程雨期施工技术措施及安全施工措施。

复 习 思 考 题

1．如何根据冬期雨季施工的特点做好前期准备工作?

2．在土方冬期开挖中,其防冻方法有哪几种?各有什么特点?

3．混凝土受冻的模式和机理是什么?

4．混凝土冬期施工防早期冻害的措施有哪几种?

5．如何解释防冻外加剂的作用和机理?

6．混凝土冬期施工的养护方法有几种?各自有什么特点?

7. 简述蓄热法养护的特点、适用范围。

8. 砌筑工程的冬期施工应优先选用何种方法？对保温绝缘、装饰等有特殊要求的工程应采用何种方法？

9. 简述各分部分项工程雨季施工的技术措施。

项目6 预应力混凝土工程施工技术

【学习目标】

能力目标：选择合适的施工工艺，懂得先张法、后张法预应力混凝土施工的过程、步骤，能对预应力钢筋进行张拉控制，对预应力施工进行安全、质量进度的控制和质量的检测。

知识点：预应力混凝土；先张法；后张法。

【项目介绍】

学习先张法预应力施工的施工方法、施工过程、施工方案和组织，完成先张法预应力的施工任务；学习后张法预应力施工的施工方法、施工过程、施工方案和组织，对进度、质量、安全进行控制，完成后张法预应力的施工任务。

任务6.1 先张法施工

预应力混凝土结构，就是在结构承受外荷载以前，预先用某种方法，使结构内部造成一种应力状态，使其在使用阶段产生拉应力的区域预先受到压应力，这部分压应力与使用荷载时所产生的拉应力能抵消一部分或全部，使构件达到不出现裂缝，或推迟出现裂缝的时间和限制裂缝的开展，以提高结构及构件的刚度。预应力混凝土与普通钢筋混凝土相比，具有抗裂性好、刚度大、材料省、自重轻、结构寿命长等优点，在工程中的应用范围越来越广。它不但广泛应用于单层和多层房屋、桥梁、电站、压力管道、油罐、水塔和轨枕等方面，而且已扩大应用到高层建筑、地下建筑、海洋结构及压力容器等新领域。

先张法是在浇筑混凝土前张拉预应力筋，并将张拉的预应力筋临时固定在台座或钢模上，然后才浇筑混凝土。待混凝土达到一定强度（一般不低于设计强度等级的75%），保证预应力筋与混凝土有足够黏结力时，放松预应力筋，借助混凝土与预应力筋的黏结，使混凝土产生预压应力，如图6.1所示。

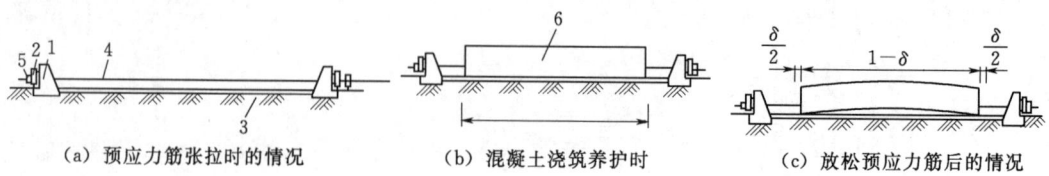

(a) 预应力筋张拉时的情况　　(b) 混凝土浇筑养护时　　(c) 放松预应力筋后的情况

图6.1　先张法施工示意图

1—台座承力结构；2—横梁；3—台面；4—预应力筋；5—锚固夹具；6—混凝土构件

任务6.1 先张法施工

6.1.1 先张法的施工设备

1. 张拉台座

台座是先张法生产中的主要设备之一,要求有足够的强度和稳定性,以免台座变形、倾覆、滑移而引起预应力值的损失。

(1) 槽式台座,如图6.2所示,它由端柱、传力柱、柱垫、横梁和台面等组成。一般多做成装配式的,长度一般不大于76mm,宽度随构件外形及制作方式而定,一般不小于1m。它既可承受张拉力,又可作养生槽。适用于生产张拉拉力较高的大中型预应力混凝土构件,如吊车梁、屋架等。

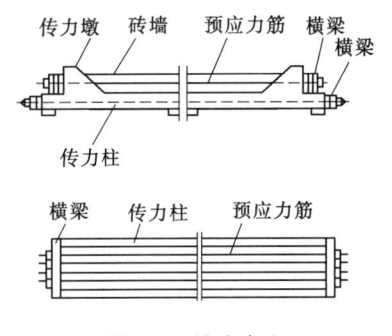

图6.2 槽式台座

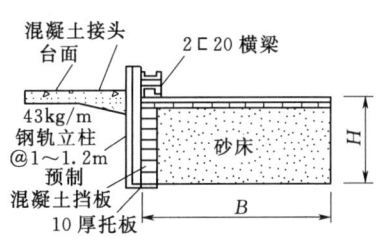

图6.3 换埋式台座

(2) 换埋式台座,如图6.3所示,它由钢立柱、预制混凝土挡板和砂床组成。它是用砂床埋住挡板、立柱,以此来代替现浇混凝土墩,抵抗张拉时的倾覆力矩。拆迁方便,可多次重复使用。适于流动性预制厂生产预应力多孔板和预应力折板等张拉力不大的中、小型构件。

(3) 简易台座,如图6.4所示,利用地坪或构件(如基础梁、吊车梁、柱子等)做成传力支座,承受张拉力。适于现场或山区少量制作中小型构件。

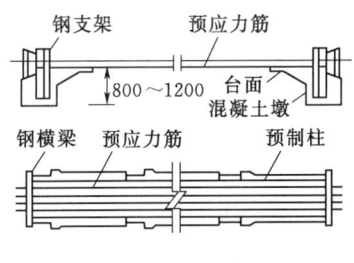

图6.4 简易台座

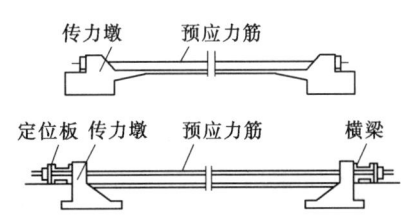

图6.5 墩式台座

(4) 墩式台座,如图6.5所示,它由台墩、台面、横梁、定位板等组成。常用的为台墩与台面共同受力的形式。台座长度和宽度由场地大小、构件类型和产量等因素确定,一般长不大于150mm,宽不大于2m。在台座的端部应留出张拉操作用通道和场地,两侧应有构件运输和堆放的场地。依靠自重平衡张拉力,张拉力可达1000~2000kN。

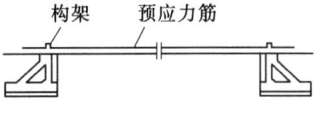

图6.6 构架式台座

墩式台座适于生产多种形式构件,或叠层生产、成组立模生产中小型构件,张拉一次可生产多个构件，劳动效率高，又可减少钢丝滑动或台座横梁变形引起的应力损失。这种形式国内应用最广。

(5) 构架式台座，如图6.6所示，它一般采用装配式预应力混凝土结构，由多个1m宽、重约2.4t的三角形块体组成，每一块体能承受的拉力约130kN，可根据台座需要的张拉力，设置一定数量的块体。适于生产张拉力不大的中小型构件。

2. 夹具

先张法夹具分为两类：一类是锚固夹具，将预应力筋固定在台座上；另一类是张拉夹具，张拉时夹持预应力筋。先张法常采用的预应力筋有钢筋和钢丝，夹具也分为钢筋夹具和钢丝夹具。

(1) 钢丝锚固夹具。圆锥齿板式夹具（锥销夹具）：可分为无缝钢管圆锥齿板式夹具和圆锥槽式夹具，如图6.7所示。镦头夹具：如图6.8所示，采用镦头夹具时，将预应力筋端部热镦或冷镦，通过承力分孔板锚固。

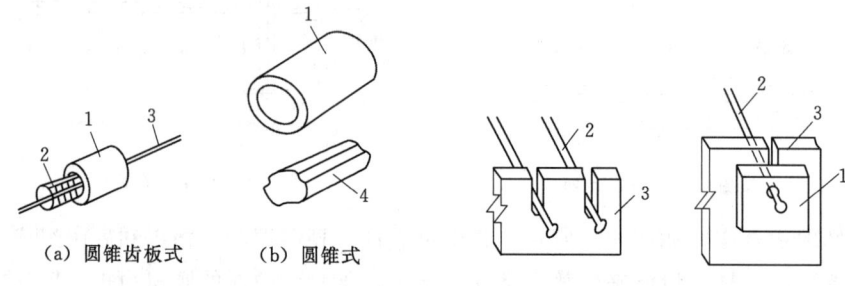

图6.7 圆锥齿板式夹具
1—齿板；3—套筒；3—钢丝；4—锥塞

图6.8 镦头夹具
1—墩头钢丝；2—承力板；3—垫板

(2) 钢筋锚固夹具。钢筋锚固常用圆套筒三片式夹具、螺丝端杆夹具等。圆套筒三片式夹具由套筒和夹片组（图6.9）。其型号有YJ12、YJ14，适用于先张法；用YC-18型千斤顶张拉时，适用于锚固直径为12mm、14mm的单根冷拉HRB400、RRB400级钢筋。

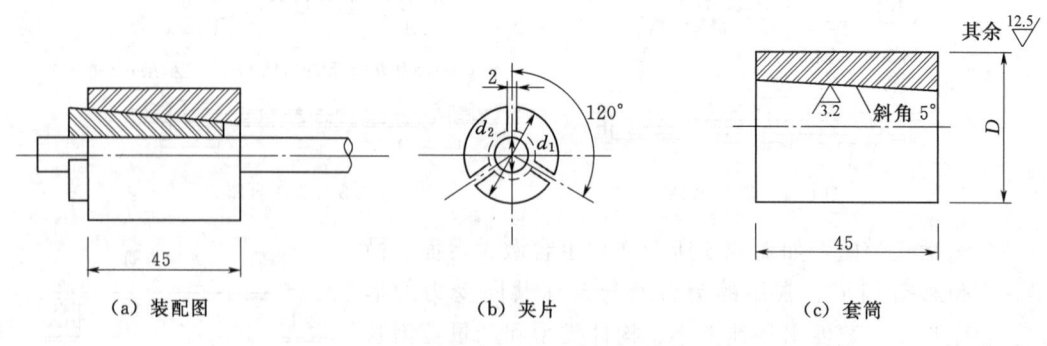

(a) 装配图　　(b) 夹片　　(c) 套筒

图6.9 钢筋锚固夹具

(3) 张拉夹具。张拉夹具是夹持住预应力筋后，与张拉机械连接起来进行预应力筋张拉的机具。常用的张拉夹具有月牙形夹具、偏心式夹具、楔形夹具等，适用于张拉钢丝和直径在16mm以下的钢筋。

3. 张拉设备

张拉机具要求简易可靠，能准确控制钢丝的拉力，能以稳定的速率加大拉力。简易张拉机具有卷扬机、电动螺杆张拉机、油压千斤顶等。

（1）卷扬机。在长线台座上张拉钢筋时，由于一般千斤顶的行程不能满足长台座要求，因此可采用卷扬机张拉小直径预应力筋，用杠杆或弹簧测力。弹簧测力时，宜设行程开关，在使张拉到规定的应力时，能自行停机。

（2）电动螺杆张拉机。电动螺杆张拉机由张拉螺杆、变速箱、拉力架、承力架和张拉夹具组成。电动螺杆张拉机可以张拉预应力钢筋，也可以张拉预应力钢丝。工作时顶杆支承到台座横梁上，用张拉夹具夹紧预应力筋，开动电动机使螺杆向右侧运动，对预应力筋进行张拉，达到控制应力要求时停车，并用预先套在预应力筋上的锚固夹具将预应力筋临时锚固在台座的横梁上。然后开倒车，使电动螺杆张拉机卸荷。

（3）油压千斤顶。油压千斤顶可以张拉单根或多跟成组的预应力筋。张拉过程可直接从油压表读取张拉力值。成组张拉时由于拉力较大，一般用油压千斤顶张拉。

6.1.2 先张法的施工工艺

1. 预应力筋敷设

长线台座台面（或胎模）在铺设钢丝前应涂隔离剂。隔离剂不应沾污钢丝，以免影响钢丝与混凝土的黏结。如果预应力筋遭受污染，应使用适宜的溶剂清洗干净。在生产过程中，应防止雨水冲刷台面上的隔离剂。预应力钢丝宜用牵引车铺设。如果钢丝需要接长，可借助钢丝拼接器用 20~22 号铁丝密排绑扎（图 6.10）。绑扎长度，对冷轧带肋钢筋不应小于 $45d$（d 为钢丝直径），对刻痕钢丝不应小于 $80d$。钢丝搭接长度应比绑扎长度大 $10d$。

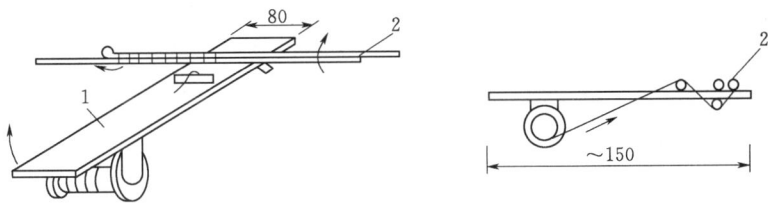

图 6.10 钢丝拼接器
1—拼接器；2—钢丝

2. 预应力筋的张拉

预应力筋张拉应根据设计要求，采用合适的张拉方法、张拉顺序、张拉设备及张拉程序进行，并应有可靠的保证质量措施和安全技术措施。预应力筋的张拉可采用单根张拉或多根同时张拉。当预应力筋数量不多，张拉设备拉力有限时，常采用单根张拉。当预应力筋数量较多，且张拉设备拉力较大时，则可采用多根同时张拉。在确定预应力筋的张拉顺序时，应考虑尽可能减少倾覆力矩和偏心力，应先张拉靠近台座截面重心处的预应力筋。

（1）张拉控制应力。预应力筋的张拉工作是预应力施工中的关键工序，应严格按设计要求进行。预应力筋张拉控制应力的大小直接影响预应力效果，影响到构件的抗裂度和刚度,因而控制应力不能过低。但是,控制应力也不能过高,不允许超过其屈服强度,以使预应力筋处于弹性工作状态;否则会使构件出现裂缝的荷载与破坏荷载很接近,这是很危险的。

过大的超张拉会造成反拱过大,预拉区出现裂缝,也是不利的。预应力筋的张拉控制应力应符合设计要求。当施工中预应力筋需要超张拉时,可比设计要求提高5%,但其最大张拉控制应力不得超过表6.1的规定。

表6.1　　　　　　　　最大张拉控制应力允许值　　　　　　　单位:N/mm²

钢 筋 种 类	张 拉 方 法	
	先张法	后张法
消除应力钢丝、钢绞线	$0.80 f_{ptk}$	$0.75 f_{ptk}$
冷轧带肋钢筋	$0.75 f_{ptk}$	$0.70 f_{ptk}$
精轧螺纹钢筋	$0.95 f_{pyk}$	$0.90 f_{pyk}$

钢丝、钢绞线属于硬钢,冷拉热轧钢筋属于软钢。硬钢和软钢可根据它们是否存在屈服点划分,由于硬钢无明显屈服点,塑性较软钢差,所以其控制应力系数较软钢低。

(2) 张拉程序。预应力筋张拉程序有以下两种。

1) $0 \rightarrow 105\% \sigma_{con} \xrightarrow{持荷 2min} \sigma_{con}$。

2) $0 \rightarrow 103\% \sigma_{con}$。

以上两种张拉程序是等效的,施工中可根据构件设计标明的张拉力大小、预应力筋与锚具品种、施工速度等选用。

预应力筋进行超张拉(103%~105%控制应力)主要是为了减少松弛引起的应力损失值。应力松弛是指材料在常温高应力作用下,由于塑性变形而使应力随时间延续而降低的现象。这种现象在张拉后的头几分钟内发展得特别快,往后则趋于缓慢。例如,超过张拉5%并持荷2min,再回到控制应力,松弛已完成50%以上。

(3) 张拉力的控制。预应力筋的张拉力根据设计的张拉控制应力与钢筋截面积及超张拉系数之积而定,即

$$N = m \sigma_{con} A_y \tag{6.1}$$

式中　　N——预应力筋张拉力,N;

m——超张拉系数,1.03~1.05;

σ_{con}——预应力筋张拉控制应力,N/mm²;

A_y——预应力筋的截面积,mm²。

预应力筋张拉锚固后,实际应力值与工程设计规定检验值的相对允许偏差为±5%。

3. 预应力筋的放张

(1) 放张要求。预应力筋放张时,混凝土强度应符合设计要求,当设计无具体要求时,不应低于设计强度等级的75%。放张过早会由于混凝土强度不足,产生较大的混凝土弹性回缩或滑丝而引起较大的预应力损失。

(2) 放张方法。放张过程中,应使预应力构件自由压缩。放张工作应缓慢进行,避免过大的冲击与偏心。当预应力筋为钢丝时,若钢丝数量不多,可采用剪切、锯割或氧—乙

炔焰预热熔断的方法进行放张。放张时，应从靠近生产线中间处剪（熔）断钢丝，这样比靠近台座一端剪（熔）断时回弹要小，且有利于脱模。钢丝数量较多时，所有钢丝应同时放张，不允许采用逐根放张的方法；否则，最后的几根钢丝将可能由于承受过大的应力而突然断裂，导致构件应力传递长度骤增，或使构件端部开裂。放张可采用放张横梁来实现，横梁可用千斤顶或预先设置在横梁支点处的放张装置（砂箱或楔块等）来放张。采用湿热养护的预应力混凝土构件宜热态放张，不宜降温后放张。

任务 6.2　后 张 法 施 工

后张法是先制作构件，在应放置预应力钢筋的部位预先留有孔道，待构件混凝土强度达到设计规定的数值后，用张拉机具夹持预应力筋将其张拉至设计规定的控制预应力，并借助锚具在构件端部将预应力筋锚固，最后进行孔道灌浆（或不灌浆）。其生产示意如图 6.11 所示。

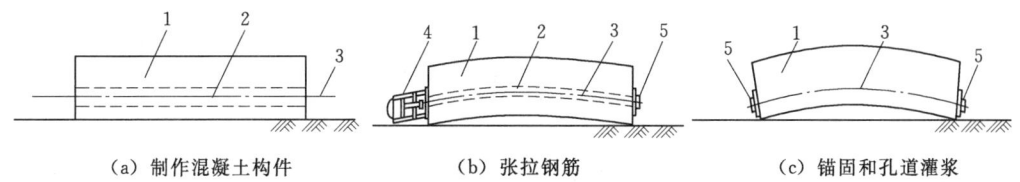

图 6.11　预应力混凝土后张法生产示意图
1—混凝土构件；2—预留孔道；3—预应力筋；4—千斤顶；5—锚具

在后张法施工中，锚具永久性地留在构件上，成为预应力构件的一个组成部分，不能重复使用。因此，在后张法施工中，必须有与不同预应力筋配套的锚具和张拉机具。

6.2.1　后张法的施工设备

1. 锚具

锚具是后张法结构或构件中为保持预应力筋拉力并将其传递到混凝土上用的永久性锚固装置。预应力筋用锚具、夹具和连接器按锚固方式不同，可分为夹片式（单孔与多孔夹片锚具）、支承式（镦头锚具、螺母锚具等）、锥塞式（钢质锥形锚具等）和握裹式（挤压锚具、压花锚具等）四类。

（1）夹片式锚具。单孔夹片锚具是由锚环与夹片组成，如图 6.12 所示。夹片的种类很多。按片数可分为三片或两片式。其锚固示意如图 6.13 所示。

多孔夹片锚具是由多孔夹片锚具、锚垫板（也称铸铁喇叭管、锚座）、螺旋筋等组成，如图 6.14 所示。这种锚具是在一块多孔的锚板上，利用每个锥形孔装一副夹片，夹持一根钢绞线。其优点是任何一根钢绞线锚固失效，都不会引起整体锚固失效。每束钢绞线的根数不受限制。对锚板与夹片的要求，与单孔夹片锚具相同。多孔夹片锚固体系在后张法有黏结预应力混凝土结构中用途最广。国内生产厂家已有数十家，主要品牌有 QM、OVM、HVM、YM、YLM、TM 等。

（2）墩头锚具。镦头锚具适用于锚固任意根数 $\phi^P 5mm$ 与 $\phi^P 7mm$ 钢丝束。镦头锚具的

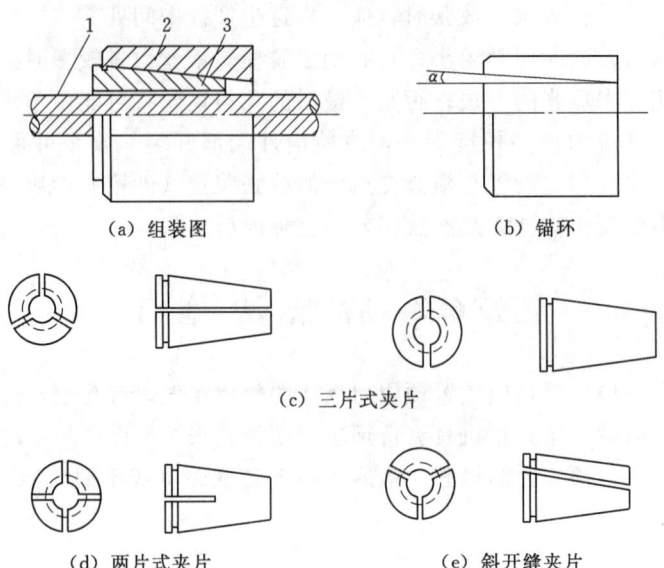

图 6.12 单孔夹片锚具
1—钢绞线；2—锚环；3—夹片

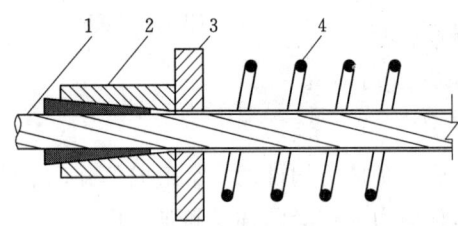

图 6.13 单孔夹片锚固示意图
1—钢绞线；2—单孔夹片锚具；
3—承压钢板；4—螺旋筋

形式与规格，可根据需要自行设计。常用的镦头锚具分为 A 型与 B 型。A 型由锚杯与螺母组成，用于张拉端。B 型为锚板，用于固定端，如图 6.15 所示。

（3）锥形螺杆锚具。锥形螺杆锚具适用于锚固 14～28 根 $\phi^s 5mm$ 钢丝束。它由锥形螺杆、套筒、螺母、垫板组成。EL 型锚具不能自锚，必须事先加上顶压套筒才能锚固钢丝。锚具的顶紧力取张拉力的 120%～130%，如图 6.16 所示。

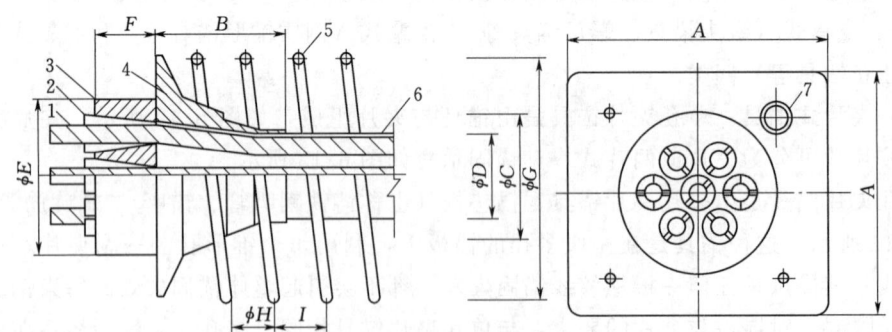

图 6.14 多孔夹片锚具
1—钢绞线；2—夹片；3—锚板；4—锚垫板（铸铁喇叭管）；
5—螺旋筋；6—金属波纹管；7—灌浆孔

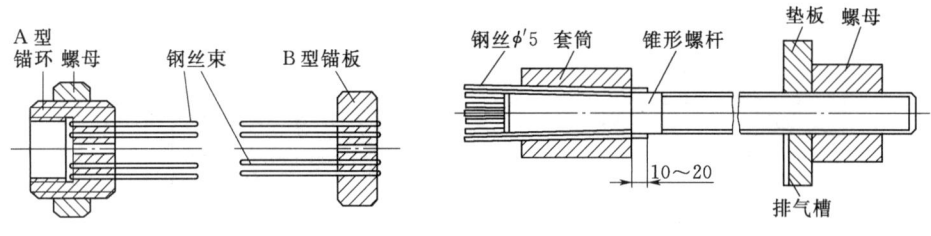

图 6.15 镦头锚具　　　　　　图 6.16 EL 型锚具

（4）精轧螺纹钢筋锚具。精轧螺纹钢筋锚具适用于锚固直径为 25mm 和 32mm 的高强精轧螺纹钢筋。钢筋本身就轧有外螺纹，可以直接拧上螺母进行锚固，也可以拧上连接器进行钢筋连接。JLM 型锚具的连接器为 JLL 型，可在钢筋的任意截面处拧上实现连接，避免了焊接。精轧螺纹钢筋锚具如图 6.17 所示。

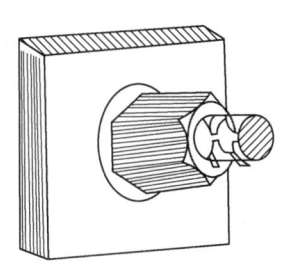 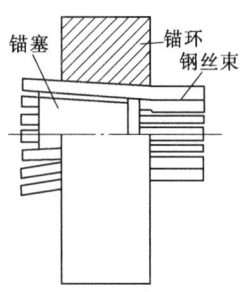

图 6.17 JLM 型锚具　　　　　　图 6.18 钢质锥形锚具

（5）锥形锚具。钢质锥形锚具（又称弗氏锚具）适用于锚固 6～30 根 ϕ^P5mm 和 12～24 根 ϕ^P7mm 钢丝束。它由锚环与锚塞组成，如图 6.18 所示。

（6）握裹式锚具

1）挤压锚具。P 型挤压锚具是在钢绞线端部安装异形钢丝衬圈和挤压套，利用专用挤压机将挤压套挤过模孔后，使其产生塑性变形而握紧钢绞线，形成可靠的锚固，如图 6.19 所示。挤压锚具既可埋在混凝土结构内，也可安装在结构之外，对有黏结预应力钢绞线、无黏结预应力钢绞线都适用，应用范围最广。

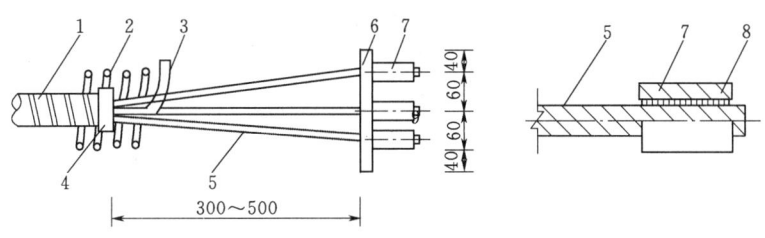

图 6.19 挤压锚具
1—金属波纹管；2—螺旋筋；3—排汽管；4—约束圈；5—钢绞线；
6—锚垫板；7—挤压锚具；8—异形钢丝衬圈

2）压花锚具。H 型压花锚具是利用专用压花机将钢绞线端头压成梨形散花头的一种握裹式锚具，如图 6.20 所示。压花锚具仅用于固定端空间较大且有足够的黏结长度的情况，但成本最低。

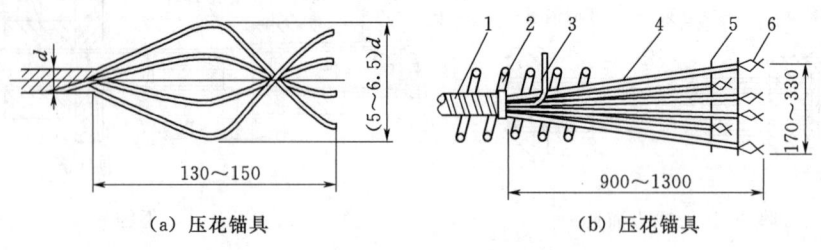

(a) 压花锚具　　　　　　　(b) 压花锚具

图 6.20　压花锚具

1—波纹管；2—螺旋筋；3—排汽管；4—钢绞线；5—构造筋；6—压花锚具

2. 张拉设备

后张法张拉设备由千斤顶和高压油泵组成。千斤顶则分为拉杆式、穿心式、锥锚式3类；高压油泵则分为手动式和轴向电动式两种。

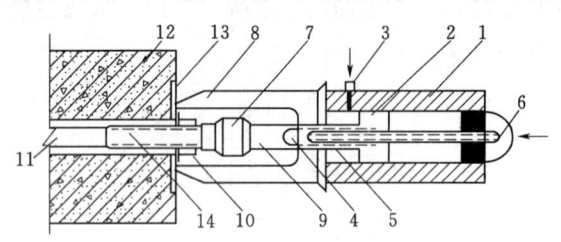

图 6.21　用拉杆式千斤顶张拉单根
粗钢筋的工作原理

1—主缸；2—主缸活塞；3—主缸进油孔；4—副缸；
5—副缸活塞；6—副缸进油孔；7—连接器；8—传
力架；9—拉杆；10—螺母；11—预应力筋；
12—混凝土构件；13—预埋铁板；
14—螺丝端杆

（1）拉杆式千斤顶。拉杆式千斤顶主要适用于张拉焊有螺丝端杆锚具的粗钢筋、带有锥形螺杆锚具的钢丝束及镦头锚具钢丝束。工程中常用的 L600 型千斤顶技术性能见表 6.2。其工作原理如图 6.21 所示，首先将连接器与螺丝端杆连接，顶杆支承在构件端部的预埋铁板上，当高压油进入主缸，推动主活塞向右移动时，带预应力筋向右移动，这样预应力筋就受到了张拉。当达到规定的张拉力后，拧紧螺丝端杆上的螺母，将预应力筋锚固在构件的端部，锚固后，改由副缸进油，推动副缸带动主缸和拉杆向左移动，将主缸恢复到开始张拉时的位置。同时，主缸的油也回到油泵中。至此，完成了一次张拉过程。

表 6.2　　　　　　　　　　L600 型千斤顶技术性能

项目	单位	数据	项目	单位	数据
额定油压	MPa	40	回程液压面积	cm^2	38
张拉缸液压面积	cm^2	162.6	回程油压	N/mm^2	<10
理论张拉力	kN	650	外形尺寸	mm	$\phi 193 \times 677$
公称张拉力	kN	600	净重	kg	65
张拉行程	mm	150	配套油泵		ZB4-500 型电动油泵

（2）穿心式千斤顶。穿心式千斤顶是中空通过钢筋束的千斤顶，是适应性较强的千斤顶。它既可张拉带有夹片锚具或夹具的钢筋束和钢绞线束；配上撑脚、拉杆等附件后，也可作为拉杆式千斤顶用。根据使用功能不同，它又可分为 YC 型、YCD 型、YCQ 型、

YCW 型等系列。

YC 型又分为 YC18 型、YC20 型、YC60 型、YC120 型等。YC 型技术性能见表 6.3。

表 6.3　　　　　　　　　　　　YC 型穿心千斤顶技术性能

项　　目	单位	YC18 型	YC20D 型	YC60 型	YC120 型
额定油压	MPa	50	40	40	50
张拉缸液压面积	cm²	40.6	51	162.6	250
公称张拉力	kN	180	200	600	1200
张拉行程	mm	250	200	150	300
顶压缸活塞面积	cm²	13.5	—	84.2	113
顶压行程	mm	15	—	50	40
张拉缸回程液压面积	cm	22	—	12.4	160
顶压方式		弹簧	—	弹簧	液压
穿心孔径	mm	27	31	55	70

YC 型千斤顶的张拉力，一般有 180kN、200kN、600kN、1200kN 和 3000kN，张拉行程由 150～800mm 不等，基本上已经形成各种张拉力和不同张拉行程的 YC 型千斤顶系列。现以 YC60 型千斤顶为例，说明其工作原理。

YC60 型千斤顶主要有张拉油缸、顶压油缸、顶压活塞、穿心套、保护套、端盖堵头、连接套、撑套、回程弹簧和动静密封套等部件组成。其构造如图 6.22 所示。

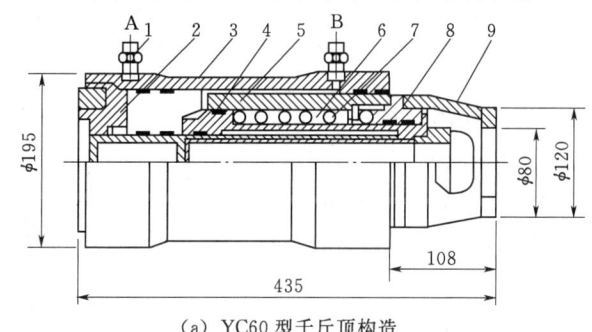

(a) YC60 型千斤顶构造

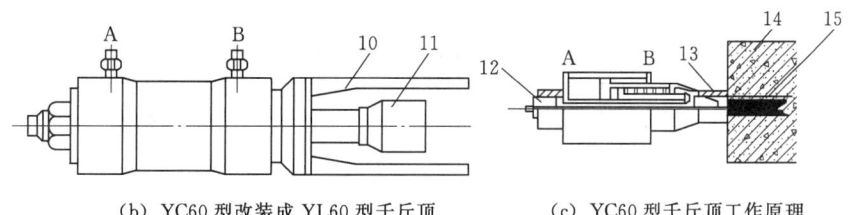

(b) YC60 型改装成 YL60 型千斤顶　　　　(c) YC60 型千斤顶工作原理

图 6.22　YC60 型千斤顶

1—端盖螺母；2—端盖；3—张拉油缸；4—顶压活塞；5—顶压油缸；6—穿心套；
7—回程弹簧；8—连接套；9—锚环；10—撑脚；11—连接头；12—工具锚；
13—预应力筋锚具；14—构件；15—预应力筋

张拉预应力钢筋的工作过程：油嘴 B 进油，油缸向左侧伸出，由于偏心式夹具夹紧了预应力钢筋，预应力钢筋被张拉。

临时锚固预应力钢筋和回油的工作过程：油缸向左伸出至最大行程，如果预应力钢筋尚未达到控制应力，则需进行第二次张拉预应力钢筋的工作过程。为此，先使油嘴 B 缓缓回油，这时由于预应力钢筋回缩和弹性顶压头的共同作用，将圆套筒三片式夹具的夹片推入到套筒，而将预应力钢筋临时锚固在台座的横梁上。再向油嘴 A 进油，此时偏时式夹具自动松开，油缸退回到零行程位置，便完成了一个张拉循环过程。为将预应力钢筋张拉达到控制应力的要求，常需要经过若干个张拉循环过程才能完成。

（3）锥锚式千斤顶。锥锚式千斤顶又称双作用或三作用千斤顶，是一种专用千斤顶。适用于张拉以 KT-Z 型锚具为张拉锚具的钢筋束或钢绞线束和张拉以钢质锥形锚具为张拉锚具的钢绞线束。锥锚式千斤顶（图 6.23）的工作程序如下。

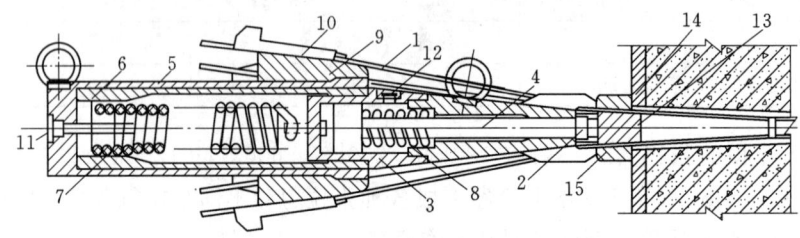

图 6.23　锥锚式千斤顶构造及工作示意图

1—预应力筋；2—顶压头；3—副缸；4—副缸活塞；5—主缸；6—主缸活塞；7—主缸拉力弹簧；8—副缸压力弹簧；9—锥形卡环；10—楔块；11—主缸油嘴；12—副缸油嘴；13—锚塞；14—混凝土构件；15—锚环

1）张拉过程：将预应力筋用楔块锚固在锥形卡环上，使高压油进入主缸，主缸带动锚固在锥形卡环上的预应力筋向左移动，进行预应力筋的张拉。

2）顶压过程：张拉过程完成后，关闭主油缸油嘴，开启副油缸油嘴，由于主缸仍保持一定高的油压，故副缸活塞和顶压头向右移动，顶压锚塞锚固预应力筋。

3）回程过程：顶压过程后，主、副缸回油，主缸通过其自身拉力弹簧的回缩，副缸通过其自身压力弹簧的伸长，将主缸和副缸恢复到原来的初始位置。其操作顺序见表 6.4。

表 6.4　　　　　　　　　　　锥锚式千斤顶操作顺序

顺序	工序名称	进回油情况		动　作　情　况
		A 油嘴	B 油嘴	
1	张拉前准备	回油	回油	（1）油泵停车或空载运转。 （2）安装锚环，对中套、千斤顶。 （3）开泵后将张拉液压缸伸出一定长度（为 30~40mm）供退楔用。 （4）将钢丝按顺序嵌入卡盘槽内，用楔块卡紧
2	张拉预应力筋	进油	回油	（1）顶压缸右移顶位对中套、锚环。 （2）张拉缸带动卡盘左移张拉钢丝束

续表

顺序	工序名称	进回油情况		动 作 情 况
		A油嘴	B油嘴	
3	顶压锚塞	关闭	进油	(1) 张拉缸持荷，稳定在设计的张拉力。 (2) 顶压活塞杆右移，将锚塞强制顶入锚环内。 (3) 弹簧压缩
4	液压退楔 （张拉缸回程）	回油	进油	(1) 张拉缸（或顶压缸）右移（或左移）回程复位。 (2) 退楔翼板顶住楔块使之松脱
5	顶压活塞杆 弹簧活塞	回油	回油	(1) 油泵停车或空载运转。 (2) 在弹簧力作用下，顶压活塞杆左移复位

6.2.2 后张法的施工工艺

后张法的施工工艺与预应力施工有关的主要是孔道留设、预应力筋张拉和孔道灌浆3个部分。图6.24所示为后张法工艺流程图。

有黏结预应力施工过程：混凝土构件或结构制作时，在预应力筋部位预先留设孔道，然后浇筑混凝土并进行养护；制作预应力筋并将其穿入孔道；待混凝土达到设计要求的强度后，张拉预应力筋并用锚具锚固；最后进行孔道灌浆与封锚。这种施工方法通过孔道灌浆，使预应力筋与混凝土相互黏结，减轻了锚具传递预应力作用，提高了锚固可靠性与耐久性，广泛用于主要承重构件或结构。

1. 孔道预留

构件预留孔道的直径、长度、形状由设计确定，如无规定时，孔道直径应比预应力筋直径的对焊接头处外径或需穿过孔道的锚具或连接器的外径大10～15mm；对钢丝或钢绞线孔道的直径，应比预应力束外径或锚具外径大5～10mm；且孔道面积应大于预应力筋的两倍，以利于预应力筋穿入，孔道之间净距和孔道至构件边缘的净距均不应小于25mm。

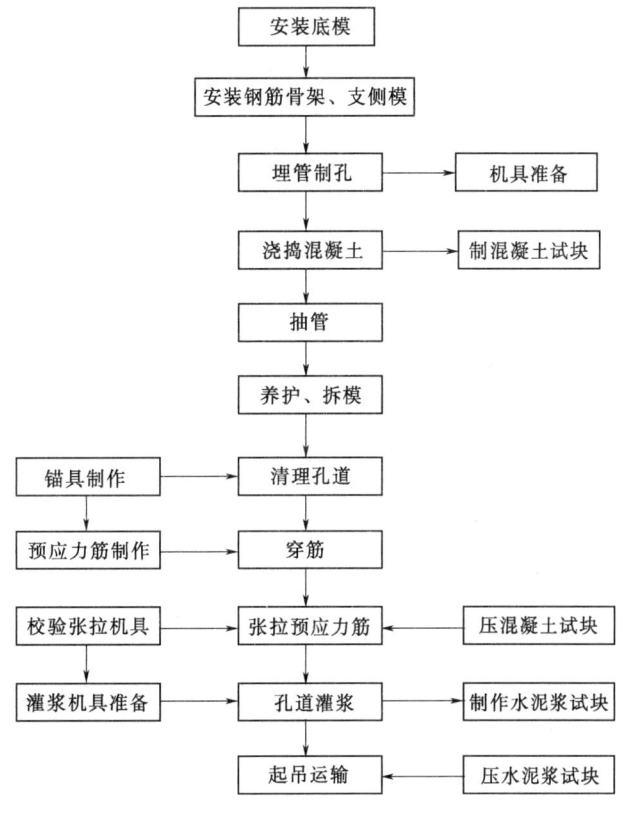

图6.24 预应力后张法施工工艺

管芯材料可采用钢管、胶管（帆布橡胶管或钢丝胶管）、镀锌双波纹金属软管（简称波纹管)、黑铁皮管、薄钢管等。钢管管芯适用于直线孔道；胶管适用于直线、曲线或折线形孔道；波纹管（黑铁皮管或薄钢管）埋入混凝土构件内，不用抽芯，为一种新工艺，适于跨度大、配筋密的构件孔道。

(1) 预应力构件管芯埋设和抽管。

1) 钢管抽芯法。这种方法大都用于留设直线孔道时，预先将钢管埋设在模板内的孔道位置处，钢管的固定如图 6.25 所示。钢管要平直，表面要光滑，每根长度最好不超过 15m，钢管两端应各伸出构件的 500mm 左右。较长的构件可采用两根钢管，中间用套管连接，套管连接方式如图 6.26 所示。在混凝土浇筑过程中和混凝土初凝后，每间隔一定时间慢慢转动钢管，不让混凝土与钢管黏牢，等到混凝土终凝前抽出钢管。抽管过早会造成坍孔事故；太晚则混凝土与钢管黏结牢固，抽管困难。常温下抽管时间在混凝土浇灌后 3~6h。抽管顺序宜先上后下，抽管可采用人工或用卷扬机，速度必须均匀，边抽边转，与孔道保持直线。抽管后应及时检查孔道情况，做好孔道清理工作。

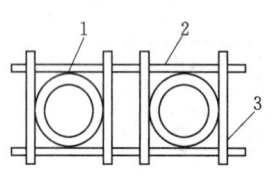

图 6.25 管芯的固定
1—钢管或胶管芯；2—钢筋；3—点焊

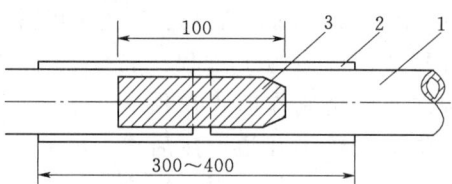

图 6.26 钢管连接方式
1—钢管；2—白铁皮套管；3—硬木塞

2) 胶管抽芯法。此方法不仅可以留设直线孔道，也可留设曲线孔道。胶管弹性好，便于弯曲，一般有 5 层或 7 层帆布胶管和钢丝网橡皮管两种，工程实践中通常用前一端密封，另一端接阀门充水或充气，如图 6.27 所示。胶管具有一定弹性，在拉力作用下，其断面能缩小，故在混凝土初凝后即可把胶管抽拔出来。夹布胶管质软，必须在管内充气或充水。在浇筑混凝土前，胶皮管中充入压力为 0.6~0.8MPa 的压缩空气或压力水，此时胶皮管直径可增大 3mm 左右，然后浇筑混凝土，待混凝土初凝后，放出压缩空气或压力水，胶管孔径变小，并与混凝土脱离，随即抽出胶管，形成孔道。抽管顺序一般应为先上后下、先曲后直。

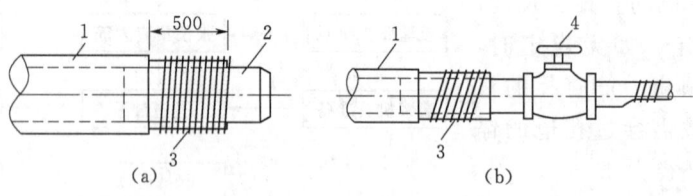

图 6.27 胶管封端与连接
1—胶管；2—钢管堵头；3—20 号铅丝密缠；4—阀门

一般采用钢筋"井"字形网架固定管子在模内的位置。"井"字形网架间距：钢管为 1~2m，胶管直线段一般为 500mm 左右，曲线段为 300~400mm。

3) 预埋管法。预埋管采用一种金属波纹软管，是由镀锌薄钢带经波纹卷管机压波卷成，具有重量轻、刚度好、弯折方便、连接简单、与混凝土黏结较好等优点。波纹管的内径为50～100mm，管壁厚0.25～0.3mm。除圆形管外，另有新研制的扁形波纹管可用于板式结构中，扁管的长边边长为短边边长的2.5～4.5倍。

这种孔道成形方法一般均用于采用钢丝或钢绞线作为预应力筋的大型构件或结构中，可直接把下好料的钢丝、钢绞线在孔道成形前就穿入波纹管中，这种可以省掉穿束工序，也可待孔道成形后再进行穿束。

对连续结构中呈波浪状布置的曲线束，且高差较大时，应在孔道的每个峰顶处设置泌水孔；起伏较大的曲线孔道，应在弯曲的低点处设置泌水孔；对于较长的直线孔道，应每隔12～15m设置排汽孔。泌水孔、排汽孔必要时可考虑作为灌浆孔用。波纹管的连接可采用大一号的同型波纹管，接头管的长度为200～250mm，以密封胶带封口。

(2) 曲线孔道留设。现浇整体预应力框架结构中，通常配置曲线预应力筋，因此在框架梁施工中必须留设曲线孔道。曲线孔道可采用白铁管或波形白铁管留孔，曲线白铁管的制作应在平直的工作台上借助模具定位，利用液压弯管机进行弯曲成形，其弯曲部分的坐标按预应力筋曲线方程计算确定，弯制成形后的坐标误差应控制在2mm以内。

曲线白铁管一般可制成数节，然后在现场安装成所需的曲线孔道，接头部分用300mm长的白铁管套接。关于灌浆孔和泌水孔则在白铁管上打孔后用带嘴的弧形白铁（或塑料）压板形成，如图6.28所示。灌浆孔一般留设在曲线筋的最低部位，泌水孔设在曲线筋最高的拐点处。灌浆孔和泌水孔用ϕ20mm塑料管，并伸出梁表面50mm左右。

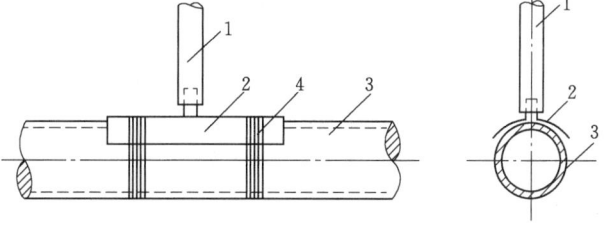

图6.28 灌浆孔或泌水孔留设示意图
1—ϕ20mm塑料管；2—带嘴弧形白铁压板；
3—白铁管；4—绑扎铅丝

2. 预应力筋制作

(1) 单根预应力筋。预应力筋锚具的尺寸按设计规定采用或按规范选用。螺丝端杆外露在构件外的长度，是根据垫板厚度、螺帽厚度和拉伸机与螺丝端杆连接所需长度来确定，一般可取120～150mm。帮条锚具的长度是由帮条长度和垫板厚度确定，一般取70～80mm。镦头锚具的长度由镦头和垫板厚度确定，一般取50mm左右。镦头可将预应力筋端部镦粗后再与其他预应力筋对焊或先预制成镦头端杆，再与预应力筋对焊而成。

预应力筋下长度，要考虑锚具的类型、焊接接头的压缩量、钢筋冷拉率及回弹率等因素。

1) 两端用螺丝端杆锚具时的下料长度计算。两端用螺丝端杆锚具时的计算简图如图6.29 (a) 所示。其计算公式为

$$L_0 = l + 2b + 2h - 2l_7 + (30\sim50)\text{mm} \tag{6.2}$$

$$L = \frac{L_0}{1+r-\delta} + n_1 l_1 \tag{6.3}$$

2) 一端用螺丝端杆、另一端用帮条（或粗镦头）锚具时的下料长度计算。一端用螺

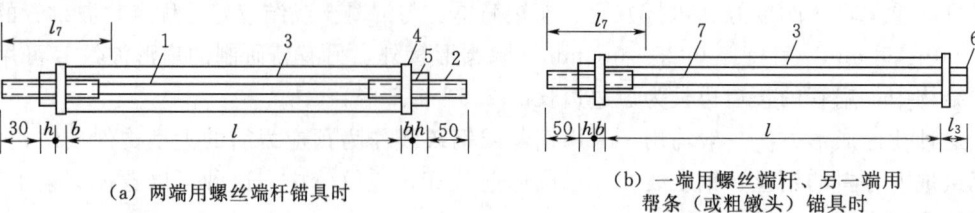

(a) 两端用螺丝端杆锚具时　　　　　(b) 一端用螺丝端杆、另一端用
　　　　　　　　　　　　　　　　　　　帮条（或粗镦头）锚具时

图 6.29　预应力粗钢筋下料长度计算示意图

1—预应力筋；2—螺丝端杆；3—混凝土孔道；4—垫板；5—螺母；6—帮条锚具；7—混凝土构件

丝端杆、另一端用帮条（或粗镦头）锚具时的计算简图如图 6.29（b）所示。其计算公式为

$$L_0 = l + b + h + l_3 - l_7 + 50 \text{mm} \tag{6.4}$$

$$L = \frac{L_0}{1 + r - \delta} + n_1 l_1 + n_2 l_2 \tag{6.5}$$

用帮条锚具时，$b=1$。

（2）预应力钢筋束（钢绞线束）。预应力钢筋束的钢筋直径一般在 12mm 左右，呈圆盘状供货。预应力筋制作一般包括开盘冷拉、下料和编束等工序。如用镦头锚具，应增加镦头工序。

预应力钢筋束下料应在冷拉后进行。预应力钢绞线束为了减少钢绞线的构造变形和应力松弛损失，在张拉前需经预拉。预拉应力值可采用钢绞线抗拉强度的 85%，预拉速度不宜过快，拉至规定应力后，应持荷 5～10min，然后放松。在钢绞线下料前，应在切割口两侧各 5cm 处用铁丝绑扎，切割后对切割口应立即焊牢，以免钢绞线松散。

预应力钢筋束或钢绞线束的编束，主要是为了保证穿筋在张拉时不发生扭结。编束工作一般把钢筋或钢绞线理顺后，用 18～22 号铁丝，每隔 1m 左右绑扎一道，形成束状，在空筋时要注意防止钢筋束（钢绞线束）扭结。预应力钢筋束或钢绞线束下料长度计算示意图如图 6.30 所示。

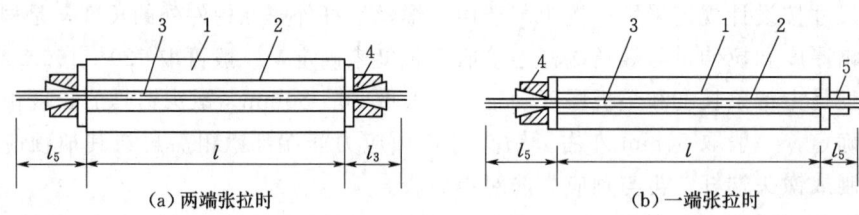

(a) 两端张拉时　　　　　　　　　　(b) 一端张拉时

图 6.30　预应力钢筋束或钢绞线束下料长度计算示意图

1—混凝土构件；2—孔道；3—钢筋束；4—JM12 型锚具；5—帮条锚具

1）两端张拉时的计算公式为

$$L = l + 2l_5 \tag{6.6}$$

2）一端张拉时的计算公式为

$$L = l + l_5 + l_3 + 30 \text{mm} \tag{6.7}$$

（3）预应力钢丝束。钢丝束的制作一般有调直、直料、编束和安装锚具等工序。其具

体制作工艺随锚具形式的不同而不同,如图 6.31 所示。

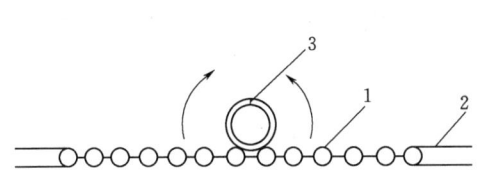

图 6.31　钢丝束的编束
1—钢丝；2—镀锌铁丝；3—衬圈

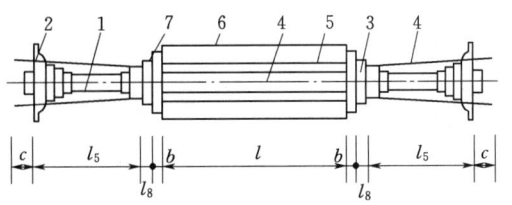

图 6.32　预应力钢丝束下料长度计算示意图
1—双作用千斤顶；2—千斤顶卡环；3—锥形锚具；
4—钢丝束；5—孔道；6—混凝土构件；7—垫板

当采用钢丝束镦头锚具时,为了保证张拉时钢丝束中每根钢丝应力值的均匀性,钢丝束制作时必须等长下料,同束钢丝中下料长度的相对误差应控制在 $L/5000$ 以内,且不得大于 5mm（L 为钢丝下料长度）。预应力钢丝束下料长度计算示意图如图 6.32 所示。

1）两端拉时的计算公式为
$$L = l + 2l_5 + 2l_8 + 2b + 2c \qquad (6.8)$$

2）一端张拉时的计算公式为
$$L = l + l_5 + 2l_8 + 2b + c + 50\text{mm} \qquad (6.9)$$

式中　l_8——锚具长度（锥形锚具取 40mm）；
　　　c——钢丝外露出卡环端部长度。

为保证达到下料精度,一般有两种方法:一种方法是应力下料,即把钢丝拉至 300MPa 应力的状态下,划定长度,放松后剪切下料；另一种方法是用钢管限位法,即将钢丝通过小直径的钢管（钢管内径略粗于钢丝直径）,在平直的工作台上等长下料。后一种方法比较简单,采用较广泛。

钢丝下料后,应逐根理顺进行编束。用镦头锚具时,根据钢丝分圈布置的特点,编束时首先将内圈和外圈钢丝分别用铁丝顺序编扎,然后将内圈钢丝放在外圈钢丝内扎牢。钢丝束编好后,先在一端套上锚杯并完成镦头工作,另一端钢丝的镦头待钢丝束穿过孔道后再进行。

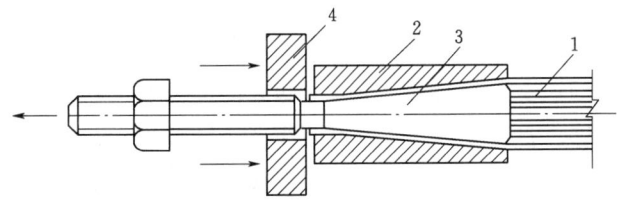

图 6.33　锥形螺杆锚具安装图
1—钢丝；2—套筒；3—锥形螺杆；4—压圈

当用锥形螺杆锚具时,除应等长下料外,锚具的组装是个重要环节。锥形螺杆锚具的组装方法如图 6.33 所示。首先把钢丝放在锥形螺杆的锥体部分,使钢丝均匀、整齐地贴紧锥体,然后套上套筒,用锤将套筒均匀地拧紧,并使锥形螺杆中心与套筒中心在同一直线上,最后用拉伸机使锥形螺杆的锥体部分进入套筒,套筒发生变形而锚固钢丝。组装锚具的张拉力为预应力筋张拉控制应力的 1.05 倍。锥形螺杆锚具的外径较大,为了减小构件孔道直径,一般仅在构件两端扩大孔道。因此,预应力钢丝束只能预先组装一端的锚具，而另一端则在钢丝束穿入孔道后在现场组装。

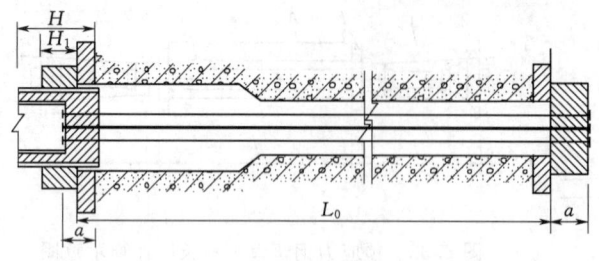

图 6.34 用镦头锚具时钢丝下料长度计算简图

对钢丝束镦头锚固体系，如采用镦头锚具一端张拉时，钢丝的下料长度 L，可按图 6.34 所示计算。

3．波纹管安装

（1）安装准备。按设计图纸中预应力的曲线坐标，以波纹管底边为准，在一侧模板上弹出曲线，定出波纹管的位置；也可以梁底模板为基准，按预应力筋曲线上各点坐标，在垫好底筋保护层垫块的箍筋肢上做标志（可用油漆点一下），定出波纹管的曲线位置。

（2）固定与就位。波纹管的固定，可用钢筋支架（间距为 600mm）焊在箍筋肢上，箍筋下一定要把保护层垫块垫实、垫牢。波纹管放下就位后，其上用短钢筋再将管绑扎在箍筋肢上，以防止浇注混凝土时将管子浮起（先穿入预应力筋的情况稍好）而造成质量事故。曲线和支架形式如图 6.35 和图 6.36 所示。

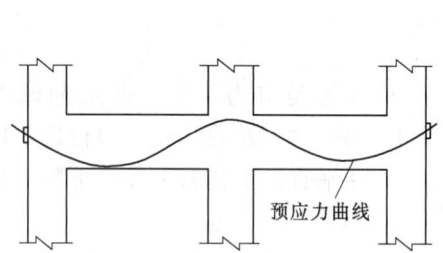

图 6.35 框架双框内预应力筋曲线位置

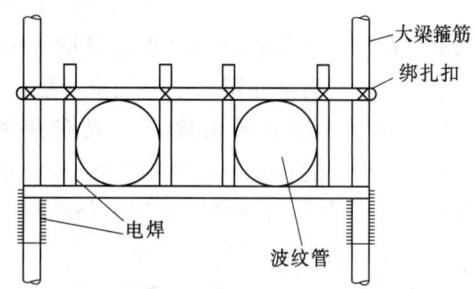

图 6.36 波纹管固定支架

（3）安装要点。波纹管安装就位过程中，要避免反复弯曲造成管壁开裂。支架等应事先焊好。安装完后，应检查曲线形状是否符合设计要求，波纹管的固定是否牢固，接头是否完好，管壁有无破损等。发现破损，应及时用黏胶带绑补好。波纹管的安装与坐标点允许偏差点，竖直方向为 ±10mm，水平方向为 ±20mm。

4．预应力筋穿束

预应力筋穿束根据一次穿入数量，可分为整束穿和单根穿。钢丝束应整束穿；钢绞线宜采用整束穿，也可用单根穿。空束工作可由人工、卷扬机和穿束机进行。

（1）人工穿束。人工穿束可利用起重设备将预应力筋吊起，工人站在脚手架上逐步穿入孔内。束的前端应扎紧并裹胶布，以便顺利通过孔道。对多波曲线束，宜采用特制的牵引头，工人在前头牵引，后头推送，用对讲机保持前后两端同时出现。对长度不大于 60m 的曲线束，人工穿束方便。

对束长 60~80m，也可采用人工先穿束，但在梁的中部留设约 3m 长的穿束助力段。助力段的波纹管应加大一号，在穿束前套接在原波纹管上留出穿束空间，待钢绞线穿入后再将助力段波纹管旋出接通,该范围内的箍筋暂缓绑扎。

(2) 用卷扬机穿束。对束长大于 80m 的预应力筋,采用卷扬机穿束。钢绞线与钢丝绳间用特制的牵引头连接。每次牵引 2～3 根钢绞线,穿束速度快。

卷扬机宜采用慢速,每分钟约 10m,电动机功率为 1.5～2.0kW。

(3) 用穿束机穿束。用穿束机穿束适用于大型桥梁与构筑物单根穿钢绞线的情况。

穿束机有两种类型:一是由油泵驱动链板夹持钢绞线穿束。速度可任意调节,穿束可进可退,使用方便;二是由电动机经减速箱减速后由两对滚轮夹持钢绞线穿束,进退由电动机正反转控制。穿束时,钢绞线前头应套上一个子弹头形壳帽。

5. 预应力筋张拉

(1) 混凝土的张拉强度。预应力筋的张拉是制作预应力构件的关键,必须按规范有关规定精心施工。张拉时构件或结构的混凝土强度应符合设计要求,当设计无具体要求时,不应低于设计强度标准值的 75%。以确保在张拉过程中,混凝土不至于受压而破坏。块体拼装的预应力构件,立缝处混凝土或砂浆强度如设计无规定时,不应低于块体混凝土设计强度等级的 40%,且不得低于 15MPa,以防止在张拉预应力筋时,压裂混凝土块体或使混凝土产生过大的弹性压缩。

(2) 张拉控制应力及张拉程序。预应力张拉控制应力应符合设计要求及最大张拉控制应力不能超过设计规定。其中后张法控制应力值低于先张法,这是因为后张法构件在张拉钢筋的同时,混凝土已受到弹性压缩,张拉力可以进一步补足;而先张法构件,是在预应力筋放松后,混凝土才受到弹性压缩,这时张拉力无法补足。此外,混凝土的收缩、徐变引起的预应力损失,后张法也比先张法小。为了减少预应力筋的松弛损失等,与先张法一样采用超张拉法,其张拉程序为

$$0 \to 105\%\sigma_{con} \xrightarrow{\text{持荷 2min}} \sigma_{con} \text{ 或 } 0 \to 103\%\sigma_{con}$$

(3) 张拉方法。

1) 张拉方法有一端张拉和两端张拉。两端张拉,宜先在一端张拉,再在另一端补足拉力。如有多根,可一端张拉的预应力筋,宜将这些预应力筋的张拉端分别设在结构的两端。

2) 长度不大的直线预应力筋,可一端张拉。曲线预应力筋应两端张拉。抽芯成孔的直线预应力筋,长度大于 24m 时应两端张拉,不大于 24m 时可一端张拉。预埋波纹管成孔的直线预应力筋,长度大于 30m 时应两端张拉,不大于 30m 时可一端张拉。竖向预应力结构宜采用两端分别张拉,且以下端张拉为主。

3) 安装张拉设备时,应使直线预应力筋张拉力的作用线与孔道中心线重合;曲线预应力筋张拉力的作用线与孔道中心线末端的切线重合。

(4) 张拉值的校核。张拉控制应力值除了靠油压表读数来控制,在张拉时还应测定预应力筋的实际伸长。若实际伸长值与计算伸长值相差 10% 以上时,应检查原因,修正后再重新张拉。预应力筋的计算伸长值可由式 (6.10) 求得,即

$$\Delta L = \frac{\sigma_{con}}{E_s} L \tag{6.10}$$

式中 ΔL——预应力筋的伸长值,mm;

σ_{con}——预应力筋张拉控制应力，N/mm²，如需超张拉，σ_{con} 取实际超张拉的应力值；

E_s——预应力筋的弹性模量，N/mm²；

L——预应力筋的长度，mm。

(5) 张拉顺序。选择合理的张拉顺序是保证质量的重要一环。当构件或结构有多根预应力筋（束）时，应采用分批张拉，此时按设计规定进行，如设计无规定或受设备限制必须改变时，则应经核算确定。张拉时宜对称进行，避免引起偏心。在进行预应力筋张拉时，可采用一端张拉法，也可采用两端同时张拉法。当采用一端张拉时，为了克服孔道摩擦力的影响，使预应力筋的应力得以均匀传递，采用反复张拉 2～3 次，可以达到较好的效果。

采用分批张拉时，应考虑后批张拉预应力筋所产生的混凝土弹性压缩对先批预应力筋的影响；即应在先批张拉的预应力筋的张拉应力中增加。

先批张拉的预应力筋的控制应力 σ_{con}^1 应为

$$\sigma_{con}^1 = \sigma_{con} + \frac{E_s}{E_h}\sigma_h \tag{6.11}$$

式中 σ_{con}^1——先批预应力筋张拉控制应力；

σ_{con}——设计控制应力（即后批预应力筋张拉控制应力）；

E_s——预应力筋弹性模量；

E_h——混凝土弹性模量；

σ_h——张拉后批预应力筋时在已张拉预应力筋重心处产生的混凝土法向应力。

张拉平卧重叠浇筑的构件时，宜先上后下逐层进行张拉，为了减少上下层构件之间的摩阻力引起的预应力损失，可采用逐层加大张拉力的方法。若构件之间隔离层的隔离效果较好（如用塑料薄膜作隔离层或用砖作隔离层），用砖作隔离层时，大部分砖应在张拉预应力筋时取出，仅有局部的支承点，构件之间基本上架空，也可自上而下采用同一张拉力值。

(6) 张拉操作。

1) 整体构件可平卧或直立张拉；分段制作的构件张拉前应进行拼装，先用拼装架将构件直立稳住，纵轴线对准，其直线偏差不得大于 3mm，立缝宽度偏差不得超过+10mm 或-5mm。在两端及拼接处用垫木支承，相邻块体孔道用一段 10～15cm 长铁皮管连接，张拉前先焊接预拉部分的连接板（如屋架的上弦，拼缝后灌），张拉后再焊接预压部分的连接板。接缝处砂浆（或细石混凝土）应密实，强度达到块体设计强度等级的 40% 且不低于 C15 时，方可进行张拉。

2) 张拉前应计算预应力筋的张拉力及相应的伸长值，计算公式及测量方法参见先张法。预应力筋的实际伸长值尚应扣除混凝土构件在张拉过程中的弹性压缩值和锚具与垫板之间的压缩值。

3) 穿筋时，成束的预应力筋要将一头打齐，顺序编号并套上穿束器，穿入孔道使之露出所需长度为止，穿入构件要防止扭结和错向。

4) 安装张拉设备时，对直线预应力筋，应使张拉力的作用线与孔道中心线重合；对曲线预应力筋,应使张拉力的作用线与孔道中心线末端的切线重合。

5) 预应力张拉次序,应分批、分阶段对称地进行,如图 6.37 所示,避免构件受过大的偏心压力。采用分批张拉时,应计算分批张拉的预应力损失值,分别加到先张拉钢筋的张拉控制应力值内;或采用同一张拉值,再逐根复张补足到控制应力值。

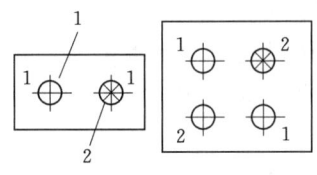
(a) 屋架下弦张拉顺序

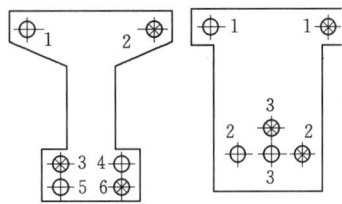
(b) 吊车梁张拉顺序

图 6.37 预应力筋张拉顺序
1～6—预应力筋分批张拉顺序

6) 长度大于 24m 的预应力筋或曲线预应力筋应在两端张拉。长度不大于 24m 的直线预应力筋,可一端张拉,但张拉端宜分别设置在构件的两端。

7) 两端张拉同一束预应力筋时,为减少预应力损失,应先在一端锚固,再在另一端补足张拉力后锚固。预应力筋锚固后的外露长度不宜小于 15mm。

6. 孔道灌浆

有黏结的预应力构件,其管道内必须灌浆,灌浆需要设置灌浆孔或泌水孔,根据经验可知,设置泌水孔道的曲线预应力管道的灌浆效果好。一般一根梁上设 3 个点为宜,灌浆孔宜设在低处,泌水孔可相对高些,灌浆时可使孔道内的空气或水从泌水孔顺利排出。灌浆孔、泌水孔位置示意图如图 6.38 所示。

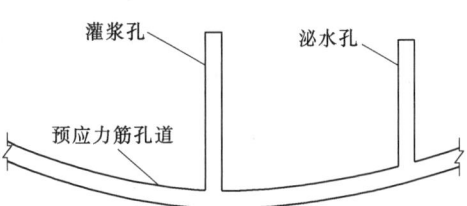

图 6.38 灌浆孔、泌水孔设置示意图

在波纹管安装固定后,用钢锥在波纹管上凿孔,再在其上覆盖海绵垫片与带嘴的塑料弧形压板,用铁丝绑扎牢固,再用塑料管接在嘴上,并将其引出梁面 40～60mm。

预应力筋张拉、锚固完成后,应立即进行孔道灌浆工作,以防锈蚀,增加结构的耐久性。

灌浆用的水泥浆,除应满足强度和黏结力的要求外,应具有较大的流动性和较小的干缩性、泌水性。应采用强度等级不低于 42.5 级普通硅酸盐水泥;水灰比宜为 0.4 左右。对于空隙大的孔道,可采用水泥砂浆灌浆,水泥浆及水泥砂浆的强度均不得小于 20N/mm²。为增加灌浆密实度和强度,可使用一定比例的膨胀剂和减水剂。减水剂和膨胀剂均应事前检验,不得含有导致预应力钢材锈蚀的物质。建议拌和后的收缩率应小于 2%,自由膨胀率不大于 5%。

灌浆前孔道应湿润、洁净。对于水平孔道,灌浆顺序应先灌下层孔道,后灌上层孔道。对于竖直孔道,应自下而上分段灌注,每段高度视施工条件而定,下段顶部及上段底部应分别设置排汽孔和灌浆孔。灌浆压力以 0.5~0.6MPa 为宜。灌浆应缓慢均匀地进行，不得中断，并应排汽通畅。不掺外加剂的水泥浆，可采用二次灌浆法，以提高密实度。

孔道灌前应检查灌浆孔和泌水孔是否通畅。灌浆前孔道应用高压水冲洗、湿润，并用高压风吹去积在低点的水，孔道应畅通、干净。灌浆应先灌下层孔道，对一条孔道必须在一个灌浆口一次把整个孔道灌满。灌浆应缓慢进行，不得中断，并应排汽通顺；在灌满孔道并封闭排汽孔（泌水口）后，宜再继续加压至 0.5~0.6MPa，稍后再封闭灌浆孔。

如果遇到孔道堵塞，必须更换灌浆口，此时，必须在第二灌浆口灌入整个孔道的水泥浆量，以至把第一灌浆口灌入的水泥浆排出，使两次灌入水泥浆之间的气体排出，以保证灌浆饱满密实。

冬期施工灌浆，要求把水泥浆的温度提高到 20℃ 左右，并掺些减水剂，以防止水泥浆中的游离水造成冻害裂缝。

任务 6.3　施工质量验收及安全施工

6.3.1　一般规定

后张法预应力工程的施工应由具有相应资质等级的预应力专业施工单位承担。预应力筋张拉机具设备及仪表，应定期维护和校验。张拉设备应配套标定，并配套使用。张拉设备的标定期限不应超过半年。当在使用过程中出现反常现象时或者千斤顶检修后，应重新标定。

注：1. 张拉设备标定时，千斤顶活塞的运行方向应与实际张拉工作状态一致。
　　2. 压力表的精度不应低于 1.5 级，标定张拉设备的试验机或测力计精度不应低于±2%。

在浇筑混凝土之前，应进行预应力隐蔽工程验收，其内容包括：预应力筋的品种、规格、数量、位置等；预应力筋具和连接器的品种、规格、数量、位置等；预留孔道的规格、数量、位置、形状及灌浆孔、排汽兼泌水管等；锚固区局部加强构造等。

6.3.2　原材料

1. 主控项目

预应力筋进场时，应按现行国家标准《预应力混凝土用钢绞线》（GB/T 5224）等的规定抽取试件做力学性能检验，其质量必须符合有关标准的规定。

检查数量：按进场的批次和产品的抽样检验方案确定。

检验方法：检验产品合格证、出厂检验报告和进场复验报告。

无粘贴预应力筋的涂包质量应符合无黏结预应力钢绞线标准的规定。

检查数量：每 60t 为有一批，每批抽取一组试件。

检验方法：观察，检查产品合格证、出厂检验报告和进场复验报告。

注：当有工程经验，并经观察认为质量有保证时，可不做油脂用量和护套厚度的进场复验。

预应力筋用锚具、夹具和连接器应按设计要求采用，其性能应符合现行国家标准《预应力筋用锚具、夹具和连接器》(GB/T 14370)等的规定。

检查数量：按进场批次和产品的抽样检验方案确定。

检验方案：检查产品合格证、出厂检验报告和进场复验报告。

注：对孔道灌浆用水泥和外加剂用量较少的一般工程，当有可靠依据时，可不做材料性能的进场复验。

2. 一般项目

预应力筋使用前应进行外观检查，其质量应符合下列要求：有黏结预应力筋展开后应平顺，不得有弯折，表面不应有裂纹、小刺、机械损伤、氧化铁皮和油污等；无粘贴预应力筋护套应光滑、无裂缝，无明显褶皱。

检查数量：全数检查。

检验方法：观察。

注：无黏结预应力筋护套轻微破损者应外包防水塑料胶带修补，严重破坏者不得使用。

预应力筋用锚具、夹具和连接器使用应进行外观检查，其表面应无油污、锈蚀、机械损伤和裂纹。

检查数量：全数检查。

检验方法：观察。

预应力混凝土用金属螺旋管的尺寸和性能应符合国家现行标准《预应力混凝土用金属螺旋管》(JG/T 3013)的规定。

检查数量：按进场批次和产品的抽样检验方案确定。

检验方法：检查产品合格证、出厂检验报告和进场复验报告。

注：对金属螺旋管用量较少的一般工程，当有可靠依据时，可不做径向刚度、抗渗漏性能的进场复检。

预应力混凝土用金属螺旋管在使用前应进行外观检查，其内外表面应清洁、无锈蚀、不应有油污、孔洞和不规则的褶皱，咬口不应有开裂或脱扣。

检查数量：全数检查。

检验方法：观察。

6.3.3 制作与安装

1. 主控项目

预应力筋安装时，其品种、级别、规格、数量必须符合设计要求。

检查数量：全数检查。

检查方法：观察，钢尺检查。

先张法预应力施工时应选用非油质类模板隔离剂，并应避免沾污预应力筋。

检查数量：全数检查。

检验方法：观察。

施工过程中应避免电火花损伤预应力筋，若损伤应予以更换。

检查数量：全数检查。

检验方法：观察。

2. 一般项目

预应力筋下料应符合下列要求：预应力筋应采用砂轮锯或切断机切断，不得采用电弧切割；大于钢丝长度的 1/5000，且不应大于 5mm。当成组张拉长度不大于 10mm 的钢丝时，同组钢丝长度的极差不得大于 2mm。

检查数量：每工作班抽查预应力筋总数的 3，且不少于 3 束。

检验方法：观察，钢尺检查。

预应力筋端部锚具的制作质量应符合下列要求：挤压锚具制作时压力表油压应符合操作说明的规定，挤压后预应力筋外端应露出挤压套筒 1～5mm；钢绞线压花锚成形时，表面应清洁、无油污、犁形头尺寸和直线段长度应符合设计要求；钢丝镦头的强度不得低于钢丝强度标准值的 90%。

检查数量：对挤压锚，每工作班抽查 5%，且不应少于 5 件；对压花锚，每工作班抽查 3 件；对钢丝镦头强度，每批钢丝检查 6 个镦头试件。

检查方法：观察，钢尺检查，检查镦头强度报告。

后张法有黏结预应力筋除预留孔道的规格、数量、位置和形状应符合设计要求外，尚应符合下列规定：预留孔道的定位应牢固，浇筑混凝土时不应出现移位和变形；孔道应平顺，端部的预埋锚垫板应垂直于孔道中心线；成孔用管道应密封良好，接头应严密且不得露浆；灌浆孔的间距，对预埋金属螺旋管不宜大于 30m；对抽芯成形孔道不宜大于 12m；在曲线孔道的曲线波峰部位应设置排汽兼泌水管，必要时可在最低点设置排水孔；灌浆孔及泌水管的孔径应能保证浆液畅通。

检查数量：全数检查。

检验方法：观察，钢尺检查。

预应力筋束形控制点的竖向位置偏差应符合表 6.5 的规定。

表 6.5　　　　　　　　　　束形控制点的竖向位置允许偏差

截面高（厚）度/mm	$h \leqslant 300$	$300 < h \leqslant 1500$	$h > 1500$
允许偏差/mm	±5	±10	±15

检查数量：在同一检验批内，抽查各类型构件中预应力筋束总数的 5%，其中各类构件均不少于 5 束，每束不应少于 5 处。

检验方法：钢尺检查。

注：束形控制点的竖向位置偏差合格点率应达到 90% 及以上，且不得有超过表 6.5 中数值 1.5 倍的尺寸偏差。

无黏结预应力筋的铺设除应符合本规范第 6.3.7 条的规定外，尚应符合下列要求：无黏结预应力筋的定位应牢固，浇筑混凝土时不应出现移位和变形；端部的预埋锚垫板应垂直于预应力筋；内埋式固定端垫板不应重叠，锚具与垫板应贴紧；无黏结预应力筋成束布置时应能保证混凝土密实并能裹住预应力；无黏结预应力筋的护套应完整，局部破损处应采用防水胶带缠绕紧密。

检查数量：全数检查。

检验方法：观察。

浇筑混凝土前穿入孔道的后张法有黏结预应力筋，宜采取防止锈蚀的措施。

检查数量：全数检查。

检验方法：观察。

6.3.4 张拉和放张

1. 主控项目

预应力筋张拉或放张时，混凝土强度应符合设计要求；当设计无具体要求时，不应低于设计的混凝土立方体抗压强度标准值的75%。

检查数量：全数检查。

检验方法：检查同条件养护试件试验报告。

预应力筋的张拉力、张拉或放张顺序及张拉工艺应符合设计及施工技术方案的要求，并应符合下列规定：当施工需要超张拉时，最大张拉应力不应大于国家现行标准《混凝土结构设计规范》（GB 50010）的规定；张拉工艺应能保证同一束中各根预应力筋的应力均匀一致；后张法施工中，当预应力筋是逐根或逐束张拉时，应保证各阶段不出现对结构不利的应力状态；同时宜考虑后批张拉预应力筋所产生的结构构件的弹性压缩对先批张拉预应力筋的影响，确定张拉力；先张法预应力筋放张时，宜缓慢放松锚固装置，使各根预应力筋同时缓慢放松；当采用应力控制方法张拉时，应校核预应力筋的伸长值。实际伸长值与设计计算理论伸长值的相对允许偏差为±6%。

检查数量：全数检查。

检验方法：检查张拉记录。

预应力筋张拉锚固后实际建立的预应力值与工程设计规定检验值的相对允许偏差为±5%。

检查数量：对先张法施工，每工作班抽查预应力筋总数的1%，且不少于3根；对后张法施工，在同一检验批内，抽查预应力筋总数的3%，且不少于5束。

检验方法：对先张法施工，检查预应力筋应力检测记录；对后张法施工，检查张拉记录。

张拉过程中应避免预应力筋断裂或滑脱；当发生断裂或滑脱时，必须符合下列规定：对后张放预应力结构构件，断裂或滑脱的数量严禁超过同一截面预应力筋总根数的3%，且每束钢丝不得超过一根；对多跨双向连续板，其同一截面应按每宽计算；对先张法预应力构件，在浇筑混凝土前发生断裂或滑脱的预应力筋不予以更换。

检查数量：全数检查。

检验方法：观察，检查张拉记录。

2. 一般项目

锚固阶段张拉端预应力筋的内缩量应符合设计要求，若当时设计无具体要求时，应符合表6.6的规定。

检查数量：每工作班抽查预应力筋总数的3%，且不少于3束。

检验方法：钢尺检查。

先张法预应力筋张拉后与设计位置的偏差不得大于5mm，且不得大于构件截面短边

项目 6　预应力混凝土工程施工技术

表 6.6　　　　　　　　　　张拉端预应力筋的内缩量限值

锚　具　类　型		内缩量限值/mm
支承式锚具（镦头锚具等）	螺帽缝隙	1
	每块后加垫板的缝隙	1
锥塞式锚具		5
夹片式锚具	有顶压	5
	无顶压	6~8

边长的 4%。

检查数量：每工作班抽查预应力筋总数的 3%，且不少于 3 束。

检验方法：钢尺检查。

6.3.5　灌浆及封锚

1. 主控项目

后张法有黏结预应力筋张拉后尽早进行孔道灌浆，孔道内水泥浆应饱满、密实。

检查数量：全数检查。

检验方法：观察，检查灌浆记录。

锚具的封闭保护应符合设计要求，当设计无具体要求时，应符合下列规定：应采取防止锚具腐蚀和遭受机械损伤的有效措施；凸出式锚固端锚具的保护层厚度不应小于 50mm；外露预应力筋的保护层厚，处于正常环境时，不应小于 20mm；处于易受腐蚀的环境时，不应小于 50mm。

检查数量：在同一检验批内，抽查预应力筋总数的 5%，且不少于 5 处。

检查方法：观察，钢尺检查。

2. 一般项目

后张法预应力筋锚固后的外露部分宜采用机械方法切割，其外露长度不宜小于预应力筋直径的 1.5 倍，且不宜小于 300mm。

检查数量：在同一检验批内，抽查预应力筋总数的 3%，且不少于 5 束。

检验方法：观察，钢尺检查。

灌浆用水泥浆的水灰比不应大于 0.45，搅拌后 3h 泌水率不宜大于 2%，且不应大于 3%。泌水应能在 24h 内全部重新被水泥浆吸收。

检查数量：同一配合比检查一次。

检验方法：检查水泥浆性能试验报告。

灌浆用水泥浆的抗压强度不应小于 $30N/mm^2$。

检查数量：每工作班留置一组边长为 70.7mm 的立方体试件。

检验方法：检查水泥浆试件强度试验报告。

注：1. 一组试件由 6 个试件组成，试件应标准养护 28d。
　　2. 抗压强度为一组试件的平均值，当一组试件中抗压强度最大值或最小值与平均值相差超过 20% 时，应取中间 4 个试件强度的平均值。

6.3.6 施工安全措施

1. 成品保护措施

构件起吊时不得发生扭曲和损坏；堆放场地应平整、坚实，垫块要上下一致；无黏结筋应按不同规格分类成捆、成盘挂牌堆放整齐。露天堆放时，需覆盖雨布，下面应加垫木，防止锚具及无黏结筋锈蚀。严禁碰撞踩压堆放成品，避免损坏塑料套管及锚具。供现场张拉使用的锚夹具，需涂油包封在室内存放，严防锈蚀；无黏结筋在运输中，应轻装轻卸，严禁摔掷及用锋利物品损坏无黏结筋表面及配件。吊具用钢丝绳需套胶管，避免装卸时破坏无黏结筋塑料套管。若有损坏，应及时用塑料胶条修补，其缠绕搭接长度为胶条1/3宽度。

2. 施工安全技术措施

（1）牢固树立"没有安全，就没有质量，就没有工期"的意识，坚决贯彻"安全第一，预防为主"的方针，严格执行国家、上级主管部门有关安全生产的规定；成立安全管理小组检查安全设施，建立健全安全生产责任制，做到管理到位、责任到岗，认真做好安全教育和安全交底工作。

（2）配备符合规定的设备，并随时注意检查，及时更换不符合安全要求的设备。对电工、焊工、张拉工等特种作业工人必须经过培训考试合格取证，持证上岗。操作机械设备要严格遵守各机械的规程，严格按使用说明操作，并按规定配备防护用具。

（3）预应力筋加工布设、施工安全技术：①成盘预应力筋开盘时，应采取措施，防止尾端弹出伤人；②严格防止与电源搭接，电源不准裸露；③高处作业时，应有安全防护。

（4）无黏结预应力筋张拉施工安全技术：①在预应力筋张拉轴线的前方和高处作业时，结构边缘与设备之间不得站人；②油泵使用前应进行常规检查，重点是安全阀在设定油压下不能自动开通；③输油路做到"三不用"，即输油管破损不用、接口损伤不用、接口螺母不扭紧不到位不用，不准带压检修油路；④使用油泵不得超过额定油压，千斤顶不得超过规定张拉最大行程，油泵和千斤顶的连接必须到位；⑤电气应做到接地良好、电源不裸露，不带电检修，检修工作由电工操作；⑥切筋时，应防止断筋飞出伤人。

（5）预应力筋下料盘切割时，应采取措施防止钢丝、钢绞线弹出伤人或砂轮锯片破碎伤人。两端正对预应力筋部位应采取措施进行防护。预应力筋张拉时，操作人员应站在张拉设备的作用力方向的两侧，严禁站在建筑物边缘与张拉设备之间，以防在张拉过程中，有可能来不及躲避偶然发生的事故而造成伤亡。

（6）采用锥锚式千斤顶张拉钢丝束时，先使千斤顶张拉缸进油，压力表针有启动时再打楔块。镦头锚固体系在张拉过程中随时拧上螺母。

（7）对张拉平台、脚手架、安全网、张拉设备等，现场施工负责人应组织技术人员、安全人员及施工班组共同检查，合格后方可使用。

项 目 小 结

本项目介绍了预应力钢筋混凝土先张法施工工艺、后张法施工工艺与预应力钢筋混凝土施工质量验收及安全施工措施。主要内容概括如下。

项目 6　预应力混凝土工程施工技术

（1）预应力钢筋混凝土先张法施工主要包括先张法基本原理、施工设备及施工机具与先张法施工工艺。先张法施工过程主要包括张拉钢筋→浇筑混凝土→张放预应力钢筋等施工工艺，是本项目学习重点。

（2）预应力钢筋混凝土后张法施工主要包括后张法基本原理、施工设备及施工机具、预应力钢筋制作与后张法施工工艺。后张法施工过程主要包括浇注混凝土→抽孔→穿筋→预应力筋张拉→锚固→灌浆等施工工艺，是本项目学习重点。

（3）预应力混凝土施工质量验收与安全施工措施主要包括原材料质量要求、施工设备机构质量要求、施工质量验收要求等预应力混凝土施工质量验收要求和安全施工措施。

复 习 思 考 题

1. 简述预应力混凝土先张法施工工艺。
2. 什么情况下可以进行先张法预应力钢筋张放？
3. 先张法预应力钢筋张拉台座有哪些类型？
4. 简述预应力混凝土后张法施工工艺。
5. 后张法预应力钢筋预留孔成孔方法有哪些？
6. 什么情况下后张法预应力钢筋张拉？
7. 预应力钢筋混凝土安全施工措施有哪些？
8. 简述单根预应力钢筋下料计算要点。

项目 7　钢结构工程施工技术

【学习目标】

能力目标：了解钢结构加工常用机具，掌握钢结构施工各工序要求和方法；掌握焊接方法、焊接工艺，掌握高强度螺栓连接工艺，掌握钢结构工程安装方法；掌握防腐涂装方法，熟悉薄涂型防火涂料涂装工艺。

知识点：钢结构加工；钢结构安装；钢结构连接；钢结构涂装。

【项目介绍】

本项目介绍了钢结构工程的施工工艺，主要包括钢结构加工工艺、钢结构工程安装、钢结构连接工艺和钢结构涂装工艺。

任务 7.1　钢结构的加工制作

7.1.1　放样和号料

放样是钢结构制作工艺中的第一道工序，只有放样尺寸准确，才能避免以后各道加工工序的积累误差，才能保证整个工程的质量。

1. 放样工作内容

放样的内容包括：核对图纸的安装尺寸和孔距；以 1∶1 的大样放出节点；核对各部分的尺寸；制作样板和样杆作为下料、弯制、铣、刨、制孔等加工的依据。

放样是指用 1∶1 的比例在放样台上利用几何作图方法弹出的大样图。放样经检查无误后，用铁皮或塑料板制作样板。用木杆、钢皮或扁铁制作样杆。样板、样杆上应注明工号、图号、零件号、数量及加工边、坡口部位、弯折线和弯折方向、孔径和滚圆半径等。然后用样板、样杆进行号料。样板、样杆应妥善保存，直至工程结束。

2. 号料

号料的工作内容包括：检查核对材料；在材料上划出切割、铣、刨、弯曲、钻孔等加工位置；打冲孔；标出零件编号等。

钢材如有较大弯曲等问题时应先矫正，根据配料表和样板进行套裁，尽可能节约材料。当工艺有规定时，应按规定的方向进行取料，号料应有利于切割和保证零件质量。

3. 放样号料用工具

放样号料用工具及设备有划针、冲子、手锤、粉线、弯尺、直尺、钢卷尺、大钢卷尺、剪子、小型剪板机、折弯机。

用作计量长度的钢盘尺，必须经授权的计量单位计量，且附有偏差卡片，使用时按偏差卡片的记录数值核对其误差数。

结构制作、安装、验收及土建施工用的量具，必须用同一标准进行鉴定，且应具有相同的精度要求。

4. 放样号料应注意的问题

（1）放样时，铣、刨的工作要考虑加工余量，焊接构件要按工艺要求放出焊接收缩量，高层钢结构的框架柱尚应预留弹性压缩量。

（2）号料时要根据切割方法留出适当的切割余量。

（3）如果图纸要求桁架起拱，放样时上、下弦应同时起拱，起拱后垂直杆的方向仍然垂直于水平线，而不与下弧杆垂直。

（4）样板、号料的允许偏差应满足要求。

7.1.2 切割

切割的目的就是将放样和号料的零件形状从原材料上进行下料分离。钢材的切割可以通过切削、冲剪、摩擦机械力和热切割来实现。切割后钢材不得有分层，断面上不得有裂纹，应清除切口处的毛刺或熔渣及飞溅物，并要保证允许误差符合规定。常用的切割方法有气割、机械切割和等离子切割3种方法。

1. 气割

氧割或气割是以氧气与燃料燃烧时产生的高温来熔化钢材，并借喷射压力将熔渣吹去，造成割缝达到切割金属的目的。但熔点高于火焰温度或难以氧化的材料，则不宜采用气割。氧与各种燃料燃烧时的火焰温度为2000～3200℃。气割能切割各种厚度的钢材，设备灵活，费用经济，切割精度也高，是目前广泛使用的切割方法。气割按切割设备分类，可分为手工气割、半自动气割、仿形气割、多头气割、数控气割和光电跟踪气割。

手工气割操作要点如下。

（1）首先点燃割炬，随即调整火焰。

（2）开始切割时，打开切割氧阀门，观察切割氧流线的形状，若为笔直而清晰的圆柱体，并有适当的长度即可正常切割。

（3）发现嘴头产生鸣爆并发生回火现象，可能因嘴头过热或堵住或乙炔供应不及时，此时需马上处理。

（4）临近终点时，嘴头应向前进的反方向倾斜，以利于钢板的下部提前割透，使收尾时割缝整齐。

（5）当切割结束时，应迅速关闭切割氧气阀门，并将割炬抬起，再关闭乙炔阀门，最后关闭预热氧阀门。

2. 机械切割

（1）带锯机床。带锯机床适用于切断型钢及型钢构件，其效率高，切割精度高。

（2）砂轮锯。砂轮锯适用于切割薄壁型钢及小型钢管，其切口光滑、生刺较薄易清除、噪声大、粉尘多。

（3）无齿锯。无齿锯是依靠高速摩擦而使工件熔化，形成切口。适用于精度要求低的构件。其切割速度快，噪声大。

（4）剪板机、型钢冲剪机。此法适用于薄钢板、压型钢板等，其具有切割速度快、切

任务 7.1 钢结构的加工制作

口整齐,效率高等特点,剪刀必须锋利,剪切时调整刀片间隙。

3. 等离子切割

等离子切割适用于不锈钢、铝、铜及其合金等,在一些尖端技术上应用广泛。其具有切割温度高、冲刷力大、切割边质量好、变形小、可以切割任何高熔点金属等特点。

7.1.3 矫正和成形

1. 矫正

在钢结构的制作过程中,由于材料变形、气割变形、剪切变形、焊接变形和运输变形超过允许偏差,影响构件的制作及安装质量,必须对其进行矫正。矫正就是造成新的变形区抵消已经发生的变形。型钢的矫正分为机械矫正、手工矫正和火焰矫正等。

钢材的机械矫正就是使弯曲的钢材在专用机械矫正机上通过机械力作用下产生过量的塑性变形,以达到平直的目的。其优点是作用力大、劳动强度小、效率高。常用的矫正机有拉伸矫正机、压力矫正机、辊压矫正机等。其中拉伸矫正机(图 7.1),适用于薄板扭曲、型钢扭曲以及钢管、带钢和线材等的矫正;压力矫正机适用于板材、钢管和型钢的局部矫正;辊压矫正机适用于型材、板材等的矫正(图 7.2)。

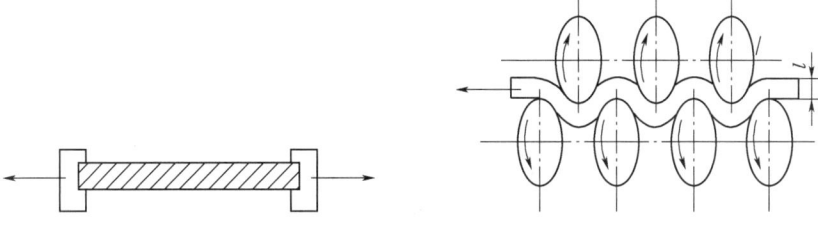

图 7.1 拉伸矫直机矫正　　　　图 7.2 辊压矫正机矫正

钢材的手工矫正是采用手工锤击的方法进行,其操作简单、灵活。手工矫正由于矫正力小、劳动强度大、效率低而用于矫正尺寸较小的钢材。有时在缺乏或不便使用矫正设备时也采用。

钢材的火焰矫正是利用火焰对钢材进行局部加热,被加热处理的金属由于膨胀受阻而产生压缩塑性变形,使较长的金属纤维冷却后缩短而完成。影响火焰矫正效果有火焰加热位置、加热的形式和加热的热量等 3 个因素。火焰加热的位置应选择在金属纤维较长的部位。加热的形式有点状加热、线状加热和三角形加热 3 种。用不同的火焰热量加热,可获得不同的矫正变形的能力。低碳钢和普通低合金结构钢构件用火焰矫正时,常采用 600～800℃的加热温度。

型钢在矫直前,先要确定弯曲点的位置(又称找弯),这是矫正工作不可缺少的步骤,在现场确定型钢变形位置,常用平尺靠量,拉直粉线来检验,但多数是用目测。确定型钢的弯曲点时,应注意型钢自重下沉而产生的弯曲,影响准确查看弯曲度。因此,对较长的型钢测弯,要放在水平面上或放在矫架上测量。型钢矫正后的允许偏差见表 7.1。

钢材或钢构件矫正时应注意的问题如下。

(1) 碳素结构钢在环境温度低于 −16℃、低合金结构钢在环境温度低于 −12℃时,不得进行冷矫正和冷弯曲。

表 7.1　　　　　　　　　　　钢材矫正的允许偏差　　　　　　　　　　单位：mm

项次	偏差名称	示意图	允许偏差
1	钢板、扁钢的局部挠曲矢高 f		在 1m 范围内 $\delta>14$，$f\leqslant1.0$，$\delta\leqslant14$，$f\leqslant1.5$
2	角钢、工字钢、槽钢挠曲矢高 f		长度的 1/1000，但不大于 5mm
3	角钢肢的垂直度 Δ		$\Delta\leqslant b/100$，但双肢铆接连接时角钢的角度不得大于 90°
4	翼缘对腹板的垂直度	槽钢	$\Delta\leqslant b/80$（槽钢）
		工字钢 H 型钢	$\Delta\leqslant b/100$，且不大于 2（工字钢、H 型钢）

（2）碳素结构钢和低合金结构钢在加热矫正时，加热温度应根据钢材性能选定，但不得超过 900℃，低合金结构钢在加热矫正后应缓慢冷却。

（3）当构件采用热加工成形时，加热温度宜控制在 900～1000℃。

2. 弯曲成形

型钢冷弯曲的工艺方法有滚圆机滚弯、压力机压弯、顶弯、拉弯等，先按型材的截面形状、材质规格及弯曲半径制作相应的胎模，经试弯符合要求方准加工。冷弯时必须控制变形量，冷矫正和冷弯曲的最小曲率半径和最大弯曲矢高应符合验收规范要求。

（1）钢板卷曲。钢板卷曲是通过旋转辊轴对板材进行连续三点弯曲而形成。当制作曲率半径较大时，可在常温状态下卷曲；如制件曲率半径较小或钢板较厚时，则需将钢板加热后进行。钢板卷曲分为单曲率卷曲和双曲率卷曲。单曲率卷曲包括对圆柱面、圆锥面和任意柱面的卷曲（图 7.3），因其操作简便，工程中较常用。双曲率卷曲可以进行球面及双曲面的卷曲。钢板卷曲工艺包括预弯、对中和卷曲 3 个过程。

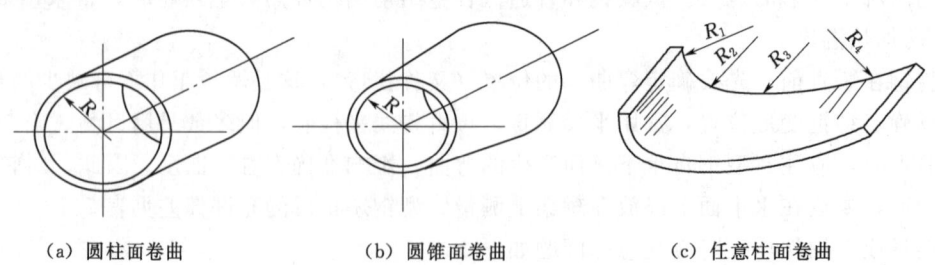

(a) 圆柱面卷曲　　　　　(b) 圆锥面卷曲　　　　　(c) 任意柱面卷曲

图 7.3　单曲率卷曲钢板

(2) 型材弯曲成形。型材弯曲成形包括型钢弯曲和钢管弯曲。

(3) 边缘加工。在钢结构制造中,经过剪切或气割过的钢板边缘,其内部结构会发生硬化和变态。为了保证桥梁或重型吊车梁等重型构件的质量,需要对边缘进行加工,其刨切量不应小于 2.0mm。此外,为了保证焊缝质量,考虑到装配的准确性,要将钢板边缘刨成或铲成坡口,往往还要将边缘刨直或镜平。

(4) 一般需要作边缘加工的部位包括:吊车梁翼缘板、支座支撑面等具有工艺性要求的加工面,设计图纸中有技术要求的焊接坡口;尺寸精度要求严格的加劲板、隔板、腹板及有孔眼的节点板等。常用的边缘加工方法有铲边、刨边、镜力和电气刨边4种。

7.1.4 边缘加工

钢吊车梁翼缘板的边缘、钢柱脚和肩梁承压支承面以及其他图纸要求的加工面,焊接对接口、坡口的边缘,尺寸要求严格的加劲肋、隔板、腹板和有孔眼的节点板,以及由于切割方法产生硬化等缺陷的边缘。一般需要边缘加工,采用精密切割就可代替刨铣加工。

常用的边缘加工方法有铲边、刨边、铣边、切割等。对加工质量要求不高并且工作量不大的采用铲边,有手工铲边和机械铲边。刨边使用的是刨边机,由刨刀来切削板材的边缘。铣边比刨边机工效高、能耗少、质量优。切割有碳弧气刨,半自动与自动气割机、坡口机等方法。

7.1.5 制孔

高强度螺栓的采用,使孔加工在钢结构制造中占有很大比例,在精度上要求也越来越高。

1. 制孔的质量

(1) 精制螺栓孔。精制螺栓孔(A、B级螺栓孔-Ⅰ类孔)的直径应与螺栓公称直径相等,孔应具有 H12 的精度,孔壁表面粗糙度 $Ra \leqslant 12.5\mu m$。其孔径允许偏差应符合规定。

(2) 普通螺栓孔。普通螺栓孔(C级螺栓孔-Ⅱ类孔)包括高强度螺栓(大六角头螺栓、扭剪型螺栓等)、普通螺钉孔、半圆头铆钉等的孔。孔的允许偏差应符合规定。

(3) 孔距。螺栓孔孔距的允许偏差应符合规定。

2. 制孔方法

制孔通常有钻孔和冲孔两种方法。钻孔是钢结构制作中普遍采用的方法。冲孔是冲孔设备靠冲裁力产生的孔,孔壁质量最差,在钢结构制作中已较少采用。

钻孔有人工钻孔和机床钻孔。前者多用于钻直径较小、料较薄的孔;后者施钻方便快捷,精度高,钻孔前先选钻头,再根据钻孔的位置和尺寸情况选择相应钻孔设备。

除了钻孔之外,还有扩孔、锪孔、铰孔等。扩孔是将已有孔眼扩大到需要的直径,锪孔是将已钻好的孔上表面加工成一定形状的孔,铰孔是将已经粗加工的孔进行精加工以提高孔的光洁度和精度。

7.1.6 组装

组装也称装配、组拼,是把加工好的零件按照施工图的要求拼装成单个构件。钢构件的大小应根据运输道路、现场条件、运输和安装单位的机械设备能力与结构受力的允许条件等来确定。

1. 一般要求

（1）钢构件组装应在平台上进行，平台应测平。用于装配的组装架及胎模要牢固地固定在平台上。

（2）组装工作开始前要编制组装顺序表，组拼时严格按照顺序表所规定的顺序进行组拼。

（3）组装时，要根据零件加工编号，严格检验核对其材质、外形尺寸，毛刺飞边要清除干净，对称零件要注意方向，避免错装。

（4）对于尺寸较大、形状较复杂的构件，应先分成几个部分组装成简单组件，再逐渐拼成整个构件，并注意先组装内部组件，再组装外部组件。

（5）组装好的构件或结构单元，应按图纸的规定对构件进行编号，并标注构件的重量、重心位置、定位中心线、标高基准线等。构件编号位置要在明显易查处，大构件要在3个面上都编号。

2. 焊接连接的构件组装

（1）根据图纸尺寸，在平台上画出构件的位置线，焊上组装架及胎模夹具。组装架离平台面不小于50mm，并用卡兰、左右螺旋丝杠或梯形螺纹，作为夹紧调整零件的工具。

（2）每个构件的主要零件位置调整好并检查合格后，把全部零件组装上并进行点焊，使之定形。在零件定位前，要留出焊缝收缩量及变形量。高层建筑钢结构的柱子，两端除增加焊接收缩量的长度外，还必须增加构件安装后荷载压缩变形量，并留好构件端头和支承点铣平的加工余量。

（3）为了减少焊接变形，应该选择合理的焊接顺序，如对称法、分段逆向焊接法、跳焊法等。在保证焊缝质量的前提下，采用适量的电流，快速施焊，以减小热影响区和温度差，减小焊接变形和焊接应力。

3. 组装的方法

（1）地样法。用1∶1的比例在装配平台上放出构件实样，然后根据零件在实样上的位置，分别组装起来成为构件。此装配方法适用于桁架、构架等小批量结构的组装。

（2）仿形复制装配法。先用地样法组装成单面（单片）的结构，然后定位点焊牢固，将其翻身，作为复制胎模，在其上面装配另一单面结构，往返两次组装。此种装配方法适用于横断面互为对称的桁架结构。

（3）立装法。根据构件的特点及其零件的稳定位置，选择自上而下或自下而上的顺序装配。此装配方法适用于放置平稳、高度不大的结构或者大直径的圆筒。

（4）卧装法。将构件放于卧的位置进行的装配。适用于断面不大，但长度较大的细长构件。

7.1.7 表面处理

1. 高强度螺栓摩擦面的处理

采用高强度螺栓连接时，应对构件摩擦面进行加工处理。摩擦面处理后的抗滑移系数必须符合设计文件的要求。

摩擦面的处理方法一般有喷砂、酸洗、砂轮打磨等几种，其中喷砂处理过的摩擦面的抗滑移系数值较高，离散率较小。处理好的摩擦面严禁有飞边、毛刺、焊疤和污损等，不得涂油漆，在运输过程中防止摩擦面损伤。

构件出厂前应按批做试件检验抗滑移系数，试件的处理方法应与构件相同，检验的最小数值应符合设计要求，并附3组试件供安装时复验抗滑移系数。

2. 构件成品的防腐涂装

钢结构构件在加工验收合格后，应进行防腐涂料涂装。但构件焊缝连接处、高强度螺栓摩擦面处不能作防腐涂装，应在现场安装完后再补刷防腐涂料。

7.1.8 构件成品验收

钢结构构件制作完成后，应根据《钢结构工程施工质量验收规范》（GB 50205—2001）及其他相关规范、规程的规定进行成品验收。钢结构构件加工制作质量验收，可按相应的钢结构制作工程或钢结构安装工程检验批的划分原则，划分为一个或若干个检验批进行。

构件出厂时，应提交产品质量证明（构件合格证）和下列技术文件。

（1）钢结构施工详图，设计更改文件，制作过程中的技术协商文件。

（2）钢材、焊接材料及高强度螺栓的质量证明书及必要的试验报告。

（3）钢零件及钢部件加工质量检验记录。

（4）高强度螺栓连接质量检验记录，包括构件摩擦面处抗滑移系数的试验报告。

（5）焊接质量检验记录。

（6）构件组装质量检验记录。

任务7.2 钢结构构件的连接

7.2.1 焊接施工

1. 焊接方法选择

焊接是钢结构使用最主要的连接方法之一。在钢结构制作和安装领域中，广泛使用的是电弧焊。在电弧焊中又以药皮焊条、手工焊条、自动埋弧焊、半自动与自动CO_2气体保护焊为主。在某些特殊场合，则必须使用电渣焊。焊接的类型、特点和适用范围见表7.2。

表7.2 钢结构焊接方法选择

焊接的类型		特　　点	适用范围
电弧焊	手工焊 交流焊机	利用焊条与焊件之间产生的电弧热焊接，设备简单，操作灵活，可进行各种位置的焊接，是建筑工地应用最广泛的焊接方法	焊接普通钢结构
	手工焊 直流焊机	焊接技术与交流焊机相同，成本比交流焊机高，但焊时电弧稳定	焊接要求较高的钢结构
	埋弧自动焊	利用埋在焊剂层下的电弧热焊接，效率高，质量好，操作技术要求低，劳动条件好，是大型构件制作中应用最广的高效焊接方法	焊接长度较大的对接、贴角焊缝，一般是有规律的直焊缝

续表

焊接的类型		特　点	适用范围
电弧焊	半自动焊	与埋弧自动焊基本相同，操作灵活，但使用不够方便	焊接较短的或弯曲的对接、贴角焊缝
	CO_2 气体保护焊	用 CO_2 或惰性气体保护的实心焊丝或药芯焊接，设备简单，操作简便，焊接效率高，质量好	用于构件长焊缝的自动焊
	电渣焊	利用电流通过液态熔渣所产生的电阻热焊接，能焊大厚度焊缝	用于箱形梁及柱隔板与面板全焊透连接

2. 焊接工艺要点

（1）焊接工艺设计。确定焊接方式、焊接参数及焊条、焊丝、焊剂的规格和型号等。

（2）焊条烘烤。焊条和粉芯焊丝使用前必须按质量要求进行烘焙，低氢型焊条经过烘焙后，应放在保温箱内随用随取。

（3）定位点焊。焊接结构在拼接、组装时要确定零件的准确位置，要先进行定位点焊。定位点焊的长度、厚度应由计算确定。电流要比正式焊接提高10%～15%，定位点焊的位置应尽量避开构件的端部、边角等应力集中的地方。

（4）焊前预热。预热可降低热影响区冷却速度，防止焊接延迟裂纹的产生。预热区在焊缝两侧，每侧宽度均应大于焊件厚度的1.5倍以上，且不应小于100mm。

（5）焊接顺序确定。一般从焊件的中心开始向四周扩展；先焊收缩量大的焊缝，后焊收缩小的焊缝；尽量对称施焊；焊缝相交时，先焊纵向焊缝，待冷却至常温后，再焊横向焊缝；钢板较厚时分层施焊。

（6）焊后热处理。焊后热处理主要是对焊缝进行脱氢处理，以防止冷裂纹的产生。后热处理应在焊后立即进行，保温时间应根据板厚按每25mm板厚1h确定。预热及后热处理均可采用散发式火焰枪进行。

3. 焊接应力和焊接变形

（1）焊接应力及变形产生的原因。焊接过程中，焊接热源对焊件进行局部加热，产生了不均匀的温度场，导致材料热胀冷缩的不均匀；处于高温区域的材料在加热（冷却）过程中应该有较大的伸长（收缩）量，但由于受到周围材料的约束而不能自由伸长（收缩）。于是在焊件中产生内应力，使高温区的材料受到挤压（拉伸），产生塑性变形。同时，金属材料在焊接过程中随着温度的变化还会发生相应的相变。不同的金属组织有不同的性能，也会引起体积的变化，对焊接应力及变形产生不同程度的影响。因此，焊接过程对焊件进行了局部的、不均匀的加热是产生焊接应力和焊接变形的主要原因。

（2）焊接残余应力和变形的控制。在钢结构设计和施工时，不仅要考虑到强度、稳定性、经济性，而且必须要考虑焊缝的设置将产生的应力，变形对结构的影响。通常有以下几点经验：①在保证结构具有足够强度的前提下，尽量减少焊缝的尺寸和长度，合理选取坡口形状，避免集中设置焊缝；②尽量对称布置焊缝，将焊缝安排在近中心区域，如近中性轴、焊缝中心、焊缝塑性变形区中心等；③在钢结构施焊中考虑夹具以减少焊接变形的可能性。

7.2.2 高强度螺栓连接

高强度螺栓连接是目前与焊接并举的钢结构主要连接方法之一。其特点是施工方便，可拆可换，传力均匀，接头刚性好，承载能力大，抗疲劳强度高，螺母不易松动，结构安全可靠。高强度螺栓从外形上可分为大六角头高强度螺栓（即扭矩型高强度螺栓）和扭剪型高强度螺栓两种。高强度螺栓和与之配套的螺母、垫圈总称为高强度螺栓连接副。

1. 一般要求

（1）高强度螺栓使用前，应按有关规定对高强度螺栓的各项性能进行检验。运输过程中应轻装轻卸，防止损坏。当包装破损、螺栓有污染等异常现象时，应用煤油清洗，并按高强度螺栓验收规程进行复验，经复验扭矩系数合格后方能使用。

（2）工地储存高强度螺栓时，应放在干燥、通风、防雨、防潮的仓库内，并不得沾染脏物。

（3）安装时，应按当天需用量领取，当天没有用完的螺栓，必须装回容器内，妥善保管，不得乱扔、乱放。

（4）安装高强度螺栓时接头摩擦面上不允许有毛刺、铁屑、油污、焊接飞溅物。摩擦面应干燥，没有结露、积霜、积雪，并不得在雨天进行安装。

（5）使用定扭矩扳子紧固高强度螺栓时，每天上班前应对定扭矩扳子进行校核，合格后方能使用。

2. 安装工艺

（1）一个接头上的高强度螺栓连接，应从螺栓群中部开始安装，向四周扩展，逐个拧紧。扭矩型高强度螺栓的初拧、复拧、终拧，每完成一次应涂上相应的颜色或标记，以防漏拧。

（2）接头如有高强度螺栓连接又有焊接连接时，宜按先栓后焊的方式施工，先终拧完高强度螺栓再焊接焊缝。

（3）高强度螺栓应自由穿入螺栓孔内，当板层发生错孔时，允许用铰刀扩孔。扩孔时，铁屑不得掉入板层间。扩孔数量不得超过一个接头螺栓的 1/3，扩孔后的孔径不应大于 $1.2d$（d 为螺栓直径）。严禁使用气割进行高强度螺栓孔的扩孔。

（4）一个接头多个高强度螺栓穿入方向应一致。垫圈有倒角的一侧应朝向螺栓头和螺母，螺母有圆台的一面应朝向垫圈，螺母和垫圈不应装反。

（5）高强度螺栓连接副在终拧以后，螺栓丝扣外露应为 2~3 扣，其中允许有 10% 的螺栓丝扣外露 1 扣或 4 扣。

3. 紧固方法

（1）大六角头高强度螺栓连接副紧固。大六角头高强度螺栓连接副一般采用扭矩法和转角法紧固。

1）扭矩法。使用可直接显示扭矩值的专用扳手，分初拧和终拧两次拧紧。初拧扭矩为终拧扭矩的 60%~80%，其目的是通过初拧，使接头各层钢板达到充分密贴，终拧扭矩把螺栓拧紧。

2）转角法。根据构件紧密接触后，螺母的旋转角度与螺栓的预拉力成正比的关系确定的一种方法。操作时分初拧和终拧两次施拧。初拧可用短扳手将螺母拧至使构件靠拢，

并作标记。终拧用长扳手将螺母从标记位置拧至规定的终拧位置。转动角度的大小在施工前由试验确定。

（2）扭剪型高强度螺栓紧固。扭剪型高强度螺栓有一特制尾部，采用带有两个套筒的专用电动扳手紧固。紧固时用专用扳手的两个套筒分别套住螺母和螺栓尾部的梅花头，接通电源后，两个套筒按反向旋转，拧断尾部后即达相应的扭矩值。一般用定扭矩扳手初拧，用专用电动扳手终拧。

任务7.3 钢 结 构 吊 装

7.3.1 钢结构吊装的一般规定

钢构件必须具有制造厂出厂产品质量检查报告，结构安装单位应根据构件性质分类，进行复检。预检钢构件的计量标准、计量工具和质量标准必须统一。钢构件应按照规定的吊装顺序配套供应，装卸时，装卸机械不得靠近基坑行走。

钢构件的堆放场地应平整干燥，构件应放平、放稳，并避免变形。柱底灌浆应在柱校正完或底层第一节钢框架校正完并紧固完地脚螺栓后进行。作业前应检查操作平台、脚手架和防风设施，确保使用安全。

柱、梁安装完毕后，在未设置浇筑楼板用的压型钢板时，必须在钢梁上铺设适量吊装和接头连接作业用的带扶手的走道板。

钢结构框架吊装时，必须设置安全网。吊装程序必须符合施工组织设计的规定。缆风绳或溜绳的设置应明确，对不规则构件的吊装，其吊点位置，捆绑、安装、校正和固定方法应明确。

7.3.2 单层钢结构厂房吊装

1. 钢柱吊装的规定

（1）钢柱起吊至柱脚离地脚螺栓或杯口300～400mm后，应对准螺栓或杯口缓慢就位，经初校后立即拧紧螺栓或打紧木楔（拉紧缆风绳）进行临时固定后方可脱钩。

（2）柱子校正后，必须立即紧固地脚螺栓和将承重垫板点焊固定，并应随即对柱脚进行永久固定。

2. 吊车梁吊装的规定

（1）吊车梁吊装应在钢柱固定后、混凝土强度达到75%以上和柱间支撑安装完后进行。吊车梁的校正应在屋盖吊装完成并固定后方可进行。

（2）吊车梁支承面下的空隙应用楔形铁片塞紧，必须确保支承紧贴面不小于70%。

3. 钢屋架吊装的规定

（1）应根据确定的绑扎点对钢屋架的吊装进行验算，确保吊装的稳定性要求；否则必须进行临时加固。

（2）屋架吊装就位后，应经校正和可靠的临时固定后方可摘钩。

（3）屋架永久固定应采用螺栓、高强螺栓或电焊焊接固定。

（4）天窗架宜采用预先与屋架拼装的方法进行一次吊装。

任务 7.3 钢结构吊装

7.3.3 高层钢结构吊装

1. 钢柱吊装的规定

(1) 安装前,应在钢柱上将登高扶梯和操作挂篮或平台等临时固定好。

(2) 起吊时,柱根部不得着地拖拉。

(3) 吊装应垂直,吊点宜设于柱顶。吊装时严禁碰撞已安装好的构件。

(4) 就位时必须待临时固定可靠后方可脱钩。

2. 框架钢梁吊装的规定

(1) 吊装前应按规定装好扶手杆和扶手安全绳。

(2) 吊装应采用两点吊,水平桁架的吊点位置,必须保证起吊后保持水平,并加设安全绳。

(3) 梁校正完毕,应及时用高强螺栓临时固定。

3. 剪力墙板吊装的规定

(1) 当先吊装框架后吊装墙板时,临时搁置必须采取可靠的支撑措施。

(2) 墙板与上部框架梁组合后吊装时,就位后应立即进行左右和底部的连接。

4. 框架的整体校正

应在主要流水区段吊装完成后进行。

5. 高层钢结构框架节点连接的规定

(1) 高强螺栓连接。高强螺栓的规格、材质、保管、发料应符合规定,有锈蚀和螺纹损坏者不得使用;同一节点的螺栓穿孔方向必须一致,螺栓与连接板的接触面之间应保证平整;摩擦面不得有锈蚀、污物、油脂、油漆等;否则应按规定进行清除处理。安装时,构件的摩擦面应保持干燥,不得在雨中作业。孔眼必须对准,错孔应按规定扩孔,严禁锤击穿孔;高强螺栓装上后,应立即按规定顺序和扭矩进行初拧。终拧应采用终拧电动扳手或长柄测力扳手,按规定终拧扭矩进行紧固;终拧后的螺栓应按 GNJ-205 检验,且宜尽快进行。

(2) 焊接连接。焊接应在框架流水段校正和高强螺栓紧固后进行;焊接前的坡口必须全部符合标准要求,坡口焊应采用垫板和引弧焊板。当焊接母材厚度不大于 30mm 时,可采用手工焊;当大于 30mm 或在高层和超高层作业时,宜采用半自动焊焊接。焊接的母材应按规定的温度和范围进行预热,未达到规定的最低预热温度时严禁焊接。柱节点和柱梁节点应采用人工对称焊,电流、焊条直径和焊接速度应力求相同。焊接施焊宜连续操作一次完成。大于 4h 焊量的焊接,必须完成 2/3 以上方可停焊。间隙焊缝在焊接过程中不得停焊。

7.3.4 轻型钢结构吊装

(1) 轻型钢结构的组装应在坚实平整的拼装台上进行。组装接头的连接板必须平整。

(2) 焊接宜用小直径焊条(2.5~3.5mm)和较小电流进行,严禁发生咬肉和焊透等缺陷发生。焊接时应采取防变形措施。

(3) 屋盖系统吊装应按屋架→屋架垂直支撑→檩条、檩条拉条→屋架间水平支撑→轻型屋面板的顺序进行。吊装时,檩条的拉杆应预先张紧,屋架上弦水平支撑应在屋架与檩

条安装完毕后拉紧。屋盖系统构件安装完后,应对全部焊缝接头进行检查,对点焊和漏焊的进行补焊或修正后,方可安装轻型屋面板。

任务7.4 钢结构涂装

钢结构在常温大气环境中安装、使用,易受大气中水分、氧和其他污染物的作用而被腐蚀。钢结构的腐蚀不仅造成经济损失,还直接影响到结构安全。另外,钢材由于其导热快、比热容小,虽是一种不燃烧材料,但极不耐火。未加防火处理的钢结构构件在火灾温度作用下,温度上升很快,只需十几分钟,自身温度就可达540℃以上,此时钢材的力学性能如屈服点、抗拉强度、弹性模量及载荷能力等都将急剧下降;达到600℃时,强度则几乎为零,钢构件不可避免地扭曲变形,最终导致整个结构的垮塌毁坏。

因此,根据钢结构所处的环境及工作性能采取相应的防腐与防火措施,是钢结构设计与施工的重要内容。目前国内外主要采用涂料涂装的方法进行钢结构的防腐与防火处理。

7.4.1 钢结构防腐涂装工程

1. 钢材表面除锈等级与除锈方法

钢结构构件制作完毕,经质量检验合格后应进行防腐涂料涂装。涂装前钢材表面应进行除锈处理,以提高底漆的附着力,保证涂层质量。除锈处理后,钢材表面不应有焊渣、焊疤、灰尘、油污、水和毛刺等。

国家标准《涂覆涂料前钢材表面处理》(GB/T 8923.2—2008)将除锈等级分成喷射或抛射除锈、手工和动力工具除锈、火焰除锈3种类型。

《钢结构工程施工质量验收规范》(GB 50205—2020)规定,钢材表面的除锈方法和除锈等级应与设计文件采用的涂料相适应。当设计无要求时,钢材表面除锈等级应符合表7.3的规定。目前国内各大中型钢结构加工企业一般都具备喷、抛射除锈能力,所以应将喷、抛射除锈作为首选的除锈方法,而手工和电动工具除锈仅作为喷射除锈的补充手段。随着科学技术的不断发展,不少喷、抛射除锈设备已采用微机控制,具有较高的自动化水平,并配有除尘器,消除粉尘污染。

表7.3 各种底漆或防锈漆要求最低的除锈等级

涂 料 品 种	除锈等级
油性酚醛、醇酸等底漆或防锈漆	St2
高氯化聚乙烯、氯化橡胶、氯磺化聚乙烯、环氧树脂、聚氨酯等底漆或防锈漆	Sa2
无机富锌、有机硅、过氧乙烯等底漆	$Sa2\frac{1}{2}$

2. 钢结构防腐涂料

钢结构防腐涂料是一种含油或不含油的胶体溶液,涂敷在钢材表面,结成一层薄膜,使钢材与外界腐蚀介质隔绝。涂料分底漆和面漆两种。

底漆是直接涂在钢材表面上的漆。含粉料多,基料少,成膜粗糙,与钢材表面黏结力强,与面漆结合性好。

面漆是涂在底漆上的漆。含粉料少，基料多，成膜后有光泽，主要功能是保护下层底漆。面漆对大气和湿气有高度的不渗透性，并能抵抗有腐蚀介质、阳光紫外线所引起风化分解。

钢结构的防腐涂层，可由几层不同的涂料组合而成。涂料的层数和总厚度是根据使用条件来确定的，一般室内钢结构要求涂层总厚度为 $125\mu m$，即底漆和面漆各两道。高层建筑钢结构一般处在室内环境中，而且要喷涂防火涂层，所以通常只刷两道防锈底漆。

3. 防腐涂装方法

钢结构防腐涂装，常用的施工方法有刷涂法和喷涂法两种。

（1）刷涂法。应用较广泛，适宜于油性基料刷涂。因为油性基料虽干燥得慢，但渗透性大，流平性好，不论面积大小，刷起来都会平滑流畅。一些形状复杂的构件，使用刷涂法也比较方便。

（2）喷涂法。施工工效高，适合于大面积施工，对于快干和挥发性强的涂料尤为适合。喷涂的漆膜较薄，为了达到设计要求的厚度，有时需要增加喷涂的次数。喷涂施工比刷涂施工涂料损耗大，一般要增加20%左右。

7.4.2 钢结构防火涂装工程

钢结构防火涂料能够起到防火作用，主要有3个方面的原因：一是涂层对钢材起屏蔽作用，隔离了火焰，使钢构件不至于直接暴露在火焰或高温之中；二是涂层吸热后，部分物质分解出水蒸气或其他不燃气体，起到消耗热量、降低火焰温度和燃烧速度、稀释氧气的作用；三是涂层本身多孔轻质或受热膨胀后形成碳化泡沫层，热导率均在 $0.233W/(m \cdot K)$ 以下，阻止了热量迅速向钢材传递，推迟了钢材受热温升到极限温度的时间，从而提高了钢结构的耐火极限。

1. 厚涂型防火涂料涂装

（1）施工方法与机具。厚涂型防火涂料一般采用喷涂施工。机具可为压送式喷涂机或挤压泵，配能自动调压的 $0.6\sim0.9m^3/min$ 的空压机，喷枪口径为 $6\sim12mm$，空气压力为 $0.4\sim0.6MPa$。局部修补可采用抹灰刀等工具手工抹涂。

（2）涂料的搅拌与配置。

1）由工厂制造好的单组分湿涂料，现场应采用便携式搅拌器搅拌均匀。

2）由工厂提供的干粉料，现场加水或用其他稀释剂调配，应按涂料说明书规定配比混合搅拌，边配边用。

3）由工厂提供的双组分涂料，按配制涂料说明规定的配比混合搅拌，边配边用。特别是化学固化干燥的涂料，配制的涂料必须在规定的时间内用完。

4）搅拌和调配涂料，使稠度适宜，即能在输送管道中畅通流动，喷涂后不会流淌和下坠。

（3）施工操作。

1）喷涂应分 $2\sim5$ 次完成，第一次喷涂以基本盖住钢材表面即可，以后每次喷涂厚度为 $5\sim10mm$，一般以 $7mm$ 左右为宜。通常情况下，每天喷涂一遍即可。

2）喷涂时，应注意移动速度，不能在同一位置久留，以免造成涂料堆积流淌；配料及往挤压泵加料应连续进行，不得停顿。

3)施工过程中,应采用测厚针检测涂层厚度,直到符合设计规定的厚度,方可停止喷涂。

4)喷涂后的涂层要适当维修,对明显的乳突,应采用抹灰刀等工具剔除,以确保涂层表面均匀。

2. 薄涂型防火涂料涂装

(1)施工方法与机具。

1)喷涂底层、主涂层涂料,宜采用重力(或喷斗)式喷枪,配能自动调压的 $0.6\sim0.9 m^3/min$ 的空压机。喷嘴直径为 $4\sim6mm$,空气压力为 $0.4\sim0.6MPa$。

2)面层装饰涂料,一般采用喷涂施工,也可以采用刷涂或滚涂的方法。喷涂时,应将喷涂底层的喷嘴直径换为 $1\sim2mm$,空气压力调为 $0.4MPa$。

3)局部修补或小面积施工,可采用抹灰刀等工具手工抹涂。

(2)施工操作。

1)底层及主涂层一般应喷 $2\sim3$ 遍,每遍间隔 $4\sim24h$,待前遍基本干燥后再喷后一遍。头遍喷涂以盖住基底面 70% 即可,2 遍、3 遍喷涂每遍厚度不超过 2.5mm 为宜。施工工程中应采用测厚针检测涂层厚度,确保各部位涂层达到设计规定的厚度。

2)面层涂料一般涂饰 $1\sim2$ 遍。若头遍从左至右喷涂,二遍则应从右至左喷涂,以确保全部覆盖住下部主涂层。

任务 7.5 钢结构质量控制与安全措施

7.5.1 钢结构施工质量控制措施

1. 测量质量控制

(1)仪器定期进行检验校正,确保仪器在有效期内使用,在施工中所使用的仪器必须保证精度达标。

(2)保证测量人员持证上岗。

(3)各控制点应分布均匀,并定期进行复测,以确保控制点的精度。

(4)施工中放样应有必要的检核,保证其准确性。

(5)根据施工区的地质情况、通视情况对测量方法进行优化,并尽量在外界条件较好的情况下进行测量。

2. 焊接质量控制

(1)焊接工程师、焊接质检人员、无损探伤人员及焊工必须持证上岗。

(2)对各类焊接接头编制焊接工艺评定,现场焊接参数按照焊接工艺评定进行。

(3)定专人保管焊机、保温箱、检测设备,并定期进行检查和维修,保证施工机械能满足安装质量的要求。

(4)加强对焊接材料的选择和保管,焊材在使用前必须经过烘焙,经烘焙的焊条必须放在保温筒内,随取随用。当日未使用完的焊条必须收回,焊条烘焙两次以上必须申请报废处理,并分开存放、标识明确。

(5)在特殊环境下施工时,严格按照季节性施工措施进行,保证焊接质量。

(6) 在所有构件焊接、探伤后提交所有质量资料,请监理复验。

7.5.2 钢结构施工安全措施

1. 安全技术交底制度

(1) 工程开工前,应随同施工组织设计,向参加施工的职工认真进行安全技术措施的交底。

(2) 实行逐级安全技术交底制,开工前由技术负责人向全体职工进行交底,两个以上施工队或工种配合施工时,要按工程进度交叉作业的交底,班组长每天要向工人进行施工要求、作业环境的安全交底,在下达施工任务时,必须填写安全技术交底卡。

2. 安全检查制度

(1) 贯彻"安全第一、预防为主"的方针,安全生产实行专管及群管相结合的方针。检查的内容是查"两标贯彻",查思想教育,查组织,查纪律严明,查制度完整,查措施落实,查隐患排除。对查出的问题要有文字记载,并及时解决有危及人身安全的紧急险情。

(2) 执行安全工作与经济责任制挂钩的奖罚制度,使人人都要重视安全工作,堵塞漏洞,防患于未然。

(3) 班组长每天必须对本组组员施工的工作面进行一次安全检查;工长每周组织班组进行一次安全检查并进行讲评;专职安全员每天做好安全检查;项目经理部每月组织有关部门对工地进行一次安全大检查,对检查结果进行通报,对各部门的安全工作做出评议。

3. 安全教育管理制度

(1) 新工人入场安全教育制度。作业人员进入新的岗位或者新的施工现场前,应当接受安全生产教育培训,未经教育培训或教育培训考试不合格的人员,不得上岗作业。

(2) 特殊工种工人必须参加主管部门的培训班,经考试合格后持证上岗。严禁无证上岗作业。

(3) 生产过程中安全教育,要结合现场实际情况,对人员的培训考试建立考核成绩档案。

4. 安全用电制度

工地的用电线路设计、安装必须经有关技术人员审定验收合格后方能使用。电工、机械工必须持证上岗。

项 目 小 结

本项目内容包括钢结构的制作、钢结构连接施工、钢结构安装、钢结构涂装及钢结构施工质量和安全措施等部分。熟悉钢结构的制作及安装常用的机具、构件制作加工工艺、安装及涂装工艺,以保证钢结构施工的顺利进行。

钢结构构件由于类型多、技术复杂、制作工艺要求严格,一般均由专业工厂来加工制作。钢结构构件的加工制作,包括加工制作前的准备、零件加工、构件组装、成品表面处理等。

钢结构连接主要采用焊接和高强度螺栓连接。钢结构焊接广泛使用的是电弧焊,在电弧焊中又以药皮焊条、手工焊条、自动埋弧焊、半自动与自动 CO_2 气体保护焊为主；在某些特殊场合，则必须使用电渣焊。焊接工艺要点包括焊接工艺设计、焊条烘烤、定位点焊、焊前预热、焊接顺序确定、焊后热处理等。高强度螺栓分为大六角头高强度螺栓（扭矩型高强度螺栓）和扭剪型高强度螺栓两种。高强度螺栓连接包括螺栓安装和紧固两个程序。

钢结构的防腐与防火，目前主要采用涂料涂装的方法。钢结构构件防腐涂装前，钢材表面应进行除锈处理。除锈等级分为喷射或抛射除锈、手工和动力工具除锈、火焰除锈 3 种类型。钢结构防腐涂装，常用的施工方法有刷涂法和喷涂法两种。钢结构防火涂装前钢材表面应除锈，并根据设计要求涂装防腐底漆。防火涂料按涂层的厚度分为薄涂型钢结构防火涂料和厚涂型钢结构防火涂料两类。薄涂型防火涂料和厚涂型防火涂料一般均采用喷涂。

复 习 思 考 题

一、选择题

1. 高强度螺栓的紧固次序是（　　）。
   A. 应从任意处开始，对称向两边进行
   B. 应从中间开始，对称向两边进行
   C. 应从一端开始，向另一端进行
   D. 应从四周开始，对称向中间进行

2. 高强度螺栓在终拧以后，螺栓丝扣外露应为（　　）扣。
   A. 0　　　B. 1～2　　　C. 2～3　　　D. 3～4

3. 扭矩法施工要求在终拧前，应首先进行（　　）。
   A. 初拧　　B. 试拧　　C. 预拧　　D. 冲钉连接

4. 钢结构构件的施涂方法中的刷涂法适用于（　　）的涂料。
   A. 油性基料　B. 快干性　　C. 挥发性强　D. 快干性和挥发性强

5. 钢结构涂料工程涂装时，当产品说明书无要求时，环境温度宜在（　　）℃之间，相对湿度不应大于 85%。
   A. 5～38　　B. 0～40　　C. 10～20　　D. −5～40

二、填空题

1. 钢结构的连接可分为_____、_____、_____连接。

2. 常见焊缝的缺陷有_____、_____、_____、_____、_____、_____和_____等。

3. 摩擦面的处理可采用_____、_____、_____和砂轮打磨等方法。

4. 根据施焊时焊工所持焊条与焊件之间的相互位置的不同，焊缝可分为平焊、立焊、横焊和仰焊 4 种方位，其中_____施焊的质量最易保证。

5. 钢结构涂料工程涂装时，构件表面不应有结露，涂装后_____h 内应保护免受雨淋。

三、简答题

1. 钢结构加工机具有哪些?
2. 什么叫放样、画线?零件加工主要有哪些工序?
3. 钢结构组装的一般要求是什么?
4. 钢结构焊接的类型主要有哪些?简述钢结构焊接的工艺要点。
5. 何为焊接残余变形?通过哪些措施可以减小焊接残余应力和焊接残余变形?
6. 高强度螺栓主要有哪两种类型?简述高强度螺栓连接的安装工艺和紧固方法。
7. 钢材表面除锈等级分为哪3种类型?防腐涂装主要采用哪两种施工方法?
8. 钢结构防火涂料按涂层的厚度分为哪两类?主要施工方法是什么?
9. 钢结构施工质量和安全控制措施应做好哪几个方面工作?

项目 8 结构安装工程施工技术

【学习目标】

通过本项目的学习，掌握装配式混凝土结构构件安装的施工方案、施工工艺与方法，钢结构安装的施工工艺与技术要求。熟悉结构安装工程是施工质量验收与安全技术。

知识点：柱吊装；吊车梁吊装；屋架吊装；综合吊装；分件吊装。

【项目介绍】

结构安装工程，就是用起重运输机械将预先在工厂或施工现场制作的结构构件，按照设计要求在现场组装起来，以构成一幢完整的建筑物或构筑物的整个施工过程。它是装配式房屋或构筑物施工中的主导分部工程，它直接影响着整个工程的施工进度、工程质量、施工安全和工程造价。

任务 8.1 钢筋混凝土结构工业厂房安装

单层工业厂房大多采用装配式钢筋混凝土结构（重型厂房采用钢结构）。其主要承重构件除基础为现浇构件外，其他构件（柱、吊车梁、基础梁、屋架、天窗架、屋面板等）均为预制构件，如图 8.1 所示。根据构件尺寸和重量及运输构件的能力，预制构件中较大型的一般在施工现场就地制作；中小型的多集中在工厂制作，然后运送到现场安装。结构安装工程是单层工业厂房施工中的主导工种工程。

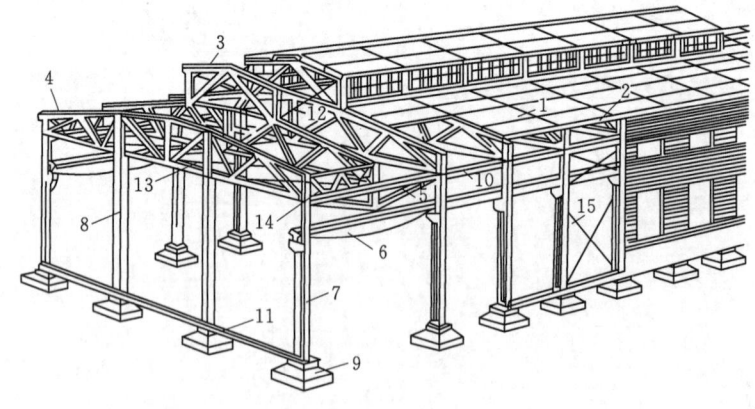

图 8.1 单层厂房装配式钢筋混凝土骨架及主要构件
1—屋面板；2—天沟板；3—天窗架；4—屋架；5—托架；6—吊车梁；7—排架柱；
8—抗风柱；9—基础；10—连系梁；11—基础梁；12—天窗架垂直支撑；
13—屋架下弦横向水平支撑；14—屋架端部垂直支撑；15—柱间支撑

柱：要设置牛腿，又称牛腿柱，柱底与基础相连，柱顶部与屋架焊接连接，柱与屋架组成排架结构。

吊车梁：放在柱的牛腿上。采用焊接连接。

屋面板：与屋架焊接连接。

单层装配式工业厂房，一般面积较大，平面尺寸较大，构件重量及尺寸较大，钢筋混凝土屋架重量可达几十吨，屋架跨度有十几米、20多米、30多米等。柱高可达十几米、20多米、30多米甚至40多米等。

单层装配式工业厂房构件规格多，屋面板多采用 1.5m×6m 大型屋面板，柱有矩形柱、工字形柱、双肢柱等，由于单层装配式工业厂房面积较大，构件尺寸及重量大，而且规格多，为了保证安装质量，在安装前必须做好充分的准备工作。

8.1.1 构件安装前的准备工作

吊装前的准备工作包括：清理及平整场地，铺设道路，敷设水电管线，准备吊具、索具，构件的运输、就位、堆放、拼装与加固、检查、弹线、编号，基础的准备等。

1. 场地清理与铺设道路

起重机进场之前，按照现场平面布置图，标出起重机的开行路线，清理道路上的杂物，进行平整压实。回填土或松软地基上，要用枕木或厚钢板铺垫。雨季施工，要做好排水工作，准备一定数量的抽水机械，以便及时排水。

2. 构件的运输和堆放

在工厂制作或施工现场集中制作的构件，吊装前要运送到吊装地点就位。根据构件的重量、外形尺寸、运输量、运距以及现场条件等选用合适的运输方式。通常采用载重汽车和平板拖车。

(1) 构件运输。构件运输过程中，必须保证构件不损坏、不变形、不倾覆，并且要为吊装工作创造有利条件。因此，要求路面平整，有足够的路面宽度和转弯半径，并根据路面情况掌握行车速度。构件运输应符合下列规定。

1) 运输时的混凝土强度。为了防止构件在运输过程中，由于受振动而损坏，钢筋混凝土构件的混凝土强度等级，当设计无具体规定时，不应小于设计混凝土强度标准值的 75%；对于屋架、薄腹梁等构件，不应小于设计的混凝土强度标准值的 100%。

2) 构件支承的位置和方法，应根据其受力情况确定，不得引起混凝土的超应力或损伤构件。

3) 构件装运时应绑扎牢固，防止移动或倾倒。对构件边部或与链索接触处的混凝土，应采用衬垫加以保护。

4) 运输细长构件时，行车应平稳，并可根据需要对构件设置临时水平支撑。

5) 构件的堆放应按平面布置图所示位置堆放，避免二次搬运。

(2) 构件堆放。构件堆放应符合下列规定。

1) 堆放构件的场地应平整坚实，并具有排水措施，堆放构件时应使构件与地面之间有一定空隙。

2) 应根据构件的刚度及受力情况，确定构件平放或立放，并应保持其稳定。

3) 重叠堆放的构件，吊环应向上，标志应向外。其堆垛高度应根据构件与垫木的承载能力及堆垛的稳定性确定；各层垫木的位置应在一条垂直线上。

3. 构件的质量检查、弹线及编号

为保证工程质量，在构件吊装前对全部构件要进行一次质量检查。主要检查构件的型号、数量、外形尺寸、预埋件位置及尺寸、构件混凝土的强度以及构件有无损伤、变形、裂缝等。构件混凝土的强度应不低于设计规定的吊装强度。一般柱的混凝土强度应不低于设计强度等级的70%，跨度较大的梁及屋架的混凝土强度要达到100%设计强度等级，在吊装预应力屋架时，孔道灰浆的强度应不低于$15N/mm^2$。

(1) 外形尺寸检查。

1) 柱应检查总长度，柱脚到牛腿的长度，柱底面的平整度、柱截面尺寸及各种预埋件的位置和尺寸。

2) 屋架应检查总长度、侧向弯曲、各预埋件的位置。

3) 吊车梁应检查总长度、高度、侧向弯曲、各预埋件的位置。

(2) 弹线。构件经质量检查及清理后，在构件表面弹出吊装准线，作为吊装对位、校正的依据。

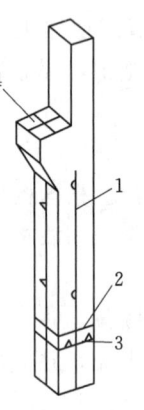

图 8.2 柱子弹线
1—柱中心线；2—地基标高线；3—基础顶面线；4—吊车梁对位线

1) 柱应在柱身的3个面上弹出几何中心线（两个小面一个大面），作为吊装准线，此线应与柱基础杯口上吊装准线相吻合。对于"工"字形截面柱，除应弹出几何中心线外，还应在其翼缘部分弹一条与中心线平行的线，以避免校正时产生观测视差。此外，在柱顶面和牛腿面上要弹出屋架及吊车梁的吊装准线，如图8.2所示。

2) 屋架应在上弦顶面弹出几何中心线，并从跨中央向两端分别弹出天窗架，屋面板的吊装准线；在屋架的两个端头弹出屋架的吊装准线，以便屋架安装对位及校正。

3) 吊车梁应在两端面及顶面弹出吊装准线。

(3) 编号。在对构件弹线的同时，应按设计图纸将构件逐个编号，并标志在明显部位；对于上、下难以分辨的构件尚应注明"上"字，并均应标在统一的位置上。

4. 基础准备

(1) 尺寸及位置。先检查杯口的尺寸，在基础顶面弹出十字交叉的安装中心线，并画上红三角。中心线对定位轴线的允许偏差为±10mm。

(2) 标高检查。杯底标高在制作时一般比设计要求低（一般预留50mm），以便柱子长度有误差时能抄平调整。测量杯底标高，先在杯口内弹出比杯口顶面设计低100mm的水平线，随后用尺对杯底标高进行测量，小柱测中间一点，大柱测4个角点，得出杯底实际标高。

牛腿面设计标高与杯底实际标高的差，就是柱子牛腿到柱底的应有长度，与实际量得的长度（初步检查时已量好）相比，得到制作误差，再结合柱底面得平整程度，用水泥砂浆或细石混凝土将杯底抹平，垫至所需标高，标高的允许偏差为±5mm。杯底抹平后，应将杯口遮盖好，以防杂物落入。

8.1.2 构件的安装工艺

装配式单层厂房的结构构件有柱、吊车梁、连系梁、屋架、天窗架、屋面板等。

预制构件的吊装程序：绑扎、起吊、对位、临时固定、校正及最后固定等工序。现场预制的构件有些还需要翻身扶正后，才进行吊装。

1. 柱的吊装

（1）绑扎。柱的绑扎方法、绑扎位置和绑扎点数，应根据柱的形状、长度、截面、配筋、起吊方法和起重机性能等确定。常用的绑扎方法有一点绑扎斜吊法、一点绑扎直吊法、两点绑扎斜吊法、两点绑扎直吊法4种，如图8.3所示。

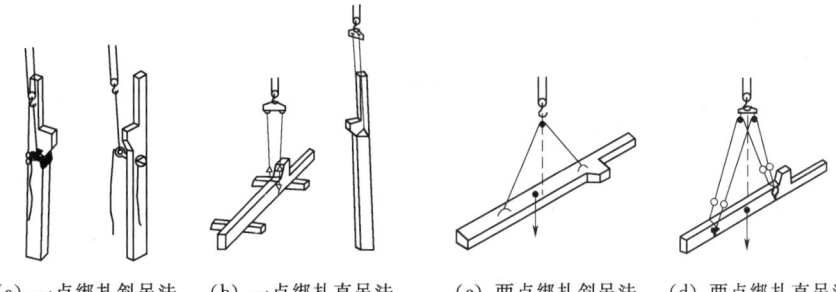

（a）一点绑扎斜吊法　（b）一点绑扎直吊法　（c）两点绑扎斜吊法　（d）两点绑扎直吊法

图8.3　柱的绑扎方法

（2）起升。柱子的吊装方法，根据柱子重量、长度、起重机性能和现场施工条件而定。重型柱子有时可采用两台起重机抬吊。采用单机吊装时，有旋转法和滑行法。

1）旋转法。旋转法吊装柱时，柱的平面布置要做到：绑扎点、柱脚中心与柱基础杯口中心三点同弧，在以吊柱时起重半径 R 为半径的圆弧上，柱脚靠近基础。这样，起吊时起重半径不变，起重臂边升钩边回转。柱在直立前，柱脚不动，柱顶随起重机回转及吊钩上升而逐渐上升，使柱在柱脚位置竖直。然后，把柱吊离地面200～300mm，回转起重臂把柱吊至杯口上方，插入杯口，如图8.4所示。采用旋转法，柱受振动小，生产率高，但对起重机的机动性能要求较高。采用自行式起重机吊装时宜采用此法。

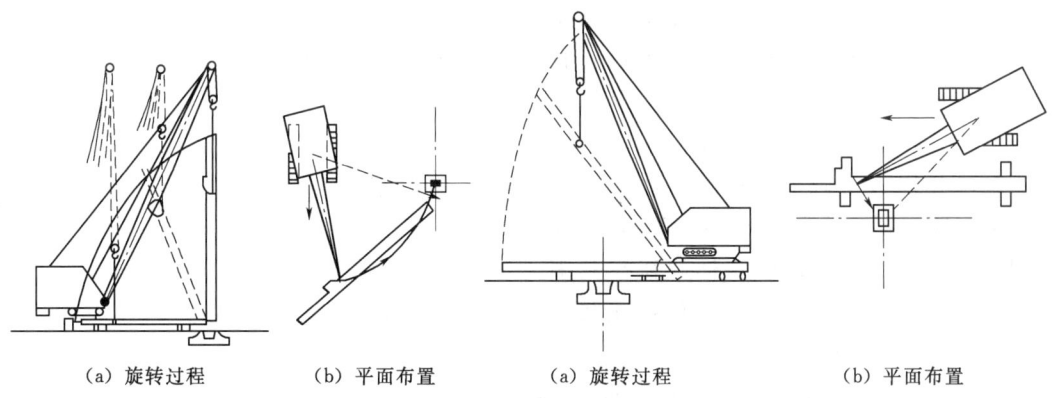

（a）旋转过程　（b）平面布置　　　（a）旋转过程　（b）平面布置

图8.4　旋转法吊装过程　　　　图8.5　滑行法吊装过程

2）滑行法。采用滑行法吊装柱时，柱的平面布置要做到：绑扎点、基础杯口中心两点同弧，在以起重半径 R 为半径的圆弧上，绑扎点靠近基础杯口。这样，在柱起吊时，起重臂不动，起重钩上升，柱顶上升，柱脚沿地面向基础滑行，直至柱竖直。然后，起重臂旋转，将柱吊至柱基础杯口上方，插入杯口，如图8.5所示。这种起吊方法，因柱脚滑行时柱受震动,起吊前应对柱脚采取保护措施。这种方法宜在不能采用旋转法时采用。

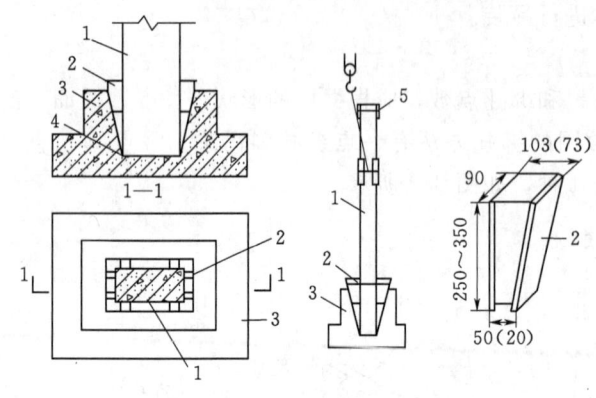

图 8.6 柱的对位与临时固定
(括号内的数字表示另一种规格钢楔的尺寸)
1—柱子;2—楔块;3—杯形基础;4—石子;
5—安装缆风绳或挂操作台的夹箍

该方法的特点:在滑行过程中,柱受震动,但对起重机的机动性要求较低(起重机只升钩,起重臂不旋转),当采用独脚拔杆、人字拔杆吊装柱时常采用此法。为了减少滑行阻力,可在柱脚下面设置托木滚筒。

(3) 对位与临时固定。柱子插入杯口后,应使柱身大体垂直。在柱脚离杯底 30~50mm 时,停止吊钩下降,开始对位。对位时,先在柱基础四边各放两块楔块(共 8 块),如图 8.6 所示,并用撬棍拨动柱脚,使柱的吊装准线对准杯口顶面的吊装准线。

对位后,将 8 只楔块略加打紧,打紧楔子时,应两人同时在柱子的两侧对打,以防柱脚移动。然后放松吊钩,让柱靠自重沉至杯底。再观察一下吊装中心线对准的情况,若已符合要求,立即用大铁锤将楔块打紧,将柱临时固定。临时固定的楔块,可用硬木制作,也可用钢板焊成。

当柱基础的杯口深度与柱长之比小于 1/20,或柱具有较大牛腿时,仅靠柱脚处的楔块将不能保证临时固定的稳定,这时则应采取增设缆风绳或加斜撑等措施来加强柱临时固定的稳定,即可将柱稳定地临时固定在基础上。

(4) 校正。柱的校正是一件相当重要的工作,如果柱的吊装就位不够准确,就会影响与柱相连接的吊车梁、屋架等吊装的准确性。因此,必须认真对待。

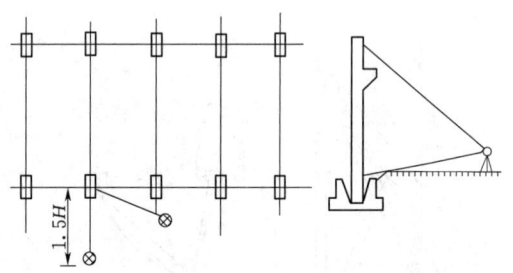

图 8.7 柱垂直度的检查方法

柱吊装以后要做平面位置、标高及垂直度等 3 项内容的校正。但柱的平面位置在柱对位时已校正好,而柱的标高在柱基础杯底抄平时已控制在允许范围内,因此柱吊装后主要是校正垂直度。

柱垂直度的检查方法是:当有经纬仪时,可用两台经纬仪从柱相邻的两边(视线基本与柱面垂直),去检查柱吊装中心线的垂直度,一台设置在横轴线上,另一台设置在与纵轴线成不大于 15°角的位置上。竖向转动望远镜,从根部向上观察,使柱子的吊装准线始终夹在十字丝双线中,这时柱子即为垂直,如图 8.7 所示。

当没有经纬仪时,也可用线锤检查。柱竖向(垂直)偏差的允许值是:当柱高为 5m 时,为 5mm;当柱高大于 5m 时,为 10mm;当柱高于 10m 及大于 10m 的多节柱时,为

1/1000 柱高,但不得大于 20mm。如偏差超过上述规定,则应校正柱的垂直度。

柱垂直度的校正方法是：当偏差值较小时,可用打紧或稍放松楔块的方法来纠正;当偏差值较大时,则可用螺旋千斤顶、钢钎等工具进行校正。

(5) 柱子的最后固定。柱子采用浇灌细石混凝土的方法最后固定,为防止柱子在校正后被大风或木楔变形使柱子产生新偏差,灌缝工作应在校正后立即进行。灌缝时,应将柱底杂物清理干净,并要洒水湿润。在灌混凝土和振捣时不得碰撞柱子或楔子。灌混凝土之前,应先灌一层稀砂浆使其填满空隙,然后灌细石混凝土,但要分两次进行,第一次灌至楔子底,待混凝土强度达到 25% 后,拔去楔子,再灌满混凝土（图 8.8）。第一次灌筑后,柱可能会出现新的偏差,其原因可能是振捣混凝土时碰动了楔块,或者两面相对的木楔因受潮程度不同,膨胀变形不一致产生的,故在第二次灌筑前,必须对柱的垂直度进行复查,如超过允许偏差,应予调整。

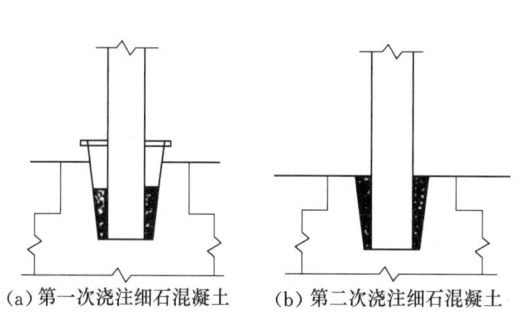

(a) 第一次浇注细石混凝土　　(b) 第二次浇注细石混凝土

图 8.8　柱最后固定

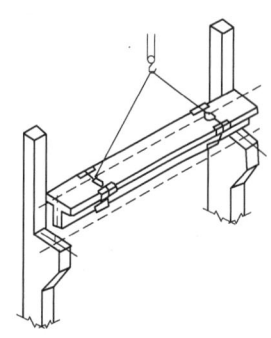

图 8.9　吊车梁吊装

2. 吊车梁吊装

由于吊车梁的高度小、长度小,一般采用平吊法。吊车梁的吊装必须在柱子杯口二次灌注混凝土的强度达 75% 设计强度后进行。

(1) 绑扎、起吊、就位、临时固定。吊车梁吊起后应基本保持水平。因此其绑扎点应对称地设在梁的两侧,吊钩应对准梁的重心,如图 8.9 所示。在梁的两端应绑扎溜绳以控制梁的转动,避免悬空时碰撞柱子。

吊车梁对位时应缓慢降钩,使吊车梁端与柱牛腿面的横轴线对准。在对位过程中不宜用撬棍顺纵轴线方向撬动吊车梁。因为柱子顺轴线方向的刚度较差,撬动后会使柱顶产生偏移。

在吊车梁安装过程中,应用经纬仪或线锤校正柱子的垂直度,若产生了竖向偏移,应将吊车梁吊起重新进行对位,以消除柱的竖向偏移。

吊车梁本身的稳定性较好,一般对位后无需采取临时固定措施,起重机即可松钩移走。当梁高与底宽之比大于 4 时,可用 8 号铁丝将梁捆在柱上,以防倾倒。

(2) 校正、最后固定。吊车梁吊装后,需校正标高、平面位置和垂直度。吊车梁的标高在进行杯形基础杯底抄平时,已对牛腿面至柱脚的高度作过测量和调整,因此误差不会太大,如存在少许误差,也可待安装轨道时,在吊车梁面上抹一层砂浆找平层加以调整。吊车梁的平面位置和垂直度可在屋盖吊装前校正,也可在屋盖吊装后校正。但较重的吊车梁，由于摘钩后校正困难，则可边吊边校。平面位置的校正，主要是检查吊车梁的纵轴线以及两列吊车梁之间的跨距 L_k 是否符合要求。施工规范规定吊车梁吊装中心线对定位轴线的偏差不得大于 5mm。在屋盖吊装前校正时，L_k 不得有正偏差，以防屋盖吊装后柱顶向外偏移，使梁跨的偏差过大。

检查吊车梁吊装中心线偏差的方法常用的有以下几种。

1）通线法，根据柱的定位轴线，在车间两端地面定出吊车梁定位轴线的位置，打下木桩，并设置经纬仪。用经纬仪先将车间两端的 4 根吊车梁位置校正准确，并检查两列吊车梁之间的跨距是否符合要求。然后在 4 根已经校正的吊车梁端部设置支架（或垫块），垫高 200mm，并根据吊车梁的定位轴线拉钢丝通线，然后根据通线来逐根拨正吊车梁（图 8.10）。

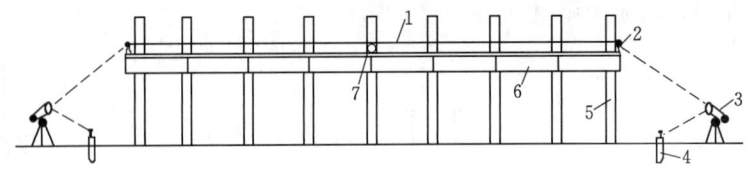

图 8.10 通线法校正吊车梁

1—通线；2—支架；3—经纬仪；4—木桩；5—柱；6—吊车梁；7—圆钢

2）平移轴线法。在柱列边设置经纬仪，逐根将杯口上柱的吊装中心线投影到吊车梁顶面处的柱身上，并做出标志。若柱安装中心线到定位轴线的距离为 a，则标志距吊车梁定位轴线应为 $\lambda-a$（λ 为柱定位轴线到吊车梁定位轴线之间的距离，一般 λ 取 750mm）。可根据此来逐根拨正吊车梁的吊装中心线，并检查两列吊车梁之间的跨距 L_k 是否符合要求（图 8.11）。

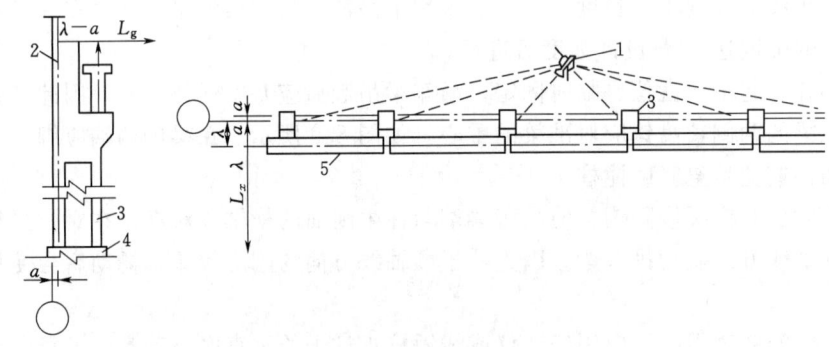

图 8.11 平移轴线法校正吊车梁

1—经纬仪；2—标志；3—柱；4—柱基础；5—吊车梁

3）边吊边校法。较重的吊车梁，脱钩后校正比较困难，一般采取边吊边校法。此法与平移轴线法相似。先在厂房跨度一端距吊车梁纵轴线 400~600mm（能通视即可）的地面上架设经纬仪，使经纬仪的视线与吊车梁的纵轴线平行，在一根木尺上弹两条短线 A、B，两线的间距等于视线与吊车梁纵轴的距离。吊装时，将木尺的 A 线与吊车梁中线重合；用经纬仪观测木尺上的 B 线，同时，指挥拨动吊车梁，使尺上的 B 线与望远镜内的纵丝重合为止,如图 8.12 所示。在检查及拨正吊车梁中心线的同时,可用靠尺垂球检查吊车梁的垂直度。若发现有偏差,可在吊车梁两端的支座面上加斜垫铁纠正,每端叠加垫铁不得超过 3 块。吊车梁校正之后,立即按设计图纸用电焊作最后固定,并在吊车梁与柱的空隙处浇筑细石混凝土。

3. **屋架的吊装**

中小型单层工业厂房屋架的跨度为 12~24m,重量为 30~100kN,钢筋混凝土屋架一般在施工现场平卧叠浇预制,在屋架吊装前,先要将屋架扶直(或称翻身、起扳),扶直就是把屋架由平卧状态变为直立状态,然后将屋架吊运到预定地点就位(排放)。

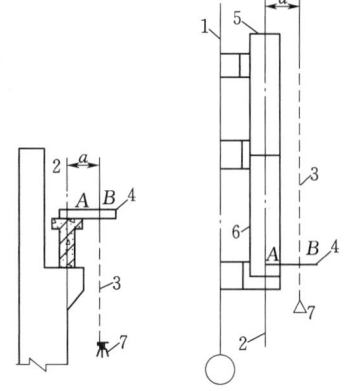

图 8.12 重型吊车梁的边吊边校法
1—柱轴线;2—吊车梁轴线;
3—经纬仪视线;4—木尺;
5—已吊装校正的吊车梁;
6—正吊装校正的吊车梁;
7—经纬仪

(1) 绑扎。屋架的绑扎点应选在上弦节点处,左右对称,绑扎中心(即各支吊索的合力作用点)必须高于屋架重心,使屋架起吊后基本保持水平,不晃动、不倾翻。吊索与水平线的夹角不宜小于 45°,以免屋架承受过大的横向压力,必要时可采用横吊梁。屋架的绑扎如图 8.13 所示。

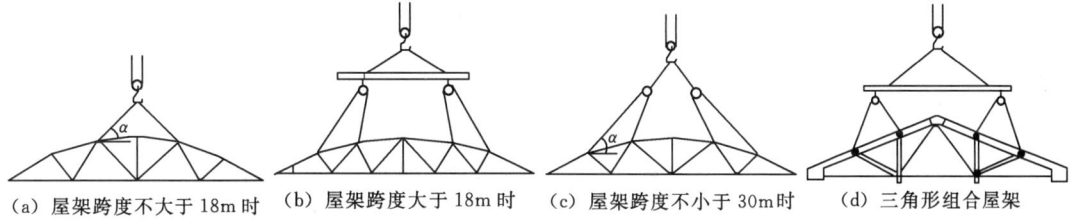

(a) 屋架跨度不大于 18m 时　(b) 屋架跨度大于 18m 时　(c) 屋架跨度不小于 30m 时　(d) 三角形组合屋架

图 8.13 屋架的绑扎

(2) 扶直与排放。钢筋混凝土屋架的侧向刚度较差,扶直时由于自重影响,改变了杆件的重力性质,特别是上弦杆极易扭曲,造成屋架扭伤,因此,在屋架扶直时必须采取一定措施,严格遵守操作要求,才能保证安全施工。

1) 屋架扶直方法。屋架的扶直,根据起重机与屋架的相对位置不同,可分为正向扶直和反向扶直。

a. 正向扶直。起重机位于屋架下弦一边,首先以吊钩对准屋架中心,收紧吊钩,然后略微起臂使屋架脱模。接着起重机升钩并起臂,使屋架以下弦为轴,缓缓转为直立状态。

b. 反向扶直。起重机位于屋架上弦一边,首先以吊钩对准屋架中心,收紧吊钩。接着起重机升钩并降臂,使屋架以下弦为轴缓缓转为直立状态(图 8.14)。

正向扶直与反向扶直最主要的不同点是在扶直过程中,一为升臂,一为降臂。升臂比降臂易于操作且较安全,故应尽可能采用正向扶直。

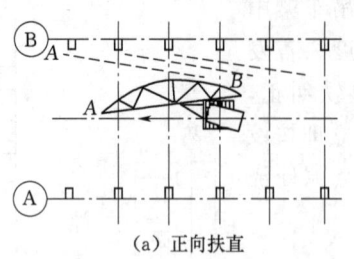 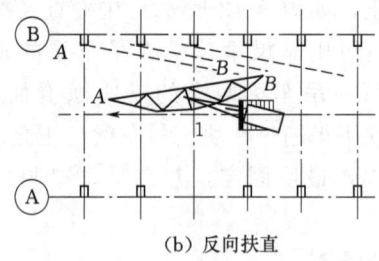

(a) 正向扶直　　　　　　　　(b) 反向扶直

图 8.14　屋架的扶直
（虚线表示屋架就位的位置）

屋架扶直后立即就位。屋架就位的位置与屋架安装方法、起重机械性能有关。其原则是应少占场地、便于吊装、且应考虑到屋架的安装顺序、两端朝向等问题。一般靠柱边斜放或以 3～5 榀为一组，平行柱边就位。屋架就位后，应用 8 号铁丝、支撑等与已安装的柱或已就位的屋架相互拉牢撑紧，以保持稳定。

2）屋架扶直时应注意的问题。

a. 扶直屋架时，起重机的吊钩应对准屋架中心，吊索应左右对称，吊索与水平面的夹角不小于 45°，为使各吊索受力均匀，吊索可用滑轮串通。在屋架接近扶直时，吊钩应对准下弦中点，防止屋架摆动。

b. 当屋架数榀在一起叠浇时，为防止屋架在扶直过程中突然下滑造成损伤，应在屋架两端搭设枕木垛，其高度与被扶直屋架的底面齐平。

c. 叠浇的屋架之间若黏结严重时，应采用凿、撬棒、倒链等工具，消除黏结后再行扶直。

d. 如扶直屋架时采用的绑扎点或绑扎方法与设计规定不同，应按实际采用的绑扎方法验算屋架扶直应力，若承载力不足，在浇筑屋架时应补加钢筋或采取其他加强措施。

（3）吊升、对位和临时固定。屋架吊升是先将屋架吊离地面约 300mm，并将屋架转运至吊装位置下方，然后再起钩，将屋架提升超过柱顶约 300mm。最后用屋架端头的溜绳，将屋架调整对准柱头，并缓缓降至柱头，用撬棍配合进行对位。

屋架对位应以建筑物的定位轴线为准。因此，在屋架吊装前，应当用经纬仪或其他工具在柱顶放出建筑物的定位轴线。如柱顶截面中线与定位轴线偏差过大时，可逐间调整纠正。屋架对位后，立即进行临时固定。临时固定稳妥后，起重机才可摘钩离去。

第一榀屋架的临时固定必须十分可靠，因为这时它只是单片结构，而且第二榀屋架的临时固定，还要以第一榀屋架作支撑。第一榀屋架的临时固定方法，通常是用 4 根缆风绳，从两边将屋架拉牢，也可将屋架与抗风柱连接作为临时固定。第二榀屋架的临时固定，是用工具式支撑在第一榀屋架上撑牢，以后各榀屋架的临时固定也用同样方法支撑在前一榀屋架上。工具式支撑的构造如图 8.15 所示。

（4）校正与最后固定。屋架的竖向偏差可用垂球或经纬仪检查。

用经纬仪检查竖向偏差的方法，是在屋架上安装 3 个卡尺，一个安装在上弦中点附近，另两个分别安装在屋架的两端，自屋架几何中线向外量出一定距离（一般可取 500mm），在卡尺上做出标志。然后在距屋架中线同样距离（500mm）处设置经纬仪，观

任务 8.1 钢筋混凝土结构工业厂房安装

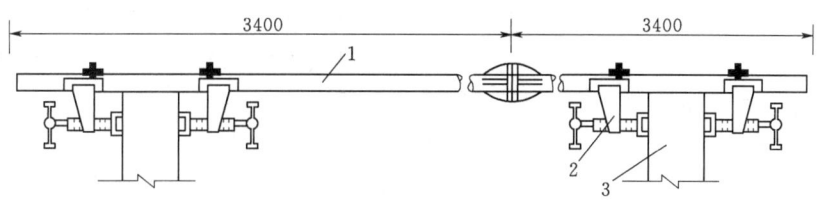

图 8.15 工具式支撑的构造
1—钢管；2—撑脚；3—屋架上弦

测 3 个卡尺上的标志是否在同一垂面上（图 8.16）。用经纬仪检查屋架竖向偏差，虽然减少了高空作业，但经纬仪设置比较麻烦，所以工地上仍广泛采用垂球检查屋架竖向偏差。

用垂球检查法，与上述"经纬仪检查法"的步骤基本相同，但标志至屋架几何中线的距离可短些（一般可取 300mm），在两端头卡尺的标志间连一通线，自屋架顶卡尺的标志处向下挂垂线球，检查 3 个卡尺标志是否在同一垂面上。若发现卡尺上的标志不在同一垂面上，即表示屋架存在竖向偏差，可通过转动工具式支撑撑脚上的螺栓加以调整，并在屋架两端的柱顶垫入斜垫铁校正。

屋架校至垂直后，立即用电焊固定。焊接时，先焊接屋架两端成对角线的两侧边，再焊另外两边，避免两端同侧施焊而影响屋架的垂直度。

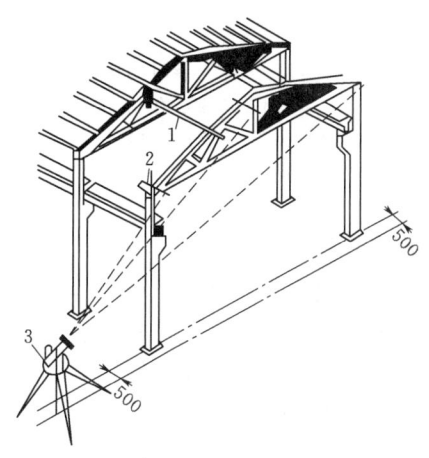

图 8.16 屋架的临时固定与校正
1—工具式支撑；2—卡尺；3—经纬仪

4. 屋面板的吊装

屋面板一般埋有吊环，用带钩的吊索钩住吊环即可吊装。根据屋面板平面的尺寸大小，吊环的数目为 4～6 个。起吊时，应使吊索拉力相等，屋面板保持水平。屋面板的吊装次序，应自两边檐口左右对称地逐块吊向屋脊，避免屋架承受半边荷载。屋面板对位后，立即进行电焊固定，一般情况下每块屋面板可焊 3 点。

8.1.3 结构安装方案

单层工业厂房结构的特点是：平面尺寸大，承重结构的跨度与柱距大，构件类型少，构件重量大，厂房内还有各种设备基础（特别是重型厂房）等。因此，在拟定结构吊装方案时，应着重解决结构吊装方法、起重机的选择、起重机开行路线与构件平面布置等问题。确定施工方案时应根据厂房的结构形式、跨度、构件的重量及安装高度、吊装工程量及工期要求，并考虑现有起重设备条件等因素综合研究决定。

1. 结构吊装方法

单层工业厂房结构吊装方法有分件吊装法和综合吊装法两种。

（1）分件吊装法。分件吊装法是在厂房结构吊装时，起重机每开行一次仅吊装一种或两种构件。例如，第一次开行吊装柱，并进行校正和最后固定，第二次开行吊装吊车梁、

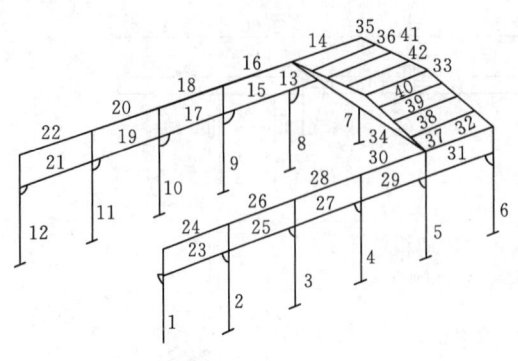

图 8.17 分件安装时的构件吊装顺序
（图中数字表示构件吊装顺序）
1～12—柱；13～32—单数是吊车梁，双数是
连系梁；33，34—屋架；35～42—屋面板

连系梁及柱间支撑，第三次开行时以节间为单位吊装屋架、天窗架及屋面板等（图 8.17）。

采用这种吊装方法还具有构件校正时间充分，构件供应及平面布置比较容易等特点。因此，分件吊装法是装配式单层工业厂房结构安装经常采用的方法。

（2）综合吊装法。综合吊装法是在厂房结构安装过程中，起重机一次开行，以节间为单位安装所有的结构构件。这种吊装方法具有起重机开行路线短、停机次数少的优点。但是由于综合吊装法要同时吊装各种类型的构件，起重机的性能不能充分发挥；索具更换频繁，影响生产率的提高；构件校正要配合构件吊装工作进行，校正时间短，给校正工作带来困难；构件的供应及平面布置也比较复杂。所以，在一般情况下，不宜采用这种吊装方法，只有在轻型车间（结构构件重量相差不大）结构吊装时，或采用移动困难的起重机（如桅杆式起重机）吊装时才采用综合吊装法。

2. 起重机的选择

起重机的选择包括选择起重机的类型、型号和数量。起重机的选择要根据施工现场的条件及现有起重设备条件，以及结构吊装方法确定。

（1）起重机类型的选择。起重机的类型主要根据厂房的结构特点、跨度、构件重量、吊装高度来确定。一般中小型厂房跨度不大，构件的重量及安装高度也不大，可采用履带式起重机、轮胎式起重机或汽车式起重机，以履带式起重机应用最普遍。缺乏上述起重设备时，可采用桅杆式起重机（独脚拔杆、人字拔杆等）。重型厂房跨度大，构件重，安装高度大，根据结构特点可选用大型的履带式起重机、轮胎式起重机、重型汽车式起重机以及重型塔式起重机、大型牵缆式桅杆起重机等。

（2）起重机型号及起重臂长度的选择。起重机的类型确定之后，还需要进一步选择起重机的型号及起重臂的长度。起重机的型号应根据吊装构件的尺寸、重量及吊装位置而定。在具体选用起重机型号时，应使所选起重机的 3 个工作参数，即起重量、起重高度、起重半径 R，均满足结构吊装的要求。

1）起重量。选择的起重机的起重量，必须大于所安装构件的重量与索具重量之和。

$$Q \geqslant Q_1 + Q_2 \tag{8.1}$$

式中　Q——起重机的起重量，kN；

　　　Q_1——构件的重量，kN；

　　　Q_2——索具的重量，kN。

2）起重高度。选择的起重机的起重高度，必须满足所吊装构件的安装高度要求，如图 8.18 所示。

$$H \geqslant h_1 + h_2 + h_3 + h_4 \tag{8.2}$$

任务 8.1 钢筋混凝土结构工业厂房安装

式中 H——起重机的起重高度，m，从停机面算起至吊钩中心；

h_1——安装支座表面高度，m，从停机面算起；

h_2——安装间隙，视具体情况而定，但不小于 0.2m；

h_3——绑扎点至起吊后构件底面的距离，m；

h_4——索具高度，m，自绑扎点至吊钩中心的距离，视具体情况而定。

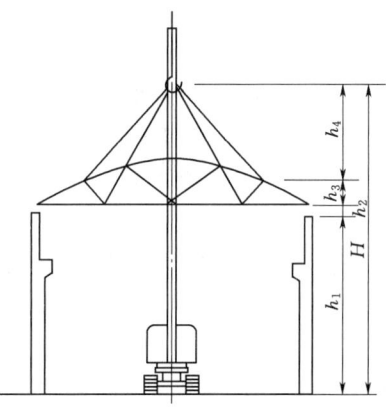

图 8.18 起升高度的计算简图

3）起重半径。起重机可以不受限制地开到吊装位置附近去吊装构件时，对起重半径 R 无要求，不需计算；当起重机不能直接开到构件吊装位置附近去吊装构件时，就需要根据起重量、起重高度、起重半径 3 个参数，查阅起重机的性能表或性能曲线来选择起重机的型号及起重臂的长度；当起重机的起重臂需要跨过已安装好的结构构件去吊装构件时，为了避免起重臂与已安装的结构构件相碰，则需求出起重机的最小臂长及相应的起重半径。此时，可用数解法或图解法。

数解法求所需最小起重臂长，如图 8.19（a）所示。

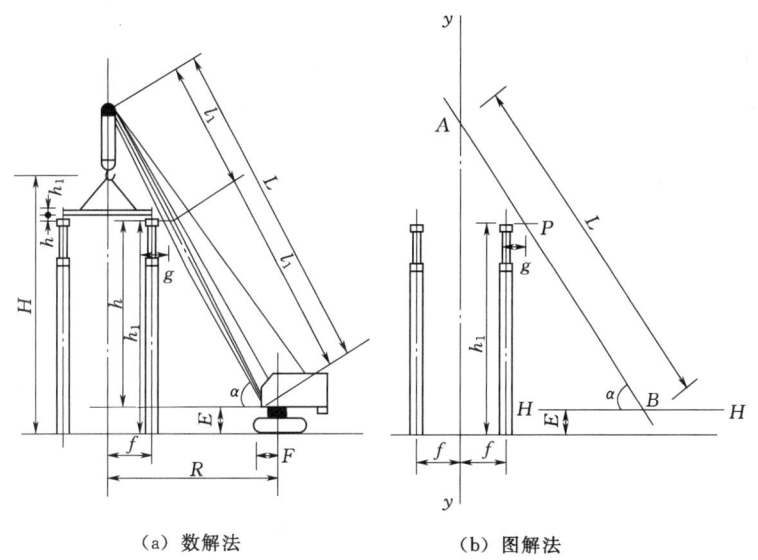

（a）数解法　　　　（b）图解法

图 8.19 吊装屋面板时起重机起重臂最小长度计算简图

$$L \geqslant l_1 + l_2 = \frac{h}{\sin\alpha} + \frac{f+g}{\cos\alpha} \tag{8.3}$$

$$\alpha = \arctan\sqrt[3]{\frac{h}{f+g}}$$

式中 L——起重臂的长度，m；

h——起重臂底铰至构件（如屋面板）吊装支座的高度，m；

f——起重钩需跨过已安装结构构件的距离，m；

g——起重臂轴线与已安装构件间的水平距离；

α——起重臂的仰角。

用式（8.3）即可求出起重臂的最小长度，据此可选择适当长度的起重臂，然后根据实际采用的起重臂及仰角 α 计算起重半径 R，即

$$R = F + L\cos\alpha \tag{8.4}$$

根据计算出的起重半径 R 及已选定的起重臂长度 L，查起重机的性能表或性能曲线，复核起重量 Q 及起重高度 H，如能满足吊装要求，即可根据 R 值确定起重机吊装屋面板时的停机位置。

图解法求起重机的最小起重臂长度，如图 8.19（b）所示。

第一步，选定合适的比例，绘制厂房一个节间的纵剖面图；绘制起重机吊装屋面板时吊钩位置处的垂线 y-y；根据初步选定的起重机的 E 值绘出水平线 H-H。

第二步，在所绘的纵剖面图上，自屋架顶面中心向起重机方水平方向 1m 处计为点 P。

第三步，根据式求出起重臂的仰角 α，过 P 点与 H-H 的夹角等于 α 直线，交 y-y、H-H 于 A、B 两点。

第四步，AB 的实际长度即为所需起重臂的最小长度。

3. 起重机开行路线及构件的平面布置

起重机的开行路线和起重机的停机位置与起重机的性能、构件的尺寸及重量、构件的平面布置、构件的供应方式、安装方法等许多因素有关。

（1）起重机的开行路线及停机位置。吊装屋架、屋面板等屋面构件时，起重机宜跨中开行；当吊装柱子时，则视跨度大小、构件尺寸、质量及起重机性能，可沿跨中开行或跨边开行，如图 8.20 所示。

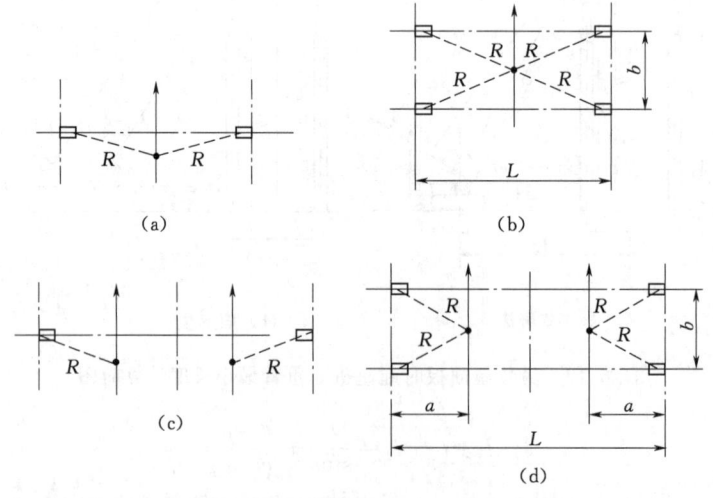

图 8.20 起重机吊装柱时的开行路线及停机位置

当 $R \geqslant L/2$ 时，起重机可沿跨中开行，每个停机位置可吊装两根柱，如图 8.20（a）所示。

当 $R \geqslant \sqrt{\left(\dfrac{L}{2}\right)^2 + \left(\dfrac{b}{2}\right)^2}$ 时，可吊装 4 根柱，如图 8.20（b）所示。

当 $R < L/2$ 时，起重机需沿跨边开行，每个停机位置吊装 1~2 根柱，如图 8.20（c）、(d) 所示。

当柱布置在跨外时，起重机一般沿跨外开行，停机位置与跨边开行类似。

采用分件吊装法时，其起重机的开行路线及停机位置示意图如图 8.21 所示。起重机自 A 轴线进场，沿跨外开行吊装 A 列柱，继续沿 B 轴线跨内开行吊装 B 列柱；再转到 A 轴扶直（跨内）屋架及将屋架就位，然后转到 B 轴吊装 B 列柱上的吊车梁、连系梁等，继而转到 A 轴吊装 A 列柱上的吊车梁、连系梁等构件；最后再转到跨中吊装屋架、天窗架、支撑、托架及屋面板等屋盖系统构件。

当单层工业厂房面积比较大或具有多跨结构时，为加速工程进度，可将建筑物划分为若干区段，选用多台起重机同时进行施工。每台起重机可以独立作业，负责完成一个区段的全部吊装工作，也可以选用不同性能的起重机协同作业，有的专门吊装柱子，有的专门吊装屋盖结构，组织大流水施工。

当建筑物具有多跨并列且有纵横跨时，可先吊装各纵向跨，然后吊装横向跨，以保证在各纵向跨吊装时起重机械、运输车辆的畅通。当建筑物

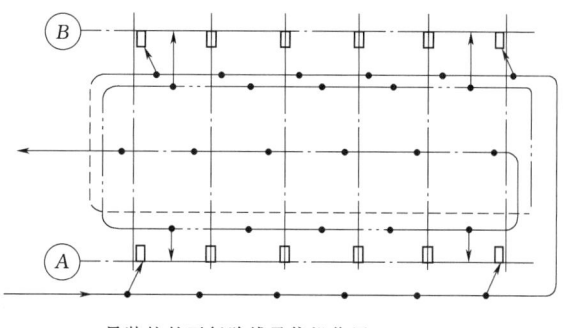

图 8.21 起重机开行路线及停机点位置

各纵向跨具有高低跨时，则应先吊装高跨，然后逐步向两边低跨吊装。

制订安装方案时，应尽量使起重机的开行路线最短，在安装各类构件的过程中，互相衔接，不跑空车。同时，开行路线要能多次重复使用，以减少铺设钢板、枕木的设施。要充分利用附近的永久性道路作为起重机的开行路线。

(2) 预制阶段构件的平面布置。

1) 柱的平面布置。柱如用旋转法起吊，可按三点共弧的作图法确定其斜向布置的位置，如图 8.22（a）所示。其步骤如下。

a. 确定起重机开行路线到柱基中线的距离 a。起重机开行路线到柱基中线的距离 a 与基坑大小、起重机的性能、构件的尺寸和重量有关。a 的最大值不要超过起重机吊装该柱时的最大起重半径；a 的最小值也不要取得过小，以免起重机距基坑边太近而致失稳。此外，还应注意检查当起重机回转时，其尾部不致与周围构件或建筑物相碰。综合考虑这些条件后，就可定出 a 值（$R_{min} < a \leqslant R$），并在图上画出起重机的开行路线。

b. 确定起重机的停机位置。确定起重机的停机位置是以所吊装柱的柱基中心 M 为圆心，以所选吊装该柱的起重半径 R 为半径，画弧交起重机开行路线于 O 点，则 O 点即为起重机的停机点位置。标定 O 点与横轴线的距离为 l。

c. 确定柱在地面上的预制位置。按旋转法吊装柱的平面布置要求，使柱吊点、柱脚和柱基三者都在以停机点 O 为圆心，以起重机起重半径 R 为半径的圆弧上，且柱脚靠近基础。据此，以停机点 O 为圆心，以吊装该柱的起重半径 R 为半径画弧，在靠近基础杯的弧上选一点 K，作为预制时柱脚的位置。又以 K 为圆心，以绑扎点至柱脚的距离为半径画弧，两弧相交于 S 点。再以 KS 为中心线画出柱的外形尺寸，此即为柱的预制位置图。标出柱顶、柱脚与柱列纵横轴线的距离（A、B、C、D），以其外形尺寸作为预制柱支模的依据。

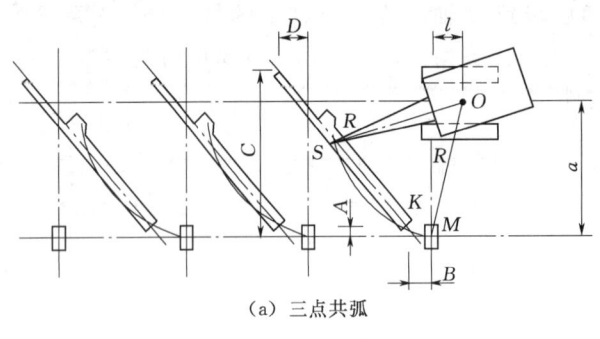

(a) 三点共弧

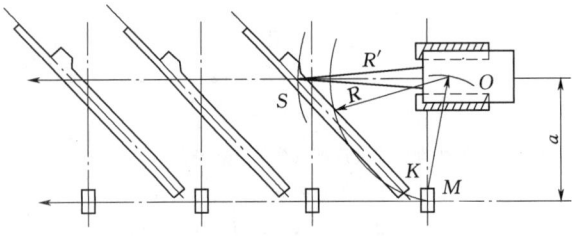

(b) 柱脚与柱基两点共弧

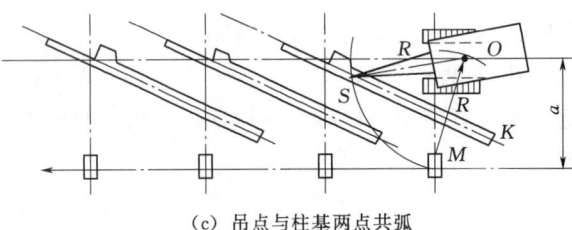

(c) 吊点与柱基两点共弧

图 8.22 柱子斜向布置

布置柱时尚需注意牛腿的朝向问题，要使柱吊装后，其牛腿的朝向符合设计要求。因此当柱布置在跨内预制或就位时，牛腿应朝向起重机；若柱布置在跨外预制或就位时，则牛腿应背向起重机。

在布置柱时有时由于场地限制或柱过长，很难做到三点共弧，则可安排两点共弧，这又有两种做法：一种是杯口中心与柱脚中心两点共弧，吊点放在起重半径 R 之外，如图 8.22（b）所示。吊装时，先用较大的起重半径 R' 吊起柱子，并升起重臂，当起重半径变成 R 后，停止升臂，随之用旋转法安装柱子。另一种方法是吊点与杯口中心两点共弧，柱脚放在起重半径 R 之外，安装时可采用滑行法，如图 8.22（c）所示。

对于一些较轻的柱子，起重机能力有富余，考虑到节约场地，方便构件制作，可顺柱列纵向布置。柱子纵向布置，绑扎点与杯口中心两点共弧。

若柱子长度大于 12m，柱纵向布置宜排成两行，如图 8.23（a）所示。

若柱子长度小于 12m，则可叠浇排成一行，如图 8.23（b）所示。

2）屋架的平面布置。为节省施工场地，屋架一般安排在跨内平卧叠浇预制，每叠 3~4 榀。屋架的布置方式有 3 种，即斜向布置、正反斜向布置及正反纵向布置（图 8.24）。

在上述 3 种布置形式中，应优先考虑采用斜向布置方式，因为它便于屋架的扶直就位。只有当场地受限制时，才考虑采用其他两种形式。

若为预应力混凝土屋架，在屋架一端或两端需留出抽管及穿筋所必需的长度。其预留长度：若屋架采用钢管抽芯法预留孔道，当一端抽管时需留出的长度为屋架全长另加抽管时所需工作场地 3m；当两端抽管时需留出的长度为 1/2 屋架长度另加抽管时所需工作场地 3m；若屋架采用胶管抽芯法预留孔道，则屋架两端的预留长度可以适当减少。

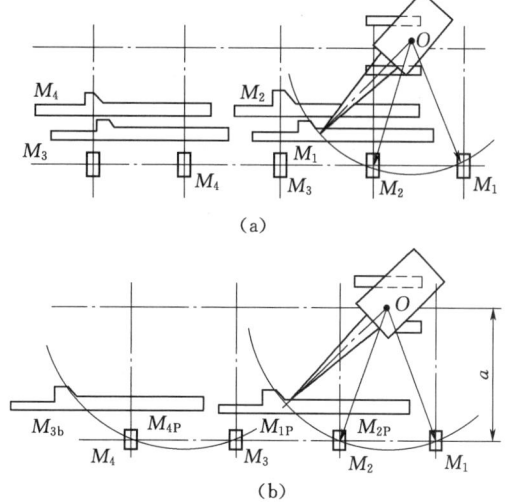

图 8.23　柱子纵向布置

每两垛屋架之间的间隙可取 1m 左右，以便支模板及浇筑混凝土之用。屋架之间互相搭接的长度视场地大小及需要而定。

在布置屋架的预制位置时，还应考虑到屋架扶直就位要求及屋架扶直的先后次序，先扶直者放在上面（层）；对屋架两端间的朝向也要注意，要符合屋架吊装时对朝向的要求；对屋架上预埋铁件的位置也要特别注意，不要搞错，以免影响结构吊装工作。

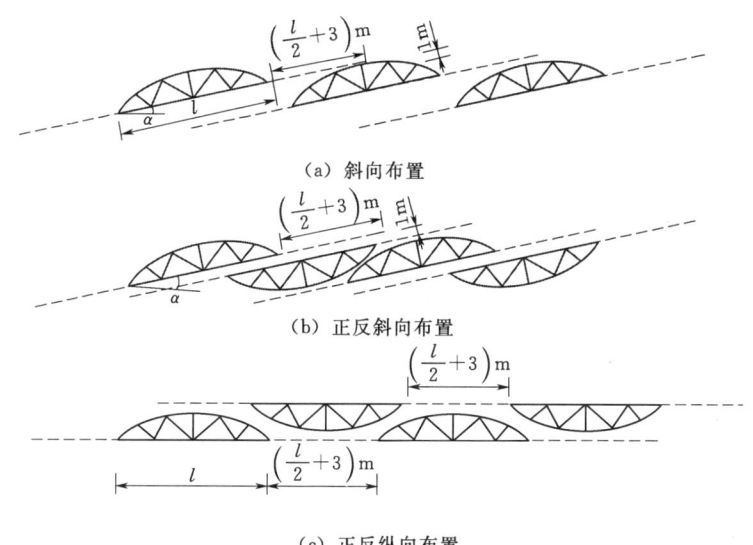

(a) 斜向布置

(b) 正反斜向布置

(c) 正反纵向布置

图 8.24　屋架预制时的几种布置方式

3）吊车梁预制阶段的平面布置。当吊车梁安排在现场预制时，可靠近柱基顺纵向轴线或略作倾斜布置，也可插在柱子的空当中预制。如有运输条件，也可另行在场外集中布置预制。

4．吊装阶段构件的排放布置及运输堆放

由于柱在预制阶段即已按吊装阶段的就位要求进行布置，当预制柱的混凝土强度达到吊装所需要求的强度后，即可先行吊装，以便空出场地供布置其他构件之用。故吊装阶段的就位布置一般是指柱已吊装完毕，其他构件如屋架的扶直就位、吊车梁和屋面板的运输就位等。

(1) 屋架的排放。按屋架就位的方式，常用的有两种：一种是靠柱边斜向排放；另一种是靠柱边成组纵向排放。

1) 斜向排放。屋架的斜向就位。屋架斜向就位在吊装时跑车不多，节省吊装时间，但屋架支点过多，支垫木、加固支撑也多。屋架靠柱边斜向就位（图 8.25），可按下述作图方法确定其就位位置。

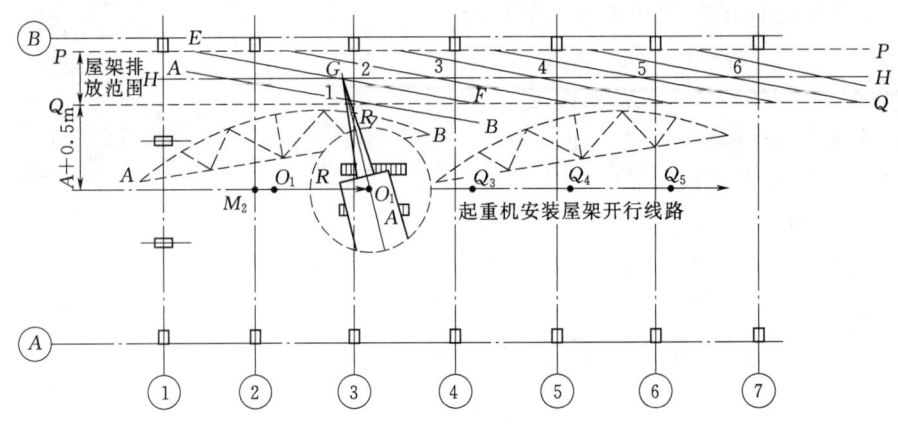

图 8.25　屋架斜向排放
（图中虚线表示屋架预制时的位置）

a. 确定起重机吊装屋架时的开行路线及停机位置。起重机吊装屋架时一般沿跨中开行，也可根据吊装需要稍偏于跨度的一边开行，在图上画出开行路线。然后以欲吊装的某轴线（如②轴线）的屋架中点 M_2 为圆心，以所选择吊装屋架的起重半径 R 为半径画弧交开行路线于 O_2，O_2 即为吊②轴线屋架的停机位置。

b. 确定屋架就位的范围。屋架一般靠柱边就位，但屋架离开柱边的净距不小于 200mm，并可利用柱作为屋架的临时支撑。这样，可定出屋架就位的外边线 P-P。另外，起重机在吊装屋架及屋面板时需要回转，若起重机尾部至回转中心的距离为 A，则在距起重机开行路线 $A+0.5$m 的范围内也不宜布置屋架及其他构件；以此画出虚线 Q-Q，在 P-P 及 Q-Q 两虚线的范围内可布置屋架就位。但屋架就位宽度不一定需要这样大，应根据实际需要定出屋架就位的宽度 P-Q。

c. 确定屋架的就位位置。当根据需要定出屋架实际就位宽度 P-Q 后，在图上画出 P-P 与 Q-Q 的中线 H-H。屋架就位后的中点均应在此 H-H 线上。因此，以吊②轴线屋架的停机点 O_2 为圆心，以吊屋架的起重半径 R 为半径，画弧交 H-H 线于 G 点，则 C 点即为②轴线屋架就位的中点。再以 G 点为圆心，以屋架跨度的一半为半径，画弧交 P 及 Q 两虚线于 E、F 两点。连接 E、F 即为②轴线屋架就位的位置。其他屋架的就位位置均平行于此屋架，端点相距 6m（即柱距）。唯①轴线屋架由于已安装了抗风柱，需要后退至②轴线屋架就位位置附近就位。

2) 屋架的成组纵向排放。屋架的成组纵向排放，一般以 4~5 榀为一组，靠柱边顺轴线纵向就位。屋架与柱之间、屋架与屋架之间的净距不小于200mm，相互之间用铁丝及支撑拉紧撑牢。每组屋架之间应留3m左右的间距作为横向通道。应避免在已吊装好的屋架下面去绑扎吊装屋架，屋架起吊应注意不要与已吊装的屋架相碰。因此，布置屋架时，每组屋架的就位中心线，可大致安排在该组屋架倒数第二榀吊装轴线之后约2m处（图8.26）。

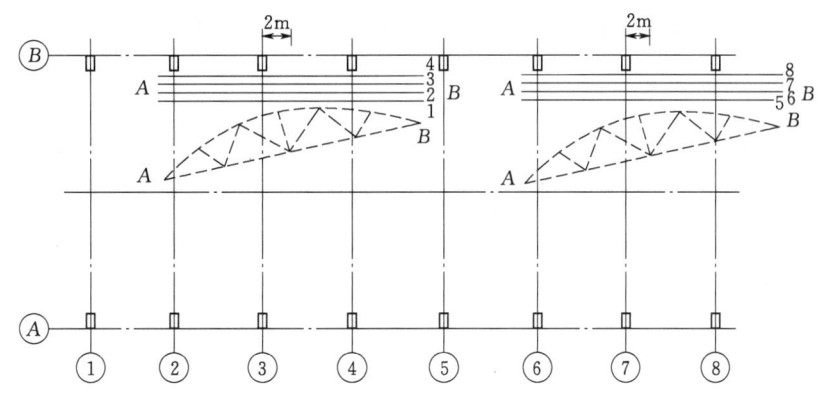

图8.26　屋架的成组纵向排放
(图中虚线表示屋架预制时的位置)

（2）吊车梁、连系梁、屋面板的运输、堆放与排放。单层工业厂房除了柱和屋架一般在施工现场制作外，其他构件，如吊车梁、连系梁、屋面板等，均在预制厂或附近的露天预制场所制作，然后运至工地吊装。

构件运至现场后，应按施工组织设计所规定的位置，按编号及构件吊装顺序进行排放或集中堆放。吊车梁、连系梁的就位位置，一般在其吊装位置的柱列附近，跨内跨外均可，有时也可不用就位，而从运输车辆上直接吊至牛腿上。

屋面板的排放位置，可布置在跨内或跨外。主要根据起重机吊装屋面板时所需的起重半径而定。当屋面板在跨内排放时，应向后退3～4个节间开始堆放；当屋面板在跨外就位时，应向后退1～2个节间开始堆放。

以上所介绍的是单层工业厂房构件布置的一般原则与方法。构件的预制位置或排放位置按作图法确定。在实际工作中可将构件按比例用硬纸片剪成模型，然后在同样比例的平面图上进行布置和调整，研究确定后绘出预制构件平面布置图。

任务8.2　钢结构工业厂房安装

建筑钢结构是近年来发展很快的一个行业，随着奥运场馆的建设、西部大开发的实施、城市化和工业化步伐的进一步加快、重大基础设施工程的开展，中国钢结构发展有着十分广阔的前景。目前，钢结构已广泛运用于国民经济基本建设的各个领域，钢结构行业已具有相当规模，形成了一批科研、设计、制造、施工、监理等骨干企业。同时，我国钢结构行业在发展的过程中也暴露出一些问题。例如，设计理念不能适应市场需要；钢结构科研开发资金不足；结构加工厂和施工安装企业的装备、计算机管理水平、劳动生产率还

需进一步改进和提高；行业协会的作用和功能远未到位等。在钢结构行业迅速发展的今天，解决以上问题已刻不容缓。

8.2.1 钢结构安装准备工作

在钢结构安装准备阶段，需做好以下工作。

1. 编制钢结构工程的施工组织设计

其内容包括：计算钢结构构件和连接的数量；选择起重机械；确定流水程序；确定吊装方法；制定进度计划；确定劳动组织；规划钢构件堆场；确定质量标准、安全措施和特殊施工技术等。

选择起重机械是钢结构安装的关键。起重机械的型号和数量必须满足钢构件的吊装要求和工期要求；但其工业厂房面积大，宜采用自行式起重机械。对重型钢结构厂房，可选用 CC2000-30t 履带式起重机和Ⅱ-Ⅱ1495-100t 履带式起重机等。

在确定吊装流水程序时，首先要确定每台起重机械的工作内容和各台起重机械之间的相互配合。其内容深度，要达到关键构件反映到单件、竖向构件反映柱列、屋面部分反映到节间。对重型钢结构厂房，柱子重量大，要分节吊装。

在确定吊装顺序时，要考虑安装构件方便和满足生产设备安装顺序。

2. 钢柱基础的准备

钢柱基础的顶面通常设计为一平面，通过地脚螺栓将钢柱与基础连成整体。施工时应注意保证基础标高及地脚螺栓位置的准确。

钢结构基础支承面、支座和地脚螺栓的偏差应符合有关规定。

为了保证地脚螺栓位置准确，施工时可用钢做固定架，将地脚螺栓安置在基础模板分开的固定架上，然后浇筑混凝土。为保证地脚螺栓不受损伤，应涂黄油并用套子套住。

为了保证基础顶面标高符合设计要求，可根据柱脚形式和施工条件，采用下面两种方法。

（1）一次浇筑法。将柱脚基础支承面混凝土一次浇筑到设计标高。为了保证支承面标高准确，首先将混凝土浇筑到比设计标高低 20～30mm 处，然后在设计标高处角钢或槽钢制导架，测准其标高，再以导架为依据，用水泥砂浆精确找平到设计标高。采用一次浇筑法，可免除柱脚二次浇筑的工作，但要求钢柱制作尺寸十分准确，且要保证细石混凝土与下层混凝土的紧密黏结。

（2）二次浇筑法。柱脚支承面混凝土分两次浇筑到设计标高。第一次将混凝土浇筑到比设计标高低 40～60mm，待混凝土达到一定强度后，放置钢垫板并精确校准钢垫板的标高，然后吊装钢柱。当钢柱校正后，在柱脚底板下细石混凝土。二次浇筑法虽然多了一道工序，但钢柱容易校正，故重型钢柱多采用此法。

3. 构件的检查及弹线

钢构件外形和几何尺寸正确，可以保证结构安装顺利进行。为此，在吊装之前应根据《钢结构工程施工及验收规范》（GB 50205—2008）中的有关的规定，仔细检验钢构件的外形和几何尺寸，如有超出规定的偏差，在吊装之前应设法消除。此外，为便于校正的平面位置和垂直度、桁架和吊车梁的标高等，需在钢柱的底部和上部标出两个方向的轴线，在钢柱底部适当高度标出标高准线，同时要标出绑扎点的位置。

对不易辨别上下、左右的构件，还应在构件上加以注明，以免吊装时搞错。

4. 验算桁架的吊装稳定性

吊装桁架时，如果桁架上、下弦角钢的最小规格应满足有关规定，则不论绑扎点在桁架的任何部位，桁架在吊装时都能保证稳定。

如果弦杆角钢的规格不符合有关规定，但通过计算选择适当的吊点（绑扎点）位置，仍然可能保证桁架的吊装稳定性。具体方法可参考有关文献。

8.2.2 起重机的选择

起重机的选择是吊装工程的重要问题，因为它关系到构件安装方法、起重机械开行路线与停机位置、构件平面布置等许多问题。

1. 起重机类型选择

结构安装用的起重机类型，主要根据厂房跨度、构件重量、安装高度以及施工现场条件和当地现有起重设备等确定。一般中小型厂房结构采用自行式起重机安装比较合理。当厂房结构的高度和跨度较大时，可选用塔式起重机安装屋盖结构。在缺乏自行式起重机的地方，可采用桅杆式起重机等安装。大跨度的重型工业厂房，往往需要结合设备安装同时考虑结构构件的安装问题，选用的起重机既要安装厂房的承重结构，又要能完成设备的安装，所以多选用大型自行式起重机、重型塔式起重机、大型牵缆式桅杆起重机等。对于重型构件，当一台起重机无法吊装时，也可用两台起重机抬吊。

2. 起重机型号及起重臂长度选择

起重机的类型确定之后，还需要进一步选择起重机的型号及起重臂的长度。所选起重机的3个工作参数，即起重量、起重高度、起重半径应满足结构吊装的要求。

3. 起重机数量的确定

所需起重机数量，根据工程量、工期及起重机的台班产量定额而定。此外，在决定起重机数量时还应考虑到构件装卸、拼装和排放的工作量。

8.2.3 构件的吊装工艺

厂房钢结构构件，包括柱、吊车梁、屋架、天窗架、檩条、支撑及墙架等，构件的形式、尺寸、重量、安装标高都不同，应采用不同的起重机械、吊装方法，以达到经济合理的目的。

1. 钢柱的吊装

（1）钢柱的吊升。工业厂房占地面积较大，通常用自行式起重机或塔式起重机吊装钢柱。钢柱的吊装方法与装配式钢筋混凝土柱子相似，也为旋转吊装法和滑行吊装法。对重型钢柱可采用双机抬吊的方法进行吊装。起吊时，双机同时将钢柱吊起来，离地一定高度后暂停，使运输钢柱的平板车移去，然后双机同时提升回转刹车，由主机单独吊装，当钢柱吊装回直后，拆除辅机下吊点的绑扎钢丝绳，由主机单独将钢柱插入锚固螺栓固定。初校垂直度，偏差控制在20mm以内，方可松钩。

（2）钢柱的校正与固定。钢柱垂直度的偏差用经纬仪检验，如超过允许偏差，用螺旋千斤顶或油压千斤顶进行校正。在校正过程中，随时观察柱底部和标高控制块之间是否脱空，以防校正过程中造成水平标高的误差。

钢柱位置的校正，对于重型钢柱可用螺旋千斤顶加链条套环托座，沿水平方向顶校钢柱。此法在上海宝钢施工中首次采用，效果较理想，校正后的位移精度在1mm以内。

校正后为防止钢柱位移，在柱四边用10mm厚的钢板定位，并用电焊固定。钢柱复校后，再紧固锚固螺栓，并将承重块上下点焊固定，防止走动。

2. 吊车梁的吊装

在钢柱吊装完成后，即可吊装吊车梁。工业厂房内的吊车梁，根据起重设备的起重能力分为轻、中、重型3种。轻型重量只有几吨，重型的跨度大于30m，重量可达1000kN以上。

钢吊车梁均为简支形式，两端之间有留10mm左右的空隙。梁的搁置处与牛腿之间留有空隙，设钢板。梁与牛腿用螺栓连接，梁与制动架之间用高强度螺栓连接。

（1）吊装前注意事项。注意钢柱吊装后的位移和垂直度的偏差；实测吊车梁搁置处梁高制作的误差；认真做好临时标高垫块工作；严格控制定位轴线。

（2）钢吊车梁的吊升。吊装吊车梁常用自行式起重机，以履带式起重机应用最多。也可用塔式起重机、把杆、桅杆式起重机等进行吊装。对重量很大的吊车，可用双机抬吊，特别巨大者可设置临时支架分段进行吊装。

（3）钢吊车梁的校正与固定。吊车梁的校正主要是标高、垂直度、轴线和跨距的校正。标高的校正可在屋盖吊装前进行，其他项目的校正宜在屋盖吊装完成后进行，因为屋盖的吊装可能引起钢柱变位。

检验吊车梁轴线的方法与钢筋混凝土吊车梁相同，可用通线法或平移轴线法。

吊车梁跨距的检验，用钢皮尺测量，跨度大的车间用弹簧秤拉测（一般为100～200N），防止钢尺下垂，必要时对下垂直Δ应进行校正计算。

吊车梁标高校正，主要是对梁做竖向的移动，可用千斤顶或起重机等。轴线和跨距校正是对梁做水平方向的移动，可用撬棍、钢楔、花篮螺钉、千斤顶等。

吊车梁校正后，紧固连接螺栓，并将钢垫板用电焊固定。

3. 钢屋架的吊装和校正

钢屋架可用自行起重机（尤其是履带式起重机）、塔式起重机和桅杆式起重机等进行吊装。由于屋架的跨度、重量和安装高度不同，宜选用不同的起重机械和吊装方法。钢屋架的侧向刚度较差，对翻身扶直与吊装作业，必要时应绑扎几道杉杆，作为临时加固措施。屋架多作悬空吊装，为使屋架在吊起后不致发生摇摆，和其他构件碰撞，起吊前在屋架两端应绑扎溜绳，随吊随放松，以此保持其正确位置。屋架临时固定用螺栓和冲钉。

钢屋架的侧向稳定性较差，如果起重机械的起重量和起重臂长度允许时，最好经扩大拼装后进行组合吊装，即在地面上将两榀屋架及其上的天窗架、檩条、支撑等拼装成整体，一次进行吊装，这样不但可提高吊装效率，也有利于保证其吊装稳定性。

钢屋架要检查校正其垂直度和弦杆的平直度。屋架的垂直度可用垂球检验，弦杆的平直度则可用拉紧的测绳进行检验。钢屋架的最后固定，用电焊或高强度螺栓。

8.2.4 连接与固定

钢结构连接通常有焊接、铆接和螺栓连接。螺栓连接有普通螺栓和高强螺栓之分。高强螺栓又有大六角头高强螺栓和扭剪型高强螺栓。扭剪型高强螺栓具有施工简单、受力好、可拆换、耐疲劳、能承受动力荷载、可目视判定是否终拧、不易漏拧、安全度高等优点。

1. 高强螺栓连接副

根据国家标准《钢结构用扭剪型高强度螺栓连接副》（GB/T 3632—2008），钢结构用扭剪型螺栓连接副，包括一个螺栓、一个螺母和一个垫圈。

高强螺栓一般用 20MnTiB 钢制作，螺母及垫圈用 45 号或 35 号钢制作。

2. 施工工艺

(1) 摩擦面处理。高强螺栓连接，必须对构件摩擦面进行加工处理。在制造厂进行处理可用喷砂、喷（抛）丸、酸洗或砂轮打磨。处理好的摩擦面应有保护措施，不得涂油漆或污损。制造厂处理好的摩擦面，安装前应逐组复检摩擦系数，合格后方可安装，摩擦系数应符合设计要求。

(2) 连接板安装。连接板不能有挠曲变形，否则应矫正后才能使用。

高强螺栓板面接触应平整，对因被连接构件的厚度不同，或制作和安装偏差等原因造成连接面之间的间隙，应按以下方法进行处理：间隙 $d \leqslant 1.0$mm，可不做处理；$d=1.0\sim3.0$mm，将厚板一侧磨成 1∶10 的缓坡，使间隙小于 1.0mm；$d>3.0$mm，应加放垫板，垫板上下摩擦面的处理与构件相同。

(3) 高强螺栓连接。

1) 安装要求。选用的高强螺栓的形式、规格应符合设计要求，高强螺栓连接副的扭矩系数试验或预拉力复验合格。选用螺栓长度应考虑构件的被连接厚度、螺母厚度、垫圈厚度和紧固后要露出三扣螺纹的余长。

高强螺栓在运输、保管和使用过程中，要防止锈蚀、沾污和碰伤螺纹等可能导致扭矩系数变化的情况发生。高强螺栓连接副（即高强螺栓带有配套的螺母和垫圈），应在同一包装箱中配套使用。施工有剩余时必须按批号分别存放，不得混放混用。

高强螺栓连接面摩擦系数试验结果符合设计要求，构件连接面与试件连接面状态相同。构件连接面表面不得涂油漆、没有油污、氧化铁皮（黑皮）、毛刺和飞边，没有目视明显凹凸不平和翘曲。组装前用细钢丝刷清除浮锈和灰尘。

2) 安装方法。高强螺栓接头组装时应用冲钉和临时螺栓连接。临时螺栓的数量为接头上螺栓总数的 1/3，并不少于两个，冲钉使用数量不宜超过临时螺栓数量的 30%。

安装冲钉时不得因强行击打而使螺孔变形造成飞边。

严禁使用高强螺栓代替临时螺栓，以防因损伤螺纹造成扭矩系数增大。

对错位的螺栓孔应用铰刀或粗锉刀对其进行处理规整，处理时应先紧固临时螺栓至板叠间无间隙，以防切屑落入。严禁用火焰切割整理栓孔。

结构应在临时螺栓连接状态下进行安装精度校正。

结构安装精度调整达到标准规定后便可安装高强螺栓。首先安装接头中那些未装临时螺栓和冲钉的螺孔，螺栓应能自由垂直穿入螺孔（螺栓不得受剪），穿入方向应该一致。

项目 8 结构安装工程施工技术

在这些装上的高强螺栓使用普通扳手充分拧紧后,再逐个用高强螺栓环下冲钉和普通螺栓。

整个安装高强螺栓的操作过程,应保持连接面和螺栓连接副处于干燥状态,不得在雨中作业。连接副的表面如果涂有过多的润滑剂或防锈剂,应使用干净而又牢固的布,轻轻揩拭掉多余的涂脂,防止其安装后流到连接面中,且忌用清洗剂清洗,避免造成扭矩系数变化。

(4) 高强螺栓的紧固。为使每个螺栓的预拉力均匀相等,高强螺栓的紧固至少分两次进行。第一次为初拧,第二次为终拧。对大型高强螺栓接头,必要时也分为初拧、复拧、终拧。

高强螺栓的初拧、复拧、终拧在同一天内完成。螺栓拧紧按一定顺序进行,一般应由螺栓群中央顺序向外拧紧。

(5) 高强螺栓连接副的施工质量检验与验收。扭剪型高强螺栓终拧检查,用专用扳手拧紧时,以目测尾部梅花头拧断为合格。对于不能用专用扳手拧紧的高强螺栓,则按大六角头高强螺栓检查方法检查。

如有不符合规定的,应再扩大检查 10%,如仍有不合格者,则整个节点的高强螺栓应重新拧紧。扭矩检查应在终拧 1h 以后、24h 之前完成。

在高空进行高强螺栓的紧固,要遵守登高作业的安全注意事项。拧掉的高强螺栓尾部应随时放入工具袋内,严禁随便抛落。

任务 8.3 装配式墙板结构安装

8.3.1 作业条件

(1) 预制构件均应符合质量标准,构件出厂时,混凝土强度不应低于设计对吊装所需要的强度。当设计无要求时,各类混凝土大板吊装时的强度不低于设计标号的 70%。采用工具式预应力钢筋起吊振动砖墙板时,砂浆强度不得低于 7.5MPa。

(2) 安装前应对起重机和起重工具进行负荷运转试验,并试吊。

(3) 对建筑物的基础按施工图复查完毕。

(4) 应按施工组织设计的要求,将构件运至现场,按吊装顺序堆放。安装前将预埋件及锚筋上面的砂浆清理干净。

8.3.2 工艺流程

找平放线→铺找平灰→起吊就位校正→临时固定→焊接脱钩→塞水平缝→拆除临时固定→顶部找平→安装楼板→竖缝浇筑→插保温条、防水条。

(1) 找平放线。每栋房屋应用经纬仪根据坐标定出控制轴线,不得少于 4 条(纵、横轴线各两条),当建筑物的长度超过 50m 时,可增设横向控制轴线。楼层上的控制轴线,必须用经纬仪由底层轴线直接引出,不得由下一层引出。轴线放线误差不得超过 2mm,放线遇有连续误差时,应从建筑物中部轴线向两端调整。

根据控制轴线和水平控制线依次放出纵横轴线、墙板边线、节点线、门窗洞位置线、安装楼板的标高线、楼梯休息板位置线及标高线、异形构件的位置线等。

每块墙板就位前至少应铺两个灰饼找平。当灰饼能承载墙板压力时，方可安装。安装墙板时，宜用1:3水泥砂浆满座浆，随铺随安。坐浆要密实均匀。当铺灰厚度大于30mm时，应用不少于C15级细石混凝土铺设。

（2）起吊就位校正。吊装大板时，起吊就位应平稳，吊索与水平面的夹角不宜小于60°。要使用卡环与构件连接，不得用吊钩。墙板的安装次序，宜采用逐间封闭法，自定位板或标准间开始，先内墙，后外墙，最后安装隔墙。

墙板轴线及板面垂直度的偏差，应以轴线为主进行调整。外墙板不方正时，宜以竖缝为主进行调整；内墙板不方正时，宜先满足顶面平整。外墙板接缝不平整时，应先满足外墙面平整，内墙板不平整，应先满足主要房间及走廊楼梯间墙面平整，两边均是主要房间时，其偏差均衡调整。山墙大角与相邻板的偏差，以保证大角垂直为主。同一房间楼板分为两块时，其拼缝不平整应以楼板底面平整为准进行调整。

（3）临时固定。采取以操作台为主的固定方法。楼梯间等不宜安设操作台的房间，采用水平拉杆及转角固定器临时固定。

（4）外墙板应在焊接固定后，方能脱钩，内墙板及隔墙板可在临时固定后脱钩。

（5）墙板焊接固定后，应利用挤出的坐浆进行水平塞缝，多余的灰浆应清理干净。

（6）墙板应在焊接完毕后，方可拆除操作台、水平拉杆、转角固定器等临时固定的工具。

（7）每层墙板安装完毕后，即应在板顶部弹找平线，并用1:3水泥砂浆找平。

（8）楼板的安装应符合下列规定。

1）安装楼板时，应采用1:3水泥砂浆坐浆法施工，坐浆要均匀密实。

2）预应力混凝土楼板的端部的锚固钢筋，必须弯成45°角相交叉，在交叉点上绑一通长筋，严禁将锚筋弯成90°角，锚筋与通长筋每隔500mm绑扎一扣。

3）楼板安装完后，用细石混凝土灌筑楼板缝，并注意养护。

（9）浇筑墙板接头及竖缝的混凝土，应在每层楼板安装后进行，混凝土的坍落度宜采用80～120mm，竖缝支模宜采用工具式模板，浇筑时应仔细振捣密实。浇筑后12h即可拆除模板，并立即刮去凸出墙面的灰浆，便于墙面和墙缝的装修。

（10）外墙板采用构件防水时，应符合下列要求。

1）在运输、堆放、吊装过程中，应注意保护其空腔侧壁、立槽、滴水槽以及上下凸凹等部位，并且逐块检查，如有损伤，应在安装前修补。安装前，空腔侧壁应刷防水剂一道。

2）在每层楼板安装完毕后，应立即进行竖缝挡水条的插放工作。竖缝挡水条的宽度应略宽于防水槽的宽度。每层下端设短挡水条，与长挡水条搭接长度不小于100mm，搭接要顺搓，保证流水畅通。

3）外墙勾缝时，应先剔掉缝壁上的灰浆，然后用防水砂浆勾底灰，并不得把防水条挤进空腔内。

4）十字缝处，排水孔的位置，应设在滴水线的外边。

（11）外墙板缝采用防水材料防水时，安装前墙板两端侧壁均应清理干净，并刷底油一遍。板缝嵌油膏后，表面应刷胶油，并外勾水泥砂浆。

（12）安装外墙板的保温条时，其竖缝应在墙板的预埋件焊接完后，顺竖缝空腔后壁插入，并注意保温条应紧贴空腔后壁，不得弯曲或撕裂；其平缝应将预先裁好的保温条嵌入缝内，然后外勾防水砂浆。

8.3.3 成品保护

吊装饰面墙板，应对饰面部位采取保护措施。调整时不得用橇杆橇饰面板一侧。焊接时严防灼伤饰面。灌缝时防止水泥浆污染饰面。

任务 8.4 安装工程的质量检查及安全施工

8.4.1 质量验收

结构安装工程的施工应严格按照施工工艺及质量验收规范进行。施工过程中应做好施工记录，加强施工质量管理。做到质量验收程序规范、资料完整。表 8.1 为预制构件检验批质量验收记录表；表 8.2 为装配结构施工检验批质量验收记录表。

表 8.1　　　　　　　　　　预制构件检验批质量验收记录表

		施工质量验收规范的规定		施工单位检查评定记录	监理（建设）单位验收记录
主控项目	1	构件标志和预埋件等	第 9.2.1 条		
	2	外观质量严重缺陷处理	第 9.2.2 条		
	3	过大尺寸偏差处理	第 9.2.3 条		
一般项目	1	外观质量一般缺陷处理	第 9.2.4 条		
	2	长度/mm	板、梁	+10，−5		
			柱	+5，−10		
			墙板	±5		
			薄腹梁、桁架	+15，−10		
	3	宽度、高（厚）度	板、梁、柱、墙板、薄腹梁、桁架	±5		
	4	侧向弯曲/mm	梁、柱、板	$L/750$ 且 ≤20		
			墙板、薄腹梁、桁架	$L/1000$ 且 ≤20		
	5	预埋件	中心线位置/mm	10		
			螺栓位置/mm	5		
			螺栓外露长度/mm	+10，−5		
	6	预留孔	中心线位置/mm	5		
	7	预留洞	中心线位置/mm	15		
	8	主筋保护层厚度	板	+5，−3		
			梁、柱、墙板、薄腹梁、桁架	+10，−5		

任务 8.4 安装工程的质量检查及安全施工

续表

施工质量验收规范的规定				施工单位检查评定记录	监理（建设）单位验收记录
一般项目	9	对角线差	板、墙板	10		
	10	表面平整度	板、墙板、柱、梁	5		
	11	预应力构件预留孔道位置	梁、墙板、薄腹梁、桁架	3		
	12	翘曲/mm	板	$L/750$		
			墙板	$L/1000$		

表 8.2　　装配结构施工检验批质量验收记录表

单位（子单位）工程名称			
分部（子分部）工程名称		验收部位	
施工单位		项目经理	
施工执行标准名称及编号			

施工质量验收规范的规定			施工单位检查评定记录	监理（建设）单位验收记录
主控项目	1	预制构件进场检查	第 9.4.1 条		
	2	预制构件的连接	第 9.4.2 条		
	3	接头和拼缝的混凝土强度	第 9.4.3 条		
一般项目	4	预制构件支承位置和方法	第 9.4.4 条		
	5	安装控制标志	第 9.4.5 条		
	6	预制构件吊装	第 9.4.6 条		
	7	临时固定措施和位置校正	第 9.4.7 条		
	8	接头和拼缝的质量要求	第 9.4.8 条		
施工单位检查评定结果	专业工长（施工员）		施工班组长	
	项目专业质量检查员： 　　　　　　　　　　　　　　　　　年　月　日			
监理（建设）单位验收结论	专业监理工程师： （建设单位项目专业技术负责人）： 　　　　　　　　　　　　　　　　　年　月　日			

8.4.2　结构安装工程的安全控制

安全隐患是指可导致事故发生的"人的不安全行为，物的不安全状态，作业环境的不安全因素和管理缺陷"等。根据"人—机—环境"系统工程学的观点分析，造成事故隐患的原因分为三类，即"人"的隐患、"机"的隐患、"环境"的隐患。在结构安装的施工中，控制"人的不安全行为，物的不安全状态，作业环境的不安全因素和管理缺陷"是保证安全的重要措施。

1. 人的不安全行为的控制

人的不安全行为是人的生理和心理特点的反映，主要表现在身体缺陷、错误行为和违纪违章3个方面。

(1) 有身体缺陷的人不能进行结构安装的作业。

(2) 严禁粗心大意、不懂装懂、侥幸心理、错视、错听、误判断、误动作等错误行为。

(3) 严禁喝酒、吸烟，不正确使用安全带、安全帽及其他防护用品等违章违纪行为。

(4) 加强安全教育、安全培训、安全检查、安全监督。

(5) 起重吊装的指挥人员必须持证上岗，作业时应与操作人员密切配合，执行规定的指挥信号。

(6) 操作人员在作业前必须对工作现场环境、行驶道路、架空电线、建筑物以及构件重量和分布情况进行全面了解。

(7) 现场施工负责人应为起重机作业提供足够的工作场地，清除或避开起重臂起落或回转半径内的障碍物。

(8) 在露天有六级及以上大风、大雨、大雪或大雾等恶劣天气时，应停止起重吊装作业。

2. 起重吊装机械的控制

(1) 各类起重机应装有音响清晰的喇叭、电铃或汽笛等信号装置。

(2) 起重机的变幅指示器、力矩限制器、起重量限制器以及各种行程限位开关等安全保护装置，应完好齐全、灵敏可靠，不得随意调整或拆除。

(3) 操作人员应按规定的起重性能作业，不得超载。

(4) 严禁使用起重机进行斜拉、斜吊和起吊地下埋设或凝固在地面上的重物以及其他不明重量的物体。

(5) 重物起升和下降的速度应平稳、均匀，不得突然制动。

(6) 严禁起吊重物长时间悬挂在空中，若作业中遇突发故障，应采取措施将重物降落到安全地方，并关闭发动机或切断电源后进行检修。

(7) 起重机不得靠近架空输电线路作业。

(8) 起重机使用的钢丝绳，应有钢丝绳制造厂签发的产品技术性能和质量证明文件。

(9) 履带式起重机如需带载行驶时，载荷不得超过允许起重量的70%，行走道路应坚实平整，并应拴好拉绳，缓慢行驶。

3. 防止起重机倾翻措施

(1) 起重机的行驶道路必须平整坚实，地下墓坑和松软土层要进行处理。如土质松软需铺设道木或路基箱。起重机不得停置在斜坡上工作，也不允许起重机两个履带一高一低。当起重机通过墙基或地梁时，应在墙基两侧铺垫道木或石子，以免起重机直接碾压在墙基或地梁上。

(2) 应尽量避免超载吊装。但在某些特殊情况下难以避免时，应采取措施，如在起重机起重臂上拉缆绳或在尾部增加平衡重等。起重机增加平衡重后，卸载或空载时，起重臂必须落到与水平线夹角60°以内。在操作时应缓慢进行。

(3) 禁止斜吊。这里讲的斜吊，是指所要起吊的重物不在起重机起重臂顶的正下方，因而当将捆绑重物的吊索挂上吊钩后，吊钩滑车组不与地面垂直，而与水平线成一个夹角。斜吊会造成超负荷及钢丝绳出槽，甚至发生绳索被拉断。斜吊还会使重物在离开地面后发生快速摆动，可能碰伤人或其他物体。

(4) 应尽量避免满负荷行驶，如需作短距离负荷行驶，只能将构件吊离地面 30cm 左右，且要慢行，并将构件转至起重机的前方，拉好溜绳，控制构件摆动。

(5) 双机抬吊时，要根据起重机的起重能力进行合理的负荷分配，并在操作时要统一指挥，互相密切配合。在整个抬吊过程中，两台起重机的吊钩滑车组均应基本保持垂直状态。

(6) 不吊重量不明的重大的构件设备。

(7) 禁止在六级风的情况下进行吊装作业。

(8) 绑扎构件的吊索需经过计算，绑扎方法应正确牢靠。所有起重工具应定期检查。

(9) 指挥人员应使用统一指挥信号，信号要鲜明、准确。起重机驾驶人员应听从指挥。

4. 防止高空坠落措施

(1) 操作人员在进行高空作业时，必须正确使用安全带。安全带一般应高挂低用，即将安全带绳端的钩环挂于高处，而人在低处操作。

(2) 在高空使用撬杠时，人要立稳，如附近有脚手架或已安装好构件，应一手扶住，一手操作。撬杠插进深度要适宜，如果撬动距离较大，则应逐步撬动，不宜急于求成。

(3) 工人如需在高空作业时，应尽可能搭设临时操作台。操作台为工具式，拆装方便，自重轻，宽度为 0.8~1.0m，临时以角钢夹板在柱上部，低于安装位置 1~1.2m，工人在上面进行屋架的校正与焊接工作。

(4) 如需在悬空的屋架上弦行走时，应在其上设置安全栏杆。

(5) 在雨期或冬期里施工时，必须采取防滑措施，如扫除构件上的冰雪、在屋架上捆绑麻袋、在屋面板上铺垫草袋等。

(6) 登高用的梯子必须牢固，使用时必须用绳子与已固定构件绑牢。梯子与地面的夹角一般以 65°~70°为宜。

(7) 操作人员在脚手板上通行时，应思想集中，防止踏上挑头板。

(8) 安装有预留孔洞的楼板或屋面板时，应及时用木板盖严。

(9) 高空作业操作人员不得穿硬底皮鞋。

5. 防止高空落物伤人措施

(1) 地面操作人员必须戴安全帽。

(2) 高空操作人员使用的工具、零配件等，应放在随身携带的工具袋内，不可随意向下丢掷。

(3) 在高空用气割或电焊切割时，应采取措施，防止火花落下伤人。

(4) 地面操作人员，应尽量避免在高空作业面的正下方停留或通过，也不得在起重机的起重臂或正在吊装的构件下停留或通过。

(5) 构件安装后，必须检查连接质量，只有连接确实安全可靠，才能松钩或拆除临时

项目 8 结构安装工程施工技术

固定工具。

（6）吊装现场周围应设置临时栏杆，禁止非工作人员入内。

6．防止触电、氧气瓶爆炸措施

（1）起重机从电线下行驶时，起重机吊杆最高点与电线之间保持的垂直距离应符合有关规定。起重机在电线近旁行驶时，起重机与电线之间应保持的水平距离也应符合有关规定。

（2）电焊机的电源线长度不宜超过 5m，并必须架高。电焊机手把线的正常电压，在用交流电工作时为 60～80V，要求手把线质量良好，如有破皮情况，必须及时用胶布严密包扎。电焊机的外壳应该接地。

（3）使用塔式起重机或长起重机（指 15m 以上）的其他类型起重机时，应有避雷防触电设施。

（4）搬运氧气瓶时，必须采取防震措施，绝不可向地上猛摔。

（5）氧气瓶不应放在阳光下暴晒，更不可接近火源。冬期如果瓶的阀门发生冻结时，应用干净的抹布将阀门烫热，不可用火熏烤。还要防止机械油落到氧气瓶上。

（6）乙炔发生器放置地点距火电源应在 10m 以上。如高空有电焊作业上乙炔发生器不应放在下风向。

（7）电石桶应存放在干燥的房间，并在桶下加垫，以防桶底锈蚀腐烂，使水分进入电石桶而产生乙炔。打开电石桶时，应使用不会发生火花的工具（如铜凿）。

项 目 小 结

本项目主要介绍了结构安装工程涉及的钢筋混凝土单层工业厂房安装、钢结构厂房安装、装配式墙板结构安装与结构安装安全质量技术等，主要内容概括为以下两个方面。

（1）结构安装工艺。该部分以钢筋混凝土单层工业厂房、钢结构厂房与装配式墙板结构等为安装对象，主要介绍了插入式杯口基础施工、梁柱等构件吊装、装配式墙板吊装等安装工艺。该部分是本章学习的重点内容。

（2）安装工程安全与质量技术。该部分主要介绍包括安装人员、吊装机械、安装环境等方面的结构安装安全控制标准与包括构件质量、安装质量等的结构安装质量要求。

复 习 思 考 题

1．构件运输时应注意哪些事项？
2．构件安装前应做好哪些准备工作？
3．柱子吊装有哪些方法？适用条件是什么？
4．防止高空坠落措施有哪些？
5．装配式墙板结构吊装的工艺流程是什么？

项目 9 屋面及防水工程施工技术

【学习目标】

能力目标：掌握屋面卷材防水施工工艺，熟悉刚性防水屋面的构造层次组成，掌握屋面刚性防水层施工工艺及施工质量标准要求，熟悉地下工程卷材防水层施工工艺流程、地下工程卷材防水层施工操作要求及工艺，熟悉卫生间地面涂膜防水层施工作业条件，掌握涂膜防水层施工操作工艺流程，熟悉防水工程质量检验。

知识点：屋面防水工程施工；地下工程防水施工；卫生间防水施工；防水工程质量控制

【项目介绍】

本项目介绍了屋面及防水施工技术，主要包括为屋面及防水施工技术，主要介绍了建筑防水的分类、屋面防水工程施工、地下工程防水施工、卫生间防水施工、防水工程质量控制。屋面防水工程施工是本项目的学习重点，地下工程防水是本项目的学习难点。

任务 9.1 屋面防水工程施工

9.1.1 柔性防水屋面

卷材防水屋面与涂膜防水屋面都属于柔性防水屋面。卷材防水屋面是指采用黏结胶粘贴卷材或采用带底面黏结胶的卷材进行热熔或冷粘贴于屋面基层进行防水的屋面，其典型构造层次如图 9.1 所示，具体构造层次根据设计要求而定。

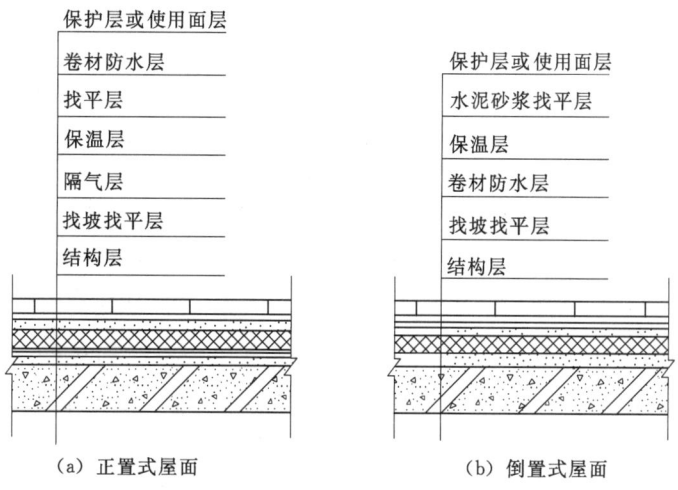

图 9.1 卷材防水屋面构造层次示意图

卷材防水屋面施工方法，有采用胶黏剂进行卷材与基层及卷材与卷材搭接黏结的方法；有利用卷材底面热熔胶热熔粘贴的方法；也有利用卷材底面自黏胶黏结的方法；还有采用冷胶粘贴或机械固定方法将卷材固定于基层、卷材间搭接采用焊接的方法等。

涂膜防水屋面是在屋面基层上涂刷防水涂料，经固化后形成一层有一定厚度和弹性的整体涂膜，从而达到防水目的的一种防水屋面形式。涂膜防水屋面的典型构造层次如图9.2所示。具体施工有哪些层次，需根据设计要求确定。

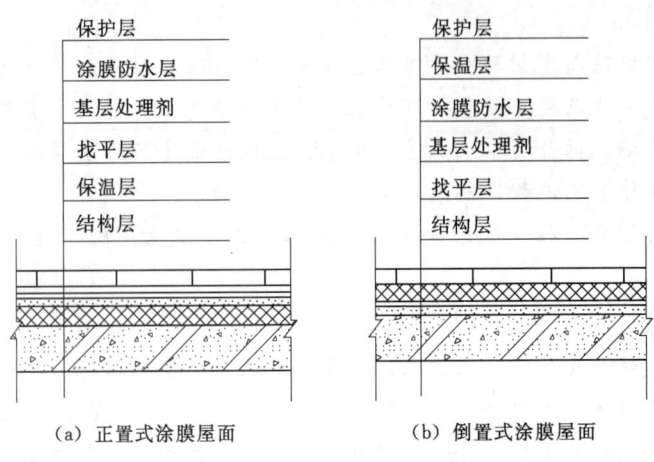

图9.2 涂膜防水屋面构造

1. 找平层施工

（1）平层的种类和做法。目前作为防水层基层的找平层有细石混凝土、水泥砂浆和沥青砂浆几种做法。它的技术要求见表9.1。细石混凝土刚性好、强度高，适用于基层较松软的保温层上或结构层刚度差的装配式结构上做找平层。在多雨或低温时混凝土和砂浆无法施工和养护，采用沥青砂浆。

表9.1 找平层厚度和技术要求

类　别	基 层 种 类	厚度/mm	技 术 要 求
水泥砂浆找平层	整体混凝土	15~20	1：2.5~3（水泥：砂）体积比，水泥强度等级不低于32.5级
	整体或板状材料保温层	20~25	
	装配式混凝土板、松散材料保温层	20~30	
细石混凝土找平层	松散材料保温层	30~35	混凝土强度等级不低于C20
沥青砂浆找平层	整体混凝土	15~20	1：8（沥青：砂）重量比
	装配式混凝土板、整体或板状材料保温层	20~25	

平屋面防水技术以防为主，以排为辅，所以要求屋面有一定排水坡度，施工时必须按照《屋面工程质量验收规范》（GB 50207—2012）要求操作，见表9.2。

找平层宜留设分格缝，缝宽为5~20mm，缝中宜嵌密封材料。分格缝兼作排汽道时，分格缝可适当加宽，并应与保温层连通。分格缝宜留在板端缝处，其纵横缝的最大间距为：

任务 9.1 屋面防水工程施工

表 9.2　　　　　　　　　　　　　　找 平 层 的 坡 度 要 求

项目	平屋面		天沟、檐沟		雨水口周边 $\phi500$ 范围
	结构找坡	材料找坡	纵向	沟底水落差	
坡度要求	≥3%	≥2%	≥1%	≤200mm	≥5%

找平层采用水泥砂浆或细石混凝土时，不宜大于 6m；找平层采用沥青砂浆时，不宜大于 4m。分格缝施工可预先埋入木条、聚苯乙烯泡沫条或事后用切割机锯出；在找平层的水泥砂浆或细石混凝土中宜掺加减水剂和微膨胀剂或抗裂纤维，尤其在不吸水保温层上（包括用塑料膜作隔离层）做找平层时，砂浆的稠度和细石混凝土的坍落度要低。

找平层在屋面平面与立面交角处，称阴阳角，是变形频繁、应力集中的部位，由此也会引起防水层被拉裂，因此，根据不同防水材料，对阴阳角的弧度做不同的要求。合成高分子卷材薄且柔软，弧度可小，沥青基卷材厚且硬，弧度要求大，见表 9.3。

表 9.3　　　　　　　　　　　　　　找 平 层 转 角 弧 度

卷材种类	沥青防水卷材	高聚物改性沥青卷材	合成高分子卷材
圆弧半径/mm	100～150	50	20

（2）水泥砂浆找平层施工。

1）屋面结构为装配式钢筋混凝土屋面板时，应用细石混凝土嵌缝，嵌缝的细石混凝土宜掺微膨胀剂，强度等级不应小于 C20。当板缝宽度大于 40mm 或上窄下宽时，板缝内应设置构造钢筋，灌缝高度应与板平齐，板端应用密封材料嵌缝。

2）检查屋面板等基层是否安装牢固，不得有松动现象。铺砂浆前，基层表面应清扫干净并洒水湿润（有保温层时，不得洒水）。

3）留在屋架或承重墙上的分格缝，应与板缝对齐，板端方向的分格缝也应与板端对齐，用小木条或聚苯泡沫条嵌缝留设，或在砂浆硬化后用切割机锯缝。缝高同找平层厚度，缝宽为 5～20mm。

4）砂浆配合比要称量准确、搅拌均匀，底层为塑料薄膜隔离层、防水层或不吸水保温层，宜在砂浆中加减水剂并严格控制稠度。砂浆铺设应按由远到近、由高到低的程序进行，最好在每一分格内一次连续抹成，严格掌握坡度，可用 2m 左右的直尺找平。天沟一般先用轻质混凝土找坡。

5）待砂浆稍收水后，用抹子抹平压实压光；终凝前，轻轻取出嵌缝木条，完工后表面少踩踏。砂浆表面不允许撒干水泥或水泥浆压光。

6）注意气候变化，如气温在 0℃ 以下，或终凝前可能下雨时，不宜施工。如必须施工时，应有技术措施，保证找平层质量。

7）铺设找平层 12h 后，需洒水养护或喷冷底子油养护。

8）找平层硬化后，应用密封材料嵌填分格缝。

（3）沥青砂浆找平层施工。

1）检查屋面板等基层安装牢固程度，不得有松动之处，屋面应平整、找好坡度并清扫干净。

项目 9 屋面及防水工程施工技术

2）基层必须干燥，然后满涂冷底子油 1～2 道，涂刷要薄而均匀，不得有气泡和空白，涂刷后表面保持清洁。

3）待冷底子油干燥后可铺设沥青砂浆，其虚铺厚度为压实后厚度的 1.30～1.40 倍。

4）施工时沥青砂浆的温度要求参见表 9.4。

表 9.4　　　　　　　　　　沥青砂浆施工温度

室外温度/℃	沥青砂浆温度/℃		
	拌制	铺设	滚压完毕
+5 以上	140～170	90～120	60
-100～+5	160～180	100～130	40

5）待砂浆刮平后，即用火滚进行滚压（夏天温度较高时，筒内可不生火）。滚压至平整、密实、表面没有蜂窝、不出现压痕为止。滚筒应保持清洁，表面可涂刷柴油。滚压不到之处可用烙铁烫压平整，施工完毕后避免在上面踩踏。

6）施工缝应留成斜槎，继续施工时接槎处应清理干净并刷热沥青一遍，然后铺沥青砂浆，用火滚或烙铁烫平。

7）雾、雨、雪天不得施工。一般不宜在气温 0℃ 以下施工。如在严寒地区必须在气温 0℃ 以下施工时，应采取相应的技术措施（如分层分段流水施工及采取保温措施等）。

8）滚筒内的炉火及灰烬注意不得外泄在沥青砂浆面上。

9）沥青砂浆铺设后，最好在当天铺第一层卷材；否则要用卷材盖好，防止雨水、露气浸入。

（4）找平层质量要求。找平层是防水层的依附层，其质量好坏将直接影响到防水层的质量，所以找平层必须做到：坡度要准确，使排水通畅；混凝土和砂浆的配合比要准确；表面要二次压光、充分养护，使找平层表面平整、坚固，不起砂、不起皮、不酥松、不开裂，并做到表面干净、干燥。

2. 卷材防水层施工

（1）施工前准备工作。

1）屋面工程施工前，应进行图纸会审，掌握施工图中的细部构造及有关技术要求，并应编制防水施工方案或技术措施。

2）施工负责人应向班组进行技术交底。内容包括施工部位、施工顺序、施工工艺、构造层次、节点设防方法、增强部位及做法、工程质量标准、保证质量的技术措施、成品保护措施和安全注意事项。

3）防水层所用的材料应有材料质量证明文件，并经指定的质量检测部门认证，确保其质量符合技术要求。进场材料应按规定抽样复验，提出试验报告，严禁在工程中使用不合格产品。

4）准备好熬制或拌和胶黏剂、运输防水材料、涂刷胶黏剂、嵌填密封材料、铺贴卷材、清扫基层等施工操作中各种必需的工具、用具、机械以及安全设施、灭火器材。

5）检查找平层的施工质量是否符合要求。当出现局部凹凸不平、起砂起皮、裂缝以及预埋件不稳等缺陷时,可按有关方法修补。

6)检查找平层含水率是否满足铺贴卷材的要求:将 $1m^2$ 塑料膜(或卷材)在太阳(白天)下铺放于找平层上,3~4h 后,掀起塑料膜(卷材)检查无水印,即可进行防水卷材的施工。

(2)基层处理剂的涂刷。涂刷或喷涂基层处理剂前要检查找平层的质量和干燥程度并加以清扫,符合要求后才可进行,在大面积涂布前,应用毛刷对屋面节点、周边、拐角等部位先行处理。

1)冷底子油的涂刷。冷底子油作为基层处理剂,主要用于热粘贴铺设沥青卷材(油毡)。涂刷要薄而均匀,不得有空白、麻点、气泡,也可用机械喷涂。如果基层表面过于粗糙,宜先刷一遍慢挥发性冷底子油,待其表干后,再刷一遍快挥发性冷底子油。涂刷时间宜在铺贴油毡前 1~2h 进行,使油层干燥而又不沾染灰尘。

2)基层处理剂的涂刷。铺贴高聚物改性沥青卷材和合成高分子卷材采用的基层处理剂的一般施工操作与冷底子油基本相同。基层处理剂的品种要视卷材而定,不可错用。

(3)卷材铺贴一般方法及要求。卷材防水层施工的一般工艺流程:基层表面清理、修补→喷、涂基层处理剂→节点附加增强处理→定位、弹线、试铺→铺贴卷材→收头处理、节点密封→清理、检查、修整→保护层施工。

1)铺贴方向。卷材的铺贴方向应根据屋面坡度和屋面是否有振动来确定。当屋面坡度小于 3% 时,卷材宜平行于屋脊铺贴;屋面坡度在 3%~15% 时,卷材可平行或垂直于屋脊铺贴;屋面坡度大于 15% 或受震动时,沥青卷材、高聚物改性沥青卷材应垂直于屋脊铺贴,合成高分子卷材可根据屋面坡度、屋面有无受震动、防水层的黏结方式、黏结强度、是否机械固定等因素综合考虑采用平行或垂直屋脊铺贴。上、下层卷材不得相互垂直铺贴。屋面坡度大于 25% 时,卷材宜垂直屋脊方向铺贴,并应采取固定措施,固定点还应密封。

2)施工顺序。防水层施工时,应先做好节点、附加层和屋面排水比较集中部位(如屋面与水落口连接处、檐口、天沟、檐沟、屋面转角处、板端缝等)的处理,然后由屋面最低标高处向上施工。铺贴天沟、檐沟卷材时,宜顺天沟、檐口方向,减少搭接。铺贴多跨和有高低跨的屋面时,应按先高后低、先远后近的顺序进行。

3)搭接方法及宽度要求。铺贴卷材应采用搭接法,上下层及相邻两幅卷材的搭接缝应错开。平行于屋脊的搭接缝应顺流水方向搭接;垂直于屋脊的搭接缝应顺年最大频率风向(主导风向)搭接。

叠层铺设的各层卷材,在天沟与屋面的连接处应采用叉接法搭接,搭接缝应错开;接缝宜留在屋面或天沟侧面,不宜留在沟底。

坡度超过 25% 的拱形屋面和天窗下的坡面上,应尽量避免短边搭接,如必须短边搭接时,在搭接处应采取防止卷材下滑的措施,如预留凹槽、卷材嵌入凹槽并用压条固定密封。

高聚物改性沥青卷材和合成高分子卷材的搭接缝宜用与它材性相容的密封材料封严。各种卷材的搭接宽度应符合表 9.5 的要求。

项目 9 屋面及防水工程施工技术

表 9.5 卷材搭接宽度

搭接方向		短边搭接宽度/mm		长边搭接宽度/mm	
卷材种类	铺贴方法	满粘法	空铺、点粘、条粘法	满粘法	空铺、点粘、条粘法
沥青防水卷材		100	150	70	100
高聚物改性沥青防水卷材		80	100	80	100
合成高分子防水卷材	胶黏剂	80	100	80	100
	胶黏带	50	60	50	60
	单焊缝	60,有效焊接宽度不小于 25			
	双焊缝	80,有效焊接宽度 10×2+空腔宽			

4) 卷材与基层的粘贴方法。卷材与基层的黏结方法可分为满粘法、条粘法、点粘法和空铺法等形式。通常都采用满粘法,而条粘、点粘和空铺法更适合于防水层上有重物覆盖或基层变形较大的场合,是一种克服基层变形拉裂卷材防水层的有效措施,设计中应明确规定,选择适用的工艺方法。

空铺法:铺贴卷材防水层时卷材与基层仅在四周一定宽度内黏结,其余部分采取不黏结的施工方法;条粘法:铺贴卷材时卷材与基层黏结面不少于两条,每条宽度不小于 150mm;点粘法:铺贴卷材时卷材或打孔卷材与基层采用点状黏结的施工方法。每平方米黏结不少于 5 点,每点面积为 100mm×100mm。

无论采用空铺、条粘还是点粘法,施工时都必须注意:距屋面周边 800mm 内的防水层应满粘,保证防水层四周与基层黏结牢固;卷材与卷材之间应满粘,保证搭接严密。

5) 屋面特殊部位的附加增强层和卷材铺贴要求。

檐口卷材铺贴。将铺贴到檐口端头的卷材裁齐后压入凹槽内,然后将凹槽用密封材料嵌填密实。如用压条(20mm 宽薄钢板等)或用带垫片钉子固定时,钉子应敲入凹槽内,钉帽及卷材端头用密封材料封严。

天沟、檐沟卷材铺设前,应先对水落口进行密封处理。在水落口杯埋设时,水落口杯与竖管承插口的连接处应用密封材料嵌填密实,防止该部位在暴雨时产生倒水现象。水落口周围直径为 500mm 范围内用防水涂料或密封材料涂封作为附加增强层,厚度不少于 2mm,涂刷时应根据防水材料的种类采用不同的涂刷遍数来满足涂层的厚度要求。水落口杯与基层接触处应留宽 10mm、深 10mm 的凹槽,嵌填密封材料。

泛水与卷材收头。泛水是指屋面的转角与立墙部位。这些部位结构变形大,容易受太阳曝晒,因此为了增强接头部位防水层的耐久性,一般要在这些部位加铺一层卷材或涂刷涂料作为附加增强层。泛水部位卷材铺贴前,应先进行试铺,将立面卷材长度留足,先铺贴平面卷材至转角处,然后从下向上铺贴立面卷材;卷材铺贴完成后,将端头裁齐。若采用预留凹槽收头,将端头全部压入凹槽内,用压条钉压平服,再用密封材料封严,最后用水泥砂浆抹封凹槽。如无法预留凹槽,应先用带垫片钉子或金属压条将卷材端头固定在墙面上,用密封材料封严,再将金属或合成高分子卷材条用压条钉压作盖板,盖板与立墙间用密封材料封固或采用聚合物水泥砂浆将整个端头部位埋压。

屋面变形缝处附加墙与屋面交接处的泛水部位,应作好附加增强层;接缝两侧的卷材防水层铺贴至缝边;然后在缝中填嵌直径略大于缝宽的衬垫材料,如聚苯乙烯泡沫塑料棒、聚苯乙烯泡沫板等。为了使其不掉落,在附加墙砌筑前,缝口用可伸缩卷材或金属板覆盖。附加墙砌好后,将衬垫材料填入缝内。嵌填完衬垫材料后,再在变形缝上铺贴盖缝卷材,并延伸至附加墙立面。卷材在立面上应采用满粘法,铺贴宽度不小于100mm。为提高卷材适应变形的能力,卷材与附加墙顶面上宜黏结。

高低跨变形缝处,低跨的卷材防水层应铺至附加墙顶面缝边。然后将金属或合成高分子卷材盖板上、下两端用带垫片的钉子分别固定在高跨外墙面和低跨的附加墙立面上,盖板两端及钉帽用密封材料封严。

排汽孔与屋面交角处卷材的铺贴方法和立墙与屋面转角处相似,所不同的是流水方向不应有逆槎,排汽孔阴角处卷材应作附加增强层,上部剪口交叉贴实或者涂刷涂料增强。伸出屋面管道卷材铺贴与排汽孔相似,但应加铺两层附加层。防水层铺贴后,上端用细铁丝扎紧,最后用密封材料密封,或焊上薄钢板泛水增强。附加层卷材裁剪方法参见水落口做法。

阴阳角。阴阳角处的基层涂胶后要用密封材料涂封,宽度为距转角每边100mm,再铺一层卷材附加层,附加层卷材剪成图9.3所示形状。铺贴后剪缝处用密封材料封固。

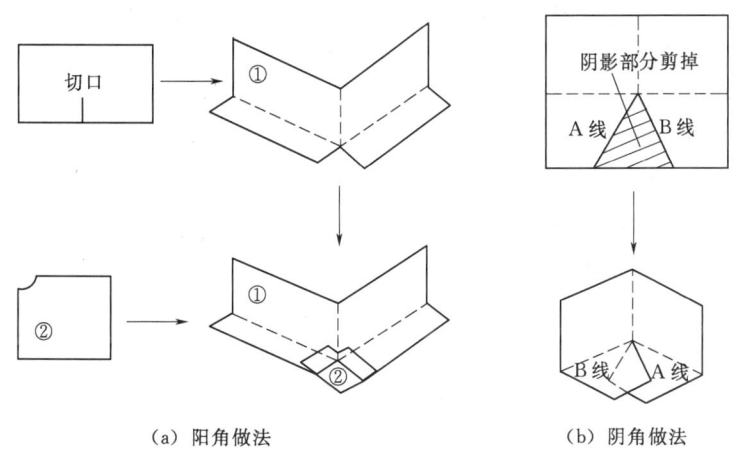

图9.3　阴阳角卷材剪贴方法

高低跨屋面。高跨屋面向低跨屋面自由排水的低跨屋面,在受雨水冲刷的部位应采用满粘法铺贴,并加铺一层整幅的卷材,再浇抹宽300～500mm、厚30mm的水泥砂浆或铺相同尺寸的块材加强保护。如为有组织排水,水落管下加设钢筋混凝土簸箕,应坐浆安放平稳。

(4) 节点处理。大面积防水层施工前,应先对节点进行处理,如进行密封材料嵌填、附加增强层铺设等,这有利于大面积防水层施工质量和整体质量的提高,对提高节点处防水密封性、防水层的适应变形能力是非常有利的。由于节点处理工序多,用料种类多,用量零星,而且工作面狭小,施工难度大,因此应在大面积防水层施工前进行。但有些节点,如卷材收头、变形缝等处则要在大面积卷材防水层完成后进行。附加增强层材料的选

项目9 屋面及防水工程施工技术

择可采用与防水层相同材料多做一层或数层，也可采用其他防水卷材或涂料予以增强。

（5）高聚物改性沥青卷材热熔法施工。热熔法施工是指高聚物改性沥青热熔卷材的铺贴方法。热熔卷材是一种在工厂生产过程中底面即涂有一层软化点较高的改性沥青热熔胶的卷材。其铺贴时不需涂刷胶粘剂，而用火焰烘烤热熔胶后直接与基层粘贴。这种方法施工时受气候影响小，对基层表面干燥程度要求相对较宽松，但烘烤时对火候的掌握要求适度。热熔卷材可采用满粘法或条粘法铺贴，铺贴时要稍紧一些，不能太松弛。

1）滚铺法。这是一种不展开卷材而边加热烘烤边滚动卷材铺贴的方法。

起始端卷材的铺贴：将卷材置于起始位置，对好长、短方向搭接缝，滚展卷材1000mm 左右，掀开已展开的部分，开启喷枪点火，喷枪头与卷材保持 50～100mm 的距离，与基层成 30°～45°角，将火焰对准卷材与基层交接处，同时加热卷材底面热熔胶面和基层，至热熔胶层出现黑色光泽、发亮至稍有微泡出现，慢慢放下卷材平铺基层，然后进行排汽辊压使卷材与基层黏结牢固。当铺贴至剩下 300mm 左右长度时，将其翻放在隔热板上，用火焰加热余下起始端基层后，再加热卷材起始端余下部分，然后将其粘贴于基层。

滚铺：卷材起始端铺贴完成后即可进行大面积滚铺。持枪人位于卷材滚铺的前方，按上述方法同时加热卷材和基层，条粘时只需加热两侧边，加热宽度各为 150mm 左右。推滚卷材人蹲在已铺好的卷材起始端上面，等卷材充分加热后缓缓推压卷材，并随时注意卷材的平整顺直和搭接缝宽度。其后紧跟一人用辊子从中间向两边抹压卷材，赶出气泡，并用刮刀将溢出的热熔胶刮压接缝边。另一人用辊子压实卷材，使之与基层粘贴密实。

2）展铺法。展铺法是先将卷材平铺于基层，再沿边掀起卷材予以加热粘贴。此方法主要适用于条粘法铺贴卷材。

3）搭接缝施工。热熔卷材表面一般有一层防粘隔离纸，因此在热熔黏结接缝之前，应先将下层卷材表面的隔离纸烧掉，以利搭接牢固严密。

4）复杂部位附加增强层的铺贴。需增强部位基层一般需涂刷一遍基层处理剂（或稀释涂料）作为基层处理，以便较好地黏结增强层，附加增强层卷材应及时粘贴，因此加热前应先做试贴，以提高粘贴速度；附加增强部位较小时，宜采用手持汽油喷枪进行粘贴。

（6）合成高分子卷材冷粘贴施工。

1）胶黏剂的调配与搅拌及胶粘带准备。胶黏剂一般由厂家配套供应，对单组分胶黏剂只需开桶搅拌均匀后即可使用；而双组分胶黏剂则必须严格按厂家提供的配合比和配制方法进行计算、掺和、搅拌均匀后才能使用。同时有些卷材的基层胶黏剂和卷材接缝胶黏剂为不同品种，使用时不得混用，以免影响粘贴效果。搭接缝采用胶黏带时，应选择与卷材匹配的胶黏带，并按需要量备足。

2）涂刷胶黏剂。卷材表面的涂刷：某些卷材要求底面和基层表面均涂胶黏剂。卷材表面涂刷基层胶黏剂时，先将卷材展开摊铺在旁边平整干净的基层上，用长柄滚刷蘸胶黏剂，均匀涂刷在卷材的背面，不得涂刷得太薄而露底，也不得涂刷过多而产生聚胶。还应注意在搭接部位不得涂刷胶黏剂，此部位留作涂刷接缝胶黏剂，或粘贴胶黏带，留置宽度即卷材搭接宽度；基层表面的涂刷：涂刷基层胶黏剂的重点和难点为阴阳角、平立面转角处、卷材收头处、排水口、伸出屋面管道根部等节点部位。这些部位有附加增强层时应用接缝胶黏剂或配套涂料处理，涂刷工具宜用油漆刷。涂刷时，切忌在一处来回涂滚，以免将底胶"咬起"，形成凝胶而影响质量。条粘法、点粘法应按规定的位置和面积涂刷胶黏剂。

3）卷材的铺贴。卷材铺贴时应对准已弹好的粉线，并且在铺贴好的卷材上弹出搭接宽度线，以便第二幅卷材铺贴时能以此为准进行铺贴。每铺完一幅卷材，应立即用干净而松软的长柄压辊从卷材一端顺卷材横向顺序滚压一遍，彻底排除卷材黏结层间的空气。

排除空气后，平面部位卷材可用外包橡胶的大压辊滚压（一般重30～40kg），使其粘贴牢固。滚压应从中间向两侧边移动，做到排汽彻底。平面立面交接处，则先粘贴好平面，经过转角，由下往上粘贴卷材，粘贴时切勿拉紧，要轻轻沿转角压紧压实，再往上粘贴，同时排出空气，最后用手持压辊滚压密实，滚压时要从上往下进行。

4）搭接缝的粘贴。卷材铺好与基层压粘后，应将搭接部位的接合面清除干净，可用棉纱沾少量汽油擦洗。然后采用油漆刷均匀涂刷接缝胶黏剂，不得出现露底、堆积现象。涂胶量可按产品说明书控制，待胶黏剂表面干燥后（指触不粘）即可进行粘合。粘合时应从一端开始，边压合边驱除空气，不许有气泡和皱折现象，然后用手持压辊顺边认真仔细辊压一遍，使其黏结牢固。3层重叠处最不易压严，要用密封材料预先加以填封；否则将会成为渗水通道。搭接缝用密封黏胶带时，应对搭接部位的接合面清除干净，掀开隔离纸，先将一端粘住，平顺地边掀隔离纸边粘胶带于一个搭接面上，然后用手持压辊顺边仔细滚压一遍，使其黏结牢固。

搭接缝全部粘贴后，缝口要用密封材料封严，密封时用刮刀沿缝刮涂，不能留有缺口，密封宽度不应小于10mm。用单面黏胶带封口时，可直接顺接缝黏压密封。

（7）自粘贴卷材施工。自粘贴卷材施工是指自粘型卷材的铺贴方法。自粘型卷材在工厂生产时，在改性沥青卷材、合成高分子卷材、PE膜等底面涂上一层压敏胶或胶黏剂，并在表面敷有一层隔离纸。施工时只要剥去隔离纸，即可直接铺贴。自粘型卷材的黏结胶通常有高聚物改性沥青黏结胶、合成高分子黏结胶两种。施工一般采用满粘法铺贴，铺贴时为增加黏结强度，基层表面应涂刷基层处理剂；干燥后应及时铺贴卷材。卷材铺贴可采用滚铺法或抬铺法进行。

（8）合成高分子卷材焊接施工。卷材的铺设与一般高分子卷材的铺设方法相同，其搭接缝采用焊接方法进行。焊接方法有两种：一种为热熔焊接（热风焊接），即采用热风焊枪，电加热产生生气体由焊嘴喷出，将卷材表面熔化达到焊接熔合；另一种是溶剂焊（冷焊），即采用溶剂（如四氢呋喃）进行接合。接缝方式也有搭接和对接两种。目前我国大部分采取热风焊接搭接法。

（9）金属卷材焊接铺贴施工。金属卷材施工前的基层应干净，不得有石子、砂粒、表面也不能有尖状疙瘩。铺设卷材前，对节点部位和转角、檐沟等处应事先进行附加增强处理，一般采用涂料增强。铺设卷材有采取空铺，有采取黏结剂粘贴。其施工工艺是：先在基层上按要求尺寸弹标准线，展开卷材沿线铺平，并用压辊辊压或用橡皮榔头轻轻敲打平整，尤其在两幅卷材的搭接处，上下层接触要紧密，不得张嘴开缝（上下层离开不得大于1mm），并检查搭接宽度准确（不小于5mm），搭接缝平直、齐整后，对施焊缝处用钢丝刷擦除氧化层，涂上饱和酒精松香焊剂，用橡皮榔头将不紧密处锤紧，即可施焊。焊接时

要控制好温度，使焊锡熔化并流进两层卷材搭接缝之间，然后用焊锡在两接缝处堆积一定厚度，焊缝表面要求平整光滑，不得有气孔、裂纹、漏焊、夹焊。待全部检查完毕，确认合格后，在缝上涂刷一层涂料或密封胶，宽度宜为20mm。焊接完工后，卷材表面应保持清洁，并清扫杂物或施工时带入的砂粒。

(10) 复合防水屋面施工。复合防水屋面是指采用不同的防水材料，利用各自的特点组成能独立承担防水能力的层次，从而组合形成的防水屋面。它不同于涂膜材料的多道涂刷，而是采用几种性能各异的材料复合使用作多道设防。如采用卷材、涂膜、刚性防水层等构成复合防水，从而充分利用各种材料在性能上的优势互补，提高防水质量。在节点部位采用复合防水的优越性尤为明显。

目前常见的复合形式有：柔性防水材料之间的复合，如两种不同性能涂膜的复合、涂膜与卷材的复合、两种不同性能卷材的复合；柔性防水材料与刚性防水材料之间的复合，如涂膜与细石混凝土防水层的复合，卷材与细石混凝土防水层的复合。此外，还有刚性防水材料之间的复合，如防水混凝土与防水砂浆的复合等。

无论是何种防水形式，每一防水层的厚度都必须达到要求，才能保证其能够形成一个独立的防水层。复合使用时，要求合成高分子卷材的厚度可降为1.0mm，高聚物改性沥青卷材可降为2.0mm，合成高分子涂膜可降为1.0mm，高聚物改性沥青涂膜可降为1.5mm，沥青基防水涂膜可降为4.0mm。

复合屋面施工时应注意：基层的质量应满足底层防水层的要求；不同胎体和性能的卷材复合使用时或夹铺不同胎体增强材料的涂膜复合使用时，高性能的应作为面层；不同防水材料复合使用时，耐老化、耐穿刺的防水材料应设置在最上面。

(11) 卷材屋面施工的环境气候。雨天、雪天严禁进行卷材施工，五级风及其以上时不得施工，气温低于0℃时不宜施工，如必须在负温下施工时，应采取相应措施，以保证工程质量。热熔法施工时的气温不宜低于－10℃。施工中途下雨、雪，应做好已铺卷材四周的防护工作；夏季施工时，屋面如有露水潮湿，应待其干燥后方可铺贴卷材，并避免在高温烈日下施工。

3. 涂膜防水层施工

(1) 施工前准备工作。

1) 基层检查。涂膜防水层施工前，应检查基层的质量是否符合设计要求，并清扫干净。如出现缺陷应及时加以修补。

2) 材料准备。按施工面积计算防水材料及配套材料的用量，安排分批进场和抽检，不合格的防水材料不得在建筑工程中使用。

3) 施工机具准备。可根据防水涂料的品种准备使用的计量器具、搅拌机具、运输工具、涂布工具等。

4) 技术准备。屋面工程施工前，应进行图纸会审，掌握施工图中的构造要求、节点做法及有关的技术要求，并编制防水施工方案或技术措施。涂料施工前，确定涂刷的遍数和每遍涂刷的用量，安排合理的施工顺序。对施工班组进行技术交底，内容包括施工部位、施工顺序、施工工艺、构造层次、节点设防方法、需增强部位及做法、工程质量标准、保证质量的技术措施、成品保护措施和安全注意事项等。

任务 9.1 屋面防水工程施工

(2) 涂膜防水层施工环境条件。防水涂料严禁在雨天、雪天和五级风及其以上时施工,以免影响涂料的成膜质量。环境温度太低,溶剂型或水乳型涂料挥发慢,反应型涂料反应缓慢,会大大延长涂料的成膜时间。当气温低于 0℃ 时,涂料就有冻害的危险,因此溶剂型防水涂料施工时的环境气温不得低于 −5℃,水乳型防水涂料不得低于 5℃。

(3) 涂膜防水层施工一般要求。

1) 涂膜防水层施工工艺:基层表面清理、修整→喷涂基层处理剂(底涂料)→特殊部位附加增强处理→涂布防水涂料及铺贴胎体增强材料→清理与检查修整→保护层施工。

2) 涂膜防水层的施工也应按"先高后低、先远后近"的原则进行。遇高低跨屋面时,一般先涂布高跨屋面,后涂布低跨屋面;相同高度屋面,要合理安排施工段,先涂布距上料点远的部位,后涂布近处;同一屋面上,先涂布排水较集中的水落口、天沟、檐沟、檐口等节点部位,再进行大面积涂布。

3) 涂膜防水层施工前,应先对水落口、天沟、檐沟、泛水、伸出屋面管道根部等节点部位进行增强处理,一般涂刷加铺胎体增强材料的涂料进行增强处理。

4) 需铺设胎体增强材料时,如坡度小于 15% 可平行屋脊铺设;坡度大于 15% 应垂直屋脊铺设,并由屋面最低标高处开始向上铺设。胎体增强材料长边搭接宽度不得小于 50mm,短边搭接宽度不得小于 70mm。采用两层胎体增强材料时,上、下层不得互相垂直铺设,搭接缝应错开,其间距不应小于幅宽的 1/3。

5) 在涂膜防水屋面上如使用两种或两种以上不同防水材料时,应考虑不同材料之间的相容性(即亲合性大小、是否会发生侵蚀),如相容则可使用;否则会造成相互结合困难或互相侵蚀引起防水层短期失效。涂料和卷材同时使用时,卷材和涂膜的接缝应顺水流方向,搭接宽度不得小于 100mm。

6) 坡屋面防水涂料涂刷时,如不小心踩踏尚未固化的涂层,很容易滑倒,甚至引起坠落事故。因此,在坡屋面涂刷防水涂料时,必须采取安全措施,如系安全带等。

7) 涂膜防水层厚度:沥青基防水涂膜在 Ⅲ 级防水屋面上单独使用时不得小于 8mm,在 Ⅳ 级防水屋面或复合使用时不宜小于 4mm;高聚物改性沥青防水涂膜不得小于 3mm,在 Ⅲ 级防水屋面上复合使用时,不宜小于 1.5mm;合成高分子防水涂膜在 Ⅰ、Ⅱ 级防水屋面上使用时不得小于 1.5mm,在 Ⅲ 级防水屋面上单独使用时不得小于 2mm,复合使用时不宜小于 1mm。

(4) 涂料冷涂刷施工。

1) 涂布前的准备工作。基层的检查、清理、修整;配料和搅拌,配料时要求计量准确,主剂和固化剂的混合偏差不得大于 ±5%;涂层厚度控制试验,涂膜防水层施工前,必须根据设计要求的每平方米涂料用量、涂膜厚度及涂料材性事先试验确定每道涂料涂刷的厚度以及每个涂层需要涂刷的遍数;涂刷间隔时间试验,应根据气候条件经试验确定每一遍涂刷的涂料用量和间隔时间。

2) 涂刷基层处理剂。基层处理剂涂刷时应用刷子用力薄涂,使涂料尽量刷进基层表面的毛细孔中,并将基层可能留下来的少量灰尘等无机杂质,像填充料一样混入基层处理剂中,使之与基层牢固结合。

3) 涂布防水涂料。刮涂施工时,一般先将涂料直接分散到在屋面基层上,用刮板来

回刮涂，使其厚薄均匀，不露底、无气泡、表面平整，然后待其干燥。流平性差的涂料待表面收水尚未结膜时，用铁抹子压实抹光。抹压时间应适当，过早抹压，起不到作用；过晚抹压，会使涂料粘住抹子，出现月牙形抹痕。

4）铺设胎体增强材料。在涂刷第 2 遍涂料时，或第 3 遍涂料涂刷前，即可加铺胎体增强材料。胎体增强材料可采用湿铺法或干铺法铺贴。

5）收头处理。为了防止收头部位出现翘边现象，所有收头均应用密封材料压边，压边宽度不得小于 10mm。收头处的胎体增强材料应裁剪整齐，如有凹槽时应压入凹槽内，不得出现翘边、皱折、露白等现象；否则应进行处理后再涂封密封材料。

(5) 涂料热熔刮涂施工。涂料热熔刮涂方法适用于热熔型高聚物改性沥青防水涂料的施工。将涂料加入熔化釜中，逐渐加热至 190℃ 左右，保温待用。为使涂料加热均匀，熔化釜应采用带导热油的加热炉。涂布时将熔化的涂料倒在基面上，迅速用带齿的刮板刮涂，注意操作一定要快速、准确，必须在涂料冷却前刮涂均匀；否则涂膜发粘，就无法将涂料刮开、刮匀。

增设胎体材料的涂膜防水层施工时，涂料每遍涂刮的厚度控制在 1~1.5mm。铺贴胎体增强材料应采用分条间隔施工法，在涂料刮涂均匀后立即铺贴胎体增强材料，然后再刮涂第 2 遍至设计厚度。表面需做粒料保护层时，应在最后一遍涂刮的同时撒布粒料，如做涂膜保护层时宜在防水层完全固化后再涂刷保护层涂膜。

(6) 涂料冷喷涂施工。涂料冷喷涂施工是将黏度较小的防水涂料放置于密闭的容器中，通过齿轮泵或空压泵，将涂料从容器中压出，通过输送管至喷枪处，将涂料均匀喷涂于基面，形成一层均匀致密的防水膜。喷涂法施工速度快、工效高，适合于各种屋面的施工。施工时操作工人要熟练掌握喷涂机械的操作，通过调整喷嘴的大小和喷料喷出的速度，使涂料呈雾状均匀喷涂于基层上。由于喷涂施工速度快，应合理地安排好涂料的配料、搅拌和运输工作，使喷涂能连续进行。

(7) 涂料热喷涂施工。热涂料喷涂施工法常用于高聚物改性沥青防水涂膜屋面，所采用的设备由加热搅拌容器、沥青泵、输油管、喷枪等组成。

将涂料加入加热容器中，加热至 180~200℃，待全部熔化成流态后，操作工穿戴好劳动保护用具并做好喷涂操作准备。启动沥青泵开始输送改性沥青涂料并喷涂。喷涂时注意枪头与基面夹角成 45°，枪头与基面距离约 60cm。开始喷涂时，喷出量不宜太大，应在操作的过程中逐步将喷涂量调整至正常的喷涂量。一遍涂层厚度宜控制在 2.0mm 以内，如一次涂层太厚容易出现流动，出现厚薄不均匀现象。如喷涂过程中出现堆积现象，应在冷却前用刮板将涂料刮开刮匀。喷涂结束时应将沥青泵倒转抽空枪体和输油管道内积存的涂料。

4. 柔性屋面保护层施工

卷材防水层与涂膜防水层的保护层材料应根据设计图纸要求选用。保护层施工前，应将防水层上的杂物清理干净，并对防水层质量进行严格检查，有条件的应做蓄水试验，合格后才能铺设保护层。如采用刚性保护层，保护层与女儿墙之间预留 30mm 以上空隙并嵌填密封材料，防水层和刚性保护层之间还应做隔离层。

(1) 浅色、反射涂料保护层施工。涂刷浅色反射涂料应待防水层养护完毕后进行，一般涂膜防水层应养护一周以上。涂刷前，应清除防水层表面的浮灰，浮灰用柔软、干净的棉布擦干净。材料用量应根据材料说明书的规定使用，涂刷工具、操作方法和要求与防水涂料施工相同。涂刷应均匀，避免漏涂。两遍涂刷时，第2遍涂刷的方向应与第1遍垂直。由于浅色反射涂料具有良好的阳光反射性，施工人员在阳光下操作时，应配戴墨镜，以免强烈的反射光线刺伤眼睛。

（2）粒料保护层施工。细砂、云母或蛭石主要用于非上人屋面的涂膜防水屋面的保护层，使用前应先筛去粉料。用砂作保护层时，应采用天然水和砂，砂粒粒径不得大于涂层厚度1/4。使用云母或蛭石时不受此限制。当涂刷最后一道涂料时，边涂刷边撒布细砂（或云母、蛭石），同时用软质的胶辊在保护层上反复轻轻滚压，务使保护层牢固地黏结在涂层上。涂层干燥后，应及时扫除未黏结的材料以回收利用。如不清扫，日后雨水冲刷就会堵塞水落口，造成排水不畅。

（3）水泥砂浆保护层施工。水泥砂浆保护层与防水层之间也应设置隔离层。保护层用的水泥砂浆的配合比一般为水泥：砂＝1：（2.5～3）（体积比）。保护层施工前，应根据结构情况每隔4～6m用木模设置纵横分格缝。铺设水泥砂浆时，应随铺随拍实，并用刮尺找平，随即用直径为8～10mm的钢筋或麻绳压出表面分格缝，间距为1～1.5m。终凝前用铁抹子压光保护层。保护层应表面平整，不能出现抹子压的痕迹和凹凸不平的现象。排水坡度应符合设计要求。

（4）板块保护层施工。在砂结合层上铺砌块体时，砂结合层应洒水压实，并用刮尺刮平，以满足块体铺设的平整度要求。块体应对接铺砌，缝隙宽度一般为10mm左右。块体铺砌完成后，应适当洒水并轻轻拍平压实，以免产生翘角现象。板缝先用砂填至一半的高度，然后用1：2水泥砂浆勾成凹缝。为防止砂子流失，在保护层四周500mm范围内，应改用低强度等级水泥砂浆做结合层。

（5）细石混凝土保护层施工。细石混凝土整浇保护层施工前，也应在防水层上铺设一层隔离层，并按设计要求支设好分格缝的木模或聚苯泡沫条，设计无要求时，每格面积不大于36m^2，分格缝宽度为20mm。一个分格内的混凝土应尽可能连续浇筑，不留施工缝。振捣宜采用铁辊滚压或人工拍实，不宜采用机械振捣，以免破坏防水层。振实后随即用刮尺按排水坡度刮平，并在初凝前用木抹子提浆抹平，初凝后及时取出分格缝木模（泡沫条可不取出），终凝前用铁抹子压光。抹平压光时不宜在表面掺加水泥浆或干灰；否则表层砂浆易产生裂缝与剥落现象。若采用配筋细石混凝土保护层时，钢筋网片的位置设置在保护层中间偏上部位，在铺设钢筋网片时用砂浆垫块支垫。细石混凝土保护层浇筑完后应及时进行养护，养护时间不应少于7d。养护完后，将分格缝清理干净（割去泡沫条上部10mm），嵌填密封材料。

5. 柔性防水屋面安全技术

柔性防水屋面施工属高空、高温作业，部分材料又含少量挥发性有毒物质，必须采取有效措施，防止发生火灾、中毒、烫伤等工伤事故。柔性防水材料施工除应符合有关规定外，尚应注意以下安全事项：柔性防水材料多为易燃易爆产品，在仓库、工地现场存放及在运输过程中应严禁烟火、高温和暴晒；施工人员不得踩踏未固化的防水涂膜或防水卷材，以防滑倒跌落；熬制涂料或玛蹄脂时，应注意控制加热容器的容量和温度，防止"溢锅"和烫伤操作人员；操作时应注意风向，防止下风操作人员中毒、受伤；在通风不良的部位进行含有挥发性溶剂的涂料施工时,宜采取人工通风措施;施工现场应有禁烟火标志,并配备足够的灭火器具。

9.1.2 刚性防水屋面施工

刚性防水屋面是指利用刚性防水材料作防水层的屋面。主要有普通细石混凝土防水屋面、补偿收缩混凝土防水屋面、纤维混凝土防水屋面、预应力混凝土防水屋面等。尤以前两者应用最为广泛,本章节主要介绍细石混凝土防水屋面施工。与前述的卷材及涂膜防水屋面相比,刚性防水屋面所用材料易得,价格便宜,耐久性好,维修方便,但刚性防水层材料的表观密度大,抗拉强度低,极限拉应变小,易受混凝土或砂浆的干湿变形、温度变形和结构变形的影响而产生裂缝。因此刚性防水屋面主要适用于防水等级为Ⅲ级的屋面防水,也可用作Ⅰ、Ⅱ级屋面多道防水设防中的一道防水层;不适用于设有松散保温层的屋面、大跨度和轻型屋盖的屋面,以及受振动或冲击的建筑屋面。而且刚性防水层的节点部位应与柔性材料复合使用,才能保证防水的可靠性。刚性防水屋面的一般构造形式如图9.4所示。

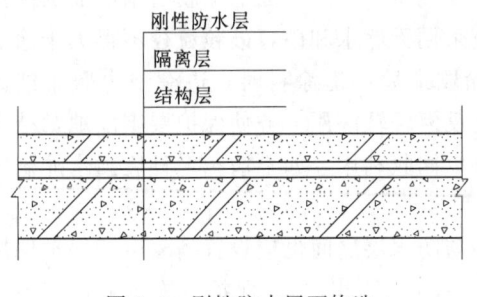

图9.4 刚性防水屋面构造

细石混凝土防水层施工如下。

(1)施工准备工作。

1)屋面结构层为装配式钢筋混凝土屋面板时,应用细石混凝土嵌缝,其强度等级应不小于C20;灌缝的细石混凝土宜掺膨胀剂。当屋面板缝宽度大于40mm或上窄下宽时,板缝内应设置构造钢筋。灌缝高度与板面平齐。板端应用密封材料嵌缝密封处理。

2)由室内伸出屋面的水管、通风管等须在防水层施工前安装,并在周围留凹槽以便嵌填密封材料。

3)刚性防水层的混凝土、砂浆配合比应按设计要求,由实验室通过试验确定。尤其是掺有各种外加剂的刚性防水层,其外加剂的掺量要严格试验,获得最佳掺量范围。

4)按工程量的需要,宜一次备足水泥、砂、石等需要量,保证混凝土连续一次浇捣完成。原材料进场应按规定要求对材料进行抽样复验,合格后才能使用。

5)施工前应准备好施工机具,并检查是否完好。

6)檐口挑出支模及分格缝模板应按要求制作并刷隔离剂。

(2)施工环境条件。刚性防水层严禁在雨天施工,因为雨水进入刚性防水材料中,会增加水灰比,同时使刚性防水层表面的水泥浆被雨水冲走,造成防水层疏松、麻面、起砂等现象,丧失防水能力。施工环境温度宜在5~35℃,不得在负温和烈日暴晒下施工,也不宜在雪天或大风天气施工,以避免混凝土、砂浆受冻或失水。

(3)隔离层施工。刚性防水层和结构层之间应脱离,即在结构层与刚性防水层之间增加一层低强度等级砂浆、卷材、塑料薄膜等材料,起隔离作用,使结构层和刚性防水层变形互不受约束,以减少因结构变形使防水混凝土产生的拉应力,减少刚性防水层的开裂。

1)黏土砂浆隔离层施工。预制板缝填嵌细石混凝土后板面应清扫干净,洒水湿润,但不得积水，将按石灰膏：砂：黏土＝1：2.4：3.6配合比的材料拌和均匀，砂浆以干稠为宜，铺抹的厚度为10～20mm，要求表面平整、压实、抹光，待砂浆基本干燥后，方可进行下道工序施工。

2) 石灰砂浆隔离层施工。施工方法同上。砂浆配合比为石灰膏：砂＝1：4。

3) 水泥砂浆找平层铺卷材隔离层施工。用1：3水泥砂浆将结构层找平，并压实抹光养护，再在干燥的找平层上铺一层3～8mm干细砂滑动层，在其上铺一层卷材，搭接缝用热沥青玛蹄脂盖缝，也可以在找平层上直接铺一层塑料薄膜。

(4) 分格缝留置。分格缝留置是为了减少因温差、混凝土干缩、徐变、荷载和振动、地基沉陷等变形造成刚性防水层开裂，分格缝部位应按设计要求设置。

(5) 钢筋网片施工。钢筋网配置应按设计要求，一般设置直径为4～6mm、间距为100～200mm双向钢筋网片。网片采用绑扎和焊接均可，其位置以居中偏上为宜，保护层不小于10mm。钢筋要调直，不得有弯曲、锈蚀、沾油污。分格缝处钢筋网片要断开。为保证钢筋网片位置留置准确，可采用先在隔离层上满铺钢丝绑扎成形后，再按分格缝位置剪断的方法施工。

(6) 细石混凝土防水层施工。浇捣混凝土前，应将隔离层表面浮渣、杂物清除干净；检查隔离层质量及平整度、排水坡度和完整性；支好分格缝模板，标出混凝土浇捣厚度，厚度不宜小于40mm。

材料及混凝土质量要严格保证，经常检查是否按配合比准确计量，每工作班进行不少于两次的坍落度检查，并按规定制作检验的试块。加入外加剂时，应准确计量、投料顺序得当、搅拌均匀。混凝土搅拌应采用机械搅拌，搅拌时间不少于2min。混凝土运输过程中应防止漏浆和离析。采用掺加抗裂纤维的细石混凝土时，应先加入纤维干拌均匀后再加水，干拌时间不少于2min。

混凝土的浇捣按"先远后近、先高后低"的原则进行。一个分格缝范围内的混凝土必须一次浇捣完成，不得留施工缝。混凝土宜采用小型机械振捣，如无振捣器，可先用木棍等插捣，再用小滚（30～40kg，长600mm左右）来回滚压，边插捣边滚压，直至密实和表面泛浆，泛浆后用铁抹子压实抹平，并要确保防水层的设计厚度和排水坡度。铺设、振动、滚压混凝土时必须严格保证钢筋间距及位置的准确。

混凝土收水初凝后，及时取出分格缝隔板，用铁抹子第二次压实抹光，并及时修补分格缝的缺损部分，做到平直整齐；待混凝土终凝前进行第三次压实抹光，要求做到表面平光，不起砂、起皮、无抹板压痕为止，抹压时，不得洒干水泥或干水泥砂浆。待混凝土终凝后，必须立即进行养护，应优先采用表面喷洒养护剂养护，也可用蓄水养护法或稻草、麦草、锯末、草袋等覆盖后浇水养护，养护时间不少于14d，养护期间保证覆盖材料的湿润，并禁止闲人上屋面踩踏或在上继续施工。

任务9.2　地下工程防水施工

"防、排、截、堵相结合，刚柔相济，因地制宜，综合治理"的原则是我国建筑防水技术发展至今的实践经验总结。地下防水工程的设计和施工应遵循这一原则，并根据建筑

功能及使用要求，按现行规范正确划定防水等级，合理确定防水方案。

目前，地下防水工程应用技术正由单一防水向多道设防、刚柔并举方向发展；刚性防水材料从普通防水混凝土向高性能、外加剂纤维抗裂以及聚合物水泥混凝土方向发展；柔性防水材料从普通纸胎沥青油毡向聚酯胎、玻纤胎高聚物改性沥青以及合成高分子片材方向发展；防水涂料和密封防水材料也从沥青基向高聚物改性沥青、高分子以及聚合物无机涂料方向发展。新材料、新技术、新工艺的推广促使我国地下防水应用技术水平有新的飞跃和提高。

9.2.1 混凝土结构自防水

以混凝土自身的密实性而具有一定防水能力的混凝土或钢筋混凝土结构形式，称为混凝土结构自防水。它兼具承重、围护功能，且可满足一定的耐冻融和耐侵蚀要求。随着混凝土工业化、商品化生产和与其配套的先进运输及浇捣设备的发展，它已成为地下防水工程首选的一种主要结构形式，广泛适用于一般工业与民用建筑地下工程的建（构）筑物，如地下室、地下停车场、水池、水塔、地下转运站、桥墩、码头、水坝等。混凝土结构自防水不适用于以下情况：允许裂缝开展宽度大于 0.2mm 的结构、遭受剧烈振动或冲击的结构、环境温度高于 80℃ 的结构，以及可致耐蚀系数小于 0.8 的侵蚀性介质中使用的结构。

1. 普通防水混凝土

影响防水混凝土抗渗性的技术参数：水泥用量，最少不得少于 300kg/m³，当掺有活性掺合料时不得少于 280kg/m³；砂率，宜为 35%～45%，泵送混凝土的砂率可为 45%；灰砂比，宜为 1∶2～1∶2.5；水灰比，不得大于 0.55；坍落度，不宜大于 50mm。

对于预拌混凝土，其入泵坍落度宜控制为 100～140mm；入泵前坍落度每小时损失值不应大于 30mm，总损失值不应大于 60mm。应予以注意的是，不能以上述技术参数的限值组成混凝土配合比，而是应在技术参数的限值范围内进行选值，通过试配求得符合设计要求的防水混凝土最佳配合比。

不同的外加剂，其性能、作用各异，应根据工程结构和施工工艺等对防水混凝土的具体要求，适宜地选用相应的外加剂。近 10 多年，逐步发展的纤维抗裂防水混凝土、高性能防水混凝土、聚合物水泥防水混凝土分别以其各自的特性，显著提高混凝土的密实性和抗裂性，成为新型的防水混凝土。

2. 防水混凝土施工

（1）施工准备。熟悉施工图纸，进行图纸会审，充分了解和掌握防水设计要求，编制先进合理的施工方案，落实技术岗位责任制，做好技术交底以及执行"三检"（自检、交接检、专职检）等准备工作。

核查工程所选防水材料的出厂合格证书和性能检测报告，是否符合设计要求及国家规定的相应标准。对进场防水材料应进行抽样复验、提出试验报告，不合格的防水材料严禁用于工程。合格的进场材料应按品种、规格妥善放置，有专人保管。工程施工所用工具、机械、设备应配备齐全，并经过检修试验后备用。做好防水混凝土的配合比试配工作，各项技术参数应符合现行规范要求，并应按设计抗渗等级提高 0.2MPa 选定施工配合比。

采取措施防止地面水流入基坑。做好基坑的降排水工作，要稳定保持地下水位在基底最低标高 0.5m 以下，直至施工完毕。做好施工现场消防、环保、文明工地等准备工作。

(2) 模板安装。模板应平整，且拼缝严密不漏浆，并应有足够的刚度、强度，吸水性要小。以钢模、木模、木（竹）胶合板模为宜。模板构造应牢固稳定，可承受混凝土拌和物的侧压力和施工荷载，且应装拆方便。结构内的钢筋或绑扎钢丝不得接触模板。固定模板用的螺栓必须穿过混凝土结构时，可采用工具式螺栓、螺栓加堵头、螺栓上加焊方形止水环等做法。止水环尺寸及环数应符合设计规定。如设计无规定，则止水环应为 10cm×10cm 的方形止水环，且至少有一环。

(3) 钢筋安装。做好钢筋绑扎前的除污、除锈工作。绑扎钢筋时，应按设计规定留足保护层，且迎水面钢筋保护层厚度不应小于 50mm。应以相同配合比的细石混凝土或水泥砂浆制成垫块，将钢筋垫起，以保证保护层厚度，严禁以垫铁或钢筋头垫钢筋，或将钢筋用铁钉及钢丝直接固定在模板上。钢筋应绑扎牢固，避免因碰撞、振动使绑扣松散、钢筋移位，造成露筋。钢筋及绑扎钢丝均不得接触模板。采用铁马凳架设钢筋时，在不便取掉铁马凳的情况下，应在铁马凳上加焊止水环。在钢筋密集的情况下，更应注意绑扎或焊接质量，并用自密实高性能混凝土浇筑。

(4) 混凝土搅拌。严格按照经试配选定的施工配合比计算原材料用量。准确称量每种材料用量，按石子→水泥→砂子的顺序投入搅拌机。所用各种材料的品种、规格和用量，每工作班检查不应少于两次。防水混凝土必须采用机械搅拌。搅拌时间不应小于 120s。掺外加剂时，应根据外加剂的技术要求确定搅拌时间。采用集中搅拌或商品混凝土时，也应符合上述规定，确保防水混凝土质量。

(5) 混凝土浇筑振捣。混凝土浇筑应分层，每层厚度不宜超过 30~40cm，相邻两层浇筑时间间隔不应超过 2h，夏季可适当缩短。混凝土在浇筑地点须检查坍落度，每工作班至少检查两次。普通防水混凝土坍落度不宜大于 50mm。防水混凝土必须采用高频机械振捣，振捣时间宜为 10~30s，以混凝土泛浆和不冒气泡为准。要依次振捣密实，应避免漏振、欠振和超振。掺加引气剂或引气型减水剂时，应采用高频插入式振捣器振捣密实。

(6) 混凝土养护。防水混凝土的养护对其抗渗性能影响极大，特别是早期湿润养护更为重要，一般在混凝土进入终凝（浇筑后 4~6h）即应覆盖，浇水湿润养护不少于 14d。因为在湿润条件下，混凝土内部水分蒸发缓慢，不致形成早期失水，有利于水泥水化，特别是浇筑后的前 14d，水泥硬化速度快，强度增长几乎可达 28d 标准强度的 80%，由于水泥充分水化，其生成物将毛细孔堵塞，切断毛细通路，并使水泥石结晶致密，混凝土强度和抗渗性均很快提高；14d 以后，水泥水化速度逐渐变慢，强度增长亦趋缓慢，虽然继续养护依然有益，但对质量的影响不如早期大，所以应注意前 14d 的养护。

9.2.2 水泥砂浆抹面防水

水泥砂浆抹面属刚性防水层，它质脆、韧性差，在湿度和温度变化的情况下易产生空鼓开裂现象。为了克服这一缺陷，往往在水泥砂浆中引入了聚合物材料进行改性，改性后的砂浆，一则大大地提高了水密性，二则提高了抗拉、抗折和黏结强度，降低了砂浆的干缩率，增强了抗裂性能。目前商业化的防水砂浆专用胶乳，有氯丁橡胶胶乳、丁苯胶乳、羧基丁苯胶乳、丙烯酸酯胶乳、环氧乳液等。采用商业化专用胶乳对普通硅酸盐水泥进行改性的聚合物水泥砂浆，在地下工程的防渗、防潮，厕浴间的防水及墙面防水中发挥了特有的作用。但在使用专用胶乳配制防水砂浆中，发现了此类砂浆仍有许多方面不能满足工程的需求，如胶乳的加入降低了水泥早期的强度，此时如养护不好，分隔面积不合理，就会产生裂缝及空鼓。在专用胶乳的基础上，目前已有商业化的单组分胶黏剂及粉、液双组分胶黏剂产品，此系列产品除了保证该类砂浆良好的施工性能、抗渗性及黏结性外，还通过对聚合物胶乳和水硬性材料技术水平的提高，解决了该类砂浆早期强度低的问题。采用某些产品配制砂浆，其干缩率可比普通水泥砂浆小10~15倍，比日本JIS A 6023工业用聚合物水泥砂浆的干缩率还小2~3倍。这类产品的面市，解决了地下防水工程大面积防水施工的难题，它在地下工程、涵洞、洞库、隧道背水面的防水工程中起到了至关重要的作用。

1. 各类防水砂浆及其防水剂的化学组成

各类防水砂浆防水剂的化学组成见表9.6。

表9.6　　　　　　　　各类防水砂浆防水剂的化学组成

防水砂浆种类	防 水 剂 类 别	
掺小分子防水剂的砂浆	无机类	氯化钙、无机铝盐
	有机类	有机硅、脂肪酸
掺塑化膨胀剂的砂浆	钙钡石膨胀源	硫铝酸盐、木钙萘系减水剂
聚合物水泥砂浆	橡胶类	氯丁胶乳、羧基丁苯胶乳、丁苯胶乳
	橡塑类	丙烯酸酯乳液、环氧乳液
	胶乳或粉状聚合物改性水硬性材料	丙烯酸酯胶乳+改性水泥 环氧乳液+改性水泥 粉状聚合物+改性水泥

2. 防水砂浆施工

（1）基层的处理。基层处理十分重要，是保证防水层与基层表面结合牢固、不空鼓和密实不透水的关键。基层处理包括清理、浇水、刷洗、补平等工序，使基层表面保持潮湿、清洁、平整、坚实、粗糙。

1）混凝土基层的处理。新建混凝土工程，拆除模板后，立即用钢丝刷将混凝土表面刷毛，并在抹面前浇水冲刷干净；旧混凝土工程补做防水层时，需用钻子、剁斧、钢丝刷将表面凿毛，清理平整后再冲水，用棕刷刷洗干净；混凝土基层表面凹凸不平、蜂窝孔洞，应根据不同情况分别进行处理；混凝土结构的施工缝要沿缝剔成八字形凹槽，用水冲洗后，用素灰打底，水泥砂浆压实抹平。

2）砖砌体基层的处理。对于新砌体，应将其表面残留的砂浆等污物清除干净，并浇水冲洗。对于旧砌体，要将其表面酥松表皮及砂浆等污物清理干净，至露出坚硬的砖面，并浇水冲洗。对于石灰砂浆或混合砂浆砌的砖砌体，应将缝剔深1cm，缝内成直角。

3）毛石和料石砌体基层的处理。这种砌体基层的处理与混凝土和砖砌体基层处理基本相同。对于石灰砂浆或混合砂浆砌体，其灰缝要剔深1cm，缝内成直角。对于表面凹凸不平的石砌体，清理完毕后，在基层表面要做找平层。找平层的做法是：先在石砌体表面刷水灰比 0.5 左右的水泥浆一道，厚约 1mm，再抹 1～1.5cm 厚的 1：2.5 水泥砂浆，并将表面扫成毛面。一次不能找平时，要间隔 2d 分次找平。

(2) 砂浆抹面施工操作要点。

1) 混凝土顶板与墙面防水层操作。素灰层，厚 2mm。先抹一道 1mm 厚素灰，用铁抹子往返用力刮抹，使素灰填实基层表面的孔隙。随即在已刮抹过素灰的基层表面再抹一道厚 1mm 的素灰找平层，抹完后，用湿毛刷在素灰层表面按顺序涂刷一遍。

第一层水泥砂浆层，厚 6～8mm。在素灰层初凝时抹水泥砂浆层，要防止素灰层过软或过硬，过软会将素灰层破坏；过硬则黏结不良，要使水泥砂浆薄薄压入素灰层厚度的 1/4 左右。抹完后，在水泥砂浆初凝时用扫帚按顺序向一个方向扫出横向条纹；第二层水泥砂浆层，厚 6～8mm。按照第一层的操作方法将水泥砂浆抹在第一层上，抹后在水泥砂浆凝固前水分蒸发过程中，分次用铁抹子压实，一般以抹压 2～3 次为宜，最后再压光。

2) 砖墙面和拱顶防水层的操作。第一层是刷水泥浆一道，厚度约为 1mm，用毛刷往返涂刷均匀，涂刷后，可抹第二层、三层、四层等，其操作方法与混凝土基层防水相同。

3) 石墙面和拱顶防水层的操作。待找平层（为一层素灰，一层砂浆）水泥砂浆充分硬化后，再在其表面适当浇水湿润，即可进行防水层施工，其操作方法与混凝土基层防水相同。

4) 地面防水层的操作。地面防水层操作与墙面、顶板操作不同的地方是，素灰层（一、三层）不采用刮抹的方法，而是把拌和好的素灰倒在地面上，用棕刷往返用力涂刷均匀，第二层和第四层是在素灰层初凝前后把拌和好的水泥砂浆层按厚度要求均匀铺在素灰层上，按墙面、顶板操作要求抹压，各层厚度也均与墙面、顶板防水层相同。地面防水层在施工时要防止践踏，应由里向外顺序进行。

5) 特殊部位的施工。结构阴阳角处的防水层，均需抹成圆角，阴角直径 5cm，阳角直径 1cm。防水层的施工缝需留斜坡阶梯形槎，槎子的搭接要依照层次操作顺序层层搭接。留槎的位置一般留在地面上，也可留在墙面上，所留的槎子均需离阴阳角 20cm 以上。

9.2.3 卷材防水

地下防水工程一般把卷材防水层设置在建筑结构的外侧，称为外防水。它与卷材防水层设在结构内侧的内防水相比较，具有以下优点：外防水的防水层在迎水面，受压力水的作用紧压在结构上，防水效果良好，而内防水的卷材防水层在背水面，受压力水的作用容易局部脱开；外防水造成渗漏机会比内防水少。因此，一般多采用外防水。外防水有两种设置方法，即"外防外贴法"和"外防内贴法"。

1. 地下工程防水卷材

目前适用于地下工程的高聚物改性沥青类防水卷材主要品种有：弹性体改性沥青防水卷材，以 SBS 改性沥青和聚酯毡或玻纤毡胎体制成；塑性体改性沥青防水卷材，以 APP 等改性沥青和聚酯毡或玻纤毡胎体制成；改性沥青聚乙烯胎防水卷材，以改性沥青为基料、高密度聚乙烯膜为胎体制成。

适用于地下工程的合成高分子卷材类型有：硫化橡胶类，如 JL_1 三元乙丙橡胶防水卷材、JL_2 氯化聚乙烯—橡胶共混防水卷材等；非硫化橡胶类，如 JF_3 氯化聚乙烯（CPE）防水卷材等；合成树脂类，如 JS_1 聚氯乙烯（PVC）防水卷材等；纤维胎增强类，如丁基、氯丁橡胶、聚氯乙烯、聚乙烯等产品。

2. 卷材防水层的施工做法

地下工程的卷材防水层采用高聚物改性沥青防水卷材，或合成高分子防水卷材，并应选用与它们材性相容的基层处理剂、胶黏剂、密封材料等配套材料。地下工程防水卷材厚度见表9.7。

表9.7   地下工程防水卷材厚度选用表

防水等级	设防道数	合成高分子防水卷材厚度	高聚物改性沥青防水卷材厚度
1级	三道或三道以上设防	单层：不应小于1.5mm	单层：不应小于4mm
2级	二道设防	双层：每层不应小于1.2mm	双层：每层不应小于3mm
3级	一道设防	不应小于1.5mm	不应小于4mm
	复合设防	不应小于1.2mm	不应小于3mm

铺设卷材防水层时，两幅卷材短边或长边的搭接宽度均不应小于100mm。铺设多层卷材时，上下两层和相邻两幅卷材的接缝应错开1/3幅宽；上下两层卷材不得相互垂直铺贴；阴阳角应做成圆弧或45°（135°）折角，并增铺1~2层相同品种的卷材，宽度不宜小于500mm。

（1）冷粘法。冷粘法是采用与卷材配套的专用冷胶黏剂粘铺卷材而无需加热的施工方法，主要用于铺贴合成高分子防水卷材。冷粘法施工可以满粘、条粘、点粘、空铺，通常底板垫层、混凝土平面部位的卷材宜采用点粘或空铺，其他部位应采用满粘法。现将施工要点介绍如下。

1）基层要求及处理。基层必须牢固，无松动、起砂等缺陷。基层表面应平整洁净、均匀一致。必须将突出基层表面的异物、砂浆疙瘩等铲除，并将尘土杂物清除干净，最好用高压空气进行清理。基层应干燥，含水率宜小于9%，测定方法是：将1m见方的三元乙丙橡胶卷材覆盖在基层表面上，静置2~3h，若覆盖处的基层表面无水印，且紧贴基层一侧的卷材也无凝结水痕，即为基层含水率小于9%。

阴阳角、管道根部等处更应仔细清理，若有油污、铁锈等，应以砂纸、钢丝刷、溶剂等予以清除干净。基层若高低不平或凹坑较大时，应用掺加108胶（占水泥重量的15%）的1:3水泥砂浆抹平。基层与变形缝或管道等相连接的阴角应做成均匀一致、平整光滑的折角或圆弧。排水口、地漏应低于基层；有套管的管道部位应高于基层表面不少于20mm。

2）单层卷材防水层的施工，构造如图9.5所示。

主要步骤：涂布基层处理剂→复杂部位增强处理→涂布基层胶黏剂及铺设卷材→卷材搭接缝及收头处理→施工保护层。

涂布基层处理剂。先用油漆刷沾底胶在阴角、管道根部等复杂部位均匀涂刷一遍。再以长把滚刷进行大面涂布，要涂布均匀，不得过厚或过薄，更不得漏涂露底。底胶涂后要干燥4h以上，方可进行下道工序施工。

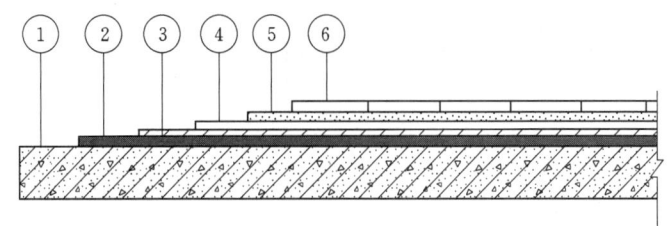

图 9.5 单层卷材防水层构造
①—基层：混凝土或水泥砂浆层；②—基层处理剂：聚氨酯底胶；③—基层胶黏剂：
CX-404 胶；④—防水主体：三元乙丙橡胶防水卷材；⑤—刚性结合层：
108 胶水泥砂浆；⑥—刚性保护层：水泥方砖或缸砖

复杂部位增强处理。在铺贴卷材之前应对阴阳角、排水口、管道等薄弱部位做增强处理。

涂布基层胶黏剂及铺设卷材。涂布胶黏剂后，需静置 10～20min，待胶膜基本干燥（以手感不粘手为准）时，将卷材用原纸筒芯重新卷起，要注意两端平直，不得折皱，并防止粘上砂子或尘土等污物。

卷材搭接缝及收头处理。卷材搭接缝及收头是防水层密封质量的关键，因此须以专用的接缝胶黏剂及密封膏进行处理。此外，地下工程卷材搭接缝必须做附加补强处理。

施工保护层。卷材防水层经检查质量合格后，即可做保护层。

3）涂膜卷材复合防水层的施工。涂布聚氨酯底胶，同单层卷材防水层；聚氨酯涂膜防水层施工。将聚氨酯涂膜防水材料的两个组分按甲：乙：二甲苯＝1：1.5：0.2 的比例配合搅拌均匀，用橡皮刮板将其涂刮在基层上，要求涂刮均匀一致，厚度一般约 2mm 为宜，若涂得过薄，则应在涂膜固化后再涂一层。涂刮后在 24h 以内固化，然后施工下道工序；其他施工方法与单层卷材防水层相同。

（2）自粘法。自粘法是采用自粘型防水卷材，不须涂刷胶黏剂，只需将卷材表面的隔离纸撕去即可粘贴卷材的方法。自粘法施工可以满粘或条粘。条粘施工只需将卷材与基层脱离部分采取隔离措施即可，如刷一道石灰水或用裁下的隔离纸铺垫等。

（3）热熔法。热熔法是以专用的加热机具将热熔型卷材底面的热熔胶加热熔化而使卷材与基层或卷材与卷材之间进行黏结的施工方法。热熔法施工的关键技术是烘烤热熔胶，要把握烘烤温度和烘烤时间，温度不够、时间短，热熔胶不得熔融；温度太高、时间过长，易将卷材烤坏，均会影响卷材防水层的质量，因此熟练掌握烘烤技术，使烘烤恰到好处是十分重要的。

（4）焊接法。焊接法是用半自动化温控热熔焊机、手持温控热熔焊枪，以及专用焊条对所铺卷材进行焊接铺设的施工方法。焊接法工艺先进、焊缝强度高、严密性可靠，由于不是卷材与基层满粘（只是卷材与卷材焊接），因而可适应基层变形较大的建（构）筑物。

（5）机械固定法。机械固定法是使用专用螺钉、垫片、压条及其他配件将合成高分子卷材固定在基层上的施工方法。它具有便捷、可靠、实用、对基层无严格要求及缩短工期等优点。

任务 9.3 卫生间地面防水涂料施工

9.3.1 作业条件

(1) 卫生间楼地面垫层已完成,穿过卫生间地面及楼面的所有立管、套管已完成,并已固定牢固,经过验收。管周围缝隙用 1∶2∶4 细石混凝土填塞密实(楼板底需吊模板)。

(2) 卫生间楼地面找平层已完成,标高符合要求,表面应抹平压光、坚实、平整,无空鼓、裂缝、起砂等缺陷,含水率不大于 9%。

(3) 找平层的泛水坡度应在 2%(即 1∶50),不得局部积水,与墙交接处及转角处、管根部位,均要抹成半径为 100mm 的均匀一致、平整光滑的小圆角,要用专用抹子。凡是靠墙的管根处均要抹出 5%(1∶20)坡度,避免此处积水。

(4) 涂刷防水层的基层表面,应将尘土、杂物清扫干净,表面残留的灰浆硬块及高出部分应刮平、扫净。对管根周围不易清扫的部位,应用毛刷将灰尘等清除,如有坑洼不平处或阴阳角未抹成圆弧处,可用胶∶水泥∶砂=1∶1.5∶2.5 砂浆修补。

(5) 基层做防水涂料之前,在突出地面和墙面的管根、地漏、排水口、阴阳角等易发生渗漏的部位,应做附加层增补。

(6) 卫生间墙面按设计要求及施工规定(四周至少上卷 300mm)有防水的部位,墙面基层抹灰要压光,要求平整,无空鼓、裂缝、起砂等缺陷。穿过防水层的管道及固定卡具应提前安装并在距管 50mm 范围内凹进表层 5mm,管根做成半径为 10mm 的圆弧。

(7) 根据墙上的+0.5m 水平控制线,弹出墙面防水高度线,标出立管与标准地面的交界线,涂料涂刷时要与此线平。

(8) 卫生间做防水之前必须设置足够的照明设备(安全低压灯等)和通风设备。

(9) 防水材料一般为易燃有毒物品,储存、保管和使用时要远离火源,施工现场要备有足够的灭火器等消防器材,施工人员要着工作服,穿软底鞋,并设专业工长监管。

(10) 环境温度保持在 5℃以上。

(11) 操作人员应经过专业培训考核合格后,持证上岗,先做样板间,经检查验收合格,方可全面施工。

9.3.2 主要材料

1. 聚氨酯防水涂膜

(1) 聚氨酯防水涂料。甲组分:异氰酸基含量以 3.5%±0.2% 为宜;乙组分:如为羧基固化时,羟基含量以 0.7%±0.1% 为宜;聚氨酯防水涂料及形成防水涂膜的质量应符合下列要求:固体含量:不小于 94%;拉伸强度:不小于 $1.65N/mm^2$;断裂延伸率:不小于 300%;柔性:-30℃弯折无裂纹;不透水性:$0.3N/mm^2$,30min 不渗漏。

(2) 聚酯纤维无纺布。它由聚酯纤维加工制成,主要用做涂膜的增强材料,规格为 $60\sim80g/m^2$,拉力 100N/50mm,延伸率在 20% 以上(横向)。

(3) 聚乙烯泡沫塑料片材。由聚乙烯树脂成形发泡制成,厚度为 5~6mm,主要用做立墙外侧防水涂膜的软保护层。其主要技术性能应符合下列要求:拉伸强度:不小于

$0.2N/mm^2$;断裂伸长率:不小于100%;直角撕裂强度:不小于23N/25mm;吸水率:不大于0.6%。

(4) 辅助材料。主要包括二甲苯(稀释剂和机具清洗剂)、二月桂酸二丁基锡(促凝剂)和苯磺酰氯(缓凝剂)等。

2. 氯丁橡胶沥青防水涂料防水涂膜

主要材料:氯丁橡胶沥青防水涂料(铁桶包装,净重200kg;塑料桶包装,净重50kg);配套材料:玻璃纤维布等;表面保护层材料:细砂、云母粉等。

9.3.3 聚氨酯防水涂料操作工艺

聚氨酯防水涂料施工工艺流程:清扫基层→涂刷底胶→细部附加层→第一层涂膜→第二层涂膜→第三层涂膜→防水层试水→防水层验收。

(1) 清扫基层。用铲刀将粘在找平层上的灰皮除掉,用扫帚将尘土清扫干净,尤其是管根、地漏和排水口等部位要仔细清理。如有油污时,应用钢丝刷和砂纸刷掉。表面必须平整,凹陷处要用1:3水泥砂浆找平。

(2) 涂刷底胶。将聚氨酯甲、乙两组分和二甲苯按1:1.5:2的比例(重量比)配合搅拌均匀,即可使用。用滚动刷或油漆刷蘸底胶均匀地涂刷在基层表面,不得过薄也不得过厚,涂刷量以$0.2kg/m^2$左右为宜。涂刷后应干燥4h以上,手感不黏时才能进行下一工序的操作。

(3) 细部附加层。将聚氨酯涂膜防水材料按甲组分:乙组分=1:1.5的比例混合搅拌均匀,用油漆刷蘸涂料在地漏、管道根、阴阳角和出水口等容易漏水的薄弱部位均匀涂刷,不得漏刷(地面与墙面交接处,涂膜防水拐墙上做150mm高)。

(4) 第一层涂膜。将聚氨酯甲、乙两组分和二甲苯按1:1.5:0.2的比例(重量比)配合后,倒入拌料桶中,用电动搅拌器搅拌均匀(约5min),用橡胶刮板或油漆刷刮涂一层涂料,厚度要均匀一致,刮涂量以$0.8\sim1.0kg/m^2$为宜,从内往外退着操作。

(5) 第二层涂膜。第一层涂膜后,涂膜固化到不黏手时,按第一遍材料配比方法,进行第二遍涂膜操作,为使涂膜厚度均匀,刮涂方向必须与第一遍刮涂方向垂直,刮涂量与第一遍同。

(6) 第三层涂膜。第二层涂膜固化后,仍按前两遍的材料配比搅拌好涂膜材料,进行第三遍刮涂,刮涂量以$0.4\sim0.5kg/m^2$为宜,如图9.6所示。

在操作过程中根据当天操作量配料,不得搅拌过多。如涂料黏度过大不便涂刮时,可加入少量二甲苯进行稀释,加入量不得大于乙料的10%。如甲、乙料混合后固化过快,影响施工时,可加入少许磷酸或苯磺酚氯化缓凝剂,

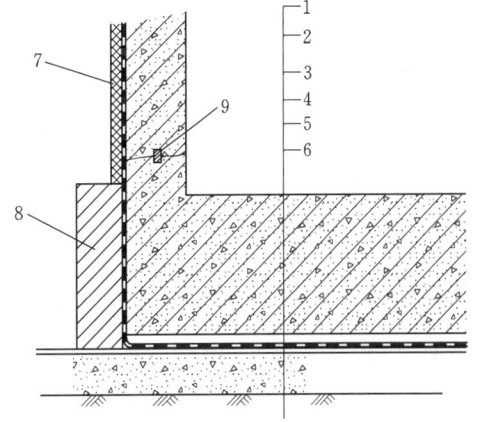

图9.6 卫生间地面聚氨酯涂膜防水构造
1—混凝土底板;2—细石混凝土保护层;3—涂膜防水层;4—砂浆找平层;5—混凝土垫层;6—素土夯实;7—聚乙烯泡沫毡软保护层;8—砖砌模板墙;9—膨胀橡胶止水条

项目 9 屋面及防水工程施工技术

加入量不得大于甲料的 0.5%；如涂膜固化太慢，可加入少许二月桂酸二丁基锡作促凝剂；但加入量不得大于甲料的 0.3%。涂膜防水做完，经检查验收合格后可进行蓄水试验，24h 无渗漏，可进行面层施工。

9.3.4 氯丁胶乳沥青防水涂料施工

氯丁橡胶沥青防水涂料又名氯丁胶乳沥青防水涂料，目前国内多是阳离子水乳型产品。它兼有橡胶和沥青的双重优点，与溶剂型同类涂料相比，两者的主要成膜物质均为氯丁橡胶和石油沥青，其两者性能相仿，但阳离子水乳型氯丁橡胶沥青防水涂料以水代替了甲苯等有机溶剂，其成本降低，且具有无毒、无燃爆和施工时无环境污染等特点。

1. 基层处理

基层表面必须平整光滑，不得有疏松、砂眼或孔洞存在。如有上述现象存在时，应抹水泥砂浆找平，采用掺入水泥量 15% 108 胶或聚醋酸乙烯乳液调制的水泥腻子填充刮平。

2. 防水涂层

阳离子氯丁橡胶沥青防水涂层，以二布六涂涂层为主，厚度见表 9.8。

表 9.8　　　　　　　　　氯丁胶沥青防水涂层厚度

涂　　层	玻璃纤维布	二　布　六　涂
厚度/mm	>0.2	>2.0

注　厚度不包括砂层及其他保护层。

涂料施工步骤如下。

1) 底涂层施工。将稀释防水涂料均匀涂布于基层找平层上。涂刷时最好选择在无阳光的早晚时间进行，以使涂料有充分的时间向基层毛细孔内渗透，增强涂层对底层的黏结力。干后再涂刷防水涂料 2~3 遍，涂刷涂料时应做到厚度适宜，涂布均匀，不得有流淌、堆积现象，以利于水分蒸发，避免起泡。以下各涂层均按此要求进行施工。

2) 中涂层施工。中涂层为加筋涂层，要铺贴玻璃纤维网格布，施工时可采用干铺法或湿铺法。

a. 干铺法。在已干的底涂层上干铺玻璃纤维网格布，展平后用涂料点粘固定。玻璃纤维网格布纵向搭接宽度为 70mm，对接宽度为 10mm。铺过两个纵向搭接缝的纤维网格布后，开始涂刷防水涂料。依次刷防水涂料 2~3 遍。涂层干后，按上述做法铺第二层网格布。交接缝要与第一层网格布错位搭接。在第二层网格布上涂刷 1~2 遍涂料。在涂料施工过程中，为防止涂层表面粘脚，可在局部涂层表面上抛撒少量粉砂（40 目以上）或滑石粉（50~100 目）。粉料宜少撒，以免影响涂层质量。

b. 湿铺法。在已干的底涂层上，边涂防水涂料边铺贴玻璃纤维布。为了操作方便，可将玻璃纤维布卷成圆卷，边滚边贴。随即用毛刷将玻璃纤维布碾平整，排除气泡，并用刷子沾涂料在其上面均匀涂刷，使玻璃纤维网格布牢固黏结到基层上，并且使全部玻璃纤维网眼浸满涂料，不得有漏涂现象和皱折，干后再刷涂料。

3) 面层保护层施工。平面部位可做细石混凝土和水泥砂浆。立面可采用砌砖或粘贴 4~5mm 厚泡沫片材。

任务 9.3 卫生间地面防水涂料施工

9.3.5 卫生间涂膜防水施工注意事项

(1) 涂料使用前必须搅拌均匀；储运环境温度应大于 0℃，注意密封；储存期不宜超过 6 个月。不得在 0℃ 以下施工。雨天、风砂天不得施工。不宜在夏季太阳暴晒下和后半夜潮露时施工。施工中，严禁踩踏未干防水层，不准穿带钉鞋操作。

(2) 首先要用水泥砂浆将地面做平，然后再做防水处理。这样可以避免防水涂料因薄厚不均或防水涂料露底而造成渗漏，找平层的流水坡向和坡度应符合设计要求，流水畅通无积水处。

(3) 后装管道的洞口四周先凿毛后用混凝土浇灌严实，墙体与地面之间的接缝以及上下水管道与地面的接缝处，是最容易出现问题的地方。所以这些部位一定要格外注意，处理一定要细致，不能有丝毫的马虎。

(4) 涂料防水层的基层应牢固，基面应干燥、洁净、平整，不得有空鼓、松动、起砂、潮湿和脱皮现象，基层阴阳角处应做成圆弧形。

(5) 涂料涂刷前应先在基层上涂一层与涂料相容的基层处理剂，涂膜应多遍完成，涂刷应待前遍涂层干燥成膜后进行，每遍涂刷时应交替改变涂层的涂刷方向，同层涂膜的先后搭茬宽度宜为 30~50mm。

(6) 为了达到较好的防水效果，一般卫生间的墙面上也要做大约 750mm 高的防水处理，防止积水洇透墙面。有水管及与浴缸相邻的墙面，防水处理的高度也要比水管面及浴缸上沿高出一些。

(7) 涂刷程序应先做转角处、穿板管道、出水口等部位的涂料加强层，后进行大面涂刷，涂料防水层的平均厚度应符合设计要求，最小厚度不得小于设计厚度的 80%。涂料防水层应与基层黏结牢固，表面平整，涂刷均匀，不得有流淌、皱折、鼓泡、漏底、翘边等缺陷。

(8) 地面面层做完后进行蓄水试验，有渗漏现象。涂膜防水层做完之后，必须进行第一次蓄水试验，如有渗漏现象，可根据渗漏具体部位进行修补，甚至于全部返工，直到蓄水 2cm 高，观察 24h 不渗漏为止。地面面层做完之后，再进行第二遍蓄水试验，观察 24h 无渗漏为最终合格，填写蓄水检查记录。

(9) 保护层混凝土浇筑时应做好成品保护，防止将防水层弄破，找坡平稳、顺直，厚度达到设计要求。

(10) 涂膜防水层空鼓、有气泡。主要是基层清理不干净，底胶涂刷不匀或者是由于找平层潮湿，含水率高于 9%，涂刷之前未进行含水率试验，造成空鼓，严重者造成大面积起鼓包。因此在涂刷防水层之前，必须将基层清理干净，并做含水率试验。

(11) 地面存水排水不畅。主要原因是在做地面垫层时，没有按设计要求找坡，做找平层时也没有采取补救措施，造成倒坡或凹凸不平而存水。因此在做涂膜防水层之前，先检查基层坡度是否符合要求，与设计不符时，应进行处理后再做防水。

(12) 防水涂料施工应具备以下质量记录。防水涂料必须有生产厂家合格证，施工单位的技术性能复试试验记录；防水涂层隐检记录，蓄水试验检查记录；涂膜防水层检验批质量验收记录；密封材料嵌缝检验批质量验收记录；地漏及地面清扫口排水记录。

9.3.6 卫生间渗漏及堵漏措施

卫生间防水渗漏是多年来建筑业的一大难题，卫生间防水的施工造价低，但由于渗漏造成的返修成本高，代价大；并且需进入另一户进行维修，甚至由于另一户的不配合造成维修无法进行，由此造成的纠纷也多，严重影响业主的正常生活。因此应将卫生间防水施工作为装修工作中的重中之重来予以关注。卫生间防水保修期达5年，必须保证防水层的耐久性，第一，必须保证使用合格的防水材料；第二，必须确保防水层的厚度；第三，必须保证不积水；第四，必须保证防水节点的可靠、有效。

1. **防水层厚度不足造成渗漏**

存在问题：防水层厚度不足造成防水的耐久性达不到要求，达不到5年保修期就开始渗漏。特别是墙面部分防水层厚度不足，造成相连的房间墙面出现长毛、发霉现象。

防治措施：严格把关，每间地面墙面防水层进行切片验收，确保厚度。

2. **预留洞渗漏**

质量问题：预留洞施工的，管道施工完后，周围用混凝土封堵，此部位混凝土容易松动、开裂，造成防水层破坏渗漏。

防治措施：从楼板浇筑时就严格把关，为了解决预留洞口周边混凝土松动、裂纹等质量隐患，采取了楼板不留洞，只预留洞口位置，木工支完模板后，由暖通技术人员用红油漆标出准确位置，直径大小与管径匹配，比管道直径大5cm即可，绑扎顶板钢筋时躲避该标识。结构完成后，再根据地漏位置用水钻开洞。

3. **地漏高过防水层造成积水**

存在问题：目前地漏的安装高度均是与装修面的最低处，高过防水层的高度。防水层与地漏口形成了存水、洼兜，长期使用后，防水层与地漏周边连接处会形成缝隙，防水层上的存水就有可能在防水薄弱点渗水到管根、墙角等。

防治措施：在地漏下边设一个大小头漏斗，其安装高度与结构板找平层上板面相平，做防水前的找平层向地漏方向找坡，大小头上安装一个活动地漏，此做法同时解决了家庭装修时改造地漏的难度。为解决地漏返气问题，在地漏下方加装一处返水弯。

4. **穿楼板管渗漏**

存在问题：穿楼板管根处防水层与管道连接处理不好造成渗水漏水，或长期使用破坏。

防治措施：为解决管根渗水问题，在排水立管上加设止水环、给水立管加装套管，管道四周密封材料填实。

5. **穿墙管渗漏**

存在问题：暖气、给水地埋管穿墙处防水层处理不好造成渗漏。

防治措施：一种为非承重墙后开洞，管道走防水层外；一种为承重墙预留穿墙洞，管道加套管。根据不同地点选择不同做法。

6. **门槛洇水**

存在问题：卫生间装修完成项目在进行二次闭水试验或使用中用水时间长、水量大时，水从地砖缝渗入，从门槛下的防水层上洇出；防水层做在地埋管下的，水从门坎下地埋管处洇出。

防治措施：在卫生间门下口浇筑混凝土门槛，防水做在混凝土门槛上面，混凝土门槛高度为完成面高度减装修面厚度。改变地埋管位置，不从卫生间门下进入卫生间，地埋管不穿防水层，尽量减少渗漏的可能性。

任务9.4 防水工程质量控制

防水工程应遵循"迎水面设防""以防为主，防排结合"的原则，并采用"多道设防""刚柔并济""节点密封"等措施，根据不同的环境，因地制宜，利用各种手段进行综合治理以确保达到预期的防水效果。

9.4.1 材料质量控制

建筑市场上的防水材料多种多样，大体上可分为4个大类，即防水卷材、防水片材、防水涂料、密封材料及防渗堵漏等特种用途的防水材料。而每一大类中又可进行细分，如防水卷材可分为沥青类、橡胶类、高分子类；防水涂料可分为水泥基类、复合类和高分子类等。每种材料都各有其特性，因此必须根据防水工程的部位、所处的环境、设计防水等级和功能需要等，选用合适的防水材料，充分发挥各类材料的特性以期获得最佳的防水效果。

（1）屋面。应优先选用耐久性好、抗老化性能强，且具有一定的延伸性、耐热度高的防水材料，如聚酯胎改性沥青防水卷材、PVC防水卷材、三元乙丙防水片材或防水沥青油毡等。

（2）地下。除了需采取"刚柔并济"的多道设防外，还应选用耐腐蚀性好、使用寿命长的柔性防水材料，如玻纤胎、聚酯胎改性沥青卷材等。

（3）厕浴间。一般选用防水涂料为宜，施工简便、快速，且其涂层可形成整体的无缝涂膜，质量也可以得到保证，如聚合物水泥防水涂料、改性沥青涂料、聚氨酯防水涂料等。

9.4.2 质量控制

1. 质量控制要点

（1）从事建筑防水工程施工的企业必须具有防水专业施工资质证书，监理应对其企业资格及人员资格进行审查确认。

（2）根据防水要求编制施工方案或技术措施，其内容包括施工程序和工段划分、施工工艺、技术措施、质量标准、成品保护等，施工方案或技术措施应报监理批准，要求总包单位在进场前对操作班组进行技术交底。

（3）严格防水材料的进场报验程序和见证送检制度，经检验合格的防水材料才准予用于工程。

（4）防水工程施工过程中应执行自检、互检、交接检及工序检查等制度，严格执行从基层、防水层到保护层的逐层隐蔽检查验收制度。

（5）防水层的基层必须坚固、平整、干净、不起砂、不起皮。涂胶防水层及嵌填密封材料的基层必须干燥。

（6）已施工的柔性防水层进行抽检取样实测检查，确认其厚度（便数）是否符合设计和规范要求。

（7）柔性防水层完成后必须及时做好保护层。保护层施工时，应采取有效的保护措施，避免破坏防水层。

（8）应避免在已完工的防水层上打眼凿洞，如确需打眼凿洞时，损坏的防水层应重点进行防水密封处理。

（9）对防水节点，如孔口、管道穿孔处、门窗框周边等细部节点予以特别注意，逐处或重点抽查其施工质量。

（10）对防水部位进行蓄水、淋雨等试验，检查其防水性能。

2. 屋面工程的防水施工要点

（1）水落口、伸出屋面管道、屋面上部设备基础和预埋件等应先安装，后浇灌结构混凝土。

（2）水泥砂浆找平层必须按设计要求挂线或做标志找准坡度，且宜留分格缝，其纵横间距不宜大于 6m，缝宽宜为 10～20mm，并嵌填密封材料（新的图集也可以在缝上干铺 400mm 宽的同品质的防水材料）。

（3）在屋面的阴阳角处、檐沟、天沟、水落口周围及屋面设施下部等处应设一道附加增强层。

（4）防水层施工前，应将基层上的尘沙、杂物、油污清除干净。

（5）防水层施工顺序应遵循"先高后低、先远后近"的原则。

3. 防水卷材的施工要点

（1）防水卷材施工前必须对基层干燥程度进行测试。测试时将 $1m^2$ 塑料膜平坦地铺在找平层上，静置 3～4h 后掀开检查，找平层覆盖部位与塑料膜上未见水印即可施工。

（2）卷材铺贴应从屋面最低标高的天沟水落口开始，再从檐口贴至屋脊方向。天沟、檐沟应顺沟底的水落口向分水岭方向铺贴。

（3）泛水部位卷材铺贴应先行试铺，留足立面高度卷材，先铺贴平面卷材至转角处，然后从下向上铺贴立面卷材。

（4）垂直流水方向的卷材搭接缝必须顺流水方向搭接，平行流水方向铺贴的卷材搭接缝应与年最大频率风向一致。两幅相邻卷材横向搭接缝应相互错开不少于 300mm。

（5）找平层分格缝、水落口凹槽、伸出屋面管道周围凹槽应用密封材料嵌填，并随即刮平、压实、修整。

（6）铺贴卷材前应按设计规定涂刷基层处理剂，喷刷要均匀一致，不堆积、不露底，须刷第二遍时，应待第一遍干燥后进行。

（7）基层处理剂干燥后即可铺贴卷材，铺第一幅卷材时应在基层上弹好标线，铺第二幅卷材应在已铺好卷材上弹标线，使卷材铺贴顺直，不扭曲、不皱折。

（8）卷材冷粘法应在基层和卷材间涂刷胶黏剂，铺后立即用滚筒滚压，彻底排出卷材底部空气，使卷材不皱折、不起鼓。

（9）热熔卷材、自粘卷材的搭接缝粘贴时，必须处理搭接部位卷材上表面的防粘层和拉料保护层，同时应采用加热器熔化接缝两面的黏结胶，然后进行黏合、排汽、用手持辊压实、封口。

(10) 防水卷材严禁在雨天、五级风以上天气条件下施工。施工中遇到下雨,应迅速将卷材周边临时埋压或封闭。

4. 卫生间的防水施工要点

(1) 卫生间浇筑结构混凝土前,应按设计要求计算地面、地漏标高。地漏、穿过地面管道、预埋件、设备基座等应率先埋设牢固。

(2) 水泥砂浆找平层应按设计要求做好排水坡度,地漏、穿过地面管道、预埋件周围与找平层之间应预留凹槽,并嵌填密封材料。

(3) 卫生间应采取迎水面防水,地面防水层应设在结构找平层上,并沿墙高出地面 150mm。

(4) 墙面防水应由顶板底做至地面。地面为刚性防水层时,应在地面与墙面交接处预留 10mm×10mm 凹槽,并嵌填防水密封材料。

9.4.3 质量检验

1. 卷材防水质量要求与验收

(1) 质量要求。

1) 屋面不得有渗漏和积水现象。

2) 所使用的材料(包括防水材料,找平层、保温层、保护层、隔气层及外加剂、配件等)必须符合设计要求和质量标准。

3) 天沟、檐沟、泛水和变形缝等构造,应符合设计要求。

4) 卷材铺贴方法和搭接顺序应符合设计要求,搭接宽度正确,接缝严密,无皱折、鼓泡和翘边现象。

5) 卷材防水层的基层,卷材防水层搭接宽度,附加层、天沟、檐沟、泛水和变形缝等细部做法,刚性保护层与卷材防水层之间设置的隔离层,密封防水处理部位等,应作隐蔽工程验收,并有记录。

(2) 质量验收。卷材防水层的质量主要是施工质量和耐用年限内不得渗漏。所以材料质量必须符合设计要求,施工后不渗漏、不积水,极易产生渗漏的节点防水设防应严密,所以将它们列为主控项目。当然,搭接、密封、基层黏结、铺设方向、搭接宽度、保护层、排汽屋面的排汽通道等项目也应列为检验项目,见表 9.9。

表 9.9 卷材防水层质量检验

	检 验 项 目	要 求	检 验 方 法
主控项目	(1) 卷材防水层所用卷材及其配套材料	必须符合设计要求	检查出厂合格证、质量检验报告和现场抽样复验报告
	(2) 卷材防水层	不得有渗漏或积水现象	雨后或淋水、蓄水试验
	(3) 卷材防水层在天沟、檐沟、泛水、变形缝和水落口等处细部做法	必须符合设计要求	观察检查并检查隐蔽工程验收记录
一般项目	(1) 卷材防水层的搭接缝	应黏(焊)结牢固、密封严密,并不得有皱折、翘边和鼓泡	观察检查

续表

检验项目		要求	检验方法
一般项目	(2) 防水层的收头	应与基层黏结并固定牢固、缝口封严，不得翘边	观察检查
	(3) 卷材防水层撒布材料和浅色涂料保护层	应铺撒或涂刷均匀，黏结牢固	观察检查
	(4) 卷材防水层的水泥砂浆或细石混凝土保护层与卷材防水层间	应设置隔离层	观察检查
	(5) 保护层的分格缝留置	应符合设计要求	观察检查
	(6) 卷材的铺设方向，卷材的搭接宽度允许偏差	铺设方向应正确；搭接宽度的允许偏差为－10mm	观察和尺量检查
	(7) 排汽屋面的排汽道、排汽孔	应纵横贯通，不得堵塞；排汽管应安装牢固，位置正确，封闭严密	观察和尺量检查

（3）防水卷材现场抽样复验项目。防水卷材及配套材料现场抽样数量和质量检验项目见表9.10。

表 9.10　　　　　　　防水卷材现场抽样复验项目

材料名称	现场抽样数量	外观质量检验	物理性能检验
沥青防水卷材	大于1000卷抽5卷，每500～1000卷抽4卷，100～499卷抽3卷，100卷以下抽2卷，进行规格尺寸和外观质量检验。在外观质量检验合格的卷材中，任取1卷做物理性能检验	孔洞、硌伤、露胎、涂盖不匀，折纹、皱折，裂纹、裂口、缺边，每卷卷材的接头	纵向拉力，耐热度，柔度，不透水性
高聚物改性沥青防水卷材	大于1000卷抽5卷，每500～1000卷抽4卷，100～499卷抽3卷，100卷以下抽2卷，进行规格尺寸和外观质量检验。在外观质量检验合格的卷材中，任取1卷做物理性能检验	孔洞、缺边、裂口、边缘不整齐，胎体露白、未浸透，撒布材料粒度、颜色，每卷卷材的接头	拉力，最大拉力时延伸率，耐热度，低温柔度，不透水性
合成高分子防水卷材	大于1000卷抽5卷，每500～1000卷抽4卷，100～499卷抽3卷，100卷以下抽2卷，进行规格尺寸和外观质量检验。在外观质量检验合格的卷材中，任取1卷做物理性能检验	折痕，杂质，胶块，凹痕，每卷卷材的接头	断裂拉伸强度，扯断伸长率，低温弯折，不透水性
石油沥青	同一批至少抽一次		针入度，延度，软化点
沥青玛蹄脂	每工作班至少抽一次		耐热度，柔韧性，黏结力

（4）防水卷材质量验收。卷材防水层的施工质量检验数量，应按铺贴面积每100m² 抽查1处，每处10m²，且不得少于3处。具体检验标准与方法见表9.11。

任务9.4 防水工程质量控制

表9.11　　　　　　　　　卷材防水工程质量检验标准与方法

项目	序	检验项目		允许偏差或允许值	检查方法
主控项目	1	卷材防水层所用材料及其配套材料		必须符合设计要求	检查资料
	2	卷材防水层的渗漏或积水		不得有渗漏或积水现象	雨后或淋水、蓄水试验检查
	3	细部构造		必须符合设计要求和规范规定	观察检查和检查隐蔽工程验收记录
一般项目	1	卷材防水层的搭接缝、收头		搭接缝应黏(焊)结牢固,密封严密,不得有皱折	观察检查
	2	防水卷材保护层	撒布材料和浅色涂料	应铺撒或涂刷均匀,黏结牢固	观察检查
			水泥砂浆或细石混凝土	与卷材防水层间应设置隔离层	
			刚性材料	分格缝留置应符合设计要求	
	3	排汽屋面的排汽道		应纵横贯通,不得堵塞	观察检查
	4	卷材铺贴方向	屋面坡度小于3%时	卷材宜平行屋脊铺贴	观察检查
			屋面坡度在3%～15%时	卷材可平行或垂直屋脊铺贴	
			屋面坡度大于15%或屋面受震动时	沥青防水卷材应垂直屋脊铺贴,高聚物改性沥青防水卷材和合成高分子防水卷材可平行或垂直屋脊铺贴	
			上下层卷材	不得相互垂直铺贴	
	5	卷材搭接宽度的允许偏差		-10mm	观察和尺量检查

2.涂膜防水质量要求和验收

(1)质量要求。

1)涂膜防水屋面不得有渗漏和积水现象。

2)所用的防水涂料、胎体增强材料、配套进行密封处理的密封材料及复合使用的卷材和其他材料应有产品合格证书和性能检测报告,材料的品种、规格、性能等必须符合现行国家产品标准和设计要求。材料进场后,应按有关规范的规定进行抽样复验,并提出试验报告;不合格的材料,不得在屋面工程中使用。

3)屋面坡度必须准确,找平层平整度不得超过5mm,不得有酥松、起砂、起皮等现象,出现裂缝应作修补。找平层的水泥砂浆配合比、细石混凝土的强度等级及厚度应符合设计要求。基层应平整、干净、干燥。

4)水落口杯和伸出屋面的管道应与基层固定牢固,密封严密。各节点做法应符合设计要求,附加层设置正确,节点封固严密,不得开缝翘边。

5)防水层与基层应黏结牢固,不得有裂纹、脱皮、流淌、鼓泡、露胎体和皱皮等现象,厚度应符合设计要求。

(2)施工过程质量控制。

1)涂膜防水层施工前,应仔细检查找平层质量,如找平层存在质量问题,应及时进行修补并进行再次验收,合格后才能进行下道工序施工。

2）细部节点及附加增强层应严格按设计要求设置和施工，完成后应按设计的节点做法进行检查验收，构造和施工质量均应达到设计和《屋面工程质量验收规范》（GB 50207—2002）的要求。

3）每遍防水涂层涂布完成后均应进行严格的质量检查，对出现的质量问题应及时进行修补，合格后方可进行下一遍涂层的涂布。

4）涂膜防水层完成后，应在雨后或进行淋水、蓄水检验，并进行表观质量的检查，合格后再进行保护层的施工。

5）保护层施工时应有成品保护措施，保护层的施工质量应达到有关规定的要求。

（3）质量验收。涂膜防水层的质量包括涂膜防水层施工质量和涂膜防水层的成品质量，其质量检验应包括原辅材料、施工过程和成品等几个方面，其中原材料质量、防水层有无渗漏及涂膜防水层的细部做法是保证涂膜防水层工程质量的重点，作为主控项目。涂膜防水层厚度、表观质量和保护层质量对涂膜防水层质量也有较大影响，作为一般项目。涂膜防水层质量检验的项目、要求和检验方法见表9.12。

表9.12　　　　涂膜防水层质量检验的项目、要求和检验方法

	检 验 项 目	要　　求	检 验 方 法
主控项目	（1）防水涂料和胎体增强材料	必须符合设计要求	检查出厂合格证、质量检验报告和现场抽样复验报告
	（2）涂膜防水层	不得有渗漏或积水现象	雨后或淋水、蓄水试验
	（3）涂膜防水层在天沟、檐沟、檐口、水落口、泛水、变形缝和伸出屋面管道等处细部做法	必须符合设计要求	观察检查和检查隐蔽工程验收记录
一般项目	（1）涂膜防水层的厚度	平均厚度符合设计要求，最小厚度不应小于设计厚度的80%	针测法或取样量测
	（2）防水层表观质量	与基层黏结牢固，表面平整，涂刷均匀，无流淌、皱折、鼓泡、露胎体和翘边等缺陷	观察检查
	（3）涂膜防水层撒布材料和浅色涂料保护层	应铺撒或涂刷均匀，黏结牢固	观察检查
	（4）涂膜防水层的水泥砂浆或细石混凝土保护层与卷材防水层间	应设置隔离层	观察检查
	（5）刚性保护层的分格缝留置	应符合设计要求	观察检查

3. **防水混凝土的质量检查与验收**

（1）质量检查重点。

1）防水混凝土的原材料、外加剂及预埋件等必须符合设计要求和施工规定以及有关标准规定。

2）防水混凝土必须密实，其强度和抗渗等级必须符合设计要求及有关规定。

3）施工缝、变形缝、止水带、穿墙管件、支模铁件等设置和构造均必须符合设计要求和施工规范规定，严禁有渗漏。

4）混凝土表面应平整，无露筋、蜂窝等缺陷，预埋件的位置、标高正确。

(2) 质量标准。

1) 主控项目。防水混凝土的原材料、配合比及坍落度必须符合设计要求；防水混凝土的抗压强度和抗渗压力必须符合设计要求；防水混凝土的变形缝、施工缝、后浇带、穿墙管道、埋设件等设置和构造，均须符合设计要求，严禁有渗漏。

2) 一般项目。防水混凝土结构表面应坚实、平整，不得有露筋、蜂窝等缺陷；埋设件位置应正确；防水混凝土结构表面的裂缝宽度不应大于 0.2mm，并不得贯通；防水混凝土结构厚度不应小于 250mm，其允许偏差为 +15mm、-10mm；迎水面钢筋保护层厚度不应小于 50mm，其允许偏差为 ±10mm。

项 目 小 结

本任务主要对屋面工程、地下工程、卫生间等分部工程防水施工作了较详细的阐述，包括施工条件、施工操作工艺要点和质量标准要求。屋面防水工程包括卷材防水屋面、涂膜防水屋面和刚性防水屋面。其中，卷材防水屋面主要是高聚物改性沥青防水卷材施工及合成高分子防水卷材施工；涂膜防水屋面主要是高聚物改性沥青防水涂料施工及合成高分子防水涂料施工；刚性防水屋面主要是细石混凝土防水和水泥砂浆防水两种地下防水工程。防水的主要形式有防水混凝土结构防水、刚性防水、卷材防水和涂膜防水等。卫生间防水工程多采用涂膜防水，使用较多的是聚氨酯涂膜防水。主体结构和找平层的刚度、平整度、强度、表层坡度准确，表面完善无起砂、起皮、缝、基层的含水率等都是保证防水层施工质量的基础。施工期内遇雨、雪、霜、雾、大风和气温低于 5℃或高于 35℃都会影响防水层施工质量，也妨碍施工作业人员顺利施工操作。

复 习 思 考 题

1. 简述刚性防水和柔性防水的异同。
2. 目前屋面防水工程有哪几种做法？
3. 常用屋面防水卷材有哪几种？
4. 何谓地下防水工程？
5. 地下防水工程有哪几种防水形式？
6. 常见的地下外防水层防水施工有哪几种形式？

项目 10 装饰装修工程施工技术

【学习目标】
能力目标：掌握一般抹灰、装饰抹灰的施工要点与施工质量验收标准及检测方法；掌握饰面工程、地面工程、吊顶工程、隔墙工程涂料与刷浆工程、门窗工程的施工工艺、施工要点与施工质量验收标准及检测方法；能处理一般装饰工程技术问题和解决施工现场实际问题；能够编制装饰装修施工方案、交底资料等；能够对工程项目组织之间的关系进行协调。
知识点：一般抹灰；装饰抹灰；饰面工程；地面工程；吊顶隔墙；门窗工程

【项目介绍】
本项目介绍了建筑装饰装修抹灰工程、门窗工程等工程的施工准备、施工机具、施工工艺及质量验收等。主要包括抹灰工程、楼地面工程、饰面板（砖）工程、门窗工程等工程的内外业的施工工艺与作业要求。

任务 10.1 抹 灰 工 程 施 工

10.1.1 抹灰工程的概述

抹灰工程是将各种砂浆、装饰性石屑浆、石子浆直接涂抹在建筑物的墙面、顶棚、地面上，既可以保护建筑结构，还可以装饰美化建筑物。内抹灰主要是保护墙体和改善室内卫生条件，增强光线反射，美化环境；在易受潮湿或酸碱腐蚀的房间里，主要起保护墙身、顶棚和楼地面的作用；外抹灰主要是保护墙身不受风、雨、雪及有害气体的侵蚀，提高墙面防潮、防风化、隔热的能力，提高墙身的耐久性，也是对各种建筑表面进行艺术处理的措施之一。

按抹灰的部位可分为室外抹灰、室内抹灰、顶棚抹灰。通常把位于室内各部位的抹灰称为内抹灰，如楼地面、顶棚、墙裙、踢脚线、内楼梯等；把位于室外各部位的抹灰称外抹灰，如外墙、雨篷、阳台、屋面等。

按抹灰的材料和装饰效果不同可分为装饰抹灰和一般抹灰。装饰抹灰按所使用的材料、施工方法和表面效果不同又可分为拉条灰、拉毛灰、水刷石、水磨石、干粘石、剁斧石及弹涂、滚涂等。一般抹灰采用的材料主要为石灰砂浆、混合砂浆、水泥砂浆、麻刀（玻纤）灰、纸筋灰和石膏灰等，按主要工序和表面质量又可分为普通抹灰和高级抹灰。当设计无具体要求时，按普通抹灰施工。

10.1.2 一般抹灰施工

1. 内墙一般抹灰工艺

（1）设置标筋。设置标筋即找规矩，分为做灰饼和做标筋两个步骤。做灰饼前，应先确定灰饼的厚度。用托线板和靠尺检查整个墙面的平整度和垂直度，根据检查结果确定灰饼的厚度，一般最薄处不应小于7mm。先在墙面距地1.5m左右的高度距两边阴角100～200mm处，按所确定的灰饼厚度用抹灰基层砂浆各做一个50mm×50mm见方的矩形灰饼，然后用托线板或线锤在此灰饼面吊挂垂直，做对应上下的两个灰饼。上方和下方的灰饼应距顶棚和地面150～200mm，其中下方的灰饼应在踢脚板上口以上。随后在墙面上方和下方的左右两个对应灰饼之间，用钉子钉在灰饼外侧的墙缝内，以灰饼为准，在钉子间拉水平横线，沿线每隔1.2～1.5m补做灰饼，如图10.1所示。

标筋是以灰饼为准在灰饼间所做的灰埂，作为抹灰平面的基准。具体做法是用与底层抹灰相同的砂浆在上下两个灰饼间先抹一层，再抹第二层，形成宽度为100mm左右，厚度比灰饼高出10mm左右的灰埂，然后用木杠紧贴灰饼搓动，直至把标筋搓得与灰饼齐平为止。最后要将标筋两边用刮尺修成斜面，以便与抹灰面接槎顺平。标筋的另一种做法是采用横向水平标筋。此种做法与垂直标筋相同。同一墙面的上下水平标筋应在同一垂直面内。标筋通过阴角时，可用带垂球的阴角尺上下搓动，直至上下两条标筋形成相同且角顶在同一垂线上的阴角。阳角可用长阳角尺同样合在上下标筋的阳角处搓动，形成角顶在同一垂线上的标筋阳角。水平标筋的优点是可保证墙体在阴、阳转角处的交线顺直，并垂直于地面，避免出现阴、阳交线扭曲不直的弊病。同时水平标筋通过门窗框，有标筋控制，墙面与框面可结合平整。横向水平标筋示意图如图10.2所示。

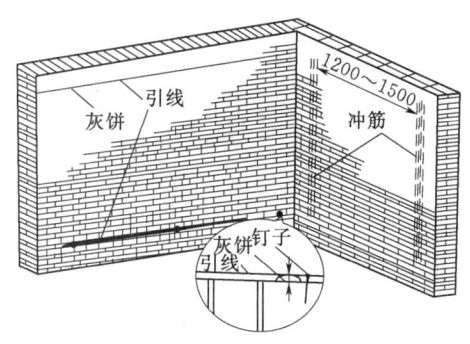

图10.1 灰饼、标筋做法示意图

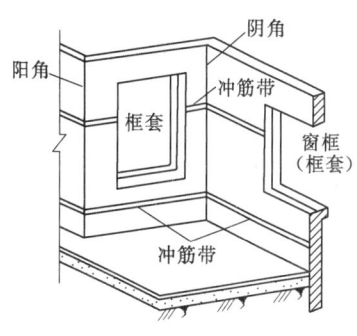

图10.2 横向水平标筋示意图

（2）做护角。为保护墙面转角处不易遭碰撞损坏，在室内抹面的门窗洞口及墙角、柱面的阳角处应做水泥砂浆暗护角。护角高度一般不低于2m，每侧宽度不小于50mm。具体做法是先将阳角用方尺规方，靠门框一边，以门框离墙的空隙为准，另一边以墙面灰饼厚度为依据。最好在地面上划好准线，按准线用砂浆粘好靠尺板，用托线板吊直，方尺找方。然后在靠尺板的另一边墙角分层抹1∶2水泥砂浆，护角线与靠尺板的处口平齐。一边抹好后，然后把靠尺板移动至已抹好护角的一边，用钢筋卡子卡住，用托线板吊直靠尺板，把护角的另一边分层抹好。取下靠尺板，待砂浆稍干时，用阳角抹子和水泥素浆捋出扩角的小圆角，最后用靠尺板沿顺直方向留出不小于50mm，将多余砂浆切掉，以便抹面时与护角接槎。

（3）抹底层、中层灰。待标筋有一定强度后，即可在两标筋间用力抹上底层灰，底层要低于标筋，由上往下抹，用一手握住灰板，一手握住木抹子，将灰板靠近墙面，木抹子

横向将砂浆抹在墙面上。灰板要时刻接在抹子下边,以便托住抹灰时掉落的灰,最后用木抹子压实搓毛。待底层灰收水后,即可打中层灰,抹灰厚度应略高于标筋。中层抹灰后,随即用杠沿标筋刮平,不平处补抹砂浆,然后再刮,直至墙面平直为止。紧接着用木抹子搓压,使表面平整密实。阴角处先用方尺上下核对方正(水平横向标筋可免去此步),然后用阴角器上下抽动抹平,使室内四角方正为止。需要注意的是,无论是底层抹灰还是中层抹灰,抹灰层每遍厚度要满足以下的要求:水泥砂浆每遍宜为5~7mm,水泥混合砂浆和石灰砂浆每遍宜为7~9mm。当抹灰层的总厚度不小于35mm时,应采取防止开裂的加强措施。

(4) 抹面层灰。一般室内墙面常采用纸筋灰石、麻刀石灰、石灰砂浆、水泥砂浆等,待中层灰有六至七成干时,即可抹面层灰。操作一般从阴角或阳角处开始,自左向右进行。一个人在前抹面灰,另一人其后找平整,并要压平溜光。压光后,用排笔蘸水横刷一遍,使表面色泽一致,再用铁抹子压实赶光,面层则会更为细腻光滑。阴、阳角处用阴、阳角抹子捋光,并随手用毛刷蘸水将门窗边口阳角、墙裙和踢脚板上口等处刷干净。面层抹灰经过赶光压实后的厚度,麻刀灰不得大于3mm,纸筋灰、石膏灰不得大于2mm。

2. 顶棚一般抹灰

(1) 找规矩。顶棚抹灰通常不做标志块和标筋,而用目测的方法控制其平整度,以无明显高低不平及接槎痕迹为准。先根据顶棚的水平面,确定抹灰厚度,然后在墙面的四周与顶棚交接处弹出水平线,作为抹灰的水平标准。

(2) 底、中层抹灰。一般底层砂浆采用配合比为水泥:石灰膏:砂=1:0.5:1的水泥混合砂浆或水灰比为0.4的素水泥浆刷一遍作为结合层,底层抹灰厚度不易太厚。底层抹灰后紧跟着就抹中层砂浆,其配合比一般采用水泥:石灰膏:砂=1:3:9的水泥混合砂浆或1:3水泥砂浆,抹后用软刮尺刮平赶匀,随刮随用长毛刷子将抹印顺平,再用木抹子搓平。顶棚管道周围用小工具顺平。

抹灰时,厚薄应掌握适度,随后用软刮尺赶平。如平整度欠佳,应再补抹和赶平,但不宜多次修补;否则搅动底灰而引起掉灰。如底层砂浆吸水快,应及时洒水,以保证与底层黏结牢固。顶棚与墙面的交接处,一般是在墙面抹灰完成后再补做,也可在抹顶棚时,先将距顶棚20~30cm的墙面同时完成抹灰,方法是用铁抹子在墙面与顶棚交角处添上砂浆,然后用木阴角器抽平压直即可。抹灰的顺序一般是由前往后退,并注意其方向必须同基体的缝隙(混凝土板缝)成垂直方向。这样,容易使砂浆挤入缝隙与基底牢固结合。

(3) 面层抹灰。待中层抹灰达到六至七成干,即用手捺不软有指印时(要防止过干,如过干应稍洒水),再开始面层抹灰。如使用纸筋石灰或麻刀石灰时,一般分两遍成活。其涂抹方法及抹灰厚度与内墙面抹灰相同。第一遍抹得越薄越好,紧跟抹第二遍。抹第二遍时,抹子要稍平,抹平后待灰浆稍干,再用铁抹子顺着抹纹压实压光。

3. 外墙一般抹灰

(1) 检查与交接。外墙抹灰工程施工前,应先安装钢木门窗框、护栏等,并应将结构施工时的残留孔洞堵塞密实;应检查门窗框、阳台栏杆以及各种后续工程预埋件等的安装位置和质量。

(2) 基体及基层处理。做法同内墙抹灰。

(3) 找规矩、做灰饼、标筋。建筑外墙面抹灰同内墙抹灰一样要设置标筋，但因为外墙面自地坪到檐口的整体抹灰面过大，门窗、雨篷、阳台、明柱、腰线、勒脚等都要横平竖直，而抹灰操作必须是自上而下逐一步骤地顺序进行。

(4) 贴分格条。外墙大面积抹灰饰面，为避免罩面砂浆收缩后产生裂缝等不良现象，一般均设计有分格缝，分格缝同时具有美观的作用。为使分格缝平直规矩，抹灰施工时应粘贴分格条。在底灰抹完之后要用刮尺赶平，然后根据图纸弹线分格，按已弹好的水平线和分格尺寸弹好分格线，水平方向的分格条宜粘贴在水平线下边（如设计有竖向分格线时，其分格条可粘贴于垂直弹线的左侧）。粘贴时，分格条两侧用水泥浆嵌固稳定，其灰浆两侧抹成斜面。当天抹面即可起出的分格条，其两侧灰浆斜面可抹成45°；当天不进行面层抹灰的分格条，其两侧灰浆斜面应抹得陡一些，成60°角为宜。

(5) 抹底层、中层灰。就一般底层、中层抹灰而言，混凝土墙面可先涂刷一道胶黏性素水泥浆，然后用1∶3水泥砂浆分层批抹至与标筋相平，再用木杠刮平、木抹子搓毛或划纹。当设计要求砖砌体采用水泥混合砂浆时，其配合比一般为水泥∶石灰∶砂＝1∶1∶6（罩面可采用1∶0.5∶3）。其底层砂浆要注意充分压入墙面灰缝；应待底层砂浆具有一定强度后再抹中层，大面刮平，并用木抹子搓平、压实、扫毛。

(6) 抹面层灰。抹面层灰时可先薄刷一遍水泥灰浆，抹第二遍砂浆时与分格条及标筋抹齐平，刮平、搓实、压光，再用刷子蘸水按统一方向轻刷一遍，以达到颜色一致，并同时刷净分格条上的砂浆；起出分格条，随即用水泥浆勾好分格缝。水泥砂浆抹灰完成24h后开始养护，宜洒水养护7h以上。另外，外墙面抹灰时，在窗台、窗楣、雨篷、阳台、檐口等部位应做流水坡度。设计无要求时，可做10%的泛水。下面应做滴水线或滴水槽，滴水槽的宽度和深度均不小于10mm。要求棱角整齐，光滑平整，起到挡水作用。

10.1.3 装饰抹灰施工

装饰抹灰与一般抹灰的区别在于两者具有不同的装饰面层，其底层和中层的做法与一般抹灰基本相同，下面介绍几种主要装饰面层的施工工艺。

1. 水刷石

水刷石饰面，是将水泥石子浆罩面中尚未干硬的水泥用水冲刷掉，使各色石子外露，形成具有"绒面感"的表面，是石粒类材料饰面的传统做法。

(1) 抹底、中层灰。砖基体应采用1∶3水泥砂浆，分两遍成活，其厚度以12mm为宜。抹灰时应将水泥砂浆压入砖缝内，使其与基体结构牢固，并用抹子压实搓平，将表面搓成毛面，成活24h后浇水养护。混凝土基体应首先刷素浆一道，然后抹1∶3水泥砂浆，表面应扫毛，24h后浇水养护。底层砂浆达到强度后，上下拉垂直线、拉水平线、套方、冲筋，即采用1∶3水泥砂浆刮平，搓平压实。

(2) 弹线、贴分格条。中间层砂浆达到一定强度后，按照设计要求或规定的数据弹线，确定分格条的位置。木质分格条应在粘贴前放入水中浸透。粘贴时应在分格条两侧用素水泥浆以45°抹成八字形。分格条的粘贴应横平竖直，交接紧密平顺。

(3) 抹面层石子浆。待中层砂浆初凝后，酌情将中层抹灰层润湿，马上用水灰比为0.4的素水泥浆满刮一遍，随即抹面层石子浆。石子浆面层稍收水后，用铁抹子把面层浆满压一遍,把露出的石子棱尖轻轻拍平,然后用刷子蘸水刷一遍,再通压一遍。如此反复刷压不少于 3 遍,最后用铁抹子拍平,使表面石子大面朝外,排列紧密均匀。

(4) 冲刷面层。冲刷面层是影响水刷石质量的关键环节。凝结前应用清水自上而下洗刷,并采取措施防止污染墙面。待面层开始凝结,手指按上去不显指痕,刷表面而石粒不掉时,紧跟着用喷雾器向四周相邻部位喷水。喷头离墙面 100~200mm,喷水顺序应由上至下,喷水压力要合适,喷水要均匀密布,一般以喷洗到石子露出灰浆面的 1~2mm 为宜。前道工序完成后用清水(水管或水壶)从上到下冲净表面。冲刷的时间要严格掌握,过早或过度则石子显露过多,易脱落;冲刷过晚则水泥浆冲刷不净,石子显露不够或饰面浑浊,影响美观。冲刷上段时,下段墙面可用牛皮纸或塑料布遮盖,将冲刷的水泥浆外排。若墙面面积较大,则应先罩面先冲洗,后罩面后冲洗。罩面顺序也是先上后下,这样既可保证各部分的冲刷时间,又可保护下段墙面不受到损坏。在冲洗表面灰浆时,若面层出现局部石渣颗粒不均匀现象,应用铁抹子轻轻拍压,以达到表面石渣颗粒均匀一致。如有干裂、风裂,要用铁抹子抹压,以防止裂缝渗水造成坍塌。

(5) 起分格条。冲刷面层后,适时起出分格条,用小线抹子顺线溜平,然后根据要求用素水泥浆做出凹缝并上色。

2. 干粘石

干粘石是将干石子直接粘在砂浆层上的一种装饰抹灰做法。装饰效果与水刷石差不多,但湿作业量小,节约原材料,又能明显提高工效。其面层操作方法和施工要点如下。

(1) 抹黏结层。待中层水泥砂浆干至七成左右,洒水湿润后,粘分格条,待分格条粘牢后,在墙面刷水泥浆一遍,随后按格抹砂浆黏结层(1∶3 水泥砂浆,厚度 4~6mm,砂浆稠度不大于 8cm),黏结层砂浆一定要抹平,不显抹纹,按分格大小,一次抹一块或数块,应避免在块中甩槎。

(2) 甩石子。干粘石所选石子的粒径比水刷石要小些,一般为 4~6mm。黏结砂浆抹平后,应立即甩石子,先甩四周易干部位,然后甩中间,要做到大面均匀,边角和分格条两侧不漏粘,由上而下快速进行。石子使用前应用水冲洗干净晾干,甩时用托盘盛装,托盘底部用窗纱钉成,以便筛净石子中的残留粉末。如发现饰面上石子有不匀或过稀现象,应用抹子或手直接补贴;否则会使墙面出现死坑或裂缝。

(3) 压石子。当黏结砂浆表面均匀地粘上一层石子后,用抹子或辊子轻轻压一下,使石子嵌入砂浆的深度不小于 1/2 的石子粒径。拍压后石子表面应平整坚实,拍压时用力不宜过大;否则容易翻浆糊面,出现抹子或滚子轴的印迹。阳角处应在角的两侧同时操作;否则当一侧石子粘上后再粘另一侧时不易粘上,出现明显的接槎黑边。

干粘石也可用机械喷石代替手工甩石,施工时利用压缩空气和喷枪将石子均匀有力地喷射到黏结层上。喷头对准墙面距墙 300~400mm,气压以 0.6~0.8MPa 为宜。在黏结层硬化期间,应洒水养护,保持湿润。

(4) 起分格条与修整。干粘石墙面达到表面平整,石子饱满,即可将分格条取出,取分格条应注意不要掉石子。如局部石子不饱满,可立即刷 108 胶水溶液,再甩石子补齐。将分格条取出后,随用小溜子和素水泥浆将分格缝修补好,达到顺直清晰。干粘石操作简便,但日久经风吹雨打易产生脱粒现象,现在已不多采用。

任务10.1 抹灰工程施工

3. 斩假石

斩假石是一种在硬化后的水泥石子浆面层上用斩斧等专用工具斩琢,形成有规律剁纹的一种装饰抹灰方法。其骨料宜采用小八厘或石屑,成品的色泽和纹理与细琢面花岗石或白云石相似。

(1) 抹面层。其抹底、中层灰、弹线、贴分格条和水刷石一样。抹面层水泥石子在已硬化的水泥砂浆中层上洒水湿润,用素水泥浆刷一遍,随即抹面层。面层石粒浆的配比为1∶1.25或1∶1.5,稠度为5~6cm,骨料采用2mm粒径的米粒石,内掺0.3mm左右粒径的白云石屑。面层抹面厚度为10mm,抹后用木抹子打磨拍平,不要压光,但要拍出浆,石渣浆应与分格条相平,抹完后,随即用软毛刷蘸水将剁水泥浆轻刷掉露出石粒。但注意不要用力过重,以免石粒松动。抹完24h后浇水养护。

(2) 斩剁面层。在正常温度(15~30℃)下,面层养护2~3d;低温(5~15℃)情况下,面层养护4~5d后即可试剁,剁石之前应洒水润湿,以免石渣爆裂。试剁以石粒不脱掉、较易剁出斧迹为准。斩剁的顺序一般为先上后下、由左至右,先剁转角和四周边缘,后剁大面。斩剁前应先弹顺线,相距约10cm,按线斩剁,以免剁纹跑斜。剁纹深度一般以1/4~1/3石粒粒径为宜。为了美观,一般在分格缝和阴、阳角周边留出15~20mm的边框线不剁。

斩剁完后,墙面应用清水冲刷干净,起出分格条,用钢丝刷刷净分格缝处。按设计要求,可在缝内做凹缝并上色。

4. 聚合物水泥砂浆的喷涂、滚涂与弹涂施工

(1) 喷涂。喷涂是把聚合物水泥砂浆用砂浆泵或喷斗将砂浆喷涂于外墙面形成的装饰抹灰。浅色面层用白水泥,深色面层用普通水泥;细骨料用中砂或浅色石屑,含泥量不大于3%,过3mm孔筛。

聚合物砂浆应用砂浆搅拌机进行拌和。先将水泥、颜料、细骨料干拌均匀,再边搅拌边顺序加入木质素磺酸钠(先溶于少量水中)、108胶和水,直至全部拌匀为止。如是水泥石灰砂浆,应先将石灰膏用少量水调稀,再加入水泥与细骨料的干拌料中。拌和好的聚合物砂浆,宜在2h内用完。

喷涂聚合物砂浆的主要机具设备有:空气压缩机(0.6m²/min)、加压罐、灰浆泵、振动筛(5mm筛孔)、喷枪、喷斗、胶管(25mm)、输气胶管等。

波面喷涂使用喷枪。第一遍喷到底层灰变色即可,第二遍喷至出浆不流为度,第三遍喷至全部出浆,表面均匀呈波状,不挂流,颜色一致。喷涂时枪头应垂直于墙面,相距30~50cm,其工作压力,在用挤压式灰浆泵时为0.1~0.15MPa,空压机压力为0.4~0.6MPa。喷涂必须连续进行,不宜接槎。

粒状喷涂使用喷斗。第一遍满喷盖住底层,收水后开足气门喷布碎点,快速移动喷斗,勿使出浆,第二、三遍应有适当间隔,以表面布满细碎颗粒、颜色均匀不出浆为原则。喷斗应与墙面垂直,相距30~50cm。

喷涂时应注意:①门窗和不做喷涂的部位应事先遮盖,防止污染;②干燥的底层灰,在喷涂前应洒水湿润,在底层灰面上刷涂层108胶水溶液后应随即进行喷涂;③喷涂时环境温度不宜低于-5℃;④大面积喷涂,宜在墙面上预先粘贴分格条,分格区内喷涂应连

续进行，面层结硬后取出分格条，用水泥砂浆勾缝；⑤喷涂面层的厚度宜控制在 3～4mm。面层干燥后应涂甲基硅醇钠憎水剂一遍。

(2) 滚涂。滚涂是将 2～3mm 厚带色的聚合物水泥砂浆均匀地涂抹在底层上，用平面或刻有花纹的橡胶、泡沫塑料滚子在罩面层上直上直下施滚涂拉，并一次成活滚出所需花纹。

滚涂饰面的底、中层抹灰与一般抹灰相同。中层一般用 1∶3 水泥砂浆，表面搓平实。然后根据图纸要求，将尺寸分匀以确定分格条位置，弹线后贴分格条。

抹灰面干燥后，喷涂机硅溶液一遍。滚涂操作有干滚和湿滚两种。干滚法是滚子不醮水，滚子上下来回后再向下滚一遍，达到表面均匀拉毛即可，滚出的花纹较粗，但工效高；湿滚法为滚子醮水上墙，并保持整个表面水量一致，滚出的花纹较细，但比较费工。

(3) 弹涂。弹涂是利用弹涂器将不同色彩的聚合物水泥砂浆弹在色浆面层上，形成有类似于干粘石效果的装饰面。

弹涂基层除砖墙基体应先用 1∶3 水泥砂浆抹找平层并搓平，一般混凝土等表面较为平整的基体，可直接刷底色浆后弹涂。弹涂前基体应干燥、平整、棱角规矩。弹涂时，先将基层湿润刷（喷）底色浆，然后用弹涂器将色浆弹到墙面上，形成直径为 1～3mm 大小的图形花点，弹涂面层厚为 2～3mm，一般 2～3 遍成活，每遍色浆不宜太厚，不得流坠，第一遍应覆盖 60%～80%，最后罩一遍甲基硅醇钠憎水剂。弹涂应自上而下、从左向右进行。先弹深色浆，后弹浅色浆。

10.1.4 施工质量标准和检验方法

1. 一般规定

(1) 抹灰工程验收时应检查下列文件和记录：抹灰工程的施工图、设计说明及其他设计文件，材料的产品合格证书、性能检测报告、进场验收记录和复验报告，隐蔽工程验收记录，施工记录等。

(2) 抹灰工程应对水泥的凝结时间和安定性进行复验。

(3) 抹灰工程应对下列隐蔽工程项目进行验收：抹灰总厚度不小于 35mm 时的加强措施；不同材料基体交接处的加强措施。

(4) 外墙抹灰工程施工前应先安装钢木门窗框、护栏等，并应将墙上的施工孔洞堵塞密实。

(5) 抹灰用的石灰膏的熟化期不应少于 15d；罩面用的磨细石灰粉的熟化期不应少于 3d。

(6) 室内墙面、柱面和门洞口的阳角做法应符合设计要求。设计无要求时，应采用 1∶2 水泥砂浆做暗护角，其高度不应低于 2m，每侧宽度不应小于 50mm。

(7) 当要求抹灰层具有防水、防潮功能时，应采用防水砂浆。

(8) 各种砂浆抹灰层，在凝结前应防止快干、水冲、撞击、振动和受冻，在凝结后应采取措施防止玷污和损坏。水泥砂浆抹灰层应在湿润条件下养护。

(9) 外墙和顶棚的抹灰层与基层之间及各抹灰层之间必须黏结牢固。

2. 一般抹灰工程

本部分适用于石灰砂浆、水泥砂浆、水泥混合砂浆、聚合物水泥砂浆和麻刀石灰、纸筋石灰、石膏灰等一般抹灰工程的质量验收。一般抹灰工程分为普通抹灰和高级抹灰，当设计无要求时，按普通抹灰验收。

（1）一般抹灰所用材料的品种和性能应符合设计要求。水泥的凝结时间和安定性复验应合格。砂浆的配合比应符合设计要求。

检验方法：检查产品合格证书、进场验收记录、复验报告和施工记录。

（2）抹灰工程应分层进行。当抹灰总厚度不小于35mm时，应采取加强措施。不同材料基体交接处表面的抹灰，应采取防止开裂的加强措施，当采用加强网时，加强网与各基体的搭接宽度不应小于100mm。

检验方法：检查隐蔽工程验收记录和施工记录。

（3）抹灰层与基层之间及各抹灰层之间必须黏结牢固，抹灰层应无脱层、空鼓，面层应无爆灰和裂缝。

检验方法：观察；用小锤轻击检查；检查施工记录。

（4）有排水要求的部位应做滴水线（槽）。滴水线（槽）应整齐顺直，滴水线应内高外低，滴水槽的宽度和深度均不应小于10mm。

检验方法：观察；尺量检查。

（5）一般抹灰工程质量的允许偏差和检验方法应符合表10.1的规定。

表10.1　　　　　　　　　一般抹灰的允许偏差和检验方法

项次	项　目	允许偏差/mm		检验方法
		普通抹灰	高级抹灰	
1	立面垂直度	4	3	用2m垂直检测尺检查
2	表面平整度	4	3	用2m靠尺和塞尺检查
3	阴阳角方正	4	3	用直角检测尺检查
4	分格条（缝）直线度	4	3	拉5m线，不足5m拉通线，用钢直尺检查
5	墙裙、勒脚上口直线度	4	3	拉5m线，不足5m拉通线，用钢直尺检查

注　1. 普通抹灰，本表第3项阴角方正可不检查。
　　2. 顶棚抹灰，本表第2项表面平整度可不检查，但应平顺。

3. 装饰抹灰工程

（1）装饰抹灰工程所用材料的品种和性能应符合设计要求。水泥的凝结时间和安定性复验应合格。砂浆的配合比应符合设计要求。

检验方法：检查产品合格证书，进场验收记录，复验报告和施工记录。

（2）抹灰工程应分层进行。当抹灰总厚度不小于35mm时，应采取加强措施。不同材料基体交接处表面的抹灰，应采取防止开裂的加强措施，当采用加强网时，加强网与各基体的搭接宽度不应小于100mm。

检验方法：检查隐蔽工程验收记录和施工记录。

（3）各抹灰层之间及抹灰层与基体之间必须黏结牢固，抹灰层应无脱层、空鼓和裂缝。

检验方法：观察；用小锤轻击检查；检查施工记录。

（4）有排水要求的部位应做滴水线（槽）。滴水线（槽）应整齐顺直，滴水线应内高外低，滴水槽的宽度和深度均不应小于10mm。

检验方法：观察；尺量检查。

（5）装饰抹灰工程质量的允许偏差和检验方法应符合表10.2的规定。

表10.2　　　　　　　　装饰抹灰的允许偏差和检验方法

项次	项 目	允许偏差/mm				检 验 方 法
		水刷石	斩假石	干粘石	假面砖	
1	立面垂直度	5	4	5	5	用2m垂直检测尺检查
2	表面平整度	3	3	5	4	用2m靠尺和塞尺检查
3	阳角方正	3	3	4	4	用直角检测尺检查
4	分格条（缝）直线度	3	3	3	3	拉5m线，不足5m拉通线，用钢直尺检查
5	墙裙、勒脚上口直线度	3	3	—	—	拉5m线，不足5m拉通线，用钢直尺检查

任务10.2　楼地面工程施工

10.2.1　楼地面工程的概述

1. 楼地面的组成

楼地面是建筑底层地面（地面）和楼地面（楼面）的总称。建筑地面工程构成的各层次如图10.3所示。

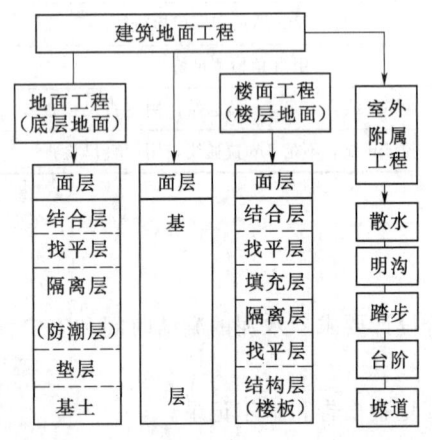

图10.3　建筑地面工程构成各层次框图

2. 楼地面的分类

楼地面按工程做法和面层材料不同分为整体地面、板块地面和木、竹地面。整体地面包括水泥砂浆地面、混凝土地面、水磨石地面；板块地面包括大理石、花岗石和砖面层（陶瓷锦砖、缸砖、陶瓷地砖和水泥花砖面层）等。

10.2.2　楼地面工程的施工工艺

1. 整体面层施工

（1）水泥砂浆面层。水泥砂浆地面面层的厚度应不小于20mm，一般用硅酸盐水泥、普通硅酸盐水泥，用中砂或粗砂配制，配合比应为1∶2（体积比）。面层施工前，先按设计要求测定地平面层标高，校正门框，将垫层清扫干净洒水湿润，表面比较光滑的基层，应进行凿毛，并用清水冲洗干净。铺抹砂浆前，应在四周墙上弹出一道水平基准线，作为确定水泥砂浆面层标高的依据。面积较大的房间，应根据水平基准线在四周墙角处每隔1.5～2m用1∶2水泥砂浆抹标志块，以标志块的高度做出纵横方向通长的标筋来控制面层厚度。

面层铺抹前，先刷一道含4%～5%的108胶水泥浆，随即铺抹水泥砂浆，用刮尺赶平,并用木抹子压实,在砂浆初凝后终凝前,用铁抹子反复压光3遍。砂浆终凝后铺盖草袋、锯末等浇水养护。当施工大面积的水泥砂浆面层时,应按设计要求留分格缝,防止砂浆面层产生不规则裂缝。水泥砂浆面层强度小于5MPa之前,不准上人行走或进行其他作业。

(2) 细石混凝土面层。细石混凝土面层可以克服水泥砂浆面层干缩较大的弱点。这种面层强度高,干缩值小。与水泥砂浆面层相比,它的耐久性更好,但厚度较大,一般为30~40mm。混凝土强度等级不低于C20,所用粗骨料要求级配适当,粒径不大于15mm,且不大于面层厚度的2/3。用中砂或粗砂配制。

细石混凝土面层施工的基层处理和找规矩的方法与水泥砂浆面层施工相同。铺细石混凝土时,应由里向门口方向进行铺设,按标志筋厚度刮平拍实后,稍待收水,即用钢抹子预压一遍,待进一步收水,即用铁滚筒交叉滚压3~5遍或用表面振动器振捣密实,直到表面泛浆为止,然后进行抹平压光。细石混凝土面层与水泥砂浆面层基本相同,必须在水泥初凝前完成抹平工作,终凝前完成压光工作,要求其表面色泽一致,光滑无抹子印迹。

(3) 现制水磨石面层。水磨石地面构造层如图10.4所示。水磨石地面面层施工,一般是在完成顶棚、墙面等抹灰后进行。也可以在水磨石楼、地面磨光两遍后再进行顶棚、墙面抹灰,但对水磨石面层应采取保护措施。

水磨石面层所用的石子应用质地密实、磨面光亮。如硬度不大的大理石、白云石、方解石或质地较硬的花岗岩、玄武岩、辉绿岩等。石子应洁净无杂质,石子粒径一般为4~12mm;白色或浅色的水磨石面层,应采用白色硅酸盐水泥,深色的水磨石面层应采用普通硅酸盐水泥或矿渣硅酸盐水泥,水泥中掺入的颜料应选用遮盖力强、耐光性、耐候性、耐水性和耐酸碱性好的矿物颜料。掺量一般为水泥用量的3‰~6‰,也可由试验确定。

水磨石地面施工工艺流程如下:基层清理→浇水冲洗湿润→设置标筋→铺水泥砂浆找平层→养护→嵌分格条→铺抹水泥石子浆→养护→研磨→打蜡抛光。

嵌分格条时,应在找平层上按设计要求的图案弹出墨线,然后按墨线固定分格条(铜条或玻璃条),如图10.5所示,嵌条宽度与水磨石面层厚度相同,分格条正确的粘嵌方法是纯水泥浆粘嵌玻璃条成八角形,略大于分格条的1/2高度,水平方向以30°角为准。分格条交叉处应留出15~20mm的空隙不填水泥浆,这样在铺设水泥石子浆时,石粒能靠近分格条交叉处。分格条应平直、牢固、接头严密。

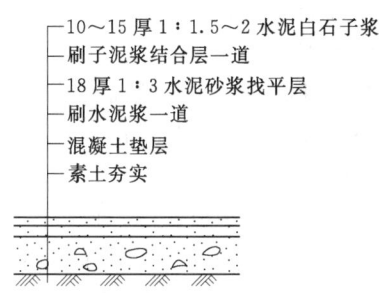

图10.4 水磨石地面构造层次

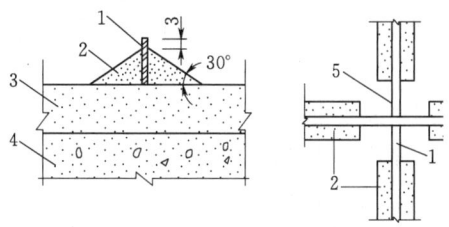

图10.5 分格嵌条设置

1—分格条;2—素水泥浆;3—水泥砂浆找平层;
4—混凝土垫层;5—40~50mm内不抹素水泥浆

分格条粘嵌养护3~5d后,将找平层表面清理干净,刷水泥浆一道,随刷随铺面层水泥石子浆。水泥石子浆的虚铺厚度比分格条高3~5mm,以防在滚压时压弯铜条或压碎玻璃条。铺好后,用滚筒滚压密实,待表面出浆后,再用抹子抹平。在滚压过程中,如发现表面石子偏少,可补撒石子并拍平。如在同一平面上有几种颜色的水磨石,应先做深色,后做浅色;先做大面,后做镶边。待前一种色浆凝固后,再抹后一种色浆。

水磨石的开磨时间与水泥强度和气温高低有关,应先试磨,在石子不松动时方可开磨。一般开磨时间见表10.3。大面积施工宜用磨石机研磨,小面积、边角处可用小型湿式磨光机研磨或手工研磨,研磨时应边磨边加水,对磨下的石浆应及时清除。

表 10.3　　　　　　　　　　水磨石面层开磨参考时间表

平均温度/℃	开磨时间/d	
	机磨	人工磨
20~30	2~3	1~2
10~20	3~4	1.5~2.5
5~10	5~6	2~3

水磨石面一般采用"二浆三磨"法,即整修研磨过程中磨光3遍,补浆两次。第一遍先用60~80号粗金刚石粗磨,磨石机走8字形,边磨边加水冲洗,要求磨匀磨平,随时用2m靠尺板进行平整度检查。磨后把水泥浆冲洗干净,并用同色水泥浆涂抹,填补研磨过程中出现的小孔隙和凹痕,洒水养护2~3d。第二遍用120~150号金刚石再平磨,方法同第一遍,磨光后再补一次浆,第三遍180~240号油石精磨,要求打磨光滑,无砂眼细孔,石子颗颗显露,高级水磨石面层应适当增加磨光遍数及提高油石的号数。

抛光时,在影响水磨石面层质量的其他工序完成后,将地面冲洗干净,涂上10%浓度的草酸溶液,随即用280~320号油石进行细磨或把布卷固定在磨石机上进行研磨,直到表面光滑为止。用水冲洗、晾干后,在水磨石面层上满涂一层蜡,稍干后再用磨光机研磨,或用钉有细帆布的木块代替油石,装在磨石机上研磨出光亮后,再涂蜡研磨一遍,直到光滑洁亮为止。

2. 块材楼地面施工

(1) 基层处理。块材地面的施工一般在顶棚、墙面饰面完成后进行,先铺地面,后安装踢脚板。检查铺粘板块部位有无水、暖、电等工种的预埋件,施工前,要彻底清理地面基层上的尘土、砂浆块、白灰块等杂物,如有油渍更需清理,以免引起地面空鼓。并要检查板块的规格、尺寸、颜色、边角等,按施工顺序分类码放。然后清扫并用水刷净(如为光滑的钢筋混凝土楼面,应凿毛),提前一天浇水湿润。

(2) 弹线、找规矩。块材地面铺贴前,先在房间四周弹出水平控制线,挂线检查地面垫层的平整度,做到心中有数。根据块材的厚度和结合层厚度(水泥砂浆应为10~15mm;沥青胶应为2~5mm;胶黏剂应为2~3mm),确定平面标高位置。然后将房间规方,如小房间可以一面墙做基线,用弯尺规方;如房间较大或有柱网时,找出中心十字线,即在房间取中点、拉十字线,并据以排砖弹线。与走廊直接相通的门口处,要与走道地面拉通线,分块布置要以十字线对称,如相邻房间地面颜色不同时,分界线应放在门口门扇中间处。但地面铺贴的收边位置不应在门口处,门口处不应出现不完整的板块。

(3) 试拼,预排。根据标准线确定铺砌顺序和标准块位置,在选定的位置上,对每个房间的板块,应按图案、颜色、纹理试拼。根据设计图要求把板块排好,以便检查板块之间的缝隙(板的缝隙:花岗岩板不大于 1mm,水磨石板和水泥花砖不大于 2mm,预制混凝土板块不应大于 6mm),此外,核对板块与墙面、柱、管线洞口等的相对位置,当设计无要求时,宜避免出现板块小于 1/4 边长的边角料,影响感观效果。

(4) 铺贴。铺贴陶瓷锦砖时,结合层铺设和面砖铺贴同时进行。一般是待垫层砂浆具有一定强度后(水泥类基层的抗压强度不得小于 1.2MPa),用 1∶1 水泥砂浆铺贴,铺贴前,宜在结合层上刷一遍水泥浆,按规方弹线位置拉通线处铺到预定部位,确认顺直后,在整张砖面上垫以木板,用橡皮锤拍实拍平,使表面平整、密实,并随时用靠尺核查平整度、坡度误差。贴完一段,应洒水湿透纸背,常温下 15min 左右揭纸,用开刀修理缝隙。然后用 1∶1 水泥砂浆灌缝嵌实。铺贴完后,将陶瓷锦砖表面清扫干净,次日铺干锯木屑养护 3~4d,养护期间不得上人走动,以免破坏面层。

铺贴缸砖、陶瓷地砖和水泥花砖面砖时,铺贴前,应对砖的规格尺寸、外观质量、色泽等进行预选,浸水湿润晾干待用。铺贴时,一般根据排砖尺寸的弹线从中心线开始向两边或从门边向里拉线铺砖(如有镶边则应铺砌镶边部分),采用 1∶3 干硬性水泥砂浆,砂浆要铺设饱满。铺贴从整砖行或列开始,依次退着贴,将砖按控制线就位,用木锤或胶锤敲平敲实,各行或列之间缝隙用开刀或抹子的拔直拔匀,再敲一遍。砖表面多余灰浆用干净棉纱擦净。砖面间隙当设计无要求时,紧密铺贴间隙不大于 1mm,留隔间隙铺贴宜为 5~10mm,24h 内用 1∶1 水泥砂浆嵌缝,要求缝隙严密,不得漏嵌,待水泥砂浆达到一定强度后,再用清水洗刷干净。

铺贴大理石面层和花岗石面层时,楼地面和地面的构造及做法如图 10.6 和图 10.7 所示。铺贴前要用刷子将板块贴面的浮浆和附着物彻底清理,并用水将板块浸湿、阴干,铺设时板块的粘贴面不得有明水。大理石和花岗石板块地面是属于较高级的地面,不仅要求有较好的平整度,而且不得有空鼓和产生裂缝,为此要求结合层要使用 1∶2(体积比)的干硬性水泥砂浆,铺设时的稠度(标准圆锥体沉入度)为 2.5~3.5cm,即以手握成团,落地开花为宜。

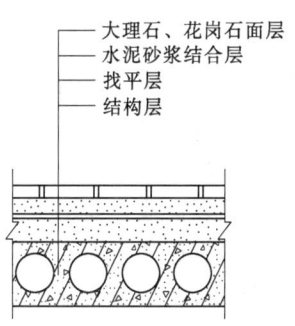

图 10.6 楼地面构造做法示意图

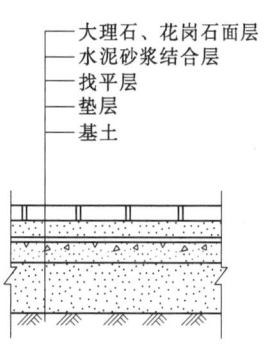

图 10.7 地面构造做法示意图

项目10 装饰装修工程施工技术

为了保证黏结效果,基层表面湿润后,还要刷水灰比为0.4~0.5的水泥浆,并随刷随铺板块。摊铺干硬性水泥砂浆找平层时,摊铺砂浆长度应在1m以上,宽度要超出平板宽度加30mm,摊铺砂浆厚度为10~15mm,楼、地面虚铺的砂浆应比标高线高出3~5mm,砂浆应从里向门口铺抹,然后用大杠刮平、拍实,用木抹子找平,再在结合层上试铺。铺好后用橡皮锤敲击,检查其密实度,如有空隙应及时补浆。待合适后,将平板块揭起,再在结合层上均匀地撒一层水灰比为0.5左右的水泥素浆,再将板块安放回原位,将板块复位正式镶铺。正式镶铺时,板块要四角同时平稳下落,对准纵横缝后,用橡皮锤轻敲振实,并用水平尺找平。

铺板时,要特别注意控制门口、墙角、管道等处铺贴的板块,不得在靠墙等处用水泥浆填补代替板块,应当按实际位置、尺寸、对板块等进行切割或套割后进行铺设。使该处的板块完整。符合几何图形和尺寸的要求,并达到形体规矩、方整、边角整齐。平板镶铺1~2d后再洒水养护。将板缝灰土清除,根据板块的颜色,配制相应的水泥色浆进行擦缝。然后用干锯末等将板块擦亮,并在潮湿条件覆盖养护,3d内禁止上人走动或搬运物品。铺砌后,待结合层砂浆强度达到70%后,揭去覆盖清理其他污物、灰尘等,方可打蜡抛光,要求达到光滑洁亮。

塑料板(塑料卷材)面层。塑料板(塑料卷材)是指采用塑料板块材、塑料板焊接、塑料卷材以胶黏剂在水泥类基层上铺设的面层。水泥类基层一般是指水泥砂浆和水泥混凝土基层。铺设前,应根据设计要求,在基层表面进行弹线、分格、定位编号。涂刷胶黏剂应均匀,涂刷厚度宜控制在1mm以内。待胶黏剂不粘手时(一般静置10~20min),一次就位准确,抹压密实。接缝如需焊接,一般须经48h后就可施焊,控制焊接温度(一般在180~250℃内),出现焊瘤应及时修平。焊条与面层应具有相容性。

3. 木地面施工

木地板由于具有重量轻、弹性好、保温佳、易于加工、不老化、脚感舒适等特点,已成为目前较普遍的地面装饰形式。但木地板容易受温度、湿度变化的影响而导致裂缝、翘曲、变色、变形,且不耐火,在施工和使用中应当引起注意。木地板分为实木地板和人造复合木地板两大类。实木地板包括普通木地板、硬木地板和拼花木地板等,按材料加工程度又可分为原木地板和免漆刨地板(即漆板)两种,原木地板铺设后要进行刨平磨光及油漆涂蜡;免漆刨地板出厂时已油漆,安装上蜡后可直接使用。人造复合木地板包括木质人造中密度板强化复合地板和多层胶合地板(由3层实木板胶合而成)等。

实木地板面层采用条木和块材实木地板或采用拼花实木地板,以空铺和实铺方法在基层(结构层)上铺设而成。实木地板面层可采用单层木板或双层木板面层铺设,单层木板面层是在木搁栅上直接钉企口木板,双层木板面层是在木搁栅上先钉毛地板,再钉企口木板。木搁栅有空铺和实铺两种,如图10.8所示。拼花木地板面层是用加工好的拼花木板铺钉毛地板上或以沥青胶料粘贴于毛地板、水泥基层上铺设而成,如图10.9所示。

基层施工。空铺式基层木搁栅搁于墙体的垫木上,木搁栅之间加设剪刀撑,木板面层在木板下面留有一定的空间,以利于通风换气。为节约木材,也有用混凝土搁栅代替木搁栅。实铺式基层施工方法,先在楼板或垫层上弹出木搁栅位置线,将木搁栅安放平稳,并使其与预埋在楼板(或垫层)内的铅丝或预埋铁件绑牢固定,木搁栅间如需填干炉渣时,

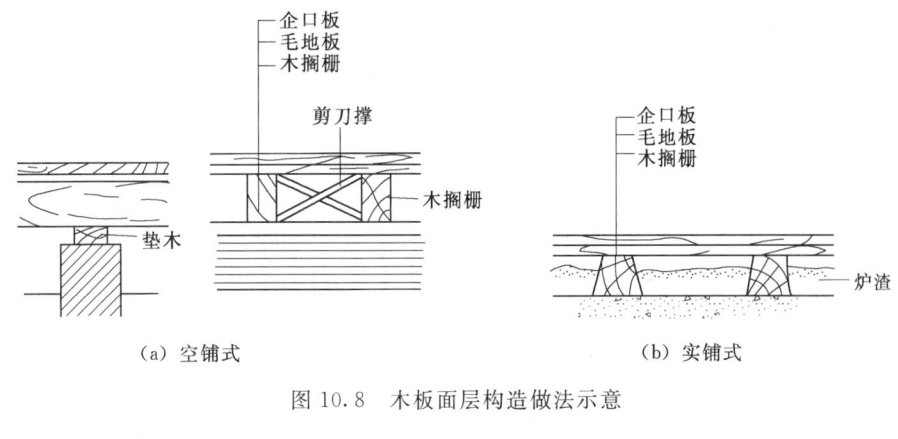

图 10.8　木板面层构造做法示意

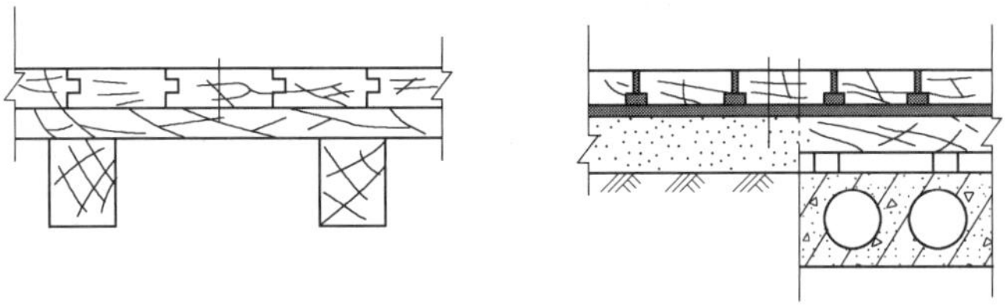

图 10.9　拼花木板面层构造做法示意

应加以夯实拍平，木搁栅和毛底板均应做防腐处理。

条形木地板有单层木板面层和双层木板面层两种。单层木地板面层，其顶面要刨平，侧面带企口，板宽不大于 120mm，地板应与木搁栅垂直铺钉，并要顺进门方向。接缝均应在木搁栅中心部位，且应间隔错开，板与板之间仅允许个别地方有空隙，其宽度不得大于 1mm，如为硬木长条形地板，个别地方缝隙宽度不得大于 0.5mm。木板面层与墙之间应留 10～20mm 的缝隙，以后逐块排紧铺钉，缝隙不得超过 1mm。圆钉的长度应为木板厚的 2～2.5 倍，圆钉帽要砸扁，钉从板的侧边凹角处斜向钉入，板与搁栅相交处至少钉一颗。木板的排紧方法，一般可在木搁栅上钉一只扒钉，在扒钉与之间夹一对硬木楔，打紧硬楔就可使木板排紧，钉到最后一块，因无法斜向钉，可用明钉钉牢、钉帽要砸扁，进入板面 3～5mm。采用硬木地板时，铺钉前应先钻孔，一般孔径为圆钉直径的 7/10～8/10。企口板铺完后，应清扫干净。先按垂直木纹方向粗刨一遍，再按细木纹方向细刨一遍，然后磨光，刨磨的总厚度不宜超过 1.5mm，并应无痕迹。已刨磨的木地板面层在室内喷浆或贴墙纸时应采取防潮、防污染的保护措施，进行覆盖。油漆和上蜡工作应待室内一切施工完毕后进行。双层木地板面层的上层也采用宽度不大于 120mm 的企口板，为防止在使用中发出声响和受潮气侵蚀，铺钉前应先铺设一层沥青油纸或油毡。双层木地板的下层称毛地板，其宽度不大于 120mm。铺设时必须清除毛地板下空间内的刨花等杂物。毛地板应与搁栅成 30°或 45°方向钉牢，并应使髓心向上，板间缝隙不应大于 3mm，以免起鼓。毛地板和墙之间应留 10～20mm 缝隙，每块毛地板应在其下的每根木搁栅上各用两个钉固结，钉的长度应为板厚的 2.5 倍。

拼花硬木地板面层，一般多采用企口拼缝，其操作方法与条形木地板基本相同。铺钉前应按照设计图案，分格试铺。拼花硬木地板是铺钉在毛地板上的，毛地板的铺钉应符合要求,经检查合格后方可铺钉面层,毛地板与面层板间应加铺一层油毡或油纸。常见的拼花木地板面层图案有方格形、席纹形和人字形等。

木地板房间的四周墙脚处应设木踢脚板,踢脚板一般高100~200mm,常用150mm,厚20~25mm。所用木板一般也应与木地板面层所用的材质品种相同。踢脚板应预先刨光,上口刨成线条。为防止翘曲,在靠墙的一面应开成凹槽,当踢脚板高100mm时开一条凹槽,150mm时开两条凹槽,超过150mm时开3条凹槽,凹槽深度为3~5mm。为了防潮通风,木踢脚板每隔1~1.5m设一组通风孔,一般采用φ6mm孔。在墙内每隔400mm砌入防腐木砖。在防腐木砖上钉防腐木垫块。一般木踢脚板与

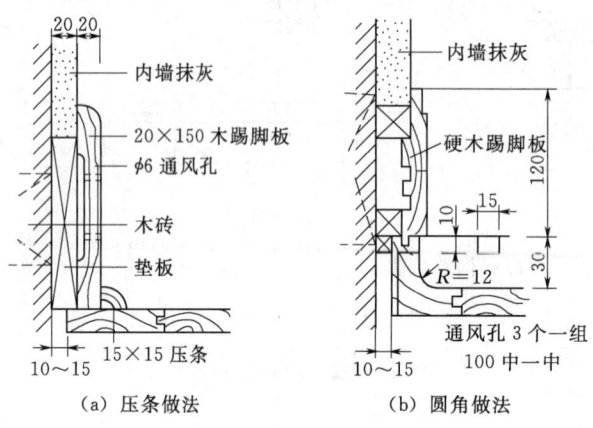

图 10.10 木踢脚板做法示意图

地面转角处安装木压条或安装圆角成品木条,其构造做法如图10.10所示。

木踢脚板应在木地板刨光后安装。木踢脚板接缝处应做暗榫或斜坡压槎,在90°转角处可做成45°斜角接缝。接缝一定要在防腐木块上。安装时木踢脚板与立墙贴紧,上口要平直,用明钉钉牢在防腐木块上,钉帽要砸扁并冲入板内2~3mm。

10.2.3 施工质量标准和检验方法

1. 整体楼地面

(1) 铺设整体面层时,其水泥类基层的抗压强度不得小于1.2MPa;表面应粗糙、洁净、湿润并不得有积水。铺设前宜涂刷界面处理剂。

(2) 整体面层施工后,养护时间不应小于7d;抗压强度应达到5MPa后方准上人行走;抗压强度应达到设计要求后,方可正常使用。

(3) 当采用掺有水泥拌和料做踢脚线时,不得用石灰浆打底。

(4) 整体面层的抹平工作应在水泥初凝前完成,压光工作应在水泥终凝前完成。

(5) 整体楼地面工程允许偏差及检查方法见表10.4。

表 10.4 整体楼地面工程质量验收标准

项次	项目	允许偏差/mm						检验方法
		水泥混凝土面层	水泥砂浆面层	普通水磨石面层	高级水磨石面层	水泥钢(铁)屑面层	防油渗混凝土和不发火(防爆的)面层	
1	表面平整度	5	4	3	2	4	5	用2m靠尺和楔形塞尺检查
2	踢脚线上口平直	4	4	3	3	4		拉5m线和用钢直尺检查
3	缝格平直	3	3	3	2	3	3	

任务 10.2 楼地面工程施工

2. 块材楼地面

(1) 铺设板块面层时,其水泥类基层的抗压强度不得小于 1.2MPa。

(2) 铺设板块面层的结合层和板块间的填缝采用水泥砂浆,配制水泥砂浆应采用硅酸盐水泥、普通硅酸盐水泥或矿渣硅酸盐水泥。

(3) 结合层和板块面层填缝的胶结材料应符合国家现行有关产品标准和设计要求。

(4) 铺设水泥混凝土板块、水磨石板块、水泥花砖、陶瓷锦砖、陶瓷地砖、缸砖、料石、大理石和花岗石面层等的结合层和填缝的水泥砂浆,在面层铺设后,表面应覆盖、湿润,养护时间不少于 7d。当板块面层的水泥砂浆结合层的抗压强度达到设计要求后,方可正常使用。

(5) 板块类踢脚线施工时,不得采用石灰砂浆打底。

(6) 块材楼地面工程允许偏差及检查方法见表 10.5。

表 10.5　　块材楼地面工程质量验收标准

项次	项目	允许偏差/mm											检验方法
		陶瓷锦砖面层、磨石板砖面层、陶瓷地砖、高级水泥面层	缸砖面层	水泥花砖面层	水磨石板块面层	大理石面层和花岗石面层	塑料板面层	水泥混凝土板块面层	碎拼大理石、碎拼花岗石面层	活动地板面层	条石面层	块石面层	
1	表面平整度	2.0	4.0	3.0	3.0	1.0	2.0	4.0	3.0	2.0	10.0	10.0	用 2m 靠尺和楔形塞尺检查
2	缝格平直	3.0	3.0	3.0	3.0	2.0	3.0	3.0	—	2.5	8.0	8.0	拉 2m 线和用钢直尺检查
3	接缝高低差	0.5	1.5	0.5	1	0.5	0.5	1.5	—	0.4	2.0	—	用钢直尺和楔形塞尺检查
4	踢脚线上口平直	3.0	4.0	—	4.0	1.0	2.0	4.0	1.0	—	—	—	拉 5m 线和用钢直尺检查
5	板块间隙宽度	2.0	2.0	2.0	2.0	1.0	—	6.0	—	0.3	5.0	—	钢直尺检查

3. 木、竹楼地面

(1) 木、竹地板面层下的木搁栅、垫木、毛地板等采用木材的树种、选材标准和铺设时木材含水率以及防腐、防蛀处理等,均应符合现行国家标准《木结构工程施工质量验收规范》(GB 50206) 的有关规定。所选用的材料,进场时应对其断面尺寸、含水率等主要技术指标进行抽检,抽检数量应符合产品标准的规定。

(2) 与厕浴间、厨房等潮湿场所相邻木、竹面层连接处应做防水(防潮)处理。

(3) 木、竹面层铺设在水泥类基层上,其基层表面应坚硬、平整、洁净、干燥、不起砂。

(4) 建筑地面工程的木、竹面层搁栅下架空结构层(或构造层)的质量检验,应符合相应国家现行标准的规定。

(5) 木、竹面层的通风构造层包括室内通风沟、室外通风窗等,均应符合设计要求。

项目 10　装饰装修工程施工技术

任务 10.3　饰面板（砖）工程施工

10.3.1　概述

建筑物主体结构完成后，利用具有装饰、耐久、适合墙体饰面要求的某些天然或人造材料进行内外墙饰面装饰，能很好地保护结构，美化环境，改善使用功能，因而饰面工程是建筑装饰的一项重要内容。天然或人造饰面材料，一般是根据材质和饰面要求在工厂加工成大小不等、厚薄不一、形状各异、相互配套的板、块，在施工现场通过构造连接拼装或镶贴于墙面而形成装饰面。常用的饰面材料有天然石材、人造石材、陶瓷、玻璃、木材、塑料、金属等。按施工方法不同，可分为饰面板安装、饰面砖镶贴等。

贴面装饰施工除一般抹灰常用的手工工具外，根据饰面的不同，还需有一些专用的手工工具，如镶贴饰面砖拨缝用的开刀、镶贴陶瓷锦砖用的木垫板、安装或镶贴饰面板敲击振实用的木锤和橡皮锤、用于饰面砖和饰面板手工切割剔槽用的錾子、磨光用的磨石、钻孔用的合金钢钻头等。

贴面装饰施工用的机具有专门切割饰面砖用的手动切割器、饰面砖打眼用的打眼器和钻孔用的手电钻、切割大理石饰面板用的台式切割机和电动切割机，以及饰面板安装在混凝土等硬质基层上钻孔安放胀杆螺栓用的电锤等。

10.3.2　饰面砖镶贴

1. 施工准备

饰面砖的基层处理和找平层砂浆的涂抹方法与装饰抹灰基本相同。饰面砖在镶贴前，应根据设计对釉面砖和外墙面砖进行选择，要求挑选规格一致、形状平整方正、不缺棱掉角、不开裂和脱釉、无凹凸扭曲、颜色均匀的面砖及各种配件。按标准尺寸检查饰面砖，分出符合标准尺寸和大于或小于标准尺寸 3 种规格的饰面砖，同一类尺寸应用于同一层间或同一面墙上，以做到接缝均匀一致。陶瓷锦砖应根据设计要求选择好色彩和图案，统一编号，便于镶贴时依号施工。

釉面砖和外墙面砖镶贴前应先清扫干净，然后置于清水中浸泡。釉面砖浸泡到不冒气泡为止，一般为 2~3h。外墙面砖则需隔夜浸泡、取出晾干。以饰面砖表面有潮湿感，手按无水迹为准。

饰面砖镶贴前应进行预排，预排时应注意同一墙面的横竖排列，均不得有一行以上的非整砖。非整砖应排在最不醒目的部位或阴角处，用接缝宽度调整。

外墙面砖预排时应根据设计图纸尺寸，进行排砖分格并绘制大样图。一般要求水平缝应与璇脸、窗台齐平，竖向要求阴角及窗口处均为整砖，分格按整块分匀，并根据已确定的缝子大小做分格条和划出皮数杆。对墙、墙垛等处要求先测好中心线、水平分格线和阴阳角垂直线。

2. 釉面砖镶贴

（1）墙面镶贴方法。釉面砖的排列方法有"对缝排列"和"错缝排列"两种（图 10.11）。在清理干净的找平层上，依照室内标准水平线，校核地面标高和分格线。

以所弹地平线为依据，设置支撑釉面砖的地面木托板，加木托板的目的是为防止釉面砖因自重向下滑移，木托板表面应加工平整，其高度为非整砖的调节尺寸。整砖的镶贴，就从木托板开始自下而上进行。每行的镶贴宜以阳角开始，把非整砖留在阴角。

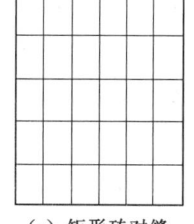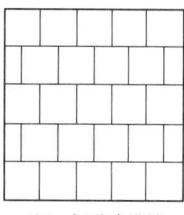

(a) 矩形砖对缝　　(b) 方形砖错缝

图 10.11　釉面砖镶贴形式

调制糊状的水泥浆，其配合比为水泥：砂＝1∶2（体积比）另掺水泥重量 3‰～4‰的 108 胶；掺时先将 108 胶用两倍的水稀释，然后加在搅拌均匀的水泥砂浆中，继续搅拌至混合为止。也可按水泥∶108 胶水∶水＝100∶5∶26 的比例配制纯水泥浆进行镶贴。镶贴时，用铲刀将水泥砂浆或水泥浆均匀涂抹在釉面砖背面（水泥砂浆厚度 6～10mm，水泥浆厚度 2～3mm 为宜），四周刮成斜面，按线就位后，用手轻压，然后用橡皮锤或小铲把轻轻敲击，使其与中层贴紧，确保釉面砖四周砂浆饱满，并用靠尺找平。镶贴釉面砖宜先沿底尺横向贴一行，再沿垂直线竖向贴几行，然后从下往上从第二横行开始，在已贴的釉面砖口间拉上准线（用细铁丝），横向各行釉面砖依准线镶贴。

釉面砖镶贴完毕后，用清水或棉纱，将釉面砖表面擦洗干净。室外接缝应用水泥浆或水泥砂浆勾缝，室内接缝宜用与釉面砖相同颜色的石灰膏或白水泥色浆擦嵌密实，并将釉面砖表面擦净。全部完工后，根据污染的不同程度，用棉纱或稀盐酸刷洗并及时用清水冲净。镶贴墙面时，应先贴大面，后贴阴阳角、凹槽等难度较大、耗工较多的部位。

（2）顶棚镶贴方法。镶贴前，应把墙上的水平线翻到墙顶交接处（四边均弹水平线），校核顶棚方正情况，阴阳角应找直，并按水平线将顶棚找平。如果墙与顶棚均贴釉面砖时，则房间要求规方，阴阳角都须方正，墙与顶棚成 90°直角，排砖时，非整砖应留在同一方向，使墙顶砖缝交圈。镶贴时应先贴标志块，间距一般为 1.2m，其他操作与墙面镶贴相同。

（3）外墙釉面砖镶贴。外墙釉面砖的镶贴形式由设计而定。矩形釉面砖宜竖向镶贴；釉面砖的接缝宜采用离缝，缝宽不大于 10mm；釉面砖一般应对缝排列，不宜采用错缝排列。

外墙面贴釉面砖应从上而下分段，每段内应自下而上镶贴。在整个墙面两头各弹一条垂直线，如墙面较长，在墙面中间部位再增弹几条垂直线，垂直线之间距离应为釉面砖宽的整倍数（包括接缝宽），墙面两头垂直线应距墙阳角（或阴角）为一块釉面砖的宽度。垂直线作为竖行标准。在各分段分界处各弹一条水平线，作为贴釉面砖横向标准。各水平线的距离应为釉面砖高度（包括接缝）的整倍数。

每个分段中宜先沿水平线贴横向一行砖，再沿垂直线贴竖向几行砖，从下往上第二横行开始，应在垂直线处已贴的釉面砖上口间拉上准线，横向各行釉面砖依准线镶贴。阳角处正面的釉面砖应盖住侧面的釉面砖的端边，即将接缝留在侧面，或在阳角处留成方口，以后用水泥砂浆勾缝。阴角处应使釉面砖的接缝正对阴角线。镶贴完一段后，即把釉面砖的表面擦洗干净，用水泥细砂浆勾缝，待其干硬后，再擦洗一遍釉面砖面。同一墙面应用同一品种、同一色彩、同一批号的釉面砖，并注意花纹倒顺。

3. 外墙锦砖（马赛克）镶贴

锦砖的品种、颜色及图案选择由设计而定。锦砖是成联供货的，所镶贴墙面的尺寸最好是砖联尺寸的整倍数，尽量避免将联拆散。

外墙镶贴锦砖应自上而下进行分段，每段内从下而上镶贴。底层灰凝固后，清理墙面使其干净。按砖联排列位置，在墙面上弹出砖联分格线。根据图案形式，在各分格内写上砖联编号，相应在砖联纸背上也写上砖联编号，以便对号镶贴。清理各砖联的粘贴面（即锦砖背面），按编号顺序预排就位。

在底层灰面上洒水湿润，刷上水泥浆一道（中层灰），接着涂抹纸筋石灰膏水泥混合灰结合层，紧跟着将砖联对准位置镶贴上去，并用木垫板压住，再用橡胶锤全面轻轻敲打一遍，使砖联贴实平整。砖联可预先放在木垫板上，连同木垫板一齐贴上去，敲打木垫板即可。砖联平整后即取下木垫板。待结合层的混合灰能粘住砖联后，即洒水湿润砖联的背纸，轻轻将其揭掉。要将背纸撕揭干净，不留残纸。在混合灰初凝前，修整各锦砖间的接缝，如接缝不正、宽窄不一，应予拨正。如有锦砖掉粒，应予补贴。在混合灰终凝后，用同色水泥擦缝（略洒些水）。白色为主的锦砖应用白水泥擦缝；深色为主的锦砖应用普通水泥擦缝。擦缝水泥干硬后，用清水擦洗锦砖面。

非整砖联处，应根据所镶贴的尺寸，预先将砖联裁割，去掉不需要的部分（连同背纸），再镶贴上去，不可将锦砖块从背纸上剥下来，一块一块地贴上去。每个分段内的锦砖宜连续贴完。墙及柱的阳角处，不宜将一面锦砖边凸出去盖住另一面锦砖接缝，而应各自贴到阳角线处，缺口处用水泥细砂浆勾缝。

10.3.3 饰面板的安装

1. 施工准备

（1）做好施工大样图和排板图。饰面板安装前应根据建筑设计要求，核实饰面板安装部位的结构实际尺寸及偏差情况，再根据纠正偏差所增减的尺寸，绘出修正图或修改排板图，并做好以下几项工作：测量柱的实际高度和柱子中心线，柱与柱的中心距，柱子上、中、下三部拉水平通线后的实际结构尺寸，再确定出柱饰面板的看面边线，并依此算出饰面板分块尺寸。对外形较复杂的墙面（如多边形、半圆形墙面），特别是要用异形饰面板镶嵌的部位，尚须用黑铁皮或三夹板进行实际放样，以确定其实际的规格尺寸。最后绘出分块大样图和节点大样图，排图时应考虑饰面板间的拼缝宽度，详见表10.6。

表10.6 饰面板拼接缝宽度表

序号	饰面板类别		接缝宽度/mm
1	天然石材	光面、镜面	1
2		粗磨面、麻面、条纹面	5
3		天然石	10
4	人造石材	水磨石、人造石	2
5		水刷石面	10
6		大理石、花岗石	1

任务10.3 饰面板(砖)工程施工

(2) 选板。选板主要是按排板图中的编号检查所需板的几何尺寸,并按误差大小归类。选板应逐一进行,把损坏的、变色的挑出。

(3) 预拼。预拼主要从板材的天然纹理和色差两方面去考虑,对有明显纹理的板材,预拼则是一种艺术创意。对色差较大的板材,视两种情况而定:若深浅各占一半左右,则可按国际象棋棋盘式排列或分两部分墙体布置;若深浅所占比例相差较大,则小部分可排到次要部位或布置在小块墙体。

2. 饰面板安装的一般要求

如采用传统的湿作业安装天然石材,由于水泥砂浆在水化时析出大量的氢氧化钙,会在石材的两表面产生不规则的花斑,俗称返碱现象。为此要对石材进行防碱背涂处理。饰面板安装时应在找正吊直后,采取临时固定措施,以免灌注砂浆时板位移动。为保证板面平整及上口顺平,接缝宽度可用垫木楔的方法来调整。

灌砂浆前,应浇水将饰面板背面和基体表面湿润,再分层灌注砂浆。每层灌注高度为150～200mm,且不大于1/3的板高,并插捣密实。操作时应随时检查板面的平整和位置,若无移动方可继续上层砂浆的灌注。施工缝应留在饰面板的水平接缝下50～100mm处。

天然石饰面板的接缝按不同情况分别处理。一是室内安装光面或镜面的饰面板,接缝应干接,室外安装这类板材时可干接,也可在水平缝中垫硬塑料板条。塑料板条应在水泥砂浆硬化后才能取出,并及时用水泥砂浆勾缝。干接的缝应用与面板同色的水泥浆填平。二是粗磨面、麻面、条纹面的天然石饰面板的接缝和勾缝均用水泥砂浆。人造石饰面板的接缝要用与面板同色的水泥(砂)浆抹勾严实。厚度在10～12mm以下的镜面大理石板和花岗石薄板宜用干挂法或粘贴法。

夏季施工时,在室外的饰面板应防止暴晒,冬季施工时,应在整个施工过程和养护过程中防冻,砂浆的温度不能低于50℃。

3. 大理石饰面板安装

(1) 传统安装方法(适用于大规格板)。按设计要求在基层结构内预埋铁环,安装装饰面板前,将预埋铁环或预埋钢筋剔出墙面,然后焊接或绑扎$\phi 6$～$\phi 8$mm竖向钢筋,其间距按饰面板宽度设置。再连接(绑或焊)$\phi 6$mm横向钢筋,其间距按饰面板竖向尺寸设置。均应参照墙面弹线。如基体未有预埋件,也可用电锤钻孔,用M16胀杆螺栓固定连接铁件,然后再绑扎或焊接竖横钢筋,如图10.12和图10.13所示。

对预拼排号后的板材,按顺序进行钻孔打眼。打孔眼的形式有直孔、斜孔、牛鼻子孔和三角形锯口等。打孔前先将板材固定在木架上,直孔用手电钻打,板材上下两侧各打两孔,每孔位距两端各1/4边长处,孔径为3mm,深15～20mm。如板宽大于600mm,中间再增钻一孔。如打牛鼻子孔,应在板背的直孔位置,距板边1～2cm打一横孔,使直孔与横孔连通。打斜孔时,孔眼轴线与板大面面成35°左右,利用调整木架木楔,使钻头与板材成此角度。板孔钻好后,把铜丝或不锈钢丝穿入孔内,直孔再用铅皮和环氧树脂坚固,如图10.14所示。

对墙柱面安装饰面板时,应先确定下面第一层板的安装位置。其方法是用线锤从上至下吊线,考虑板厚、灌浆厚度或钢筋网所占厚度,以确定两头饰面板间的总长度和饰面板

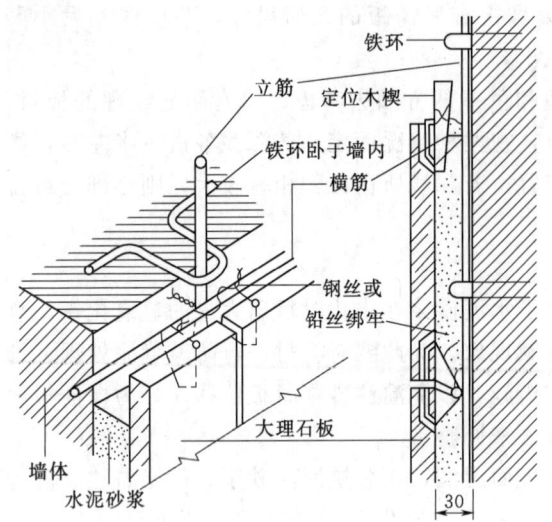

图 10.12　大理石传统安装方法

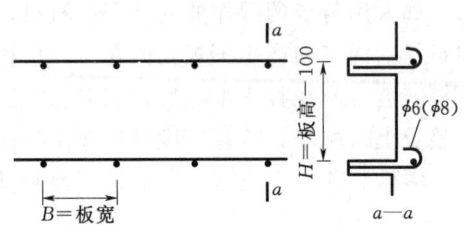

图 10.13　大理石安装预埋钢筋做法示意图

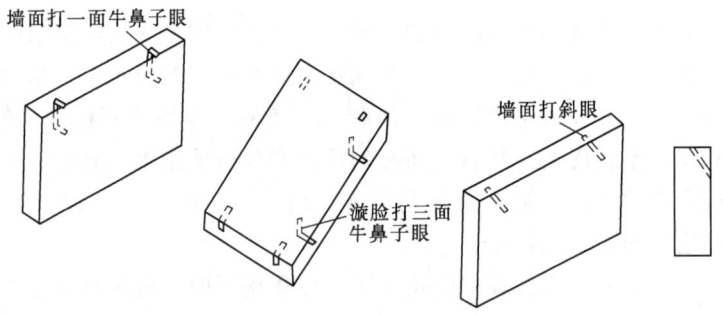

图 10.14　大理石安装预埋钢筋做法示意图

的位置。然后将此位置线投影到地面，在墙下边做出第一层板的安装基准线。并在墙上弹出第一层板的标高。根据编号将面板对号安装。具体做法是：石板就位后，上口略向后仰，把石板下的铜丝扭扎于横筋上，然后扶正石板，将上口铜丝扎紧，并用木楔塞紧垫稳，用靠尺和水平尺检查平整度和上口平度。上口可用木楔调整，下沿可用铁皮调整。完成后各板依次进行。板材自下而上安装时，为防止灌浆时板材的游走，必须采取临时固定措施。外墙面可用脚手架的脚手杆为支撑，用斜木枋撑牢固定板面的横木枋。内墙是用纸或熟石膏外贴于板缝处。柱面可用方木或角钢环箍。

板材经校正垂直、平整后，在临时固定措施完成后即可灌浆。一般采用 1∶3 水泥砂浆，稠度为 8～15cm，宜分层灌入。第一层灌完后 1～2h，在确认无移动后第二层灌浆，高度 100mm 左右。第三层灌至板上口下 50～100mm 处，留空作为上层板材灌浆的接头。一层板材的灌浆凝固后，可清理上口余浆，隔日再拔除上口木楔和有碍上层安装的石膏饼。再进行第二层板材的对号安装。

全部板材安装完后，清理表面，并用与板材同色的水泥砂浆嵌缝，边嵌边擦，使缝隙嵌浆密实平整。考虑到板材虽在出厂时已做抛光处理，但施工中局部污染会影响整体效果,故还应用高速旋转帆布擦磨,重新抛光上蜡。

(2) 传统安装法改进工艺(楔固法)。先对清理干净的基体用水湿润,并抹1:1水泥砂浆。同时清洗板材背面;将板材直立固定于木架上,在板的上侧边中心线上钻两孔,每孔位于两端1/4边长处,孔径6mm,孔深25~40mm。若板宽大于500mm,则增钻一孔;若大于800mm,则增钻两孔。其后将板旋转90°固定在木架上,在板的左右两侧各打一孔,孔位距板下端100mm处,孔径和孔深不变。上下孔均用钢錾剔槽,槽深7mm,以便安卧U形钉,如图10.15所示;用冲击钻按基体上分块弹线位置,并对应于板材上下直孔位置打45°斜孔,孔径6mm,孔深40~45mm;将板材按编号安放就位,依板与基层间的孔距,用加工好的φ5mm不锈钢U形钉的一端钩进板的直孔内,另一端插入基体斜孔内,并随即用硬木小楔卡紧。用水平尺和靠尺板校正板的平整度和垂直度,并检查各拼缝是否紧密,最后敲紧小木楔,用大木楔紧固于板材与基体之间,以紧固U形钉作临时固定。然后分层灌浆,清理表面擦缝等,如图10.16所示。

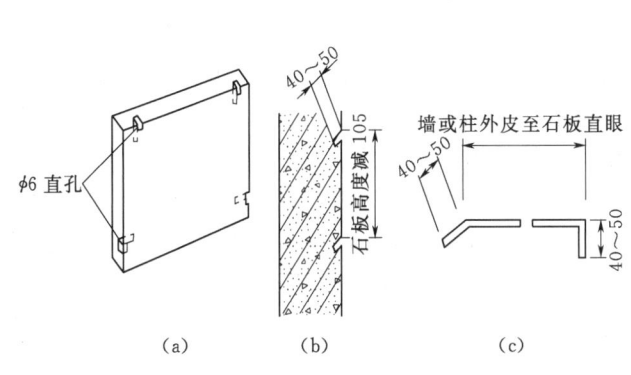

图10.15 打直孔和斜孔及U形钉

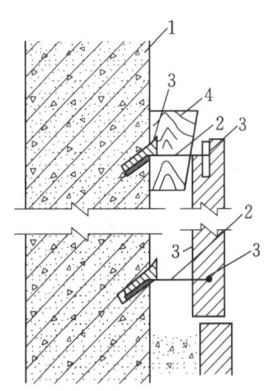

图10.16 石板就位、固定示意图
1—基体;2—U形钉;3—硬木小楔;
4—大头木楔

(3) 粘贴法(适用薄板)。清洗基层表面油污等并湿润,对光滑表面尚须做凿毛处理,并校核平整度和垂直度。用1:2.5水泥砂浆分两次打底,找规矩,底灰厚约10mm,按中级抹灰检查和验收。待底灰七八成干后,用线锤在墙柱面和门窗边吊垂线,并确定饰面板距基层的距离(一般取30~40mm)。再根据垂线在地面上顺墙柱面弹出饰面板外轮廓线,即安装基准线。其后在墙柱面上弹出第一排标高线以及第一层板的下沿线。再根据面的实际尺寸和缝隙弹出分块线。将湿润阴干的饰面板的背面均匀地抹上2~3mm厚108胶水泥浆或环氧树脂水泥浆、AH—03胶黏剂等,依照水平线,先镶贴底层两端的两块板,然后拉通线,按编号依次镶贴。每贴3层,用靠尺校核一遍。

4. 花岗石饰面板安装

(1) 磨光(镜面)花岗石饰面板的安装。其传统安装方法与大理石板的相同。近年来,吸取国外先进经验,广泛采用了改进工艺,也称湿作业改进方法。

(2) 传统安装方法改进工艺。板材钻孔打眼、安装金属夹。在花岗石饰面板上、下两侧面各钻两个孔径为5mm、深为18mm的直孔,孔位距板端1/4边长。再在板材背面中

部钻两个135°斜孔,钻孔前,先用钢錾把孔位平面剔窝,再用台钻对板材背面打孔,打孔时应将板材固定在135°木架上,孔深5~8mm,要保证孔底距板材磨光面有9mm以上,孔径8mm,其后把金属夹安装在孔内,用JGN型胶固定,并与钢筋网连接牢固。

按预拼位置将石材就位,安装方法同大理石板。用石膏固定,经确认无移位后,可浇灌细石混凝土。浇灌宜徐徐地把混凝土倒入,且不得碰动石板、石膏和木楔。均匀下料后用短钢筋轻捣直至无气泡泛出。每层板材分3次挠捣,每次间隔1h左右,并检查石板有无松动、移位。第三次浇灌的细石混凝土至上口下5cm左右。石板安装完后,清除所有石膏和余浆痕迹,用棉丝或抹布擦洗,并用与板材同色的水泥浆嵌缝,最后上蜡抛光。

(3) 干挂工艺。此工艺是利用高强度螺栓和耐腐蚀、高强度的柔性连接件,将薄型石材面板挂在建筑物结构的外表面,在石材与结构表面间留有40~50mm的空腔,采暖设计时可填入保温材料。此工艺不适宜于砖墙和加气混凝土墙体。施工不受季节影响。可由上往下施工,也有利于成品保护。石材不受粘贴砂浆的析碱影响。

施工前应根据设计意图和结构实际尺寸作出分格设计、节点设计和翻样图,并根据翻样图提出挂件及板材的加工计划。对挂件应做承载力破坏试验和抗疲劳试验。根据设计尺寸对板材钻孔,并在板材背面刷胶黏剂,贴玻璃纤维网格布增强,并给予一定的固化时间,此期间要防止受潮。根据设计的孔位用电锤在结构面上钻孔,如孔位与结构主筋相遇,则可在挂件的可调范围内移动孔位。如采用间接干控法,板材通过钢针和连接件与水平槽钢相接,水平槽钢与竖向槽钢焊接,竖向槽钢用膨胀螺栓固定在结构上。故型钢在安装前应先刷两遍防锈漆。焊接要求三面围焊,焊缝高 h_f 取 6mm。膨胀螺栓钻孔位置要准确,深度在65mm左右,螺栓埋设要垂直、牢固。按大样图用经纬仪测出大角的两个面的竖向控制线,在大角上下两端固定挂线用的角钢,用钢丝挂竖向控制线。支底层石材托架,放置底层石板,调节并临时固定。对结构钻孔,插入固定螺栓,安装不锈钢固定件(直接挂法)。用嵌缝膏嵌入下层石材上部孔眼,插连接钢针,嵌上层石材下孔,并临时固定,重复上述过程,直至完成全部板材安装。

5. 金属饰面板施工

(1) 彩色压型钢板复合墙板。彩色压型钢板复合墙板,系以波形彩色压型钢板为面板,以轻质保温材料为芯层,经复合而成的轻质保温墙板,适用于工业与民用建筑物的外墙挂板。

彩色压型钢板复合板的安装,是用吊挂件把板材挂在墙身檩条上,再把吊挂件与檩条焊牢;板与板之间连接,水平缝为搭接缝,竖缝为企口缝。所有接缝处,除用超细玻璃棉塞缝外,还需用自攻螺钉钉牢,钉距为200mm。门窗洞口、管道穿墙及墙面端头处,墙板均为异型复合墙板,用压型钢板与保温材料按设计规定尺寸进行裁割,然后按照标准板的做法进行组装。女儿墙顶部、门窗周围均设防雨泛水板,泛水板与墙板的接缝处,用防水油膏嵌缝。压型板墙转角处,用槽形转角板进行外包角和内包角,转角板用螺栓固定。

(2) 铝合金板墙面施工。铝合金板墙面装饰,主要用在同玻璃幕墙或大玻璃窗配套,或商业建筑的入口处的门脸、柱面及招牌的衬底等部位,或用于内墙装饰,如大型公共建筑的墙裙等。

铝合金板的固定方法较多,按其固定原理可分为两类:一类是配合特制的带齿形卡脚的金属龙骨，安装时将板条卡在龙骨上面，不需使用钉件；另一类固定方法是将铝合金板用螺栓或自攻螺钉固定于型钢或木骨架上。铝合金墙板安装的工程质量要求较高，其技术难度也比较大。在施工前应认真查阅图纸，领会设计意图，并需进行详细的技术交底，使操作者能够主动地做好每一道工序。

（3）不锈钢饰面板施工。不锈钢饰面板主要用于墙柱面装饰，具有强烈的金属质感和抛光的镜面效果。圆柱体不锈钢板包面焊接主要施工工艺为：柱体成形→柱体基层处理→不锈钢板滚圆→不锈钢板定位安装→焊接和打磨修光。圆柱体不锈钢板镶包饰面施工，主要特点是不用焊接，比较适宜于一般装饰柱体的表面装饰施工，操作较为简便、快捷。通常用木胶合板作柱体的表面，也是不锈钢饰面板的基层。其饰面不锈钢板的圆曲面加工，可采用上述手工滚圆或卷板机于现场加工制作，也可由工厂按所需曲度事先加工完成。其包柱圆筒形体的组合，可以由两片或三片加工好拼接。但安装的关键在于片与片之间的对口处理，其方式有直接卡口式和嵌槽压口式两种。

方柱体不锈钢板饰面，柱面不锈钢板方柱体上安装不锈钢薄板作饰面，其基层也应是木质胶合板，柱体骨架上装设胶合板基面的操作如前所述。将基表面清理洁净后即刷涂万能胶或其他胶黏剂，将不锈钢板粘贴其上，然后在转角处用不锈钢成形角压边包角。在压边不锈钢成形角与饰面板接触处，可注入少量玻璃胶封口。

10.3.4 施工质量标准和检验方法

1. 饰面板安装工程

（1）主控项目。

1）饰面板的品种、规格、颜色和性能应符合设计要求，木龙骨、木饰面板和塑料饰面板的燃烧性能等级应符合设计要求。

检验方法：观察、检查产品合格证书、进场验收记录和性能检测报告。

2）饰面板孔、槽的数量、位置和尺寸应符合设计要求。

检验方法：检查进场验收记录和施工记录。

3）饰面板安装工程的预埋件（或后置埋件）、连接件的数量、规格、位置、连接方法和防腐处理必须符合设计要求。后置埋件的现场拉拔强度必须符合设计要求。饰面板安装必须牢固。

检验方法：手扳检查；检查进场验收记录。现场拉拔检测报告、隐蔽工程验收记录和施工记录。

（2）一般项目。

1）饰面表面应平整、洁净、色泽一致，无裂痕和缺损。石材表面应无泛碱等污染。

检验方法：观察。

2）饰面板嵌缝应密实、平直，宽度和深度应符合设计要求，嵌填材料色泽应一致。

检验方法：观察；尺量检查。

3）采用湿作业法施工的饰面板工程，石材应进行防碱背涂处理。饰面板与基体之间的灌注材料应饱满、密实。

检验方法：用小锤轻击检查；检查施工记录。

4）饰面板上的孔洞应套割吻合，边缘应整齐。

项目10 装饰装修工程施工技术

检验方法：观察。

5) 饰面板安装的允许偏差和检验方法应符合表10.7的规定。

表10.7　　　　　　饰面板安装的允许偏差和检验方法

项次	项目	允许偏差/mm							检验方法
		石材			瓷板	木材	塑料	金属	
		光面	剁斧石	蘑菇石					
1	立面垂直度	2	3	3	2	1.5	2	2	用2m垂直检测尺检查
2	表面平整度	2	3	—	1.5	1	3	3	用2m靠尺和塞尺检查
3	阴阳角方正	2	4	4	2	1.5	3	3	用直角检测尺检查
4	接缝直线度	2	4	4	2	1	1	1	拉5m线，不足5m拉通线，用钢直尺检查
5	墙裙、勒脚上口直线度	2	3	3	2	2	2	2	拉5m线，不足5m拉通线，用钢直尺检查
6	接缝离低差	0.5	3	—	0.5	0.5	1	1	用钢直尺和塞尺检查
7	接缝宽度	1	2	2	1	1	1	1	用钢直尺检查

2. 饰面砖镶贴工程

本规定适用于内墙饰面砖粘贴工程和高度不大于10mm、抗震设防烈度不大于Ⅷ度、采用满粘法施工的外墙饰面砖镶贴工程的质量验收。

(1) 主控项目。

1) 饰面砖的品种、规格、图案、颜色和性能应符合设计要求。

检验方法：观察；检查产品合格证书、进场验收记录、性能检测报告和复验报告。

2) 饰面砖镶贴工程的找平、防水、黏结和勾缝材料及施工方法应符合设计要求及国家现行产品标准和工程技术标准的规定。

检验方法：检查产品合格证书、复验报告和隐蔽工程验收记录。

3) 饰面砖粘贴必须牢固。

检验方法：检查样板件黏结强度检测报告和施工记录。

4) 满粘法施工的饰面砖工程应无空鼓、裂缝。

检验方法：观察，用小锤轻击检查。

(2) 一般项目。

1) 饰面砖表面应平整、洁净、色泽一致，无裂痕和缺损。

检验方法：观察。

2) 阴阳角处搭接方式、非整砖使用部位应符合设计要求。

检验方法：观察。

3) 墙面突出物周围的饰面砖应整砖套割吻合，边缘应整齐。墙裙、贴脸突出墙面的厚度应一致。

检验方法：观察，尺量检查。

4) 饰面砖接缝应平直、光滑、填嵌应连续、密实、宽度和深度应符合要求。

检验方法：观察，尺量检查。

5) 有排水要求的部位应做滴水线（槽）。滴水线（槽）应顺直，流水坡向应正确，坡度应符合设计要求。

6) 饰面砖粘贴的允许偏差和检验方法应符合表10.8的规定。

检验方法：观察，用水平尺检查。

表10.8　　　　　　　　饰面砖粘贴的允许偏差和检验方法

项次	项目	允许偏差/mm		检验方法
		外墙面砖	内墙面砖	
1	立面垂直度	3	2	用2m垂直检测尺检查
2	表面平整度	4	3	用2m靠尺和塞尺检查
3	阴阳角方正	3	3	用直角检测尺检查
4	接缝直线度	3	2	拉5m线，不足5m接通线，用钢直尺检查
5	接缝高低差	1	0.5	用钢直尺和塞尺检查
6	接缝宽度	1	1	用钢直尺检查

任务10.4　涂饰工程施工

10.4.1　涂料饰面工程的概述

涂料涂刷于建筑物表面并与基体材料很好地黏结，干结成膜后，既对建筑物表面起到一定的保护作用，又能起到建筑装饰的效果。

涂料由主要成膜物质、次要成膜物质和辅助成膜物质3个部分组成。在实际应用中，常按照某些特定的性能来分类，按涂料的形态分类，有固态涂料（粉末涂料）、液态涂料（溶剂型涂料）、水溶性涂料和水乳型涂料等。按涂料的光泽分类，有高光型或有光型涂料、丝光型或半定型涂料、无光型或亚光型涂料。按涂刷部位分类，有内墙涂料、外墙涂料、地坪涂料、屋顶涂料和顶棚涂料等。按涂料涂层状态分类，有平涂涂料、砂壁状涂料、含石英砂的装饰涂料和仿石涂料等。按涂料的特殊性能分类，有建筑涂料、防腐涂料、汽车涂料、防露涂料、防锈涂料、防水涂料、保湿涂料和弹性涂料等。

涂料饰面工程施工的工具包括尖头锤、弯头镰刀、圆纹锉、刮铲、圆盘打磨机、油刷、排笔、涂料辊、喷枪等。

10.4.2　施工方法及技术要求

1. 施工方法

涂料的施工方法一般有喷、滚、弹、刷等几种。喷涂是利用一定压力的高速气流将涂料带到所喷物体表面，形成涂膜。其优点是涂膜外观质量好，工效高，适用于大面积施工。滚涂是指用海绵滚子、橡胶滚子或羊毛滚子将涂料涂抹到基层上。滚子直径为40～45mm，滚涂时路线须直上直下，以保证涂层厚薄一致、色泽一致。滚涂一般两遍成活。用弹涂器分多遍将涂料弹涂在基层上，结成大小不同的点后，喷防水层一遍，形成相互交错、相互衬托的一种饰面。弹涂须先做样板,检验合格后方可大面积弹涂,每一遍弹浆应分多次弹匀。刷涂用刷子刷,操作时涂刷方向及行程长短应均匀一致。宜勤蘸短刷,不可反复。

2. 技术要求

木料表面施涂的技术要求为:刷底油时,木材表面、门窗玻璃口四周等,均须刷到刷匀,不可遗漏。抹腻子时,对于宽缝、深洞要深入压实,抹平刮光。磨砂纸时,要打磨光滑,不能磨穿油底,不可磨损棱角。涂刷涂料时,均应做到横平竖直、纵横交错、均匀一致。在涂刷顺序上应先上后下,先内后外,先浅色后深色,按木纹方向理平理直。涂刷混色涂料时,一般不少于 4 遍;涂刷清漆时,一般不宜少于 5 遍。当涂刷清漆时,在操作上应当注意色调均匀,拼色相互一致,表面不得显露节疤。涂刷清漆、蜡时,要做到均匀一致,理平理光,不可显露刷纹。有打蜡、出光要求的工程,应当将砂蜡打匀,擦油蜡时要薄要匀,赶光一致。木地(楼)板施涂涂料不得少于 3 遍。硬木地(楼)板应施涂清漆或烫硬蜡。烫硬蜡时,地板蜡应洒布均匀,不宜过厚,并防止烫坏地(楼)板。

金属表面施涂的技术要求为:金属面上的油污、鳞皮、锈斑、焊渣、毛刺、浮砂、尘土等,应清除干净。防锈涂料要涂刷均匀、不得遗漏。金属表面除锈完毕后,应在 8h 内(湿度大时为 4h 内)尽快涂刷底漆,待底漆充分干燥后再涂刷次层油漆,其间隔时间视具体条件而定,一般不应少于 48h;第一和第二度防锈涂料涂刷间隔时间不应超过 7d;当第二度防锈涂料干后,应尽快涂刷第一度面漆。金属面涂刷涂料一般宜为 4~5 遍。漆膜总厚度:室外为 $125\sim175\mu m$,室内为 $100\sim150\mu m$。设备、管道工程应在安装就位前涂刷防锈涂料和第一遍银粉涂料,安装就位后和刷浆工程完工后涂刷最后一遍银粉涂料。薄钢板制作的屋脊、檐沟和天沟等咬口处,应用防锈油腻子填抹密实。

混凝土表面和抹灰表面施涂的技术要求为:施涂前应将基体或基层的缺棱掉角处,用 1:3 的水泥砂浆(或聚合物水泥砂浆)修补,表面麻面及缝隙应用腻子填补齐平。外墙涂料工程分段进行时,应以分格缝、墙的阴角处或水落管等为分界线。外墙涂料工程,同一墙面应用同一批号的涂料,每遍涂料不宜施涂过厚;涂层应均匀,颜色应一致。

施涂复层涂料应符合下列规定:复层涂料一般是以封底涂料、主层涂料和罩面涂料组成。施涂时应先喷涂或刷涂封底涂料,待其干燥后再喷涂主层涂料,干燥后再施涂两遍罩面涂料。喷涂主层涂料时,其点状大小和疏密程度应均匀一致,不得连成片状。水泥系主层涂料,喷涂后,应先干燥 12h,然后洒水养护 24h,再干燥 12h 后,才能施涂罩面涂料。施涂罩面涂料时,不得有漏涂和流坠现象,待第一遍罩面涂料干燥后,才能施涂第二遍罩面涂料。

3. 喷塑涂料施工

(1) 喷塑涂料的涂层结构。按喷塑涂料层次的作用不同,其涂层构造分为封底涂料、主层涂料、罩面涂料。按使用材料分为底油、骨架和面油。喷塑涂料质感丰富、立体感强,具有乳雕饰面的效果。底油是涂布在基层上的涂层。它的作用是渗透到基层内部,增强基层的强度,同时又对基层表面进行封闭,并消除基层表面有损于涂层附着的因素,增加骨架涂料与基层之间的结合力。作为封底涂料,可以防止硬化后的水泥砂浆抹灰层可溶性盐渗出而破坏面层。骨架是喷塑涂料特有的一层成形层,是喷塑涂料的主要构成部分。

使用特制大口径喷枪或喷斗，喷涂在底油之上，再经过滚压，即形成质感丰富、新颖美观的立体花纹图案。面油是喷塑涂料的表面层。面油内加入各种耐晒彩色颜料，使喷塑涂层具有理想的色彩和光感。面油分为水性和油性两种，水性面油无光泽，油性面油有光泽，但目前大都采用水性面油。

（2）喷塑涂料施工。

喷涂程序：刷底油→喷点料（骨架材料）→滚压点料→喷涂或刷涂面层。

底油的涂刷用漆刷进行，要求涂刷均匀不漏刷。

喷点施工的主要工具是喷枪，喷嘴有大、中、小3种，分别可喷出大点、中点和小点。施工时可按饰面要求选择不同的喷嘴。喷点操作的移动速度要均匀，其行走路线可根据施工需要由上向下或左右移动。喷枪在正常情况下其喷嘴距墙50~60cm为宜。喷头与墙面成60°~90°夹角，空压机压力为0.5MPa。如果喷涂顶棚，可采用顶棚喷涂专用喷嘴。

如果需要将喷点压平，则喷点后5~10min便可用胶辊蘸松节水，在喷涂的圆点上均匀地轻轻滚，将圆点压扁，使之成为具有立体感的压花图案。喷涂面油应在喷点施工12min进行，第一道滚涂水性面油，第二道可用油性面油，也可用水性面油。

如果基层有分格条，面油涂饰后即行揭去，对分格缝可按设计要求的色彩重新描绘。

4. 多彩喷涂施工

多彩喷涂具有色彩丰富、技术性能好、施工方便、维修简单、防火性能好、使用寿命长等特点，因此运用广泛。

多彩喷涂的工艺可按底涂、中涂、面涂或底涂、面涂的顺序进行。底层涂料的主要作用是封闭基层，提高涂膜的耐久性和装饰效果。底层涂料为溶剂性涂料，可用刷涂、滚涂或喷涂的方法进行操作。中层为水性涂料，涂刷1~2遍，可用刷涂、滚涂及喷涂施工。中层涂料干燥4~8h后开始施工。操作时可采用专用的内压式喷枪，喷涂压力为0.15~0.25MPa，喷嘴距墙300~400mm，一般一遍成活，如涂层不均匀，应在4h内进行局部补喷。

10.4.3 施工质量标准和检验方法

1. 一般规定

（1）涂饰工程验收时应检查下列文件和记录：涂饰工程的施工图、设计说明及其他设计文件，材料的产品合格证书、性能检测报告和进场验收记录，施工记录。

（2）各分项工程的检验批应按下列规定划分：室外涂饰工程每一栋楼的同类涂料涂饰的墙面每500~1000m^2应划分为一个检验批，不足500m^2也应划分为一个检验批。室内涂饰工程同类涂料涂饰的墙面每50间（大面积房间和走廊按涂饰面积30m^2为一间）应划分为一个检验批，不足50间也应划分为一个检验批。

（3）检查数量应符合下列规定：室外涂饰工程每100m^2应至少检查一处，每处不得小于10m^2。室内涂饰工程每个检验批应至少抽查10%并不得少于3间，不足3间时应全数检查。

（4）涂饰工程的基层处理应符合下列要求：新建筑物的混凝土或抹灰基层在涂饰涂料前应涂刷抗碱封闭底漆。旧墙面在涂饰涂料前应清除疏松的旧装修层，并涂刷界面剂。混凝土或抹灰基层涂刷溶剂型涂料时,含水率不得大于8%;涂刷乳液型涂料时,含水率不得大于10%;木材基层的含水率不得大于12%。基层腻子应平整、坚实、牢固、无粉化、起皮和裂缝,内墙腻子的黏结强度应符合《建筑室内用腻子》(JG/T 3049)的规定。厨房、卫生间墙面必须使用耐水腻子。

(5) 水性涂料涂饰工程施工的环境温度应在5~35℃之间。

2. 水性涂料涂饰工程

(1) 水性涂料涂饰工程所用涂料的品种、型号和性能应符合设计要求。

检验方法:检查产品合格证书、性能检测报告和进场验收记录。

(2) 水性涂料涂饰工程的颜色、图案应符合设计要求。

检验方法:观察。

(3) 水性涂料涂饰工程应涂饰均匀、黏结牢固、不得漏涂、透底、起皮和掉粉。

检验方法:观察,手摸检查。

(4) 薄涂料的涂饰质量和检验方法应符合表10.9的规定。

表10.9　　　　　　　　薄涂料的涂饰质量和检验方法

项次	项目	普通涂饰	高级涂饰	检验方法
1	颜色	均匀一致	均匀一致	观察
2	泛碱、咬色	允许少量轻微	不允许	
3	流坠、疙瘩	允许少量轻微	不允许	
4	砂眼、刷纹	允许少量轻微砂眼,刷纹通顺	无砂眼,无刷纹	
5	装饰线、分色线直线度允许偏差/mm	2	1	拉5m线,不足5m拉通线,用钢直尺检查

(5) 厚涂料的涂饰质量和检验方法应符合表10.10的规定。

表10.10　　　　　　　　厚涂料的涂饰质量和检验方法

项次	项目	普通涂饰	高级涂饰	检验方法
1	颜色	均匀一致	均匀一致	观察
2	泛碱、咬色	允许少量轻微	不允许	
3	点状分布	—	疏密均匀	

(6) 复层涂料的涂饰质量和检验方法应符合表10.11的规定。

表10.11　　　　　　　　复层涂料的涂饰质量和检验方法

项次	项目	质量要求	检验方法
1	颜色	均匀一致	观察
2	泛碱、咬色	不允许	
3	喷点疏密程度	均匀,不允许连片	

(7) 涂层与其他装修材料和设备衔接处应吻合,界面应清晰。

检验方法：观察。

3. 溶剂型涂料涂饰工程

(1) 溶剂型涂料涂饰工程所选用涂料的品种、型号和性能应符合设计要求。

检验方法：检查产品合格证书、性能检测报告和进场验收记录。

(2) 溶剂型涂料涂饰工程的颜色、光泽、图案应符合设计要求。

检验方法：观察。

(3) 溶剂型涂料涂饰工程应涂饰均匀、黏结牢固，不得漏涂、透底、起皮和反锈。

检验方法：观察，手摸检查。

(4) 色漆的涂饰质量和检验方法应符合表10.12的规定。

表 10.12　　　　　　　　　　色漆的涂饰质量和检验方法

项次	项目	普通涂饰	高级涂饰	检验方法
1	颜色	均匀一致	均匀一致	观察
2	光泽、光滑	光泽基本均匀光滑无挡手感	光泽均匀一致光滑	观察，手摸检查
3	刷纹	刷纹通顺	无刷纹	观察
4	裹棱、流坠、皱皮	明显处不允许	不允许	观察
5	装饰线、分色线直线度允许偏差/mm	2	1	拉5m线，不足5m拉通线，用钢直尺检查

注　无光色漆不检查光泽。

(5) 清漆的涂饰质量和检验方法应符合表10.13的规定。

表 10.13　　　　　　　　　　清漆的涂饰质量和检验方法

项次	项目	普通涂饰	高级涂饰	检验方法
1	颜色	基本一致	均匀一致	观察
2	木纹	棕眼刮平，木纹清楚	棕眼刮平，木纹清楚	观察
3	光泽、光滑	光泽基本均匀光滑无挡手感	光泽均匀一致光滑	观察，手摸检查
4	刷纹	无刷纹	无刷纹	观察
5	裹棱、流坠、皱皮	明显处不允许	不允许	观察

(6) 涂层与其他装修材料和设备衔接处应吻合，界面应清晰。

检验方法：观察。

任务 10.5　门窗工程安装

门窗是建筑物的主要组成部分。门的主要作用是交通联系，同时具有采光和通风功能。窗的主要作用是采光、通风和日照。在构造上，门窗还具有保温、隔声、防雨、防火和防风沙的作用。另外，门和窗对建筑物的立面设计有很大影响。

10.5.1　概述

门窗按其所处的位置不同分为围护构件或分隔构件，根据不同的设计要求分别具有保温、隔热、隔声、防水、防火等功能。门窗的密闭性的要求，是节能设计中的重要内容。门和窗又是建筑造型的重要组成部分，所以它们的形状、尺寸、比例、排列、色彩、造型等对建筑的整体造型都要很大的影响。

依据门窗材质，大致有木门窗、钢门窗、塑钢门窗、铝合金门窗、玻璃钢门窗、不锈钢门窗、铁花门窗。改革开放以来，人民生活水平不断提高，门窗及其衍生产品的种类不断增多，档次逐步上升，如隔热断桥铝门窗、木铝复合门窗、铝木复合门窗、实木门窗、阳光房、玻璃幕墙、木质幕墙等。按门窗功能分，有旋转门防盗门、自动门、旋转门。

按开启方式，分为固定窗、上悬窗、中悬窗、下悬窗、立转窗、平开门窗、滑轮平开窗、滑轮窗、平开下悬门窗、推拉门窗、推拉平开窗、折叠门、地弹簧门、提升推拉门、推拉折叠门、内倒侧滑门。按性能，分为隔声型门窗、保温型门窗、防火门窗、气密门窗。按应用部位，分为内门窗、外门窗。

10.5.2 门窗安装工艺

1. 木门窗

木门窗的安装一般有立框安装和塞框安装两种方法。

（1）立框安装。在墙砌到地面时立门樘，砌到窗台时立窗樘。立框时应先在地面（或墙面）划出门（窗）框的中线及边线，而后按线将门窗框立上，用临时支撑撑牢，并校正门窗框的垂直度及上、下槛水平。立门窗框时要注意门窗的开启方向和墙面装饰层的厚度，各门框进出一致，上、下层窗框对齐。在砌两旁墙时，墙内应砌经防腐处理的木砖。垂直间隔为0.5～0.7m一块，木砖大小为115mm×115mm×53mm。

（2）塞框安装。塞框安装是在砌墙时先留出门窗洞口，然后塞入门窗框尺寸要比门窗框尺寸每边大20mm。门窗框塞入后，先用木楔临时塞住，要求横平竖直。校正无误后，将门窗框钉牢在砌于墙内的木砖上。

（3）门窗扇的安装。安装前要先测量一下门窗樘洞口净尺寸，根据测得的准确尺寸来修刨门窗扇。扇的两边要同时修刨。门窗冒头的修刨是，先刨平下冒头，以此为准再修刨上冒头。修刨时要注意留出风缝，一般门窗扇的对口处及扇与樘之间的风缝需留出20mm左右。门窗扇安装时，应保持冒头、窗芯水平，双扇门窗的冒头要对齐，开关灵活，但不准出现自开或自关的现象。

2. 铝合金门窗的安装

铝合金门窗装入洞口应横平竖直，外框与洞口应弹性连接牢固，不得将门窗外框直接埋入墙体。门窗安装节点，如图10.17所示。

（1）铝合金门窗安装前的准备工作。

1）检查洞口质量。由于门窗框采用塞口施工，因此铝合金门窗安装前应对洞口进行检查，洞口尺寸应大于门窗框尺寸，其差值视不同材料而有所区别。在一般情况下，洞口尺寸应符合表10.14的规定。门窗洞口的尺寸允许偏差：宽度和高度为5mm；对角线长度为5mm；洞口下表面水平标高为5mm；垂直偏差为1.5/1000；洞

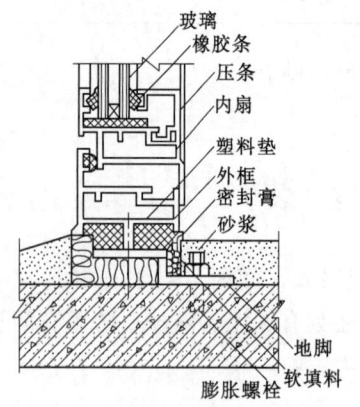

图10.17 铝合金门窗安装节点及缝示意图

口中心线与建筑物基准轴线偏差为 5mm。此外，有预埋件的门窗洞口，还应检查预埋件的数量、位置以及埋设方法是否符合设计要求，如有问题应及时处理。

2）检查铝合金门窗框、扇质量。检查门窗框扇的尺寸是否符合设计要求，有无变形和扭曲，并检查方正。

3）检查各种配件。检查铝合金门窗各种配件的数量、品种、规格是否符合设计和施工要求。

表 10.14　　　　　　　　　　　　门 窗 洞 口 尺 寸　　　　　　　　　　　　单位：mm

墙面装饰类型	宽　　度	高　　度	
一般粉刷面	门窗框宽度+50	窗框高度+50	门框高度+5
玻璃锦砖贴面	+60	+60	+30
大理石贴面	+80	+80	+40

(2) 铝合金门窗安装方法。铝合金门窗安装施工工艺流程为：弹线→门窗框安装→洞口四周嵌缝→抹面→门窗扇安装→安装玻璃→清理→质量检验。

1）弹线。按设计要求在门窗洞口弹出门窗位置线，同一立面的门窗的水平及垂直方向应该做到整齐一致。高层或超高层建筑的外墙窗口，须用经纬仪从顶到底逐层施测边线，再定中心线，水平方向和垂直方向偏差均不超过 5mm。对于门，除了上面提到的确定位置外，还要特别注意室内地面的标高。

2）门窗框安装。按照弹线位置，先将门、窗框临时用木楔固定，待检查立面垂直、左右间隙、上下位置符合要求后，再用射钉将镀锌锚固板固定在结构上。镀锌锚固板是铝合金门、窗框固定的连接件。锚固板的一端固定在门窗框的外侧，另一端可以用射钉、膨胀螺栓、燕尾铁脚等固定在结构上，锚固板厚度 1.5mm，长度可根据需要加工。锚固板应固定好，不得有松动现象。射钉选择要合理。锚固板的间距应不大于 50cm，其方向宜内外交错布置。

3）填缝。铝合金门窗框在填缝前经过平整度、垂直度等的安装质量复查后，再将框四周清扫干净、洒水湿润基层。对于较宽的窗框，仅靠内外挤灰时挤进一部分灰是不能饱满的，应专门进行填缝。填缝所用的材料，原则上按设计要求选用，但不论使用何种材料，应达到密闭、防水的目的。

4）抹面。铝框四周的塞灰砂浆达到一定的强度后（一般需 24h），才能轻轻取下框旁的木楔，继续补灰，然后才能抹面层，压平抹光。

5）门窗扇安装。铝合金门窗扇安装，应在室内外装饰基本完成后进行。

6）玻璃安装。玻璃安装是门、窗安装的最后一道工序，其内容包括玻璃裁割、玻璃就位、玻璃密封与固定。

7）清理。铝合金门、窗交工前，应将型材表面的塑料胶纸撕掉。如果发现塑料胶纸在型材表面留有胶痕，宜用香蕉水清理干净。玻璃应进行擦洗，对浮灰或其他杂物，应全部清理干净。待定位销孔与销对上后，再将定位销完全调出，并插入定位销孔中。最后，用双头螺杆将门拉手固定在门扇边框两侧。安装铝合金门的关键是要保持上、下两个转动部分在同一个轴线上。

3. 塑钢门窗

塑钢门窗是以聚氯乙烯（PVC）树脂或其他树脂为主要原料，以轻质碳酸钙为填料，添加适量助剂和改性剂，经挤压成形的各种截面的空腹塑料门窗异型材，在型材空腔内添加钢衬，再根据不同的品种规格选用不同截面异型材组装而成。塑钢门窗及其附件应符合国家标准，按设计选用。塑钢门窗不得有开焊、断裂等损坏现象，如有损坏，应予以修复或更换。塑钢门窗进场后应存放在有靠架的室内并与热源隔开，以免受热变形。其安装工艺如下。

（1）找平放线。先通长拉水平线，用墨线弹在侧壁上；再在顶层洞口找中，吊线锤弹窗中线。单个门窗可现场用线锤吊直。

（2）安装铁脚。把连接件（即铁脚）与框成45°放入框内背面燕尾槽口，然后沿顺时针方向把连接件扳成直角，旋进一只自攻螺钉固定。

（3）安装门窗框。把门窗框放在洞口的安装线上，用对拔木楔临时固定；校正各方向的垂直度和水平度，用木楔塞在四周和受力部位；开启门窗扇检查，调至开启灵活、自如。用膨胀螺栓配尼龙膨胀管固定连接件，每只连接件不少于两只膨胀螺栓，如洞口已埋设木砖，直接用两只木螺栓将连接件固定在木砖上。此外，门窗定位后，可以作好标记后取下扇存放备用；待玻璃安装完毕，再按原有标记位置将扇安回框上。

（4）填缝抹口。门窗洞口粉刷前，一边拆除木楔、一边在门窗框周围缝隙内塞入填充材料，使之形成柔性连接，以适应热胀冷缩；在所有的缝隙内嵌注密封膏，做到密实均匀；最后再做门窗套抹灰。

（5）安装五金件。塑钢门窗安装五金配件时，必须先钻孔后用自攻螺钉拧入，严禁直接锤击打入；待墙体粉刷完成后，将玻璃用压条压紧在门窗扇上，在铰链内滴入润滑剂，将表面清理干净即可。

4. 特种门窗

（1）金属转门安装。金属转门安装施工时，首先检查各部分尺寸及洞口尺寸是否符合预埋件位置和数量。转壁框架按洞口左右、前后位置尺寸与预埋件固定，保证水平。装转轴，固定底座，底座下部要垫实，不允许下沉，转轴必须垂直于地平面。装圆转门顶与转壁，转壁暂不固定，便于调整与活扇的间隙；装门扇，保持90°夹角，旋转转门，调整好上下间隙、门扇与转壁的间隙。

（2）卷帘门窗安装施工。卷帘门窗通常有普通卷帘门窗和防火卷帘门两种。卷帘门的安装方式有3种：卷帘门装在门洞边，帘片向内侧卷起的叫洞内安装；卷帘门装在门洞外，帘片向外侧卷起的叫洞外安装；卷帘门装在门洞中的叫洞中安装。防火卷帘门洞口根据设计设置预埋件，改建工程可用膨胀螺栓固定铁板来代替预埋件。

安装前要检查产品和零部件，测量产品各部位的基本尺寸、洞口尺寸、导轨和支架的预埋件位置、数量是否正确等。测量洞口标高，弹出两导轨垂线及卷筒中心线；将垫板焊接在预埋铁板上，固定卷筒的左右支架，安装卷筒并检查灵活程度；安装减速器和传动系统，安装电气控制系统，空载试车；将事先装配好的帘板安装在卷筒上；安装导轨，将两侧及上方导轨焊接于墙体预埋件上，并焊成一体，各导轨应在同一垂直平面上。安装防火联动控制系统并试车；先手动试运行，再用电动启闭数次，调整至顺畅、噪声小为止，全部完毕后,安装防护罩。最后粉刷或镶砌导轨墙体装饰面层。

10.5.3 建筑玻璃加工与安装

玻璃装饰是建筑装饰工程的重要部分,玻璃的性能、规格、品种的多样化,基本能满足建筑装饰的不同要求。玻璃的实际应用,除了采光与装饰美化作用之外,还能控制光线(透射、漫射、反射)、调节热量(吸热、反射热)、节约采暖和空调能源,以及控制噪声、降低建筑物结构自重和防辐射、防爆、防火等多种功能。

1. 玻璃加工

(1) 玻璃裁割。应根据不同的玻璃品种、厚度、外形尺寸采用不同的操作方法。裁割薄玻璃,可用12mm×12mm细木条直尺,量出裁割尺寸,再在直尺上定出所划尺寸。要考虑留3mm空当和2mm刀口。操作时将直尺上的小钉紧靠玻璃一端,玻璃刀紧靠直尺的另一端,一手握小钉按住玻璃边口,使之不松动,另一手握刀笔直向后退划,然后扳开。若为厚玻璃,需要在裁口上刷煤油,一可防滑,二可使划口渗油,容易产生应力集中,易于裁开。裁割夹丝玻璃要认清刀口,握稳刀头,用力比裁割一般玻璃要大,速度相应要快,这样才不致出现弯曲不直。裁割后双手紧握玻璃,同时用力向下扳,使玻璃沿裁口线裂开。如有夹丝未断,可在玻璃缝口内夹一细长木条,再用力往下扳,夹丝即可扳断。然后用钳子将夹丝压平,以免搬运时划破手掌。裁割边缘上宜刷防锈涂料。裁割压花玻璃时,压花面应向下,裁割方法与夹丝玻璃相同。裁割磨砂玻璃时,毛面应向下,裁割方法与平板玻璃同,但向下扳时用力要大、要均匀。

(2) 玻璃打孔。玻璃打孔按所打孔径大小,一般采用两种方法,一种是玻璃刀划孔,另一种是台钻钻孔。当孔径较大时,采用玻璃刀划孔。台钻钻孔就是利用台钻和金刚砂或玻璃钻头直接在玻璃上钻孔。

2. 玻璃安装

(1) 玻璃栏板的安装。玻璃栏板是以玻璃为栏板,以扶手立柱为骨架,固定于楼地面基座上,用于建筑回廊(跑马廊)或楼梯栏板。

1) 回廊栏板安装。一般用膨胀螺栓或预埋件将扶手的两端与墙或柱连接在一起,扶手尺寸、位置和表面装饰依据设计确定。木质扶手、不锈钢和黄铜管扶手与玻璃板的连接,一般做法是在扶手内加设型钢,如槽钢、角钢或H形型钢等。有的金属圆管扶手在加工成形时,即将嵌装玻璃的凹槽一次制成,可减少现场焊接工作量。玻璃栏板的下端,不能直接坐落在金属固定件或混凝土楼地面上,应采用橡胶垫块将其垫起。玻璃板两侧的间隙,可填塞氯丁橡胶定位条将玻璃栏板夹紧,而后在缝隙上口注入硅酮胶密封。

2) 楼梯玻璃栏板安装。对于室内楼梯栏板,其形式可以是全玻璃,称为全玻式;也可以是部分玻璃,称为半玻式。全玻式栏板下部的固定,玻璃栏板下部与楼梯结构的连接多采用较简易的做法。半玻式玻璃栏板的安装固定方式,多是用金属卡槽将玻璃栏板固定于立柱之间;或者是在栏板立柱上开出槽位,将玻璃栏板嵌装在立柱上并用玻璃胶固定。

(2) 空心玻璃装饰砖墙施工。空心玻璃装饰砖系当代建筑高档装饰之一,既可用于整个墙面,又可用于局部点缀。装潢效果光洁明亮,典雅华贵,得到了广泛应用。空心玻璃装饰砖由两块分开压制的玻璃,在高温下封接加工而成,厚度有50mm、80mm、95mm、100mm等。空心玻璃装饰砖具有良好的隔声、抗压、耐磨、折光、透光不透明、防火、防潮等性能。屏风、顶棚、楼地面、阳台、外窗、柜台、浴室等装饰均可采用。

空心玻璃装饰砖墙的做法，基本上可分为砌筑法和胶筑法两种。砌筑法是将空心玻璃装饰砖用1∶1白水泥石英彩色砂浆（白砂或彩砂），与加固钢筋砌筑成空心玻璃砖墙（或隔断）的一种构造做法；其施工工艺流程为：基层处理→刷结合层→浇筑勒脚→玻璃砖选择与编号→安装四周槽钢固定件→砌筑→勾缝→封口、收边→清理砖墙表面。胶筑法是将空心玻璃装饰砖用胶黏结成空心玻璃砖墙（或隔断）的一种新型构造做法；其施工工艺为安装四周固定件、安装防腐木条及胀缝、滑缝材料、胶筑空心玻璃装饰砖墙墙体，其他工序与砌筑法相同。

10.5.4　施工质量标准和检验方法

1．木门窗

（1）木门窗的木材品种、材质等级、规格、尺寸、框扇的线型及人造木板的甲醛含量应符合设计要求。

检验方法：观察；检查材料进场验收记录和复验报告。

（2）木门窗应采用烘干的木材，含水率应符合《建筑木门、木窗》（JG/T 122）的规定。

检验方法：检查材料进场验收记录。

（3）木门窗的防火、防腐、防虫处理应符合设计要求。

检验方法：观察；检查材料进场验收记录。

（4）木门窗的结合处和安装配件处不得有木节或已填补的木节。木门窗如有允许限值以内的死节及直径较大的虫眼时，应用同一材质的木塞加胶填补。对于清漆制品，木塞的木纹和色泽应与制品一致。

检验方法：观察。

（5）门窗框和厚度大于50mm的门窗扇应用双榫连接。榫槽应采用胶料严密嵌合并应用胶楔加紧。

检验方法：观察；手扳检查。

（6）胶合板门、纤维板门和模压门不得脱胶。胶合板不得刨透表层单板，不得有戗槎，制作胶合板门、纤维板门时，边框和横楞应在同一平面上，面层、边框及横楞应加压胶结，横楞和上、下冒头应各钻两个以上的透气孔，透气孔应通畅。

检验方法：观察。

（7）木门窗的品种、类型、规格、开启方向、安装位置及连接方式应符合设计要求。

检验方法：观察；尺量检查；检查成品门的产品合格证书。

（8）木门窗框的安装必须牢固。预埋木砖的防腐处理、木门窗框固定点的数量、位置及固定方法应符合设计要求。

检验方法：观察；手扳检查；检查隐蔽工程验收记录和施工记录。

（9）木门窗扇必须安装牢固，并应开关灵活，关闭严密，无倒翘。

检验方法：观察；开启和关闭检查；手扳检查。

（10）木门窗配件的型号、规格、数量应符合设计要求，安装应牢固，位置应正确，功能应满足使用要求。

检验方法：观察；开启和关闭检查；手扳检查。

(11)木门窗制作的允许偏差和检验方法应符合表 10.15 的规定。

表 10.15　　　　　　　木门窗制作的允许偏差和检验方法

项次	项　目	构件名称	允许偏差/mm		检　验　方　法
			普通	高级	
1	翘曲	框	3	2	将框、扇平放在检查平台上,用塞尺检查
		扇	2	2	
2	对角线长度差	框、扇	3	2	用钢尺检查,框量裁口里角,扇量外角
3	表面平整度	扇	2	2	用1m靠尺和塞尺检查
4	高度、宽度	框	0;-2	0;-1	用钢尺检查,框量裁口里角,扇量外角
		扇	+2;0	+1;0	
5	裁口、线条结合处高低差	框、扇	1	0.5	用钢直尺和塞尺检查
6	相邻棂子两端间距	扇	2	1	用钢直尺检查

(12)木门窗安装的留缝限值、允许偏差和检验方法应符合表 10.16 的规定。

表 10.16　　　　　木门窗安装的留缝限值、允许偏差和检验方法

项次	项　目		留缝限值/mm		允许偏差/mm		检　验　方　法
			普通	高级	普通	高级	
1	门窗槽口对角线长度差		—	—	3	2	用钢尺检查
2	门窗框的正、侧面垂直度		—	—	2	1	用1m垂直检测尺检查
3	框与扇、扇与扇接缝高低差		—	—	2	1	用钢直尺和塞尺检查
4	门窗扇对口缝		1～2.5	1.5～2			用塞尺检查
5	工业厂房双扇大门对口缝		2～5	—			
6	门窗扇与上框间留缝		1～2	1～1.5			
7	门窗扇与侧框间留缝		1～2.5	1～1.5			
8	窗扇与下框间留缝		2～3	2～2.5			
9	门扇与下框间留缝		3～5	3～4			
10	双层门窗内外框间距		—	—	4	3	用钢尺检查
11	无下框时门扇与地面间留缝	外门	4～7	5～6	—	—	用塞尺检查
		内门	5～8	6～7	—	—	
		卫生间门	8～12	8～10			
		厂房大门	10～20	—			

2. 金属门窗

(1)金属门窗的品种、类型、规格、尺寸、性能、开启方向、安装位置、连接方式及铝合金门窗的型材壁厚应符合设计要求。金属门窗防腐处理及填嵌、密封处理应符合设计要求。

检验方法:观察;尺量检查;检查产品合格证书、性能检测报告、进场验收记录和复验报告;检查隐蔽工程验收记录。

(2)金属门窗框和副框的安装必须牢固。预埋件的数量、位置、埋设方式、与框的连

接方式必须符合设计要求。

检验方法：手扳检查；检查隐蔽工程验收记录。

(3) 金属门窗扇必须安装牢固，并应开关灵活、关闭严密，无倒翘。推拉门窗扇必须有防脱落措施。

检验方法：观察；开启和关闭检查；手扳检查。

(4) 金属门窗配件的型号、规格、数量应符合设计要求，安装应牢固，位置应正确，功能应满足使用要求。

检验方法：观察；开启和关闭检查；手扳检查。

(5) 钢门窗安装的留缝限值、允许偏差和检验方法应符合表10.17的规定。

表10.17　　　　　钢门窗安装的留缝限值、允许偏差和检验方法

项次	项　　目		留缝限值/mm	允许偏差/mm	检　验　方　法
1	门窗槽口宽度、高度	≤1500mm	—	2.5	用钢尺检查
		>1500mm	—	3.5	
2	门窗槽口对角线长度差	≤2000mm	—	5	用钢尺检查
		>2000mm	—	6	
3	门窗框的正、侧面垂直度		—	3	用1m垂直检测尺检查
4	门窗横框的水平度		—	3	用1m垂直检测尺检查
5	门窗横框标高		—	5	用钢尺检查
6	门窗竖向偏离中心		—	4	用钢尺检查
7	双层门窗内外框间距		—	5	用钢尺检查
8	门窗框、扇配合间距		≤2	—	用塞尺检查
9	无下框时门扇与地面间留缝		4～8	—	用塞尺检查

(6) 铝合金门窗安装的允许偏差和检验方法应符合表10.18的规定。

表10.18　　　　　铝合金门窗安装的允许偏差和检验方法

项次	项　　目		允许偏差/mm	检　验　方　法
1	门窗槽口宽度、高度	≤1500mm	1.5	用钢尺检查
		>1500mm	2	
2	门窗槽口对角线长度差	≤2000mm	3	用钢尺检查
		>2000mm	4	
3	门窗框的正、侧面垂直度		2.5	用垂直检测尺检查
4	门窗横框的水平度		2	用1m水平尺和塞尺检查
5	门窗横框标高		5	用钢尺检查
6	门窗竖向偏离中心		5	用钢尺检查
7	双层门窗内外框向距		4	用钢尺检查
8	推拉门窗扇与框搭接量		1.5	用钢直尺检查

3. 塑料门窗

（1）塑料门窗的品种、类型、规格、尺寸、开启方向、安装位置、连接方式及填嵌密封处理应符合设计要求，内衬增强型钢的壁厚及设置应符合国家现行产品标准的质量要求。

检验方法：观察；尺量检查；检查产品合格证书、性能检测报告、进场验收记录和复验报告；检查隐蔽工程验收记录。

（2）塑料门窗框、副框和扇的安装必须牢固。固定片或膨胀螺栓的数量与位置应正确，连接方式应符合设计要求。固定点应距窗角、中横框、中竖框150～200mm，固定点间距应不大于600mm。

检验方法：观察；手扳检查；检查隐蔽工程验收记录。

（3）塑料门窗拼樘料内衬增强型钢的规格、壁厚必须符合设计要求，型钢应与型材内腔紧密吻合，其两端必须与洞口固定牢固。窗框必须与拼樘料连接紧密，固定点间距应不大于600mm。

检验方法：观察；手扳检查；尺量检查；检查进场验收记录。

（4）塑料门窗扇应开关灵活、关闭严密，无倒翘。推拉门窗扇必须有防脱落措施。

检验方法：观察；开启和关闭检查；手扳检查。

（5）塑料门窗配件的型号、规格、数量应符合设计要求，安装应牢固，位置应正确，功能应满足使用要求。

检验方法：观察；手扳检查；尺量检查。

（6）塑料门窗框与墙体间缝隙应采用闭孔弹性材料填嵌饱满，表面应采用密封胶密封。密封胶应黏结牢固，表面应光滑、顺直、无裂纹。

检验方法：观察；检查隐蔽工程验收记录。

（7）塑料门窗扇的开关力应符合下列规定：平开门窗扇平铰链的开关力应不大于80N；滑撑铰链的开关力应不大于80N，并不小于30N。推拉门窗扇的开关力应不大于100N。

检验方法：观察；用弹簧秤检查。

任务10.6　吊顶、隔墙与玻璃幕墙工程施工

10.6.1　吊顶与隔墙工程

1. 吊顶工程

（1）吊顶的构造组成。吊顶主要由支承、基层和面层3个部分组成。

1）支撑。木龙骨吊顶的主龙骨又称为大龙骨或主梁，传统木质吊顶的主龙骨，多采用50mm×70mm～60mm×100mm方木或薄壁槽钢、L60×6～L70×7mm角钢制作。龙骨间距按设计，如设计无要求，一般按1m设置。主龙骨一般用$\phi 8\sim 10$mm的吊顶螺栓或8号镀锌钢丝与屋顶或楼板连接。木吊杆和木龙骨必须做防腐和防火处理。轻钢龙骨与铝合金龙骨吊顶的主龙骨截面尺寸取决于荷载大小，其间距尺寸应考虑次龙骨的跨度及施工条件，一般采用1～1.5m。其截面形状较多，主要有U形、T形、C形、L形等。主龙

骨与屋顶结构楼板结构多通过吊杆连接，吊杆与主龙骨用特制的吊杆件或套件连接。金属吊杆和龙骨应做防锈处理。

2）基层。基层用木材、型钢或其他轻金属材料制成的次龙骨组成。吊顶面层所用材料不同，其基层部分的布置方式和次龙骨的间距大小也不一样，但一般不应超过600mm。

吊顶的基层要结合灯具位置、风扇或空调透风口位置等进行布置，留好预留洞穴及吊挂设施等，同时应配合管道、线路等安装工程施工。

3）面层。木龙骨吊顶，其面层多用人造板（如胶合板、纤维板、木丝板、刨花板）面层或板条（金属网）抹灰面层。轻钢龙骨、铝合金龙骨吊顶，其面板多用装饰吸声板（如纸面石膏板、钙塑泡沫板、纤维板、矿棉板、玻璃丝棉板等）制作。

（2）吊顶施工工艺。吊顶施工主要包括木龙骨吊顶施工与金属龙骨吊顶施工。

1）木质吊顶施工。首先将楼地面基准线弹在墙上，并以此为起点，弹出吊顶高度水平线。其次是主龙骨的安装 主龙骨与屋顶结构或楼板结构连接主要有3种方式：一是用屋面结构或楼板内预埋铁件固定吊杆；二是用射钉将角铁等固定于楼底面固定吊杆；三是用金属膨胀螺栓固定铁件再与吊杆连接。主龙骨安装后，沿吊顶标高线固定沿墙木龙骨，木龙骨的底边与吊顶标高线齐平。一般是用冲击电钻在标高线以上10mm处墙面打孔，孔内塞入木楔，将沿墙龙骨钉固于墙内木楔上。然后将拼接组合好的木龙骨架托到吊顶标高位置，整片调正调平后，将其与沿墙龙骨和吊杆连接。最后是罩面板的铺钉。罩面板多采用人造板，应按设计要求切成方形、长方形等。板材安装前，按分块尺寸弹线，安装时由中间向四周呈对称排列，顶棚的接缝与墙面交圈应保持一致。面板应安装牢固且不得出现折裂、翘曲、缺棱掉角和脱层等缺陷。

2）轻金属龙骨吊顶施工。轻金属龙骨按材料分为轻钢龙骨和铝合金龙骨。

轻钢吊顶龙骨有U形和T形两种。U形上人轻钢龙骨安装方法如图10.18所示。施工前，先按龙骨的标高在房间四周的墙上弹出水平线，再根据龙骨的要求按一定间距弹出龙骨的中心线，找出吊点中心，将吊杆固定在埋件上。吊顶结构未设埋件时，要按确定的

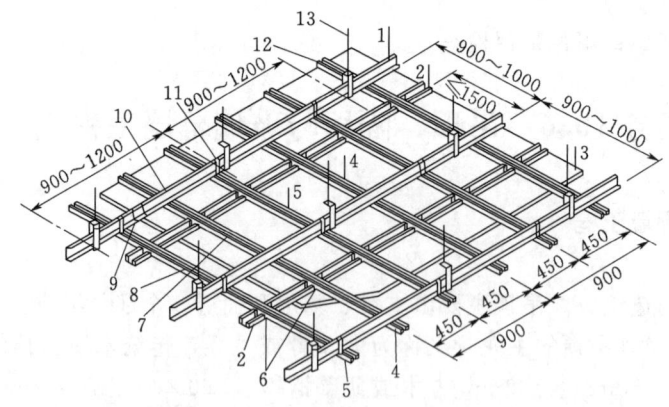

图10.18 U形龙骨吊顶示意图
1—BD大龙骨；2—UZ横撑龙骨；3—吊顶板；4—UZ龙骨；5—UX龙骨；6—UZ3支托连接；
7—UZ2连接件；8—UX2连接件；9—BD2连接件；10—UX1吊挂；11—UX2吊件；
12—BD1吊件；13—UX3吊杆ϕ8～10mm

节点中心用射钉固定螺钉或吊杆,吊杆长度计算好后,在一端套螺纹,螺纹口的长度要考虑紧固的余量,并分别配好紧固用的螺母。主龙骨的吊顶挂件连在吊杆上校平调正后,拧紧固定螺母,然后根据设计和饰面板尺寸要求确定的间距,用吊挂件将次龙骨固定在主龙骨上,调平调正后安装饰面板。饰面板的安装方法有搁置法、嵌入法、粘贴法、钉固法和卡固法等。

铝合金龙骨吊顶按罩面板的要求不同分龙骨底面不外露和龙骨底面外露两种形式;按龙骨结构形式不同分T形和TL形。TL形龙骨属于安装饰面板后龙骨底面外露的一种(图10.19、图10.20)。铝合金吊顶龙骨的安装方法与轻钢龙骨吊顶基本相同。

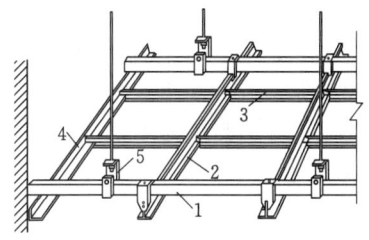 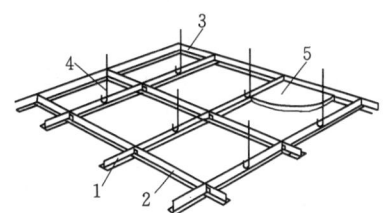

图10.19 TL形铝合金吊顶
1—大龙骨;2—大T;3—小T
4—角条;5—大吊挂件

图10.20 TL形铝合金不上人吊顶
1—大T;2—小T;3—吊件;
4—角条;5—饰面板

铝合金龙骨吊顶与轻钢龙骨吊顶饰面板安装方法基本相同。石膏饰面板的安装可采用钉固法、粘贴法和暗式企口胶接法。U形轻钢龙骨采用钉固法安装石膏板时,使用镀锌自攻螺钉与龙骨固定。钉头要求嵌入石膏板内0.5~1mm,钉眼用腻子刮平,并用石膏板与同色的色浆腻子涂刷一遍。螺钉规格为M5×25或M5×35。螺钉与板边距离应不大于15mm,螺钉间距以150~170mm为宜,均匀布置,并与板面垂直。石膏板之间应留出8~10mm的安装缝。待石膏板全部固定好后,用塑料压缝条或铝压缝条压缝,钙塑泡沫板的主要安装方法有钉固和粘贴两种。钉固法即用圆钉或木螺钉,将面板钉在顶棚的龙骨上,要求钉距不大于150mm,钉帽应与板面齐平,排列整齐,并用与板面颜色相同的涂料装饰。钙塑板的交角处,用木螺钉将塑料小花固定,并在小花之间沿板边按等距离加钉固定。用压条固定时,压条应平直,接口严密,不得翘曲。钙塑泡沫板用粘贴法安装时,胶黏剂可用401胶或氧丁胶浆——聚异氧酸酯胶(10∶1)涂胶后应待稍干,方可把板材粘贴压紧。胶合板、纤维板安装应用钉固法:要求胶合板钉距80~150mm、钉长25~35mm,钉帽应打扁,并进入板面0.5~1mm,钉眼用油性腻子抹平;纤维板钉距80~120mm,钉长20~30mm,钉帽进入板面0.5mm,钉眼用油性腻子抹平;硬质纤维板应用水浸透,自然阴干后安装。矿棉板安装的方法主要有搁置法、钉固法和粘贴法。顶棚为轻金属T形龙骨吊顶时,在顶棚龙骨安装放平后,将矿棉板直接平放在龙骨上,矿棉板每边应留有板材安装缝,缝宽不宜大于1mm。顶棚为木龙骨吊顶时,可在矿棉板每四块的交角处和板的中心用专门的塑料花托脚,用木螺钉固定在木龙骨上;混凝土顶面可按装饰尺寸做出平顶木条,然后再选用适宜的胶黏剂将矿棉板粘贴在平顶木条上。金属饰面板主要有金属条板、金属方板和金属格栅。板材安装方法有卡固法和钉固法。卡固法要求龙骨形式与条板配套；钉固法采用螺钉固定时，后安装的板块压住前安装的板块，将螺钉遮盖，拼缝严密。方形板可用搁置法和钉固法，也可用铜丝绑扎固定。格栅安装方法有两种，一种是将单体构件先用卡具连成整体，然后通过钢管与吊杆相连接；另一种是用带卡口的吊管将单体物体卡住，然后将吊管用吊杆悬吊。金属板吊顶与四周墙面空隙，应用同材质的金属压缝条找齐。

（3）吊顶工程质量要求。吊顶工程所用的材料品种、规格、颜色以及基层构造、固定方法等应符合设计要求。罩面板与龙骨应连接紧密，表面应平整，不得有污染、折裂、缺棱掉角、锤伤等缺陷，接缝应均匀一致，粘贴的罩面不得有脱层，胶合板不得有刨透之处，搁置的罩面板不得有漏、透、翘角现象。

2. 隔墙工程

（1）隔墙的构造类型。隔墙依其构造方式，可分为砌块式、骨架式和板材式。砌块式隔墙，装饰工程中主要为骨架式和板材式隔墙。骨架式隔墙骨架多为木材或型钢（轻钢龙骨、铝合金骨架），其饰面板多用纸面石膏板、人造板（如胶合板、纤维板、木丝板、刨花板、水泥纤维板）。板材式隔墙采用高度等于室内净高的条形板材进行拼装，常用的板材有复合轻质墙板、石膏空心条板、预制或现制钢丝网水泥板等。

（2）轻钢龙骨纸面石膏板隔墙施工。轻钢龙骨纸面石膏板墙体具有施工速度快、成本低、劳动强度小、装饰美观及防火、隔声性能好等特点。因此其应用广泛，具有代表性。用于隔墙的轻钢龙骨有 C50、C75、C100 等 3 种系列，各系列轻钢龙骨由沿顶龙骨、沿地龙骨、竖向龙骨、加强龙骨和横撑龙骨以及配件组成（图 10.21）。

轻钢龙骨墙体的施工操作工序为：弹线→固定沿地、沿顶和沿墙龙骨→龙骨架装配及校正→石膏板固定→饰面处理。

1）弹线。根据设计要求确定隔墙的位置、隔墙门窗的位置，包括地面位置、墙面位置、高度位置以及隔墙的宽度。并在地面和墙面上弹出隔墙的宽度线和中心线，按所需龙骨的长度尺寸，对龙骨进行划线配料。按先配长料，后配短料的原则进行。量好尺寸后，用粉饼或记号笔在龙骨上画出切截位置线。

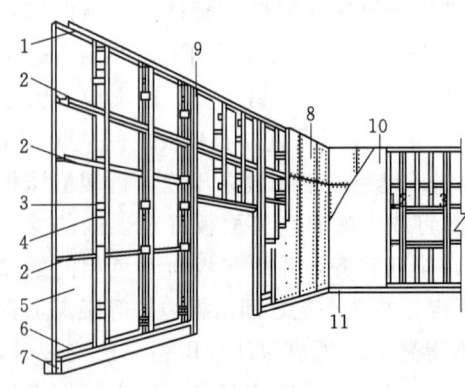

图 10.21 轻钢龙骨纸面石膏板隔墙
1—沿顶龙骨；2—横撑龙骨；3—支撑卡；4—贯通孔；
5、8—石膏板；6—沿地龙骨；7—混凝土踢脚座；
9—加强龙骨；10—塑料壁纸；11—踢脚板

2）固定沿地沿顶龙骨。沿地沿顶龙骨固定前，将固定点与竖向龙骨位置错开，用膨胀螺栓和打木楔钉、铁钉与结构固定，或直接与结构预埋件连接。

3）骨架连接。按设计要求和石膏板尺寸，进行骨架分格设置，然后将预选切裁好的竖向龙骨装入沿地、沿顶龙骨内，校正其垂直度后，将竖向龙骨与沿地、沿顶龙骨固定起来，固定方法用点焊将两者焊牢，或者用连接件与自攻螺钉固定。

4）石膏板固定。固定石膏板用平头自攻螺钉，其规格通常为 M4×25 或 M5×25 两种，螺钉间距为 200mm 左右。安装时，将石膏板竖向放置，贴在龙骨上用电钻同时把板材与龙骨一起打孔,再拧上自攻螺钉。螺钉要沉入板材平面2~3mm。石膏板之间的接缝分为明缝和暗缝两种做法。明缝是用专门工具和砂浆胶合剂勾成立缝。明缝如果加嵌压条,装饰效果较好。暗缝的做法首先要求石膏板有斜角,在两块石膏板拼缝处用嵌缝石膏腻子嵌平,然后贴上50mm的穿孔纸带,再用腻子补一道,与墙面刮平。

5) 饰面。待嵌缝腻子完全干燥后,即可在石膏板隔墙表面裱糊墙纸、织物或进行涂料施工。

(3) 铝合金隔墙施工技术。铝合金隔墙是用铝合金型材组成框架,再配以玻璃等其他材料装配而成。其主要施工工序为:弹线→下料→组装框架→安装玻璃。

1) 弹线。根据设计要求确定隔墙在室内的具体位置、墙高、竖向型材的间隔位置等。

2) 划线。在平整干净的平台上,用钢尺和钢划针对型材划线,要求长度误差在±0.5mm内,同时不要碰伤型材表面。下料时先长后短,并将竖向型材与横向型材分开。沿顶、沿地型材要划出与竖向型材的各连接位置线。划连接位置线时,必须划出连接部位的宽度。

3) 铝合金隔墙的安装固定。半高铝合金隔墙通常先在地面组装好框架后再竖立起来固定,全封铝合金隔墙通常是先固定竖向型材,再安装横档型材来组装框架。铝合金型材相互连接主要用铝角和自攻螺钉,它与地面、墙面的连接则主要用铁脚固定法。

4) 玻璃安装。先按框洞尺寸缩小3~5mm裁好玻璃,将玻璃就位后,用与型材同色的铝合金槽条在玻璃两侧夹定,校正后将槽条用自攻螺钉与型材固定。安装活动窗口上的玻璃,应与制作铝合金活动窗口同时安装。

3. 吊顶与隔墙工程质量验收

(1) 吊顶工程。

1) 吊顶工程验收时应检查下列文件和记录:吊顶工程的施工图、设计说明及其他设计文件;材料的产品合格证书、性能检测报告、进场验收记录和复验报告;隐蔽工程验收记录;施工记录。

2) 吊顶工程应对人造木板的甲醛含量进行复验。

3) 吊顶工程应对下列隐蔽工程项目进行验收:吊顶内管道、设备的安装及水管试压;木龙骨防火、防腐处理;预埋件或拉结筋;吊杆安装;龙骨安装;填充材料的设置。

4) 各分项工程的检验批应按下列规定划分:同一品种的吊顶工程每50间(大面积房间和走廊按吊顶面积30m² 为一间)应划分为一个检验批,不足50间也应划分为一个检验批。

5) 检查数量应符合下列规定:每个检验批应至少抽查10%,并不得少于3间;不足3间时应全数检查。

6) 安装龙骨前,应按设计要求对房间净高、洞口标高和吊顶内管道、设备及其支架的标高进行交接检验。

7) 吊顶工程的木吊杆、木龙骨和木饰面板必须进行防火处理,并应符合有关设计防火规范的规定。

8) 吊顶工程中的预埋件、钢筋吊杆和型钢吊杆应进行防锈处理。

9) 安装饰面板前应完成吊顶内管道和设备的调试及验收。

10）吊杆距主龙骨端部距离不得大于 300mm，当大于 300mm 时，应增加吊杆。当吊杆长度大于 1.5m 时，应设置反支撑。当吊杆与设备相遇时，应调整并增设吊杆。

（2）隔墙工程。

1）轻质隔墙工程验收时应检查下列文件和记录：轻质隔墙工程的施工图、设计说明及其他设计文件；材料的产品合格证书、性能检测报告、进场验收记录和复验报告；隐蔽工程验收记录；施工记录。

2）轻质隔墙工程应对人造木板的甲醛含量进行复验。

3）轻质隔墙工程应对下列隐蔽工程项目进行验收：骨架隔墙中设备管线的安装及水管试压；木龙骨防火、防腐处理；预埋件或拉结筋；龙骨安装；填充材料的设置。

4）各分项工程的检验批应按下列规定划分：同一品种的轻质隔墙工程每 50 间（大面积房间和走廊按轻质隔墙的墙面 30m² 为一间）应划分为一个检验批，不足 50 间也应划分为一个检验批。

5）轻质隔墙与顶棚和其他墙体的交接处应采取防开裂措施。

6）民用建筑轻质隔墙工程的隔声性能应符合现行国家标准《民用建筑隔声设计规范》（GBJ 118）的规定。

10.6.2 玻璃幕墙工程

玻璃幕墙是近代科学技术发展的产物，是高层建筑时代的显著特征，其主要部分由饰面玻璃和固定玻璃的骨架组成。其主要特点是：建筑艺术效果好，自重轻，施工方便，工期短。但玻璃幕墙造价高，抗风、抗震性能较弱，能耗较大，对周围环境可能形成光污染。

1. 玻璃幕墙的构造

（1）玻璃幕墙的组成。一般由固定玻璃的骨架、连接件、嵌缝密封材料、填衬材料和幕墙玻璃等组成。其骨架主要采用铝合金型材及钢材；连接件多用角钢、型钢、钢板加工而成；填充材料目前用得比较多的是聚乙烯泡沫胶系列；橡胶密封条是目前应用较多的密封、固定材料；防水密封材料有橡胶密封条、建筑密封胶和硅酮结构密封胶；用于玻璃幕墙的单块玻璃一般不小于 6mm 厚，所用玻璃的品种主要有热反射浮法镀膜玻璃（镜面玻璃）、中空玻璃、钢化玻璃、夹层玻璃、夹丝玻璃和吸热玻璃等。

另外，玻璃幕墙宜采用岩棉、矿棉、玻璃棉、防火板等不燃性和耐燃性材料作隔热材料，同时，应采用铝箔或塑料薄膜包装，以保证其防水和防潮性。在幕墙施工中，每个连接点除焊接外，凡用螺钉连接的，都应加设耐热硬质有机材料垫片，以消除摩擦噪声。

（2）玻璃幕墙的分类。按照其构造和组合形式的不同可以分为全隐框玻璃幕墙、半隐框玻璃幕墙（包括竖隐横不隐和横隐竖不隐）、明框玻璃幕墙、支点式（挂架式）玻璃幕墙和无骨架玻璃幕墙（结构玻璃）。

从施工方法上，玻璃幕墙又分为在现场安装组合的元件式（分件式）玻璃幕墙和先在工厂组装再在现场安装的单元式（板块式）玻璃幕墙。元件式玻璃幕墙是将必须在工厂制作的单件材料和其他材料运至施工现场，直接在建筑结构上逐渐进行安装。这种幕墙通过竖向骨架（竖筋）与结构相连接，也可以在水平方向设置横筋，以增加横向刚度和便于安装。由于其分块尺寸可以不受建筑层高和柱网尺寸的限制，因此，在布置上比较灵活。目前,此种幕墙采用较多。施工中可以做成明框玻璃幕墙或隐框玻璃幕墙。单元式玻璃幕墙是将铝合金骨架、玻璃、垫块、保温材料、减震和防水材料以及装饰面料等事先在工厂组合成带有附加铁件的幕墙单元(幕墙板或分格窗),用专用运输车运到施工现场,在现场吊装装配,直接与建筑结构(梁板或柱子)相连接。这种幕墙单元当与梁板连接时,其高度应是层高或数倍层高;与柱子连接时,其宽度应为柱距。

2. 玻璃幕墙的安装要点

(1) 定位放线。玻璃幕墙的测量放线应与主体结构测量放线相配合,其中心线和标高点由主体结构单位提供并校核准确。水平标高要逐层从地面基点引上,以免误差积累,由于建筑物随气温变化产生侧移,测量应每天定时进行。

放线应沿楼板外沿弹出墨线或用钢琴线定出幕墙平面基准线,从基准线测出一定距离为幕墙平面。以此线为基准确定立柱的前后位置,从而决定整片幕墙的位置。

(2) 骨架安装。骨架安装在放线后进行。骨架的固定是用连接件将骨架与主体结构相连。固定方式一般有两种:一种是在主体结构上预埋铁件,将连接件与预埋铁件焊牢;另一种是主体结构上钻孔,然后用膨胀螺栓将连接件与主体结构相连。连接件一般用型钢加工而成,其形状可因不同的结构类型、不同的骨架形式、不同的安装部位而有所不同,但无论何种形状的连接件,均应固定在牢固可靠的位置上,然后安装骨架。骨架一般是先安竖向杆件(立柱),待竖向杆件就位后,再安装横向杆件。

(3) 玻璃安装。在安装前,应清洁玻璃,四边的铝框也要清除污物,以保证嵌缝耐候胶可靠黏结。玻璃的镀膜面应朝室内方向。当玻璃在 $3m^2$ 以内时,一般可采用人工安装。玻璃面积过大,重量很大时,应采用真空吸盘等机械安装。玻璃不能与其他构件直接接触,四周必须留有空隙,下部应有定位垫块,垫块宽度与槽口相同,长度不小于100mm。隐框幕墙构件下部应设两个金属支托,支托不应凸出到玻璃的外面。

(4) 耐候胶嵌缝。玻璃板材或金属板材安装后,板材之间的间隙必须用耐候胶嵌缝,予以密封,防止气体渗透和雨水渗漏。

3. 玻璃幕墙工程的质量验收

(1) 幕墙工程验收时应检查下列文件和记录:幕墙工程的施工图、结构计算书、设计说明及其他设计文件;建筑设计单位对幕墙工程设计的确认文件;幕墙工程所用各种材料、五金配件、构件及组件的产品合格证书、性能检测报告、进场验收记录和复验报告;幕墙工程所用硅酮结构胶的认定证书和抽查合格证明;进口硅酮结构胶的商检证;国家指定检测机构出具的硅酮结构胶相容性和剥离黏结性试验报告;石材用密封胶的耐污染性试验报告;后置埋件的现场拉拔强度检测报告;幕墙的抗风压性能、空气渗透性能、雨水渗漏性能及平面变形性能检测报告;打胶、养护环境的温度、湿度记录;双组分硅酮结构胶的混匀性试验记录及拉断试验记录;防雷装置测试记录;隐蔽工程验收记录;幕墙构件和组件的加工制作记录;幕墙安装施工记录。

(2) 幕墙工程应对下列材料及其性能指标进行复验:玻璃幕墙用结构胶的邵氏硬度、标准条件拉伸黏结强度、相容性试验。

(3) 幕墙工程应对下列隐蔽工程项目进行验收:预埋件(或后置埋件);构件的连接节点;变形缝及墙面转角处的构造节点;幕墙防雷装置;幕墙防火构造。

项目 10 装饰装修工程施工技术

（4）玻璃幕墙工程所使用的各种材料、构件和组件的质量，应符合设计要求及国家现行产品标准和工程技术规范的规定。

检验方法：检查材料、构件、组件的产品合格证书、进场验收记录、性能检测报告和材料的复验报告。

（5）玻璃幕墙的造型和立面分格应符合设计要求。

检验方法：观察；尺量检查。

（6）玻璃幕墙使用的玻璃应符合下列规定：幕墙应使用安全玻璃，玻璃的品种、规格、颜色、光学性能及安装方向应符合设计要求；幕墙玻璃的厚度不应小于 6.0mm。全玻璃幕墙肋玻璃的厚度不应小于 12mm；幕墙的中空玻璃应采用双道密封。明框幕墙的中空玻璃应采用聚硫密封胶及丁基密封胶；隐框和半隐框幕墙的中空玻璃应采用硅酮结构密封胶及丁基密封胶；镀膜面应在中空玻璃的第 2 面或第 3 面上；幕墙的夹层玻璃应采用聚乙烯醇缩丁醛（PVB）胶片干法加工合成的夹层玻璃。点支承玻璃幕墙夹层玻璃的夹层胶片（PVB）厚度不应小于 0.76mm；钢化玻璃表面不得有损伤 8.0mm 以下的创口，钢化玻璃应进行引爆处理；所有幕墙玻璃均应进行边缘处理。

检验方法：观察；尺量检查；检查施工记录。

（7）玻璃幕墙与主体结构连接的各种预埋件、连接件、紧固件必须安装牢固，其数量、规格、位置、连接方法和防腐处理应符合设计要求。

检验方法：观察；检查隐蔽工程验收记录和施工记录。

（8）各种连接件、紧固件的螺栓应有防松动措施；焊接连接应符合设计要求和焊接规范的规定。

检验方法：观察；检查隐蔽工程验收记录和施工记录。

（9）隐框或半隐框玻璃幕墙，每块玻璃下端应设置两个铝合金或不锈钢托条，其长度不应小于 100mm，厚度不应小于 2mm，托条外端应低于玻璃外表面 2mm。

检验方法：观察；检查施工记录。

（10）明框玻璃幕墙的玻璃安装应符合下列规定：玻璃槽口与玻璃的配合尺寸应符合设计要求和技术标准的规定；玻璃与构件不得直接接触，玻璃四周与构件凹槽底部应保持一定的空隙，每块玻璃下部至少放置两块宽度与槽口宽度相同、长度不小于 100mm 的弹性定位垫块；玻璃两边嵌入量及空隙应符合设计要求；玻璃四周橡胶条的材质、型号应符合设计要求，镶嵌应平整，橡胶条长度应比边框内槽长 1.5%～2.0%，橡胶条在转角处应斜面断开，并应用黏结剂黏结牢固后嵌入槽内。

检验方法：观察；检查施工记录。

（11）高度超过 4m 的全玻璃幕墙应吊挂在主体结构上，吊夹具应符合设计要求，玻璃与玻璃、玻璃与玻璃肋之间的缝隙，应采用硅酮结构密封胶填嵌严密。

检验方法：观察；检查隐蔽工程验收记录和施工记录。

（12）点支承玻璃幕墙应采用带万向头的活动不锈钢爪，其钢爪间的中心距离应大于 250mm。

检验方法：观察；尺量检查。

（13）玻璃幕墙四周、玻璃幕墙内表面与主体结构之间的连接节点，各种变形缝、墙角的连接节点应符合设计要求和技术标准的规定。

检验方法：观察；检查隐蔽工程验收记录和施工记录。

（14）玻璃幕墙应无渗漏。

检验方法：在易渗漏部位进行淋水检查。

（15）玻璃幕墙结构胶和密封胶的打注应饱满、密实、连续、均匀、无气泡，宽度和厚度应符合设计要求和技术标准的规定。

检验方法：观察；尺量检查；检查施工记录。

（16）玻璃幕墙开启窗的配件应齐全，安装应牢固，安装位置和开启方向、角度应正确；开启应灵活，关闭应严密。

检验方法：观察；手扳检查；开启和关闭检查。

（17）玻璃幕墙的防雷装置必须与主体结构的防雷装置可靠连接。

检验方法：观察；检查隐蔽工程验收记录和施工记录。

项 目 小 结

本项目介绍了建筑装饰装修抹灰工程、门窗工程、饰面工程、涂饰工程、楼地面工程等工程的施工准备、施工机具、施工工艺及质量验收等。其中抹灰工程、楼地面工程、饰面工程为本项目学习的重点内容。主要内容概述如下。

（1）抹灰工程主要包括装饰抹灰与一般抹灰施工工艺。一般抹灰主要涉及基层处理、底层抹灰、中层抹灰及面层抹灰，主要工艺包括设置标筋、做护角、抹底中层灰、做面层灰等。装饰抹灰区别于一般抹灰主要是面层灰的不同。

（2）楼地面工程包括整体式地面，块材地面，木、竹地面等楼地面形式。整体式楼地面介绍了水泥砂浆、细石混凝土、水磨石等地面形式，主要工艺包括基层处理、设置标筋、做垫层、设分隔条、做面层、养护、做光等。块材地面主要是面砖、面板的铺贴工艺。

（3）饰面工程包括各类饰面砖镶贴及饰面板安装工艺。尺寸较小的饰面板一般用镶贴工艺，主要包括基层处理、弹线、镶贴、搭缝等；大尺寸饰面板一般采用挂板安装工艺，主要包括传统湿挂工艺与干挂工艺。

复 习 思 考 题

1. 建筑装饰工程的作用是什么？
2. 在建筑饰面石材中大理石的特性是什么？
3. 一般抹灰工程的编码质量应符合哪些规定？
4. 简述饰面砖的施工工艺过程。
5. 吊顶有哪些种类？简述悬挂式吊顶各部分的组成和作用。
6. 铝合金门窗安装的质量要求有哪些？
7. 简述水磨石地面的施工工艺过程。
8. 涂饰工程验收时应检查哪些文件和记录？

项目 11　建筑节能工程施工技术

【学习目标】

能力目标：掌握门窗及幕墙的施工工艺及施工要点；掌握 EPS 板薄抹灰外墙外保温系统及大模内置无网保温系统的施工工艺及施工要点；掌握平屋面的保温层施工工艺和施工要点、保温瓦屋面的施工工艺和施工要点；掌握架空隔热屋面、蓄水隔热屋面、种植隔热屋面的施工工艺和施工要点。

知识点：门窗节能；墙面保温；屋面保温。

【项目介绍】

本项目介绍了建筑节能工程施工技术，主要包括门窗及幕墙工程技能技术、墙体节能技术与屋面保温节能技术等构造特点、施工工艺及施工要点。其中 EPS 板墙体外墙保温施工与平屋顶保温层施工是本项目重点内容。

任务 11.1　门窗与幕墙工程节能施工

随着生活水平的提高，人们对居住环境的要求越来越高，从而建筑节能已经成为建筑业中一个不可忽视的问题。在建筑外围护结构中，门窗和幕墙是其重要组成部分，是建筑物热交换、热传导最活跃、最敏感的部位，其热损失是墙体热损失的 5～6 倍，门窗缝隙还是冷风渗透的主要通道。所以改善门窗的绝热性能是建筑节能工作中的重点。

11.1.1　门窗工程节能技术

1. 门窗节能的关键要素

门窗节能必须考虑热力学热传导的 3 个要素，即热力学热量的流失（热量的交换）和热的对流、传导和辐射去认识。对流是在门窗空隙间热冷气流的循环流动，导致气体产生对流带动热量交换，热冷空气的循环对流产生热量的流失。热传导则是由材料本身分子运动而进行的热量传递，热传导通过物体本身一个面传递到另一个相对的面。辐射传热是能量以射线即红外线直接传递。不论用什么材料制成的窗，如能对上述 3 种热交换最有效的阻断和控制，才能称为最好的节能窗。

节能窗的两大关键要素如下。

（1）窗型。推拉窗不是节能窗，平开窗、固定窗是节能窗。首先要从窗的结构设计考虑，窗的结构对节能起着主要的作用。如推拉窗在窗框下滑轨来回滑动，上有较大的空间，下有滑轮间的空隙，窗扇上下形成明显的对流交换，热冷空气的对流形成较大的热损失。平开窗，窗扇和窗框间一般正常的均用良好的橡胶密封压条，在窗扇关闭后，密封橡胶压条压得很紧，几乎没有空隙，很难形成对流。平开窗的节能效果远比推拉窗节能效果有明显的优势，平开窗可以称为"节能窗"。固定窗，窗框嵌在墙体内，玻璃直接安装在窗框上，玻璃和窗框现在已用密封胶代替胶条密封，接触的四边均密封，如密封胶密封得严密，空气很难通过密封胶形成对流，很难造成热的损失。从结构上讲，固定窗是最节能的窗型。

（2）玻璃。热反射镀膜玻璃有较好对光学的控制性能，对波长以 0.3～2.5mm 的太阳光有良好的反射和吸收能力，能够明显减少太阳光的辐射能向室内的传递，保持稳定室内温度，可以节约能源。在一般情况下，热反射镀膜玻璃已能满足一般节能窗的需要，如要求更高，还有中空玻璃和热反射镀膜中空玻璃以及低辐射镀膜玻璃等，但均有其特点和不同用途。

2. 门窗节能的构造

近年来，随着建筑业的飞速发展，高层建筑林立，我国铝合金门窗的需要量不断增加，质量也有很大提高，门窗种类也随之增多。在现代建筑中使用的铝合金门窗，具有质量轻、刚性好、美观大方、清洁明亮、经久耐用等优点。

目前，铝合金门窗的节能主要是隔热断桥门窗，铝合金隔热断桥平开窗构造如图 11.1 所示。其中，窗框与墙体之间的连接节点构造如图 11.2 所示。

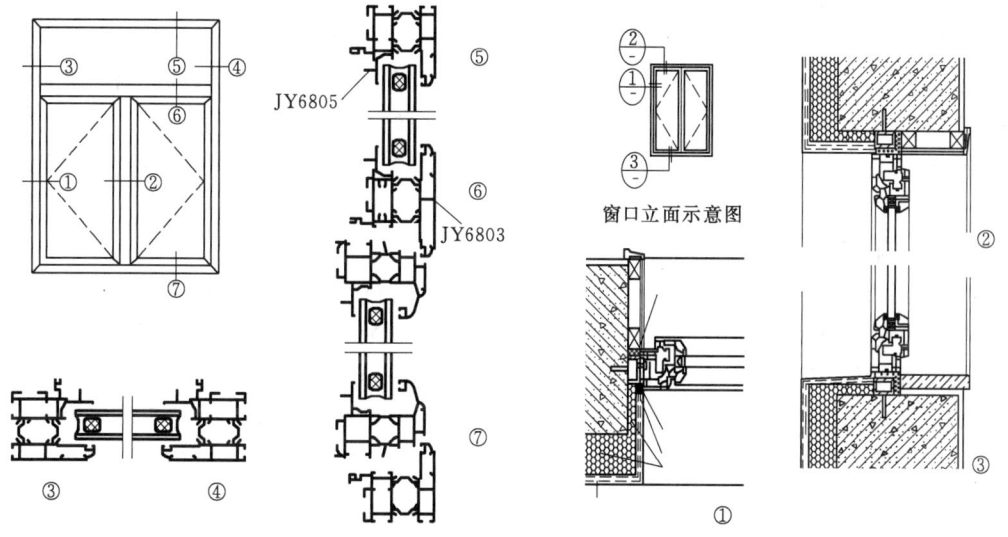

图 11.1　铝合金隔热断桥平开窗构造　　图 11.2　窗框与墙体连接节点图

3. 门窗节能的施工要点

（1）材料性能要求。门窗的品种、规格、型号、尺寸应符合设计要求，并有出厂合格证；外门窗的气密性、保温性能、中空玻璃露点、玻璃遮阳系数和可见光透射比应符合设计要求。外门窗隔断热桥措施应符合设计要求和产品标准的规定，金属副框的隔断热桥措施应与门窗框的隔断热桥措施相当；门窗采用的玻璃品种应符合设计要求。中空玻璃应采用双道密封；门窗扇密封条和玻璃镶嵌的密封条，其物理性能应符合相关标准的规定；门窗的五金及配件的种类、型号、规格应符合设计要求，并应有产品合格证。

（2）施工工艺。窗安装工艺流程如下：准备工作→测量、放线→确认安装基准→安装

门窗框→校正→固定门窗框→土建抹灰收口→安装门窗扇→填充发泡剂→塞海绵棒→门窗外周圈打胶→安装门窗五金件→清理、清洗门窗→检查验收。

(3) 施工准备。

1) 安装作业人员在接到图纸后，先对图纸进行熟悉和了解。不仅要对门窗施工图要了解，对土建建筑结构图也需了解，主要了解以下几个方面内容：对图纸内容进行全面的了解；找出设计的主导尺寸（分格）、不可调节尺寸和可调节尺寸；对照土建图纸验证施工方案及设计；了解立面变化的位置、标高变化的特点。

2) 上墙安装前，首先检查洞口表面平整度、垂直度应符合施工规范，对土建提供的基准线进行复核，并清理洞口。

3) 根据土建施工弹出的门窗安装标高控制线及平面中心位置线测出每个门窗洞口的平面位置、标高及洞口尺寸等偏差。要求洞口宽度、高度允许偏差在±10mm内，洞口垂直水平度偏差全长最大不超过10mm；否则要求土建施工队在门窗框安装前对超差洞口进行修补。

4) 根据实测的门窗洞口偏差值，进行数理统计，根据统计结果最终确定每个门窗安装的平面位置及标高。

5) 安装人员都必须经过专业技术培训，按工程量配备足够经考核合格的技术工人。工人进场后由项目经理对进场全部施工人员讲解本工程的重要性，使全体施工人员了解工程大致情况及工地的各项要求。由施工员向操作工人详细讲解相关的标准、规范及施工现场安全管理有关规定及安全生产准则等。由技术员向施工人员进行施工方案、技术、安全等方面的交底，使工人在施工前做到心中有数，熟知各个环节的施工质量标准，以做到在施工过程中严格控制。

(4) 节能门窗的安装。

1) 门窗框的安装。门窗框在外墙保温及室内抹灰施工前进行。按照施工计划将即将安装的门窗框运到指定位置，同时注意其表面的保护。将固定片镶入组装好的门窗框，固定片的位置应距门窗角、中竖框、中横框150～200mm，固定片之间的间距应不大于600mm。不得将固定片直接装在中横框、中竖框的挡头上。根据设计图纸及门窗扇的开启方向，确定门窗框的安装位置，并把门窗框装入洞口，并使其上下框中线与洞口中线对齐。安装时应采取防止门窗变形的措施。无下框平开门应使两边框的下脚低于地面标高线30mm。带下框的平开门或推拉门应使下框低于地面标高线10mm。然后将上框的一个固定片固定在墙体上，并应调整门框的水平度、垂直度和直角度，用木楔临时固定。当下框长度大于0.9m时，其中间也用木楔塞紧。然后调整垂直度、水平度及直角度。

2) 门窗扇、五金件安装。工艺流程：施工准备→检查验收→将门窗扇按层次摆放→初安装→调整→固定→自检→报验。门窗扇在外保温施工完毕、外墙涂料施工前进行安装。门窗扇可以先在地面组装好，也可以在门窗框安装完毕验收后再行安装。用垂直升降设备将门窗扇、玻璃先后运输到需安装的各楼层，由工人运到安装部位。上墙前对组装的门窗进行复查，如发现有组装不合格者，或有严重碰、划伤者和缺少附件等应及时加以处理。根据图纸要求安装门窗扇；框与门窗扇配合紧密、间隙均匀；门窗扇与框的搭接宽度允许偏差为±1mm。门窗附件必须安装齐全、位置准确、安装牢固，开启或旋转方向正确、启闭灵活、无噪声,承受反复运动的附件在结构上应便于更换。

(5) 玻璃安装及打胶。固定门窗玻璃,需门窗框抹灰养生后,严格按照《铝塑铝门窗工艺标准》用调整垫块将玻璃调整垫好。安装前将合页调整好,控制玻璃两侧预留间隙基本一致,然后安装扣条。安装玻璃时在玻璃上下用塑料垫块塞紧,防止门窗扇变形;装配后应保证玻璃与镶嵌槽间隙,并在主要部位装有减振垫块,使其能缓冲启闭力的冲击。

注发泡剂、塞海绵棒、打胶等密封工作在保温面层及主框施工完毕外墙涂料施工前进行。首先用压缩空气清理门窗框周边预留槽内的所有垃圾,然后向槽内打发泡剂,并使发泡剂自然溢出槽口;清理溢出的发泡剂,并使其沿主框周圈成宽×深为 10mm×10mm(53 系列门窗)、20mm×10mm(64 系列门窗)的凹槽。将海绵棒塞入槽内准确位置,然后将基层表面尘土、杂物等清理干净,放好保护胶带后进行打胶。注胶完成后将保护胶带撕掉、擦净门窗主框、窗台表面(必要时可以用溶剂擦拭)。注胶后注意保养,胶在完全固化前不要粘灰和碰伤胶缝。最后做好清理工作。

4. 门窗加工、安装质量标准(以断桥铝合金窗为例)

(1) 断桥铝合金门窗装配各项允许偏差见表 11.1。

表 11.1 断桥铝合金门窗装配各项允许偏差表

项次	项 目		允许偏差/mm	检验方法
1	门窗槽口宽度、高度	≤1500mm	2	用钢尺检查
		>1500mm	3	
2	门窗槽口对角线长度差	≤2000mm	3	用钢尺检查
		>2000mm	5	
3	门窗框的正、侧面垂直度		3	用1m垂直检测尺检查
4	门窗横框的水平度		3	用1m水平尺和塞尺检查
5	门窗框标高		5	用钢尺检查
6	门窗竖向偏离中心		5	用钢直尺检查
7	双层门窗内外框间距		4	用钢尺检查
8	同樘平开门窗相邻扇高度差		2	用钢直尺检查
9	平开门窗扇铰链部位配合间隙		+2;-1	用塞尺检查
10	推拉门窗扇与搭接量		+1.5;-2.5	用钢直尺检查
11	推拉门窗扇与竖框平行度		2	用1m水平尺和塞尺检查

(2) 其他装配技术要求。门窗构件连接应牢固,需用填充材料使连接部分密封、防水;门窗结构应有可靠的刚性,根据需要允许设置加固件;门窗框、扇配合严密,间隙均匀。其扇与框的搭接宽度允许偏差为±1mm;门窗用附件安装位置正确,齐全牢固,应起到各自的作用,具有足够的强度,启闭灵活,无噪声、承受反复运动的附件,在结构上应便于更换;门窗用玻璃、五金、密封等附件,其质量应与门窗的质量等级相适应。装配后应保证玻璃与镶嵌槽间隙,并在主要部位装有减振垫块,使其能缓冲启闭力的冲击。

门窗的品种、规格、尺寸、性能、开启方向、安装位置、连接方式及型材壁厚应符合设计要求；门窗框的安装必须牢固，预埋件数量、位置、埋设方式、与框的连接方式必须符合设计要求；门窗扇安装必须牢固，并应开启灵活、关闭严密、无倒翘；门窗扇固定玻璃的橡胶密封条应安装完好，不得出现皱褶、脱槽、两方向不交圈等；门窗框（含拼接料）正、侧面的垂直度偏差每米不大于2mm；门窗框（含拼接料）的水平度偏差每米不大于1.5mm；门窗横框的标高与基线比较偏差不大于5mm；转角门窗应在同一设计立面内，相邻框在同一立面偏差不大于1mm，相邻门窗在同一立面内偏差不大于5mm。

各层门窗侧面应在同一垂直直线内，总差不大于5mm。门窗框对角线里角长度不大于2000mm时，对角线允差不大于1.0mm，对角线里角长度大于2000mm时，对角线之差不大于1.5mm。平开门窗应关闭严密、扇与框搭接量应均匀，允许偏差为1mm。平开门窗同樘相邻扇横端高度允许偏差为2mm。型材表面不应有新的碰伤，不应有腐蚀污染。

（3）竣工验收。每道工序施工时班组严格自检。专业分包公司质检部门随时检查。每一分项安装完毕提交监理、业主检查验收。

11.1.2　幕墙工程节能技术

1. 幕墙的概述

建筑幕墙是由金属结构与板材组成，可相对主体结构有一定位移能力，或自身有一定变形能力，不承担主体结构载荷与作用的建筑外围维护结构。通常由面板（玻璃、铝板、石板、陶瓷板等）和后面的支承结构（铝横梁立柱、钢结构、玻璃肋等）组成。

幕墙不同于填充墙的特点：它是由面板和支承结构组成的完整的结构系统；它在自身平面内可以承受较大的变形或者相对于主体结构可以有足够的位移能力；它是不分担主体结构所受的荷载和作用的围护结构。

幕墙与窗墙的区别。幕墙是一种悬挂在建筑结构框架外侧的外墙围护构件，它的自重和所承受的风荷载、地震作用等通过锚接点以点传递方式传至建筑物主框架，幕墙构件之间的接缝和连接用现代建筑技术处理，使幕墙形成连续的墙面。窗（窗墙）的四周嵌入框架并固定在框架上，或固定在两相对侧面上，其自重和承受的作用通过连续的接缝传到建筑结构框架上，使建筑物整个结构框架直接暴露在建筑物立面上；或窗坎墙、窗间墙（立柱）直接暴露在建筑物立面上。

幕墙节能要求：减少温差传热的热负荷损失；降低太阳辐射的负荷强度；提高幕墙的气密性。

幕墙节能的方法：玻璃节能法；铝合金断热型材节能法；双（多）层结构体系节能法；遮阳体系节能法；点支撑玻璃幕墙的节能方法。

2. 幕墙节能构造

节能型建筑幕墙的构造如图11.3、图11.4所示。隐框玻璃幕墙本身就是断桥，可以起到节能作用；明框和半隐框玻璃幕墙要使用断桥型材才能达到节能目的。

3. 幕墙节能的施工（以玻璃幕墙为例）

（1）施工工艺。测量放线→埋件的检查与修补→支座的安装→竖龙骨的安装→横龙骨的安装→验收→层间防火、保温层→隐蔽验收→玻璃安装→压条安装→打胶→清理→验收。

（2）施工过程。施工工艺及施工过程详见任务10.6。

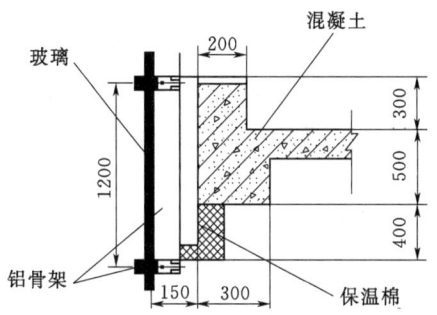

图11.3 节能型建筑幕墙的构造图(1)

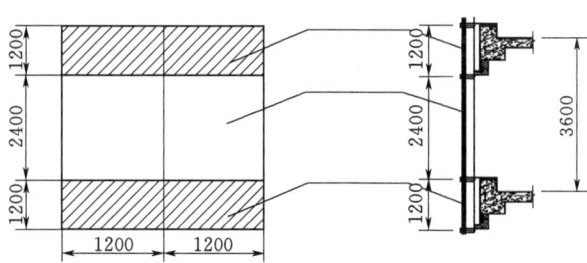

图11.4 节能型建筑幕墙的构造图(2)

任务11.2 墙体工程节能施工

11.2.1 墙体节能施工概述

在房屋建筑墙体施工中,合理地应用节能施工技术可以达到显著的节约能源效果,而且是墙体保温系统建设的关键环节。房屋建筑的墙体保温可以分为外墙内保温和外墙外保温两类,其中外墙内保温节能施工技术的应用较为简单,而且具有成熟的技术经验,但是外墙外保温节能施工技术的应用相对较难,不但要其基本的保温功能,而且要防止其出现开裂、脱落、渗水等质量问题,并且要加强对于施工造假的合理控制。在房屋建筑的墙体节能施工技术应用中,需要注意以下几个问题。

(1) 在进行外墙的基层处理时,要保证其平整、清洁和湿度适中,在混凝土墙、柱、梁等不易黏结的位置要进行打毛或刷黏结剂,以保证保温材料的黏结效果。

(2) 在房屋建筑的外墙保温施工中,施工人员要严格按照相关技术标准确定踢脚线、水平线及墙裙线,并且在建筑门、窗四周进行水泥浆涂抹,护角的宽度以50mm左右为宜。

(3) 在墙体保温材料的外层抹灰中,要严格控制其厚度,一般以10~12mm为宜,当底层初凝且表面有一定强度时,才能进行下一层的抹灰操作。

11.2.2 墙体节能工程施工

墙体节能可以分为外墙内保温和外墙外保温两种做法。内保温的优点:造价低、施工简便。缺点:保温效果差(因为不是全覆盖的保温层),会出现冷凝水(因为墙体是冷的,保温层是热的,内外温差形成冷凝水)、影响装修(保温层在内部,装修的时候对墙面的装饰会破坏保温层)、影响套内面积(建筑面积计算规则问题)。外保温的优点:保温效果好、不占用室内空间。缺点:成本高、施工难度大(特别是高层)、施工工艺要求高、对外墙装饰有影响(外墙贴砖时工艺要求高)。在实际工程中,墙体保温的做法很多,在这里仅介绍其中两种墙体节能的做法。

1. EPS板薄抹灰外墙外保温系统

(1) 基本构造。EPS板薄抹灰外墙外保温基本构造见图11.5。

(2) 作业条件。墙门窗口安装完毕,墙体工程经检查验收合格;门窗边框与墙体连接应预留出保温层的厚度,缝隙应分层填塞严密,做好门窗表面保护;屋面防水工程应在抹

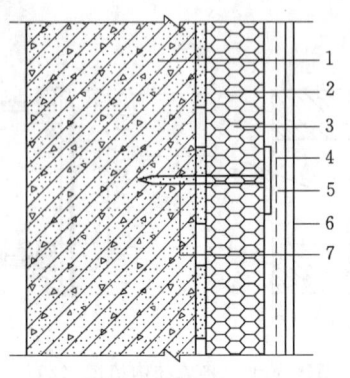

图 11.5 EPS板薄抹灰外墙外保温构造
1—基层；2—胶黏剂；3—EPS板；4—耐碱网布；
5—抗裂砂浆面层；6—饰面涂层；7—锚栓

灰前施工完，否则，必须采取有效的防雨水措施；房间内电气安装预埋盒、配电箱、采暖、水管、设备等的预埋件已准确埋设完毕；EPS板的热导率、密度、抗压强度经见证取样送检合格；耐碱网布的力学性能经见证取样送检合格；后置锚栓拉拔力现场拉拔试验符合设计要求；施工机具已备齐，水、电已接通；内粉施工脚手架搭设牢固；室内环境温度应在5℃以上，房间内应干燥通风。

（3）施工工艺。EPS板薄抹灰外墙外保温施工工艺流程如下：基层墙体清理→涂抹界面剂→配聚合物黏结剂→粘贴EPS板→配制抗裂砂浆→隐蔽验收→抹抗裂砂浆，铺挂耐碱网布（养护7d）→施工饰面层。

（4）施工要点。基层墙面处理：墙面应清理干净无油渍、浮尘等，旧墙面松动、风化部分应剔凿清除干净。墙表面凸起物不小于的10mm应铲平。穿墙套管、脚手眼、孔洞等应封堵严密。门窗框与墙体间缝隙填塞密实、表面平整。门窗洞口四周的墙体应做保温，并采取增设一层耐碱网布防止开裂和破损的措施。基层应涂满界面砂浆：用滚刷或扫帚将界面砂浆均匀涂刷在基层上。吊垂直、套方作口，按厚度控制线、拉垂直、水平通线。

粘贴EPS板时，应将胶黏剂涂在EPS板背面，涂胶黏剂面积不得小于EPS板面积的40%。涂好后立即将EPS板贴在墙面上，动作要迅速，以防止黏结剂结皮而失去黏结作用。EPS板贴在墙上时，应用2m靠尺进行压平操作，保证其平整度和黏结牢固。板与板之间要挤紧，不得有较大的缝隙。若因保温板面不方正或裁切不直形成大于2mm的缝隙，应用EPS板条塞入并打磨平。EPS板贴完后至少24h，且待黏结剂达到一定黏结强度时，用专用打磨工具对EPS板表面不平处进行打磨，打磨动作最好是轻柔的圆周运动，不要沿着与保温板接缝平行的方向打磨。打磨后应用刷子将打磨操作产生的碎屑清理干净。

在EPS板上先抹2mm厚抗裂砂浆，待抗裂砂浆初凝后，分段铺挂耐碱网布并安装锚栓（锚栓呈梅花状布置，3～4个/m²），锚栓锚入墙体孔深应大于30mm。在底层抗裂砂浆终凝前再抹一道抗裂砂浆罩面，厚度为2～3mm，以覆盖耐碱网布轮廓为宜。面层砂浆切忌不停揉搓，以免形成空鼓。在面层抗裂砂浆抹完后养护7d，待干燥后方可进行面层涂料施工。墙体上容易碰撞的阳角、门窗洞口及不同材料基体的交接处等特殊部位，其保温层应增设一层耐碱网布防止开裂和破损（耐碱网布在每边铺设宽度为EPS板+50mm）。

2. 大模内置无网保温系统

大模内置是指在装模板时，把保温板直接安装在模板内，然后浇注混凝土，简称大模内置。本工艺适用于外饰面为涂料的现浇混凝土剪力墙结构体系。

（1）大模内置无网聚苯板保温系统的基本构造如图11.6所示。

（2）施工条件。结构工程验收完毕，质量达到验收标准，外门、窗口安装完毕方可进行抹面施工；门窗边框与墙体连接缝隙应填塞严密，做好门窗框的表面保护工作；外墙面的雨水管卡、预埋埋件、空调眼、设备穿墙管道提前安装完毕，穿墙洞必须堵完。

（3）施工准备。施工准备主要包括技术准备、材料准备、机具准备等。技术准备：熟悉图纸及相关资料，参阅施工工艺；了解材料性能，掌握施工要领，明确施工顺序；提供所需的材料和技术质量标准，并向施工人员进行技术交底，确保质量和安全无事故；材料准备：主要材料有聚苯板、聚合物抹面砂浆、大模内置专用插栓等；机具准备：砂浆搅拌机、垂直运输机械、水平运输车、手提搅拌器等。抹灰工具及抹灰的专用检测工具，放线工具、托架、皮锤、水桶、剪子、铁锹、扫帚、托线板等以及电线、接线板等辅助施工材料。

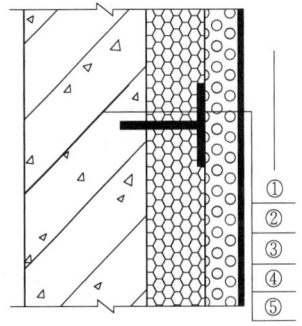

图 11.6 大模内置无网保温系统构造示意图
①—基层墙体；②—带燕尾槽聚苯板；
③—塑料锚栓；④—抗裂砂浆复合耐碱网布；⑤—弹性底涂、柔性腻子外墙涂料

（4）工艺流程。大模内置无网聚苯板保温系统的工艺流程为：钢筋骨架绑扎、验收合格→聚苯板内外表面喷涂界面砂浆→置入聚苯板，用塑料锚栓或塑料卡钉固在钢筋骨架上→安装大模板→浇筑混凝土→拆除大模板→保温面层修补、找平→抹聚合物抗裂砂浆→刮耐水腻子→墙面饰面。

（5）施工要点。拼装保温板：绑扎墙体钢筋时，靠保温板一侧的横向分布筋宜弯成L形，以免直筋戳破保温板。绑扎完墙体钢筋后在外墙钢筋外侧绑扎水泥垫块（不得使用塑料卡），每平方米保温板内不少于3块，用以保证保护层厚度并确保保护层厚度均匀一致，然后在墙体钢筋外侧安装保温板。安装顺序：先安装阴阳角保温板材，再安装板之间保温板。在安装好的保温板上弹线，标出锚栓的位置，用电烙铁或其他工具在锚栓定位处穿孔，然后在孔内塞入胀管，其尾部与钢筋绑扎做临时固定。用100mm宽、10mm厚聚苯片满涂聚苯胶填补门窗洞口不严密之处，以免在浇灌混凝土时该处跑浆。

模板安装宜采用大模板。按保温板厚度确定模板配制尺寸、数量。安装外墙外侧模板，安装前须在现浇混凝土墙体的根部或保温板外侧采取可靠的定位措施，以防模板挤靠保温板。保温板模板放在三脚平台架上，将模板就位，穿螺栓紧固较正，连接必须严密、牢固，以防止出现错台和漏浆。混凝土浇灌前保温板顶面必须采取遮挡措施。模板拆除穿墙套管后，应以干硬性砂浆捻塞孔洞，保温板孔洞部位须用保温材料堵塞并深入墙内大于50mm。

外墙外保温板面抹灰。保温板面应清理干净，无空鼓、油渍、浮尘等，保温板表面应刷界面剂。吊垂直、套方、找规矩、弹厚度控制线，拉垂直、水平通线，套方做口。板面、门窗口保温板如有破损应用保温砂浆或聚苯板加以修补。如局部有凹凸不平处，用聚苯颗粒保温砂浆进行局部找平或打磨。按层高、窗台高和过梁高将玻纤网格布在施工前裁好备用，待抹完第一层聚合物砂浆后，立即将玻纤网格布垂直铺设，用木抹子压入聚合物砂浆内，玻纤网格布之间搭接长度宜不小于50mm，紧接着再抹一层聚合物砂浆，以玻纤网格布均被浆料覆裹为宜。在首层和窗台部位则要压入二层玻纤网格布，工序同上。面层聚合物砂浆以盖住玻纤网格布为宜。门窗洞口外侧面抹聚苯颗粒保温砂浆，在抹保温砂浆时距门窗框边应留出 5～10mm 缝隙以备打胶用。首层阳角处应加设一根 50mm×50mm 宽、2m 高冲孔镀锌铁皮护角。在抹完第一层聚合物砂浆后，将冲孔金属护角调直压入砂浆内（以护角条孔内挤出砂浆为宜），然后同大面一起压入玻纤网格布，将金属护角包裹起来。

11.2.3 墙体节能工程的一般规定

（1）适用于采用板材、浆料、块材及预制复合墙板等墙体保温材料或构件的建筑墙体节能工程质量验收。

（2）主体结构完成后进行施工的墙体节能工程，应在基层质量验收合格后施工，施工过程中应及时进行质量检查、隐蔽工程验收和检验批验收，施工完成后应进行墙体节能分项工程验收。与主体结构同时施工的墙体节能工程，应与主体结构一同验收。

（3）墙体节能工程当采用外保温定型产品或成套技术时，其形式检验报告中应包含安全性和耐候性检验。

（4）墙体节能工程应对下列部位或内容进行隐蔽工程验收，并应有详细的文字记录和必要的图像资料；保温层附着的基层及其表面处理；保温板黏结或固定；锚固件；增强网铺设；墙体热桥部位处理；置保温板或预制保温墙板的板缝及构造节点；现场喷涂或浇注有机类保温材料的界面；被封闭的保温材料厚度；保温隔热砌块填充墙体。

（5）墙体节能工程的保温材料在施工过程中应采取防潮、防水等保护措施。

（6）墙体节能工程验收的检验批划分应符合下列规定：采用相同材料、工艺和施工做法的墙面，每 500～1000m² 面积划分为一个检验批，不足 500m² 也为一个检验批。检验批的划分也可根据与施工流程相一致且方便施工与验收的原则，由施工单位与监理（建设）单位共同商定。

任务 11.3 屋面节能工程施工

屋面节能是建筑物维护结构节能的主要部分，在建筑物围护结构中，墙体传热占维护结构传热的 25%～30%。门窗传热约占建筑围护结构传热 25%，屋面传热占建筑物围护结构的 6%～10%，对于对层建筑约占 10%，高层建筑约占 6%，而别墅等低层房屋要占 12% 以上。因此，做好屋面建筑节能是建筑维护结构节能的重要组成部分。屋面节能工程按照屋面保温、隔热的作用效果，可以分为保温屋面和隔热屋面。

11.3.1 保温屋面

1. 平屋面保温施工

（1）平屋面保温屋面构造按照保温层所处的位置不同可以分为正铺保温层屋面和倒铺保温层屋面。其构造分别如图 11.7、图 11.8 所示。

（2）施工工艺。屋面保温层施工工艺流程如下：基层清理→弹线找坡→铺设保温层。

（3）施工要点。

1)基层清理。铺设保温层前,预制或现浇混凝土屋面基层表面的泥土、杂物应清理干净,基层应平整、干燥;检查穿过屋面的各种管道根部是否已固定牢固;有隔气层的屋面,应检查隔气层是否完整,在屋面和墙体交界处,隔气层是否沿墙铺设并高出保温层上表面150mm。

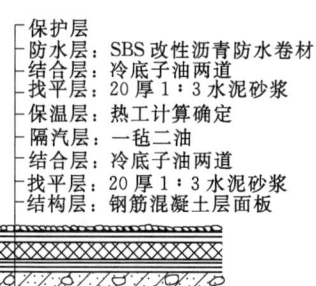

图11.7 正铺平屋顶保温屋面

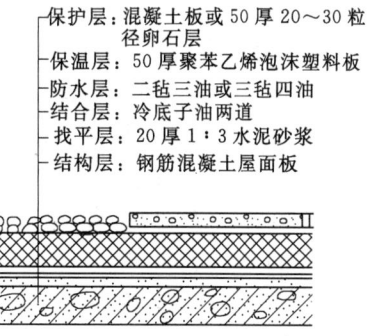

图11.8 倒铺平屋顶保温屋面

2)水泥现浇整体保温层铺设。

a. 保温层应先按设计要求拉线找出2%的坡度,松散保温材料应分层铺设,每层铺设厚度不大于150mm,适当整平后,用铁滚筒压实,或用平板式振捣器振捣密实。压实程度应根据设计要求和试验确定,压实完成后的保温层厚度允许偏差为+10%或-5%。铺完的保温层表面应抹平,做成粗糙面,以便与找平层结合。

b. 保温层铺设完成后,应在12h内加以覆盖和浇水,养护时间不少于7d。

c. 保温层未达到要求强度前,不得在保温层上施工或堆放重物。

3)沥青整浇保温层铺设。

a. 沥青加热温度不应高于240℃,使用温度不应低于190℃,膨胀珍珠岩或膨胀蛭石的预热温度宜为100~120℃。

b. 沥青膨胀(珍珠岩)蛭石宜用机械拌和,应拌和均匀、色泽一致、无沥青团。

c. 铺设宜采用"分仓"施工,压实程度根据试验确定,其厚度应符合设计要求,表面应平整。

d. 沥青整浇保温层应留置分格缝,间距不大于6m。分格缝不填死,作为排汽通道与大气连通。

e. 雨雪天和五级风以上时不得露天施工,如露天施工中途下雨,下雪时应采取遮盖措施。

4)板状保温层铺设。

a. 铺前先将接触面清扫干净,板状保温层铺设时应找平拉线铺设。板块铺设应粘贴紧密、垫稳、铺平。分层铺设的板块,上下两层应错开,各层板块间的缝隙应用同类材料的碎料填实,表面应与相邻两板高度一致。

b. 板状保温层如需留设排汽通道与大气连通时,应在做砂浆找平层分格缝排汽道处留设。

c. 需要在铺完的板上行走或走手推车时,应在保温层上铺垫板。

(4) 质量标准。

1) 主控项目。

a. 用于屋面节能工程的保温隔热材料,其品种、规格应符合设计要求和相关标准的规定。

b. 屋面节能工程使用的保温隔热材料,其热导率、密度、抗压强度或压缩强度、燃烧性能应符合设计要求。

c. 保温层的含水率必须符合设计要求。

d. 屋面保温隔热层的敷设方式、厚度、缝隙填充质量及屋面热桥部位的保温隔热做法,必须符合设计要求和有关标准的规定。

e. 屋面的隔气层位置应符合设计要求,隔气层应完整、严密。

2) 一般项目。

a. 松散保温材料:要求分层铺设,压实适当,表面平整,找坡正确。

b. 板状保温材料:要求紧贴基层粘贴牢固,铺平垫稳,拼缝严密,找坡正确。

c. 整体现浇保温层:要求其配合比应计量准确,拌和均匀,分层连续铺设,压实适当,表面平整,找坡正确。

d. 保温层厚度的允许偏差:松散保温材料和整体现浇保温层+10%、-5%;板状保温材料5%,且不得大于4mm。

e. 当倒铺式屋面保护层采用卵石铺压时,卵石应分布均匀,卵石的质(重)量应符合设计要求。

2. 坡屋面保温施工(以保温瓦屋面施工为例来介绍)

本工艺适合钢筋混凝土保温坡屋面平瓦施工,构造如图11.9所示。

(1) 施工工艺。保温瓦屋面施工工艺流程为:基层清理→找平层施工→防水层施工→保温层施工→细石混凝土层施工→钉顺水条→钉挂瓦条→铺瓦→验收。

(2) 施工要点。

1) 节点处理。

a. 平瓦屋面的瓦头挑出封檐的长度宜为50~70mm。

b. 平瓦屋面的泛水,宜采用聚合物水泥砂浆或掺有纤维的混合砂浆分次抹成;烟囱与屋面的交接处,在迎水面中部应抹出分水线,并应高出两侧各30mm。

c. 平瓦伸入天沟、檐沟的长度宜为50~70mm。

d. 平瓦屋面的脊瓦下端距坡面瓦的高度不宜大于80mm,脊瓦在两坡面瓦上的搭盖宽度,每边不应小于40mm。

e. 瓦屋面与屋顶窗交接处,应采用金属排水板、窗框固定铁角、窗口防水卷材、支瓦条等连接。

2) 基层清理。先用打磨机将突出屋面基层的多余混凝土或砂浆结块清除,再用钢丝刷和清水清除基层表面的浮浆、返碱、尘土、油污以及表面涂层的杂物,并使光滑的混凝土表面变成粗糙面,然后用清水冲洗至中性。屋面基层预埋锚固钢筋缺少处,应进行补埋(预埋锚固钢筋直径应不小于10mm,长度应能进入细石混凝土层不小于30mm)。

3) 找平层施工。用1:2水泥砂浆在湿润的屋面基层上抹10~15mm厚,平整度满足防水施工要求。

4)防水层施工。根据设计要求和《建筑工程施工工艺手册》相关施工工艺进行。防水层铺贴完成后,应使用防水油膏对预埋锚固钢筋根部进行密封。

5)保温层施工。

a. XPS板边长应小于600mm。

b. 粘贴XPS板前,应采用刷涂方式对XPS板的黏结面进行界面剂处理,待界面剂充分干燥后方可粘贴XPS板。

c. 粘贴XPS板时,涂胶黏剂面积不得小于XPS板面积的40%。XPS板粘贴时,竖逢应逐行错逢搭接,搭接长度不小于10cm。涂好后立即将XPS板贴在墙面上,动作要迅速,以防止黏结剂结皮而失去黏结作用。

d. XPS板贴完后至少24h,且待黏结剂达到一定黏结强度后,方可进行后续施工。

6)细石混凝土保护层施工。细石混凝土保护层一般采用40mm厚C20细石混凝土,配$\Phi 4@200mm \times 200mm$钢筋网。钢筋网应跨屋脊绷紧,与屋面板内预埋锚固钢筋连接牢固。细石混凝土坍落度为40~60mm,随浇随用抹子抹平压实,不得露出钢筋。细石混凝土浇筑完成12h内,应进行覆盖,湿润养护7d以上。

7)钉顺水条、挂瓦条。先在细石混凝土保护层上弹出顺水条、挂瓦条位置线,顺水条间距不大于500mm,挂瓦条按挂瓦间距。顺水条选用不小于$30mm \times 20mm$木条,用4×50水泥钉按@600mm固定在细石混凝土保护层上。挂瓦条用不小于$30mm \times 25mm$木方,用4×70水泥钉固定在每块顺水条上。

8)铺瓦。

a. 铺设平瓦时,平瓦应均匀分散堆放在两坡屋面上,不得集中堆放。铺瓦时,应由两坡从下向上同时对称铺设。

b. 平瓦应铺成整齐的行列,彼此紧密搭接,并应瓦榫落槽,瓦脚挂牢,瓦头排齐,檐口应成一直线。

c. 脊瓦搭盖间距应均匀;脊瓦与坡面瓦之间的缝隙,应采用掺有纤维的混合砂浆填实抹平;屋脊和斜脊应平直,无起伏现象。沿山墙封檐的一行瓦,宜用1:2.5的水泥砂浆做出坡水线将瓦封固。

(3)质量标准。

1)主控项目。

a. 保温材料的品种、规格应符合设计要求和相关标准的规定。

b. 保温材料热导率、密度、抗压强度或压缩强度、燃烧性能应符合设计要求。

c. 保温层的含水率必须符合设计要求。

d. 保温层的敷设方式、厚度、缝隙填充质量及屋面热桥部位的保温隔热做法,必须符合设计要求和有关标准的规定。

e. 屋面防水层施工必须符合设计要求,不得有渗漏现象。

f. 平瓦及其脊瓦的质量必须符合设计要求。

g. 平瓦必须铺置牢固。地震设防地区或坡度大于50%的屋面,应采取固定加强措施。

h. 天沟、檐沟的防水层,应采用合成高分子防水卷材、高聚物改性沥青防水卷材、

沥青防水卷材、金属板材或塑料板材等铺设。

i. 天窗安装的位置、坡度应正确，封闭严密，嵌缝处不得渗漏。

2）一般项目。

a. 保温材料要求紧贴基层粘贴牢固，铺平垫稳，拼缝严密，找坡正确。保温层厚度的允许偏差为±5%，且不得大于4mm。

b. 挂瓦条应分档均匀，铺钉平整、牢固；瓦面平整，行列整齐，搭接紧密，檐口平直。

c. 脊瓦应搭盖正确，间距均匀，封固严密；屋脊和斜脊应顺直，无起伏现象。

d. 泛水做法应符合设计要求，顺直整齐，结合严密，无渗漏。

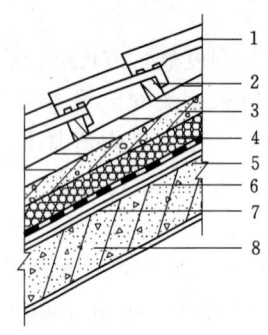

图 11.9　保温瓦屋面构造

1—平瓦；2—挂瓦条；3—顺水条；4—细石混凝土；
5—XPS板；6—防水层；7—找平层；
8—钢筋混凝土坡屋面

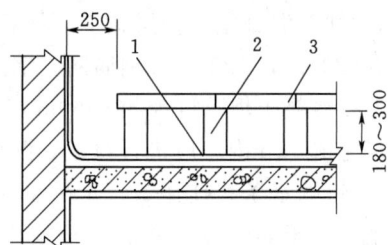

图 11.10　架空隔热屋面构造

1—防水层；2—支座；3—架空板

11.3.2　隔热屋面

1. 架空隔热屋面

（1）架空隔热屋面构造如图 11.10 所示。

（2）施工工艺。架空隔热屋面施工工艺流程为：基层清理→弹线分格→砖墩砌筑→隔热板坐砌→养护→板面勾缝→勾缝养护→验收。

（3）施工要点。

1）基层清理。屋面防水层（防水保护层）验收合格后，将屋面余料、杂物清理干净，并清扫表面灰尘。

2）弹线分格。按设计及有关标准要求进行隔热板平面布置的分格弹线，注意进风口设于炎热季节最大频率风向的正压区，出风口设在负压区。

3）分格缝设置。按设计要求设置，若设计无要求可依照防水保护层的分格间距留设，或以不大于 8m 为原则进行分格。

4）砖墩砌筑。按砌体施工工艺要求施工，要求灰缝饱满、平滑，并及时清理落地灰和砖碴。

5）隔热板坐砌。要求拉线定位、坐浆饱满，确保板缝的顺直、板面的坡度和平整。施工中注意随砌随清理落地灰和砖碴。

6) 养护。隔热板坐砌后，应进行 1~2d 的湿润养护，待砂浆强度达 1MPa 以后，方可进行表面勾缝。

7) 板面勾缝。板缝应先润湿、阴干。然后用 1:2 水泥砂浆勾缝。勾缝砂浆表面应反复压光，做到平滑顺直。余灰随勾随清扫干净。勾缝施工完毕后，应湿润养护 1~2d，然后准备分项验收。

(4) 质量标准。

1) 主控项目。

a. 架空隔热制品的质量必须符合设计要求，严禁有断裂和露筋等缺陷。

b. 架空隔热层的架空高度、安装方式、通风口位置及尺寸应符合设计及有关标准要求。架空层内不得有杂物。架空面层应完整，不得有断裂和露筋等缺陷。

2) 一般项目。

a. 架空隔热制品的铺设应平整、稳固，缝隙勾填应密实；架空隔热制品距女儿墙不得小于 250mm，架空高度及变形缝做法应符合设计要求。

b. 相邻两块制品的高差不得大于 3mm。

2. 种植隔热屋面

(1) 种植隔热屋面构造如图 11.11 所示。

(2) 种植屋面施工工艺：种植屋面施工工艺流程为：基层清理→防水层施工→保护层施工→排水层施工→隔离过滤层施工→种植介质层铺设→植物层种植。

(3) 施工要点。

1) 基层清理。施工前，基层表面的泥土、杂物应清理干净，不平度超过 10mm 要用 1:2 水泥砂浆找平。穿过屋面的各种管道根部应固定牢固。

2) 防水层施工。根据设计要求和《建筑工程施工工艺手册》相关施工工艺进行。

3) 保护层施工。采用柔性防水层的种植屋面应设细石混凝土保护层，厚度为 100mm，强度为 C15。混凝土浇筑由一端向另一端进行，采用平板式振捣器振捣。混凝土振捣密实后，用大杠尺细致刮平表面，保证排水坡度符合设计要求，然后用抹子收面。大面积浇筑混凝土时，应分区块进行。每块混凝土应一次连续浇筑完成，如有间歇，应按规定留置施工缝。变形缝按不大于 6m 间距设置。混凝土浇筑完后，应在 12h 内覆盖浇水养护，养护时间一般不少于 7d。混凝土的抗压强度达到 1MPa 以后，方可进行上部施工。

4) 排水层施工。塑料排水板按设计要求进行排放固定。挡土墙泄水孔处应先按设计要求设置钢丝挡水网片，然后在周围放置卵石疏水骨料。

5) 隔离过滤层施工。隔离过滤层是在种植介质和排水层之间铺设一层聚酯纤维土工布（≥250g/m²）。施工时，先在排水层上铺 50mm 厚中砂，然后铺设聚酯纤维土工布，土工布压不小于 100mm，随铺随用种植介质土覆盖，并用大杠尺刮平表面。

6) 种植介质层施工。按设计要求的层次、厚度和压实系数进行装填，装填不得扰动隔离过滤层，并使种植介质层上表面基本平整且低于四周挡土墙 100mm。

7) 植物层种植。按设计要求的植物种类，选合适的季节进行种植，并按规定进行养护。

(4) 质量标准。

1) 主控项目。

a. 种植屋面挡土墙泄水孔的留设必须符合设计要求,并不得堵塞。

b. 种植屋面防水层施工必须符合设计要求,不得有渗漏。

2) 一般项目。

a. 种植土表面平整,厚度、质量和排水坡度应符合设计要求。

b. 排水层厚度和泄水口高度应符合所种植的耐旱和耐水要求。

c. 种植土屋面在装填种植土、饰面层施工和种植花草、树木时,应避免对防水层产生破坏。

d. 屋面防水层和防水保护层施工完毕后,严禁在屋面防水层上凿孔打洞,避免重物冲击,不得任意在屋面防水层上堆放杂物及增设构筑物。

3. 蓄水隔热屋面

(1) 蓄水隔热屋面构造如图 11.12 所示。

(2) 蓄水屋面施工工艺。蓄水屋面施工工艺流程如下:基层清理→柔性防水层施工→细石混凝浇筑→养护→试水→蓄水。

(3) 施工要点。

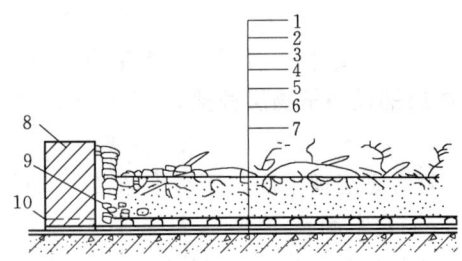

图 11.11 种植隔热屋面构造
1—植物层;2—种植介质层;3—隔离过滤层;4—排水层;
5—防水保护层;6—防水层;7—屋面结构层;
8—挡土墙;9—卵石疏水骨料;10—泄水口

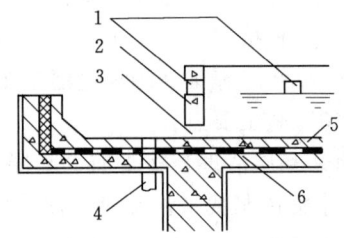

图 11.12 蓄水隔热屋面
1—溢水口;2—分仓墙;3—过水孔;4—排水管;
5—细石混凝土保护层;6—柔性防水层

1) 基层要求:屋面结构层为现浇混凝土时,表面不得有蜂窝、空洞;屋面结构层为装配式钢筋混凝土面板时,板缝应使用强度等级不小于 C20 细石混凝土(掺膨胀剂)嵌填严密,板缝不得在荷载作用时颤动。穿越屋面的孔洞应预留,不得后凿。各类穿越屋面管道等应在防水层施工前安装完毕,预留洞已按设计要求嵌封严密,经试水无渗漏。

2) 基层清理。先用打磨机将突出基层的多余混凝土或砂浆结块清除,再用钢丝刷和清水清除基层表面的浮浆、返碱、尘土、油污以及表面涂层等杂物,并使光滑的混凝土表面变成粗糙面,然后用清水冲洗至中性。

3) 柔性防水层施工。根据设计要求和《建筑工程施工工艺手册》相关施工工艺进行。

4) 细石混凝土浇筑。

a. 当设计要求在柔性防水层与细石混凝土保护层设置隔离层时,应按设计要求进行隔离层施工。

b. 细石混凝土应掺加减水剂、膨胀剂等外加剂,减少混凝土的收缩。

c. 细石混凝土浇筑时,每个蓄水区必须一次浇筑完毕,不得留施工缝,立面与平面的防水层必须同时进行施工。

d. 细石混凝土浇筑施工的气温宜为5～35℃,并应避免在烈日曝晒下进行施工。

5) 养护。细石混凝土浇筑完成12h内,应进行覆盖,湿润养护7d以上。然后对分仓缝等处按设计要求进行处理,并进行试水。

6) 蓄水。试水确认合格后,可以开始蓄水,屋面蓄水后,应保持蓄水层的设计厚度,严禁蓄水流失、蒸发后导致屋面干涸。

(4) 质量标准。

1) 蓄水屋面上设置的溢水口、过水孔、排水管、溢水管,其大小、位置、标高的留设必须符合设计要求(若设计未作要求,做法见附注)。

2) 蓄水屋面防水层施工必须符合设计要求,不得有渗漏现象。蓄水屋面的溢水口应距分仓墙顶面100mm(图11.13);过水孔应设在分仓墙底部,排水管应与水落管连通(图11.14);分仓缝内应嵌填泡沫塑料,上部用卷材封盖,然后加扣混凝土盖板(图11.15)。

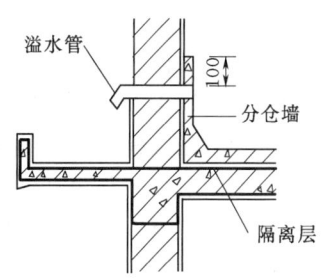

图11.13 蓄水屋面溢水口

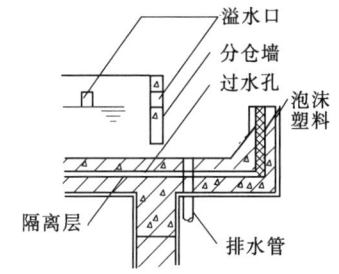

图11.14 蓄水屋面过水孔、排水孔

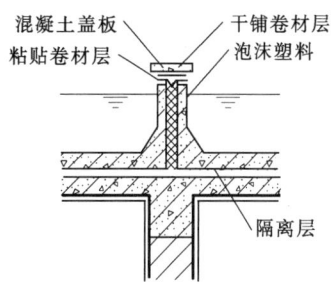

图11.15 蓄水屋面分仓缝

项 目 小 结

本项目介绍了建筑节能工程施工工艺及施工要点,主要介绍了门窗及幕墙工程、墙体节能工程、屋面节能工程等构造特点、施工工艺及工艺要点。其中,EPS保温板外墙施工工艺与平屋顶保温屋面施工工艺是本项目学习重点内容。主要内容概括如下。

(1) 门窗及幕墙工程节能施工主要包括门窗节能的结构构造特点、施工工艺要点及施工质量验收要点;幕墙工程主要包括幕墙构成、节能构造、施工工艺及质量要求等内容。

(2) 墙体保温节能技术主要包括EPS板外墙保温节能构造、施工工艺要点及施工质量验收要求;大模板内置无网格保温节能构造、施工条件、施工准备、工艺要点;墙体节能工程的一般要求。其中,EPS板外墙保温施工是本项目的学习重点之一。

(3) 屋面保温节能技术主要包括平屋面保温节能构造、保温层施工要点及质量要求;坡屋顶保温节能构造、施工要点及质量要求;隔热屋面包括种植屋面、蓄水屋面的构造要点、施工要点及质量标准。

复 习 思 考 题

1. 门窗节能的关键要素是什么？
2. 试简述门窗安装的工艺流程。
3. 什么是幕墙？幕墙节能的方法有哪些？
4. 在墙体节能过程中，需要注意的问题有哪些？
5. 试分别简述外墙内保温和外墙外保温的特点。
6. 试简述 EPS 板薄抹灰外墙外保温施工工艺流程。
7. 什么是大模内置？试简述其施工工艺流程。
8. 屋面节能工程包括哪两大部分？试简述保温瓦屋面施工工艺流程。
9. 试简述架空通风隔热屋面的施工要点包括哪些内容。
10. 试简述蓄水隔热屋面的施工工艺流程，并说明其质量控制包括哪些方面。

项目 12 绿色施工技术

【学习目标】

能力目标：熟悉绿色施工的概念与内涵，掌握绿色施工要点及相关技术措施；了解基于 BIM 技术的绿色施工的相关内容。

知识点：绿色施工；BIM 技术

【项目介绍】

本项目介绍绿色施工技术相关的内容，主要包括绿色施工概述、绿色施工的技术措施与管理制度等绿色施工技术；基于 BIM 技术的绿色施工的发展。其中，绿色施工措施是本项目学习重点，基于 BIM 技术的绿色施工发展是本项目的学习难点。

任务 12.1 绿色施工概述

12.1.1 绿色施工的概念和原则

1. 绿色施工的概念

绿色施工是指在工程建设中，在保证质量、安全等基本要求的前提下，通过科学管理和技术进步，最大限度地节约资源与减少对环境负面影响的施工活动，实现节能、节地、节水、节材和环境保护（四节一环）。绿色施工作为建筑全寿命周期中的一个重要阶段，是实现建筑领域资源节约和节能减排的关键环节。绿色施工应是可持续发展理念在工程施工中全面应用的体现，绿色施工并不仅仅是指在工程施工中实施封闭施工，没有尘土飞扬，没有噪声扰民，在工地四周栽花、种草，实施定时洒水等这些内容，它涉及可持续发展的各个方面，如生态与环境保护、资源与能源利用、社会与经济的发展等。

2. 绿色施工的原则

实施绿色施工应依据因地制宜的原则，贯彻执行国家、行业和地方相关的技术政策，符合国家的法律、法规及相关的标准规范，实现经济效益、社会效益和环境效益的统一。施工企业应该运用 ISO 14000 环境管理体系和 OHSAS 18000 职业健康安全管理体系，将绿色施工有关内容分解到管理体系目标中去，使绿色施工规范化、标准化。

12.1.2 绿色施工的发展现状

近些年，绿色施工逐渐成为建筑行业出现频率较高的词。但实际上，绿色施工技术并不是独立于传统施工技术的全新技术，而是用"可持续"的眼光对传统施工技术的重新审视，是符合可持续发展战略的施工技术。

绿色施工并不是很新的思维途径，承包商以及建设单位为了满足政府及大众对文明施工、环境保护及减少噪声的要求，为了提高企业自身形象，一般均会采取一定的技术来降

项目12 绿色施工技术

低施工噪声、减少施工扰民、减少环境污染等,尤其在政府要求严格、大众环保意识较强的城市进行施工时,这些措施一般会比较有效。但是,大多数承包商在采取这些绿色施工技术时是比较被动、消极的,对绿色施工的理解也是比较单一的,还不能够积极主动地运用适当的技术、科学的管理方法以系统的思维模式、规范的操作方式从事绿色施工。真正的绿色施工应当是将"绿色方式"作为一个整体运用到施工中去,将整个施工过程作为一个微观系统进行科学的绿色施工组织设计。绿色施工技术除了文明施工、封闭施工、减少噪声扰民、减少环境污染、清洁运输等外,还包括减少场地干扰、尊重基地环境,结合气候施工,节约水、电、材料等资源或能源,环保健康的施工工艺,减少填埋废弃物的数量,以及实施科学管理、保证施工质量等。

12.1.3 绿色施工要点

1. 环境保护技术要点

(1) 扬尘控制。建筑工程中在土方作业、结构施工、工程安装、装饰装修、建(构)筑物拆除、建(构)筑物爆破拆除等时,要采取洒水、地面硬化、围挡、密网覆盖、封闭等措施,防止扬尘产生。

(2) 噪声与振动控制。现场噪声排放不得超过国家标准《建筑施工场界环境噪声排放标准》(GB 12523—2011)的规定。在施工场地对噪声进行实时监测与控制。监测方法执行国家标准《建筑施工场界环境噪声排放标准》(GB 12523—2011)。使用低噪声、低振动的机器,采取隔声与隔振措施,避免或减少施工噪声和振动。

(3) 光污染控制。尽量避免或减少施工过程中的光污染,夜间室外照明灯加设灯罩,透光方向集中在施工范围。电焊作业采取遮挡措施,避免电焊弧光外泄。

(4) 水污染控制。施工现场污水排放应达到国家标准《污水综合排放标准》(GB 8978—2012)的要求。在施工现场针对不同污水,设置相应的处理设施,如沉淀池、隔油池、化粪池等。基坑降水尽可能少地抽取地下水。对于化学品等有毒材料、油料的储存地,应该有严格的隔水层设计,做好渗漏液体收集和处理。

(5) 土壤保护。保护地表环境,防止土壤侵蚀、流失。因施工造成的裸土,应及时覆盖砂石或种植速生草种,以减少土壤侵蚀;因施工造成容易发生地表径流土壤流失的情况,应设置地表排水系统、稳定斜坡、植被覆盖等措施,减少土壤流失。

(6) 建筑垃圾控制。加强建筑垃圾的回收再利用,建筑垃圾的再利用和回收率达到30%。对于碎石类、土石方类建筑垃圾,可采用地基填埋、铺路等方式提高利用率,力争再利用率大于50%。

(7) 地下设施、文件和资源保护。施工前应调查清楚地下各种设施,做好保护计划,保证施工场地周边的各类管道、管线、建筑物、构筑物的安全运行。施工过程中一旦发现文物,立即停止施工,保护好现场并报告文物部门和协助做好工作。

2. 节材与材料资源利用技术要点

(1) 节材措施。图纸会审时,应审核节材与材料资源利用的相关内容。根据施工进度、库存情况等合理安排材料的采购、进场时间和批次,减少库存。材料运输工具适宜,装卸方法得当,防止损坏和散落。根据现场平面布置情况就近卸载,避免和减少二次搬运。现场材料堆放有序。储存环境适宜,措施得当。保管制度健全,责任落实。施工中采取技术和管理措施调高模板、脚手架等的周转次数。优化安装工程的预留、预埋、管线路线等方案。

(2) 结构材料。推广使用预拌混凝土和商品砂浆。准确计算采购数量、供应频率、施工进度等,在施工过程中进行动态控制。推广使用高强钢筋和高性能混凝土,减少资源消耗。推广钢筋专业化加工和配送。优化钢筋配料和钢构件下料方案。优化钢结构制作和安装方法。大型钢结构宜采用工厂制作、现场拼装;宜采用分段吊装、整体提升、滑移、顶升等安装方法,减少方案的措施用材料。

(3) 围护材料。门窗、屋面、外墙等围护结构选用耐候性及耐久性良好的材料,施工确保密封性、防水性和保温隔热材料。

(4) 装饰装修材料。贴面类材料在施工前,应进行总体排版策划,减少非整块料的数量;采用非木质的新材料或人造板材代替木质板材;防水卷材、壁纸、油漆及各类涂料基层必须符合要求,避免起皮、脱落。各类油漆及胶黏剂应随用随开启,不用时及时封闭;幕墙及各类预留预埋应与结构施工同步;木制品、木装饰用料等各类板材及玻璃等宜在工厂采购或制定;采用自粘类片材,减少现场液态胶黏剂的使用量。

(5) 周转材料。周转材料应选用耐用、维护与拆卸方便的周转材料和机具。推广使用定型钢模、钢框胶合板、铝合金模板、塑料模板。多层、高层建筑使用可重复利用的模板体系,模板支撑宜采用工具式支撑。高层建筑的外脚手架,采用整体提升、分段悬挑等方案。现场办公和生活用可采用周转式活动房。现场围挡应最大限度地利用已有围墙,或采用装配式可重复使用围挡封闭。力争工地临房、临时围挡材料的可重复使用。

3. 节水与水资源利用技术要点

(1) 提高用水效率。施工现场供水管网应根据用水量设计布置,管径合理、管路简捷,采取有效措施减少管网和用水器具的漏损。施工现场喷洒路面、绿化浇灌宜采用经过处理的中水。现场机具、设备、车辆冲洗用水必须设立循环用水装置。施工现场办公区、生活区的生活用水采用节水系统和节水器具,调高节水器具配置比例。项目临时用水采用节水系统和节水器具,提高节水器具配置比例。项目临时用水应使用节水型产品,安装计量装置,采取针对性的节水措施。

(2) 非传统水源利用。优先采用中水搅拌、中水养护,有条件的地区和工程应收集雨水养护;处于基坑降水阶段的工地,宜优先采用地下水作为混凝土搅拌用水、养护用水、冲洗用水和部分生活用水;现场机具、设备、车辆冲洗、喷洒路面、绿化浇灌等用水,优先采用非传统水源,尽量不使用市政自来水;大型施工现场,尤其是雨量充沛地区的大型施工现场建立雨水收集利用系统,充分收集自然降水用于施工和生活中适宜的部位;施工中应尽可能采用非传统水源和循环水再利用。

4. 节能与能源利用技术要点

(1) 节能措施。制定合理施工能耗指标,提高施工能源利用率。优先使用国家、行业推荐的节能、高效、环保的施工设备和机具,如选用变频技术的施工设备等。在施工组织设计中,合理安排施工顺序、工作面,以减少作业区域的机具数量,相邻作业区充分利用共有的机具资源。安排施工工艺时,应优先考虑耗用电能的或其他能耗较少的施工工艺。避免设备额定功率远大于使用功率或超负荷使用设备的现象。根据当地气候和自然资源条件,充分利用太阳能、地热等可再生能源。

(2) 机械设备与机具。建立施工机械设备管理制度,开展用电、用油计量,完善设备档案,及时做好维修保养工作,使机械设备保持低能、高效的状态;选择功率与负载相匹配的施工机械设备,避免大功率施工机械设备低负载长时间运行。机电安装可采用节电型机械设备,如逆变式电焊机和能耗低、效率高的手持电动工具等,以利节电。机械设备宜使用节能型油料添加剂,在可能的情况下,考虑回收利用,节约油量。

(3) 生产、生活及办公临时设施。利用场地自然条件,合理设计生产、生活及办公临时设施的体型、朝向、间距和窗墙面积比,使其获得良好的日照、通风和采光。南方地区可根据需要在其外墙设遮阳设施;临时设施宜采用节能材料,墙体、屋面使用隔热性能好的材料,减少夏天空调、冬天取暖设备的使用时间及耗能量。

(4) 施工用电及照明。临时用电优先选用节能电线和节能灯具,临电线路合理设计、布置,临电设施宜采用自动控制装置。采用声控、光控等节能照明灯具。

5. 节地与施工用地保护技术要点

(1) 临时用地指标。根据施工规模及现场条件等因素合理确定临时设施,如临时加工厂、现场作业棚及材料堆场、办公生活设施等的占地指标。临时实施的占地面积应按用地指标所需要的最低面积设计。

(2) 临时用地保护。应对深基坑施工方案进行优化,减少土方开挖和回填量,最大限度地减少对土地的扰动,保护周边自然生态环境;红线外临时占地应尽量使用荒地、废地,少占用农田和耕地。工程完工后,及时对红线外占地恢复原地形、地貌,使施工活动对周边环境的影响降至最低;利用和保护施工用地范围内原有绿色植被。对于施工周期较长的现场,可按建筑永久绿化的要求,安排场地新建绿化。

(3) 施工总平面图布置。施工总平面图布置应做到科学、合理,充分利用原有建筑物、构筑物、道路、管线为施工服务。施工现场搅拌站、仓库、加工厂、作业棚、材料堆场等布置应尽量靠近已有交通线路或即将修建的正式或临时交通线路,缩短运输距离。临时办公和生活用房应采用经济、美观、占地面积小、对周边地貌环境影响较小,且适合于施工平面布置动态调整的多层轻钢活动板房、钢骨架水泥活动板房等标准化装配式结构,减少建筑垃圾,保护土地。施工现场道路按照永久道路和临时道路相结合的原则布置。施工现场内形呈环形道路,减少道路占用土地。

任务 12.2 绿色施工技术措施

12.2.1 绿色材料

绿色材料是实现绿色施工的基础和保障。绿色材料是指采用清洁生产技术,不用或少用天然资源和能源,大量使用工农业或城市固态废弃物生产的无毒害、无污染、无放射性,达到使用周期后可回收利用,有利于环境保护和人体健康的建筑材料。绿色建材的定义围绕原料采用、产品制造、使用和废弃物处理4个环节,并实现对自然环境负荷最小和有利于人类健康两大目标,达到"健康、环保、安全及质量优良"4个目的。

1. 材料选择

(1) 所有施工用辅助材料均应采用对人体无害的绿色材料,要符合《民用建筑室内环境污染控制规范》(GB 50325—2014)、《室内建筑装饰装修材料有害物质限量》,混凝土外加剂要符合《混凝土外加剂应用规程》(GB 50119—2003)、《混凝土外加剂中释放氨的限量》(GB 18588—2001),不符合规定的材料不允许进场。

(2) 绿色建材的采购管理。所有进场材料一律通过招标采购。对于招标文件中规定的总承包单位自行采购的所有材料,都采用公开招标形式进行采购。在质量、价格、绿色等方面保证材质一流。

2. 资源再利用

(1) 施工废弃物管理。施工过程中产生的建筑垃圾主要有:土、渣土、散落的砂浆、混凝土、剔凿产生的砖石和混凝土碎块、金属、装饰装修产生的废料、各种包装材料和其他废弃物。因此,施工垃圾分类时就是要将其中可再生利用或可再生的材料进行有效地回收处理,重新用于生产。所有建筑材料包装物回收率要达到100%,有毒有害废物分类率达到100%。施工固体废物处理后要达到《城市生活垃圾卫生填埋技术标准》(CJJ 17—2004)、《中华人民共和国固体废物环境污染防治法》。严格实施废物回收制度。每季度计算施工废物回收率并制表,总结回收效果,分析原因,纠正回收措施,提高回收利用率。

(2) 就地取材。除业主指定材料外,进口和国产的同一类材料,选择综合性价比较优的国产材料;外省与本地产的同一类材料,选择综合性价比较优的本地材料。

12.2.2 绿色施工设施

1. 环境保护设施

现场醒目位置设置环境保护标识牌;建筑废弃物用做现场硬化地面基础;专人洒水,大面积场地安排洒水车控制扬尘;现场施工垃圾分类堆放,并有专人进行处理;现场应设置沉淀池、隔油池、化粪池,并对排放水质进行检查;夜间照明加设灯罩,减少光污染;木工棚设置吸音板降低噪声,现场定期进行噪声的监测并做记录,楼层内设置可移动环保厕所定期清运、消毒;生活、办公区设应急逃生杆和医务室,如图12.1~图12.5所示。

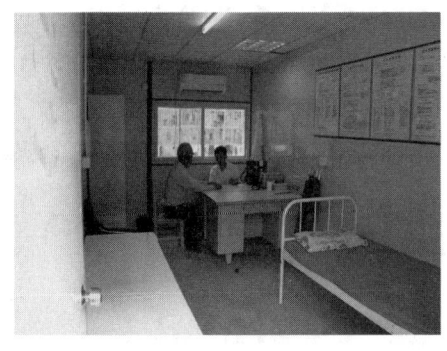

图12.1 工地医务室

图12.2 工地洗车台

项目12 绿色施工技术

图12.3 施工现场标牌

图12.4 楼层移动厕所　　　　　　　　图12.5 工地逃生杆

2．节材和材料资源利用设施

对于材料应有详细的节约目标和计划，施工现场主要材料包括混凝土、钢筋、木材等。混凝土材料在浇筑过程中应对落地混凝土及时回收利用，浇筑混凝土后的余料进行合理利用。钢筋应严格控制下料长度，采用电渣压力焊或直螺纹套筒连接方式，节约钢筋，并充分利用短、废料钢筋制作马凳和模板定位钢筋。木材在使用过程中应提高周转次数，短木接长可重复利用，废旧模板用作临边洞口防护、阴阳角成品保护、垫木及脚手架上的防滑条，如图12.6～图12.9所示。

 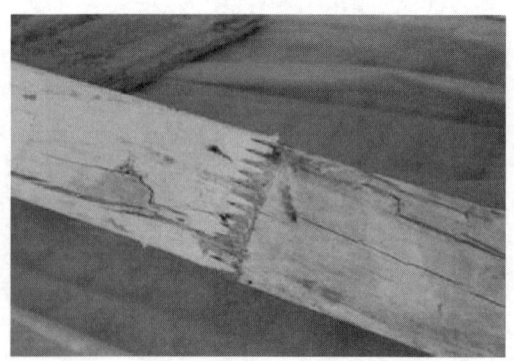

图12.6 钢筋材料分类堆放　　　　　　图12.7 短木接长再使用

任务12.2 绿色施工技术措施

图12.8 阴阳角成品保护　　　　　　图12.9 楼梯踏步成品保护

3. 节水与水资源利用设施

对施工现场的办公区、施工区、生活区用水设施配备相应的节水器具，施工现场应设置临时排水系统，合理收集雨水用于降尘喷洒、绿化浇灌、车辆清洗；生活、生产污水经沉淀检测合格后排放，如图12.10和图12.11所示。

图12.10 雨水收集口　　　　　　图12.11 节水龙头

4. 节能与能源利用设施

施工现场生产、生活、办公过程中使用的耗能设备不得采用国家明令淘汰的施工设备、机具和产品。照明应采用节能灯具，机械设备应定期维护、保养，监控并记录重点耗能设备的能源利用情况，临时设施应布置合理，采用热工性能达标的活动板房，充分利用太阳能，临电采用自动控制装置，使用节能、高效、环保的施工设备和机具，办公、生活和施工现场用电分别计量，节能照明灯具使用率应大于90%，如图12.12～图12.14所示。

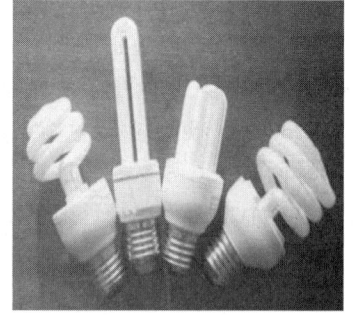

图12.12 节能灯具

5. 节地与土地资源保护设施

施工现场布置应合理，根据不同施工阶段分别设计平面布置图；原有及永久道路兼顾考虑，合理设计场内交通道路；合理选择基坑开挖方式，减少土方开挖；临建可以采用占地面积小、拆装方便的彩钢板活动板房,如图12.15和图12.16所示。

图12.13　太阳能热水器

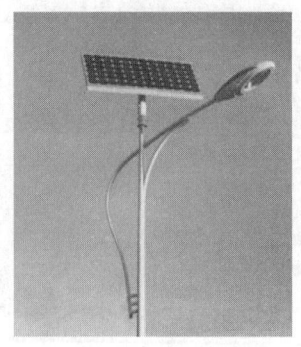

图12.14　太阳能路灯

图12.15　生活区多层活动板房

图12.16　施工现场绿化

12.2.3　绿色施工管理

1. 管理体系

开展绿色施工示范工程活动应遵循分类指导、行业推进、企业申报、先行试点、总结提高、逐步推广和严格过程监管与评价验收标准的原则。验收评审工作依据住房和城乡建设部制定的《绿色施工导则》和国家新颁发的《建筑工程绿色施工评价标准》（GB/T 50640—2010），以及中国建筑业协会印发的《全国建筑业绿色施工示范工程管理办法（试行）》和《全国建筑业绿色施工示范工程验收评价主要指标》进行。

绿色施工管理主要包括组织管理、规划管理、实施管理、评价管理、人员安全与健康管理等5个方面。在绿色施工示范工程的创建中,应确定节能、节水、节材、节地的指标和目标,选择合适、合理、科学的统计方法,做好绿色施工示范工程的基本数据的统计评估。

全国建筑业绿色施工示范工程由中国建筑业协会负责确立、监管、评审验收、公布工作。

2. 绿色施工现场环保责任管理体系

总部宏观控制,项目经理、总工程师、施工生产副经理和分包管理副经理中间控制,专业责任工程师检查和监控实施过程,形成一个从项目经理部到各分承包方、各专业化公

任务 12.2 绿色施工技术措施

司和作业班组的环境管理网络。绿色施工现场环保责任管理体系如图 12.17 所示。

3. 申报条件和程序

全国建筑业绿色施工示范工程的申报条件,以中国建筑业协会当年发出的《关于申报第×批"全国建筑业绿色施工示范工程"的通知》为准。

(1) 申报条件。

1) 申报工程应具备较为完善的绿色施工实施方案。

2) 建设规模在 3 万 m^2 以上的房屋建筑工程,具备较大规模的市政工程、铁路、交通、水利水电等土木工程和大型工业建设项目。

3) 申报工程开工手续要齐全,即将开工,并可在工程施工周期内完成申报文件及其实施方案中的全部绿色施工内容。

4) 申报工程应投资到位,绿色施工的实施能得到建设、设计、施工、监理等相关单位的支持与配合,且具备开展绿色施工的条件与环境。

5) 在创建绿色施工示范工程的过程中,能够结合工程特点,组织绿色施工技术攻关和创新。

6) 申报工程原则上应列入省(部)级绿色施工示范工程。

(2) 申报程序。

1) 各地区各有关行业协会、中央管理的建筑业企业按申报条件择优推荐本地区、本系统有代表性的工程。

2) 申报单位填写《全国建筑业绿色施工示范工程申报表》,连同"绿色施工方案",一式两份,按隶属关系由各地区各有关行业协会、中央管理的建筑业企业汇总报中国建筑业协会。

3) 中国建筑业协会组织专家审核,对列为全国建筑业绿色施工示范工程的目标项目,发文公布并组织监管。

4. 企业自查与实施过程检查

(1) 企业自查。

中国建筑业协会将根据每批全国建筑业绿色施工示范工程的进展情况,统一发文要求承建单位就当前工程的实施情况开展自查。自查内容包括方案是否完善、措施是否得当、有关起始数据是否采集、主要指标是否落实等。绿色施工示范工程的承建单位应及时总结和记录绿色施工阶段成果的量化数据,按照《全国建筑业绿色施工示范工程验收评价主要指标》的要求,按地基与基础工程、结构工程、装饰装修与机电安装工程进行企业自查评价,并将评价结果列入自查报告。承建单位的主管部门要选派熟悉绿色施工情况的工程技术人员协助自查,并对本单位绿色施工实施情况进行阶段总结。总结报告应凸显"四节一环保"的内容及量化统计数据,由承建单位主管领导签字和盖公章,并按申报时的隶属关系,经各地区、各有关行业协会、中央管理的建筑业企业核实盖章后以书面形式上报中国建筑业协会。企业自评的结果和自查报告将作为实施过程检查和最终验收的依据之一。

(2) 实施过程检查。

1) 中国建筑业协会统一组织实施过程检查,对申报项目创建绿色施工示范工程进一步的了解,及时掌握相关资料与数据。按照住房和城乡建设部制定的《绿色施工导则》和国家新颁发的《建筑工程绿色施工评价标准》(GB/T 50640—2010),及中国建筑业协会印发的《全国建筑业绿色施工示范工程管理办法(试行)》和《全国建筑业绿色施工示范工程验收评价主要指标》,对项目进行逐条评价和点评,与企业进行交流,提出改进建议,促进绿色施工切实落实到施工过程之中,实现真正意义上的绿色施工。

2) 实施过程检查组由中国建筑业协会选派3~5名专家组成。各地区、各有关行业协会、中央管理的建筑业企业委派代表协助组织检查。承建单位的项目经理、公司主管绿色施工的人员陪同检查。

3) 书面资料。以书面图文形式撰写工程绿色施工实施情况。主要内容应包括组织机构、工程概况、工程进展情况、工程实施要点和难点,按"四节一环保"介绍绿色施工的实施措施,工程主要技术措施,绿色施工数据统计以及与方案目标值比较,绿色施工亮点和特点,企业自查报告,存在问题及改进措施等。影像资料可采用多媒体或幻灯片的形式,主要用于会议介绍情况时使用。证明资料包括绿色施工方案,根据绿色施工要求进行的图纸会审和深化设计文件,绿色施工相关管理制度及组织机构等专项责任制度,绿色施工培训制度,绿色施工相关原始耗用台账及统计分析资料,采集和保存的过程管理资料、见证资料、典型图片或影像资料,有关宣传、培训、教育、奖惩记录、企业自评记录,通过绿色施工总结出的技术规范、工艺、工法等成果。

4) 检查组进行实施过程检查主要包括情况介绍、现场检查、资料查看、答疑、评价打分和讲评。

5. 验收评审

绿色施工示范工程在即将竣工时申请验收评审。

(1) 验收评审申请。绿色施工示范工程承建单位完成了绿色施工方案中提出的全部内容后,应准备好评审资料,并填写《全国建筑业绿色施工示范工程评审申请表》一式两份,按申报时的隶属关系提出验收评审申请。

验收评审资料包括:《全国建筑业绿色施工示范工程申报表》及立项与开竣工文件;《全国建筑业绿色施工示范工程成果量化统计表》及与绿色施工方案的数据对比分析;相关的施工组织设计和绿色施工方案;绿色施工综合总结报告(扼要叙述绿色施工组织和管理措施,综合分析施工过程中的关键技术、方法、创新点和"四节一环保"的成效以及体会与建议);工程质量情况(监理、建设单位出具地基与基础和主体结构两个分部工程质量验收的证明);综合效益情况(有条件的可以由财务部门出具绿色施工产生的直接经济效益和社会效益);工程项目的概况,绿色施工实施过程采用的新技术、新工艺、新材料、新设备及"四节一环保"创新点等相关内容;相关绿色施工过程的证明资料。

(2) 专家组。绿色施工示范工程验收评审专家从中国建筑业协会专家库中遴选。评审专家须经由中国建筑业协会组织的专家绿色施工专项培训,具备评审资格。每项示范工程评审专家组由3~5人组成,评审专家实行回避制,专家不得聘为本单位绿色施工示范工程的专家组成员。各地区、各有关行业协会、中央管理的建筑业企业委派代表协助组织评审。

(3) 绿色施工示范工程的评审。绿色施工示范工程验收评审的主要内容:提供的评审资料是否完整齐全;是否完成了申报实施规划方案中提出的绿色施工的全部内容;绿色施

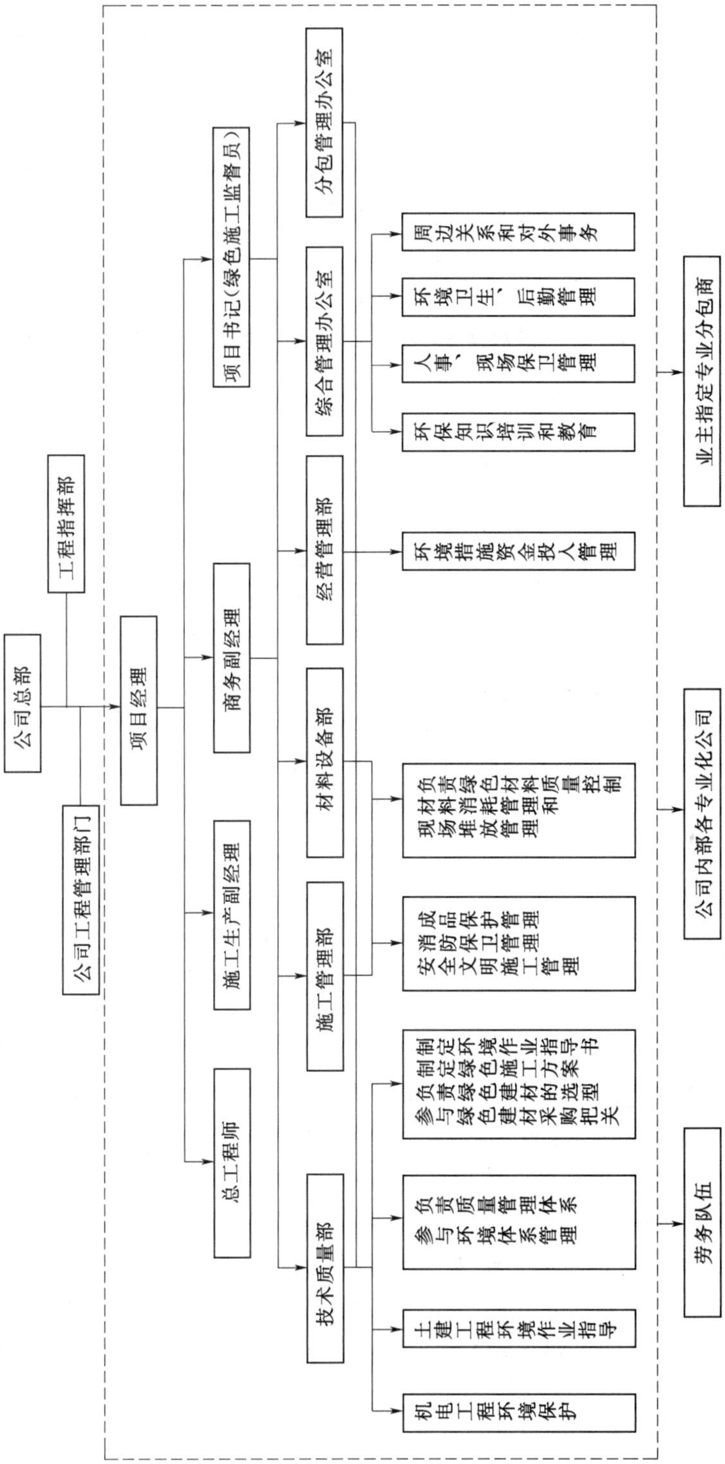

任务12.2 绿色施工技术措施

图12.17 某公司绿色施工管理体系

工中各有关主要指标是否达标；绿色施工采用新技术、新工艺、新材料、新设备的创新点以及对工程质量、工期、效益的影响。

绿色施工示范工程验收评审工作的主要程序：听取承建单位情况介绍、现场查看、随机查访、查阅证明资料、答疑、评价打分、综合评定、讲评。评审意见形成后，由评审专家组组长会同全体成员共同签字生效。

（4）评审结果。绿色施工示范工程评审按绿色施工水平高低分为优良、合格和不合格3个等级。根据评价打分情况，原则上得分60分以下为不合格，60～80分为合格，80分以上为优良。通过验收评审合格的绿色施工示范工程，向社会公示，并颁发证书。

任务 12.3　BIM 技术在绿色施工中的应用

12.3.1　BIM 技术简介

BIM（Building Information Modeling，建筑信息模型）是一种以三维数字技术为基础，集成了建筑工程项目各种相关信息的工程数据模型，它具有可视化、协调性、模拟性、优化性和可出图性五大特点。工程建设要历经规划设计、工程施工、竣工验收到交付使用的漫长过程，传统的项目管理模式下的设计碰撞问题、限额设计问题、繁琐冗长的算量过程及准确性问题、过多洽商变更问题、施工方案模拟问题、进度组织问题、竣工图的应用等问题均没有高效的解决方案。BIM 中文称为建筑信息模型，是以 3D 设计概念为基础的，可以把工程项目的各项相关信息数据作为模型的基础信息，进行建筑模型的相关建立，项目各利益相关方可以通过 3D 模型对整个项目有一个清晰的了解，包括构件的信息，项目的质量、进度、成本等，可以说 BIM 是一种理念、流程，或者浅显地说是一种实现 3D 可视化工程管理的一个工具。同时，BIM 可以贯穿项目的全生命周期。

随着 BIM 技术的发展，BIM 技术备受关注，大量实际建设项目应用 BIM 技术，在实践中验证 BIM 的作用和价值，不同的人从不同角度对 BIM 提出了自己的认识和定义。2009 年美国的麦克格劳·希尔给出的 BIM 定义比较简洁，也比较全面：BIM 是利用数字模型对建设项目进行设计、施工、运营和管理的过程。BIM 的数字模型用于建筑信息的表达、传递和共享，三维几何模型是用于完整表达出三维建筑实体和空间结构的基本要求；通过参数化的方式记录建筑的 N 维信息，如几何造型的长、宽、高以及面积、体积信息，材料名称、规格型号、质量等级及产地厂家信息，工程量及价格等造价信息、热惰性等热工信息等，这些 N 维信息以属性名称和属性值的形式存在，BIM 模型的参数之间通过约束条件确定彼此的关系；建筑信息模型通过在人与计算机之间共享，通过在不同软件间共享来发挥其价值。信息共享的基础是信息标准化和规范化，在当前国内及国际 BIM 应用和技术发展的现状看，还缺乏实用的国际标准和国家标准，因此实现同一 BIM 模型在建设项目不同阶段的不同专业工作之间进行共享和传递还是一件非常困难的事情，要在建设项目全过程及生命周期使用 BIM 技术工作，对软件厂商的选择尤为重要，一般情况下同一厂商的软件产品在信息共享和互通方面具有更大优势。

BIM 既是结果也是过程，通过建模过程（Modeling）得到需要的带有建筑信息的模型（Model），如图 12.18 所示。BIM 技术服务于工程项目的全生命周期，从项目的规划、设计到施工再到建成后的运营维护甚至改扩建、拆除等，其主要作用是减少和消灭项目生命周期各环节中的不确定性和不可预见性，避免不必要的浪费。应用这一技术可以为企业带来巨大的效益，如更精确的估算造价、缩短项目工期、减少投资成本、减少设计变更甚至实现零变更、更好的协调设计、改善后期物业管理效率等。

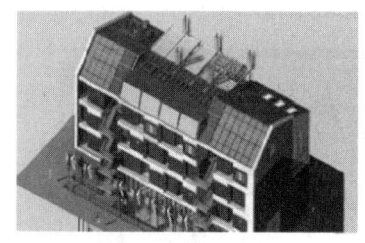
(a) 建筑模型

(b) 结构模型
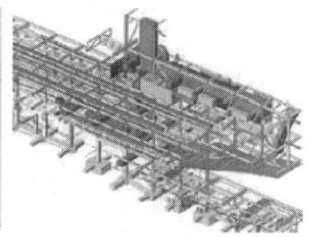
(c) 设备模型

图 12.18　各类模型

12.3.2　BIM 软件介绍

一般可以将 BIM 软件分成以下两大类型：第一类是 BIM 核心建模软件，包括建筑与结构设计软件（如 AutodeskRevit 系列、Gr 即 hisoftArehiCAD 等）、机电与其他各系统的设计软件（如 AutodeskRevit 系列、DesignMaster 等）等；第二类是基于 BIM 模型的分析软件，包括结构分析软件（如 PKPM、sAPZ000 等）、施工进度管理软件（如 MSprojeet、Naviswork 等）、制作加工图 ShopDrawing 的深化设计软件（如 Xsteel 等）、概预算软件、设备管理软件、可视化软件等。BIM 软件类型如图 12.19 所示。

1. BIM 核心建模软件

BIM 核心建模软件开发主流公司主要有 Autodesk、Bentley、Tekla、Gery Technology 和 Graphisoft 公司，不同的核心建模软件互通的几何造型、模型碰撞、机电分析等辅助软件也不相同。

（1）Revit 由 Autodesk 开发，与旗下的 AutoCAD 相独立，与结构分析软件 ROBOT、RISA 通用，支持格式多，如 Sketchup 等导出的 DXF 文件格式可直接转化为 BIM 模型。Revit 成熟的应用程序编程接口 API（Application Programming Interface）供二次开发者使用，调用程序内的数据操作读写，极大提高了与其他软件的交互能力。2009 年底，基于 Revit API 开发的软件约 150 多种。由于开发

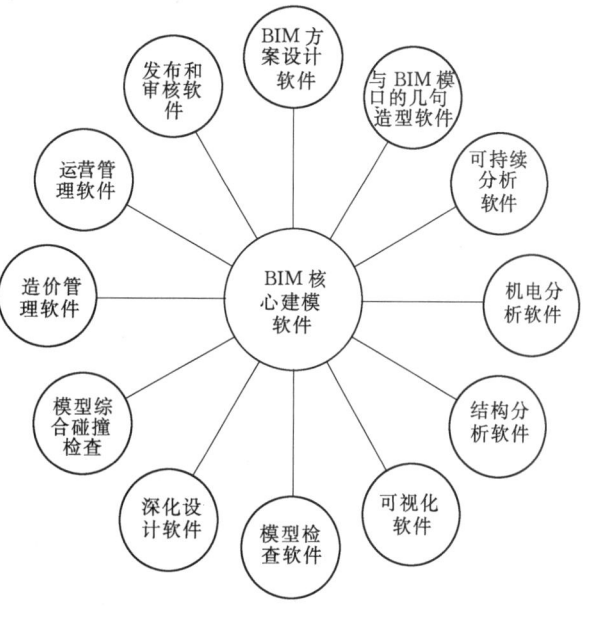

图 12.19　BIM 软件类型

环境较为自由，平台、软件和服务三位一体，市场份额不断扩张。另外，同是 Autodesk 公司开发的 AutoCAD 软件在国内建筑设计行业应用广泛，Revit 依赖良好的 AutoCAD 兼容性，在与 Bentley、Tekla 等公司竞争中占得了先机。Autodesk 公司对中国本土化市场也非常重视，与中国建筑设计研究院建立了长期战略合作伙伴关系，对于 Revit 中国本土化解决方案和标准出台创建了有利条件。软件开始界面如图 12.20 所示。

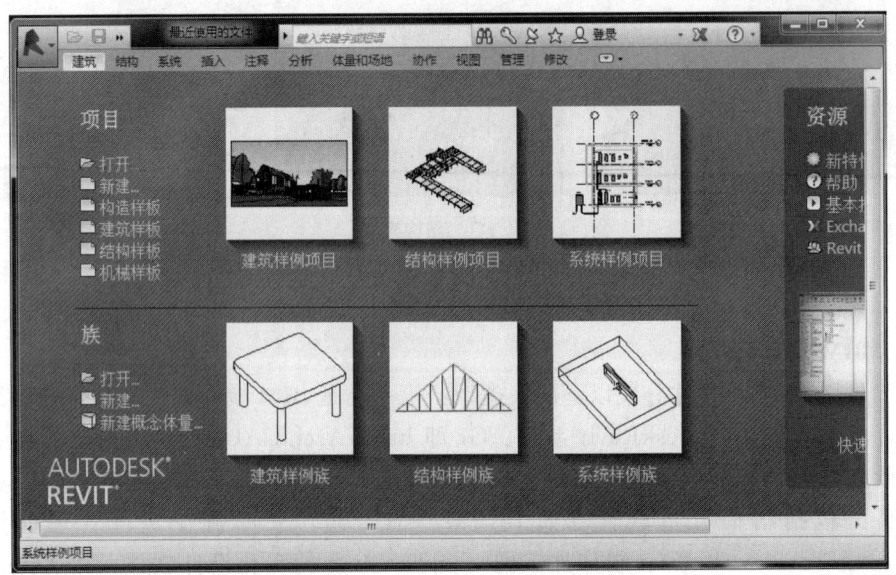

图 12.20 软件开始界面

Autodesk Revit 2014 及以后的版本是将以前的由 Revit Architecture（建筑）、Revit Structure（结构）、Revit MEP（设备）3 款组件组合在一起的整合版本。

优势：软件上手难度较低，UI 界面简单；第三方对象库开发成熟；建模方便自由；功能齐全，高度集成；市场推广力度最强。

劣势：Revit 的优点也是它的弱点，由于视图基本是即时运算，运行速度较慢，对硬件环境要求高；取消了 AutoCAD 中图层的概念，初学者难以适应，导出文件时无法区分内墙、外墙等。

（2）ArchiCAD 属于 Graphisoft 公司面向全球市场的产品，是面世最早的 BIM 建模软件。Graphisoft 被 Nemetschek 收购后，产品系列有 ArchiCAD、AllPLAN、Vector-Works 3 个产品，其中 ArchiCAD 在国内应用广泛。ArchiCAD 是专为建筑师设计开发的软件，首先提出了"虚拟建筑"这一概念，在建筑设计功能比 Revit 有更大的优势。软件界面如图 12.21 所示。

优势：软件界面直观，新手入门比较容易，具有海量对象库；内存记忆系统，无需即时演算，硬件要求低；扩展插件丰富；支持平台多，可在 Mac 系统运行。

劣势：异形曲面建模不如 Revit 方便；打印不支持预览；非建筑专业设计较薄弱。

（3）Bentley 系列分为 Bentley Architecture、Bentley Structural、Bentley Building Mechanical Systems，在工厂设计、道路桥梁、市政和水利工程方面有着优势。以 Mi-

任务12.3 BIM技术在绿色施工中的应用

croStation 作为设计和建模的平台，以 ProjectWise 为协作平台，生成的专业模型通过 Navigator 的功能模块，进行模拟碰撞检测、工程进度模拟等操作。图 12.22 是 MicroStation 软件界面。

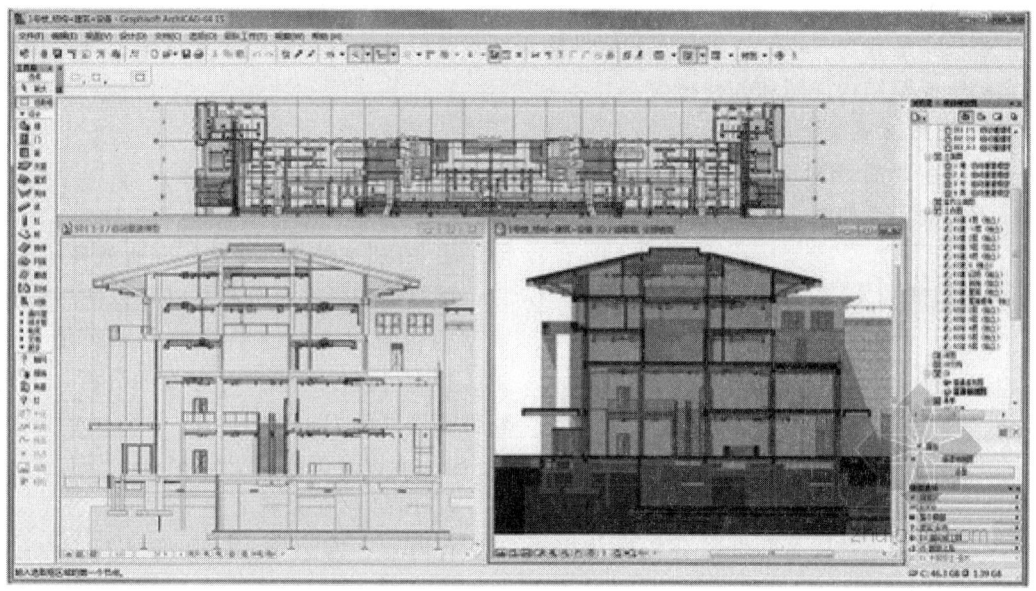

图 12.21　软件界面

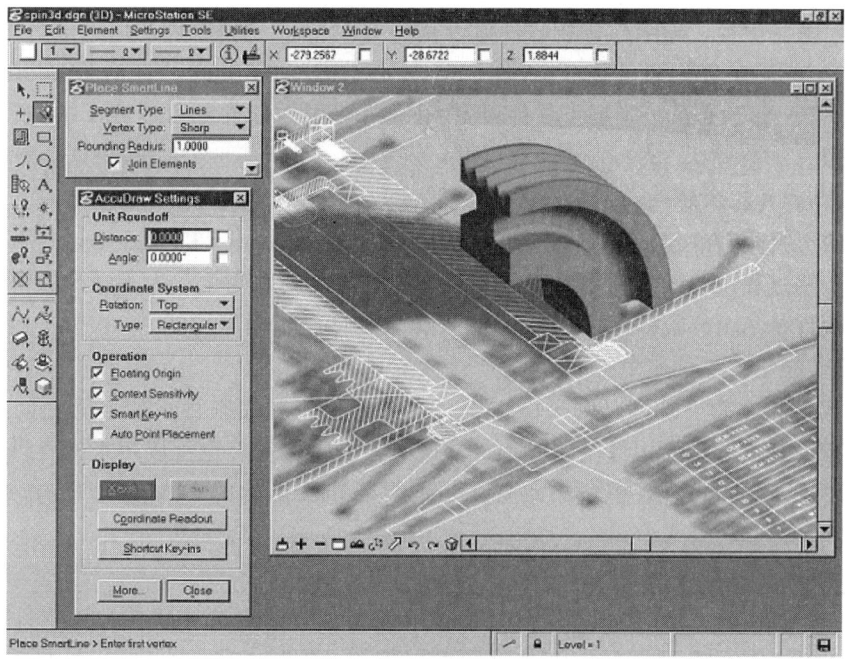

图 12.22　MicroStation 软件界面

优势：使用流畅，适合大型商业建筑施工设计；涉及建筑、机电、场地及地理信息等，各专业设计和协作能力强；MicroStation 平台优秀，设计建模能力强。

劣势：软件学习成本高，教学资源少，推广落后；软件沿用 CAD 设计思维，理念滞后；对象库少。

Xsteel 是芬兰 Tekla 公司开发的钢结构详图设计软件，它是通过首先创建三维模型以后自动生成钢结构详图和各种报表。

2. BIM 方案设计软件

目前主要的 BIM 方案软件有 Onuma Planning System 和 Affinity 等，其与 BIM 核心建模软件的关系如图 12.23 所示。

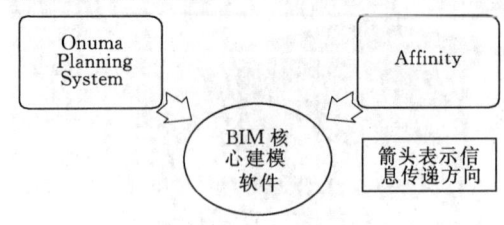

图 12.23 BIM 核心建模软件的关系

3. BIM 可持续（绿色）分析软件

可持续或者绿色分析软件可以使用 BIM 模型的信息对项目进行日照、风环境、热工、景观可视度、噪声等方面的分析，主要软件有国外的 Echotect、IES、Green Building Studio 以及国内的 PKPM 等。

4. BIM 机电分析软件

水、暖、电等设备和电气分析软件国内产品有鸿业、博超等，国外产品有 Designmaster、IES Virtual Environment、Trane Trace 等。

5. BIM 结构分析软件

结构分析软件是目前和 BIM 核心建模软件集成度比较高的产品，基本上两者之间可以实现双向信息交换，即结构分析软件可以使用 BIM 核心建模软件的信息进行结构分析，分析结果对结构的调整又可以反馈到 BIM 核心建模软件中去，自动更新 BIM 模型。ETABS、STAAD、Robot 等国外软件以及 PKPM 等国内软件都可以跟 BIM 核心建模软件配合使用。

6. BIM 模拟施工软件

常用的可视化软件包括 3DS Max、Artlantis、AccuRender 和 Lightscape 等。在工程进度模拟应用过程中，经常需要直观地表现施工进度计划的变化，为了满足这一需求，主要使用的软件是 AutoDesk 公司的 Navisworks 软件的施工模拟功能。

7. BIM 模型检查软件

BIM 模型检查软件既可以用来检查模型本身的质量和完整性，如空间之间有没有重叠、空间有没有被适当的构件围闭、构件之间有没有冲突等；也可以用来检查设计是否符合业主的要求、是否符合规范的要求等。目前具有市场影响的 BIM 模型检查软件是 Solibri Model Checker。

8. BIM 深化设计软件

Xsteel 是目前最有影响力的基于 BIM 技术的钢结构深化设计软件，该软件可以使用 BIM 核心建模软件的数据，对钢结构进行面向加工、安装的详细设计，生成钢结构施工图（加工图、深化图、详图）、材料表、数控机床加工代码等。

有以下两个根本原因直接导致了模型综合碰撞检查软件的出现。

（1）不同专业人员使用各自的 BIM 核心建模软件建立与自己专业相关的 BIM 模型，这些模型需要在一个环境里面集成起来才能完成整个项目的设计、分析、模拟，而这些不同的 BIM 核心建模软件无法实现这一点。

（2）对于大型项目来说，硬件条件的限制使得 BIM 核心建模软件无法在一个文件里面操作整个项目模型，但是又必须把这些分开创建的局部模型整合在一起研究整个项目的设计、施工及其运营状态。模型综合碰撞检查软件的基本功能包括集成各种三维软件（包括 BIM 软件、三维工厂设计软件、三维机械设计软件等）创建的模型，进行 3D 协调、4D 计划、可视化、动态模拟等，属于项目评估、审核软件的一种。常见的模型综合碰撞检查软件有 Autodesk Navisworks、Bentley Projectwise Navigator 和 Solibri Model Checker 等。

9. BIM 造价管理软件

造价管理软件利用 BIM 模型提供的信息进行工程量统计和造价分析（图 12.24），由于 BIM 模型结构化数据的支持，基于 BIM 技术的造价管理软件可以根据工程施工计划动态提供造价管理需要的数据，这就是所谓 BIM 技术的 5D 应用。国外的 BIM 造价管理有 Innovaya 和 Solibri，鲁班和广联达造价软件是国内 BIM 造价管理软件的代表。

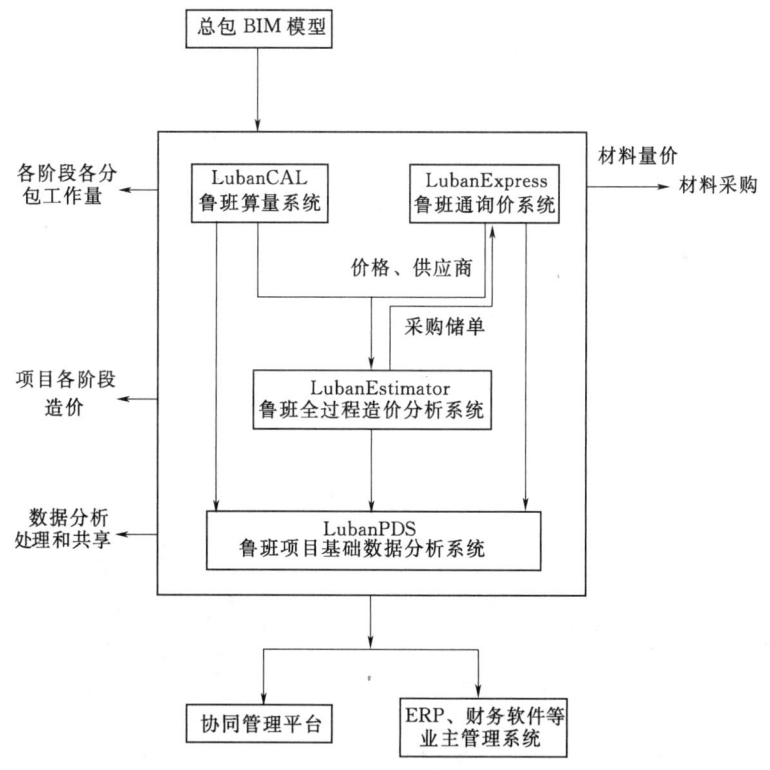

图 12.24　BIM 造价管理软件

鲁班对以项目或业主为中心的基于 BIM 的造价管理解决方案应用给出了以下整体框架，无疑会对 BIM 信息在造价管理上的应用水平提升起到积极作用，同时也是全面实现和提升 BIM 对工程建设行业整体价值的有效实践，因为大家知道，能够使用 BIM 模型信息的参与方和工作类型越多，BIM 对项目能够发挥的价值就越大。

10. BIM 运营管理软件

把 BIM 形象地比喻为建设项目的 DNA，根据美国国家 BIM 标准委员会的资料，一个建筑物生命周期 75% 的成本发生在运营阶段（使用阶段），而建设阶段（设计、施工）的成本只占项目生命周期成本的 25%。BIM 模型为建筑物的运营管理阶段服务是 BIM 应用重要的推动力和工作目标，在这方面美国运营管理软件 ArchiBUS 是最有市场影响的软件之一。

11. BIM 发布审核软件

最常用的 BIM 成果发布审核软件包括 Autodesk Design Review、Adobe PDF 和 Adobe 3D PDF，正如这类软件本身的名称所描述的那样，发布审核软件把 BIM 的成果发布成静态的、轻型的、包含大部分智能信息的、不能编辑修改但可以标注审核意见的、更多人可以访问的格式如 DWF/PDF/3D PDF 等，供项目其他参与方进行审核或者利用。

12.3.3 BIM 技术在绿色施工中的应用

1. BIM 技术在施工准备阶段的应用

（1）施工总体策划。现场模型建立完成后，可以根据模型进行场区的布置和进度计划的安排，合理利用场地，科学安排进度。

1）施工平面布置。开工前准备工作中最重要的一项工作就是现场平面布置（图 12.25），传统的平面布置图只是利用 CAD 在平面图上进行设备、工器具及各种管线、道路走向的标识，这种平面布置最大的弱点就是只能反映出临时建筑、设备与拟建建筑物之间的平面关系，只是一种单纯的平面静态关系，但是施工现场是一个动态变化的现场，而通过 BIM 模型进行的临建、设备的布置，不但能够反映相互之间的平面关系，而且能够反映出相互之间的立体关系，在各专业相互交错的施工过程中优化布置，使资源配置更加合理，再通过动态模拟演示，使现场布置满足动态需求，提高使用率。

图 12.25　施工平面布置

任务 12.3　BIM 技术在绿色施工中的应用

2）施工进度模拟。施工进度计划是把握整个施工周期脉搏、协调各种资源重要的计划措施，计划的合理性、准确性对整个工程的建设影响巨大，传统的进度计划编制主要考虑时间因素，根据时间的先后顺序安排进度，单纯地从时间的维度上考虑进度，而 BIM 技术是将一维的时间概念与三维模型整合并以时间为轴线模拟整个工程的建设过程，真正实现了 4D 模拟施工，开工前的进度模拟过程不仅考虑了拟建建筑物的建造过程，同时把临建、设备、道路管线、车辆等均考虑到整个建筑过程中，不但可以优化施工工序的逻辑关系，检查工序持续的合理性，更可以优化现场资源，检查临建布置的合理性，使资源利用率达到最大化，通过整个建造过程可视化的模拟演示，能够提前发现问题，真正做到事前控制，避免浪费，节约成本，提高效率。让进度安排、资源配置更加合理。图 12.26 所示为广联达 BIM5D 进度分析界面。

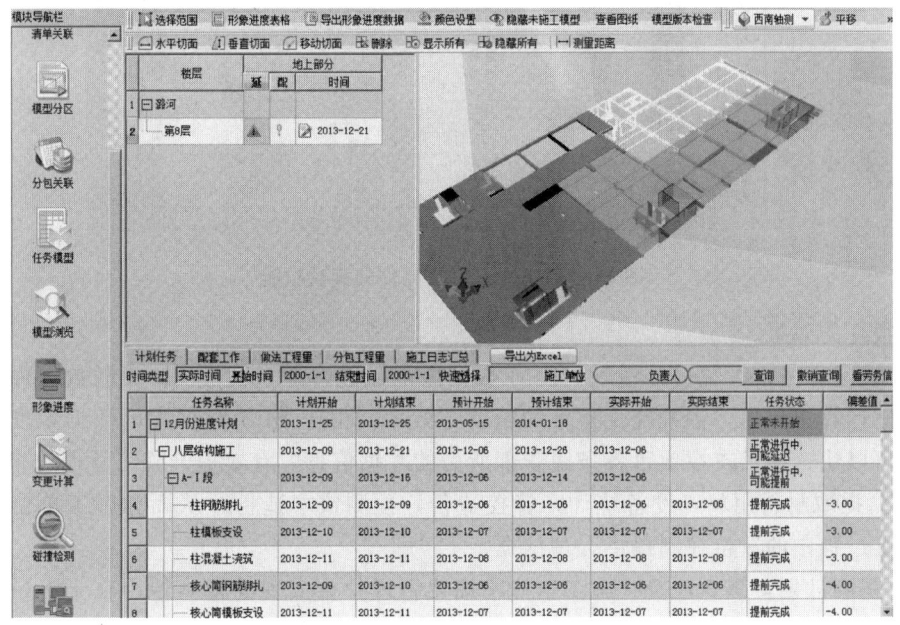

图 12.26　广联达 BIM5D 进度分析

（2）方案可实施性的演示和论证。开始施工前需要对深基坑开挖、高支模施工等重点施工过程的方法提前进行考虑，组织方案的论证（图 12.27）。CAD 平面图是方案论证中经常使用的手段，在一些比较复杂的方案中，数量庞大的平面图纸对方案实施的过程不能完全直接地呈现在施工者面前，而建筑模型很好地解决了这一问题。例如，在深基坑开挖方案中，可以把开挖的方法、支护结构的形式等做成三维模型，然后对模型中完成的任务所采用的方法进行论证，分析方案的可行性，提高决策的科学性。

1）三维渲染，宣传展示，给人以真实感和直接的视觉冲击。依据施工计划，形象地展示场地和大型设备的布置情况，复杂节点的施工方案，施工顺序的选择，进行 4D 的模拟，对不同的施工方案进行对比选择等。建好的 BIM 模型可以作为二次渲染开发的模型基础，大大提高了三维渲染效果的精度与效率，给业主更为直观的宣传介绍，提升中标概率。例如，浙江建工集团的浙商银行总部大楼、浙报大楼、地铁盖挖逆作施工中的应用都

项目 12　绿色施工技术

图 12.27　Revit 2014 软件的算量功能

起到了很好的效果。

2) 快速算量,大幅提升精度。BIM 数据库的创建,通过建立 6D 关联数据库,可以准确快速计算工程量,提升施工预算的精度与效率。由于 BIM 数据库的数据粒度达到构件级,可以快速提供支撑项目各条线管理所需的数据信息,有效提升施工管理效率。通过 BIM 模型提取材料用料,设备统计,管控造价,预测成本造价,从而为施工单位项目投标及施工过程中的造价控制提供合理依据。

3) 精确计划,减少浪费。施工企业精细化管理很难实现的根本原因在于海量的工程数据无法快速准确获取以支持资源计划,致使经验主义盛行。而 BIM 的出现可以让相关管理人员快速、准确地获得工程基础数据,为施工企业制定精确人、材计划提供有效支撑,大大减少了资源、物流和仓储环节的浪费,为实现限额领料、消耗控制提供技术支撑。

(3) 碰撞检查。目前 BIM 的碰撞检查应用主要集中在硬碰撞(图 12.28)。通常碰撞问题出现最多的是安装工程中各专业设备管线之间的碰撞、管线与建筑结构部分的碰撞以及建筑结构本身的碰撞。应用 BIM 技术进行三维管线的碰撞检查,不但能够彻底消除硬碰撞、软碰撞,优化施工设计,减少在建筑施工阶段可能存在的错误损失和返工的可能性,而且优化净空,优化管线排布方案。最后施工人员可以利用碰撞优化后的三维管线方案,进行施工交底、施工模拟,提高施工质量,同时也提高了与业主的沟通能力。进行碰撞检查前,先应用 BIM 相关软件创建各专业三维 BIM 模型,并且各专业人员要对 BIM 模型的准确性、合理性进行审核,审核完毕后通过 BIM 集成应用平台自动查找工程中结构与结构、结构与机电安装、机电安装各专业之间的碰撞点,并提供相应的碰撞检测报告。施工前根据碰撞检查报告中的位置信息、标高信息，进一步深化施工图纸，及时调整施工方案，可以避免因碰撞返工引起的质量问题，加快施工进度，减少不必要的人工、材料等成本支出。

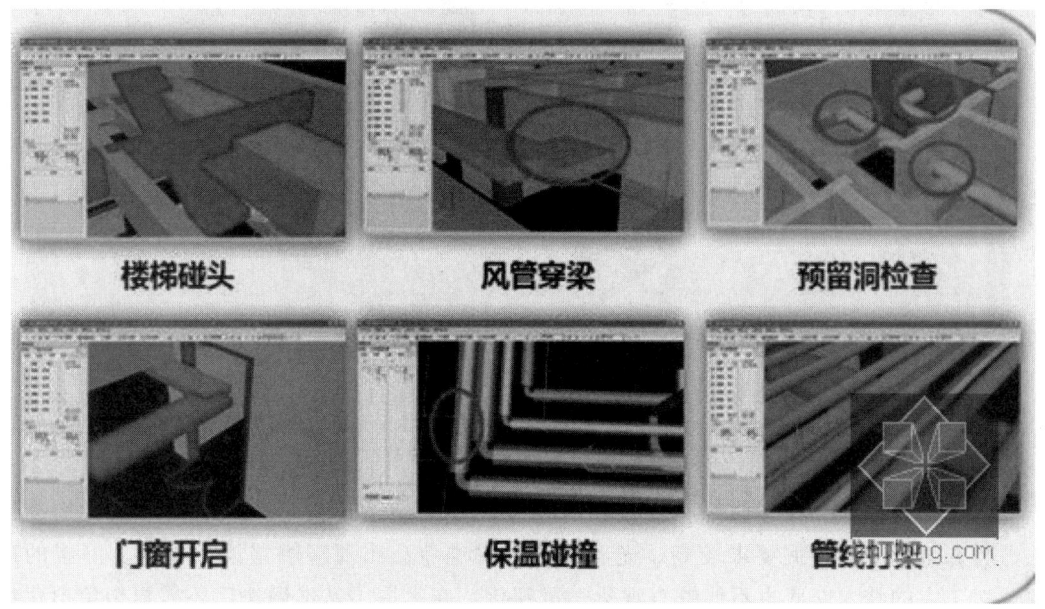

图 12.28　BIM 碰撞检查

（4）辅助进行图纸会审。开工前建设单位组织施工、设计、监理单位进行图纸会审，意在开工前尽可能地多发现图纸问题，提前采取措施防止问题的出现，最大程度减少不必要的损失，技术人员对一些大的方面的审查基本到位，但对于一些细节问题，如标高、冲突、位置等发现起来比较困难，如果不是施工到这一步，这些细节问题在图纸会审时往往都是极不容易被发现的，BIM 模型在建模时就可以很直观地发现这些细节问题，再通过碰撞检查等检查方法，能将图纸问题最大程度地消灭在萌芽状态（图 12.29）。

2. BIM 技术在施工实施阶段的应用

（1）为预制加工提供精确尺寸。传统的构件制作是完全由人工根据施工图纸和现场的实际情况进行测量、划分、校核、制作、安装的，在此过程中要受到工期、大量的计算统计过程、材料质量管理、施工人员制作水平等问题的困扰，图纸仅起到了指导施工的作用，直接拿来指导预制加工则无法保证其准确度。BIM 技术的使用则为解决上述技术难题提供了更有力的保证。传统二维图纸中的点和线不具备存储信息的功能，而 BIM 技术则是还原建筑、结构、机电系统等专业于本色，以数字化的可视模型来包含实际物体的属性参数、空间关系，每一个模型构件都是有意义的实体存在，准确地反映了实际情况。构件预制加工是预先在建模的时候就将施工所需构件的材质、尺寸、类型等一些参数输入到模型中，然后将模型根据现场实际情况进行调整，待模型调整到与现场一致的时候再将构件的材质、尺寸、类型等信息导成一张完整的预制加工图，将图纸发给制作单位进行预制加工，等实际施工时将预制好的构件送到现场安装。

项目 12 绿色施工技术

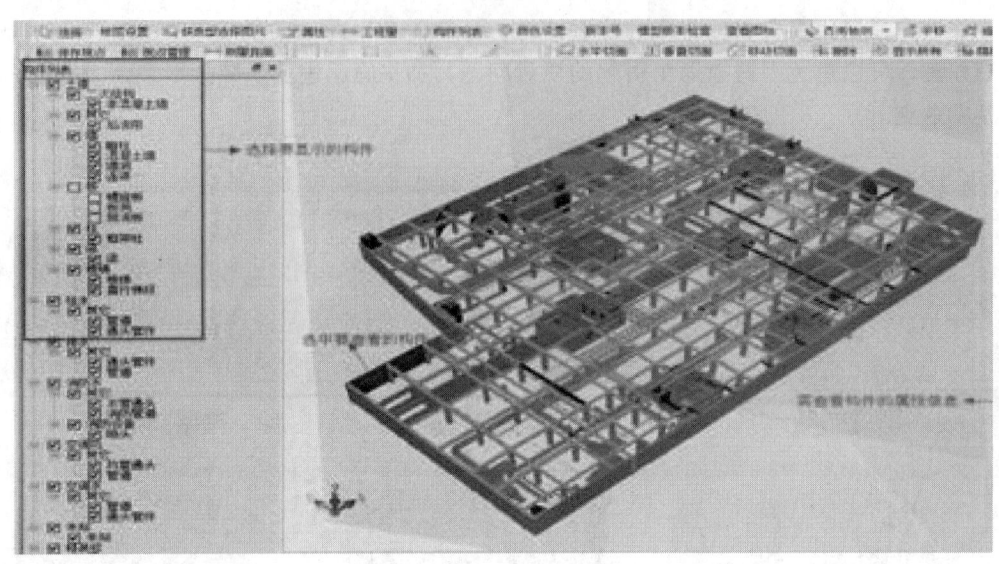

图 12.29 广联达 BIM 审图软件

（2）工序模拟。在一些结构形式相对复杂的建筑施工过程中，对结构形式、构造做法、特殊工艺等的把握要求较高，光看蓝图有时难免会出现理解错误、少看、漏看的现象，对工人的技术交底也不能够直观化、可视化，在掌握了基本做法后还需要想象拟建物的具体形状，BIM 模型恰好可以解决这一问题，可以把某一复杂结构部位做成具体模型，施工人员可以很直观地看到这一部位的最终效果和做法，用虚拟的真实效果图进行交底，最大程度地降低技术失误，提高工作效率。由于 BIM 技术是真实的拟建建筑物的模型，可以很直观地分析出哪些部位是安全施工控制重点，并采取何种安全措施，在进行安全交底时，针对模型中的安全控制要点可以形象、直观地进行重点说明（图 12.30）。

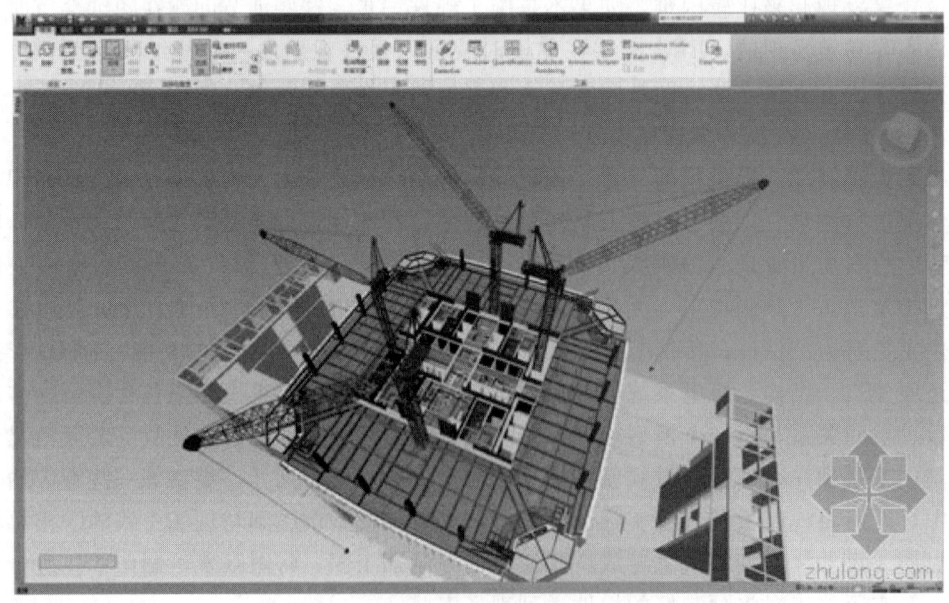

图 12.30 工序模拟

任务 12.3　BIM 技术在绿色施工中的应用

（3）现场施工进度管理。BIM 模型不是一个单一的图形化模型，它包含着从构件材质到尺寸数量以及项目位置和周围环境等完整的建筑信息。利用编制项目进度计划的相关软件产生施工进度计划，首先将项目目标进行分解，判断并输入工期的估值，创建时间列表并按大纲的形式将其组织起来，给各个任务配置资源，决定这些任务之间的关系并指定日期。将 BIM 模型的构件与进度表联系，形成 4D 模型以直观展示施工进程。利用 4D 模型模拟实际施工建造过程，通过虚拟建造，可以检查进度计划的工期估值是否合理，即各工作的持续时间是否合理，工作之间的逻辑关系是否准确等，从而对项目的进度计划进行检查和优化。将优化后的四维虚拟建造动画展示给项目的施工人员，可以让他们直观了解项目的具体情况和整个施工过程，更深层次地理解设计意图和施工方案要求，减少因信息传达错误而给施工过程带来不必要的问题，加快施工进度和提高项目建造的质量，保证项目决策尽快执行。在工程施工中，利用 4D 模型可以使全体参建人员很快理解进度计划的重要节点；同时收集项目进展信息资料，进度计划通过实际进展与模型的对应表示，很容易发现施工差距，及时采取措施，进行纠偏调整；即使遇到设计变更、施工图更改，也可以很快速地联动修改进度计划。BIM 技术让进度控制有依可寻、有据可控，使人们能够精确控制每项工作，为达到进度履约提供了可靠的保障。

（4）文明施工和安全管理。BIM 数据平台不仅可以反映出拟建建筑物的各种信息，还可以对现场安全及文明施工起到有效的指导作用。施工阶段是一个动态的过程，各种安全措施也可能随着工程的进展而不断变化，根据模型中事先设计好的安全措施，不断地对现场的安全情况进行检查和对比，保证施工安全。在开工前的平面布置中，通过 BIM 模型将道路、临建、设备、工具棚、线路等均进行了统一的布置，不论在尺寸、颜色、标识等方面都进行了详细的说明，对于企业形象宣传、工器具标准化、安全措施合理化等文明施工要求都起到了很好的指导作用，施工中只要按照模型中的要求布置，文明施工的目标实现就更容易一些。安全管理是企业的命脉，需要在施工管理中编写相关安全管理措施，其主要目的是要抓住施工薄弱环节和关键部位。但传统施工管理中，往往只能根据经验和相关规范要求编写相关安全措施，针对性不强。在 BIM 的作用下，这种情况将会有所改善。传统的施工中，施工场地的布置遵循总体规划，但在施工现场还是可能会由于各专业作业时间的交错、施工界面的交错，使得物料堆放混乱，各专业物料交错，使得工作效率降低，甚至还可能发生安全隐患。BIM 的应用对现场起到了指导作用。BIM 模型表现的是施工现场的实际情况，BIM 根据进度安排和各专业工作的交错关系，通过软件平台，合理规划物料的进场时间、堆放空间并规划取料路径，有针对性地布置临时用水、用电位置，在各个阶段确保现场施工整齐有序，提高施工效率。即使临时出现施工顺序变动或各工种工作时间拖延，BIM 仍可根据信息模型实时分析调整。通过对现场情况的模拟，还可以有针对性地编写安全管理措施。现场防火设备的布置多着眼于平面，以覆盖直径范围为依据，对于实时动态的情况考虑并不完善，一方面因为图纸表现的只有平面，另一方面立面的建造是由时间的推进逐步建设起来的，使得在制订方案的时候无法实时、全面、动态地考虑变化过程。结合施工进度规划、现场进度情况和现场物料布置堆放，可较为完善地分析安全死角，具有针对性地对某些局部存在较大安全隐患的部位设置安全消防设施。如在临时配电点，配置较为完善的消防措施。通过 BIM 的软件平台模拟，还可根据各阶

项目12 绿色施工技术

段的建筑模型模拟火灾逃生情况,在火灾逃生路径上有针对性地布置临时消防装置,以使在火灾发生时可保证人员安全撤离现场,减少人员和物料的损失。

(5)辅助现场组织协调管理。建设项目施工管理失败的主要原因之一是缺乏足够的信息沟通和共享。工程项目的成功建设依赖于项目各参与方的交流和协作。当前项目参与各方通常需要传递很多的信息,传播介质以二维的图纸、文字说明为主,由于这些信息并非完全一致和同步更新,交流起来很困难。BIM利用三维可视化的模型及庞大的数据库支持则可以改善这个问题。在企业内部的组织协调管理工作中,可以搭建总承包单位和分包单位协同工作平台,通过BIM模型统计出来的工程量合理安排人员和物资,做到人尽其能、物尽其用;在企业对外的组织协调工作中,有了BIM这样一个信息交流的平台,可以使业主、设计院、咨询公司、施工总承包、专业分包、材料供应商等众多单位在同一个平台上实现数据共享,使沟通更为便捷、协作更为紧密、管理更为有效。

(6)现场监控。在施工过程中,还可以用BIM与数码设备相结合,实现数字化的监控模式,更有效地管理施工现场,监控施工质量,使现场管理人员不必把大量的时间用在现场的巡视监控上,可以把更多的精力用在现场实际情况的提前预控和对重要部位、关键产品的严格把关等准备工作上,这样不仅提高了工作效率,相应减少管理人员数量,还可以帮助管理人员尽早发现并制止质量问题成为现实。同时,还能使工程项目的远程管理成为可能,使项目各参与方的负责人都能在第一时间了解现场的实际情况。

项 目 小 结

本项目主要介绍了绿色施工的概念、内涵及施工要点,并且介绍了基于BIM技术的绿色施工管理技术,其中绿色施工要点及措施为本项目的学习重点,基于BIM技术的绿色施工管理技术为本项目的学习难点。

(1)绿色施工概述及实施是本项目的重点学习内容,主要包括绿色施工的概念、原则及绿色施工工艺要点;绿色施工的实施主要包括涉及绿色施工材料、绿色施工设施及绿色施工工艺等绿色施工技术措施与管理制度。

(2)BIM技术在绿色施工中应用是本章的学习难点,主要包括BIM技术介绍、BIM软件的发展以及BIM技术的应用。

复 习 思 考 题

1. 简述绿色施工的概念及其内涵。
2. 绿色施工的要点及相应技术措施包括哪些内容?
3. 常用BIM软件有哪些?各有哪些特点?
4. 基于BIM的绿色施工具有哪些作用?

参 考 文 献

[1] 李辉，黄敏. 建筑施工技术［M］. 3版. 重庆：重庆大学出版社. 2022.
[2] 陈雄辉. 建筑施工技术［M］. 3版. 北京：北京大学出版社. 2021.
[3] 钱大行. 建筑施工技术［M］. 4版. 大连：大连理工大学出版社. 2021.
[4] 郝增韬，熊小东. 建筑施工技术［M］. 武汉：武汉理工大学出版社. 2020.
[5] 姚谨英. 建筑施工技术［M］. 6版. 北京：中国建筑工业出版社. 2017.
[6] 张雄. 建筑节能技术与节能材料［M］. 2版. 北京：化学工业出版社. 2016.
[7] 史晓燕，王鹏. 建筑节能技术［M］. 北京：北京理工大学出版社. 2020.
[8] 建筑施工手册编委会. 建筑施工手册［M］. 北京：中国建筑工业出版社，2013.
[9] 中国建筑工业出版社. 新版建筑工程施工质量验收规范汇编（2021年版）［M］. 北京：中国建筑工业出版社，2021.
[10] 杨承恣，陈浩. 绿色建筑施工与管理2020［M］. 北京：中国建材工业出版社，2020.
[11] 蒋红. 建筑施工技术［M］. 北京：中国水利水电出版社，2020.
[12] 李思康，李宁，冯亚娟. BIM应用系列教程-BIM施工组织设计［M］. 北京：化学工业出版社，2018.
[13] 申永康. 建筑工程施工组织［M］. 2版. 重庆：重庆大学出版社. 2020.